AF672115

AKADEMIE DER WISSENSCHAFTEN DER DDR
Forschungsstelle für Wirbeltierforschung
(im Tierpark Berlin)
Abteilung für Zoo- und Wildtiererkrankungen
Berlin-Friedrichsfelde

ERKRANKUNGEN DER ZOOTIERE

Verhandlungsbericht des
XX. Internationalen Symposiums über die Erkrankungen
der Zootiere
vom 14. Juni bis 18. Juni 1978 in Dvůr Králové

Zusammengestellt und bearbeitet von
Prof. Dr. med. vet. habil. Rudolf Ippen
und Dr. med. vet. Hans-Dieter Schröder

Mit 118 Abbildungen und 76 Tabellen

AKADEMIE-VERLAG BERLIN
1978

Erschienen im Akademie-Verlag, 108 Berlin, Leipziger Straße 3–4

Lizenznummer: 202 · 100/503/78
Bestellnummer: 762 313 3 (2136/12) · LSV 2905
Printed in GDR
VEB Druckkombinat Berlin

VERANSTALTER

Die Forschungsstelle für Wirbeltierforschung (im Tierpark Berlin),
Abteilung für Zoo- und Wildtiererkrankungen,
der Akademie der Wissenschaften der DDR
in Zusammenarbeit mit dem
Zoologischen Garten in Dvůr Králové

Tagungsort
Dvůr Králové

Inhaltsverzeichnis

Seite

Rückblick auf das XIX. Internationale Symposium über die Erkrankungen der Zoo- und Wildtiere, Poznań, 18. bis 22. Mai 1977

Zum XIX. Internationalen Symposium über die Erkrankungen der Zoo- und Wildtiere, das von der Abteilung für Zoo- und Wildtiererkrankungen der Forschungsstelle für Wirbeltierforschung (im Tierpark Berlin) der Akademie der Wissenschaften der DDR in Zusammenarbeit mit dem Zoologischen Park Poznań und der Direktion des Städtischen Veterinärdienstes in Poznań veranstaltet wurde, waren 211 aktive Teilnehmer und 52 Begleitpersonen in Poznań angereist. Die Teilnehmer kamen aus 20 Staaten, und zwar aus Belgien, Brasilien, BRD, VR Bulgarien, ČSSR, Dänemark, DDR, Frankreich, SFR Jugoslawien, Niederlande, Norwegen, Österreich, VR Polen, Schweden, Schweiz, Tunesien, UdSSR, VR Ungarn, USA und West-Berlin.

Am 19. Mai begrüßte Herr Dr. T a b o r s k i , Direktor des Zoologischen Parks Poznań, die Teilnehmer im Namen des örtlichen Organisationskomitees mit folgenden Worten:

"Ich begrüße die Teilnehmer des XIX. Internationalen Symposiums über die Erkrankungen der Zoo- und Wildtiere recht herzlich. Es ist uns eine besondere Ehre, folgende Persönlichkeiten willkommen heißen zu dürfen: Mgr. Ing. Zygmunt R a w s k i , Direktor des Departments und Vertreter des Ministeriums für Geländewirtschaft und Umweltschutz, Mgr. Wladyslaw Ś l e b o d a , Präsident der Stadt Poznań, Mgr. Ing. Marian N a r o l e w s k i , Direktor der Vereinigung für Kommunal- und Wohnungswirtschaft, sowie Doz. Dr. Tadeusz L o s i n s k i , Leiter des Wissenschaftlichen Veterinärmedizinischen Instituts in Poznań. Leider kann Herr Prof. Dr. Herzy S w o l i n s k i , Rektor der Akademie der Landwirtschaftswissenschaften infolge plötzlicher Erkrankung an unserer Tagung nicht teilnehmen.

Neben der Akademie der Wissenschaften der DDR, vertreten durch Herrn Prof. Dr. Dr. H. D a t h e, treten in diesem Jahr als örtliche Mitveranstalter der Städtische Veterinärdienst Poznań und der Zoologische Park Poznań auf. Als Direktor des Zoologischen Parks Poznań möchte ich zum Ausdruck bringen, daß wir dies als eine ehrenvolle Aufgabe betrachten. Einige von Ihnen werden sich bestimmt noch an das Treffen der Zootierärzte unseres Landes und der DDR im Jahre 1957 in Poznań erinnern, bei dem erstmals die Idee einer internationalen Zusammenkunft der Fachleute dieses Spezialgebietes diskutiert wurde. Wie Sie wissen, wurde das erste Symposium dann im Jahre 1959 in Berlin und das zweite im Jahre 1960 in Warszawa abgehalten. Dank der Unterstützung der Akademie der Wissenschaften der DDR, wobei besonders die organisatorischen Bemühungen von Herrn Prof. Dr. I p p e n zu nennen sind, wurden die Internationalen Symposien über die Erkrankungen der Zootiere nun schon zu einer Tradition. Es freut mich ganz besonders, daß wir uns zum diesjährigen Symposium hier in Poznań zusammengefunden haben."

Anschließend begrüßte Herr Mgr. Ś l e b o d a , Präsident der Stadt Poznań die Teilnehmer mit folgenden Worten:

"Meine sehr verehrten Gäste! Im Namen der Stadtbehörde und der Woiwodschaft Poznań begrüße ich die Teilnehmer des XIX. Internationalen Symposiums über die Erkrankungen der Zoo- und Wildtiere besonders herzlich. Gestatten Sie mir, daß ich meiner Freude Ausdruck verleihe, daß Poznań zum Tagungsort für die diesjährige Tagung gewählt wurde und diese Tatsache viele Wissenschaftler und Praktiker, die sich auch mit Problemen des Umweltschutzes befassen, nach Poznań führte. Wir sind an einem Erfahrungsaustausch auf dem Gebiet des Umweltschutzes, d. h. dem Schutz des Menschen und der Natur vor den ungünstigen Folgen der Technik, sehr interessiert. Ich möchte Sie bitten, sich mit den wissenschaftlichen, kulturellen und ökonomischen Leistungen unserer Stadt bekannt zu machen. Poznań ist ein bedeutendes kulturelles und wirtschaftliches Zentrum. Mit Genugtuung möchte ich auch auf die wissenschaftliche Tradition unserer Stadt hinweisen und in diesem Zusammenhang auch das über 100jährige Bestehen des somit ältesten Zoologischen Gartens in Polen erwähnen. Um dem Zoologischen Garten noch bessere Entwicklungsmöglichkeiten zu bieten, wurde am Stadtrand ein weitläufiges Gebiet für den Bau eines neuen Zoologischen Gartens zur Verfügung gestellt. Es freut uns ganz besonders, daß nun in der Stadt, die den ersten Zoologischen Garten in Polen errichtet hat, auch der jüngste Zoopark entstehen wird. Ich wünsche allen Teilnehmern des Symposiums einen schöpferischen Gedankenaustausch und erfolgreichen Verlauf ihrer Tagung sowie einen angenehmen Aufenthalt in unserer Stadt."

Danach ergriff Herr Mgr. Ing. R a w s k i , Direktor des Departments und Vertreter des Ministeriums für Geländewirtschaft und Umweltschutz, das Wort:

"Im Namen der Leitung des Ministeriums für Geländewirtschaft und Umweltschutz begrüße ich die Teilnehmer des Internationalen Symposiums über die Erkrankungen der Zoo- und Wildtiere auf das herzlichste. Ich wünsche Ihnen einen erfolgreichen Verlauf Ihrer wissenschaftlichen Sitzungen und hoffe, daß Ihr Erfahrungsaustausch mit zur Rettung vom Aussterben bedrohter Tierarten beitragen wird. Das Ministerium, das ich die Ehre habe hier zu vertreten, beschäftigt sich vorrangig mit Problemen des Umweltschutzes und koordiniert somit auch die Tätigkeit der Zoologischen Gärten, von denen wir in Polen zehn besitzen. Wir schätzen hierbei besonders die Rolle der Zoologischen Gärten bei der Erziehung und Ausbildung der Menschen, besonders der Jugend, sowie ihre bedeutenden Forschungsleistungen. Aus diesem Grunde sind wir an einem Erfahrungsaustausch mit ausländischen Fachleuten sehr interessiert. Trotz der vorhandenen Fachliteratur hat in dieser Hinsicht jede Stunde eine schöpferische Bedeutung und einen praktischen Wert. Wir treffen uns in einer Stadt, die die Bedeutung und den Wert Zoologischer Gärten richtig einschätzt. Der Bau des neuen Zoologischen Gartens ist ein erneuter Beweis dafür. In diesem Zusammenhang möchte ich auch auf den landschaftlichen Wert des Parkes besonders hinweisen, der mit dem Menageriecharakter früherer Zoologischer Gärten nichts mehr gemein hat. Ich wünsche Ihnen einen erfolgreichen Erfahrungsaustausch und einen angenehmen Aufenthalt in Poznań."

Anschließend eröffnete Herr Prof. Dr. Dr. D a t h e im Namen und im Auftrag des Präsidenten der Akademie der Wissenschaften der DDR die wissenschaftlichen Sitzungen mit folgenden Worten:

"Hochverehrter Herr Stadtpräsident, sehr verehrter Herr Direktor, liebe Kollegen und Freunde, meine sehr verehrten Damen und Herren! Unser alljährliches Treffen, von der Akademie der Wissenschaften der DDR seit nahezu 20 Jahren organisiert und jeweils zusammen mit dem örtlichen Tiergarten und einer führenden Veterinäreinrichtung durchgeführt, hat sich zu einer außerordentlich wichtigen und beinahe selbstverständlichen wissenschaftlichen Veranstaltung, sozusagen zu einer Wanderversammlung der Tiergärtnerei entwickelt, an dem teilzunehmen für alle die, die sich um das Wohl von Zootieren zu kümmern haben, geradezu eine unabdingbare Pflicht geworden ist. Daß dieses Symposium aus vielen Ländern aller Erdteile besucht wird, hat es zweifellos der Qualität der Darbietungen zu verdanken, mit deren Ergebnissen jeder für seine Praxis bereichert alljährlich nach Hause fährt.
Als erste größere Dokumentation des auf unseren Tagungen Gebotenen dürfen wir das vor Jahresfrist erschienene Buch über "Zootierkrankheiten" von Heinz-G. Klös und Ernst M. Lang werten, das nach Meinung der Verfasser, aber auch nach unserer Meinung nur durch diese Symposien in dieser Form möglich wurde, lernten sich doch dabei alle Fachleute kennen und fanden sich zu diesem erfreulichen Werk zusammen, das inzwischen seine Feuerprobe, wie ich meine, bestanden hat. Wie schon früher einmal gesagt, schwebte auch Dobberstein vor, nach einer Serie solcher Symposien eine Zusammenfassung in einem Handbuch zu bringen, das er sich seinerzeit vorbehielt. Nun ist der erste Band dieses Werkes soweit gediehen, daß in absehbarer Zeit mit seinem Erscheinen gerechnet werden kann. Er wird unsere Kenntnisse über Reptilienkrankheiten beinhalten. Es sei mir bei dieser Gelegenheit gestattet - ich weiß, es ist nicht der erste Hinweis in dieser Richtung -, daß wir bei der Auswahl der Vorträge noch mehr als bisher klinischen Themen den Vorrang geben sollten.
Und nun, meine Damen und Herren, ein Wort zum genius loci. Poznań gehört zu den Städten in Europa mit einer mehr als hundertjährigen tiergärtnerischen Tradition. Stellen wir die Menagerie von Wien-Schönbrunn mit ihrer mehrhundertjährigen Existenz außerhalb, dann ist Poznań der 18. europäische Tiergarten, der auf mehr als 100 Jahre im Dienste des Tieres und der naturkundlichen Volksbildung zurückblicken kann. Poznań ist aber auch eine der wenigen Städte der Erde, die zwei Tiergärten in ihren Mauern zur Belehrung und zur Freude ihrer Bevölkerung beherbergen. Welch vorrangige Rolle die beiden Tiergärten unter der Leitung unseres Kollegen Dr. Taborski in Poznań spielen, haben alle Teilnehmer an der Hundertjahrfeier damals mehr als deutlich empfunden, denn die ganze Stadt feierte das Jubiläum mit. Es steht mir nicht zu, über die Leistungen und Aktivitäten des Zoologischen Garten Poznań hier zu sprechen, das ist von berufenerer Seite ausführlich anläßlich der Hundertjahrfeier 1974 getan worden. Es sei mir nur erlaubt, aus eigenem Erleben darauf hinzuweisen, daß schon Ende der zwanziger und Anfang der

dreißiger Jahre sein damaliger Direktor Szozerkowski, von seinen engeren Kollegen ebenso liebe- wie respektvoll "Onkel Kasimir" genannt, dringlich die Forderung erhob, die Zootiere müßten "biologisch" gehalten und ausgestellt werden, damals keineswegs eine Selbstverständlichkeit und eine heute immer noch moderne Forderung.
Gestatten Sie mir bei dieser Gelegenheit, meine Damen und Herren, ein paar Worte über die Aufgaben und den Wert eines Tiergartens ganz allgemein zu sagen, ohne mich zu ausgiebig zu verbreiten, obschon man das eigentlich müßte, da mir gerade, wie ich glaube, die Teilnehmerschaft dieses Symposiums kompetent erscheint.
Es ist nachgerade üblich geworden und gehört mancherseits zum guten Ton, über die Arbeit der Tiergärten geifernd herzufallen, ihre Leistungen zu leugnen oder grob zu verzerren oder in bösartiger Weise sogar die Tiergärten der Ausrottung oder Ausrottungsbeihilfe der Tierwelt zu zeihen. Es muß dabei freilich festgestellt werden, daß, je weniger einer davon versteht und weiß, er um so lauter schreit. Wer eine populärwissenschaftliche Zeitschrift hält oder ein paar Hühner zu Hause füttert, glaubt sich bemüßigt und berechtigt, als Fachmann aufzutreten und sich vollständig kompetent zu fühlen. Auf Grund seines schmalen Horizontes übersieht solch ein Mensch die großen Anstrengungen der Tiergärten, zieht ihre Leistungen herab oder bagatellisiert sie bestenfalls. Gerade diese unsere jährlichen Zusammenkünfte sind, so meine ich, ein Beweis dafür, wie ernst wir unsere Aufgabe nehmen, wieviel Zeit, Kraft und Geld wir dafür aufwenden, um so viel als möglich von der Zivilisation bedrängte Tiere zu erhalten. Unsere Kritikaster, oft nur auf billige Schockwirkung bedacht, machen es sich leicht. Sie führen in Wort und Bild schlechte Tiergärten vor, die es zugegebenermaßen hier und da leider noch gibt, vermischen Tiergärtnerei mit Pethandel, Liebhaberei und Tierausstellungen und Tierhandel schlechter Art. Sie ignorieren die vielen und immer mehr werdenden anderen guten Gärten geflissentlich. Ich habe auch noch von keinem dieser Herren gehört oder gelesen, was er denn seinerseits für die Erhaltung und zum Teil sogar für die Rettung der bedrohten Tierwelt anzubieten oder gar getan hätte. Naturschutzgebiete allein tun es nicht, denn wir wissen, daß sie unter Umständen weder unantastbar sind, noch daß sie in allen Fällen so geführt werden, daß die Tierwelt als gerettet bezeichnet werden könnte. Sie verkennen, daß wir keinerlei Alternative haben. Entweder wir versuchen, möglichst viele Arten in die Zoos und in den Zoos hinüberzuretten, oder die Arten sterben aus. Die Erfolge der Tiergärten, wozu gerade auch die Zootiermedizin große Beiträge liefert, können überhaupt nicht bestritten werden, dazu liegen zu viele Beweise vor. Es sei hier einmal mehr als Beispiel an Wisent und Milu, Hawaiigans und Trompeterschwan, an zahlreiche Antilopenarten erinnert, die ohne den Einsatz tiergärtnerischer Einrichtungen ausgestorben wären, heute aber gesichert sein dürften. Es leben heute dank verdienstvollen Einsatzes mehr Wildpferde im Zoo Prag und mehr Sibirische Tiger im Zoo Leipzig als in der Freiheit, und die Zahl der Arten, wo es bald ähnlich aussehen wird, dürfte nur zu schnell anwachsen.
Lassen wir uns also nicht beirren in unserem Einsatz, sondern versuchen wir im Gegenteil, die Territorien unserer Tiergärten so zu vergrößern, daß wir den auf uns zukommenden Aufgaben auch räumlich gewachsen sind. Gerade deswegen dürfte auch der neue Zoo von Poznań unter seinem rührigen Direktor Dr. Taborski in naher Zukunft große Bedeutung erlangen. Wir wollen die uns gewordene Aufgabe mit Passion betreiben, so viel wie möglich Tierarten, deren Existenz in freier Wildbahn gefährdet ist, zu uns nehmen und in internationaler Gemeinschaft weiter züchten und wenn möglich, eines Tages wieder in gesicherte Reservate zurückgeben - was freilich für die Großraubtiere unwahrscheinlich sein dürfte. Lassen Sie uns möglichst viel aus den Tierbeständen unserer Tiergärten an wissenschaftlichen Erkenntnissen herausholen, die auch den Tieren der Freiheit zugute kommen können. Vergessen wir aber auch nicht, daß für viele Menschen die Beobachtung von Tieren genauso zur Beglückung beiträgt, wie für andere ein sportliches Ereignis oder das Versenken in die Betrachtung eines Kunstwerkes. Auch insofern kommt unseren Symposien ein immer größerer wissenschaftlicher und praktischer Wert zu.
Meine sehr verehrten Damen und Herren, lassen Sie mich schließen, indem ich die besten Grüße und Erfolgswünsche des Herrn Präsidenten der Akademie der Wissenschaften der DDR, Prof. Dr. Dr. Hermann Klare, für unsere Tagung Ihnen überbringe.
In seinem Namen eröffne ich hiermit das XIX. Internationale Symposium über die Erkrankungen der Zoo- und Wildtiere, dem ich einen genauso erfolgreichen Verlauf wünsche, wie es den beiden bisher auf dem Gebiet der Volksrepublik Polen, nämlich 1960 in Warszawa und 1972 in Wrocław abgehaltenen seinerzeit beschieden war."

Im Anschluß daran ergriff Herr Prof. Dr. I p p e n als Leiter der Veranstaltung das Wort:

"Meine sehr geehrten Damen und Herren! Vielen von uns, die wir aus nah und fern zum XIX. Internationalen Symposium über die Erkrankungen der Zoo- und Wildtiere hier nach Poznań gekommen sind, sind die zurückliegenden Veranstaltungen 1960 in Warszawa und 1972 in Wrocław noch in bester Erinnerung. So ist es auch kein Zufall, daß wir nun zum dritten Mal mit dieser internationalen Veranstaltung zu Gast in der Volksrepublik Polen sind, sondern ein Ausdruck der Dankbarkeit für die bisher erwiesene große Gastfreundschaft und zugleich eine anerkennende Bestätigung der Leistungen, die von unseren polnischen Kollegen auf dem Fachgebiet der Zoo- und Wildtiererkrankungen erbracht worden sind. Besonderer Dank gilt den örtlichen Veranstaltern für die kurzfristige Bereiterklärung zur Ausgestaltung des diesjährigen Zusammentreffens. Durch die Übernahme des Symposiums und die damit verbundenen erheblichen zusätzlichen Arbeitsaufgaben haben der uns seit langem bekannte und befreundete Kollege Dr. Taborski mit seinem Mitarbeiterteam und die Kollegen des Städtischen Veterinärdienstes der Stadt Poznań bewiesen, welche Bedeutung sie diesem international wichtigen Erfahrungsaustausch beimessen. Wir alle sind gern nach Poznań gekommen mit der festen Überzeugung, daß uns neben einem effektiven wissenschaftlichen Programm interessante und anregende Eindrücke im Verlauf der Rahmenveranstaltungen vermittelt werden. Die beiden Zoologischen Gärten der Stadt Poznań verfügen über einen ansehnlichen Tierbestand, wobei als Spezialität auch den niederen Wirbeltieren eine besondere Bedeutung zukommt. Dieser Tatsache Rechnung tragend, haben wir als erstes Hauptthema unserer wissenschaftlichen Sitzungen "Die Erkrankungen der Reptilien und Amphibien" zur Besprechung ausgewählt. Als zweites Aufgabengebiet werden Fragen der erregerbedingten Erkrankungen im Verlauf der Sitzungen zur Abhandlung kommen.

Die große Anzahl der eingesandten Referate über die Erkrankungen der Reptilien und Amphibien bestätigen und unterstreichen die Notwendigkeit der Besprechung dieses Themas. Leider wird vielerorts noch immer die schon längst überholte Meinung vertreten, daß den Reptilien und Amphibien im Tierbestand eines Zoologischen Gartens eine untergeordnete Rolle zukäme. Hüten wir uns jedoch davor, mit der bekannten Bezeichnung "niedere Wirbeltiere" eine abwertende Einschätzung zu verbinden. Die in der ganzen Welt ständig wachsende Tierliebhaberei unter unseren Mitbürgern läßt deutlich ein besonderes Interesse an der Vielzahl der verschiedenen Reptilien- und Amphibienarten erkennen. Der Kreis der privaten Terrarianer wächst ständig, und die große Zahl der wie Pilze aus dem Boden sprießenden Zoohandlungen legt hierfür ein beredtes Zeugnis ab. Schon längst ist die sprichwörtlich "böse Schlange" nicht mehr das Symbol allen Übels, sondern ein interessantes und wertvolles Tier, das es genauso zu schützen und zu erhalten gilt, wie die vielen anderen vom Aussterben bedrohten Vogel- und Säugetierarten auf unserem Erdball. Natürlich trifft dies genauso für alle anderen niederen Wirbeltierarten zu. Schon viel zu lange existiert eine tief verwurzelte Überheblichkeit des Menschen gegenüber den niederen Wirbeltieren, so daß es schwer ist, von heute auf morgen diesen Tierarten den ihnen gebührenden Platz im Tierreich einzuräumen. Für jede tiergärtnerische Einrichtung muß es somit heute zu einer ehrenvollen Aufgabe werden, auch diesen Wirbeltieren, die entscheidende Aussagen über die phylogenetische Entwicklung der ganzen Tierwelt geben, einen Platz einzuräumen, der den der anderen gehaltenen Tierarten ebenbürtig ist. Der heutige Besucher in einem Zoo will und soll nicht nur den brüllenden Löwen, das träge Flußpferd oder den sprechenden Papagei einmal sehen, sondern er will bei erholendem Spaziergang etwas über seine Umwelt und Mitbewohner dieses Erdballs dazulernen. Durch die fachkundige und biotopgetreue Haltung und Ausstellung von niederen Wirbeltieren wird nicht nur die Möglichkeit geschaffen, über Jahrhunderte bestehende Aversionen gegenüber Tieren von ungewohnter Körperform und Lebensweise abzubauen, sondern auch jedem Besucher einen Einblick in die Entwicklungsgeschichte und die Vielgestaltigkeit der Lebensformen auf unserer Erde zu vermitteln. In den nächsten zehn oder zwanzig Jahren wird es kaum noch eine tiergärtnerische Einrichtung geben können, die nicht neben den schon heute gehaltenen und gehüteten Tierarten auch eine umfangreiche Sammlung von niederen Wirbeltieren aufweist. Dieser Tatsache Rechnung tragend, müssen wir bestrebt sein, auch von seiten der tierärztlichen Betreuung aus alle Kräfte einzusetzen, zur Gesunderhaltung dieser Tierarten unseren Beitrag zu leisten.

Viel zu gering sind heute noch unsere Kenntnisse, als daß wir selbstgefällig der Zukunft entgegensehen können. Nicht mehr lange wird man es sich leisten können, Schildkröten, Krokodile, Echsen und Schlangen waggonweise aus der Natur zu importieren, um sie buchstäblich zu ver-

brauchen. Fragen der Gesundheitsprophylaxe, der Krankheitserkennung und der Behandlung sowie der Fortpflanzungsmechanismen werden künftig intensiv genau wie für Säugetiere und Vögel zu bearbeiten sein, wenn wir erfolgreich die uns gestellten Aufgaben im Rahmen eines lebendigen Naturschutzes lösen wollen. Ich glaube, daß sich hiermit dem Kreis der Zootierärzte eine weitere sehr wichtige und auch aufwendige Aufgabe stellt, die es unbedingt anzugreifen gilt, ehe durch unzureichende Kenntnisse und fehlendes Verständnis großer Schaden entsteht.
Meine sehr geehrten Damen und Herren, erlauben Sie mir nun, daß ich noch einer traurigen Pflicht nachkomme und Ihnen vom Tod zweier Kollegen Kenntnis gebe.
Im Dezember des zurückliegenden Jahres traf uns die Nachricht vom plötzlichen Ableben unseres Kollegen Dr. Vercruysse aus Antwerpen als ein harter Schlag. Den meisten von Ihnen war er als ständiger Mitstreiter auf unseren Symposien über viele Jahre bestens bekannt und vertraut. Seine ruhige und sachliche Art und sein fundiertes Fachwissen machten ihn zu einem von allen hochgeschätzten und beliebten Kollegen und Freund. Die große Zahl der Vorträge und Diskussionen auf den zurückliegenden Symposien legen ein beredtes Zeugnis ab. Der von ihm zu diesem Symposium mit vorbereitete Beitrag ist nun ein letzter Gruß an uns alle geworden.
Am 21. 4. erhielten wir dann die uns noch immer kaum faßbare Nachricht vom plötzlichen Tod unseres Freundes Prof. Dr. Harry Kronberger. Wohl selten ist es jemandem wie ihm vergönnt gewesen, durch Bescheidenheit und überragendes Fachkönnen eine solche Anziehungskraft auszustrahlen. Vielen von uns stehen die mit Harry Kronberger gemeinsam gehabten Erlebnisse der zurückliegenden 18 internationalen Symposien noch wie gerade erlebt vor dem geistigen Auge. Hier war er nicht nur durch über 50 wissenschaftliche Beiträge und unzählige wertvolle Diskussionsbemerkungen ein zuverlässiger Garant für ein erfolgreiches Gelingen des wissenschaftlichen Tagungsablaufes, sondern auch ein unentbehrlicher Kristallisationspunkt im persönlichen Zusammenfinden von Freunden in fröhlicher Runde. Noch in seinen letzten Lebenstagen erbat er vom Krankenbett aus, auf alle Fälle in Poznań seinen Platz zum diesjährigen Treffen zu sichern.
Wenn es nun beiden Verstorbenen nicht mehr vergönnt ist, das diesjährige Symposium mit zu erleben, so werden sie doch, getragen durch das unauslöschliche Gedenken aller Freunde und Kollegen, auch künftig dabei sein.
Ich darf Sie bitten, sich zum ehrenden Gedenken von den Plätzen zu erheben.
Wir wollen unsere wissenschaftlichen Sitzungen nun nicht beginnen, ohne in kurzer, aber herzlicher Form allen Helfern bei der Vorbereitung des Symposiums unseren herzlichen Dank zu entrichten. Die Hauptlast der örtlichen Vorbereitungen ruhte auf den Schultern von Dr. Taborski und Dr. Kozlowski, die beide gemeinsam mit ihren zahlreichen, hier ungenannt bleibenden Mitarbeitern ihr Bestes gaben, um für Sie alle die Tagung in Poznań zu einem Erlebnis werden zu lassen.
Erlauben Sie mir, an dieser Stelle auch den zahlreichen Helfern, die in Berlin in der Forschungsstelle in aufopferungsvoller Kleinarbeit über viele Monate mithalfen, die wissenschaftlichen Sitzungen vorzubereiten und den dafür unentbehrlichen Verhandlungsbericht zusammenzustellen, Dank zu sagen.
Dank sei auch der Leitung der Akademie der Wissenschaften der DDR gesagt, die durch uneingeschränkte Unterstützung die Abhaltung der Tagung zum 19. Mal möglich werden ließ.
Ich darf Ihnen abschließend im Namen der Veranstalter einen erfolgreichen und angenehmen Tagungsverlauf wünschen. Mögen Ihnen die Tage in Poznań zu einem Erlebnis werden, an das Sie sich gern erinnern."

Anschließend begrüßte Herr Dozent Dr. L o s i n s k i , Leiter des Wissenschaftlichen Veterinärmedizinischen Instituts Poznań, die Tagungsteilnehmer mit folgenden Worten:

"Meine sehr verehrten Damen und Herren! Dem Kampf um die Krankheitsverhütung kommt bei den nicht domestizierten Tieren eine ganz besondere Bedeutung zu. Er setzt nicht nur Spezialkenntnisse voraus, sondern erfordert auch ein humanistisches Herangehen. Schon früh hat ein berühmter Philosoph festgestellt, daß es in der Wissenschaft keine breiten und bequemen Wege gibt und nur derjenige ihre strahlenden Gipfel erreicht, der die Müdigkeit beim Emporklimmen über steile und höckrige Pfade nicht scheut. Das gilt auch für die Bearbeitung des hier anstehenden Fachgebietes.
Das Wissenschaftliche Veterinärmedizinische Institut der Polnischen Akademie der Wissenschaften, das ich die Ehre habe hier zu vertreten, übernahm zu seiner bisherigen Tätigkeit auch Forschungs-

arbeiten, die mit der Thematik dieses Kongresses übereinstimmen, so z. B. die Probleme des Umweltschutzes, der Mangelkrankheiten, der Fischpathologie und der Pathologie der Nutzinsekten. Die dynamische Entwicklung unseres Landes und die Einführung neuer Produktionstechnologien in der Landwirtschaft erfordern die Bearbeitung von Problemen, die mit der Ökologie in der Tierproduktion zusammenhängen. Aus diesem Grunde entstand in den letzten Jahren in unserem Institut eine Abteilung, der folgende Arbeitsgebiete unterstellt sind: Ökologie und Tierproduktion, Prophylaxe der Fortpflanzungsstörungen sowie Krankheiten der Nutzinsekten mit dem bekannten Museum in Smarzędz.
Im Namen unseres Instituts möchte ich den Teilnehmern einen erfolgreichen Verlauf ihrer Tagung und einen hohen Erkenntniszuwachs wünschen. Mögen Ihre Beratungen und Diskussionen zur weiteren Annäherung der verschiedenen Wissenschaftszweige beitragen, die sich mit den Erkrankungen der nicht domestizierten Tiere beschäftigen. Mögen Ihre Ergebnisse zur Erhaltung vom Aussterben bedrohter Tierarten beitragen, die nicht selten durch das unüberlegte Handeln der Menschen vernichtet werden. Ich wünsche Ihnen einen erfolgreichen Gedanken- und Erfahrungsaustausch."

Im Namen des örtlichen Mitveranstalters begrüßte Herr Dr. K o z l o w s k i , Direktor des Städtischen Veterinärdienstes und Vorsitzender der Vereinigung der Veterinärärzte und -techniker in Polen, die Teilnehmer mit folgenden Worten:

"Als Vorsitzender der Vereinigung der Veterinärärzte und -techniker Polens ist es mir eine besondere Freude, daß das Internationale Symposium über die Erkrankungen der Zoo- und Wildtiere in Polen und noch dazu in Poznań abgehalten wird. Wir haben nicht oft das Glück, soviel prominente Fachleute, die sich mit diesem Spezialgebiet beschäftigen, bei uns begrüßen zu können. Die Praktiker erwarten einen regen Erfahrungsaustausch, an dem auch die Angestellten des Städtischen Veterinärdienstes besonders interessiert sind. Die Organisationsform der engen Zusammenarbeit von Zoo und Städtischem Veterinärdienst haben wir versucht, in einer kurzen Abhandlung darzustellen, die wir dem Kongreßmaterial beigefügt haben. Als weiterer Ausdruck der guten Zusammenarbeit zwischen Zoo und Städtischem Veterinärdienst ist der im Programm ausgewiesene Besuch der Klinik des Städtischen Veterinärdienstes anzusehen. Ich nehme an, daß diese Zusammenarbeit für beide Seiten von großem Nutzen sein wird."

Die wissenschaftlichen Sitzungen des ersten Arbeitstages befaßten sich mit den "Erkrankungen der Reptilien und Amphibien". In den Nachmittagsstunden erfolgte eine Besichtigung des alten Zoologischen Gartens in der Innenstadt. In den Abendstunden hatte der Stadtpräsident von Poznań zu einem Empfang ins Stadthaus eingeladen. Anschließend hatten die Gäste Gelegenheit, an einer besonderen Attraktion am alten Rathaus unter der Bezeichnung "Licht und Musik" teilzunehmen.

Im Mittelpunkt der wissenschaftlichen Sitzungen des zweiten Arbeitstages standen die "Erregerbedingten Erkrankungen bei Zoo- und Wildtieren". In den Nachmittagsstunden besuchten die Teilnehmer den neuen Zoo von Poznań, der seine Gäste in den Abendstunden zu einem geselligen Beisammensein einlud.

Der dritte Arbeitstag war freien Themen vorbehalten. Bedauerlicherweise konnte aus technischen Gründen die nun schon traditionelle Fragestunde zu aktuellen Problemen der Zootierkrankheiten nicht durchgeführt werden. In den Nachmittagsstunden erfolgte eine Führung durch die Klinik des Städtischen Veterinärdienstes, der den Teilnehmern in den Abendstunden bei einem geselligen Beisammensein Gelegenheit zu weiteren fachlichen und persönlichen Gesprächen bot.

Am 22. Mai besuchten die Symposiumsteilnehmer im Rahmen einer wissenschaftlichen Exkursion ein Forschungsinstitut für Bienenkrankheiten und zwei Gestüte. Auch hier wurden die Teilnehmer mit der sprichwörtlichen polnischen Gastfreundschaft empfangen und konnten die Heimreise mit vielen bleibenden Eindrücken antreten.

H.-D. Schröder

Aus dem Landesuntersuchungsamt für das Gesundheitswesen Nordbayern - Fachbereich Veterinärmedizin Nürnberg - (Leiter: Prof. Dr. Günter S t e g e r)

UNTERSUCHUNGSBEFUNDE BEI NICHT DOMESTIZIERTEN HUFTIEREN

1939 - 1977

Von G. S t e g e r

Das Untersuchungsgut des Nürnberger Instituts umfaßt 2674 Objekte von nicht domestizierten Huftieren, die zwischen 1939 und 1977 bearbeitet wurden. Darunter sind 582 Sektionen von ganzen Tierkörpern. Die 2092 übrigen Objekte enthalten sehr zahlreiche Kot- und Blutproben, Organe von außerhalb sezierten Tieren und Secundinae. Etwa 22 % des kompletten Sektionsgutes sind abortierte Feten beziehungsweise in den ersten Lebenstagen verendete Jungtiere. Etwa 4/5 des Untersuchungsgutes gelangten in den Jahren 1965 bis 1977 zur Einsendung. Die Herkunft der Objekte ist weitgestreut, vor allem aus Zoos, Wildparks, zirzensischen Unternehmen sowie aus zahlreichen Wildgattern und Hobbyhaltungen.

Summarische Übersichten lassen nur zum Teil einen gewissen Häufigkeitsgrad bestimmter Belastungen der untersuchten Tiere erkennen, erlauben aber auf Grund der äußerst unterschiedlichen Haltungsdauer und Haltungsbedingungen keine generellen Schlußfolgerungen. Die 59 Species sind entsprechend der in Grzimeks Tierleben (1968) verwendeten Systematik geordnet, um die Zusammenschau für Familien und Unterfamilien zu ermöglichen. Die in Tabelle 1 (Materialübersicht) durchgeführte numerische Bezeichnung der Gruppen (1 - 17) wurde in den Tabellen 2 - 4 beibehalten (Infektions-, Organ- und parasitäre Krankheiten).

Die im Verhandlungsbericht 1973 enthaltenen Krankheiten der Ruminantier wurden nur teilweise eingeschlossen, da mehrere dort geführte domestizierte Formen hier nicht mit aufgenommen wurden.

Auch die Species Europäisches Reh wurde ausgeschlossen, da dieses über 700 Fälle zählende Untersuchungsgut vorwiegend zum Ausschluß der Tollwut, infolge von Verkehrsunfällen und nur in geringem Umfang zur Diagnostik einer Erkrankung zur Einsendung gelangte.

Die heterogene Herkunft des Untersuchungsgutes mit teilweise äußerst lückenhaften Vorberichten sowie die an dessen Bearbeitung beteiligte, flukturierende Anzahl der Mitarbeiter bedingten auch Schwankungen hinsichtlich der Qualität der Durchdringung dieses Materials.

Sowohl die aus dem Rahmen der Routine heraustretende Art und Herkunft des Untersuchungsgutes wie auch die von der Zielsetzung der Symposien ausgehende Stimulierung haben bei den Mitarbeitern im allgemeinen förderlich auf diese speziellen, oft mit reicher Zusatzarbeit verbundenen Aufgaben eingewirkt.

Eine weitere Förderung erfuhr die Auswertung unseres Wild- und Zootiermaterials durch die Vergabe einiger Diplom- und Zulassungsarbeiten an Studierende der Zoologie der Fakultät Biologie und Chemie der Universität Erlangen-Nürnberg. Die von M a n z und G r u b e r in diesem Symposiumsbericht enthaltene Arbeit über die "Bestimmung serologischer O-Gruppen von Escherichia coli aus Beständen des Tiergartens Nürnberg" sei hierzu genannt.

Aus dem reichen Material sollen jedoch einige exemplarische Fälle dargelegt werden.

Gruppe 1: Rundschwanz-Seekühe (Trichechidae): Nagel-Manati (Trichechus manatus)
Das adulte, weibliche Exemplar wiegt zirka 240 kg und verendet fünf Monate nach dem Import.
Pathologie: Kachektisch, ingravid, Herzkranzfett geschwunden, mehrere Liter einer rötlichen Flüssigkeit vermischt mit Fibrinfetzen in der Bauchhöhle, fibrinöse Auflagerungen auf den Bauchorganen, Leber mit Zwerchfell verklebt, im Magen gewürfeltes Karottenfutter, Lungenödem mit Randemphysem, alle übrigen Organe unauffällig, Dünndarmschleimhaut schwach gerötet.
Histopathologie: Leber atrophisch, Haemosiderose der Sternzellen, Lipofuszin-Anreicherung in den

Tabelle 1: Untersuchungsmaterial

Gruppe	Fam./Unterfam.	Arten	Gesamtzahl untersuchter Objekte/davon Sektionen	
1.	Seekühe	Nagel-Manati	9/ 1	9/ 1
2.	Elefanten	Indischer Elef.	45/ 3	
		Afrikan. Elef.	13/ 0	58/ 3
3.	Klipp-schliefer	Kapp-Klipp-schliefer	5/ 5	5/ 5
4.	Pferde	Echte Zebras	207/28	
		Kulan	56/ 4	
		Przewalski-Pf.	121/11	384/ 43
5.	Tapire	Schabracken-tapir	24/ 2	
		Flachlandtapir	2/ 0	26/ 2
6.	Nashörner	Südl.Breitmaul-nashorn	6/ 0	6/ 0
7.	Schweine	Europ.Wild-schwein	33/26	
		Zwergwild-schwein	1/ 1	
		Hirscheber	3/ 0	
		Halsband-pekari	2/ 0	39/ 27
8.	Flußpferde	Zwergflußpferd	2/ 0	
		Flußpferd	9/ 4	11/ 4
9.	Kamele	Kamel	115/ 8	
		Dromedar	6/ 1	
		Guanako	18/ 3	
		Lama	50/19	
		Alpaka	34/ 8	
		Vikunja	6/ 0	229/ 39
10.	Echthirsche	Damhirsch	101/58	
		Barasingha	6/ 0	
		Dybowski-H.	119/46	
		Wapiti-H.	105/19	
		Rothirsch	83/ 9	
		Davidshirsch	35/ 5	
		Sibir. Reh	20/ 2	
		Elch	4/ 2	
		Ren	153/38	626/179
11.	Giraffen	Netzgiraffe	87/12	87/12
12.	Waldböcke	Großer Kudu	49/ 2	
		Sumpfantilope	1/ 0	
		Buschbock	7/ 1	
		Elenantilope	124/24	
		Nilgauantilope	126/38	307/65
13.	Rinder	Wasserbüffel	18/ 6	
		Kaffernbüffel	26/ 0	
		Gayal	12/ 0	
		Java-Banteng	59/ 9	
		Hochlandrind	17/ 5	
		Watussi	46/10	
		Zebu	10/ 5	
		Yak	30/ 8	
		Bison	74/12	
		Wisent	48/ 1	340/56
14.	Kuhantilopen	Bleßbock	83/ 9	
		Gnus	131/20	214/29
15.	Gazellen	Kropfgazelle	3/ 0	
		Hirschziegenantilope	14/11	
		Springbock	28/ 8	45/19
16.	Saigaartige	Saigaantilope	29/ 4	29/ 4
17.	Ziegenartige	Gemse	23/ 3	
		Alpen-Steinbock	74/25	
		Schraubenziege	1/ 0	
		Mähnenspringer	115/53	
		Tahr	1/ 0	
		Europ.Mufflon	45/13	259/94
		59 Arten	2674/582	

Tabelle 2: Infektionskrankheiten

	1	2	3	4	5	6	7	8	9	10	11	12	13	14	15	16	17	
Pocken		1																1
Mucosal Disease									3	5	1							9
Europ. Schweinepest							7											7
Viruspneumonie				2														2
Chlamydia-Abort													1				1	2
Bakterieller Abort																	1	1
Welchii-Enterotoxämie									2	2							4	8
Cl. perfring.-Infektion									1				1					2
Bovine Tuberkulose									6	1		8	2					17
Paratuberkulose										5			6					11
Pasteurellose				1						3								4
Salmonellose				1 [1)]			1 [2)]			3 [3)]		7 [4)]		[5)] 1			[6)] 3	16
Rotlauf							5											5
Coli-Septikämie				2			9		15	17	1	3	8	2			18	75
Streptokokken-Septikämie		6		6			3		4	9		1	5	1			14	49
Staphylokokken-Infektion		6					2				1		1				4	14
Coryneb.pyog.-Infektion										1				1	1	1		4
Listeriose																	1	1
Leptospirose																	1	1
Bakt. Mischinfektion	1							3	1	1			1			2		9
Q-Fieber										25							9	34
Aktinomykose									1									1
Mykose				6					2	2			1	1	1	1		14
Anhang: Blutbild *)				8					8	38	3	9	26	3	2	2	6	102
Cuboni-Test					1													1
MIP-Test				2														2

*) Die Werte können bei Bedarf abgerufen werden.

1) 1x S. typhimurium b. Kulan
2) 1x S. typhimurium b. Wildschwein
3) je 1 x S. typhimurium b. Ren, Dam-u. Dybowskihirsch
4) 1x S. typhimurium b. Elenantilope
1x S. thompson b. Nilgauantilope
5x S. typhimurium b. Nilgauantilope

5) 1x S. agona b. Weißschwanzgnu
6) 1x S. abortus ovis b. Mähnenspringer
1x S. typhimurium var. copenhagen b. Mähnenspringer
1x S. oranienburg b. Mufflon

Tabelle 3: Organkrankheiten

	1	2	3	4	5	6	7	8	9	10	11	12	13	14	15	16	17	
Hirnrindennekrose												1		1				2
Mikrophthalmie														1				1
Panophthalmie											1							1
Pericarditis								4	1	4								9
Myocarditis									4	1								5
Myocarddegeneration									3	5		3	3	1			10	25
Pleuritis									1	4			1				1	7
Pneumonie							1		1	6		3	3	2	2	1	4	23
Lungenemphysem				1													1	2
Lungenödem																	2	2
Zahnanomalie																1		1
Gastroent. catarrh.		1					1		3	5	1		3		1		11	26
Gastroent. haemorrh.									1	11					1		4	17
Magendarmgeschwüre										3								3
Invagination																	1	1
Volvolus/Ileus				2									1					3
Perforation d.Darmes				1						2								3
Peritonitis	1			1				4	1	6					1	1		15
Fremdkörperperitonitis										1								1
Obstipation				1														1
Thromb.-embol.Kolik				1														1
Darmversandungskolik				4														4
Hepatitis										1							1	2
Leberdegeneration								2		1			2				1	6
Leberzirrhose									1	1							2	13
Leberruptur				1					1	1								3
Ikterus				1														1
Ascites										1								1
Hydraemie/Uraemie												1					1	2
Nephritis/Cystitis				1					1	1		1	1				1	6
Nephrose										1		1					2	4
Hodendysfunktion													4					4
Vaginitis/Metritis																	2	2
Endometritis										5								5
Geburtshindernis							1										1	2
Mumifikation d.Frucht										1		2						2
Mastitis										1			2				1	4
Dysbacterie d.Darmflora					1													1
Fohlenlähme				1														1
Angeb. Lebensschwäche				4					1	11			4				8	38
Kreisl.vers./Kollaps				2						3				2			1	8
Hypovitaminosen							2					1	1					4
Futterschädlichkeiten										11							3	14
Vergiftungen										1			1				1	3
Hungerdystrophie		2																2
Wurmanämie		1															2	3
Kachexie									1	25		1		1			5	33
Senilität		1			1				1	2			4					9
Skelettmusk.Dystr.														1				1
Muttermilchmangel								3	1			2						6
Trauma				6					6		2	2		4	1		9	30
Fraktur				1										2		2		5
Gliedmaßen-Huf-Krkh.		2		1					2			4	2				1	12
Immobilis.-Schäden										10			1				6	17
Neubildungen		2							3	1								6
Mißbildungen									1	2								3
Keine spez. Todesurs.									1	5	1	4		2			11	24

Tabelle 4: Parasiten

	1	2	3	4	5	6	7	8	9	10	11	12	13	14	15	16	17	
Eimeria/Isospora				1			7		15	28		42	40	5	2	13	67	220
Ciliata									1				3					4
Fasciola									1	1		2	4					8
Dicrocoelium				1									1				1	3
Paramphistomum										2								2
Moniezia									4			2	2	2	1	2	5	18
Paranaplocephala			5	1														6
Taenia		2																2
Finnen										2						1	4	7
Strongyloides				12	3				7	6	4	11	8	24	1		1	77
Strongylus				82														82
Trichonema				44														44
Chabertia									10	6			3	1			11	31
Oesophagostomum										15		3				1	9	28
Bunostomum									4	5		2	4				4	19
Ancyclostoma		5																5
Dictyocaulus							1		26	2		2		2			1	34
Protostrongylus										7		2		1				10
Muellerius										5							53	58
Trichostrongylus		1		1					31	29	1	7	19		1	10	28	128
Haemonchus									12	15		3	13	1			27	71
Ostertagia									30	33		5	3	1	1		30	103
Marshallagia										4								4
Cooperia										11		1	4	1		1	4	22
Nematodirus									14	8	1	35	6	6	1	2	18	91
Camelostrongylus										2								2
Ascaris				12					1	6		1	1			1		22
Parascaris				49														49
Oxyuris		3	5	1														9
Setaria												3		4				7
Trichuris							5		54	36	10	54	7	2		5	18	191
Capillaria									4	39	1	14	9	8			19	94
Eier/Larven undiff.		5			1	4			33	98	7	10	15				31	204
keine Endoparasiten	6	32		150	19		8	7	32	128	18	120	98	76	4	1	29	728
Haematopinus												5	1					6
Haarlinge										1		1						2
Sarcoptes				2					4	2								8
keine Ektoparasiten				6					9			3	3					21

Leberzellen, Sinus erweitert, eosinophile Granulozyten (Schockleber). Periphere fibrinöse Serositis der Gallenblase. Nieren: Mäßige Tubulonephrose.
Serologie: Insbesondere Q-Fieber negativ.
Bakteriologie: Bauchhöhlenexsudat: Aeromonas hydrophila, Streptokokken und Peptostreptokokken.
Besonderer anatomischer Hinweis: Eierstock zirka 5 x 5 x 2 cm groß, von zangenartiger Form und weichelastischer, schlaffer Konsistenz, graurosa, Oberfläche zerklüftet, zottenartig, an der Basis mit einer Vielzahl himbeerartig angeordneter, hirsekorngroßer Follikel besetzt, unterbrochen von weißen, reiskorngroßen, etwas vorstehenden, leicht gestielten Corpora lutea.
Gesamtdiagnose: Kachexie, fibrinöse Peritonitis unbekannter Ursache.

Gruppe 2: Elefanten (Elephantidae): Gattung Elephas: Indischer Elefant (Elephas maximus bengalensis)

1) 1,0: 1½ Jahre alt, vollkommen abgemagert, aus einem Zirkus, weist ein hochgradiges Unterbauchödem auf.
Parasitologie: Massenbefall mit Hakenwürmern. Die Anämie dieses Tieres ist als Folge dieser hochgradigen Wurminvasion zu betrachten.

2) 0,1: 14 Jahre alt, etwa 1.500 kg schwer, ebenfalls ein Zirkus-Elefant.
Pathologie: Lokale Hautschwellungen, Geschwüre in der Mundschleimhaut und krustöses Ekzem an den Füßen. Der Befund ergibt, daß es sich um einen generalisierten, pustulös-papulösen Quaddelausschlag handelt.
Parasitologie: Massenbefall mit Hakenwürmern. Der pustulös-papulöse Quaddelausschlag dürfte als Symptom der Hakenwurmkrankheit aufzufassen sein.
Virologie: Isolierung von Pockenviren verlief positiv. Die Isolierungen wurden sowohl im Virologischen Institut der Universität München - Prof. Dr. M a y r , wie auch am Nürnberger Institut durch Frau Dr. P e t e r h ä n s e l durchgeführt.

Gattung Loxodonta: Afrikanischer Elefant (Loxodonta africana).
Pathologie: Tumorartiges Gewebe aus dem rechten Oberkiefer: Es handelt sich hierbei um ein handflächengroßes, etwa 1½ cm dickes Gewebe, dessen Oberfläche schwarz und zerklüftet ist, süßlich riecht und in der Tiefe rötlich-schwammig ist, Schnittfläche feucht, Konsistenz weich.
Histologie: Unspezifisches Granulationsgewebe, mithin keine bösartige Neubildung.

Gruppe 4: Familie Pferde (Equidae): Untergattung Echte Zebras (Hippotigris).

1) Eine trächtige Böhmzebra-Stute, die seit zwei Jahren an Dämpfigkeit leidet, wird im gemeinsamen Gehege vom Elen-Bullen in der rechten Flanke durch Hornstoß verletzt, abortiert 12 Tage später, nachdem eine rasch fortschreitende Abmagerung zu sehen war. Die Wunde war in der Zwischenzeit versorgt worden. Das Tier verendete drei Wochen nach der Verwundung.
Pathologie: In der Nierenrinde eine pflaumengroße gelbliche Stelle, von Streifen durchsetzt, Schleimhaut dunkelrot-schmierig, einige spritzerartige Blutungen im Dünndarm vorhanden.
Bakteriologie: Haemolysierende Escherichia coli.
Parasitologie: Negativ.
Der abortierte Fetus dieses Zebras zeigte 27 cm Scheitelsteißlänge. Aus Fetus und Eihaut wurden Streptokokken isoliert.

2) Steppenzebra-Hengst zeigt etwas steifen Gang, aufgeschürzten Leib und sehr stark herabgesetzte Peristaltik. Am zweiten Tag war der steife Gang besonders betont, es waren unklare Herzgeräusche wahrzunehmen, und plötzlich trat der Tod des Tieres ein.
Pathologie: Volvulus.
Parasitologie: Die Darmauswaschung ergab einen Massenbefall mit 650 Exemplaren von Parascaris equorum, vermutlich also Darmverschlingung auf Grund eines sehr starken Endoparasitenbefalles.

3) Speiseröhrenobstipation bei einer Zebra-Stute, die man töten mußte, da der gesamte Verlauf des Ösophagus bis zum Mageneingang prall gefüllt war mit gequollenen Rübenschnitzeln und Pflanzenfasern.

4) 0,1 Zebra adult zeigt leichte Kolik, Kot ist dünnbreiig.
Pathologie: Am Eingang des Hüftdarms und am Ursprung des großen Kolons wird Linksdrehung des Blinddarmes mit Verlagerung desselben ventrolateral nach links festgestellt. Vermehrt blutigwäßriger Ascites. Es handelt sich also hier um einen Kreislaufkollaps, letztlich die Todesursache infolge einer Torsion des Blinddarms.

5) Eine Grevy-Zebra-Stute zeigt wiederholt leichte Kolikerscheinungen, ist in gutem Ernährungszustand und weist in der Wand der linken ventralen Längslage des großen Kolons eine handtellergroße Ruptur auf mit blutig infiltriertem Rand. Der gesamte Blinddarm ist prall gefüllt mit einem Gemisch von 2/3 Sand und 1/3 grünlich-braunem Futterbrei.

6) Der weitere Fall einer Grevy-Zebra-Stute, die im Lumen des großen Kolons eine ungeheuer große Menge von Trockenresten von Pflanzenfasern, vermischt mit Sand, zeigt, wobei einzelne Abschnitte des großen Kolons mit reinem Sand angefüllt sind. Schleimhaut blutig infiltriert, außerdem sind Lungenstauung und Ziegelrotverfärbung der Magenschleimhaut zu erkennen. Es wird eine hyalin-schollige Herzdegeneration festgestellt. Als Todesursache ist hier ein Kreislaufkollaps auf Grund einer Dickdarmanschoppung mit Sand anzusehen.

Untergattung Halbesel (Hemionus): Kulan (Equus hemionus kulan)

1) Einem 1,0 Kulan-Fohlen wird durch einen Tritt der Mutter der linke Metakarpus frakturiert. Das Fohlen wurde getötet. Bei ihm wurde eine Septikämie durch Salmonella typhimurium nachgewiesen.

2) Bei einem weiteren Kulan-Fohlen, das 14 Tage krank war, wurde eine Polyarthritis mit Hautnekrosen festgestellt.
Pathologie: Leber- und Milzschwellung, am rechten Rand der Visceralfläche der Leber ein doppelt hühnereigroßes Hämatom mit Abkapselung.
Histologie: Bindegewebskapsel mit Siderozyten, außerdem zentrale Fibrinschleier.
Diagnose: Polyarthritis, beginnende Peritonitis und ein abgekapseltes Leberhämatom, vermutlich als Folge einer partiellen Leberruptur.

Untergattung Echte Pferde (Equus i. e. S.): Östliches Steppenwildpferd (Equus przewalskii przewalskii)

1,0 verendetes Urwildpferdfohlen. Das Tier verendete im Alter von 11 Wochen. Intra vitam waren die Hoden nicht zu palpieren, daher Untersuchungsrichtung auch auf Kryptorchismus.
Pathologie: Versandung der rechten ventralen Lage des großen Kolons mit etwas glasig verdickter Schleimhaut. Hoden beidseitig im Canalis vaginalis verschieblich, den Grund des Processus vaginalis erreichend.
Parasitologie: 25 Exemplare von Parascaris equorum.
Gesamtdiagnose: Blinddarmversandung, Askaridenbefall bei einem 11 Wochen alten Urwildpferdfohlen.

<u>Gruppe 5:</u> Tapire (Tapiridae): Schabrackentapir (Tapirus indicus)

Ein Fall von einem 19 Jahre alten Tier, männlich, das seit etwa 12 Tagen erkrankt ist, vorher bereits Bewegungsschwierigkeiten gezeigt hatte und schließlich nach Handparese und Dyspnoe verendet.
Pathologie: An sich wenig charakteristisch: Herzerweiterung, Lungenemphysem, außerdem gelbkreidige Beläge in der Harnblase, alle übrigen Organe unauffällig.
Bakteriologie: Organe sowie Blut- und Harnprobe, Gelenkflüssigkeit, abdominale und Herzbeutelflüssigkeit: Ausschließlich negativ.
Parasitologie: Darmauswaschung völlig negativ.
Harnsediment: Epithelien in mittelstarker Anzahl, Leukozyten mäßig, zahlreiche Kristalle aus kohlensaurem und schwefelsaurem Kalk.
Histologie: Die Hoden zeigen keine Spermiogenese, vermutlich infolge der Senilität. Muskulatur, Nervengewebe sowie auch die Lunge sind ohne Normabweichungen.

<u>Gruppe 8:</u> Flußpferde (Hippopotamidae): Gattung Großflußpferde: Flußpferd (Hippopotamus amphibius)

1) Ein 6 Tage altes weibliches Flußpferd verendet, 32 kg Körpergewicht, war mit der Flasche aufgezogen worden. Ernährungszustand mäßig, im Magen eine geringe Menge einer weißen, flockigen Flüssigkeit.
Bakteriologie: In den großen Parenchymen und in der Lunge Streptokokken, Pasteurellen sowie Proteus morganii.
Generelle Diagnose: Lebensschwäche.

2) 1,0 Flußpferd, künstliche Aufzucht, drei Wochen alt, 48,8 kg Körpergewicht, das ebenfalls mit der Flasche aufgezogen worden war, trank plötzlich nicht mehr.
Pathologie: Ernährungszustand gut, flächenhafte fibrinöse Auflagerungen auf dem Epikard, Herzmuskel war grauweiß gestreift, Milz- und Leberschwellung, Bauchfell ramifiziert, im Magen gelbgrüne, klumpig geronnene Milch.
Parasitologie: Darmauswaschung negativ.
Bakteriologie: Gramnegative Mischflora.
Diagnose: Akute fibrinöse Pericarditis, Peritonitis und septische Milzschwellung.

Gruppe 9: Familie Kamele (Camelidae)

In allen Fällen der bei Kamelartigen hier nachgewiesenen tuberkulösen Veränderungen (Tabelle 2) ergab die Typendifferenzierung Mycobacterium bovis.

1) Bei einem zwei Tage alten Lama-Lamm wird die Leber viellappig und gefurcht angetroffen.
Diagnose: Hepar succenturiatum. Außerdem lag Coli-Septikämie vor.

2) Ein eingeschläfertes Lama, weiblich, 17 Jahre alt, zeigt in der freien Bauchhöhle verschiedene eiförmige weißliche, knochenharte Gebilde mit nekrotischem Inhalt, desgleichen auch an der Leberkapsel und vereinzelt im Gekröse. Am Aortenbogen befinden sich umschriebene plattenartige Intimaaufrauhungen. Der histologische Befund der freien Körper ergibt eine Bindegewebskapsel mit zentraler Nekrose und Verkalkung.
Diagnose: Geringgradige Intimaverkalkung der Brustaorta und Corpora libera in der Bauchhöhle werden als lipomartige Neubildungen identifiziert.

3) Ein analoger Fall bei einem 18 Jahre alten männlichen Lama, bei dem sich subpleurale, weißliche, submiliare Ansammlungen von Herdchen in der Lunge befinden.
Histologie: Subpleurale oder auch peribronchiale, zum Teil perivaskuläre Ansammlung von "Schaumzellen" und einer gewissen Cholesterinspeicherung. Es handelt sich hierbei um begrenzte histiozytäre Infiltrationen, gelegentlich sind Riesenzellen vorhanden. Der histologische Befund spricht mithin für eine Lipoid-Granulom-Bildung, beruhend auf Störung des Fettstoffwechsels in der Lunge.
Parasitologie: 50 Exemplare von Nematodirus und 45 Exemplare Trichuris (Darmauswaschung).

4) 0,1 Alpaka, 50½ kg schwer, etwa 10 Jahre alt, konnte nur tröpfchenweise Harn absetzen.
Pathologie: Stark abgemagert, Milchdrüse annähernd gleichmäßig induriert, zum Teil mit zentralen bräunlichen nekrotischen Herden und bis zu eigroßen gelblich-weißen glasigen Knoten durchsetzt. Alle Lymphknoten mäßig vergrößert, induriert, Schnittfläche grauweiß glasig, benachbarte Oberschenkelmuskulatur serös durchtränkt mit weißlichen, streifenförmigen, glasigen Herden. In der Bauchhöhle literweise schwachrötliche Flüssigkeit mit gelben Flocken. Beide Nieren vergrößert, mit weißlichen linsengroßen Herdchen durchsetzt und mit streifenförmigen bis ins Mark reichenden Blutungen, Blase bis auf Scheitelgegend induriert mit subseröser feinhöckeriger Oberfläche, beide Eierstöcke vergrößert, taubeneigroß induriert, mit feinhöckeriger grauweißer Oberfläche, beide Uterushörner gleichmäßig vergrößert, induriert, Wand verdickt, mit feinhöckeriger reliefartiger Struktur, Magen zirka halb voll mit kurzfaserigem Pflanzenfutterbrei, Enddarminhalt geformte Kotbällchen, Beckenlymphknoten beidseitig knapp pflaumengroß induriert.
Kulturell und serologisch: Negativ.
Histologie: In der Milchdrüse größtenteils wenig oder undifferenziertes Pflasterzellkarzinom, keine Hornperlen, begrenzte Hyalinisierung der oberflächlichen Zell-Lagen (Primärtumor?), Gefäßeinbrüche und Nekrosen. Unverändertes Drüsengewebe nur in Spuren feststellbar. Beckenlymphknoten, Eierstock und Uterus sowie Harnblase zeigen undifferenziertes Pflasterzellkarzinom, die Schenkelmuskulatur zahlreiche Metastasen eines undifferenzierten Pflasterzellkarzinoms. Die Leber sowie die Lunge zeigen ebenfalls Mikrometastasen eines Pflasterzellkarzinoms. In der Niere ist eine aufsteigende akute Nephritis festzustellen.
Gesamtdiagnose: Kachexie infolge Karzinomatose.

Gruppe 10: Echthirsche (Cervidae)

Auf die hier aufgetretene Q-Fieber-Situation soll nicht näher eingegangen werden. Diese Problematik wurde an anderer Stelle ausführlich dargestellt.

1) Ein verendeter Wapiti-Hirsch zeigt Pansen- und Lungenaspergillose, Aspergillus fumigatus wird kulturell nachgewiesen, und es traten hier in Lunge und Pansen eitrige, herdförmige,

mykotische Veränderungen auf.

2) Bei einem Rentier von 63 kg Körpergewicht wurden 20 runde, zweimarkstückgroße geschwürige, zum Teil perforierende Nekrosen im Pansen und im Labmagen festgestellt. Labmagenschleimhaut stark entzündet mit Leber- und Milzschwellung, Dünndarmschleimhaut war abschnittweise gerötet. Keine Endoparasiten. Kulturell negativ.
Histologie: Nekrose der Labmagen- und Vormagenschleimhaut, Infiltration der Muscularis mit Makrophagen und zum Teil eosinophilen Granulozyten, keine eigentliche Demarkation, Pilzmycel dichotom verzweigt.
Diagnose: Peritonitis durch zum Teil perforierende multiple herdförmige mykotische Nekrosen des Labmagens und der Vormägen.

3) Eine ausgefallene Diagnose bei einem 2 1/2 Monate alten Rentier-Kalb. Es wurde nach großer Hitze und Sonneneinstrahlung (die Temperatur betrug 29,5 °C) abends festgestellt, daß es taumelte, und auch die übrigen Rentiere zeigten starke Dyspnoe. Das Jungtier starb in der folgenden Nacht.
Pathologie: Ernährungszustand gut, epicardiale Petechien, Blutfülle der Mesenterialgefäße und der Leber, außerdem auffällige Hyperämie der weichen Hirnhaut.
Histologie: Hyperämie der Gehirnhäute.
Parasitologie: 28 Exemplare Trichostrongylus und 2 Exemplare Capillaria.
Diagnose: Gesamtbefund spricht für den Tod durch Sonnenstich (Insolatio) beziehungsweise Hitzschlag (Siriasis).

<u>Gruppe 11:</u> Unterfamilie Steppengiraffen (Giraffidae): Netzgiraffe (Giraffa camelopardalis reticulata)

1) 1,0 4 Monate alt. Er hatte verschiedene Male nach dem Saugen und Trinken von Haferschleim erbrochen. Bei ihm wurde ein guter Ernährungszustand festgestellt.
Pathologie: Vereinzelte blaurote lobuläre Herde im Bereich der Spitzenlappen, atelektatische Gebiete, die Labmagenschleimhaut nur geringgradig verwaschen gerötet mit wenigen Petechien.
Parasitologie: (Darmauswaschung): Etwa 50 Exemplare Trichuris.
Histologie: Epithelzellinfiltration der kutanen Schleimhaut, lymphozytäre Infiltration der tieferen Schleimhautschichten und lymphohistiozytäre Infiltrate. Labmagenschleimhaut mit oberflächlichen Erosionen mit kleinsten Blutungen, Lunge mit atelektatischen Bezirken.
Diagnose: Mucosal Disease.

2) Eine nur drei Tage alte männliche Giraffe hatte nicht bei der Mutter getrunken und wurde mit Ziegenmilch, Sahne, Pansenstimulans und Boviserin per Magensonde ernährt.
Bakteriologie: Große Parenchyme und Lunge Coli und Staphylokokken, Blinddarm Escherichia coli.
Parasitologie: (Darmauswaschung): Negativ.
Diagnose: Katarrhalische Enteritis auf Grund einer Coli-Staphylokokken-Infektion.

<u>Gruppe 12:</u> Unterfamilie Waldböcke (Tragelaphinae)

Die Nilgau-Antilopen, die an Tuberkulose verendet sind beziehungsweise wegen Tuberkulose-Erkrankung getötet wurden, waren sämtlich mit dem bovinen Typus infiziert.

Bei Elenkälbern wurden wiederholt Anomalien an den Vorderbeinen festgestellt, insbesondere im Bereich des Fesselgelenkes, das volar und medial verbogen war. Die Hinterfüße waren im Fesselgelenk medial verbogen. Die Tiere konnten allein schlecht oder gar nicht stehen. Es handelt sich dabei um eine angeborene Verkrümmung der Gliedmaßen, eine höhergradige Beugekontraktur mit Flexion, wobei gleichzeitig eine Sehnenverkürzung vorliegt.

<u>Gruppe 14:</u> Unterfamilie Kuhantilopen (Alcelaphinae)

1) Bleßbock, mit knapp zwei Monaten verendet. Das Tier war künstlich aufgezogen worden und zeigte einen Enddarmvorfall von etwa 10 cm Länge.
Pathologie: Ernährungszustand ausreichend gut, haemorrhagische Enteritis. Außerdem noch eine Hautwunde in der Kniefaltengegend.
Histologie: Mykotische Granulome mit zentralen Hyphen, unseptiert, periphere Granulozyten und Epitheloid- und Riesenzellen. Hyphen relativ schmal, spitzwinklig verästelt, eosinophile Einschlüsse in den Riesenzellen.
Diagnose: Enteritis, Mastdarmvorfall und Lungenmykose, vermutlich eine Candida-Mykose.

2) Ein 6 Wochen altes weibliches Weißschwanz-Gnu-Kalb zeigte zum Teil hellgestreifte Skelettmuskulatur.
Histologie: Hyalinscholliger Zerfall der Muskulatur, kleinhistiozytäre Infiltration, Verkalkung zerfallener Faseranteile in der Muskulatur, außerdem Verlust der Querstreifung.
Parasitologie: (Darmauswaschung): Kokzidienoozysten in mäßiger Menge.
Bakteriologie: Salmonella agona.
Diagnose: Skelettmuskeldystrophie, ähnlich wie bei Selenmangel.

<u>Gruppe 16:</u> Unterfamilie Saigaartige (Saiginae): Russische Saiga (Saiga tatarica tatarica)

1) 1,0 Saiga-Antilope, adult, am Maul Nekrosen, auf Oberkiefer (Kauplatte und Oberlippen-Innenseite) sowie auf Zungenspitze und Unterkiefer beiderseits Veränderungen nekrotischer Art.
Pathologie: In der Pansenwand vier bis markstückgroße, rotumrandete Perforationen, auf der Pansenschleimhaut befinden sich verteilt bis fünfmarkstückgroße Erosionen mit gelblich-bräunlichem, trockenem Grund. Die gesamte Lunge ist durchsetzt von miliaren bis reiskorngroßen grünlichen Knötchen. Die Mundschleimhaut im Bereich der Schneidezähne zeigt nekrotische, scharf umrandete Erosionen.
Parasitologie: Trichuris ovis und einige pflaumengroße dünnhalsige Finnen von Cysticercus tenuicollis der Taenia hydatigena des Hundes.
Mykologie: Aspergillus flavus.
Diagnose: Mykogene Pneumonie mit ulzerierender Stomatitis und Pansenschleimhautentzündung. Außerdem wurde Candida albicans auf der Mundschleimhaut nachgewiesen, also ein Fall von Soor.

2) Eine weitere Saiga-Antilope, männlich, zeigte Abmagerung und Nachhandschwäche, es wurden bei ihr mesenteriale Abszesse nachgewiesen.
Bakteriologie: Corynebacterium pyogenes und Streptokokken. Dann bestand noch ein zusätzlicher Kokzidienbefall.
Parasitologie: Oesophagostomum, Trichuris und Trichostrongylus.
Bei mehreren weiteren Saiga-Antilopen wurden Zwischenkieferschleimhautentzündungen und Nekrosen nachgewiesen, so daß bei dieser Species wiederholt Pilzbefall gesichert ist.

<u>Gruppe 17:</u> Unterfamilie Ziegenartige (Caprinae)

1) 0,1 Muffelschaf zeigt geringgradigen Oesophagostomum venulosum-Befall, jedoch Infektion mit Salmonella oranienburg.

2) Eine Eihaut von einem eventuell totgeborenen oder alsbald nach der Geburt verendeten Muffellamm zeigt Verdacht auf Virusabort beziehungsweise Chlamydien-Infekt.

3) Ein weibliches Mufflon von 24 kg Körpergewicht kommt zum Festliegen, zeigt Durchfall.
Pathologie: Leber ockerfarben, etwas verhärtet, die Nieren olivbraun, hochgradiges Lungenödem und Herzmuskulatur im subendocardialen Bereich der rechten Kammer auffallend helle Farbe.
Histologie: Herzmuskelnekrose, postdystrophische Leberzirrhose und cholämische Nephrose.
Parasitologie: Mittelgradiger Befall mit Capillaria.
Bakteriologie: Unauffällige Begleitflora.
Diagnose: Postdystrophische Leberzirrhose mit Ikterus. Histochemischer Kupfernachweis: Positiv. Damit spricht der Befund für eine chronische Kupfervergiftung.

4) Und zum Abschluß ein Untersuchungsbefund über deformierte Läufe von Mufflons. In einem Wildrevier wurden wiederholt Schalendeformierungen beim Muffelwild beobachtet. Die spezifische Weiteruntersuchung an der Allgemeinen Pathologie in München bei Prof. von S a n d e r s l e b e n ergab, daß die Klauenveränderung als Onychogryposis zu bezeichnen ist und vor allem beim Muffelwild beobachtet wird. Ursächlich nimmt man eine ungünstige, vielleicht zu weiche Bodenbeschaffenheit an. In felsigen Gegenden, dem ursprünglichen Standort des Muffelwildes, soll das Krankheitsbild nicht beobachtet werden. Daneben ist jedoch an eine bislang ungeklärte Stoffwechselstörung zu denken, ähnlich wie es sich bei der sogenannten "Rehe" der Pferde abspielt.

<u>Zusammenfassung:</u>

<u>Untersuchungsbefunde bei nicht domestizierten Huftieren 1939 - 1977</u>

1939 - 1977 wurden 2674 Objekte von Huftieren untersucht. Davon waren 582 vollständige Sektionen. Das Untersuchungsgut verteilt sich auf 59 Tierarten aus 17 Familien beziehungsweise Unterfamilien. Die diagnostizierten Infektionskrankheiten, Organkrankheiten und Parasitennachweise werden in Tabellen geordnet. 35 exemplarische Fälle werden näher dargestellt.

Summary:

Findings of Examinations in Ungulata During the Period from 1939 - 1977

During the period from 1939 - 1977 2674 objects of Ungulata were examined. 582 thereof were compleote autopsies. These objects originate from 59 species from 17 families and subfamilies respectively. The infectious diseases diagnosed, organic diseases and parasite detection are classified in tables. 35 exemplary cases are described in more detail.

Résumé:

Résultats d'examens effectués sur des ongulés non domestiques de 1939 à 1977

De 1939 à 1977, 2674 individus de l'ordre des ongulés ont été examinés, dont 582 par dissection complète. Les specimens appartenaient à 59 espèces de 17 familles ou sous-familles. Les maladies contagieuses, affections organiques et contaminations par parasites qui ont pu être diagnostiquées, sont présentées sous formes de tableaux. 35 cas-modèles sont expliqués plus en détail.

Резюме:

Результаты исследований у не прирученных копытных животных с I939 по I977 год.

С I939 по I977 год иследованы 2674 копытных животных. Из них на 582 были проведены полные секционные исследования. Полученные материалы распределяются на 59 видов животных, из них I7 фамилий или подфамилий. Выявленные инфекционные заболевания, поражение органов и определение паразитов отражено в таблицах. Более подробно описаны 35 примерных случаев.

Anschrift des Verfassers: Prof. Dr. G. S t e g e r
Leitender Veterinärdirektor
Flurstr. 20
D-8500 Nürnberg (BRD)

Aus der Sektion Tierproduktion und Veterinärmedizin der Karl-Marx-Universität Leipzig, Fachgruppe Mikrobiologie und Tierseuchen (Leiter: Prof. Dr. sc. A. V o i g t), Fachgruppe Reproduktion landwirtschaftlicher Nutztiere (Leiter: OVR Prof. Dr. sc. K. W o h a n k a) und dem Zoologischen Garten Leipzig (Direktor: Dr. S. S e i f e r t)

ERGEBNISSE DER BAKTERIOLOGISCHEN UNTERSUCHUNGEN BEI HUFTIEREN DER ZOOLOGISCHEN GÄRTEN LEIPZIG UND ERFURT IM ZEITRAUM VON 1968 BIS 1977

Von H.-J. S e l b i t z , S. S e i f e r t , A. V o i g t , K. E l z e , A. B e r g m a n n und K. E u l e n b e r g e r

Vertreter der Ordnungen Perissodactyla und Artiodactyla gehören in sehr vielen zoologischen Gärten und Tierparks zu den häufigen Schauobjekten. Neben seltenen, vom Aussterben bedrohten Arten, wie z. B. den Schneeziegen (Oreamnos americanus), Moschusochsen (Ovibos moschatus) oder Anoas (Anoa depressicornis), werden zunehmend auch die verschiedensten Haustierrassen gehalten. Der rasche internationale Fortschritt der Tierproduktion verdrängt viele von ihnen aus der Landwirtschaft und weist ihnen in den zoologischen Gärten eine letzte Heimstatt zu. Dort setzt sich immer mehr der Gedanke durch, daß auch Haustierrassen als bewahrungswürdige Kulturgüter aufgefaßt werden müssen.

Eine Analyse des Auftretens bakterieller Infektionen bei in Zoos gehaltenen Huftieren hat nicht nur die Aufgabe, Hinweise für die weitere tierärztliche Betreuung der wertvollen Bestände zu geben, der interessante vergleichende Aspekt mit den nahe verwandten Nutztieren und ihren Infektionskrankheiten ist der zweite Grund einer solchen Auswertung.

1. Material und Methode

Ausgewertet werden in der vorliegenden Arbeit die bakteriologischen Untersuchungen der Organe von 571 Huftieren, die in den letzten zehn Jahren an der Fachgruppe Mikrobiologie und Tierseuchen der Sektion Tierproduktion und Veterinärmedizin der Karl-Marx-Universität Leipzig durchgeführt wurden. Die Tiere entstammten den Beständen der Zoologischen Gärten in Leipzig und Erfurt. Es handelte sich um Vertreter der Familien Equidae, Camelidae und Cervidae sowie der Unterfamilien Ovibovinae und Bovinae. Die übrigen in die beiden Ordnungen der Huftiere gehörigen Familien wurden wegen des geringen Umfanges des Untersuchungsmaterials nicht berücksichtigt. Dazu wird eine geringere Anzahl Befunde von klinisch-bakteriologischen Untersuchungen von Proben aus dem Zoologischen Garten Leipzig ausgewertet.

1.1. Probenansatz

Der Ansatz jeder Probe erfolgte generell auf Blut-, Einfach- und Gassneragar, als Anreicherungsmedium für Salmonellen wurde die Kaliumtetrathionat-Bouillon nach Preuß verwendet. Die Bebrütung der Nährböden und Anreicherungsmedien erfolgte bei 37°C, Darm- und Kotproben wurden aus der Anreicherungsflüssigkeit nach 24 und 48 Stunden auf Gassner- und Brillantgrün-Phenolrot-Nährboden ausgestrichen, alle anderen Organe nur nach 24stündiger Bebrütung. Als weiteres Anreicherungsmedium wurde von Fall zu Fall Serumbouillon eingesetzt.

1.2. Diagnostik der Clostridium perfringens-Enterotoxämie

Die Diagnose Clostridium perfringens-Enterotoxämie wurde an Hand des Ausganges des Tierversuches gestellt. Dieser wird seit 1977 entsprechend der für das Veterinärwesen der DDR gültigen Arbeitsanweisung durchgeführt, indem 0,5 ml toxinhaltiger Überstand einer zentrifugierten Suspension (30 Minuten bei 20000 g) einer Maus intravenös appliziert werden. In früheren Jahren wurden jeweils mehrere Mäuse intraperitoneal und subkutan mit erhitztem und unerhitztem Material behandelt. Eine serologische Bestimmung der Toxintypen erfolgte nicht.

1.3. Differenzierung koliformer Keime

Die Differenzierung koliformer Keime erfolgte nur in bestimmten Fällen, wie etwa dem Vorliegen entsprechender anamnestischer Hinweise, dem starken Vorkommen in allen Organen oder stärkerem Auftreten hämolysierender Keime. Angewendet wurden dann biochemische und serologische Methoden. Die Bestimmung der sogenannten ferkel- beziehungsweise kälberpathogenen Typen von E. coli nahmen wir mittels Objektträgerschnellagglutination unter Zuhilfenahme von Testseren vor, die in der DDR für den Einsatz bei landwirtschaftlichen Nutztieren hergestellt werden.

Seit 1. 5. 1975 ist eine entsprechende Arbeitsanweisung des Leiters des Veterinärwesens der DDR für die "Diagnostik und Typenbestimmung enteropathogener Escherichia coli-Typen des Schweines", seit 1. 12. 1977 eine analoge für enteropathogene Kolitypen des Kalbes in Kraft. In den vorausgehenden Jahren kamen die jeweils handelsüblichen Testseren zur Anwendung.
Bezüglich des für Jungtiere der Nutztierarten in Betracht kommenden Antigenspektrums sei auf E l z e (1977), W i t t i g (1974) und E l z e et al. (1973) verwiesen.
Die übrigen Keimarten und -gruppen wurden mit den allgemein für die Routinediagnostik üblichen Verfahren nachgewiesen.

1.4. Interpretation der Befunde

Als sogenannter unspezifischer Keimgehalt werden in dieser Übersicht Befunde interpretiert, die einen gering- bis mittelgradigen Gehalt an anhämolysierenden koliformen Keimen, anhämolysierenden Streptokokken, Enterokokken und aeroben Sporenbildnern aufzeigten. Der Frischegrad des untersuchten Materials wurde soweit möglich in die Überlegungen zur Interpretation der Befunde einbezogen. Es kann also durchaus davon ausgegangen werden, daß der Anteil koliformer Keime am Infektionsgeschehen in unserem Untersuchungsmaterial eher etwas zu niedrig gewertet wurde.

2. Gesamtübersicht über die erhobenen Befunde

Tabelle 1: Befunde bakteriologischer Untersuchungen der Organe von 571 Huftieren (Equidae, Camelidae, Cervidae, Bovidae).

Nachgewiesener Erreger (Genus oder Species)	Anzahl der Nachweise im Untersuchungsmaterial absolut	in %
Salmonellen	28	4,9
Pasteurella multocida	16	2,8
ß-hämolysierende Kolikeime	14	2,45
kälberpathogene Kolitypen	14	2,45
Staphylococcus aureus	13	2,3
Clostridium perfringens	12	2,1
ß-hämolysierende Streptokokken	11	1,9
säurefeste Stäbchen	9	1,6
Pseudomonas aeruginosa	9	1,6
Streptococcus zooepidemicus	5	
koryneforme Keime	4	
Klebsiellen	4	
Mycobacterium bovis	3	
Corynebacterium pyogenes	3	
Staphylococcus spec.	3	
Clostridium septicum	2	
Streptococcus equisimilis	2	
Listeria monocytogenes	2	
Pasteurella pseudotuberculosis	2	
ferkelpathogene Kolitypen	2	
Streptococcus equi	1	
Streptococcus bovis	1	
Aeromonas spec.	1	
Bordetella bronchiseptica	1	
Neisseria catarrhalis	1	
Chlamydien	1	
sogenannter unspezifischer Keimgehalt	407	71,3

3. Vorkommen und Bedeutung bakterieller Infektionen bei ausgewählten Gruppen von Huftieren

3.1. Familie Equidae

Tabelle 2: Befunde bakteriologischer Untersuchungen der Organe von 55 Equidae

Nachgewiesener Erreger	Anzahl der Nachweise im Untersuchungsmaterial absolut	in %
Salmonellen	4	7,3
ß-hämolysierende Streptokokken	9	16,4
- davon: Sc. zooepidemicus	2	
Sc. equisimilis C.	2	
Sc. equi	1	
(Sc. zymogenes) Enterokokken	2	
nicht differenzierbar	2	
Pasteurella multocida	3	5,4
Staphylococcus aureus	3	5,4
Listeria monocytogenes	1	1,8
kälberpathogene Kolitypen	1	1,8
Chlamydien	1	1,8
Streptococcus bovis	1	1,8
sogenannter unspezifischer Keimgehalt	32	58,2

Bei einem Anteil des sogenannten unspezifischen Keimgehaltes von nur 58,2 % in unserem Untersuchungsmaterial kann die Aussage aus der Literaturübersicht von Eulenberger (1970), daß Infektionskrankheiten bei Equiden nur eine geringe Bedeutung haben, durch unser Material nicht bestätigt werden. An erster Stelle des Erregerspektrums stehen, wie aus Tabelle 2 ersichtlich wird, die ß-hämolysierenden Streptokokken. Streptococcus equi wurde 1971 aus Niere und Lunge eines Ponyfohlens isoliert.

Alle Nachweise von Streptococcus zooepidemicus (C) (sive pyogenes animalis C) und Streptococcus equisimilis (C) (sive pyogenes humanus C) erfolgten aus abortierten Feten beziehungsweise Frühgeburten. Dies ist insofern interessant, als Streptococcus zooepidemicus (C) als Erreger der Fohlenspätlähme bekannt ist, die im allgemeinen in der zweiten bis dritten Woche post partum, ausnahmsweise auch noch bis zum Alter von 8 - 12 Wochen auftritt (Elze et al., 1973). Aus dem von uns beobachteten Eintreten während der Gravidität muß auf eine latente Durchseuchung der Muttertiere geschlossen werden, die nach einer Resistenzminderung zur Manifestation im Fetus und dadurch zum Abort beziehungsweise der Frühgeburt führte.

Der in einem Falle erfolgte Chlamydiennachweis geht ebenfalls auf die Untersuchung einer Frühgeburt, und zwar die eines Zebras zurück. Die Interpretation dieses Befundes stellt ein gewisses Problem dar. Einerseits gehören die Chlamydien nach Beer (1974) zu den Erregern, die in der Natur außerordentlich weit verbreitet sind und häufig zu latenten Infektionen führen. Anreicherungen in der Außenwelt, wie sie durch Großbestände begünstigt werden, erleichtern die klinische Manifestation. Diese Verhältnisse können bezüglich der Haltungsbedingungen in zoologischen Gärten durchaus unterstellt werden. Andererseits gilt die Bedeutung von Chlamydien als Aborterreger bei Schaf, Ziege und Rind als erwiesen. Für Equiden wurde sie bislang unseres Wissens noch nicht eindeutig nachgewiesen.
Die ebenfalls von Beer (1974) mitgeteilte Möglichkeit der wechselseitigen Übertragung von Tierart zu Tierart, z. B. die Auslösung von Schafaborten mit dem Ornithoseerreger, läßt den Schluß auf eine ätiologische Bedeutung von Chlamydien für den Fall der Zebrafrühgeburt durchaus erlaubt erscheinen. Staphylococcus aureus ließ sich aus Lunge und Eihäuten eines abortierten Ponyfetus nachweisen. Auch bei den Zooequiden zeigt sich, daß den nicht durch klassische Aborterreger bedingten infektiösen Aborten der Equiden eine recht hohe Bedeutung zukommt.

In über 7 % der durchgeführten Untersuchungen wurden bei Equiden Salmonellen nachgewiesen. Der Anteil einzelner Species ist aus Tabelle 7 zu ersehen. Die von Bang (1962, zit. nach Eulenberger, 1970) getroffene Feststellung, daß Salmonellen bei Pferden wesentlich seltener seien als bei anderen Haustieren, kann demnach für unsere Zooequiden nicht bestätigt werden.

Erwähnenswert ist ferner ein Fall von Staphylococcus aureus-Sepsis bei einem Shetlandpony.

3.2. Familie Camelidae

Tabelle 3: Befunde bakteriologischer Untersuchungen der Organe von 58 Camelidae

Nachgewiesener Erreger	Anzahl der Nachweise im Untersuchungsmaterial absolut	in %
kälberpathogene Kolitypen	3	5,2
ß-hämolysierende Kolikeime	2	3,4
ferkelpathogene Kolikeime	2	3,4
säurefeste Stäbchen	2	3,4
Pasteurella multocida	2	3,4
Salmonellen	1	
Streptococcus zooepidemicus (C)	1	
andere ß-hämolysierende Streptokokken	1	
Staphylokokken	1	
koryneforme Keime	1	
Mycobacterium bovis	1	
Klebsiellen	1	
sogenannter unspezifischer Keimgehalt	40	69,0

A l t m a n n (1975) verwies auf die international im Steigen begriffene Bedeutung der Camelidae als Fleisch-, Woll- und Milchlieferanten und die daraus resultierende Bedeutung der Erforschung ihrer Erkrankungen. Er erwähnte besonders Infektionen mit Actinomyces cameli, das durch Streptococcus zooepidemicus (C) ausgelöste Alpakafieber und Clostridienintoxikationen der Neuweltkamele. Als bedeutsame bakterielle Erkrankungen der Tylopoda beschrieb E l z e (1975) Milzbrand, Pneumokokkose, Tuberkulose, Paratuberkulose, Tetanus und Clostridium perfringens-Enterotoxämien.

Mycobacterium bovis wurde aus unserem Untersuchungsmaterial einmal isoliert, und zwar aus der Lunge eines Guanakos (Lama guanacoe). Je einmal waren weiterhin säurefeste Stäbchen in Organen eines Neuwelt- und eines Altweltkamels nachzuweisen. Milzbrand, Tetanus und Clostridienenterotoxämien stellten wir nicht fest.

Die größte Bedeutung im ausgewerteten Sektionsmaterial hatten Kolikeime. In insgesamt mehr als 12 % aller Fälle wurden kälber- oder ferkelpathogene beziehungsweise hämolysierende, serologisch nicht differenzierbare Kolikeime festgestellt.

3.3. Familie Cervidae

Tabelle 4: Befunde bakteriologischer Untersuchungen der Organe von 78 Cervidae

Nachgewiesener Erreger	Anzahl der Nachweise im Untersuchungsmaterial absolut	in %
Salmonellen	6	7,7
kälberpathogene Kolitypen	4	5,1
ß-hämolysierende Kolikeime	2	2,6
koryneforme Keime	2	2,6
Pseudomonas aeruginosa	2	2,6
säurefeste Stäbchen	2	2,6
Clostridium perfringens	2	2,6
Clostridium septicum	1	
Corynebacterium pyogenes	1	
ß-hämolysierende Streptokokken	1	
Klebsiellen	1	
sogenannter unspezifischer Keimgehalt	54	69,2

Mit jeweils 7,7 % stehen Salmonellen und Kolikeime (kälberpathogene und hämolysierende) an der Spitze der bei Hirschartigen nachgewiesenen Bakterien. Die genannten Kolikeime wurden dabei nicht ausschließlich aus den Organen von Jungtieren isoliert. Beide Nachweise säurefester Stäbchen erfolgten aus dem Darmkanal von Rentieren (Rangifer tarandus).

Pseudomonas aeruginosa wurde aus der Lunge eines Elches (Alces alces) und Organen und Darm eines weiteren Tieres dieser Art nachgewiesen.

3.4. Unterfamilien Ovibovinae und Bovinae

Tabelle 5: Befunde bakteriologischer Untersuchungen der Organe von 39 Ovibovinae und Bovinae

Nachgewiesener Erreger	Anzahl der Nachweise im Untersuchungsmaterial absolut	in %
Salmonellen	5	12,8
ß-hämolysierende Kolikeime	5	12,8
säurefeste Stäbchen	3	7,7
Corynebacterium pyogenes	2	5,1
ß-hämolysierende Streptokokken	1	2,6
Pasteurella multocida	1	2,6
Clostridium septicum	1	2,6
Pseudomonas aeruginosa	1	2,6
sogenannter unspezifischer Keimgehalt	20	51,3

Von Moschusochsen und echten Rindern stammten die wenigsten der untersuchten Proben, insgesamt nur 39. Der Anteil der Salmonellennachweise an den bakteriologischen Diagnosen von fast 13 % ist sehr hoch und übertrifft die Salmonellenhäufigkeit bei allen anderen ausgewerteten Gruppen von Huftieren. Unter den Salmonellenfunden unseres Untersuchungsmaterials befindet sich auch ein Nachweis von Salmonella cholerae-suis beim Zebu.

Hämolysierende koliforme Keime ließen sich genauso häufig diagnostizieren wie Salmonellen. Hervorzuheben ist bei ihrer Betrachtung, daß kälberpathogene Kolitypen bei landwirtschaftlichen Nutztieren erfahrungsgemäß zum überwiegenden Teil zu den anhämolysierenden Stämmen gehören.

Die Untersuchung auf säurefeste Stäbchen wurde bei entsprechendem Verdacht durch Beurteilung eines nach Ziehl-Neelsen gefärbten Originalausstriches eingeleitet. Hierdurch waren in der Darmschleimhaut eines ungarischen Steppenrindes (Bos primigenus f. taurus), eines Waldbisons (Bison bison athabascae) und eines Wisents (Bison bonasus) säurefeste Stäbchen festzustellen. Eine weitere Differenzierung erfolgte nicht.

Der Nachweis säurefester Stäbchen aus dem Darmbereich von Wiederkäuern legt bei entsprechender klinischer Symptomatik den Verdacht der Paratuberkulose nahe. D o b b e r s t e i n (1936, zit. nach E u l e n b e r g e r , 1970) stellte sie bei einem Kaffernbüffel (Syncerus caffer) fest. M u k e r j i und L a k i r i (1960) untersuchten 205 Proben von Büffeln, in denen sie neunmal Mycobacterium paratuberculosis nachwiesen, davon fünfmal bei klinisch gesunden Tieren. Nach Auffassung dieser Autoren gelten Büffel als relativ resistent gegen Paratuberkulose.

Auf die Gefährdung der Nutztierbestände rindertuberkulosefreier Länder durch Zootiere wies I p p e n (1969) hin. Diese Gefahr muß von unserer Seite als sehr gering, aber durchaus existent bezeichnet werden. Mycobacterium bovis wurde bei einem Guanako (Lama guanicoe), einer Rappenantilope (Hippotragus niger, Neuzukauf) und einem Buntbock (Damaliscus dorcas) nachgewiesen, bei Rindern selbst nicht. Das bedeutet eine Übereinstimmung mit der Aussage von B ö r n e r (1970), der für die letzten zehn Jahre keine Berichte über derartige Fälle bei Zoorindern fand. Antilopen gelten unter den Wiederkäuern als besonders tuberkulosegefährdet (E l z e, 1975). Da wegen der geringen Anzahl der Proben von Antilopen keine gesonderte Auswertung dieser Tiergruppe erfolgt, seien die beiden Tuberkulosebefunde an dieser Stelle mitgeteilt.

3.5. Unterfamilie Caprinae

Tabelle 6: Befunde bakteriologischer Untersuchungen der Organe von 341 Caprinae

Nachgewiesener Erreger	Anzahl der Nachweise im Untersuchungsmaterial absolut	in %
Salmonellen	13	3,8
Pasteurella multocida	10	2,9
Staphylococcus aureus	10	2,9
Clostridium perfringens	10	2,9
kälberpathogene Kolitypen	6	1,75
Pseudomonas aeruginosa	6	1,75
ß-hämolysierende Kolikeime	5	1,5
ß-hämolysierende Streptokokken	4	1,2
säurefeste Stäbchen	4	1,2
Pasteurella pseudotuberculosis	2	
Staphylokokken	2	
Streptococcus zooepidemicus (E)	2	
Klebsiellen	2	
koryneforme Keime	1	
Listeria monocytogenes	1	
Bordetella bronchiseptica	1	
Neisseria catarrhalis	1	
Aeromonaden	1	
Corynebacterium pseudotuberculosis	1	
sogenannter unspezifischer Keimgehalt	259	75,95

Von Schafen und Ziegen stammt der Hauptanteil der hier ausgewerteten Proben.
Salmonellen sind wiederum die am häufigsten nachgewiesenen Erreger. Ihr Anteil von noch nicht einmal 4 % liegt aber doch auffällig niedrig.
Die in der Nachweishäufigkeit folgenden Keimarten Staphylococcus aureus und Pasteurella multocida dürften typische Vertreter sogenannter bedingter Infektionskrankheiten sein. Da sich die Pasteurellenfunde sporadisch über das umfangreiche Untersuchungsmaterial verteilen, kann nicht von Formen der primären Pasteurellose des Schafes oder der Ziege gesprochen werden. Diese müßten enzootischen Charakter tragen (B o d e n , 1974). Die Clostridienenterotoxämien sind im wesentlichen ähnlich zu beurteilen. Es handelt sich bei Clostridium perfringens um einen Erreger, der auch im Darmkanal des gesunden Tieres vorkommt, unter dem Einfluß z. B. bestimmter alimentärer Faktoren sich aber erheblich vermehrt und "faktorenbedingte endogene Intoxikationen" hervorruft (H i e p e et al., 1975).
Säurefeste Stäbchen wurden nachgewiesen in den Därmen einer Schneeziege (Oreamnos americanus), eines Walliser Ziegenbockes (Capra aegagrus f. hircus) und einer Heidschnucke (Ovis ammon f. aries) sowie in den Organen einer weiteren Heidschnucke (Ovis ammon f. aries).
Eine Schneeziege (Oreamnos americanus) verendete an einer Sepsis durch Pseudomonas aeruginosa. Pseudomonaden wurden mehrfach aus Lungen isoliert, in einem Falle auch Aeromonaden.
Streptococcus zooepidemicus (C) ließ sich in zwei Fällen nachweisen. Daß dieser Erreger unter Umständen auch enzootisch in Erscheinung tritt, beweist die Veröffentlichung von H e r c e g et al. (1974), in der über eine Streptokokkenenzootie bei erwachsenen Mähnenschafen (Ammotragus lervia) berichtet wird.

4. Bakteriologische Untersuchungen der Proben von lebenden Huftieren

Die Auswertung bakteriologischer Untersuchungen der Proben von lebenden Tieren soll vor allem einige Hinweise bezüglich der Nachweissicherheit und der Indikationen für die Untersuchung geben.

Die Untersuchung des Kotes mittels nach Ziehl-Neelsen gefärbter Originalausstriche ist eine sehr einfache und schnelle Methode. Bei einer Schneeziege (Oreamnos americanus) gelang uns so der Nachweis säurefester Stäbchen, der dann auch postmortal bestätigt wurde. Auch im Kot von Kamelen ließen sie sich mehrfach nachweisen. Dabei kann nicht mit regelmäßigem Fund in jeder Probe von

einem infizierten Tier gerechnet werden.
Die Bedeutung dieses Untersuchungsverfahrens dürfte vor allem in der Mithilfe bei der Abklärung von Fällen des Paratuberkuloseverdachtes bestehen.
Eine Anzüchtung von Mycobacterium paratuberculosis ist bekanntermaßen mit außerordentlichen Schwierigkeiten verknüpft. Wir stimmen mit S e f f n e r (1974) überein, daß sie in der derzeitig üblichen Routineuntersuchung keine Rolle spielt. Die seit 1974 für Einrichtungen des Veterinärwesens der DDR gültige Arbeitsanweisung zur Diagnostik der Paratuberkulose geht davon aus, daß die bakterioskopische Kotuntersuchung Verdachtsdiagnosen erlaubt, die endgültige Diagnose pathologisch-anatomische, -histologische und bakterioskopische Befunde voraussetzt, wobei die Anzüchtung der Erreger nicht erforderlich ist. Die diagnostische Sicherheit derartiger mikroskopischer Kotuntersuchungen liegt bei Rindern nach R o s e n b e r g e r (1970) bei weniger als 30 % in Fällen latenter Infektionen und bei bis zu 50 % in klinisch manifesten Fällen. K u n z (1977) gibt eine Nachweissicherheit von 50 % an. Er geht ferner davon aus, daß jede positive Reaktion auf Geflügeltuberkulin den Paratuberkuloseverdacht auslösen sollte.
Bei der Untersuchung von Kotproben und auch Analtupfern wurde recht häufig Pseudomonas aeruginosa festgestellt, was die weite Verbreitung dieser Keimart unterstreicht. Auf diesen Umstand und die Bedeutung von Pseudomonadeninfektionen für Zootiere wies auch S c h r ö d e r (1975) hin. S c h ü p p e l et al. (1973) beschrieben eine tödlich verlaufende Enteritis bei einem Wisent (Bison bonasus), die durch Pseudomonas aeruginosa hervorgerufen wurde. Ein weiterer Nachweis gelang aus der Speichelprobe einer Schneeziege (Oreamnos americanus).
Erwähnenswert dürfte ferner der Nachweis von Streptococcus zooepidemicus (C) aus dem Kot eines Ponys sein.

5. Diskussion

Bei der Auswertung der bakteriologischen Untersuchungen der Organe von 571 verendeten Huftieren aus zwei Zoologischen Gärten wurden in knapp 30 % der Fälle Keime nachgewiesen, deren Vorkommen zumindest auf eine Beteiligung an dem zum Tode führenden Krankheitsprozeß schließen läßt. Über einen ähnlichen Prozentsatz bakterieller Infektionen berichteten I p p e n und S c h r ö d e r (1976) an Hand eines Materials von 222 Caprinae. Bezüglich der Bewertung des sogenannten unspezifischen Keimgehaltes gilt das unter 1.4. Gesagte. Bei Ovibovinae und Bovinae sowie Equidae sind die ermittelten Anteile unspezifischer Keimgehalte mit 51,3 % beziehungsweise 58,2 % am niedrigsten, bei Caprinae liegt mit 75,9 % der höchste Anteil vor.
Unter den pathogenen Keimen stehen die Salmonellen an erster Stelle. Sie wurden in 4,9 % aller untersuchten Tierkörper nachgewiesen. Das entspricht ziemlich genau den Befunden von S c h r ö d e r (1969), der bei der Untersuchung von 1684 Mammalia 4,28 % Salmonelleninfektionen ermittelte. Allerdings stellte er ein wesentlich breiteres Typenspektrum fest, den 25 von ihm diagnostizierten Salmonellaspecies stehen nur 9 in unserem Material gegenüber.

Tabelle 7: Salmonellennachweise aus Organen von Huftieren

Salmonellenspecies	Tierart	
S. typhimurium	Heidschnucke	- Ovis ammon f. aries
	Heidschnucke	- " " " "
	Mongolenschaf	- " " " "
	Kamerunschaf	- " " " "
	Esel	- Equus asinus f. asinus
	3 Damhirsche	- Dama dama
	Rotbüffel	- Syncerus caffer nanus
	Anoa	- Anoa depressicornis
	Moschusochse	- Ovibos moschatus
S. enteritidis	Zackelschaf	- Ovis ammon f. aries
	Mähnenspringer	- Ammotragus lervia
	Pony	- Equus przewalskii f. caballas
	Esel	- Equus asinus f. asinus
	Rothirsch	- Cervus elaphus
	Elch	- Alces alces
S. anatum	3 Zwergziegen	- Ovis ammon f. aries
S. O-Gruppe C 1	2 "	- " " " "
S. cholerae-suis	Zwergziege	- " " " "
	Zebu	- Bos primigenus f. taurus
S. O-Gruppe C 2	Banteng	- Bos javanicus
S. abortus-ovis	Schaf	- Ovis spec.
S. dublin	Hirsch	- Cervus spec.
S. infantis	Lama	- Lama guanicoe

Insgesamt unterstreichen diese Ergebnisse die nach wie vor bestehende Aktualität des Salmonellenproblems für zoologische Gärten und belegen die Notwendigkeit der Forderung von L a h d e (1966), Neuzugänge generell zu quarantänisieren und einer dreimaligen bakteriologischen Kotuntersuchung zu unterziehen. Der höchste Prozentsatz von Salmonellennachweisen liegt bei unseren Rindern und Moschusochsen mit 12,8 % und unterscheidet sich damit in unserem Material von den Untersuchungsergebnissen von S c h r ö d e r (1964), wonach bei Caprinae häufiger Salmonellen nachgewiesen werden als bei Bovinae. Von unseren 341 Caprinae erwiesen sich nur 3,8 % als salmonelleninfiziert, bei 58 Camelidae wurde sogar nur ein einziger Salmonellenfund registriert. Dagegen liegt der Anteil bei den Equiden mit 7,3 % recht hoch.

Die Verbreitung ß-hämolysierender Streptokokken liegt bei Equiden an der Spitze. Die hohe Affinität der Streptokokken bei Equiden wird damit unterstrichen. Jede Streptokokkenbesiedlung bei Equiden ist als eine potentielle Gefahr für eine klinische Manifestation beim Zusammentreffen mit anderen disponierenden Faktoren anzusprechen. Bei den Tylopoda dominieren dagegen Kolikeime vor säurefesten Stäbchen, während bei Cerviden Salmonellen vor Kolikeimen stehen. Caprinae waren zu 3,8 % mit Salmonellen infiziert, in der Nachweishäufigkeit folgten Pasteurella multocida, Staphylococcus aureus und Clostridium perfringens. Aus den Organen von Ovibovinae und Bovinae wurden gleiche Anteile von Salmonellen und Kolikeimen als häufigste Erreger gezüchtet. Säurefeste Stäbchen wurden im Gesamtmaterial (unter Einbeziehung der zwei Antilopenbefunde) neunmal nachgewiesen, das sind 1,6 %. Ihre Bedeutung bei Cameliden ragt deutlich heraus.

Außer bei den Equiden gehören Kolikeime bei allen Tiergruppen mit zu den häufigsten Erregern. Die serologische Typenbestimmung ist in jedem Falle zu empfehlen, indem diesen Keimen eine ätiologische Rolle zugebilligt wird. Dadurch können unter anderem Aussagen über Infektionswege gemacht und Hinweise für immunprophylaktische Maßnahmen gewonnen werden. Grundsätzliche Ausführungen zur Bekämpfung von Koliinfektionen der neugeborenen Ruminantia stammen von E l z e (1977), der auch den Einsatz immunbiologisch hochwertiger Kolostrumkonserven empfiehlt. Nächst den Bovinae haben Kolikeime bei Camelidae die größte Bedeutung. In 12 % aller untersuchten Tierkörper waren kälber- beziehungsweise ferkelpathogene oder nicht näher differenzierbare hämolysierende Kolikeime nachzuweisen. Die ätiologische Bedeutung ferkelpathogener Typen von E. coli bei Kamelen muß aber zur Zeit noch als offene Frage betrachtet werden.

Zusammenfassung:

Ergebnisse der bakteriologischen Untersuchungen bei Huftieren der Zoologischen Gärten Leipzig und Erfurt im Zeitraum von 1968 - 1977

Die Befunde bakteriologischer Untersuchungen der Organe von 571 Perissodactyla und Artiodactyla werden ausgewertet. Dabei wurden in etwa 30 % der Fälle bakterielle Infektionen nachgewiesen. Salmonellen kamen in 4,9 % aller untersuchten Tierkörper vor und sind die häufigste Keimgruppe mit pathogener Bedeutung. Die Befunde werden getrennt nach Equidae, Camelidae, Cervidae, Ovibovinae und Bovinae sowie Caprinae diskutiert. Außerdem wird über einige Aspekte der Untersuchung von Proben lebender Tiere berichtet.

Summary:

Results of the Bacteriological Examinations in Perissodactyla and Artiodactyla from the Zoological Gardens of Leipzig and Erfurt During the Period from 1968 - 1977

The findings from bacteriological examinations of the organs of 571 Perissodactyla and Artiodactyla are evaluated. In about 30 per cent of all cases bacterial infections have been detected. Salmonellae occurred in 4.9 per cent of all animal bodies examined, constituting the pathogenic germ group most frequently found. The findings raised are discussed separately for Equidae, Camelidae, Cervidae, Ovibovinae and Bovinae, as well as Caprinae. Besides, the author reports on some aspects of the examination of samples taken from living animals.

Résumé:

Analyses bactériologiques chez des ongulés des Jardins zoologiques de Leipzig et d'Erfurt dans la période de 1968 à 1977

Les résultats d'analyses bactériologiques des organes de 571 périssodactyles et artiodactyles sont présentés et expliqués. Il s'agissait dans environ 30 % des cas d'infections bactériennes. Des salmonellas ont été décelées dans 4,9 % des corps animaux examinés et représentent les agents pathogènes les plus importants. Les résultats sont présentés et discutés séparément pour les équidés, les camélidés, les cervidés, les ovibovinés, les bovinés et les expèces caprines. En outre, le rapport souligne quelques aspects de l'analyse des échantillons prélevés sur des animaux vivants.

Резюме:

Результаты бактериологических исследований у копытных животных зоопарков г. Эрфурта и Лейпцига с 1968 по 1977 год.

Подсчитаны результаты бактериологических исслндований органов 571 парно и непарнокопытных. В 30% случаях обнаружено бактериологическое поражение, в 4,9% всех обследованных тел обнаружены сальмонеллы. Результаты были раздельно подсчитаны для Equidae,Camelidae,Cervidae,Ovibovinae, Bovinae u Caprinae. Кроме того обсуждаются нвкоторые аспекты исследований на живых животных.

Literatur:

ALTMANN, D. (1975): Die wichtigsten Erkrankungen der Alt- und Neuweltkamele. Verhandlungsber. XVII. Internat. Symp. Erkrankungen Zootiere, Tunis, 53-60.

BEER, J. (1974): Chlamydien-Infektionen. In: Beer, J. (Hrsg.) Infektionskrankheiten der Haustiere I. Jena: G. Fischer.

BODEN, W. (1974): Pasteurella multocida-Infektionen. In: Beer, J. (Hrsg.) Infektionskrankheiten der Haustiere II. Jena: G. Fischer.

BÖRNER, H. (1970): Krankheiten bei Wild- und Zootieren (Schaf- und Ziegenartige, Rinder). Literaturstudie 1900 - 1969. Karl-Marx-Universität Leipzig: Diplomarbeit.

ELZE, K. (1977): Zur Bekämpfung der Koliseptikämie und Koliruhr der neugeborenen Ruminantia. Verhandlungsber. XIX. Internat. Symp. Erkrankungen Zootiere, Poznań, 203-208.

ELZE, K. (1975): Spezielle Erkrankungen der Säugetiere. In: Wildtiere in Menschenhand - Grundlagen -. Berlin: Landwirtschaftsverlag.

ELZE, K., MEYER, H. und G. STEINBACH (1973): Jungtierkrankheiten. Jena: G. Fischer.

EULENBERGER, Karin-H. und K. EULENBERGER (1970): Krankheiten bei Wild- und Zootieren (Elefanten, Unpaarhufer, Antilopen). Literaturstudie 1900 - 1969. Karl-Marx-Universität Leipzig: Diplomarbeit.

HERCEG, M., HUBER, I., JAKOVINA, M., NAGLIĆ, T. und Ruža SABOČANEC (1974): Streptokokkenzootie bei Mähnenschafen (Ammotragus lervia) des Zoologischen Gartens der Stadt Zagreb. Verhandlungsber. XVI. Internat. Symp. Erkrankungen Zootiere, Erfurt, 327-330.

HIEPE, Th. (1975): Schafkrankheiten, 2. Aufl., Jena: G. Fischer.

IPPEN, R. (1969): Über Möglichkeiten und Wege einer Tuberkulosebekämpfung in zoologischen Gärten. Verhandlungsber. XI. Internat. Symp. Erkrankungen Zootiere, Zagreb, 25-33.

IPPEN, R. und H.-D. SCHRÖDER (1976): Beitrag zu den Erkrankungen der im Gebirge beheimateten Caprinae. Verhandlungsber. XVIII. Internat. Symp. Erkrankungen Zootiere, Innsbruck, 81-87.

KUNZ, W. (1977): Klinische Untersuchungen zur Diagnostik der Paratuberkulose des Rindes und zur Epidemiologie der Krankheit in Bayern. Tierärztl. Umschau 32, 571-579.

LAHDE, G. (1966): Epizootiologische Untersuchungen über die Salmonellose der Zootiere. Dtsch. tierärztl. Wschr. 73, 392-395.

MUKERJI, A. and A. LAHIRI (1960): Investigation of Johne's Disease in Buffaloes. Indian veterin. J. 37, 349-353, ref. in: Landw. Zbl. IV, 6, 1961, 956.

ROSENBERGER, G. (1970): Krankheiten des Rindes. Berlin-Hamburg: Parey.

SCHRÖDER, H.-D. (1964): Über das Vorkommen von Salmonellen bei Zootieren. VI. Internat. Symp. Erkrankungen Zootiere, Wien, 129-132.

SCHRÖDER, H.-D. (1969): Zum Salmonellenproblem in zoologischen Gärten. Verhandlungsber. XI. Internat. Symp. Erkrankungen Zootiere, Zagreb, 35-43.

SCHRÖDER, H.-D. (1975): Pseudomonasinfektionen bei Zootieren. Verhandlungsber. XVII. Internat. Symp. Erkrankungen Zootiere, Tunis, 297-301.

SCHÜPPEL, K.-F., KIKOPA, R., BERGMANN, A., KRONBERGER, H. und S. SEIFERT (1973): Enteritis beim Wisent durch Pseudomonas aeruginosa. Verhandlungsber. XV. Internat. Symp. Erkrankungen Zootiere, Kolmarden, 77-80.

SEFFNER, W. (1974): Paratuberkulose. In: Beer, J. (Hrsg.). Infektionskrankheiten der Haustiere, II. Jena: G. Fischer.

WITTIG, W. (1974): Escherichia coli-Infektionen. In: Beer, J. (Hrsg.). Infektionskrankheiten der Haustiere, II. Jena: G. Fischer.

Anschrift der Verfasser : Dipl.-Vet.med. H.-J. S e l b i t z
701 Leipzig, Margarete-Blank-Str. 8 (DDR)

Aus dem Landesuntersuchungsamt für das Gesundheitswesen Nordbayern - Fachbereich Veterinärmedizin - (Fachbereichsleiter: Leitender Veterinärdirektor Prof. Dr. G. S t e g e r)

BESTIMMUNG SEROLOGISCHER O-GRUPPEN VON ESCHERICHIA COLI AUS BESTÄNDEN DES TIERGARTENS NÜRNBERG

Von J. M a n z , S. G r u b e r und G. S t e g e r

Auch heute noch steht die Coliinfektion an der Spitze aller Neugeborenenerkrankungen. Sie stellt eine der verlustreichsten Krankheiten dar und ist deshalb Gegenstand zahlreicher Untersuchungen. Die Mehrzahl der Arbeiten über die durch Escherichia coli (E.coli) bedingten Erkrankungen (B e r t s c h i n g e r , 1970; F e y , 1962 u. 1967; R o l l e und P a t z , 1962; S o j k a , 1965 u. 1970; T a y l o r , 1959; U l b r i c h , 1954; W e b e r und M a n z , 1971; sowie W i l l i n g e r und I l i a d i s , 1970) weisen einen engen Zusammenhang zwischen dem Auftreten bestimmter Serotypen und dem Krankheitsverlauf beziehungsweise der Todesursache auf.

Auch bei Jungtieren im Zoo ist die Coliinfektion als Todesursache weit verbreitet (B i e n i k et al., 1964; D o l l i n g e r , 1973; E l z e , 1967; I p p e n , 1966; S c h r ö d e r und I p p e n , 1973; sowie S t e g e r , 1973). Die Kenntnis über die in der Darmflora gesunder Zootiere vorkommenden E. coli-Typen ist Voraussetzung zur Beantwortung der Frage, ob auch bei Zootieren, wie es bei den Haustieren der Fall zu sein scheint, bestimmte O-Gruppen von E. coli-Stämmen vorherrschen. Analog den Untersuchungen von S c h m i d (1976) beziehungsweise M a n z et al. (1977) wurden nun weitere Bestände des Tiergartens Nürnberg untersucht. Die Tierarten waren in Fütterung und Haltung vergleichbar, und ihre Gehege sind über den ganzen Tiergarten verteilt.

Die untersuchten E. coli-Stämme stammten aus Kotproben folgender 13 Species:

Fam. Camelidae		
	Dromedar	(Camelus dromedarius)
	Kamel	(Camelus bactrianus)
	Guanako	(Lama guanicoe)
	Lama	(Lama glama)
	Alpaka	(Lama pacos)
	Vikunja	(Lama vicugna)
Fam. Elephantidae		
	Indischer Elefant	(Elephas indicus)
	Afrikanischer Elefant	(Loxodonta africana)
Fam. Rhinocerotidae		
	Breitmaulnashorn	(Ceratotherium simum)
Fam. Equidae		
	Böhm-Zebra	(Equus quagga boehmi)
	Grevi-Zebra	(Equus grevyi)
	Kulan	(Equus hemionus kulan)
	Urwildpferd	(Equus przewalskii)

Die Proben wurden mit Spateln aus dem Inneren der möglichst frischen Kothaufen entnommen und nach den bekannten Labormethoden bakteriologisch untersucht.

Von jeder Kotprobe einer Species wurden zehn der auf Nährböden gewachsenen Einzelkolonien abgeimpft und als Reinkulturen auf Grund der biochemischen Leistungsfähigkeit die Zugehörigkeit zur Gattung Escherichia geprüft (K a u f f m a n n , 1966) sowie anschließend mit Hilfe der E. coli-O-Gruppenseren 1 - 157 serologisch differenziert (M a n z , 1971).

Ergebnisse

Die Ergebnisse der serologischen O-Gruppenbestimmung der E. coli-Stämme sind in Tabelle 1 zusammengefaßt.

Tabelle 1: Verteilung der O-Grüppen auf die Tierarten

O-Gruppe	Anzahl der Stämme	Tierart
Ka 3	(8	Kamel
	19 = (7	Dromedar
	(4	Kulan
141	8 = (5	Vikunja
	(3	Lama
8	2	Urwildpferd
85	2	Zebra
133	2	Zebra
138	2	Urwildpferd
150	2	Nashorn
156	2	Urwildpferd
7	1	Afrikanischer Elefant
39	1	Zebra
41	1	Zebra
54	1	Nashorn
74	1	Lama
89	1	Nashorn
91	1	Zebra
110	1	Afrikanischer Elefant
116	1	Afrikanischer Elefant
134	1	Vikunja
139	1	Urwildpferd

Daraus geht hervor, daß von den 121 untersuchten E. coli-Stämmen nur 31 (25,6 %) einer der international anerkannten Standard-O-Gruppen zugeordnet wurden. 19 Stämme konnten zwar auf Grund der ermittelten Titerwerte keiner der 157 O-Gruppen zugeordnet werden, sie zeigten aber alle dieselben Verwandtschaftsreaktionen in der Langsamagglutination. Mit einem von diesen Stämmen (Ka 3 vom Kamel) wurde ein O-Antiserum hergestellt (Ka 3-O-Antiserum), mit dem alle nicht typisierbaren Stämme geprüft wurden. Es zeigte sich, daß 19 der "nicht differenzierbaren" Stämme dem Typ Ka 3 angehörten, der nur beim Kamel, Dromedar und Kulan vorkam.

Die aus den Kotproben der Indischen Elefanten, der Alpakas und der Guanakos isolierten E. coli-Stämme ließen sich nicht typisieren.

Die Unterbringung der Tierarten und dementsprechend die Verbreitung der untersuchten E. coli-Stämme im Tiergarten Nürnberg zeigt Abb. 1 (abgeänderte Form des Tiergartenplans aus dem "Führer durch den Tiergarten Nürnberg"). Die entsprechenden Gehege wurden besonders markiert.

Aus Tabelle 1 ist zu entnehmen, daß nur die Stämme der O-Gruppen Ka 3 und 141 bei verschiedenen Species vertreten waren. Alle anderen O-Gruppen, die mehrmals gefunden wurden, stammten aus den Kotproben einer Species. Die drei Tierarten, bei denen die O-Gruppe Ka 3 nachgewiesen wurde (Kamel, Kulan und Dromedar), sind in einem Gehege untergebracht. Diese Tatsache läßt auf einen Austausch von Keimen innerhalb eines Geheges schließen. Im Vergleich dazu waren die Stämme der O-Gruppe 141 bei zwei verschiedenen Tierarten vertreten, und zwar bei den Vikunjas und den Lamas. Diese Tierarten sind nicht in einem gemeinsamen Gehege und auch nicht in benachbarten Gehegen untergebracht. Andererseits konnte bei den Indischen Elefanten, Afrikanischen Elefanten und den Breitmaulnashörnern keine Keimübertragung nachgewiesen werden, obwohl alle drei Arten nachts in demselben Haus untergebracht sind. Ähnliche Verhältnisse wurden bei den Alpakas und Vikunjas vorgefunden, deren Gehege nur durch einen großmaschigen Drahtzaun getrennt sind und ein direkter Kontakt zwischen den Tieren durchaus möglich wäre.

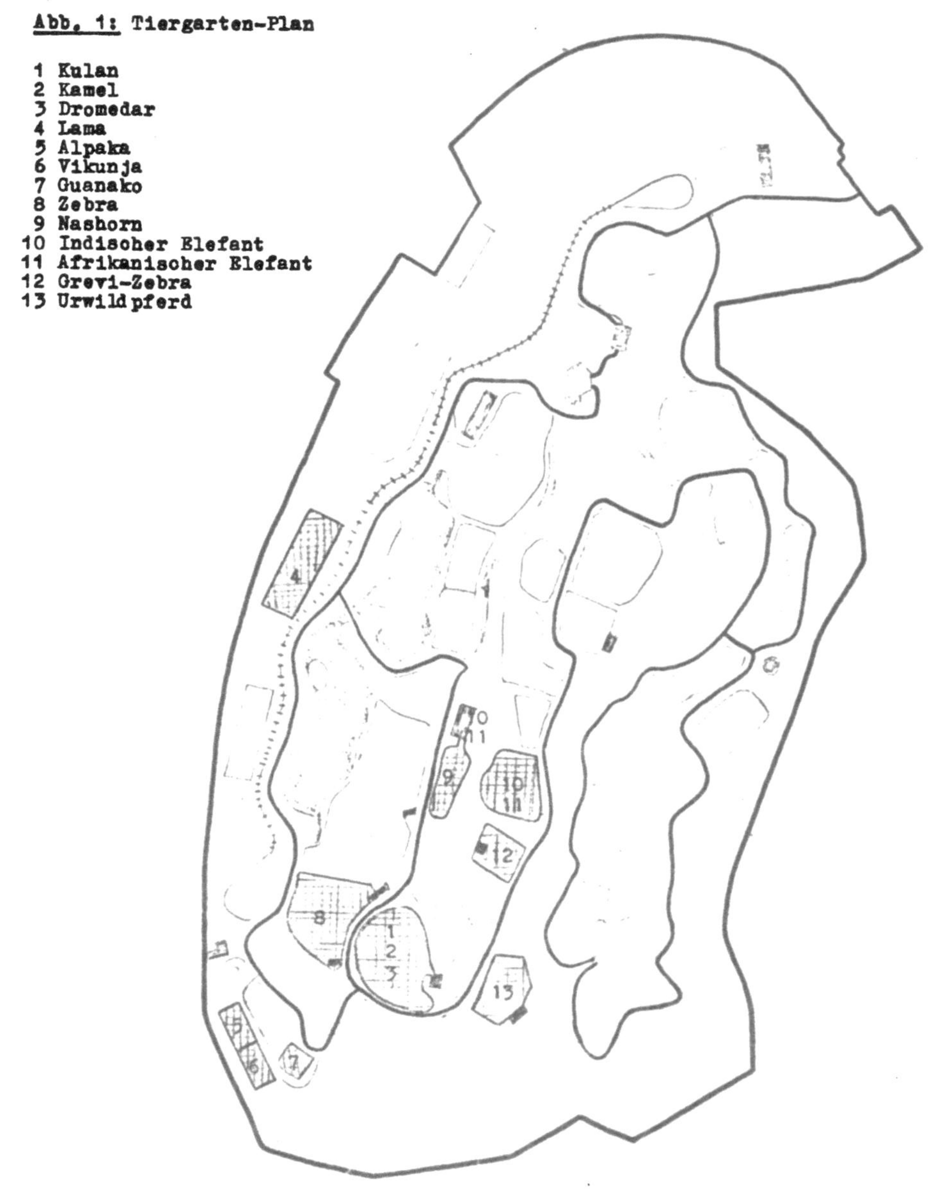

Abb. 1: Tiergarten-Plan

Diese Tatsachen lassen vermuten, daß die Übertragung von Keimen keine so große Rolle spielt, wie man annehmen könnte. Zu denselben Ergebnissen führte auch die Bestandsaufnahme von S c h m i d (1976).

Zusammenfassung:

Bestimmung serologischer O-Gruppen von Escherichia coli aus Beständen des Tiergartens Nürnberg

Aus Zootieren des Tiergartens Nürnberg isolierte E. coli-Stämme wurden serologisch differenziert. Nur 25,6 % der Stämme konnten einer der international anerkannten Standard-O-Gruppen zugeordnet werden. Es wird vermutet, daß die Übertragung von Keimen keine so große Rolle spielt, wie allgemein angenommen wird.

Summary:

Determination of Serological O-Groups of Escherichia coli in Animal Strains of the Nuremberg Tiergarten

Strains of E. coli isolated from zoological animals of the Nuremberg Tiergarten were serologically differentiated. Only 25.6 per cent of the strains could be classified in one of the standard O-groups internationally recognized. Probably, the transmission of germs does not play such a great role as is generally assumed.

Résumé:

Identification des groupes sérologiques "O" d'escherichia coli dans les effectifs du Zoo de Nuremberg

Prélevées sur des animaux du Zoo de Nuremberg, des tribus d'escherichia coli ont été identifiées sérologiquement. 25.6 % des tribus seulement ont pu être classifiés dans un des groupes "O" standard reconnus sur le plan international. Il est à supposer que la transmission de germes ne joue pas le rôle déterminant comme on l'avait admis jusque là.

Резюме:

Определение серологических О-групп Е.Коли у животных зоопарка г. Нюрнберга.

Определены Е.коли штамы у зверей зоопарка г. Нюрнберга. 25,6% всех штаммов относятся к интернационально признанному стандарту О-группы. ПРедпологается, что перенос проростков не играет большой роли,как предпалогалось раньше.

Literatur:

BERTSCHINGER, H. U. (1970): Coli-Enterotoxämie beim Absatzferkel. Abhängigkeit der pathologisch-anatomischen Veränderungen vom Coli-Serotyp. Schweiz. Arch. Tierheilkd. 112, 374-384.

BIENIK, H., ENCKE, W. und R. GANDRAS (1964): Ein Beitrag zur Todesursachenstatistik bei Zootieren. VI. Internat. Symp. Erkrankungen Zootiere, Wien, 152-157.

DOLLINGER, P. (1973): Analyse der Wiederkäuerverluste des Züricher Zoos von 1954 - 1972. Verhandlungsber. XV. Internat. Symp. Erkrankungen Zootiere, Kolmarden, 21-23.

ELZE, K. (1967): Zur Coliinfektion bei Zootieren. Verhandlungsber. IX. Internat. Symp. Erkrankungen Zootiere, Prag, 57-64.

FEY, H. (1962): Neue Untersuchungen über die Colisepsis des Kalbes. Schweiz. Arch. Tierheilkd. 104, 1-12.

FEY, H. (1967): Bakteriologie und Serologie der Colisepsis des Kalbes. I. Serologie und biochemische Untersuchungen. Zbl. Vet. Med. 4, 309-318.

IPPEN, R. (1966): Vergleichende Betrachtungen über die Ergebnisse von Zootiersektionen (Säugetiere). VIII. Internat. Symp. Erkrankungen Zootiere, Leipzig, 249-258.

KAUFFMANN, F. (1966): The Bacteriology of Enterobacteriaceae. Copenhagen: Munksgaard.

KRONBERGER, H. (1966): Ergebnisse der Sektion von 890 Säugetieren aus zoologischen Gärten. VIII. Internat. Symp. Erkrankungen Zootiere, Leipzig, 259-268.

MANZ, J. (1971): Über die serologische Differenzierung von Escherichia coli-Stämmen vom Kalb. München: Vet.-med. Diss.

MANZ, J., SCHMID, H. und G. STEGER (1977): Bestimmung serologischer O-Gruppen von Escherichia coli aus gesunden und kranken Ruminantiern des Tiergartens der Stadt Nürnberg. Verhandlungsber. XIX. Internat. Symp. Erkrankungen Zootiere, Poznań, 193-202.

ROLLE, M. und H. PATZ (1962): Toxische Colikeime bei durchfall- und ödemkranken Ferkeln. Berl. Münch. Tierärztl. Wschr. 75, 21-22.

SCHMID, A. (1976): Serologische O-Gruppenbestimmung von E. coli-Stämmen, isoliert aus der Darmflora gesunder Wiederkäuer des Tiergartens Nürnberg. Universität Erlangen/Nürnberg: Zulassungsarbeit.

SCHRÖDER, H.-D. und R. IPPEN (1973): Beitrag zu den virusbedingten und bakteriellen Erkrankungen der Zoowiederkäuer. Verhandlungsber. XV. Internat. Symp. Erkrankungen Zootiere, Kolmarden, 35-40.

SOJKA, W. J. (1965): Escherichia coli in Domestic Animals and Poultry. Commonwealth Agricultural Bureau, Farnham Royal, England.

SOJKA, W. J. (1970): Escherichia coli-Infektionen bei Schweinen, Kälbern, Lämmern und Geflügel. Wien. Tierärztl. Mschr. 57, 361-370.

STEGER, G. (1973): Untersuchungsergebnisse an 1500 Objekten aus der Gruppe wildlebender Wiederkäuer. Verhandlungsber. XV. Internat. Symp. Erkrankungen Zootiere, Kolmarden, 25-34.

TAYLOR, E. (1959): E. coli as an Enteropathogen. Zbl. Bakt. I. Orig. 174, 357-363.

ULBRICH, F. (1954): Serologische Typendifferenzierung und Prüfung toxischer und immunisierender Eigenschaften von E. coli-Stämmen, die von gesunden und von an Coliruhr erkrankten Jungtieren isoliert wurden. Zbl. Vet. Med. 1, 603-659.

WEBER, A. und J. MANZ (1971): Serologische Untersuchungen der O-Antigene von E. coli-Stämmen, isoliert von Kaninchen. Berl. u.Münch.Tierärztl.Wschr.84, 441-443.

WILLINGER, H. und N. ILIADIS (1970): Serotypisierung hämolysierender, aus Ferkeln isolierter Colibakterien. Wien. Tierärztl. Mschr. 57, 340-342.

Anschrift der Verfasser: Dr. J. M a n z
Flurstr. 20
D-8500 Nürnberg (BRD)

Aus der Forschungsstelle für Wirbeltierforschung (im Tierpark Berlin)
(Direktor: Prof. Dr. sc. Dr. h. c. H. D a t h e) der Akademie der Wissenschaften der DDR,

BEITRAG ZU DEN ERKRANKUNGEN DER UNPAARHUFER

Von H.-D. S c h r ö d e r

Über einen Zeitraum von zwanzig Jahren (1958 bis 1977) sind der Abteilung für Zoo- und Wildtiererkrankungen 145 Unpaarhufer, d. h. 130 Equiden, 8 Nashörner und 7 Tapire, von verschiedenen Zoologischen Gärten und Tierparks zur Feststellung der Todesursache übergeben worden. Obwohl die Anzahl der untersuchten Nashörner und Tapire relativ klein ist, glauben wir doch, auf Grund der erhobenen Befunde einige Hinweise geben zu können, die bei der tierärztlichen Betreuung berücksichtigt werden sollten.

An erster Stelle unter den Verlusten bei den E q u i d e n stehen in unserem Material mit 35,38 % die Erkrankungen der Verdauungsorgane, wobei vorrangig die verschiedenen Formen der Kolik und ihre Folgen zu nennen sind. Hier wiederum kommt den spastischen Obstipationen, zu denen wir auch die sogenannte Sandkolik zählen, die größte Bedeutung zu. Neben plötzlichen Futterumstellungen spielt hier die vermehrte Aufnahme von Sand, der unseres Erachtens im umfangreichen Maße bei der maschinellen Grünfuttergewinnung anfällt, ursächlich eine große Rolle. Bei den ebenfalls häufig anzutreffenden Krampfkoliken, die meist als Folge von Darmkatarrhen auftreten, wird nicht selten ein heftiger Verlauf beobachtet, der gerade bei Wildequiden, bei denen eine rektale Untersuchung erst bei schon festliegenden oder sedierten Tieren möglich ist, differentialdiagnostische Schwierigkeiten bereiten kann. Unter diesem Blickwinkel sind auch die in unserem Material beobachteten Verluste infolge Darmverschlingung beziehungsweise -invagination bei einem Somali -Wildesel (E. asinus somaliensis) beziehungsweise einem Onager (E. hemionus onager) zu sehen. Die in früheren Jahren vor allen Dingen bei Jungtieren immer wieder festzustellenden Verluste, die auf einen hochgradigen Parasitenbefall zurückzuführen waren, sind auf Grund der entscheidenden Verbesserungen der prophylaktischen und vor allem der therapeutischen Möglichkeiten stark zurückgegangen.

In 27 Fällen (20,76 %) handelte es sich in unserem Material um Aborte beziehungsweise Totgeburten. Wenn nun noch zusätzlich berücksichtigt wird, daß 22 Tiere (16,92 %) infolge Lebensschwäche ad exitum kamen, so bedeutet das, daß über ein Drittel der uns zur Untersuchung übergebenen Equiden nicht einmal ein Lebensalter von drei Monaten erreichte. Während virologische Untersuchungen aus äußeren Gründen nicht durchgeführt werden konnten, wurden im Rahmen der bakteriologischen Untersuchungen lediglich in sieben Fällen Erreger nachgewiesen, denen durchaus eine ursächliche Bedeutung beigemessen werden kann. So wurden bei einem Zebra, einem Esel und einem Shetlandpony Infektionen mit Actinobacillus equuli festgestellt, die mit den typischen Erscheinungen der Fohlenlähme einhergingen. Bei zwei Shetlandponys hatten Streptokokken-Infektionen zum Tode geführt. Eine schwere Colitis und Typhlitis bei einem Kulan-Bastard war durch Salmonellen hervorgerufen worden. Schließlich ist in diesem Zusammenhang noch eine Koliseptikämie bei einem Eselfohlen zu erwähnen. Oft wurde auch ein Nahrungsmangel festgestellt, der auf Grund der bekannten Schwierigkeiten nicht frühzeitig genug erkannt worden war.

Bei 12 Equiden (9,23 %) wurden Erkrankungen der Respirationsorgane festgestellt, wobei vorrangig Bronchopneumonien bei adulten Tieren zur Beobachtung kamen. In vier Fällen wurde außerdem zusätzlich ein Herzmuskelschaden ermittelt. Bei einem Eselfohlen hatte eine Schluckpneumonie zum Tode geführt.

Mit 4,61 % kommt auch den Traumen eine nicht zu unterschätzende Bedeutung zu. Von einer Ausnahme abgesehen, bei der eine Oberschenkelfraktur bei einem Fohlen festgestellt wurde, handelte es sich ausschließlich um Halswirbelfrakturen, die nach Anrennen gegen die Gehegeumzäunungen entstanden waren.

Als Einzelbefunde seien noch ein Aneurysma der Gekrösearterie bei einem Onager (E. hemionus onager) sowie eine Osteodystrophie und ein Hydrocephalus jeweils bei einem Shetlandpony (E. przewalskii f. caballus) erwähnt.

Allein drei der insgesamt acht untersuchten N a s h ö r n e r erkrankten unter den gleichen klinischen Symptomen und wiesen auch bei der Sektion identische Veränderungen auf, so daß es gerechtfertigt erscheint, diese Fälle im Zusammenhang zu diskutieren. Bei allen Tieren wurden Ataxien beobachtet, die über Lähmungserscheinungen an den Extremitäten in kurzer Zeit zum Festliegen führten. Die Körpertemperatur war nur mäßig erhöht, und die Konjunktiven wiesen eine starke Rötung auf. Bei allen Tieren wurde eine oberflächliche Atmung beobachtet. Trotz Verabreichung von Kreislaufmitteln und Antibiotika kamen die Tiere in kurzer Zeit ad exitum. Bei allen drei Tieren wurde bei der Sektion eine ausgeprägte hämorrhagische Dünndarmentzündung festgestellt, und die bakteriologische Untersuchung führte zu negativen Ergebnissen. Sowohl das klinische Bild als auch der pathologisch-anatomische Befund wiesen auf eine Clostridien-Enterotoxämie hin. Ein Toxinnachweis war aus äußeren Gründen leider nicht möglich.

Bei einem Panzernashorn (Rh. unicornis) trat plötzlich eine profuse Enteritis auf. Die parasitologische Untersuchung erbrachte einen geringgradigen Askaridenbefall, während die bakteriologische Untersuchung zum Nachweis von Salmonella infantis führte. Eine Behandlung mit Chloramphenikol, Thibenzole, Styptika und Kreislaufmitteln erbrachte nur eine vorübergehende Besserung. Nach allmählicher Verschlechterung des Allgemeinzustandes kam das Tier ad exitum. Bei der Sektion wurde eine hämorrhagisch-fibrinöse Darmentzündung festgestellt.

Bei zwei Tieren wurde bei der Sektion eine Lungenmykose ermittelt. Die Lungen waren mit kavernenähnlichen Gebilden dicht durchsetzt. Es handelte sich um eine Mischinfektion mit Mucor und Aspergillus.

Zwei Nashörner ließen sowohl klinisch als auch pathologisch-anatomisch Hinweise auf das Vorliegen einer Myopathie erkennen. Bei einem Tier waren neben Lähmungserscheinungen der Nachhand auch eine Braunfärbung des Harnes zu beobachten. Beim zweiten Tier, das klinisch ebenfalls eine Nachhandschwäche erkennen ließ, wurde bei der Sektion eine hyaline Degeneration der Herz- und Skelettmuskulatur festgestellt.

Fünf von sieben T a p i r e n zeigten bei der Sektion schwerste Veränderungen der Respirationsorgane, die in zwei Fällen auf eine Tuberkulose-Infektion zurückzuführen waren. In beiden Fällen handelte es sich um eine Infektion mit Mycobacterium bovis. In vergleichend-pathologischer Hinsicht ist interessant, daß die beim Tapir festzustellenden tuberkulösen Veränderungen weitgehend denen des Pferdes zu entsprechen scheinen. Als Belastungsfaktor kam bei dem einen Tier eine Hochträchtigkeit hinzu, die schließlich mit einer Totgeburt endete.

Ein Schabrackentapir (T. indicus) verstarb an den Folgen einer Milzruptur, die er sich beim Wälzen im Verlaufe einer Kolik zugezogen hatte.

Diskussion und Schlußfolgerungen:

Bei einer Auswertung der vorliegenden Ergebnisse wird deutlich, daß den Erkrankungen der Verdauungsorgane und dem Komplex Abort/Totgeburt/Lebensschwäche unter den Verlustursachen bei den Equiden die größte Bedeutung zukommt. Bei den Erkrankungen der Verdauungsorgane sind vor allen Dingen die verschiedenen Kolikformen zu beachten, wobei bei der Behandlung das Hauptaugenmerk auf die prophylaktischen Maßnahmen gelegt werden muß. In diesem Zusammenhang ist eine ständige Prüfung der Futterrationen auf Zusammensetzung und Qualität besonders wichtig. Es sollte alles getan werden, um plötzliche Futterumstellungen sowie eine übermäßige Aufnahme von Sandbeimengungen im Futter zu vermeiden. Auch Unterkühlungen und Erregungszustände können als auslösende Momente in Frage kommen und sollten deshalb soweit wie möglich verhindert werden.

Die Gründe für die hohen Verluste durch Aborte und Totgeburten beziehungsweise infolge Lebensschwäche sind unseres Erachtens mehr in einem Ursachenkomplex zu suchen, bei dem auch konstitutionelle und konditionelle Faktoren eine große Rolle spielen. Von wesentlicher Bedeutung ist in diesem Zusammenhang der Ernährungszustand, die Stoffwechsellage und der Immunstatus des mütterlichen Organismus. Die gerade für Ungulaten auf Grund der angeborenen Agammaglobulinämie bestehende zwingende Notwendigkeit, so früh wie nur möglich Kolostralmilch aufzunehmen, kann nicht oft genug unterstrichen werden. Die in diesem Zusammenhang für Zooequiden erforderlichen immunprophylaktischen Maßnahmen sind erst kürzlich von R i t s c h e r (1974) umrissen worden, so daß an dieser Stelle darauf verzichtet werden kann.

Für die Entstehung der bei den Nashörnern vermuteten Clostridien-Enterotoxämien sind im allgemeinen spezifische prädisponierende Faktoren verantwortlich zu machen. Die wichtigsten Ursachen sind zellulosearme, aber protein- und glukosereiche Fütterung sowie plötzlicher Futterwechsel. Dabei kommt es infolge langsamer Umstellung der Mikroflora des Darmes zu Verdauungsstörungen, die eine plötzliche Vermehrung von Clostridien und deren Toxine bewirken.

Für das Auftreten der beobachteten Myopathien bei Nashörnern ist mit großer Wahrscheinlichkeit eine zu kohlenhydratreiche Fütterung verantwortlich zu machen, aber auch eine plötzliche Überbeanspruchung ist nicht mit Sicherheit auszuschließen. Über das Auftreten von Myoglobinurie beim Nashorn haben bereits B a s s o n et al. (1971) berichtet.

Die bei zwei von insgesamt sieben untersuchten Tapiren festgestellten Tuberkulose-Infektionen unterstreichen die besondere Anfälligkeit dieser Tiere gegenüber dieser Infektion, wenn man beispielsweise berücksichtigt, daß unter den von uns untersuchten 130 Equiden nicht ein einziger Tuberkulosefall festgestellt wurde. Hinzu kommt ferner, daß die beiden Tiere aus verschiedenen Einrichtungen stammen. Auch im Schrifttum ist wiederholt über Infektionen bei Tapiren sowohl mit Mycobacterium bovis (L o v e l l , 1930; U r b a i n et al., 1937) als auch mit Mycobacterium tuberculosis (P a t t y n et al., 1967; C h e v a l i e r et al., 1969) berichtet worden. Die besondere Anfälligkeit der Tapire gegenüber dieser Infektion sollte sowohl bei ihrer Haltung als auch bei der tierärztlichen Betreuung berücksichtigt werden.

Zusammenfassung:

Beitrag zu den Erkrankungen der Unpaarhufer

Es wird zu den häufiger bei Unpaarhufern anzutreffenden Erkrankungen Stellung genommen. Dabei finden die bei den Equiden auftretenden Verluste infolge Lebensschwäche und durch Erkrankungen der Verdauungsorgane besondere Berücksichtigung. Abschließend werden einige Hinweise zur Prophylaxe und Therapie der am häufigsten bei Unpaarhufern ermittelten Erkrankungen gegeben.

Summary:

Contribution Towards Diseases Recorded in Perissodaytyla

The author defines his view on the diseases frequently found in Perissodaytyla. The losses due to lacking vitality and diseases of the digestive tract occurring in the equides are particularly considered. Finally, some hints are furnished on the prevention and therapy of the diseases most frequently detected in Perissodactyla.

Résumé:

Les maladies fréquentes chez les périssodactyles

L'intervention signale les maladies et affections se produisant fréquemment chez des périssodactyles et mentionne particulièrement les pertes dues à l'atonie et à des maladies des voies instestinales. L'auteur donne en outre quelques exemples de prévention et de thérapeuthique pour les troubles les plus fréquents chez les périssodactyles.

Резюме:

Сообщение о заболеваниях непарнокопытных (Perissodactyla)

Дается сообщение о часто встречающихся заболеваниях непарнокопытных. При этом особо уделяется внимание на потери в результате снижения жизненных процессов и заболевания органов пищеварения . В заключение даются советы по профилаксии и терапии чаще всего наступающих заболеваний.

Literatur:

BASSON, P. A., McCULLY, R. M., KRUGER, S. P. and J. W. NIEKERK (1971): Disease conditions of game in Southern Africa. Recent miscellaneous findings. Vet. med. Rev. Leverkusen No. 2/3, 313.

CHEVALIER, H.-J., BÖHM, K. H. und J. SEEGER (1969): Humane Tuberkulose beim Tapir. Kleintier-Prax. 14, 213.

LOVELL, R. (1930): The isolation of tubercle bacilli from captive wild animals. J. comp. Pathol. 43, 205.

PATTYN, S. R., BOVERCOULLE, M. T., MORTELMANS, J. and J. VERCRUYSSE (1967): Mycobacteria in mammals and birds in the zoo of Antwerp. Acta zool. pathol. Antwerp 43, 125.

RITSCHER, D. (1974): Prophylaktische Maßnahmen bei den Equiden des Zoologischen Gartens Rostock in den Jahren 1969 - 1973. Verhandlungsber. XVI. Internat. Symp. Erkrankungen Zootiere, Erfurt, 167.

URBAIN, A., BULLIER, P. et J. NOUVEL (1937): Au sujet de la tuberculose des mammifères sauvages en captivité. Bull. Acad. vet. France 10, 350.

Anschrift des Verfassers: Dr. med. vet. H.-D. Schröder
Forschungsstelle für Wirbeltierforschung
(im Tierpark Berlin) der Akademie der Wissenschaften der DDR

1136 Berlin-Friedrichsfelde, Am Tierpark 125 (DDR)

Aus dem Tierpark Berlin (Direktor: Prof. Dr. sc. Dr. h. c. H. D a t h e)

ÜBER VERLUSTE BEI HALBESELN (EQUUS HEMIONUS) IN TIERGÄRTEN

Von C. P o h l e

Seit 1966 führt der Tierpark Berlin das Internationale Zuchtbuch für Halbesel in Tiergärten. Erfaßt sind die Unterarten Kulan (E. h. kulan) und Onager (E. h. onager) sowie die außerhalb Chinas lebenden Kiangs (E. h. kiang) und Dschiggetais (E. h. hemionus). Durch die Haltung verschiedener Unterarten in Tiergärten kam es auch zu Kreuzungen. Diese Unterartbastarde sind ebenfalls im Zuchtbuch registriert (P o h l e , 1972).

Tabelle 1: Bis zum 1. Januar 1977 im Zuchtbuch erfaßte Halbesel

	insgesamt erfaßt	davon Importe aus der Wildbahn	Geburten	verstorben	am 1.1.1977 lebend
Kulan	385	118	267	132 (+7)[2]	246 (111,135)
Onager	274	55	219	134 (+7)[2]	133 (66, 67)
Kiang	23	(2)[1]	21	8	15 (5, 10)
Dschiggetai	2	(2)[1]	-	-	2 (2, 0)
Unterart-Bastarde	54	-	54	20	34 (16, 18)
total	738	173 (+4)[1]	561	294 (+14)[2]	430 (200,230)

[1] Diese Tiere wurden vom Zoo Peking exportiert. Ob dort gezüchtet oder aus der Wildbahn stammend, ist unbekannt.

[2] Diese Tierw wurden wieder in die Wildbahn entlassen oder gelangten in Haltungen, von denen keine weiteren Informationen erfolgten.

Jedes Internationale Zuchtbuch ist nicht nur eine Darstellung der Situation und Entwicklung des Bestandes einer seltenen und meist bedrohten Tierart, sondern bietet im Laufe der Zeit auch einen Überblick über deren Verluste in Tiergärten. Jeder Halbesel besitzt eine Zuchtbuchkarte, die nach dem Tod dieses Tieres vom Besitzer an die Zuchtbuchstelle zurückgeschickt wird. Auf dieser Karte ist auch Platz für die Eintragung der Todesursache. Obwohl leider nicht alle Halbesel-Halter diese Angaben einreichten, zeigt doch die Fülle der eingegangenen Informationen schon eine Reihe interessanter Aspekte. Dabei darf allerdings nicht übersehen werden, daß die uns übermittelten Angaben - mit verschwindend geringen Ausnahmen - keine Sektionsberichte sind. Meist ist lediglich mit einem Wort die offensichtlich zum Tode führende Ursache genannt, ohne daß eine umfassende Befunderhebung mitgeteilt wird. Eine ausführliche Information der Zuchtbuchzentrale über die pathologischen Veränderungen könnte hier eine Sammelstelle für ein aussagekräftiges Material schaffen. Für 192 der 294 verstorbenen Halbesel bekamen wir eine Ursache des Abgangs mitgeteilt. Davon waren 37 Totgeburten (einschließlich 9 Frühgeburten), und in 17 Fällen waren überzählige Hengste euthanasiert worden. Die Häufigkeit der Tot- beziehungsweise Frühgeburten liegt damit bei fast 7 % der Geburten insgesamt. Zwillings-Totgeburten gab es bisher zweimal beim Onager und einmal beim Kulan.

Die größten Verluste treten im ersten Lebensjahr auf. Von 237 lebendgeborenen oder importierten Halbeseln, deren Alter bekannt war, starben 97 (= 40,9 %) im ersten Lebensjahr, wobei besonders in den ersten sechs Monaten der Verlust mit 75 Tieren sehr hoch ist.

Innerhalb der ersten Tage verstarben 10 (7,3) Tiere an Lebensschwäche. In drei Fällen versuchte künstliche Aufzucht war erfolglos. Ein Fohlen starb infolge starken Blutverlustes durch eine zu kurz abgerissene Nabelschnur.

Für 10 (5,5) Tiere wurde Alterstod angegeben. 3 (2,1) von ihnen wurden wegen starker Alterssymptome im Alter von 18 - 21 Jahren getötet. Das bisherige Höchstalter steht mit 31 Jahren zu Buche, die ein Hengst im Zoo von Aschchabad gelebt haben soll (für ihn wurde chronische Gastroenteritis als Todesursache angegeben). Außer diesem sind noch 14 (7,7) Halbesel registriert, die im Alter von über 20 Jahren starben. Die ältesten davon sind ein Kulan-♂ mit 24 Jahren (Zoo Moskau) und eine Onager-♀ mit fast 25 Jahren (Hagenbecks Tierpark, Hamburg-Stellingen). Für einen elfjährigen Hengst wurde "Entkräftung (Alter)" als Todesursache mitgeteilt, wobei "Alter" mit Sicherheit nicht zutrifft. Die Lebensdauer der Halbesel scheint in Tiergärten im Normalfall bei 20 Jahren zu liegen. Um diese Zeit beginnen die Tiere zu vergreisen. In Ausnahmefällen können Stuten aber noch mit über 20 Jahren gesunde Fohlen werfen. Eine Onager-Stute zog mit 23 Jahren ihr letztes Fohlen auf.

Die Rubrik "Traumatische Ursachen" umfaßt mit insgesamt 72 Todesfällen von 133 auswertbaren über die Hälfte (54,1 %) aller gemeldeten Verluste. Neben unspezifiziertem "Unfall/Trauma" mit 20 (10,10) Fällen, sind 16 (9,7) Tiere von Artgenossen in der Herde getötet beziehungsweise so stark verletzt worden, daß sie daran starben. 19 (12,7) starben nach Frakturen der Extremitäten oder Halswirbel beziehungsweise mußten wegen solcher irreparabler Verletzungen getötet werden. Von anderen Tieren (Dromedar, Yak, Hirsch), mit denen sie die Anlage teilten, wurden 6 (3,3) Halbesel getötet. Bei einem einjährigen Hengst führte eine Perforation der Bauchdecke zur Peritonitis. Ein zweijähriger Hengst verblutete infolge einer Magenruptur durch Magenüberladung.
9 (7,2) Halbesel verendeten auf dem Transport.
Für 6 (2,4) Halbesel im Alter zwischen 1 Monat und 7,5 Jahren wurde Vergiftung beziehungsweise Vergiftungsverdacht mitgeteilt. Ein 7 Tage altes Tier starb in einem nordamerikanischen Tierpark nach dem Biß durch einen Kupferkopf (Agkistrodon contortrix).

Infektionskrankheiten
6 (4,2) Halbesel im Alter von 2,5 - 9,5 Jahren verendeten an Tetanus, in einem Fall ausgelöst durch Verletzung durch andere Herdenmitglieder. An Fohlenlähme starb ein Tier mit 11 Tagen, an Coli-Septikämie zwei im Alter von 5 und 26 Tagen. Eine sechs Jahre alte Stute erlag einer Sepsis, ausgelöst durch einen fast ausgetragenen, abgestorbenen Fötus (4. Fohlen dieser Stute).

Herz-Kreislauf-Versagen trat bei 12 (5,7) Halbeseln auf. Todesfälle dieser Art ereigneten sich beim Einfangen der Tiere zu Behandlungen und bei Umsetzaktionen. Wahrscheinlich gehören auch einige der unter "Trauma" angeführten Transportunfälle in diese Rubrik. Für ein mit vier Tagen gestorbenes Stutfohlen wurde "angeborene Herzanomalie" mitgeteilt. Je eine Stute starb in der Narkose bei einer Hufkorrektur beziehungsweise an Nachoperationsschock einen Tag nach der Operation wegen einer Sandkolik.

Pneumonie wurde als Todesursache für 5 (3,2) Tiere im Alter zwischen drei Tagen und einem Jahr gemeldet. Auslöser für die Pneumonie eines mit fünf Tagen gestorbenen Fohlens war die Aspiration von Fruchtwasser während der Kaiserschnitt-Entbindung.

Volvulus lag bei 3 (2,1) Halbeseln vor, die im Alter von 2,5 , 8,5 und 9 Jahren starben.

Mit 11 Jahren starb ein Hengst an Urämie.

Im Alter von 3 und 11 Tagen verendeten zwei Hengstfohlen an Weißmuskelkrankheit (Vitamin E-Selen-Mangel).

2 (1,1) Halbesel wurden im Alter von 10,5 beziehungsweise 14,5 Jahren wegen völliger Blindheit (Katarakt) getötet. In einem dieser Fälle war mechanische Verletzung der Auslöser für den Katarakt.

Es wurde auf eine Nennung der Halbesel-Haltungen in der Aufstellung verzichtet. Auf Anfrage besteht aber die Möglichkeit, über die Zuchtbuchstelle zwischen speziell Interessierten und den entsprechenden Tiergärten zu vermitteln.
Die obige Aufstellung bestätigt die von Halbeselhaltern in der Praxis gemachte Erfahrung, daß auch diese in der Wildbahn stark zurückgedrängte und vielerorts bedrohte Equiden-Art in Tiergärten erfolgreich gehalten und gezüchtet werden kann. Bei noch stärkerer Berücksichtigung ihrer Eigenheiten (große Schreckhaftigkeit und mitunter Unverträglichkeit) lassen sich sicher

durch entsprechende Gehegeanlagen und -einrichtungen, Herdenzusammensetzung und Betreuung auch die noch hohen Verluste durch Trauma und Herz-Kreislauf-Versagen reduzieren.

Zusammenfassung:

Über Verluste bei Halbeseln (Equus hemionus) in Tiergärten

Die Redaktion des Internationalen Zuchtbuches im Tierpark Berlin erhielt für 192 von 294 in Tiergärten verstorbenen Halbeseln Informationen über die Ursache des Abgangs. Die größten Verluste traten im ersten Lebensjahr auf. Hauptursache der Verluste waren Traumen.

Summary:

On Losses of Asiatic Wild Asses (Equus hemionus) in Zoological Gardens

The editors of the International Studbook in the Tierpark of Berlin received information on the causes of death for 192 out of 294 Asiatic Wild asses which had died in zoological gardens. The largest death-rate was recorded during the first year of life. Death was mainly caused by traumata.

Résumé:

Pertes d'hémiones (Equus hemionus) dans les jardins zoologiques

La rédaction du Livre international de l'élevage, au Jardin zoologique de Berlin, a reçu des informations concernant les causes de la mort de 192 sur 294 hémiones morts dans des jardins zoologiques. Les pertes les plus importantes ont eu lieu pendant la première année après naissance. Cause principale des décès: traumas.

Резюме:

О потерях куланов (Equus hemionus) в зоопарках.

Редакция международной племенной книги в Берлинском зоопарке получила информацию опотерях 192 куланов из 294. Наивысшие потери наблюдались на первом году жизни животных. Главной причиной потерь являются трамвы.

Literatur:

POHLE, C. (1972): Statistisches zur Haltung von Halbeseln (Equus hemionus) in Tiergärten. D. Zool. Garten (NF) 42, 189-203.

Anschrift des Verfassers: Dipl.-Biol. C. Pohle
Tierpark Berlin
1136 Berlin-Friedrichsfelde, Am Tierpark 125 (DDR)

Aus der Sektion Tierproduktion und Veterinärmedizin der Karl-Marx-Universität Leipzig, Fachgruppe Reproduktion landwirtschaftlicher Nutztiere (Leiter: OVR Prof.Dr.sc.med.vet. K. W o h a n k a) und dem Zoologischen Garten Leipzig (Direktor: Dr. S. S e i f e r t)

KOLIKERKRANKUNGEN BEI ZOOEQUIDEN

Von K. E l z e

Bedeutung und Vorkommen

Sowohl bei in Zoos und Tierparks gehaltenen Hauspferden als auch Wildequiden treten immer wieder mit Kolik (Bauchschmerz) einhergehende Erkrankungen vereinzelt oder in selteneren Fällen auch einmal gruppenweise auf. Weil die Kolikerkrankungen der Wildequiden aus ätiologischer, pathogenetischer und therapeutischer Sicht weitgehend denen der Hauspferde gleichen, erscheint es nur angezeigt, diesen Komplex speziell aus diagnostischer Sicht einmal anzusprechen.

Bei den Zebras und Wildpferden ist eine rektale Untersuchung nur unter Vorbehalt bei bereits festliegenden oder sedierten Tieren möglich, während sie bei der Kolikdiagnostik eines leicht zu haltenden Equiden nach Erfassung der Pulsfrequenz und der Beschaffenheit und Farbe der Konjunktiven erstes und oberstes Gebot ist. Über eine aufmerksame adspektorische Untersuchung und eine gute Differentialdiagnose gilt es also, vorwiegend zu einer weitgehenden Differenzierung der zahlreichen Kolikerkrankungen und Diagnostik der in dem Falle vorliegenden Kolikform zu kommen. Im Equidenbestand des Leipziger Zoos (Zebras, Przewalskipferde, Onager und Shetlandponys) traten während einer 20jährigen Beobachtungszeit bei 88 Patienten die einzelnen Kolikformen entsprechend der Häufigkeitsverteilung in folgender Rangfolge auf:

adulte Tiere

- Caecumobstipation
- Obstipation des großen Colons links (diese beiden Formen der Obstipation beinhalten die sogenannten Sandkoliken mit)
- Obstipation des kleinen Colons
- Enteralgia catarrhalis
- primärer Meteorismus intestini (Tympanie)
- spastische Obstipation
- Torsio coli
- Magenüberladung

Fohlen

- akuter und subakuter Darmkatarrh
- Enteralgia catarrhalis (Krampfkolik)
- spastische Obstipation
- primärer Meteorismus intestini
- Obstipation des großen Colons
- Torsio caeci
- Torsio coli

Die zahlreichen Kolikformen haben nicht nur eine unterschiedliche Ätiologie und Pathogenese, sondern unterscheiden sich auch im klinischen Bild wesentlich. Gemeinsam ist nur das Hauptsymptom der Äußerung von Bauchschmerz, das sich aber äußerst differenziert zeigt.

Obstipationen des großen Colons links sowie des Caecums:

Sie gehen im allgemeinen auch bei Wildequiden mit geringen Kolikerscheinungen einher. Im Vordergrund stehen Apathie, verringerter Kotabsatz, vermehrtes Liegen oder Abseitsstehen der Tiere (besonders Zebras) von der Herde. In schwereren Fällen wird häufiges, aber ruhiges Hinlegen und Aufstehen beobachtet. Bei Anschoppung der Beckenflexur nehmen die Patienten häufig Streckhaltung ein, und eine ikterische Verfärbung der Konjunktiven wird deutlich sichtbar. Sehr schnell zeigen die Wildequiden einen steifen, reheartigen Gang. Vereinzelt ist bei Caecumobstipationen auch ein leichter Meteorismus im Caecumkopf über der Anschoppung vorhanden. Die Darmgeräusche sind im allgemeinen stark unterdrückt, bei Meteorismus im Caecumkopf sind vereinzelt metallische Klänge auch in gewisser Entfernung hörbar. Bei Rektaluntersuchung (bei Ponys im allgemeinen bis zu einem gewissen Grade möglich) ist der angeschoppte Caecumkopf rechts oder medial, das angeschoppte Colon im allgemeinen links ventral oder bis in die Beckenflexur deutlich zu fühlen.

Bei Anschoppungen der magenähnlichen Erweiterung ist diese rechts ventral vor dem Blinddarmkopf zu fühlen. Darmgeräusche sind immer stark unterdrückt, Puls und Temperatur bleiben häufig über zwei bis drei Krankheitstage noch im oberen Grenzgebiet des Normalbereiches (Pulsfrequenz 60). Erst mit eintretenden Intoxikationserscheinungen steigt die Pulsfrequenz an, und die Tiere haben Fieber.

Charakteristisch sind bei Wildequiden adspektorisch folgende Symptome:
Apathie, verminderte Freßlust, vermehrtes Liegen, geringer Absatz von kleinen, meist sehr trokkenen Kotäpfeln, intermittierender Verlauf der Schmerzäußerung. Das Krankheitsbild bleibt nicht selten über mehrere Tage wenig verändert. Es gibt Einzeltiere, die zu rezidivierenden Caecumobstipationen neigen.

Ursachen:

- gierige Aufnahme von hohen Dosen Kraftfutter
- reichliche Gaben von leichtverdaulichen Kohlendydraten
- Verfütterung von Trockengrüngut oder Häcksel von einer Länge <4 cm
- fehlende Möglichkeit einer kontinuierlichen Wasseraufnahme
- zeitlich getrennte Fütterung von Kraftfutter mit Häcksel und Rauhfutter
- Darmperistaltik- und Darmdurchblutungsstörungen infolge Erregungen, Transporten, plötzlicher Unterkühlung oder Erhitzung u. a. m.

Prophylaxe:

- pferdegerechte Ernährung
- ganztags, aber zumindest zu jeder Fütterung, sollten die Equiden gutes Heu mit aufnehmen können
- Wasser muß den Tieren während des gesamten Tages zur beliebigen Aufnahme zur Verfügung stehen
- Trockengrüngut oder Strohhäcksel soll grobstrukturiert sein
- Trockenschnitzel sind eingeweicht zu verfüttern
- pelletiertes Futter sollte grobstrukturiert sein und in Verbindung mit Heu oder Grünfutter verabreicht werden
- Grünfutter darf nicht zu kurz gehäckselt, nicht zu triefend naß, angewelkt oder erhitzt sein
- die Tiere sind vor Erregungen zu schützen.

Therapie:

- Spasmolytika
- Analgetika
- Vasodilatantia
- Atropinum sulfuricum bis zu 0,05 g pro adultem mittelgroßen Tier
- Strophantin (2,5 mg pro mittelgroßem Tier)
- über mehrere Tage (soweit möglich) 300 - 1000 ml Paraffinöl plus 3 - 10 Liter Wasser mit 100 - 500 g Glaubersalz (Na_2SO_4) per Nasenschlundsonde oder bei Wildequiden nur Glaubersalz in kleineren Dosen über die Tränke oder das Futter
- zwei Tage Hungerdiät
- geringe Mengen guten Heus
- Schlappfutter mit Leinschleimanteil
- Ruhe
- Hyperämisierung der Bauchdecken

Obstipationen des kleinen Colons:

Es kommt zu einem akuten Kolikverlauf. Anfangs zeigen sich die Tiere häufig in mehr oder weniger gestreckter Stellung, bald danach treten in verschieden großen Intervallen heftigere Kolikerscheinungen mit Schweißausbrüchen auf, Wildequiden strecken sich stark im Liegen, wälzen sich oder bleiben eine Weile ruhig liegen, der Puls steigt schnell an, die Konjunktiven sind hochgradig gestaut, bei möglicher Rektaluntersuchung sind Ampulle und Rectum leer, bei einem Klysma fließt anfangs das Wasser klar zurück. Anschoppungen der rechten dorsalen Colonlage liegen häufig weit cranial, während Obstipationen des kleinen Colons als "rübenartige Gebilde" am Beckeneingang, meist etwas mehr links, im allgemeinen leicht palpabel sind.

Charakteristische, adspektorisch erfaßbare Symptome sind:
heftige Kolikerscheinungen, Wälzen, hohe Pulsfrequenz, stark injizierte Konjunktiven, wenig oder fehlender Kotabsatz.

Ursachen:

- Aufnahme von altem, holzigem sowie angefaultem Grünfutter (besonders Klee und Herbstgras)
- Aufnahme von pilzhaltigem Heu und Stroh
- Mistfressen
- plötzlicher Futterwechsel
- Belastungsschwankungen
- Erregung beim Einsperren der Tiere
- chronische Darmkatarrhe

Prophylaxe:

Ausschaltung aller ursächlichen Faktoren

Therapie:

- Analgetika
- Spasmolytika
- Strophantin und/oder Coffeinum nat. salicyl.
- Antihistaminika
- Massendruckklysma mit Paraffinölspitze (2 - 3mal täglich)
- chirurgische Behandlung bei Ponys und Kleinpferden solange der Kreislauf der Tiere noch wenig gestört ist.

Enteralgia catarrhalis (Krampfkolik) und spastische Obstipationen infolge akuter oder subakuter Darmkatarrhe:

Während die primären Obstipationen etwas vermehrt bei älteren Equiden auftreten, befällt die am weitesten verbreitete Krampfkolik alle Altersklassen, besonders aber Fohlen. Die Ursache ist pathogenetisch in einem akuten bis subakuten Darmkatarrh zu sehen. Die Ursachen sind sehr kohlenhydratreiche Ernährung der Tiere, einseitige Fütterung, zu reichliche Zucker- und Brotgaben, Aufnahme von reizendem Futter oder Schmutzwasser. Es bilden sich Gärungs- und Fäulnisprodukte im Magen-Darm-Kanal, diese bewirken eine überstarke Peristaltik, die bis zum Darmtenesmus und Einstellen der Weiterbeförderung des Darminhaltes, sekundär bis zur spastischen Obstipation führen kann.
Die Pferde zeigen leichtgradigen bis äußerst heftigen, in wenigen Minuten wiederkehrenden Kolikschmerz. Die Tiere schwitzen, der Puls steigt, sie werfen sich hin, stehen auf, drängen gegen die Wände oder Gehegezäune und zeigen stark injizierte Gefäße. Anfangs wird noch Kot normaler Konsistenz abgesetzt, bald tritt für einige Stunden Kotverhaltung ein, und danach setzt in akuten Fällen die Diarrhoe ein. Bei Fohlen bis zum ersten Lebensjahr tritt häufig der Darmkatarrh zuerst auf, und sporadisch kommt es dann bei diesen Tieren zu Krampfkoliken, aber besonders auch zu sekundären spastischen Obstipationen. Die Darmgeräusche setzen oft einige Zeit aus, sind aber, hoch metallisch klingend, immer wieder da, besonders in der rechten Hungergrube.

Prophylaxe:

- nicht zu energiereiche Ernährung
- leicht verdauliche Kohlendydrate (Brot, Zucker, Melasse, hohe Dosen Rüben und Möhren, energiereiches, gehäckseltes Grünfutter) sind stets nur in kleinen Dosen zusammen mit Heu zu verfüttern
- die Tiere sollten ganztags Wasser aufnehmen können
- Grünfutter soll weder zu kalt, zu feucht noch zu welk sein
- die Tiere sind weitgehend endoparasitenfrei zu halten
- Magendarminfektionen und plötzlicher Belastung ist vorzubeugen
- hohe Vitamin A-Versorgung der Fohlen.

Therapie:

- Spasmolytika
- Atropinum sulfuricum
- Analgetika
- Coffeinum sulfuricum
- Ruhe, Wärme
- 1000000 IE Vitamin A, wäßrig, per os
- Leinschleim per os
- Styptika
- Diät
- gegebenenfalls Paraffinöl und Na_2SO_4 per os

Primärer Meteorismus intestini (Tympanie) und Torsio coli

Die Tympanie ist nach der Krampfkolik auch eine sehr häufige Kolikform. Die Ursache liegt in der Aufnahme stark blähender Futtermittel, in alimentär wie erregerbedingten Darmkatarrhen sowie auch in primär oder sekundär vegetativ bedingten Störungen der Darmmotilität. In jedem Falle zeigen die geblähten Tiere sehr heftige Kolikerscheinungen.
Differentialdiagnostisch ist die Torsio coli abzugrenzen. Sie geht stets gleichermaßen mit starker Spannung und Dehnung der Bauchdecken, sekundärem Meteorismus sowie heftigsten Kolikerscheinungen einher. Der Kreislauf verschlechtert sich im allgemeinen noch schneller als beim primären Meteorismus. Die Prognose ist bei beiden Kolikformen sehr vorsichtig zu stellen. Bei Torsio coli ist heute sofort nach Abschluß der Diagnostik die chirurgische Behandlung, bei Meteorismus eine intensive physikalische und medikamentelle Versorgung einzuleiten.

Therapie:

- Spasmolytika
- Atropin
- Analgetika
- Leinsamenschleim per os
- 200 - 300 g Na_2SO_4 in 3 - 10 Liter Wasser per os
- Punktion geblähter Darmschlingen von der Flanke oder vom Rectum aus
- Silikonpräparate per os
- chirurgische Behandlung

Torsio caeci:

Sie wird besonders bei Fohlen infolge Fehlgärungen im Caecum vergesellschaftet mit sekundären Tympanien beobachtet. Sie verläuft jeweils etwas weniger heftig als Torsionen des Colons. Rektal ist der in das Becken drückende, mit Gas gefüllte Caecumkopf weit medial, bei Fohlen auch durch digitale Untersuchung zu fühlen. Die Bauchdecken sind gespannt, der Kreislauf verschlechtert sich. Nach einer Medikation von Analgetika und Spasmolytika ist das Tier sofort der chirurgischen Behandlung zuzuführen.
Volvulus und Invaginationen konnten wir bei unseren Zooequiden in Leipzig in den letzten 20 Jahren nicht beobachten. Zu einer Magenüberladung kam es auch nur in einem Falle nach Ausfressen einer Kraftfutterkiste nach Ausbruch des Tieres!

Diskussion:

Kolikerkrankungen treten bei Zebras und Wildpferden in Gefangenschaftshaltung ebenso wie bei Hauspferden vorrangig sporadisch auf. Im Vordergrund stehen zwei Komplexe der Kolikformen:
- Dickdarmverstopfungen und spastische Obstipationen sowie
- Krampfkoliken infolge akuter und subakuter Darmkatarrhe.

Bei den adulten Tieren sind es besonders die Dickdarmverstopfungen in Form der Obstipationen des Caecums und des Colons links (nicht selten bis zur Beckenflexur reichend) sowie auch die spastische Obstipation. In diesen Komplex sind auch die sogenannten Sandkoliken einzureihen. Als Ursachen stehen Futterumstellungen, übermäßige Aufnahme von Sand oder Erde, Verfütterung von Trocken- oder Frischgrüngut oder Häcksel von einer Teilchengröße < 4 cm, unregelmäßige Wasseraufnahme,

reichliches Angebot von Futtermitteln mit sehr hoher Energiekonzentration, Verwurmungen, Zirkulations- und Durchblutungsstörungen infolge plötzlicher Erregung, kurzzeitige Unterkühlung oder Erhitzung sowie möglicherweise auch Arteriosklerosen von Dickdarmgefäßen im Vordergrund. Diese Dickdarmobstipationen verursachen im allgemeinen in den ersten Tagen weniger heftige Koliken. Die Tiere zeigen kaum Unruhe, sie sind nur etwas apathisch, und der Kotabsatz verringert sich. Es kann beobachtet werden, daß sich die Tiere (auch Zebras) öfters hinlegen und die Futteraufnahme allmählich weniger wird. Sehr bald kommt es aber zur Intoxikation, Kreislaufstörungen, Azidoseerscheinungen und nicht selten auch zum letalen Ausgang.
Es ist deshalb äußerst wichtig, auf der einen Seite laufend die Futterrationen und Fütterungsorganisation hinsichtlich einer pferdegerechten Zusammensetzung und Verabreichung zu prüfen, sowie mindestens täglich einmal den Allgemeinzustand und das Verhalten der Zebra-, Wildpferde- und Hauspferdeherden zu kontrollieren, um bei den ersten adspektorisch erfaßbaren Erscheinungen einer Dickdarmobstipation sofort die entsprechenden Therapiemaßnahmen einleiten zu können. Die Prognose ist umso günstiger, je früher eine Behandlung einsetzt. Die Frühdiagnostik ist bei den Zebras und Wildpferden auch deshalb so wichtig, weil zu diesem Zeitpunkt noch bis zu einem gewissen Grade die Möglichkeit einer Zufuhr von Medikamenten über das Futter oder Wasser gegeben ist.

Die Enteralgia catarrhalis (Krampfkolik) in Verbindung oder als Folge von Darmkatarrhen ist eine sehr heftig verlaufende Kolikform, die im Prinzip bei allen Altersgruppen von Wildpferden, Zebras und Ponys beobachtet werden konnte. Bei den adulten Tieren zeigt sich meist erst nach Abklingen der heftigen Krampfkolikanfälle als äußeres Zeichen eines Darmkatarrhes Diarrhoe, bei den Fohlen der Zebras, Wildpferde und Ponys bestand in den beobachteten Fällen die Diarrhoe stets bereits einige Tage vor Auftreten einer Krampfkolik.
Die Ursachen für Krampfkoliken sehen wir vor allem in akuten Darmkatarrhen als Folge von Brot- und Zuckerfütterung an besucherreichen Tagen, einer allgemein zu energiereichen Ernährung, der Aufnahme von gärenden und reizenden Futtermitteln, Infektionen viraler und bakterieller Genese sowie Schmutzwasseraufnahme aus Pfützen u. a. m.
Jeder Durchfall eines Fohlens muß als potentielle Kolikgefahr gewertet werden. Nach Kotentnahme zur bakteriologischen und parasitologischen Untersuchung ist jede Fohlendiarrhoe sowohl medikamentell (z. B. Zufuhr von Elektrolyten, Sulfonamiden, Antibiotika) als auch über Diätfütterung so früh wie möglich therapeutisch anzugehen.
Bei Auftreten einer Krampfkolik ist die Applikation von zirkulationsfördernden Mitteln (Koffein hat sich bewährt) sowie Spasmolytika und Analgetika hoch indiziert. Nach Möglichkeit sollten die Tiere warm aufgestallt oder auch eingerieben (hyperämisierende Medikamente) werden. In der abklingenden Kolikphase ist auch eine geringe Bewegung möglich.
Differentialdiagnostisch ist stets ein Dünndarmileus abzugrenzen. Prophylaktisch gilt es, alle Faktoren, die für das Auftreten eines Darmkatarrhes in Frage kommen, weitgehendst auszuschalten. In den Zuchtherden sollten ganzjährig wiederholt Zwischendesinfektionen (Peressigsäure, 1%ig) durchgeführt werden, um einer klinischen Manifestation von Infektionen vorzubeugen. Das Auftreten der thrombotisch-embolischen Kolik, heute auch als Darminfarkt bezeichnet, wurde in der Auswertung ausgeklammert, da er im Beobachtungszeitraum von 20 Jahren bei 88 Patienten nur einmal bei einem Zebra Ende der fünfziger Jahre beobachtet wurde. Seither stehen die Herden unter ständiger Kontrolle bezüglich des Endoparasitenbefalles und werden jährlich wiederholt Entwurmungen (früher mittels Piperazin, danach mittels Thibenzole und in jüngster Zeit mittels Mebendazol) unterzogen. Die Prognose ist bei jeder Kolikerkrankung sehr bedacht zu stellen. Entscheidend für die Prognose quo ad vitam ist im allgemeinen nicht die Heftigkeit der Kolikerscheinungen, sondern die frühzeitige Diagnose der entsprechenden Kolikform über eine umfassende Differentialdiagnose. Auch bei der in vielen Fällen nur adspektorischen Möglichkeit der Kolikdiagnostik bei Wildpferden und Zebras läßt sich eine hohe diagnostische Sicherheit, zumindest bezüglich der Kolikgruppen, erzielen; dies ist für eine differenziert und kausal ausgerichtete Frühtherapie sehr entscheidend.
Die Bekämpfung der Koliken der Zooequiden muß vorrangig in der Prophylaxe liegen. Im Vordergrund steht eine pferdegerechte Ernährung bezüglich Energiekonzentration, Frischegrad und Struktur der einzelnen Futtermittel sowie der Fütterungsorganisation bei gleichzeitigem Schutz der Tiere vor Infekten und Intoxikationen, Erregungen, kurzzeitigen Erhitzungen oder Verkühlungen. Eine ständige Kontrolle des Endoparasitenbefalles, als eine wesentliche Ursache von Zirkulationsstörungen, ist eine allgemeine Grundvoraussetzung. Jede Pferdegruppe ist täglich mindestens einmal einer Kontrolle bezüglich der klinischen Gesundheit des Verdauungstraktes adspektorisch zu un-

terziehen, um bei Erkrankungserschbinungen so früh wie möglich eine spezifische Therapie einleiten zu können.

Zusammenfassung:

Kolikerkrankungen bei Zooequiden

Das Vorkommen von Kolikerkrankungen bei Wild- und Hausequiden im Leipziger Zoo wird analysiert. Die adspektorisch erfaßbaren Hauptsymptome bei den einzelnen Kolikformen sowie Ursachen und Bekämpfungsmöglichkeiten werden aufgezeigt. Bei adulten Tieren stehen Obstipationen der Dickdärme, bei Fohlen Enteralgia catarrhalis im Vordergrund.

Summary:

Colic Diseases with Equids Kept in Zoological Gardens

The occurrence of colic diseases in wild and domestic equids kept in the Leipzig Zoo is analysed. The main symptoms adspectorily detectable with the individual types of colic, as well as causes and combatting possibilities are pointed to. As far as adult animals are concerned, obstipations of the large intestine, in foals enteralgia catarrhalis, constitute the main symptoms observed.

Résumé:

Coliques chez des équidés domestiques et sauvages

Ce rapport analyse la fréquence des coliques survenant chez des équidés sauvages et domestiques au Jardin zoologique de Leipzig. Il présente les principaux symptômes pouvant être reconnus et définis pour les diverses formes de coliques, tout en mentionnant les causes et en présentant les moyens de traitement. Or, il s'agit avant tout, pour les bêtes adultes, de constipation du gros intestin et, pour les poulains, de Enteralgia catarrhalis.

Резюме:

Коли заболевания у лошадинных в зоопарке.

Анализируются коли-заболевания удиких и домашних лошадей в зоопарке г. Лейпцига. Описаны некоторые основные симптомы отдельных форм коли, указаны причины и методы борьбы с заболеваниями. У беременных животных наблюдается запор толстой кишки, жеребят Enteralgia catarrhalis.

Anschrift des Verfassers: VR Prof. Dr. sc. med. vet. K. E l z e
701 Leipzig, Margarete-Blank-Str. 8 (DDR)

Aus dem Bezirksveterinäramt Trutnov (Direktor: MVDr. J. V i t) und dem Zoologischen Garten Dvůr Králové nad Labem (Direktor: Ing. J. V á g n e r , CSc).

UNFÄLLE UND VERLETZUNGEN BEI HUFTIEREN IM ZOO DVŮR KRÁLOVÉ NAD LABEM IN DEN JAHREN 1973 - 1976

Von M. S t e h l i k

Die Traumen gehören zu den häufigsten Todesursachen bei Zootieren. Sie nehmen auch den Zootierarzt am meisten in Anspruch. Es gibt nur wenige Veröffentlichungen, die die Prozentzahlen der Verluste bei Zootieren nach Ursachen angeben. Aus der Übersicht des Zoos Philadelphia über die Verluste bei Säugetieren in den Jahren 1948 bis 1953 geht hervor, daß Unfälle und Verletzungen 39,4 %, Infektionskrankheiten 34,5 %, chronische Erkrankungen der Leber, Milz und des Blutgefäßsystems 16,2 %, Ernährungsstörungen und Fütterungsschäden 6,5 % und Geschwülste 3,4 % ausmachten (R a e t h e l , 1958).

Im Zoo Dvůr Králové nad Labem waren in den Jahren 1973 bis 1976 Unfälle und Verletzungen mit 55,4 %, Ernährungsstörungen und Fütterungsschäden mit 19,4 %, Organkrankheiten mit 18,1 %, Infektionskrankheiten mit 3,8 %, parasitäre Krankheiten mit 2,6 % und nicht näher bestimmte Erkrankungen mit 1,7 % an den Verlusten der Säugetiere beteiligt (Tabelle 1).

T a b e l l e 1

Prozentzahlen der Säugetierverluste

im ZOO Philadelphia in den Jahren 1948 - 1953

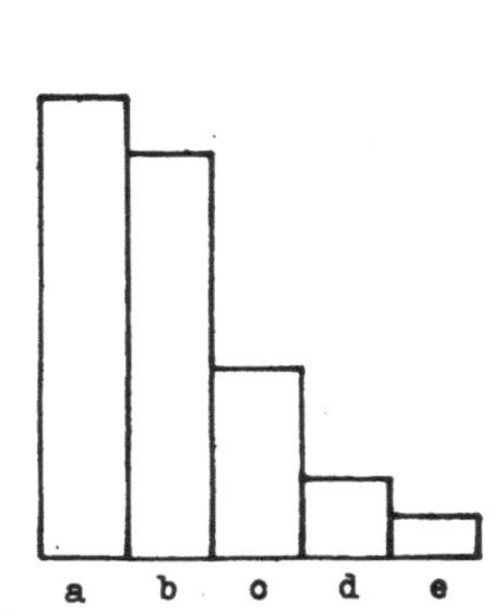

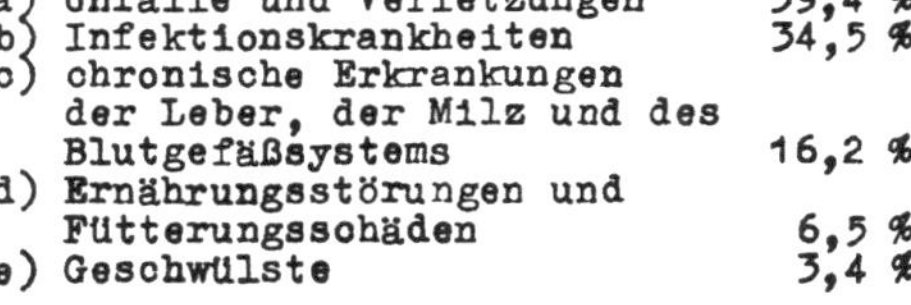

a) Unfälle und Verletzungen 39,4 %
b) Infektionskrankheiten 34,5 %
c) chronische Erkrankungen der Leber, der Milz und des Blutgefäßsystems 16,2 %
d) Ernährungsstörungen und Fütterungsschäden 6,5 %
e) Geschwülste 3,4 %

im ZOO Dvůr Králové nad Labem in den Jahren 1973 - 1976

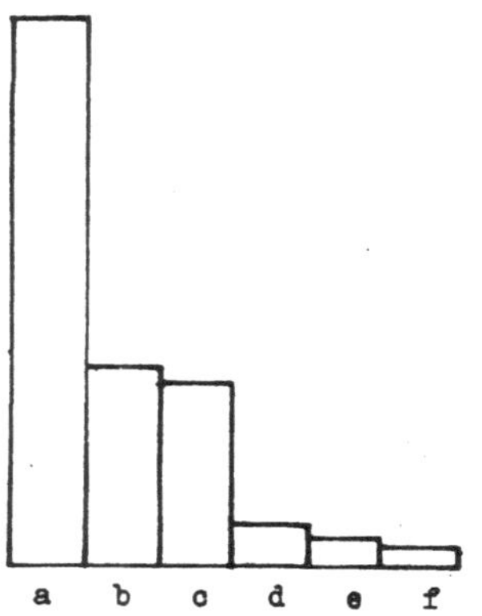

a) Unfälle und Verletzungen 54,4 %
b) Ernährungsstörungen und Fütterungsschäden 19,4 %
c) Organkrankheiten 18,1 %
d) Infektionskrankheiten 3,8 %
e) Parasitäre Krankheiten 2,6 %
f) nicht näher bestimmte Erkrankungen 1,7 %

Wenn man die Verluste in den beiden Zoos vergleicht, sieht man höhere Verluste durch Unfälle und Verletzungen im Zoo Dvůr Králové nad Labem. Dies ist bedingt durch die Tatsache, daß der Zoo Dvůr Králové nad Labem vorwiegend große afrikanische Huftiere hält, die für Traumen besonders anfällig sind. Die Huftiere im ostböhmischen Zoo werden in den natürlichen Bedingungen entsprechenden Gruppen gehalten, was sich positiv in den guten Zuchterfolgen widerspiegelt. Bisher wurde die Zahl der Traumen durch die provisorischen Einrichtungen beeinflußt. An einer Verbesserung und dem Neubau der Aufstallungen wird intensiv gearbeitet.

Bevor detailliert auf die traumatisch bedingten Erkrankungen eingegangen wird, soll noch kurz auf die bisherigen Zuchterfolge bei Huftieren hingewiesen werden: Im gleichen Zeitraum wurden 332 Antilopen, darunter vier seltene Bongos (Boocerus euryceros) und acht Brillenböcke (Damaliscus hunteri) sowie 86 Zebras geboren. Die vierjährige Zuwachsrate der Antilopen ist größer als der jetzige Stand der Antilopen überhaupt, der zur Zeit 326 Antilopen beträgt. Um die Verluste in der Zukunft noch mehr zu senken, ist ein modernes Institut im Bau, das außer der klinischen und labordiagnostischen Abteilung auch eine spezielle Abteilung für Forschungsarbeiten über die Reproduktion der Zootiere aufweisen wird.

Im Zoo Zürich wurden innerhalb eines Zeitraumes von 25 Jahren nicht weniger als 737 Tiere durch andere Tiere getötet, davon 286 durch eigene Artgenossen (R a e t h e l , 1958).
Die Traumen der Zootiere entstehen durch einen bestimmten Ursachenkomplex, für den H e d i g e r den Begriff "Tod durch Verhalten" prägte. Wenn man diesen Komplex näher betrachtet, so erkennt man verschiedene Ursachen für die Verluste bei Zootieren, und zwar

a) die Kämpfe zwischen Artgenossen
b) die Kämpfe zwischen gemeinsam gehaltenen verschiedenen Tierarten
c) den angeborenen Fluchtreflex.

Zu a) Gesellig lebende Huftiere sind einer strengen Rangordnung unterworfen. Während in der freien Natur die schwächeren Individuen einer Gruppe genügend Raum zum Ausweichen vor dem Stärkeren haben, sind sie unter den begrenzten Raumverhältnissen im Zoo den stärkeren Tieren auf Gedeih und Verderb ausgeliefert.

Zu b) Gemeinsam untergebrachte (hauptsächlich männliche) Tiere halten die Gehege für das eigene Territorium, und besonders während der Brunst verlaufen schwere Auseinandersetzungen, die oft mit dem Tode des Schwächeren enden.

Zu c) Der angeborene Fluchtreflex, der auch den in der Gefangenschaft geborenen Tieren eigen ist, wird durch sich plötzlich bewegende Gegenstände ausgelöst, die das Tier nicht erkennt. Die Tiere rennen dann kopflos mit voller Wucht gegen die Gehegeumzäunung und ziehen sich Frakturen des Schädels, der Wirbelsäule und der Extremitäten zu.

Im folgenden werden die von uns bei Huftieren beobachteten Traumen, nach den betroffenen Körperregionen aufgeschlüsselt, dargestellt:

Tabelle 2: Zahl und Lokalisation der Verletzungen bei den Huftieren im Zoo Dvůr Králové nad Labem in den Jahren 1973 bis 1976

Körperregion	Zebras	Antilopen	Büffel
1. Schädel	-	6	-
2. Halswirbel	11	-	-
3. Brust	1	5	1
4. Lendenwirbel	1	6	-
5. Bauch	4	8	-
6. Becken	2	1	-
7. Mastdarm	-	-	4
8. Geschlechtsorgane	-	1	1
9. Vorderextremitäten			
a) Metakarpus	5	3	-
b) Fessel	2	-	-
10. Hinterextremitäten			
a) Femur	-	1	-
b) Metatarsus	1	6	-
c) Fessel	1	3	-

Durch den angeborenen Fluchtreflex ziehen sich Antilopen oft Verletzungen der Hörner zu. Wir haben fast bei allen Antilopenarten diese Verletzungen festgestellt, die sich vom Abbrechen der Hornspitze über die Ablösung der Hornscheide bis zur Fraktur des Processus cornualis des Os

frontale erstreckten. Die nicht behandelte Hornzapfenfraktur bei einer Elenantilope (Taurotragus oryx) hatte die Senkung des Hornes zur Folge (Abb. 1). Beim weiblichen Weißschwanzgnu (Connochaetes gnou) heilte die totale Fraktur des linken Hornzapfens nach einmaliger Behandlung per primam ab.
Bei den Springböcken (Antidoroas marsupialis) sind bei den meisten weiblichen Tieren ein oder beide Hörner abgebrochen oder disloziert. Bei den Böcken dieser Art sind die viel stärkeren Hörner meist unbeschädigt.
Durch frontales Anrennen gegen die Gehegeumzäunung entstanden bei den Antilopen Frakturen des Os frontale und temporale. Die Folge dieser Frakturen waren Verletzungen der Hirnhäute und des Gehirnes mit anschließendem Exitus bei 6 Antilopen (1,1 Springbock - Antidoroas marsupialis, 0,1 Rappenantilope - Hippotragus niger, 0,1 Elenantilope - Taurotragus oryx, 0,1 Jacksonkuhantilope - Alcelaphus buselaphus jacksoni, und 0,1 Leierantilope - Damalisous korrigum).
Bei den Zebras wurden beim frontalen Anrennen gegen die Hindernisse dagegen die Halswirbel in Mitleidenschaft gezogen. Durch die Sektion wurden bei elf Zebras (3,5 Steppenzebra - Equus burchelli, 1,2 Grevyzebra - Equus grevyi) Frakturen der ersten vier Halswirbel festgestellt, wobei es zur Beschädigung der Medulla oblongata und somit zum schnellen Tod der Tiere kam.

Bei den traumatisch bedingten Rückgratfrakturen bei einem weiblichen Grevyzebra (Equus grevyi) und 6 Antilopen waren die ersten drei Lendenwirbel betroffen (0,1 südafrikanischer Spießbock-Oryx gazella, 1,1 Springbock - Antidoroas marsupialis, 0,1 Kaama - Alcelaphus caama, 1,0 Pferdeantilope - Hippotragus equinus, 0,1 Weißschwanzgnu - Connochaetes gnou). Wegen der unheilbaren Nachhandlähmung wurden die Tiere euthanasiert.

Tödliche Brustwunden wurden bei einem Zebra und 5 Antilopen beobachtet. Bei einem weiblichen Steppenzebra (Equus burchelli) kam es durch den Hornstoß einer Elenantilope (Taurotragus oryx) zur Perforation des Herzens mit darauffolgender Verblutung. Bei einer weiblichen Pferdeantilope (Hippotragus equinus) entstand nach einem den Brustkorb perforierenden Hornstoß eine Pleuritis. Bei 1,1 Elenantilopen (Taurotragus oryx) verursachte dieselbe Art der Verletzung innere Verblutung. Bei einem weiblichen Großen Kudu (Tragelaphus strepsiceros) entstand ein Hämothorax nach Hornstößen, die die linke Lunge perforierten. Ein männlicher Kaffernbüffel (Syncerus caffer) verblutete nach mehreren Rippenbrüchen, die er sich im Kampf mit einem älteren Bullen zugezogen hatte. Die zertrümmerten Rippen hatten das Lungengewebe beschädigt. Bei einigen Antilopen wurden Rippenbrüche erst bei der Sektion festgestellt, während zu Lebzeiten der Tiere keine Erkrankungssymptome festgestellt wurden. Diese Rippenbrüche standen in keinem Zusammenhang mit der Todesursache.

Infektiöse Peritonitiden, verursacht durch Bauchdeckenperforation, führten binnen einiger Tage bei 0,3 Steppenzebra (Equus burchelli) zum Tode. Ein weibliches Grevyzebra (Equus grevyi) sprang in das Nashorngehege. Eines der schwarzen Nashörner (Diceros bicornis) fügte ihm durch Hornstoß eine tiefe Rißwunde kaudal der Nabelgegend zu. Aus der Wunde hingen Haut-, Faszien- und Muskellappen heraus. Das Tier wurde lediglich durch Ausspritzen der Wunde mit Wasserstoffsuperoxyd und Akriflavingranulatlösung innerhalb von drei Wochen geheilt.

Die Perforation der Bauchdecken mit anschließender Peritonitis war auch bei 2,0 Pferdeantilopen (Hippotragus equinus), 0,1 südafrikanischem Spießbock (Oryx gazella), 1,0 Springbock (Antidoroas marsupialis) und 2,0 Impalas (Aepyceros melampus) die Todesursache.

Bei einer Elenantilope (Taurotragus oryx) und einem südafrikanischen Spießbock (Oryx gazella) (Abb. 2) kam es nach Perforation der Bauchdecken zum Darmvorfall und anschließenden Tod der Tiere.

Die Beckenfrakturen, die wir bei zwei Zebras (1,1 Steppenzebra - Equus burchelli) und einer Antilope (südafrikanischer Spießbock - Oryx gazella) feststellten, wurden durch den Sturz in den Begrenzungsgraben verursacht. Bei einer Schirrantilope (Tragelaphus scriptus) kam es während der Geburt einer absolut zu großen Frucht zur Beckenfraktur.

Die Mehrzahl der Frakturen sowohl der Vorder- als auch der Hinterextremitäten bei Zebras und Antilopen waren offene Splitterfrakturen mit schwerer Beschädigung der weichen Gewebe (Haut, , Muskeln, Sehnen und Nerven) ohne jegliche Heilungsaussicht. Der ungünstige Zustand dieser Frakturen entstand größtenteils durch die Aufstehversuche der verletzten Tiere nach dem Unfall. Bei einem Bleßbock (Damalisous dorcas) wurden eine Metakarpusfraktur und bei einem 0,1 Ellipsenwasserbock (Kobus ellipsiprymnus) eine Metatarsusfraktur durch Fixationsverband erfolgreich behandelt. Durch Ruhigstellung wurde eine Femurfraktur bei einem weiblichen Weißschwanzgnu (Connochaetes gnou) geheilt.

Zwei Muskelrupturen wurden bei den Antilopen beobachtet. Bei einem männlichen Weißschwanzgnu (Connochaetes gnou) entstand durch Sturz in den Graben eine Zerreißung des M. serratus ventralis. Der Schulterblattknorpel überragte auffällig den Widerrist. Bei einem 0,1 Großen Kudu (Tragelaphus strepsiceros) zeigte sich in der Bewegung die Zerreißung des M. fibularis tertius (peroneus) durch abnorm abgewinkeltes Sprunggelenk und Nachschleppen der verletzten Extremität (Abb. 3). Nach einiger Zeit war die Überbelastung des gesunden Fußes durch starkes Durchtreten sichtbar (Abb. 4). Eine Therapie durch Ruhigstellung war erfolglos, da die Sehne des M. fibularis tertius an seiner Ursprungsstelle in der Fossa muscularis femoris abgerissen war.

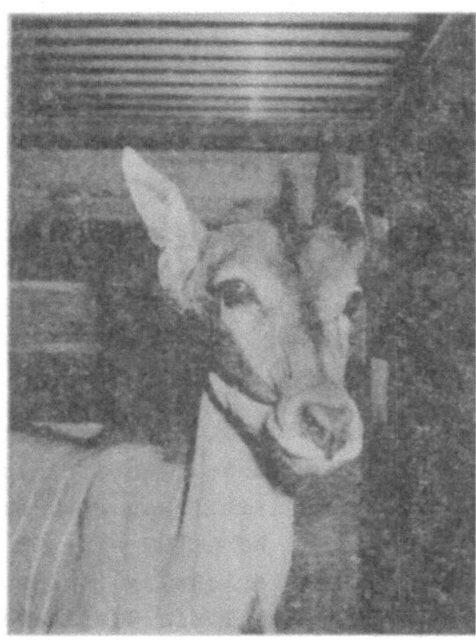

Abb. 1: Senkung des Hornes bei einer Elenantilope (Taurotragus oryx) als Folge einer nicht behandelten Hornzapfenfraktur

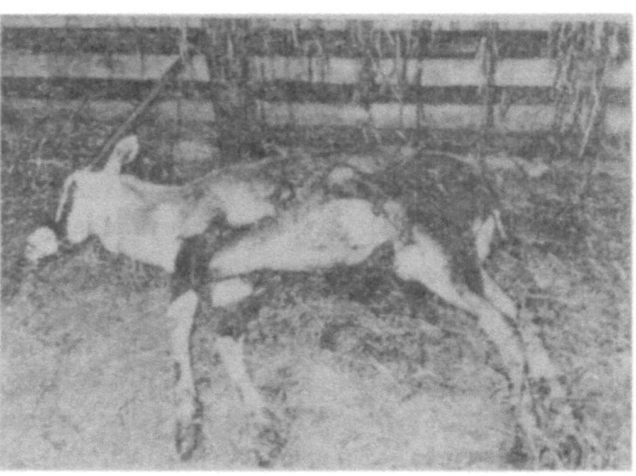

Abb. 2: Darmvorfall nach Perforation der Bauchdecken bei einem südafrikanischen Spießbock (Oryx gazella)

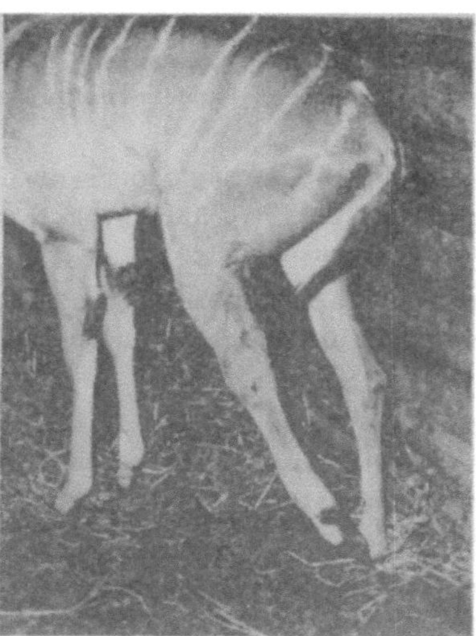

Abb. 3: Zerreißung des M. fibularis tertius (peroneus) bei einem Großen Kudu (Tragelaphus strepsiceros)

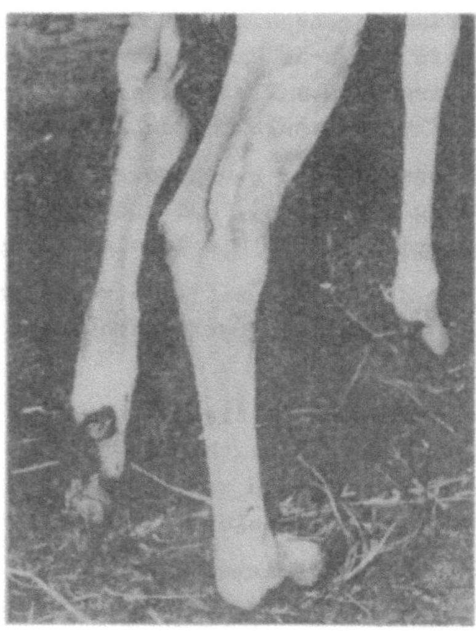

Abb. 4: Durchtreten des gesunden Fußes beim selben Tier

Wiederholt wurden Hämatome am Oberschenkel bei Zebras (Abb. 5) und der Seitenbrust bei Antilopen (Abb. 6) festgestellt, die nach den üblichen Regeln der Chirurgie behandelt wurden.

Abb. 5: Oberschenkelhämatom beim Hartmannzebra (Equus zebra hartmannae)

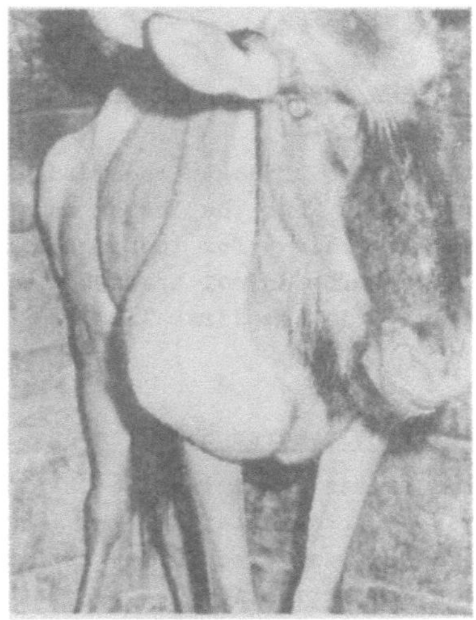

Abb. 6: Hämatom bei einem Weißbartgnu (Connochaetes taurinus albojubatus)

Eine traumatische Ursache wurde auch bei einem totalen Prolaps des Penis bei einer Säbelantilope (Oryx dammah) vermutet. Alle Versuche, durch Salbenbehandlung, Massage und Vitamin B-Komplexgaben die Reposition herbeizuführen, blieben erfolglos. Wegen der fortschreitenden Penisnekrose wurde das Tier euthanasiert.

Einem weiblichen Anoa (Bubalis depressicornis) wurde durch Hornstöße des Bullen das Scheidengewölbe perforiert. Es kam zum partiellen Vorfall der Gebärmutter des trächtigen Tieres. Während der sofort eingeleiteten Behandlung im Veterinärkrankenhaus in Hradec Králové trat der Exitus letalis ein.

Bei den Kaffernbüffeln (Syncerus caffer) griff der Leitbulle wiederholt die männlichen Tiere, sogar sechsmonatige Bullenkälber, an. Mit den Hornspitzen wurden vier Bullen Verletzungen des Mastdarms zugefügt. In drei Fällen kam es nach Perforation des Mastdarmes nach einigen Tagen zu einer septischen Peritonitis, die trotz lokaler und antibiotischer Therapie letal endete. Ein Jungbulle wurde geheilt.

Bei Rangordnungskämpfen in der Gruppe der Grevyzebras (Equus grevyi) biß ein Hengst dem anderen den Schwanz ab (Abb. 7)

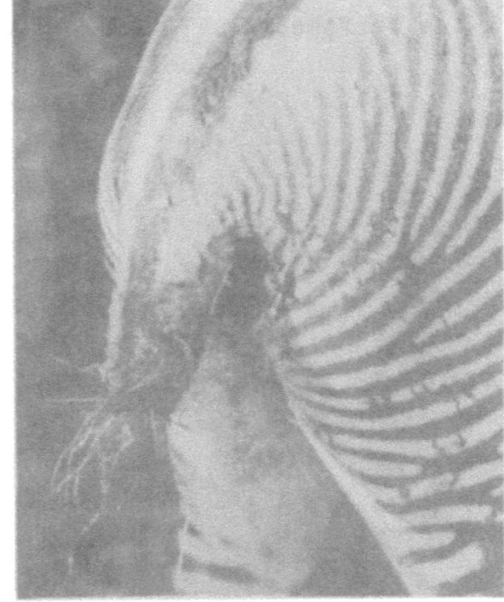

Abb. 7: Schwanzverletzung bei einem Grevyzebrahengst (Equus grevyi)

Zusammenfassung:

Unfälle und Verletzungen bei Huftieren im Zoo Dvůr Králové nad Labem in den Jahren 1973 - 1976

Die Traumen nehmen unter den Todesursachen bei Zootieren einen bedeutenden Platz ein. So stehen die Verluste durch Traumen mit 55,4 % bei den Säugetieren im Zoo Dvůr Králové für den Zeitraum von 1973 - 76 unter den Abgangsursachen an erster Stelle. Besondere Erwähnung finden die hauptsächlich betroffenen Tierarten und die vorwiegend in Mitleidenschaft gezogenen Körperregionen.

Summary:

Accidents and Injuries in Hoofed Animals in the Zoo Dvůr Králové n. Labem During the Period from 1973 - 1976

Among the causes of death recorded with animals kept in zoological gardens traumata take an important rank. Thus the losses due to traumata are as high as 55.4 per cent in the mammals in the Zoo Dvůr Králové for the period from 1973 - 1976. This means, they rank first among the letal causes. The animal species mainly concerned, as well as the body regions mainly affected are mentioned in the first line.

Résumé:

Accidents et blessures chez les ongulés au Zoo de Dvůr Králové n. Labem, de 1973 à 1976

Parmi les causes de mort alité chez les animaux des jardins zoologiques, les traumas occupent une place importante. Ainsi, les pertes causées par des chocs traumatiques se chiffrent à 55,4 pour les mamifères du Zoo de Dvur Kralove dans la période de 1973 à 1976. L'exposé mentionne en particulier les groupes d'animaux les plus affectés ainsi que les parties du corps les plus souvent concernées.

Резюме:

Несчастные случаи и повреждения у копытных в зоопарке Друт Кралове в Ладене с 1973 по 1976 год.

Травмы среди причин смертности занимают значительное место. Так например , потери в результате травм состовляют в зоопарке Друг Краловы с 1973 по 1976 год 55,4% млекопитающих, занимают первое место. В работе указываются особо часто поражаемые группы животных и поврежденные части тела.

Literatur:

RAETHEL, H. S. (1958): Tierverluste in Zoologischen Gärten, ihre Ursachen und Maßnahmen zur Verhütung. Mh. VetMed 13, 268-276, 295-300.

Anschrift des Verfassers: MVDr. M. S t e h l í k
Postfach 38
288 80 Nymburk 2 (ČSSR)

Aus der Klinik für Orthopädie bei Huf- und Klauentieren (Vorstand: o. Univ. Prof. Dr. P. F. Knezevic) der Veterinärmedizinischen Universität Wien

ÜBER DIE HÄUFIGSTEN HUFERKRANKUNGEN BEI EINHUFERN IM ZOO UND IM WILDPARK

Von L. Feßl, D. Girtler und CH. Stanek

1. Einleitung

Erkrankungen der Hufe werden bei den Zootieren seltener beobachtet als bei den als Haustieren gehaltenen Einhufern. Als Ursachen hierfür sind anzusehen:

a) Härteres Hufhorn bei freilebenden Equiden

b) Die Beanspruchung des Hornschuhes, wie sie bei Arbeits- und Sportpferden gegeben ist, fällt weg.

c) Geringgradige Erkrankungen der Hufe, die keine wesentlichen Lahmheiten hervorrufen oder keine auffallende Formveränderung des Hornschuhes verursachen, werden oft nicht bemerkt und heilen spontan ab. Stützbeinlahmheiten 1. Grades oder 1. - 2. Grades werden bei der freien Bewegung im Gehege in der Regel nicht bemerkt. Beim Sportpferd jedoch wirken sich bereits geringgradige Lahmheiten leistungsmindernd aus, so daß der Tierarzt häufiger konsultiert wird.

Regelmäßige Hufpflege ist jedoch trotzdem von größter Bedeutung (Göltenboth, 1968; Jones und Manton, 1976; Klös und Lang, 1976; Ruthe, 1959). Durch die begrenzte Bewegungsfreiheit in Gefangenschaft wird das Hufhorn oft nur unzureichend abgenutzt (Jones, 1976; Ruthe, 1959), die Hufe müssen daher regelmäßig kontrolliert und gegebenenfalls einer orthopädischen Korrektur unterzogen werden. Die Hufkorrektur und eine eventuell notwendige Behandlung ist jedoch in den meisten Fällen nur nach Immobilisation möglich. Gerade in diesem Umstand liegt die Hauptschwierigkeit der regelmäßigen Kontrolle, Therapie und Prophylaxe.

Im Gegensatz zu vielen anderen Zootieren bereitet die medikamentöse Ruhigstellung der Equiden zur Zeit noch einige Schwierigkeiten. Als Mittel der Wahl ist M 99 (Immobilon) anzusehen. Typische Nebenwirkungen sind hierbei Atemdepressionen, Tachykardie, Blutdruck- und Temperaturabfall. Als Antidot verwenden wir Revivon (Cyprenorphin) (M 285) in der doppelten Menge des verabreichten M 99.

Rompun ist zwar für die Immobilisation von Wiederkäuern als das Mittel der Wahl anzusehen, versagt jedoch bei den Equiden, da eine intravenöse Injektion in der Regel nicht durchführbar ist und bei intramuskulärer Applikation (3fache Dosis wie bei i. v.-Injektion, höher konzentrierte Lösung) mit dem Narkosegewehr oder der Pistole häufig Muskelnekrosen und Abszesse (Klös und Lang, 1976) auftreten (im Gegensatz zu Wiederkäuern).

2. Die am häufigsten beobachteten Formveränderungen und Erkrankungen der Hufe

2.1 Ausgewachsenes Hufhorn

Zum ausgewachsenen Hufhorn kommt es, wenn das Hornwachstum die natürliche Abrasion übersteigt. Als Ursachen hierfür können wir mangelnde Bewegung bei in Gefangenschaft gehaltenen Tieren, die einerseits auf zu kleine Gehege, andererseits aber auch auf zu geringen Anreiz zur Bewegung (keine Notwendigkeit der Nahrungssuche, weniger Rangordnungskämpfe), zu weichen Boden in großen Freigehegen, reichliche Fütterung, aber auch andere Erkrankungen des Bewegungsapparates ansehen. Ältere, an Arthrosen der Zehengelenke, chronischen Tendinitiden usw. erkrankte Tiere bewegen sich wenig und nutzen daher das Hufhorn zu wenig ab. Ausgewachsenes Hufhorn bei Ponys und Eseln in "Streichelzoos" ist in der Regel als Nachlässigkeit des Tierbetreuers zu werten.

Bei längerem Bestehen treten Matrixquetschungen als Folge der unphysiologischen Belastung, im Extremfall Deformierungen des Hufbeines, starke Brechungen der Zehenachsen und dadurch einseitige Belastung von Gelenkpartien und als Folge degenerativ-deformierende Veränderungen an den Ansatzstellen der Gelenkbänder und der Gelenkkapsel und Überdehnung der Beugesehnen auf.

Als Therapie hat zunächst die orthopädische Hufkorrektur und - soweit als möglich - die Behandlung eventuell aufgetretener Sekundärerkrankungen zu erfolgen; darüber hinaus soll jedoch unbedingt versucht werden, die Primärursache (sofern sie nicht in einer chronischen Erkrankung des Bewegungsapparates zu suchen ist) zu beseitigen (z. B. Standortwechsel, härterer Boden, größere Ausläufe, adäquates Futter in geeigneter Menge).

2.2 Bock- und Stelzhuf

Der Bockhuf ist ein stumpfgewinkelter Huf mit hohen Trachten und stark gewölbter Sohle. Der Strahl und die Trachten werden meist nicht belastet. Er kommt häufiger an den Vorder- aber auch an den Hintergliedmaßen angeboren oder erworben (alle jene Krankheiten, die ein Durchtreten im Fessel lange Zeit hindurch oder dauerndverhindern) bei Fohlen und bei erwachsenen Tieren vor. Der erworbene Fohlenbockhuf entsteht hauptsächlich als Folge zu starker Abnützung des Dorsaltragrandes beim Gehen auf zu hartem oder rauhem Boden (H a b a c h e r , 1948).

Der angeborene Bockhuf und der erworbene Fohlenbockhuf können innerhalb des ersten Lebensjahres in den meisten Fällen geheilt werden. Tritt der Bockhuf im 2. und 3. Lebensjahr auf, ist die Prognose eher zweifelhaft; bei älteren Equiden mit erworbenem Bockhuf ist die Prognose zur Restitutio ad integrum, da die auslösende Ursache meist nicht behoben werden kann, ungünstig. Es gelingt jedoch oft durch orthopädische Maßnahmen eine Verschlechterung des Zustandes zu verhindern.

Der Stelzhuf stellt den höheren Grad des Bockhufes dar; er ist in der Regel als Folge des Stelzfußes anzusehen. Unter Stelzfuß versteht man jene krankhafte Stellung, bei der die Zehenknochen steiler (bei höheren Graden kötenschüssig) gestellt sind. Es kann jedoch auch ein Stelzfuß ohne Stelzhufbildung auftreten (D i e t z , 1975; H a b a c h e r , 1948). Man unterscheidet den angeborenen und den erworbenen Stelzfuß (-huf) bei den Fohlen, der an den Vordergliedmaßen auftritt und den erworbenen Stelzfuß (-huf) erwachsener Equiden, der häufiger an den Vordergliedmaßen, aber auch an den Hintergliedmaßen (arthrogen, tendogen) auftritt.

Fohlenstelzhufe (-füße) - sowohl angeboren als auch erworben - (Fütterungs- und Aufzuchtfehler, Haltungsfehler) beobachten wir sehr häufig bei Ponys und Eseln in "Streichelzoos", finden sie aber auch bei Tarpanen und Zebras.

Die Therapie richtet sich nach dem Alter des erkrankten Tieres und nach der Schwere der Erkrankung. Mit Streckverbänden, die den gesamten Huf einschließen und bis knapp distal des Karpalgelenkes reichen müssen und Regulierung des Mineral- und Vitaminhaushaltes (Blutserumspiegelbestimmung von Ca, P, Mg, alkal. Phosphatase) haben wir bei neugeborenen Tieren gute Erfolge. Als Material verwenden wir mit Furnierholz versteifte Verbände, Light-Cast, Hexcelite-Verbände und Gipsbinden. Es ist bei diesen jungen Tieren jedoch notwendig, den Streckverband nach je 6 - 7 Tagen zu wechseln (rasches Wachstum - Druckstellen). Bei einem Tarpanfohlen (1 Woche) - aus einem zirka 150 ha großen Freigehege - war nach dem dritten Verbandwechsel eine so weitgehende Besserung eingetreten, daß kein weiterer Verband mehr notwendig erschien. Das Fohlen gewöhnte sich sehr rasch an die Streckverbände und konnte so gut laufen, daß das Einfangen zur dritten Verbandabnahme auf beträchtliche Schwierigkeiten stieß (eine Immobilisation wurde absichtlich nicht durchgeführt). Gleichzeitig wurden jedes Mal Vitasol A, D_3, E, C und Minerasol intravenös verabreicht. Bei neugeborenen Ponys und Eseln reichen 3 - 5 Streckverbände bei wöchentlichem Verbandwechsel aus. In weniger schweren Fällen befestigen wir bei sehr jungen Tieren, bei denen die Hornwand noch dünn und schwach ist und das Aufschlagen eines Eisens nicht erlaubt, einen Holzkeil, der über den Dorsaltragrand vorsteht, mit einem selbstpolymerisierenden Kunststoff (Technovit). Auch hier ist, um das Hornwachstum nicht wesentlich zu beeinträchtigen, eine Erneuerung jede 2. - 3. Woche empfehlenswert.

Ältere Jungtiere und erwachsene Tiere werden in schweren Fällen zunächst mit einem Bügelhufeisen nach <u>Neuschild</u> beschlagen, in leichteren Fällen, oder wenn durch den Beschlag mit dem Bügeleisen bereits eine Besserung eingetreten ist, genügt häufig ein sogenannter Fohlenhalbmond, bei dem der Schuß etwas breiter geschmiedet ist und über den Dorsaltragrand vorsteht. Das Eisen nimmt vom Schuß zu den Schenkelenden hin an Stärke ab.

Bei einem zweijährigen Damarazebra-Hengst mit mittel- bis hochgradig erworbenen Stelzhufen vorn beiderseits (tendogen) konnten wir nach Aufschlagen eines Bügeleisens nach <u>Neuschild</u> sofort nach dem Beschlag eine Besserung des Ganges beobachten.

Da die orthopädische Hufkorrektur und der warme Hufbeschlag, d. h. das Schmieden, Aufrichten und Aufschlagen des Eisens - das außerdem am liegenden Tier schwieriger und langwieriger ist - doch fast zwei Stunden dauert und, wie schon erwähnt, eine länger dauernde Immobilisation bei den Equiden oft Probleme aufwirft, entschlossen wir uns zur Intubationsnarkose. Das Zebra wurde zunächst mit 3 ml Immobilon (2,45 mg Etorphin) immobilisiert. Dann wurde ein Endotrachealtubus (22 mm Durchmesser) eingeführt und mit Halothane-Stickoxydul-Sauerstoff-Gemisch im geschlossenen System eine steuerbare Narkose weitergeführt. Der Narkoseverlauf wird in Tabelle 1 auf Grund des Narkoseprotokolls der ersten durchgeführten Narkose dargestellt (die beiden anderen Narkosen verliefen ähnlich). Es muß jedoch bemerkt werden, daß der Verbrauch von Narkosegasgemisch individuell sehr verschieden ist.

Die Beschlagerneuerung (ebenfalls mit einem Bügeleisen) erfolgte nach drei Monaten. Zu diesem Zeitpunkt war bereits eine deutliche Besserung der Gliedmaßen- und Zehenstellung zu erkennen. Nach weiteren vier Monaten war nur mehr ein Beschlag mit Fohlenhalbmondeisen nötig. Nach dem Beschlag mit den Halbmondeisen waren keine auffallenden Bewegungsstörungen mehr vorhanden, und auch die Gliedmaßen- und Zehenstellung war annähernd physiologisch. Eine weitere Beobachtung war leider nicht möglich, da der Hengst bei einem Fluchtversuch gegen die Umzäunung sprang und sich dabei eine Halswirbelfraktur zuzog (zirka drei Monate nach dem Beschlag mit Halbmondeisen).

2.3 Hufrehe (Pododermatitis diffusa aseptica acuta sive chronica)

Die Hufrehe ist eine aseptische Entzündung der Dorsalwandmatrix, Teilen der Seitenwandmatrix und der Matrix der vorderen Partien des Sohlenkörpers. Wir beobachten diese Erkrankung sehr häufig bei Ponys und Eseln in "Streichelzoos" (kann auch bei Schafen und Ziegen vorkommen), sehr selten in tierärztlich betreuten Tiergärten oder in Wildparks.

Die Rehe kann akut oder chronisch verlaufen, beziehungsweise können bei der chronischen Rehe akute Nachschübe auftreten. Je nach dem momentanen Stadium werden verschiedene Symptome beobachtet.

<u>Akute Hufrehe</u> beziehungsweise <u>chronische Hufrehe</u> mit akutem Nachschub: Das erkrankte Tier versucht, die Dorsalpartien der Hufe zu entlasten. Deshalb stellt es die Vordergliedmaßen möglichst weit vorständig und die Hintergliedmaßen möglichst unterständig. Beim Wegführen und besonders beim Wenden "klebt das Tier am Boden". Ferner zeigt es einen hochgradig spießig-klammen Gang und eine deutliche Trachtenfußung.

Bei der klinischen Untersuchung (nur bei zahmen Tieren möglich, bei den anderen muß man sich mit der Beobachtung der Gliedmaßenstellung und der Bewegung, die jedoch sehr charakteristisch sind, begnügen, sofern man sich nicht entschließt, die Tiere zu immobilisieren) finden wir einen hochgradigen Druckschmerz bei der Zangenpalpation des Hufes, vermehrte Wärme der dorsalen Hornwandabschnitte und der Dorsalkrone und verstärkte Pulsation der Zehenarterien und der Hauptmittelfußarterien. Bei Fällen von chronischer Rehe mit akutem Nachschub ist auch die Dorsalkrone als Folge der Hufbeinrotation eingesunken. Auch das Allgemeinbefinden ist bei akuter Rehe gestört (Temperaturanstieg, Erhöhung der Puls- und Atemfrequenz, Appetitlosigkeit und manchmal auch Festliegen). Im Blut findet sich nach D i e t z (1975) ein hoher Histaminspiegel (0,6 mcg/ml, Test nach S c h m i t e r l ö w).

Tabelle 1: Übersicht über eine Intubationsnarkose bei einem zweijährigen Damarazebra-Hengst

Minuten nach der Intubation	1/Min. N_2O	1/Min. O_2	Fluothane %	Puls	Atmung	sonstige Bemerkungen, Medikationen, Infusionen
1	4,0	4,0	5,0	120 schwach, unregelmäßig, ungleichmäßig Arterie schlecht gefüllt und gespannt	62 mittelgradig oberflächlich, unregelmäßig	An- Reflexe prompt 1000 ml flu- Sterofundin
7	2,0	2,0	4,0	116 schwach, unregelmäßig, ungleichmäßig Arterie minder gut gefüllt u. gespannt	50 mittelgradig oberflächlich, unregelmäßig	tungs- Reflexe deutlich verzögert zeit 4 Amp. Strophantin
12	2,0	2,0	2,0	96 mittelkräftig, regelmäßig, gleichmäßig	32 geringgradig oberflächlich, regelmäßig	Reflexe stark verzögert Ausfesseln, Arbeitsbeginn
20	1,5	1,5	2,0	80 mittelkräftig regelmäßig, Arterie mittelgut gefüllt und gespannt	26 geringgradig oberflächlich, regelmäßig	500 ml Glukose 7,5 %
40	1,0	2,0	2,0	56 kräftig, regelmäßig, gleichmäßig Arterie gut gefüllt und gespannt	16 regelmäßig tief	500 ml Ringerlösung
60	1,0	2,0	1,5	56 kräftig, regelmäßig, gleichmäßig Arterie gut gefüllt und gespannt	16 regelmäßig tief	500 ml Glukose 7,5 %
80	0,0	2,5	1,5	52 kräftig, regelmäßig, gleichmäßig Arterie gut gefüllt und gespannt	16 regelmäßig tief	500 ml Ringerlösung
100	0,0	3,0	1,5	56 kräftig, regelmäßig, gleichmäßig Arterie gut gefüllt und gespannt	18 regelmäßig tief	Nystagmus horizontalis 500 ml Ringerlösung
110	0,0	3,0	0,0	56 kräftig, regelmäßig, gleichmäßig Arterie gut gefüllt und gespannt	16 regelmäßig tief	Arbeit beendet
110–115	Entleeren des Atembeutels, mehrmaliges Auswaschen der Lungen mit Sauerstoff über By-Pass.					
115	0,0	5,0	0,0	64 kräftig regelmäßig, gleichmäßig Arterie gut gefüllt und gespannt	12 regelmäßig tief	
120	3 ml Revivon (7,3 mg Cyprenorphin) i.v.; das Zebra wird in die Transportkiste gezogen					
126	das Zebra steht in der Transportkiste auf					

<u>Chronische Hufrehe:</u> Hier sehen wir die vor- beziehungsweise unterständige Gliedmaßenstellung nur gering- oder gering- bis mittelgradig ausgebildet, das "Kleben am Boden" ist kaum oder nur geringgradig zu beobachten, wohl aber ist eine deutliche Trachtenfußung vorhanden. Die akuten klinischen Symptome sind nicht vorhanden, aber die Dorsalkrone ist stets eingesunken. Am Hornschuh finden wir die typischen Veränderungen des Rehehufes. An der Hornwand bemerkt man Ringe, die an der Dorsalwand näher beisammen liegen als an den Trachten, wo sie eine gegen den Tragrand des Hufes gerichtete Krümmung aufweisen. Bei längerem Bestehen bildet sich an der Dorsalwand eine je nach Dauer und Schwere der Erkrankung unterschiedlich große, durch vermehrtes Blättchenwachstum gebildete Knolle aus (<u>Knollhuf</u>). Der Sohlenkörper ist flach durchgedrückt und manchmal blutig imbibiert. Die "weiße Linie" ist verbreitert und die Hornblättchen sind derb und verdickt. Manchmal wird auch eine hohle Wand beobachtet.
<u>Folgen:</u> Durch die Exsudation wird die Verbindung zwischen den Matrix- und den Hornlamellen gelockert, und es kommt zur Rotation um die Querachse und zu einer Absenkung des Hufbeines (eingesunkene Dorsalkrone), da das Hufbein ja nicht im Hornschuh steht, sondern durch die Verbindung der Lamellen (Primär- und Sekundärlamellen) der Wandmatrix mit den Lamellen der Hornkapsel (Stratum lamelatum) im Hornschuh aufgehängt ist. Diese Rotation kann innerhalb weniger Stunden erfolgen. Durch die Rotation kommt es zu Verformungen des Hufbeines (hutkrempenartige Aufwölbung) und manchmal zum Durchbruch des Hufbeines im Bereich des Sohlenkörpers. Durch Sekundärinfektionen kann es dann auch zur Exungulation kommen.
<u>Ätiologie:</u> Die Hufrehe kann mechanisch - traumatisch bedingt sein, z. B. durch Überbelastung einer Extremität bei hochgradig schmerzhaften Prozessen an der anderen, zu hohes Körpergewicht. Hufrehe bei absolut zu schweren Tieren wird gerade in "Streichelzoos" als sehr häufige Erkrankung beobachtet, da hier meist eine unkontrollierte, übermäßige Fütterung (Zucker, Brot usw.) durch die Besucher erfolgt.
Die <u>toxisch</u> - <u>allergische</u> Rehe kann als Folge fehlerhafter Fütterung (frische, unreife, hocheiweißhaltige Körnerfrüchte und Grünfütterung mit Leguminosen) oder schwerer Infektionskrankheiten, z. B. Druse (D i e t z , 1975), oder Intoxikationen nach Retentio secundinarum (B e n e s c h , 1957) und Magen-Darmkatarrh auftreten.
Rehe nach Retentio secundinarum konnten wir bei einer neunjährigen Tarpanstute beobachten (Wildpark zirka 150 ha). Der Vorbericht lautete, daß die Stute in den ersten Tagen nach der Geburt nicht mit der Herde mitzog, sondern sich stets in der Nähe des kleinen Baches, der das Gehege durchfließt, aufhielt und des öfteren in diesem stehend beobachtet wurde. Dem wurde zunächst keine wesentliche Bedeutung beigemessen. Als nach zirka einer Woche die Stute wieder Anschluß an die Herde suchte, fiel der eigentümlich gespannte Gang auf. Von einer Immobilisation zur genauen Untersuchung und eventuellen Therapie wurde wegen des schlechten Allgemeinzustandes des Tieres Abstand genommen. Die hochgradigen Bewegungsstörungen besserten sich allmählich, bis schließlich nach etwa drei Monaten der spießig-klamme Gang nurmehr im Trab aber nicht im Schritt zu bemerken war. Diese Stute brachte im Jahr darauf kein Fohlen. Nach etwa 18 Monaten verschlechterte sich der Zustand jedoch plötzlich. Die Stute wurde euthanasiert, und bei der Untersuchung zeigte sich eine hochgradige Rotation beider Hufbeine vorn mit einem Durchbruch der Hufbeinspitze vorn rechts.

<u>Therapie:</u> Soweit sich die Tiere fangen lassen: Aderlaß, Calcium-Borogluconicum und Vitamin C zur Gefäßabdichtung, Na-Bicarbonicum 40,0 ad 500,0 Antihistaminica (Vetibenzamin), Butazolidin, kalte Hufumschläge, Ausgießen der gesamten Sohle mit einem selbst polymerisierenden Kunststoff (K n e z e v i c , 1967) und Aufkleben einer Holzsohle (verhindert in vielen Fällen bei sofortiger Behandlung in den ersten Stunden, nachdem die Symptome einer akuten Rehe auftraten, eine Rotation des Hufbeines), eventuell Rehebeschlag. Bei Tieren, die einer sorgfältigen wiederholten Therapie (Immobilisation mehrere Tage hintereinander nicht angezeigt) nicht zugänglich sind, bleibt als Therapieversuch nur die Verabreichung von Antihistaminika mittels eines Injektionspfeiles (Kanüle ohne oder nur mit ganz kleinen Widerhaken).

2.4 Andere gelegentlich beobachtete Erkrankungen:

<u>Pododermatitis purulenta superficialis:</u>
Wird gelegentlich nach Eintreten von Steinen in der weißen Linie, im Sohlenwinkel oder im Strahlbereich beobachtet. Es entwickelt sich im Stratum papillare eine Entzündung mit Exsu-

datbildung. Das Exsudat ist dünnflüssig - schmutzig grau. Die Graufärbung kommt zustande, weil das Exsudat das verhornte Epithel (Pigment) auflöst. Wird distal kein Abfluß geschaffen, steigt das Exsudat zwischen den Matrix- und den Hornlamellen hoch, und es kommt zur Loslösung des Saumbandes und somit zum Abfluß des Exsudates. Als Folge beobachtet man nach Abheilung eine schmale Hornkluft, die nach distal wegwächst.

Pododermatitis purulenta profunda wird selten, und zwar bei tiefgreifenderen Verletzungen (Nageltritt) beobachtet. Hier kommt es zur Ansammlung eines dickflüssigen, rahmartigen, gelben oder grüngelben Eiters. Wird keine Abflußmöglichkeit geschaffen, kommt es hier schließlich zum Durchbruch an der Krone. Neben der hochgradigen Stützbeinlahmheit ist in der Regel auch das Allgemeinbefinden gestört (Gefahr einer Septikämie besteht).

Pododermatitis circumscripta hämorrhagica, purulenta, chronica (Steingalle): Meist ein Zufallsbefund bei der Hufkorrektur. Bei Zootieren liegt meist eine blutige "Steingalle" vor. Es handelt sich um eine Quetschung der Matrix im Bereich der Sohlenäste und des Sohlenwinkels mit Zerreißung von Blutgefäßen. Man sieht bei der Korrektur meist nur die zirkumskripte blutige Imbibition des Hornes, während die Matrixläsion bereits meist abgeheilt ist.

Strahlfäule: Meist Zufallsbefund bei der Hufkorrektur. Man versteht darunter die Zersetzung des Strahlhornes durch die Einwirkung von Fäulniserregern. Sie wird häufiger an den Hinterhufen als an den Vorderhufen beobachtet. Durch Stehen im feuchten alkalischen Milieu quillt das Hufhorn auf, und das Eindringen der Fäulniserreger wird erleichtert.
Therapie: Entfernung des veränderten Hornes, Holzteeranstrich, Cuprum sulfuricum, gestoßene Eichenrinde.
Prophylaxe: Stallhygiene, trockene Ausläufe.

Durchlaufen der Hornsohle: Auf zu harten und rauhen Böden der Ausläufe kann es zu einer stärkeren Hornabnützung kommen als der natürliche Hornzuwachs beträgt. Dadurch kommt es zum Freiliegen der Matrix und von dort ausgehend zu Sekundärinfektionen.

Hornspalten: Man versteht darunter Zusammenhangstrennungen des Hornes in Richtung des Röhrchenverlaufes. Je nach Lokalisation unterscheidet man Dorsal-Seiten- und Trachtenwandspalten sowie Sohlen-, Eckstreben- und Strahl-Eckwandspalten. Die Hornspalten können durchlaufend (Krone bis Tragrand) und durchdringend (bis zur Matrix) sein. Sie werden in der Literatur sehr selten erwähnt; wir konnten in unserem Patientenmaterial keinen Fall von klinischer Bedeutung beobachten. Die Therapie ist gleich wie bei den Hausequiden (K n e z e v i c , 1968).

Zur Beachtung: Bei allen blutigen Eingriffen und Verletzungen muß unbedingt Tetanus-Heilserum (Antitoxin) verabreicht werden, beziehungsweise die Tiere sollten prophylaktisch aktiv immunisiert werden.

Zusammenfassung:

Über die häufigsten Huferkrankungen bei Einhufern im Zoo und im Wildpark

Huferkrankungen kommen bei Equiden im Zoo und im Wildpark zwar relativ selten vor, stellen den behandelnden Tierarzt aber doch häufig vor große Probleme, da die Tiere einer Therapie (oft mehrmals notwendig) meist schwer zugänglich sind.
Es wurden ausgewachsenes Hufhorn mit Sekundärfolgen, Bock- und Stelzhufe (-füße), Hufrehe, Pododermatitis purulenta superficialis und profunda, "Steingalle", Strahlfäule, Durchlaufen der Hornsohle und Hornspalten besprochen.
Ferner wurde in einer Tabelle der Narkoseverlauf bei einem zweijährigen Damarazebra-Hengst während einer zwei Stunden dauernden Intubationsnarkose mit Fluothane, Stickoxydul und Sauerstoff im geschlossenen System dargestellt.

Summary:

On the Most Frequent Hoof Diseases in Equides Kept in Zoological Gardens and Fenced Natural Parks

Hoof diseases occur relatively rarely in equides kept in zoological gardens and fenced natural parks. The veterinary surgeon in charge of the treatment faces, however, often great problems, as the animals are mostly hardly accessible to any treatment (which is, moreover, often required several times).
Excessively grown hoof horn with secondary consequences, club foot, "cocked" ankles, laminitis, corns, hoof cracks and trush are described. One table demonstrates the general anaesthesia of a two-year-old Damarazebra stallion and the process of a two hours' intubation narcosis with halothane, nitrous oxide and oxygen in a closed circuit system.

Résumé:

Les maladies des sabots les plus fréquentes chez des solipèdes dans les zoos et les parcs

Les maladies des sabots chez les équidés dans des zoos et des parcs sont certainement assez rares, mais posent néanmoins quelques problèmes au vétérinaire, vu qu'il n'est pas toujours aisé de soumettre les bêtes à un traitement (souvent répété). Le rapport traite des diverses maladies et déformations possibles du sabot et fournit une description détaillée, tableau à l'appui, de l'anesthésie d'un zèbre mâle Damara lors d'une narcose par intubation de fluothane, Stickoxydul et oxygène.

Резюме:

О часто встречающихся заболеваниях копыт у однокопытных в зоопарке и на свободе.

Заболевания лошадинных в зоопарке и на свободе встречается давольно редко но ставят ветеринаров перед большими проблемами, так как животные трудно поддаются лечению. Дается описание различных заболеваний копыт. Кроме того описан метод наркоза в таблице для двухгодичной дамаразебры в течение двух часов, проводимого с применением флуотана, штикоксидула и кислорода в закрытой системе.

Literatur:

BENESCH, F. (1957): Lehrbuch der tierärztlichen Geburtshilfe und Gynäkologie. München-Berlin-Wien: Urban und Schwarzenberg.

DIETZ, O. (1975): Lehrbuch der speziellen Veterinärchirurgie. Jena: Gustav Fischer.

GÖLTENBOTH, R. (1968): Operative Eingriffe an den Extremitäten bei Zootieren. X. Internat. Symp. Erkrankungen Zootiere, Salzburg, 111-118.

HABACHER, F. (1948): Der Huf- und Klauenbeschlag. Wien: Urban und Schwarzenberg.

JONES, D. M. (1976): The husbandry and veterinary care of wilde horses. Equine Vet.J.8, 140-146.

JONES, D. M. and B. J. A. MANTON (1976): Scientific Report of the Zoological Society of Londons Veterinary Officer and Curator of Whipsnade. J. Zool. 178, 494-507.

KLÖS, H.-G. und E. M. LANG (1976): Zootierkrankheiten. Berlin-Hamburg: Paul Parey.

KNEZEVIC, P. F. (1967): Hufschuhe aus Kunststoff. Reiter Revue International, 10, 988-989.

KNEZEVIC, P. F. (1968): Therapy of Hoof Cracks by Application of Adhesive Sheets. Bologna: Kongreßber. 8. Tagung Europ. Ges. Vet. Chir., 147-148.

RUTHE, H. (1959): Huf- und Klauenpflege bei Zootieren zur Verhinderung von Huf- und Klauenkrankheiten. Kleintier-Prax. 4, 126-129.

Anschrift der Verfasser: Oberarzt Dr. L. F e ß l
Orthopädische Klinik für Huf- und Klauentiere
Veterinärmedizinische Universität Wien
Linke Bahngasse 11
A-1030 Wien (Österreich)

Aus dem Zoologischen Garten Dvůr Králové nad Labem (Direktor: Ing. J. V á g n e r)

FIXATION DER ZEBRAS ZUR HUFKORREKTUR

Von J. J a n e č e k

Der Zoologische Garten Dvůr Králové nad Labem ist durch seine Kollektion an afrikanischen Huftieren bekannt, von denen er über 500 Exemplare besitzt. Die Haltung und Zucht der Huftiere bringt gewisse Probleme mit sich. Eines dieser Probleme ist die mangelhafte Abnutzung der Hufe. In diesem Zusammenhang ist der Boden, auf dem sich die Tiere bewegen, sehr wichtig. Einige Bodentypen wurden geprüft und dadurch für viele Tierarten schon die günstigsten Bedingungen gefunden. Trotzdem gibt es einzelne Tiere, bei denen die Hufe ein- bis zweimal im Jahr beschnitten werden müssen. Hierbei stellt die Fixation der zu behandelnden Tiere ein großes Problem dar. Bei den Paarhufern wird zur Immobilisation eine Mischung von Fentanyl und Stresnil erfolgreich eingesetzt, und kleinere Arten werden mit der Hand gefangen, und die Korrektur wird bei vollem Bewußtsein des Tieres durchgeführt. Unter den Unpaarhufern müssen die Hufe zwar nur bei den Equiden beschnitten werden. Der Zoologische Garten Dvůr Králové nad Labem besitzt allerdings 130 Zebras, und auf Grund der Schwierigkeiten bei der Beschaffung der entsprechenden Arzneimittel für die Immobilisation von Equiden und eines gewissen Risikos bei deren Anwendung wird bei uns die medikamentelle Immobilisation nicht angewandt. Die Fixation wird in ganz unterschiedlicher Weise vorgenommen.

Für die Fixation der Zebras wurde eine spezielle transportable Fixationskiste konstruiert (siehe Abbildungen), die vom tschechoslowakischen Patentamt in Prag die Lizenz-Nummer 163089 erhielt. Diese Fixationskiste kann leicht aus einer Transportkiste für Zebras hergestellt werden. Es ist eine durch einen Holz- oder Eisenrahmen verstärkte Bretterkiste. Die Bretter bilden eine zusammenhängende Fläche, und im oberen Teil sind Spalten (Abbildung 3 und 5). Beide Frontseiten sind mit Schiebetüren ausgestattet (Abbildung 1 und 2). In der Vordertür sind zwei Löcher vorhanden (Abbildung 2). An den Seiten sind Pauschen zur einfacheren Handhabung vorhanden (Abbildung 1 und 3). Die Breite der Kiste ist so gewählt, daß das Tier sich in der Kiste nicht umdrehen kann (Abbildung 1). Im Boden der Kiste befinden sich vier Löcher für die Extremitäten des Tieres (Abbildung 4). Die Innenwände der Kiste sind zweckmäßigerweise mit einer Gummischicht, die das Verletzen des Tieres verhindert, ausgepolstert. Die Seitenwände sind bis zu einer Höhe von 90 cm (Abbildung 6) und die Vorderwände bis zu einer Höhe von 140 cm ausgepolstert. Die Kiste ist außerdem mit Aufhängehaken für das Befestigen der Kranseile oder des Armes der Hebeeinrichtung ausgestattet.

Anwendung: Die Fixationskiste wird auf etwa 5 cm dicke Balken gestellt, die quer zur Kiste liegen. Durch die so entstandenen Lücken schieben wir vier Seilschlingen für die Extremitäten. Das Tier geht besser in die Kiste, wenn der Boden (einschließlich Löcher) mit Streu bedeckt ist. Nun lassen wir das Tier in die Kiste laufen. Es steht meistens so, daß die Extremitäten durch die Löcher herausgeschoben sind und das Tier somit auf festem Boden in der Mitte der vorbereiteten Seilschlingen steht. Jetzt ziehen wir die Schlingen fest um die Extremitäten, und die Kiste wird mit Hilfe der Hebeeinrichtung (LKW-Kran oder Hebewagen) in die erforderliche Höhe gehoben, und zwar mindestens so hoch, daß das Tier den Boden nicht mit den Extremitäten berührt. Eine Vorderextremität muß immer festgehalten werden (Abbildung 8), sonst hebt das Tier, auf den Kopf gestützt, das Vorderteil des Körpers hoch und zieht die Vorderextremitäten in die Kiste hinein. Jetzt kann man die Hufe problemlos behandeln (Abbildung 9). Bei der Hufpflege an den Hinterextremitäten müssen diese möglichst weit nach hinten gestreckt werden (Abbildung 10), damit die Tiere nicht ausschlagen können. Die Hufkorrektur dauert bei einem Tier zirka 30 Minuten. Zwei Hufschmiede können gleichzeitig arbeiten, wodurch die Zeit, die zur Behandlung eines Tieres nötig ist, noch verkürzt wird. Das Tier liegt in der Kiste ganz ruhig, weil es seine Umgebung nicht sieht. Auch für das Pflegepersonal ist diese Arbeit gefahrlos. Somit können wir täglich zehn und mehr Tiere behandeln. Jährlich behandeln wir auf diese Weise etwa

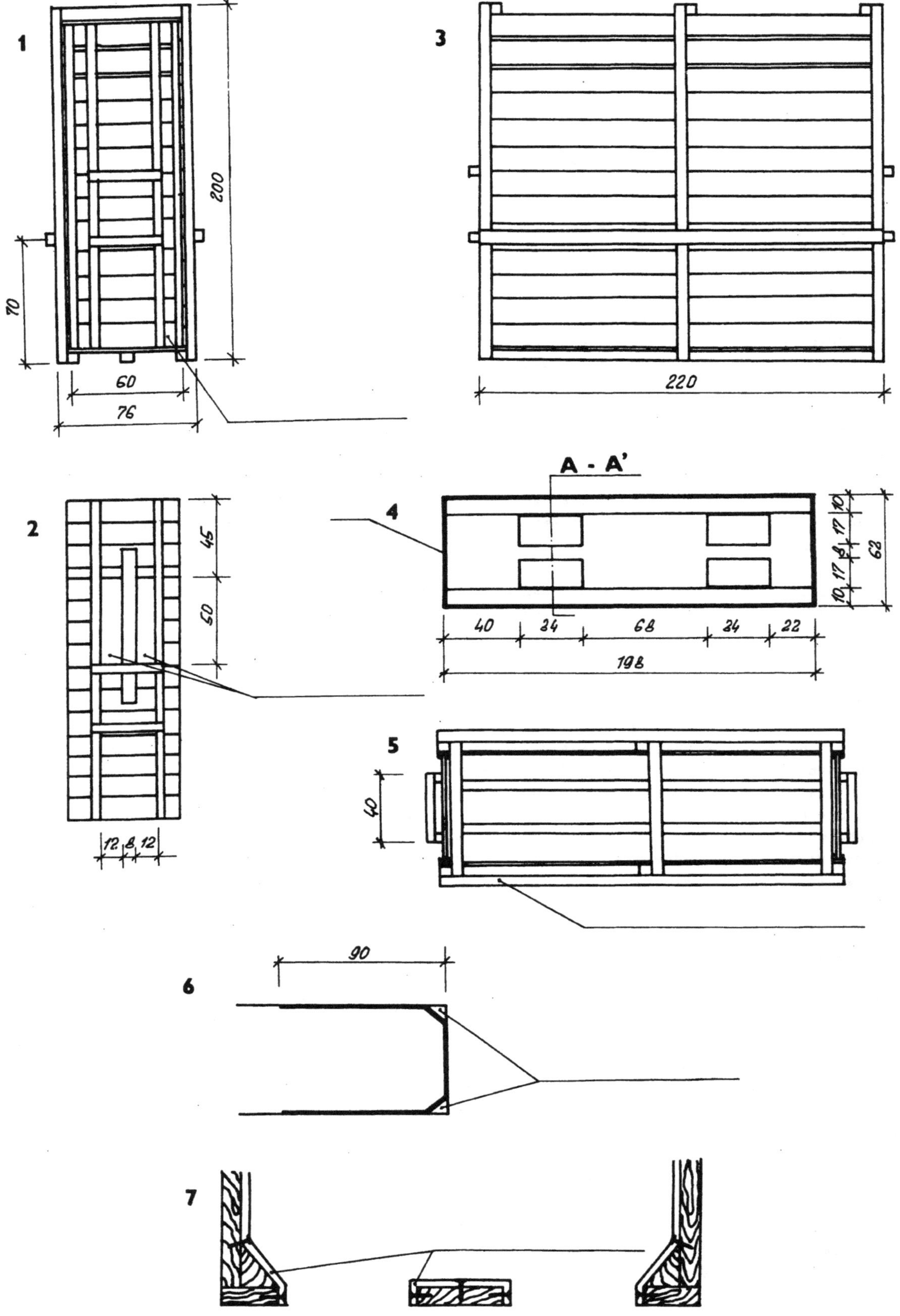
1
200
70
60
76
3
220
2
45
50
12 8 12
A - A'
4
10
17
8
17
10
62
40
24
68
24
22
198
5
40
6
90
7

Abbildung 8:

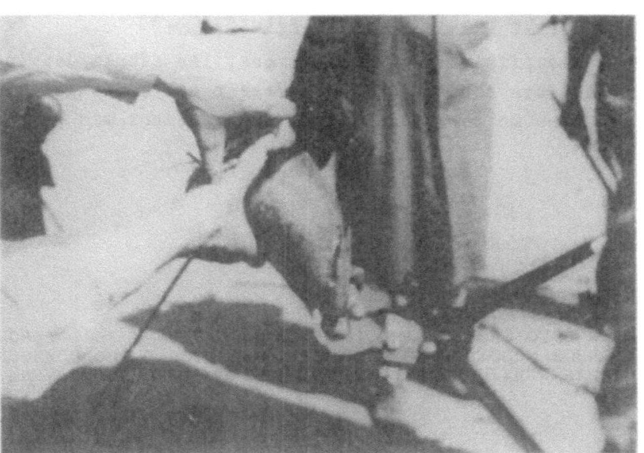

Abbildung 9:

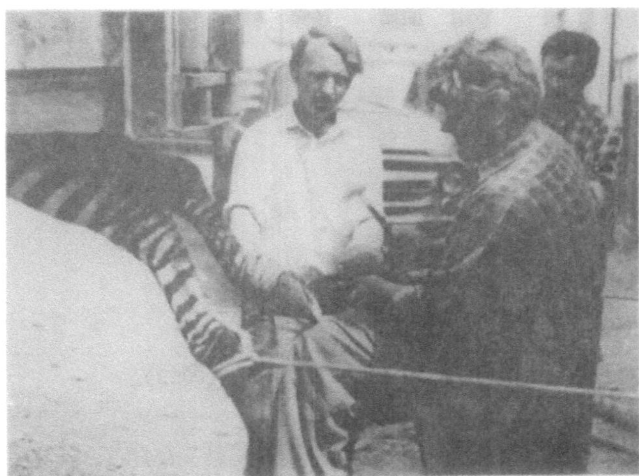

Abbildung 1o:

40 Tiere, wobei bei manchen Zebras zweimal jährlich eine Hufpflege erforderlich wird. Diese Art der Fixation wenden wir auch bei verschiedenen tierärztlichen Behandlungen bei Zebras an. Wir arbeiten mit dieser Vorrichtung seit dem Jahre 1973. Während dieser Zeit wurden mehr als 200 Tiere ohne einen einzigen Verlust fixiert.

Zusammenfassung:

Fixation der Zebras zur Hufkorrektur

Auf Grund der mangelhaften Hornabnutzung wird bei Zebras in gewissen Zeitabständen eine Hufkorrektur erforderlich. Diese Manipulation wird im Zoologischen Garten Dvůr Králové n. Labem in einer speziell für diese Zwecke konstruierten Fixationskiste durchgeführt, die in ihren Einzelheiten beschrieben wird.

Summary:

Fixation of the Zebras for Hoof Correction

Owing to the insufficient wear and tear of the horns in Zebras a hoof correction is required at certain intervals. In the Zoological Garden of Dvůr Králové n. Labem this manipulation is performed in a fixation-box particularly constructed for this purpose. This appliance is described in detail.

Résumé:

Fixation de zèbres en vue de rectifier leurs sabots

En raison d'une usure insuffisante de leurs cornes, les zèbres doivent être soumis régulièrement à une rectification des sabots. Cette opération est effectuée au Jardin zoologique de Dvůr Králové n. Labem dans un box de fixation, spécialement mis au point, que l'auteur décrit dans ses détails.

Резюме:

Фиксация зебры для корректуры копыт.

В результате недостаточного снашиванияроговых образований у зебр требуется периодическая корректура копыт. Данное мероприятие успешно проводится в зоологическом саду Двор Краловы в специально для этих целей сконструированном фиксационном ящике, строение которого детально описывается.

Anschrift des Verfassers: Dipl. Biol. J. J a n e č e k
Zoologischer Garten
544 01 Dvůr Králové n. L. (ČSSR)

Aus dem Zoologischen Garten Dvůr Králové nad Labem (Direktor: Dr. Ing. J. V á g n e r)

ERFOLGREICHER HEILVERSUCH EINER MEHRFACHEN UNTERKIEFERFRAKTUR BEIM BONGO (BOOCERUS EURYCEROS)

Von J. V á g n e r

Infolge Erschreckens war es im Januar 1977 bei einem zweijährigen weiblichen Bongo zu erheblichen Schädelverletzungen gekommen. Von einem Baum plötzlich auf den Rücken des Tieres fallender Schnee hatte eine panikartige Flucht ausgelöst, bei der die Bongokuh frontal in die Gehegeumzäunung gerannt war und sich eine vierfache Unterkieferfraktur zuzog. Die in der Abbildung 1 dargestellten Bruchstellen wurden an Hand von Röntgenaufnahmen schematisch festgehalten.

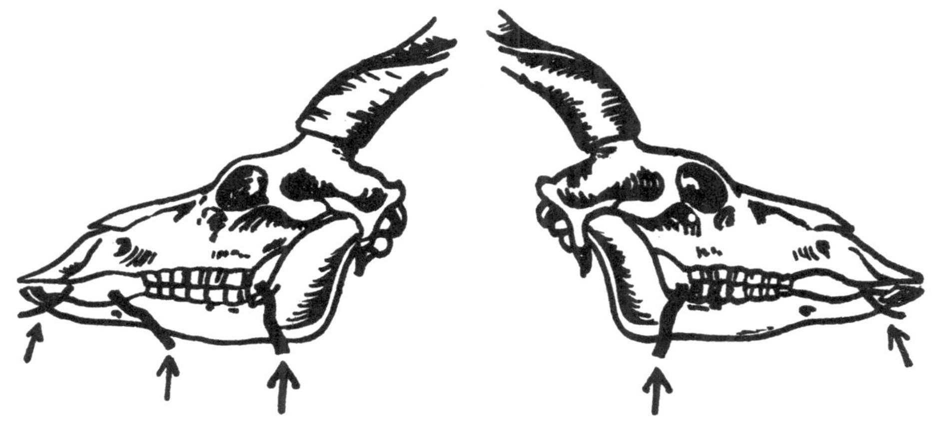

Abb. 1

Weiterhin muß hervorgehoben werden, daß in die Splitterfraktur die Zahnalveolen mit einbezogen waren. Beim Anprall an die Umzäunung waren zwei Schneidezähne ausgebrochen und umfangreiche Hautverletzungen im Gesicht und am Flotzmaul entstanden (Abb. 2 und 3).

Abb. 2: Bongo unmittelbar nach dem Unfall, von der Seite gesehen

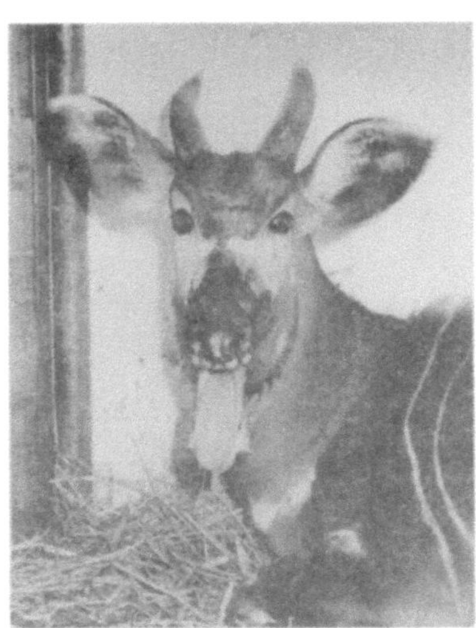

Abb. 3: Bongo unmittelbar nach dem Unfall, von vorn gesehen

Da es sich um ein recht junges weibliches Tier einer sehr seltenen Art handelte, wurde eine Tötung nicht in Erwägung gezogen. Vielmehr immobilisierten wir den Bongo mit einer Mischung von 2,5 ml Fentanyl 2%ig (Fa. Jansen, Beerse) und 3 ml Azaperone 4%ig (Fa. Jansen, Beerse) und nahmen eine eingehende Untersuchung vor. Es zeigte sich, daß eine Fixierung der verschiedenen Brüche mit keiner der in der allgemeinen Praxis üblichen Methoden möglich war, und ein operativer Eingriff versprach keine Aussicht auf Erfolg. Als besonders bedenklich erschien die Tatsache, daß infolge der Verletzung kein Wiederkauen mehr möglich war und dementsprechend Verdauungsstörungen unweigerlich zu erwarten waren. Daraufhin wurde beschlossen, den Versuch zu unternehmen, mit Hilfe eines speziell angefertigten Halfters die Frakturenden zu fixieren. Das aus Leder angefertigte Fixationshalfter wurde mit Filzunterlagen abgepolstert und so angelegt, daß eine Öffnung des Maules auf 1,5 cm möglich blieb, so daß die Zunge herausgeschoben werden konnte (Abb. 4 und 5).

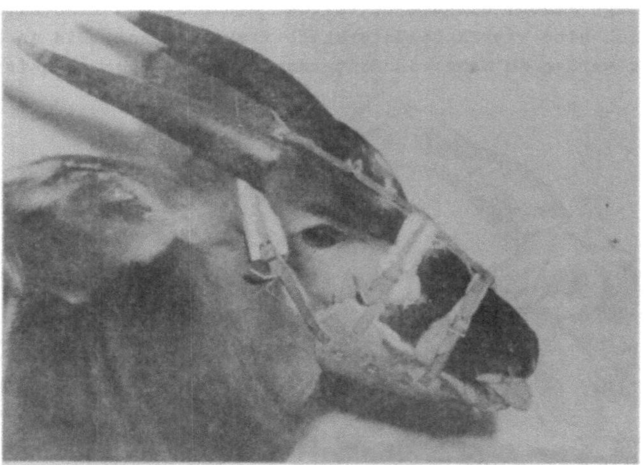

Abb. 4: Bongo mit Fixationshalfter, von der Seite gesehen

Abb. 5: Bongo von vorn gesehen

Wie schon angedeutet, stellte uns die Frage der Ernährung des Tieres vor ein besonderes Problem. Ein Wiederkauen war ganz ausgeschlossen, so daß eine Diät erforderlich wurde, die eine Futterzerkleinerung erübrigte und die Mikroflora der Vormägen nicht wesentlich veränderte. Wir stellten aus gekochten Haferflocken, Milch, zerquetschten Bananen sowie fein geriebenen Möhren und Äpfeln eine breiartige Nahrung her, der wir Vitamine, Mineralien und Glukose zusetzten. Um jegliche Aufnahme von festem Futter zu verhindern, wurde die Einstreu entfernt und der Boden mit einer elastischen Gummimatte ausgelegt.

Während der ersten Tage nach dem Unfall nahm das Tier keine Nahrung auf. Erst am 6. Tag wurde beobachtet, daß das Bongoweibchen mit ausgestreckter Zunge in die Futterschüssel tauchte und geringe Futtermengen zu sich nahm. Der Allgemeinzustand des Tieres verschlechterte sich zusehends. Am 7. Tag nach der Verletzung wurde nochmals nach einer Immobilisation mit einem Gemisch von 2 ml Fentanyl 2%ig und 2 ml Azaperone 4%ig eine Untersuchung vorgenommen. In der Zeit vom 8. bis 12. Tag nach dem Trauma setzte für das Tier eine Krisis ein. Apathie, Diarrhoe und allgemeine Schwäche ließen eine Genesung ausgeschlossen erscheinen. Am 12. Tag begann das Tier jedoch unerwartet, Futter aufzunehmen. Von diesem Tage an besserte sich das Befinden des Tieres kontinuierlich. Durch geschicktes Eintauchen der löffelartig angewinkelten Zungenspitze vermochte das Tier bald mehr und mehr breiige Nahrung aufzunehmen. In gewissem Sinne ähnelte die Nahrungsaufnahme dem Trinkvorgang der Raubtiere. Das Bongoweibchen wurde zusehends lebhafter.

31 Tage nach dem Unfall wurde dann ohne jede Immobilisation das Fixationshalfter abgenommen. Es zeigte sich, daß es an allen Frakturstellen zu Kallusbildungen gekommen war. Als Folge der lang anhaltenden Fixation erwies sich der Unterkiefer als nur wenig beweglich, und ein völliges Schließen der Maulöffnung war nicht möglich. Drei Tage nach Abnahme des Halfters trat ein vorübergehendes Herabhängen des Unterkiefers auf, wobei auch eine Beeinträchtigung der Zungenbeweglichkeit festgestellt wurde. So konnten vom Tier keine seitlichen Zungenbewegungen ausgeführt werden. Zwangsläufig erfolgte die Nahrungsaufnahme in gleicher Weise wie mit dem Fixationshalfter. Auch jetzt wurde noch kein Wiederkauen beobachtet.

Während der nun einsetzenden Rekonvaleszenz kam es zu einer allmählich wiederkehrenden Funktionsfähigkeit der Kiefermuskelgruppen. Seitwärtsbewegungen wurden bis 28 Tage nach der Halfterabnahme nicht beobachtet. Ganz allmählich normalisierten sich dann Zungen- und Kieferbewegungen. Erst am 62. Tag nach dem Unfall wurde erstmals wieder ein Wiederkauen festgestellt. Das Tier wurde wieder in die Herde eingegliedert und nach unseren Beobachtungen bereits gedeckt.

Der hier vorgestellte Fall macht deutlich, daß mit Hilfe eines Fixationshalfters durchaus die Ausheilung eines komplizierten Unterkieferbruches möglich ist (Abb. 6).

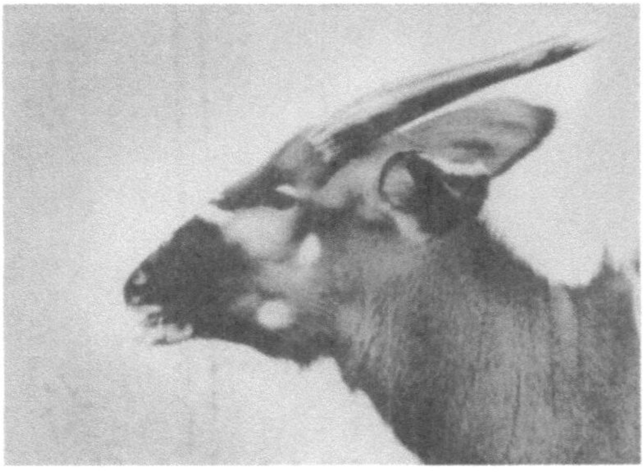

Abb. 6: Bongo, ein halbes Jahr nach dem Unfall

Von entscheidender Bedeutung ist dabei jedoch die Sicherstellung einer kontinuierlichen Nahrungsaufnahme, wobei, wie in unserem Fall, ein Sistieren des Wiederkauens über einen Zeitraum von 62 Tagen ohne Schaden überstanden wird.

Zusammenfassung:

Erfolgreicher Heilungsversuch einer mehrfachen Unterkieferfraktur beim Bongo (Boocerus euryceros)

Es wird über die Heilung einer mehrfachen Unterkieferfraktur bei einem weiblichen Bongo (Boocerus euryceros) mit Hilfe eines angefertigten Fixationshalfters berichtet. Während der Abheilung und einer sich anschließenden Rekonvaleszenz erfolgte 62 Tage kein Wiederkauen, ohne daß dadurch für das Tier eine gesundheitliche Beeinträchtigung auftrat.

Summary:

Successful Therapeutic Attempt in the Case of a Multiple Fracture of the Lower Jaw in a Boocerus euryceros

The author reports on the healing of a multiple fracture of the lower jaw in a female Boocerus euryceros by means of a fixation halter made to measurement. During the healing period and a subsequent recovery period there was no rumination for 62 days. The health of the animal was not impaired thereby.

Résumé:

Guérisson réussie d'une fracture multiple du maxillaire inférieur chez un bongo (Boocerus euryceros)

L'exposé fait mention de la guérisson d'une fracture multiple du maxillaire inférieur chez un bongo femelle (Boocerus euryceros), à l'aide d'un licou de fixation spécialament mis au point. Pendant la phase de guérisson et la reconvalescence qui suivit, l'animal n'a pas ruminé 62 jours durant, sans que cela entraine pour autant des troubles organiques chez l'animal en question.

Резюме:

Положительный результат лечения множественной фрактуры челюсти у Банго (Boocerus euryceros)

Сообщается о лечение сположительным результатом фрактуры нижней челюсти с помощью фиксирующего приспособления у Банго женского пола.Во время процесса лечения и последующей реконвалесцеции в течение 62 дней у животного не наблюдалось пережевывания жвачки, никаких нарушений в здоровье животного в последствии не наблюдалось.

Anschrift des Verfassers: Dr. Ing. Josef Vágner
Východočeská zoologická zahrada
544 01 Dvůr Králové nad Labem (ČSSR)

From Department of Pathomorphology and Parasitology (Director: Prof. Dr. Zendulka)
University of Veterinary Medicine, Brno

CONTRIBUTION TO THE MORPHOLOGY OF MALIGNANT CATARRHAL FEVER IN ANTELOPES

By L. Černý, L. Groch, R. Halouzka and M. Zendulka

During the last year we examined at the Department 12 antelopes. In all these animals malignant catarrhal fever was discovered. The diagnosis was based upon morphological and, in most cases, virological examination.

The course of the disease was always acute and ended fatally. Especially interesting was the course of the disease in the Brno Zoo Garden where all 13 antelopes nilgau (Boselaphus tragocamelus) became infected and all of them died or were sacrificed in ultimis. In some other cases we established the diagnosis in two other zoo gardens, in two animals each.

In the case of an outbreak in antelopes nilgau (Boselaphus tragocamelus) we had the possibility to observe the animals clinically, and with the help of our colleagues from the Veterinary Research Institute we were able to perform the virological examination. Therefore, our report is based mainly upon this outbreak of the disease.

The antelopes were placed in a lot with small stable. This area was closely attached to another lot in which there were wildebeests (Connochaetes taurinus). All the antelopes became infected, but none of the wildebeests.

Clinically there was a fever, the animals were dull, discharge there was lachrymation, discharge from the nasal cavity and salivation, later on we observed respiratory distress with heavy breathing, the animals moved with difficulty, and slight nervous disturbances were manifest. Later still, the animals were recumbent with severe nervous symptoms. Clinically, the disease lasted 3 - 6 days, in one case 9 days.

In our Department we performed the postmortem examination of 8 of these animals after natural death or sacrifice in ultimis. The morphological changes were comparatively uniform; with the duration of the illness the changes in various organs varied a little.

The conjunctiva was always inflammed. The membrane was red, with haemorrhages, later on with opacity, and the inflammation expanded to the cornea with oedema and inflammatory cloudiness.

Very distinct changes were observed in the alimentary tract, mostly in its upper part. The mucosa of the mouth cavity showed formation of erosions and ulcers with reddish base and necrotic remnants of the epithelium, sometimes covered with fibrin. These changes were localised on lips, buccal mucous membrane, on all surfaces of the tongue and on the palate. Similar findings were on the pharynx, on both sides of the tonsils and they distended to the oesophagus. Erosions were present on the reddened mucous membrane of the rumen and inflammatory changes with small erosions were observed in the abomasum. Both, small and large intestine, were locally red, with haemorrhages and, at times, with formation of small erosions.

Morphological changes were present in the respiratory system as well. There were erosions on the muzzle and mucosa of nares. The nasal mucosa was hyperemic and swollen with occasional erosions and haemorrhages and in few cases with formation of fibrinous pseudomembranes. Very clear pseudomembranes were found in the trachea which was in some animals totally covered by pseudomembranes. Similar changes were observed in the large bronchi. In the lung tissue there were scattered pneumonic foci of bronchopneumonic type. These foci sometimes coalesce to form big pneumonic areas. Typical was the finding in the kidney, where greyish foci developed. They were often surrounded by a haemorrhagic rim. Small, pale foci were seen macroscopically in the liver. The lymph nodes, especially those of the head and neck, were grossly enlarged, wet and hyperemic. By examination of the brain there was found an increased amount of cerebrospinal fluid.

In the histopathological picture the changes of the blood vessels were most prominent and constant. There was vasculitis and perivasculitis in various organs and tissues, with cellular infiltration mostly of lymphoid, plasma and histiocytic cells. Changes of mucous membranes were recognized as necrotic areas with vacuolization of epithelial cells and with cellular infiltration in tissues surrounding these erosions. The lymph nodes were hyperemic with destruction of lymphoreticular tissue. The sinuses were filled with proliferating mononuclear macrophages. There was a loss of small lymphocytes with an increased number of big, immature lymphoid cells. The foci, macroscopically recognizable in kidney and liver, were formed by inflammatory infiltration with mostly lymphoid and histiocytic cells with round nuclei. The infiltration appeared primarilly in the interstitial tissue but later formed solid foci of inflammatory cells. In all cases microscopically changes in the central nervous system were present. These changes were localized in leptomeninges and in the nervous tissue itself. They were always formed by perivascular cellular infiltrations of non suppurative character with dominant lymphoid and histiocytic cells. Often, a proliferation of the vascular endothelium was observed mostly in meninges. In this localization there was often a proliferation of connective tissue cells in the blood vessels adventitia.

Virological examination revealed the presence of few viruses, among them the agens of the malignant catarrhal fever. As far as the diagnosis is concerned, it is important to make a thorough examination of all organs and tissues, especially a histopathological one. Malignant catarrhal fever is often referred to as a sporadic disease (J u b b and K e n n e d y , 1963; G u a r d a et al., 1967). In spite of this opinion, there were described few outbreaks, where there was a heavy loss of animals in the whole locality.(G u a r d a , 1967) In our case all 13 antelopes nilgau became infected and all of them died. Many uncertainties are implied with the mode of transmission and the source or reservoir of the virus. Accepted opinion is that the disease is transmitted by sheep which carry the virus nearly during their whole life without being clinically ill (J u b b and K e n n e d y , 1963; G u a r d a et al., 1967; N i e b e r l e und C o h r s , 1970; etc.). P l o w r i g h t et al. (1960) have shown that in Africa wildebeests may play a similar role among wild ruminants. From this report we can say that in our case the wildebeests kept close to the antelopes nilgau were the virus carriers and the source of an outbreak of the disease in antelopes.

In morphological practice there is always the need to differentiate the disease from foot and mouth disease, from mucosal disease-viral diarrhoea and from infectious bovine rhinotracheitis In the foot and mouth disease there is no encephalitis, while malignant catarrhal fever is always accompanied with this symptom. In mucosal disease changes of the respiratory system are unusual, the disease has not such high mortality rate and histopathological findings are not so strongly connected with blood vessels and lymphoreticular tissues. Similar is the situation with IBR where there are not found such prominent changes in the alimentary system.

Summary:

Contribution to the Morphology of Malignant Catarrhal Fever in Antelopes

In 12 antelopes autopsied at our Department malignant catarrhal fever was proved. In one instance all 13 antelopes nilgau caught the disease with letal ending. In this case the wildebeests can not be excluded as the source of infection. In the contribution morphological changes are described, emphasizing the histopathological examination and its importance.

Zusammenfassung:

Ein Beitrag zur Morphologie des Bösartigen Katarrhalfiebers bei Antilopen

Bei 12 sezierten Antilopen wurde Bösartiges Katarrhalfieber nachgewiesen. In erster Linie verlief die Erkrankung bei Nilgauantilopen tödlich. Als Ansteckungsquelle für die Nilgauantilopen konnten daneben gehaltene Weißbart-Gnus nicht ausgeschlossen werden. Es werden die morphologischen Veränderungen und dabei speziell die histologischen Untersuchungsergebnisse beschrieben und ihre Bedeutung herausgestellt.

Резюме:

К патологической морфологии злокачественной катаральной горячки у антилоп

У 12 антилоп вскрытых на нашей кафедре установили злокачест- венную катаральную горячку. В одном случае заболели все 13 антилоп нилгау с летальным исходом. В этом случае нельзя исключить конебыков как резервуар инфекции. В статье описана,прежде всего, морфологическая картина и показана важность гистопатологического исследования.

Address of authors: Doz. Dr. L. Č e r n y
Vet. Pathology
Palackiho 1-3
Brno (ČSSR)

Aus dem Thüringer Zoopark Erfurt (Direktor: Doz. Dr. D. Altmann)

GIRAFFENERKRANKUNGEN UND -VERLUSTE IM THÜRINGER ZOOPARK ERFURT

Von D. Altmann

In den meisten zoologischen Gärten und Tierparks werden relativ kleine Giraffengruppen gehalten. Dabei gelten Giraffen als heikle Pfleglinge. Ein Erfahrungsaustausch über Probleme ihrer Ernährung, Haltung und nicht zuletzt Erkrankungen ist deshalb vielleicht interessant, wenn auch aus dem genannten Grunde keine umfangreichen Vergleichswerte innerhalb des eigenen Bestandes vorliegen.

Am 30. 4. 1964 importierten wir 0,1 Angola-Giraffe, am 6. 10. des gleichen Jahres traf der Bulle, ebenfalls eine Angola-Giraffe, ein. Die am 30. 4. 1964 eingetroffene Kuh war bei ihrer Ankunft zirka zweijährig und in der Entwicklung etwas zurückgeblieben. Sie erreichte auch nie einen optimalen Entwicklungszustand. Sie verstarb am 8. 10. 1966. Der am 6. 10. 1964 eingetroffene Bulle starb am 16. 7. 1971.

Am 1. 3. 1967 traf eine zirka dreijährige weibliche Angola-Giraffe ein, die im Zoologischen Garten Paris geboren worden war und sicherlich nicht ganz reinrassig ist. Aus dieser Kuh und dem vorgenannten Bullen gingen am 23. 6. 1970 ein Bulle und am 27. 3. 1972 eine Kuh hervor, die beide gemeinsam mit ihrer Mutter noch heute im Bestand des Thüringer Zooparkes leben.

Am 31. 10. 1973 wurde eine voll erwachsene Angola-Giraffe geliefert, die, wie später ermittelt wurde, schon in mehreren tiergärtnerischen Einrichtungen gehalten worden war. Sie fiel in ihrer Fellqualität und ihrem Habitus deutlich von unseren drei zur gleichen Zeit gehaltenen Giraffen (Mutter, Sohn und Tochter) ab. Sie verstarb am 13. 10. 1975.

Unsere Giraffen bewohnen zwei Boxen in den Grundflächen von je 5,10 m x 4,50 m und einer Höhe von 5,75 m. Der Bulle wird in der Regel nachts einzeln gehalten. Nur während der ersten Zeit nach der Geburt eines Jungtieres stand die betreffende Kuh allein, der Bulle wurde dann mit der anderen Kuh zusammen gehalten. Ungefähr eine Woche nach der Geburt wurden alle Giraffen gemeinsam mit dem Jungtier bei schönem Wetter in die Außenanlage gelassen. Dabei gab es keinerlei Probleme. Unsere Giraffen werden wie folgt ernährt:

Konzentratmischung (Kraftfuttermischung)	
Quetschhafer	50 %
Weizenschrot	10 %
Gerstenschrot	5 %
Maisschrot	10 %
Sojaschrot	4 %
Erdnußschrot	4 %
Sonnenblumenkerne	3 %
Futterhefe	5 %
Leinsamen	3 %
Trockenmilch	5 %
Afarom und Rachetin (Mineralstoff-Spurenelement-Gemisch)	3 %

Dem Zusatz von Trockenmilch wird deshalb große Bedeutung beigemessen, da in der Natur in Form bestimmter Knospen und Sprößlinge zweifelsohne zum Teil höher verdauliches und biologisch wertvolleres pflanzenreiches Eiweiß zur Verfügung steht als es in einem Zoo unserer Breiten angeboten werden kann. Außerdem dürfte ein geringer Prozentsatz von tierischem Eiweiß in Form von Insekten und deren Entwicklungsstadien bis hin zu Schnecken mit der Pflanzennahrung aufgenommen werden. Dazu erhalten die Tiere Zwieback und Knäckebrot sowie Äpfel, Möhren und Zwiebeln. Weiterhin werden Rote Rüben (Futterrüben), Banane, Porree, Grünkohl, Sellerie, Salat, Chicoree und in besonders geringen Mengen Blumenkohl und Kohlrabi gereicht. Im Sommer erhalten die Tiere außerdem Grünfutter. Das ganze Jahr über wird Heu verabreicht. Dabei wird Luzerneheu besonders gern genommen. Im Sommer erhalten die Giraffen außerdem reichlich frisches Laub. Im Winter wird getrocknetes Laub gefüttert. An Laubsorten stehen vorrangig zur Verfügung: Eiche, Weide, Birke, Buche, Esche, verschiedene Obstbaumarten ohne unreife Früchte, Heckenrose und Robinie. Dem Konzentratfutter werden die Vitamine A D_3 E und C sowie B-Komplex und außerdem Selen und Methionin zugesetzt in Form der vom VEB Jenapharm hergestellten an sich für die Injektion vorgesehenen Präparate Ursovit A D_3 E C, Ursovit A, Ursovit D_3, Ursovit E, Vitamin B-Komplex, Ursoselevit und Methionin. Als Tränke steht den Tieren zur frischen Wahl Tee, der aus einem Kräutergemisch gefertigt wird, und Leinsamenschleim zur Verfügung.

Sobald der Kot sich in seiner physiologischen Konsistenz verändert, d. h. nicht mehr voll geformt ist, wird mit Diät-Fütterung begonnen, d. h. an Obst werden nur noch Äpfel und eventuell Bananen gefüttert. Gemüse wird ganz weggelassen. An Laub erhalten die Giraffen nicht zuletzt wegen des hohen Gehaltes an Gerbsäuren nur noch Eiche und Weide. Dem Konzentratfutter werden Kohle und Adsorgan zugesetzt. Außerdem werden Äpfel und Bananen damit gespickt. Selbstverständlich wird weiterhin Heu gereicht. An Stelle der Kräuterteemischung wird als Tränke dünner schwarzer Tee gereicht. Leinsamenschleim wird parallel dazu angeboten, es sei denn, daß die Kotkonsistenz zu dünn wird. Bei stärkeren Durchfällen erhalten die Giraffen dann auch nicht mehr die Konzentratmischung. Es werden nur Haferflocken, Zwieback und Knäckebrot angeboten. Pro Tier und Tag setzen wir dem Futter in solchen Fällen zirka 50 - 80 - 100 Kohletabletten beziehungsweise ein bis zwei Flaschen Kohlegranulat (1 Flasche enthält 32 g Granulat = 25,6 g Carbo medicinales, VEB Carmol-Werk, Rheinsberg/Mark), und ein bis zwei Büchsen Adsorgan (1 Büchse mit 100 g Inhalt enthält 40 g Silberchlorid-Kieselsäuregel und 10 g Aktivkohle, VEB Arzneimittelwerk Dresden) zu.

Wenn die Kotkonsistenz wieder physiologisch ist, wird zirka drei Tage danach mit der Gabe von Konzentrat und verschiedenen Gemüsesorten, Grünfutter etc. begonnen. Dabei erfolgt eine allmähliche Futterumstellung, die beim Konzentratfutter so aussieht, daß drei Tage ein Drittel Konzentrat und zwei Drittel Haferflocken beziehungsweise Quetschhafer und anschließend drei Tage zwei Drittel Konzentrat und ein Drittel Haferflocken beziehungsweise Quetschhafer verabreicht werden.

Die am 30. 4. 1964 importierte Giraffenkuh zeigte am 8. 10. 1966 früh keinen vollen Glanz der Augen. Im Laufe des Vormittags war ihr Verhalten etwas verändert. Am zeitigen Nachmittag begann sie, den Kopf auf die Futterbühne zu stützen. Am Abend lag das Tier fest und begann einige Stunden später in der Agonie, unkoordiniert um sich zu schlagen. Der Sektionsbefund ergab keine sicheren Anhaltspunkte für die Todesursache. Die Kotkonsistenz war am 8. 10. 1966 nicht mehr optimal gewesen. Der Kot konnte trotzdem noch als geformt bezeichnet werden. Eine leichte Enteritis, die nicht alle Darmregionen umfaßte, war die pathologische Widerspiegelung dieser klinischen Beobachtung.

Die während der Zeit von 1964 bis heute bei unseren Giraffen immer wieder einmal auftretende Veränderung der Kotkonsistenz, die im allgemeinen immer nur ein Tier betraf, wurde mit den bereits beschriebenen diätetischen Methoden immer wieder behoben.

Am 31. 12. 1977 zeigte unsere Giraffenzuchtkuh (am 1. 3. 1967 importiertes Tier) eine veränderte Kotkonsistenz. Trotz Diät verschlechterte sich die Kotkonsistenz zusehends. Der Kot war schließlich wäßrig dünn. Das Tier gab zwar Gase über den Ösophagus ab, was an den wellenförmigen Bewegungen am Hals sichtbar war. Es wurde aber während der Erkrankungszeit über mehrere Tage kein Wiederkauen beobachtet. Ähnliches gilt auch für die beiden anderen Giraffen, auf deren Krankheitsbild noch näher eingegangen wird. Die Giraffe begann, in ihrem Verhalten sichtbar apathischer zu werden. So entschlossen wir uns, dem Tier Oxytetracyclin und Chloramphenikol zu verabreichen. Da wir nicht wußten, welche Keime gegebenenfalls im Spiele waren, entschlossen wir uns zu der Kopplung dieser beiden Breitspektrum-Antibiotika. Das Chloramphenikol wurde nicht zuletzt auch als Therapeutikum gegen Salmonellen mit eingesetzt, obwohl die durchgeführten bakteriologischen Kotuntersuchungen alle negativ verliefen. Außerdem muß man gerade bei Giraffen, zumal das Allgemeinbefinden des Tieres im Gegensatz zu vorangegangenen Durchfällen bei

dieser und anderen Giraffen sichtbar gestört war, schnell handeln und kann nicht warten, bis die bakteriologischen Kotbefunde vorliegen.
Die Giraffe erhielt über sechs Tage täglich: 11 Ampullen Otesolut-Depot (VEB Jenapharm) i. m. auf mehrere Stellen verteilt. Jede Ampulle enthält in 3 ml Flüssigkeit 250 mg Oxytetracyclin. Außerdem 11 Ampullen Berlicetin intramuskulär (VEB Berlin-Chemie) i. m. auf mehrere Stellen verteilt. Jede Ampulle enthält 1,0 g Chloramphenikol und 0,025 g Lidokain.
Dazu wurden der Giraffe am ersten Behandlungstage wegen des schlechten Allgemeinbefindens noch 10 ml Dicophedrin (VEB Jenapharm, Serumwerk Bernburg) i. m. appliziert.

Die Injektionen erfolgten mit einer Revolverspritze, die durch einen Gummischlauch mit der Injektionskanüle verbunden war. Die Applikation der Medikamente ist bei Giraffen ja für den Ausführenden wegen des großen Schlagradius dieser Tiere nicht ganz ungefährlich. Am günstigsten ist es, sich möglichst nahe seitlich neben die Hinterextremität zu stellen, in deren Oberschenkelmuskulatur die Injektionen vorgenommen werden sollen. Nachdem sich der Allgemeinzustand des Tieres zu bessern begann und die Giraffe sichtbar temperamentvoller wurde, war allerdings teilweise eine Injektion der Präparate nur noch auf dem Wege möglich, daß die Giraffe mit dem Hinterteil an das zur Besucherseite des Hauses hin befindliche Gitter gedrückt wurde und durch die genügend weit auseinanderstehenden Gitterstäbe die Injektion erfolgte.

Nacheinander zeigten dann die anderen beiden Giraffen (der am 23. 6. 1970 bei uns geborene Bulle und die am 27. 3. 1972 bei uns zur Welt gekommene Kuh) ebenfalls immer wäßriger werdenden Durchfall. Im Gegensatz zu der behandelten Giraffenkuh verweigerten diese Tiere aber die Futteraufnahme nie völlig und zeigten kein gestörtes Allgemeinbefinden. So war es möglich, diesen Tieren die bereits geschilderte Diät mit Kohle und Adsorgan zu verabreichen. Die bei uns geborene Giraffenkuh hatte dabei den von der Konsistenz her bedenklicher aussehenden Durchfall (besonders starke Wäßrigkeit). Es wurde versucht, ihr mit der geschilderten Methode durch das Gitter die Medikamente zu injizieren. Das führte zu derartig bedenklichem Ausschlagen des Tieres, daß von weiteren Versuchen abgesehen wurde, zumal auf dem Diätwege eine Besserung der Kotkonsistenz erzielt wurde. Das gleiche kann von dem Giraffenbullen berichtet werden.

Um den Appetit der Giraffenzuchtkuh, die, wie bereits erwähnt wurde, über drei Tage jede Futteraufnahme verweigerte, anzuregen, wurde nicht nur gutes Luzerneheu und getrocknetes Eichenlaub, sondern auch eigentlich für die Fütterung von Schlankaffen bestimmtes "gefroren aufbewahrtes Frischlaub" verabreicht. Weiterhin wurde in geringer Menge (nur einige Hände voll) auf zirka 10 - 14 cm Länge getriebenes Keimgetreide angeboten. Zuerst nahm das Tier dieses Keimgetreide, später auch das Feinfrostlaub. Den beiden anderen Giraffen wurde Keimgetreide und Feinfrostlaub daraufhin ebenfalls angeboten.

Bei allen drei Giraffen nahm der Kot im Verlaufe von 6 - 8 Tagen dann wieder normale Konsistenz an. Während sonst, wie bereits angedeutet wurde, immer nur einzelne Tiere in der reichlich 13jährigen Haltungszeit von Giraffen im Thüringer Zoopark Erfurt ab und zu einmal an Durchfall erkrankten, lag hier erstmals eine Erkrankung aller Giraffen unseres Bestandes, dazu in besonders bedenklichem Zustand, vor. Die genaue Ursache konnte nicht geklärt werden. Es ist aber anzunehmen, daß eine Verpilzung des Trockenlaubes die Ursache war.

Seit Jahren gewinnen wir im Thüringer Zoopark Erfurt im Sommer für die verschiedenen Blätterfresser in Bündeln Laub, das in unseren Scheunen zum Trocknen aufgehängt wird. Offensichtlich führte die durch lang anhaltende Regenfälle verhältnismäßig hohe Luftfeuchtigkeit in diesem Sommer zur Verschimmelung unseres Trockenlaubbestandes. Dabei handelt es sich um verhältnismäßig kleine, mit bloßem Auge schwer erkennbare Schimmelrasen. Einzelheiten hierzu können leider noch nicht mitgeteilt werden, da die Ergebnisse von den mit der Laubuntersuchung beschäftigten Instituten noch nicht vorliegen. Die Schimmelpilztoxine könnten die Ursache für die Verdauungsstörung gewesen sein. Mit Hilfe von Kohle und Adsorgan ist sicherlich eine zumindest gewisse Adsorption dieser Toxine bei den beiden Giraffen möglich geworden, die während der Erkrankungszeit Nahrung aufgenommen haben. Und nur so wäre ja eine Applikation dieser Präparate möglich. Die zweifelsohne gleichzeitig aufgetretenen Entzündungsvorgänge an der Magen- und Darmschleimhaut haben sicherlich bakterielle Infektionen zur Folge gehabt, die mit den verabreichten Antibiotika positiv beeinflußt werden konnten.

Nachfolgend soll noch auf weitere Erkrankungen und die Todesursachen der Giraffen, die in unserem Bestand bislang verstarben, eingegangen werden.

Der am 23. 6. 1970 in unserem Giraffenbestand geborene Bulle zeigte am 14. 2. 1972 morgens gewisse Apathie, die in geringerer Interessiertheit an der Umwelt und im fehlenden Glanz der Augen vorrangig zum Ausdruck kam. Der Kot hatte physiologische Konsistenz, die Pansentätigkeit schien zu funktionieren, eine Futteraufnahme erfolgte nicht. Da sich der Allgemeinzustand des Tieres verschlechterte, es stützte den Kopf auf, stand in den Ecken seines Stalles herum und zeigte keinerlei Interesse an seiner Umwelt mehr, so entschlossen wir uns, am Abend des gleichen Tages 8 Ampullen Otesolut i. m. in der bereits geschilderten Weise zu applizieren. Am nächsten Tag zeigte das Tier wieder ein völlig normales Verhalten. Wegen der starken Abwehrbewegungen wurde nach der sichtbaren Verbesserung des Allgemeinzustandes von weiteren Antibiotikaapplikationen abgesehen. Dieser Bulle zeigte im Verlaufe der darauffolgenden Jahre wiederholt, in der Regel in mehrmonatigen Abständen, ähnliche Erscheinungen. Dabei wurde teilweise ein Erbrechen von Schleim beobachtet. Seine wiederholt durchgeführte bakteriologische, parasitologische und mykologische Untersuchung brachte nie positive Ergebnisse. Das Tier nahm aber jeweils zumindest Frischlaub oder feingefrostetes Laub auf. In solchen Fällen, in denen das Tier keine andere Nahrung zu sich nahm, die Kotkonsistenz dabei in der Regel einwandfrei oder nur allenfalls gering verändert war (geballter Kot), gaben wir ihm Kohletabletten in Laubblättern eingewickelt. Sie wurden auf diese Weise relativ komplikationslos aufgenommen.

Wie bereits erwähnt, verstarben seit Beginn unserer Giraffenhaltung bis heute von insgesamt 6 gehaltenen Giraffen 3. Auf den Tod des am 6. 10. 1964 eingetroffenen Bullen und der am 31. 10. 1973 importierten Kuh soll noch näher eingegangen werden; der Tod der am 30. 4. 1964 importierten Kuh, die immer etwas kümmerte, wurde bereits erwähnt.

Am 16. 7. 1971 lag unser Giraffenzuchtbulle fest und konnte nicht mehr aufstehen. Nach intensivem Umsichschlagen in der Agonie verstarb er wenige Stunden später. Da der Verfasser zu diesem Zeitpunkt nicht in Erfurt war, kann nur versucht werden, das Geschehen zu rekonstruieren. Es gab zu diesem Zeitpunkt kaum Stroh, und es erfolgte keine Einstreu von Sand. So ist zu vermuten, daß das Tier auf dem zwar griffigen Ziegelsteinboden (Ziegelstein-Flachschicht) ausgerutscht ist und sich nicht wieder erheben konnte. Ob eventuell gleichzeitig irgendwelche Schreckreaktionen auslösende Umstände im Spiele waren, kann nicht gesagt werden. Hinweise konnten bei der Obduktion nicht ermittelt werden. Sie ergab nachfolgende Befunde:

Nährzustand:	mäßig
Herz:	Autolyse, Myokard hellgraubraun. Histologie: Autolyse, zahlreiche Fäulniserreger nachweisbar
Lunge:	Ödem, Blutstauung
Leber:	gelbbraun, weich, große Teile autolytisch. Histologisch: kein Fett, zentrolobuläre Stauung, starke Leberzellbalkendissoziation
Milz:	geschwollen, Blutstauung
Nieren:	rotbraun, geschwollen
Magen-Darmkanal:	o. b. B.
Bakteriologische Untersuchung:	E. coli +, Milzbrand negativ
Parasitologische Untersuchung:	Enddarmkot: vereinzelt Magen-Darm-Strongylideneier, Trichuriseier und Capillariaeier
Diagnose:	Herz- und Kreislaufversagen

Die am 31. 10. 1973 importierte bereits voll erwachsene Angola-Giraffe fiel, wie schon erwähnt wurde, in ihrem Fell- und Allgemeinzustand von unseren übrigen Giraffen von Anfang an sichtbar ab. Trotz optimaler Ernährung trat in diesem Gesichtspunkt auch während der gesamten Haltungszeit dieses Tieres nur bedingt eine Verbesserung ein.

Am 10. 10. 1975 kam es zu wiederholtem längeren Liegen dieser Giraffenkuh. Dabei stand das Tier nicht auf, wenn wir direkt neben ihr standen und sie berührten. So wurden 10 Ampullen Otesolut injiziert. Dabei erfolgte, um eine bessere Resorption zu erzielen, anfangs eine Prämedikation von Hylase (1500 I. E. Hyaluronidase pro Ampulle, Institut für Impfstoffe, Dessau) unter Liegenlassen der Kanüle. Da die Kuh während dieser Behandlung aufstand und Abwehrbewegungen zeigte, mußte bei den späteren Injektionen vom Hylaseeinsatz abgesehen werden. Die Kuh blieb dann vorübergehend stehen. Dabei waren rhythmische, wehenartige Bewegungen im Abdomen sichtbar, die anfangs alle zehn und später alle drei Minuten beobachtet wurden. Das Tier nahm kaum noch Futter auf. Auch an Laub zeigte es wenig Interesse. Die Therapie wurde bis zum 13. 10. 1975 in der gleichen Weise fortgesetzt. Der nicht befriedigende Allgemeinzustand des Tieres blieb bestehen. Gegen 13.00 Uhr legte sich die Giraffe hin. Ab 13.45 Uhr nahm sie keine physiologische Ruhestellung mehr ein, sondern lag auf der Seite, 15.30 Uhr trat der Tod ein, der auch durch die Applikation von 10 ml Dicophedrin nicht aufgehalten werden konnte.

Der Obduktionsbefund ergab folgendes:

Ernährungszustand:	Kachexie
Herz:	Myokard braun
Lunge:	katarrhalische Bronchopneumonie, abgekapselte Parasitenknötchen
Leber:	zentrolobuläre Blutstauung
Milz:	o. b. B.
Nieren:	Tubulonephrose, starke, bräunliche Pigmentablagerung in Tubulusepithelien
Vormägen:	enthalten leicht schaumigen, dünnen Futterbrei
Labmagen:	am Übergang vom Psalter zum Labmagen bis in den Labmagen hineinreichend befindet sich ein brotlaibartiges, aus groben Pflanzenfasern bestehendes, derbes Futterkonglomerat
Darmkanal:	makroskopisch o. b. B.

Eine bakteriologische Untersuchung der Organe verlief negativ. Die parasitologische Untersuchung einer Kotprobe ergab: Trichuriseier, Magen-Darmstrongylideneier und Capillariaeier.

Diagnose:	Psalter-Labmagenverstopfung, Bronchopneumonie, Tubulonephrose.

Anschließend sei noch bemerkt, daß bei den Giraffen des Thüringer Zooparkes Erfurt wenigstens im Abstand von drei Monaten routinemäßig bakteriologische und parasitologische Kotuntersuchungen durchgeführt wurden. Beim Auftreten von Durchfällen erfolgten außerdem weitere bakteriologische Kotuntersuchungen. Sie erbrachten nie positive Ergebnisse. Bei den parasitologischen Kotuntersuchungen wurden teils negative Ergebnisse ermittelt, zum Teil lag ein jeweils aber immer nur geringgradiger Befall mit Trichuris-, Magen-Darm-Strongyliden- und Capillariaeiern vor.

An dieser Stelle ist es uns ein Bedürfnis, unserem verehrten verstorbenen Freund und Kollegen, Herrn Professor Dr. H. Kronberger und Herrn Dr. F. K. Schüppel von der Fachgruppe Veterinär-Pathologie der Sektion Tierproduktion und Veterinärmedizin der Karl-Marx-Universität Leipzig sowie den Mitarbeitern der Fachgruppe Veterinär-Parasitologie der gleichen Universität (Leiter: Prof. Dr. E. A. Nickel) und des Institutes für Medizinische Mikrobiologie der Medizinischen Akademie Erfurt (Direktor: Prof. Dr. M. Sprössig) herzlichen Dank für die durchgeführten Untersuchungen zu sagen.

Zusammenfassung:

Giraffenerkrankungen und -verluste im Thüringer Zoopark Erfurt

In den meisten tiergärtnerischen Einrichtungen werden nur relativ wenige Giraffen gehalten, deshalb scheint ein Erfahrungsaustausch über die in diesen Beständen aufgetretenen Erkrankungen und Verluste empfehlenswert. Aus diesem Grunde wird auf die während der reichlich 13jährigen Haltungszeit von Giraffen im Thüringer Zoopark Erfurt gemachten Beobachtungen und gesammelten Erfahrungen eingegangen. Dabei sind gelegentlich auftretende Verdauungsstörungen, die sich in erster Linie in Form von Durchfällen zeigten, besonders hervorzuheben. Auf die diätetischen und therapeutischen Maßnahmen wird speziell eingegangen.

Summary:

Sick-Rate and Death-Rate of Giraffes in the Thuringian Zoopark of Erfurt

In most zoological gardens relatively few giraffes are kept. Therefore, an exchange of experience on the diseases occurring among giraffes, as well as the losses due to death appears to be recommendable. For this reason, the author deals with the observations made and experience gathered during the keeping period of giraffes in the Thuringian Zoopark of Erfurt for well over 13 Years. Occasionally occurring digestive troubles which became manifest in the first line by diarrhea states, are particularly emphasized. The dietary and therapeutic measures taken are dealt with in detail.

Résumé:

Maladies et pertes de giraffes au Jardin zoologique d'Erfurt

On ne trouve qu'un nombre peu important de giraffes dans la plupart des jardins zoologiques; il serait d'autant plus utile de procéder à un échange d'expériences au sujet des maladies qui s'y sont produites et des pertes que celles-ci ont causées. Le présent exposé fait donc le point des observations et des expériences réunies au cours de 13 ans avec les giraffes du Jardin zoologique d'Erfurt, et met l'accent sur les troubles digestifs qui se manifestent occasionnellement sous forme de diarrhées. L'auteur donne en outre des indications à propos des mesures thérapeutiques et diététiques.

Резюме:

Заболевания и потери жираф в Тюрингском зоопарке города Эрфурта.

В большенстве зоологических садах содержится небольшое количество жираф, поэтому необходим обмен опытом по описанию содержания животных, заболеваний и потерь данного состава. Поэтому в данной работе дается обозрение по I3 -летнего содержания жираф в Тюрингском зоопарке. На первом месте среди заболеваний наблюдаютя нарушения пищиварения,характеризующееся поносом. Даны предложения по деэтическим и терапевтическим мероприятиям.

Anschrift des Verfassers: Doz. Dr. D. Altmann
Thüringer Zoopark Erfurt
5001 Erfurt, Zum Zoopark 8/10 (DDR)

Aus dem Zoologischen Garten Dresden (Direktor: G. B e r g e r)

ERFAHRUNGEN BEI DER HANDAUFZUCHT VON HUFTIEREN

Von H.-E. S c h n e i d e r , G. B e r g e r und W. G e n s c h

In der vorliegenden Arbeit wollen wir einige Erfahrungen mitteilen, die wir bei der Handaufzucht von Huftieren in den Jahren von 1964 bis 1977 in unserem Garten gemacht haben. Dabei verkennen wir nicht die Problematik handaufgezogener Wildtiere. Die Folgen der Prägung auf den Menschen sind hinlänglich bekannt, und wir sind bemüht, nach Möglichkeit Jungtiere in Gruppen aufzuziehen und den Zeitraum des direkten Kontaktes mit dem Pfleger möglichst kurz zu halten. Hierbei treten Probleme auf, die keine veterinärmedizinischen, sondern menschliche sind. Es ist schwierig, einer Pflegerin oder einem Pfleger zu erklären, daß es wichtig ist, das Jungtier nicht als Kind zu betrachten und entsprechend zu behandeln. Auch das Spielverhalten von jungen Wildrindern, Antilopen und Hirschen macht dem Pfleger viel Freude und regt zum Mitmachen an. Bei halbwüchsigen Tieren entstehen bereits erhebliche Gefahren, von den Schwierigkeiten, die durch erwachsene, geprägte Tiere auftreten, ganz zu schweigen.

Unsere Bemühungen gehen wie in allen zoologischen Gärten dahin, natürliche Jungtieraufzuchten bei allen Tierarten durchzuführen. Dort aber, wo es möglich ist, ein Tierleben zu erhalten, versuchen wir in jedem Fall die künstliche Aufzucht. Immer öfter praktizieren wir jedoch bei Milchmangel der Mutter, aber gut funktionierendem Pflegeverhalten, die Zufütterung von Milch an die Jungtiere. Bei jungen Lamas, bei denen das schon wiederholt durchgeführt wurde, bereitet das keine Schwierigkeiten. Bei Antilopen bedarf es eines einfühlsamen Pflegers, da diese Jungtiere in Abwesenheit der Mutter unterschiedlich reagieren. Wir konnten auf diese Art und Weise kritische Phasen bei Jungtieren von Nyala- (Tragelaphus angasi) und Addax-Antilopen (Addax nasomaculatus) gut überbrücken und feststellen, daß es mitunter nur einige Tage notwendig ist, zusätzlich Milch zu verabreichen. Später scheint die von der Mutter gespendete Milchmenge für die weitere Entwicklung des Jungtieres wieder auszureichen. Über die Ursachen eines temporären Milchmangels bei den Muttertieren können wir keine Aussagen machen, da wir keinerlei klinische Erscheinungen an diesen Antilopen feststellen konnten.

Wir beschränken uns in unserem Bericht auf drei Tierarten, bei denen wir über größere Erfahrungen verfügen: Hirschziegenantilopen (Antilope cervicapra), Bantengs (Bos javanicus) und Rotbüffel (Syncerus caffer nanus).

Von 1964 bis 1971 kamen 23,26 Hirschziegenantilopen zur künstlichen Aufzucht, wovon 13,10 aufgezogen und abgegeben werden konnten. Die Hauptverluste lagen bei diesen Jungtieren in den ersten 14 Lebenstagen, ganz besonders aber in den drei ersten Lebenstagen. Die meisten dieser Tiere stammten aus Geburten während der kalten Jahreszeit. Sie wurden, bedingt durch die Haltung der Herde in einem unbeheizten Stallraum, bereits unterkühlt zur Handaufzucht übernommen. Daher die hohe Todesrate. Zum Teil stellten sich Mißbildungen heraus, die vor allem die Extremitäten, in einem Fall den Darm (Enddarm nicht angelegt) und in zwei Fällen den Unterkiefer, betrafen (Brachygnathie). Septikämien traten viermal auf (zweimal durch Streptokokken, einmal durch Colibakterien und einmal durch Salmonella typhi-murium). In zwei weiteren Fällen wurden fettige Leberdegenerationen als Todesursache festgestellt. Bei einem im Alter von sieben Monaten verendeten Kitz wurde im Labmagen ein Gummisauger gefunden, sein Verlust war uns nie angezeigt worden.

Die bei uns aufgezogenen Hirschziegenantilopen erhielten in keinem Fall eine Versorgung mit Immunglobulinen. Sie wurden von der Herde isoliert in einem Stall aufgezogen, in dem sich Ziegen befanden. Die Ernährung erfolgte in den ersten Wochen mit Ziegenmilch. Später gingen wir über ein Ziegenmilch-Kuhmilchgemisch auf reine Kuhmilch über. Die Tiere erhielten meist sechs Mahlzeiten. Die angebotenen Milchmengen lagen bei 50 bis 250 ml pro Mahlzeit. Erhebliche Schwierigkeiten bereitete es uns, die Tiere an die Aufnahme von Rauhfutter zu gewöhnen. Wir lösten dieses Problem schließlich dadurch, daß wir den Jungtieren ein handaufgezogenes erwachsenes Weibchen zugesellten, von dem sie zur Aufnahme des Rauhfutters stimuliert wurden. Sicher spielt hier aber ein anderer Fakt noch eine wichtige Rolle: Die Einstellung des für die Aufzucht verantwortlichen Tierpflegers. Die Handaufzucht von Antilopen erfordert einerseits doch ein erhebliches Maß an Mütterlichkeit, Geduld und Einsatzbereitschaft, andererseits aber auch Disziplin bei der Einhaltung bestimmter Normen, vor allem hinsichtlich der Milchmenge, die sich scheinbar mit der vorher angeführten Eigenschaft der Mütterlichkeit nicht ohne weiteres vereinen läßt. Viel zu oft wird von sehr gefühlsbetont arbeitenden Tierpflegerinnen, aber auch Tierpflegern, Wohlbefinden und aufgenommene Milchmenge nach dem Prinzip "viel ist gut" in Zusammenhang gebracht. Es ist notwendig, mit den Pflegern, die für Jungtieraufzuchten verantwortlich sind, ständig zu arbeiten, um sie zu einer vernünftigen Einstellung auch zu dieser Frage zu bringen. So möchten wir die in diesem Zusammenhang gehabten Schwierigkeiten bei der Gewöhnung der Jungtiere an Rauhfutter zu einem erheblichen Teil auf ein ständiges Überangebot von Milchnahrung und das sicher damit verbundene Sättigungsgefühl zurückführen. Außerdem kommen zu große Milchmengen in Labmagen oder später auch Pansen, die vom Jungtierorganismus nicht bewältigt werden können, der Entstehung entzündlicher Erkrankungen mit unterschiedlicher bakterieller Besiedlung sehr entgegen. Nicht nur der Mensch, sondern auch Tiere gewöhnen sich leicht an die Aufnahme größerer Flüssigkeitsmengen. Stets sollte die Jungtieraufzucht einer ständigen Kontrolle durch einen geeigneten Mitarbeiter unterliegen.

An dieser Stelle seien noch einige biologische Erfahrungen und Feststellungen bei der Haltung unserer Hirschziegenantilopen-Zuchtgruppe ausführlicher dargestellt. Der Stamm setzte sich aus einzelnen Tieren, die wir in den Jahren 1954 bis 1961 aus den Zoologischen Gärten Köln, Hamburg (Hagenbeck), Frankfurt/Main und Kopenhagen erhielten - insgesamt 2,5, alles blutsfremde Tiere, zusammen. Die Zucht setzte bald ein. Bei einigen Weibchen gab es wiederholt Geburtsfolgen im Rhythmus von zehn bis elf Monaten. Im Zeitraum von 1956 bis 1971 wurden 96 Geburten registriert, bis zu 13 in einem Jahr. Die maximale Kopfzahl der Gruppe erreichte vorübergehend 18 Tiere, in der sich ein adulter Bock sowie ein bis zwei Jungböcke befanden. Die Jungtierzahlen einer aus diesem Bestand entwickelten zweiten Herde in Hoyerswerda wurden hier nicht berücksichtigt. Insgesamt sind es mehr als hundert Jungtiere.
Anfangs weniger, jedoch später mehr, verlagerten sich die Geburten erheblich in die kalte Jahreszeit. In Indien liegt die Setzzeit der Sasins, wie die Hirschziegenantilopen in ihrer Heimat genannt werden, im August und September, in europäischen Zoos innerhalb des ganzen Jahres. Von den 96 Jungtieren kamen 34 in den Monaten November bis Mitte März zur Welt, wobei in einzelnen Fällen Temperaturen um $-15^{o}C$ bis $-18^{o}C$ herrschten. Die Tiere waren gemeinsam in einem kleinen gemauerten Häuschen von 30 m^2 unbeheizt untergebracht, tagsüber meistens im Freien. Hirschziegenantilopen erweisen sich klimatisch als sehr widerstandsfähig, wie dies auch aus dem Zoo Nürnberg und von der Biologischen Station Wilhelminenberg in Wien bekannt ist. Auch in nördlichen Ländern werden sie mit gutem Erfolg gehalten. Außentemperaturen von $-20^{o}C$ wurden ohne Schaden in den unbeheizten Schutzräumen beziehungsweise -hütten ertragen. Da die Jungtiere fast ausschließlich in den frühen Morgenstunden geboren wurden, kam es unter diesen Bedingungen mehrfach zu Unterkühlungen, die zum Tode führten. Welche starke Lebenskraft dennoch neugeborene gesunde Huftierkälbchen besitzen, beweist eine Geburt der wesentlich robusteren und körperlich massigeren kaukasischen Zebus Anfang Februar 1960 im Zoo Dresden. Das Kalb kam morgens gegen 5.00 Uhr im Freien bei einer Außentemperatur von $-18^{o}C$ (am Boden zirka $-20^{o}C$) zur Welt. Es war dabei einem Sturz der Umwelttemperatur von der Körpertemperatur der Mutter bis zur Außentemperatur von 56 bis $58^{o}C$ innerhalb weniger Minuten ausgesetzt! Hinzu kam noch die Verdunstungskälte an der nassen Körperoberfläche. Das Kalb wuchs ohne Nachwirkungen normal auf.

Um Unterkühlungen weitgehend auszuschalten, wurden während der kalten Jahreszeit alle Jungtiere und sonst nur der männliche Nachwuchs aus der Zuchtgruppe abgesetzt und, wie bereits erwähnt, zur künstlichen Aufzucht gegeben. Die Hirschziegenantilopen zählen vorwiegend zum Abliegetypus, Rinder dagegen zum Nachfolgetypus. Bei den von der Sasinmutter bis zur Trennung normal gepflegten Kälbchen war bereits eine Prägung auf sie erfolgt. Das erfolgreiche Saugen beginnt zum Teil schon 45 Minuten nach der Geburt. Die Umprägung auf die Tierpfleger - nicht mehr als zwei! - erfolgte ohne nennenswerte Schwierigkeiten, wobei sicher der zunächst nur temporäre Sozialkontakt des Abliegetypus beziehungsweise das dominierende Deckungsverhalten begünstigend wirkte. Das Zusammenhalten mehrerer Jungtiere, auch im unterschiedlichen Alter, erwies sich als vorteilhaft und wirkte beruhigend sowie stimulierend auf die "Neulinge". Bei der natürlichen Aufzucht im Herdenverband gibt es nach der Abliegezeit häufig Kontakte (Spielverhalten) unter den Jungtieren. Tantenverhältnisse sind nicht die Regel. Häufig werden die Jungtiere von den fremden Weibchen, auch "stillenden" Müttern, abgestoßen, besonders wenn sie saugen wollen. Ein zusätzliches Füttern der Jungen mit der Flasche bei Milchmangel der Mutter innerhalb der Herde war bei dieser relativ scheuen und leicht flüchtigen Antilopenart nicht möglich.

Nicht nur bei künstlich aufgezogenen Männchen, sondern auch bei Weibchen kommt es später häufig zu Fehlverhalten, wenn auch bei letzteren im geringeren Maße. Besonders trifft dies auf den Sozialkontakt zum Artgenossen und zum Menschen sowie auf das Fortpflanzungsverhalten zu, wie wir es zum Teil auch von anderen Tierarten (Reh, Rotbüffel, Watussirind usw.) kennen. Abseitshalten vom Herdenverband bis zur allmählichen und spontanen Aggressivität gegenüber Artgenossen beiderlei Geschlechts sowie Jungtieren. Nicht nur männliche, sondern auch weibliche Tiere können zu einem solchen Verhalten neigen. Bei hörnertragenden Weibchen, z. B. Rotbüffeln, kann dies ebenfalls zu gefährlichen Verletzungen führen. Jedoch auch ein in der Herde aufgewachsener Sasinbock zeigte mit Beginn seiner Fortpflanzungsfähigkeit eine zunehmende Aggressivität, speziell gegenüber hochtragenden Weibchen. Das anfangs werbende Imponiergehabe mit erhobenem Kopf hinter den Weibchen steigerte sich schnell in ein gefährliches Drohverhalten mit heftigen Hornstößen in die Flanken der Weibchen, in vier Fällen mit tödlichen Folgen. Der Bock mußte aus der Herde entfernt werden.

Nicht nur erstgebärende Weibchen, sondern auch bereits mehrfache Mütter aus der Nachzucht lehnten ihre Jungtiere ab. Wenn auch hier verschiedene Gründe vorliegen können, so ist doch nicht auszuschließen, daß Weibchen, deren Kälber über mehrere Jahre hinweg unmittelbar nach der Geburt zur künstlichen Aufzucht abgesetzt wurden, allmählich von ihrem Pflegeverhalten entwöhnt werden, wenn auch hierbei eine Reihe von Erbkoordinationen wirksam sind. Im Dresdener Zoo geschah dies in fünf Fällen. Daß ein- bis zweijährige Jungtiere wieder bei der Mutter saugen, wenn sie erneut ein Kälbchen gesetzt hat, kommt auch bei Rotbüffeln, Bantengs, Bisons, Yaks, Damhirschen, Dromedaren, ferner ebenso bei Riesenkänguruhs vor. Entwöhnungsprobleme treten also bei der natürlichen sowie auch der künstlichen Aufzucht auf. Das Einsetzen handaufgezogener, auf den Menschen geprägter jung erwachsener Sasins in die Herde bedarf größerer Vorsicht, besonders bei kleinerem Gehegeterritorium. Weniger problematisch ist es bei mehreren gemeinschaftlich aufgezogenen Jungtieren. In der Regel trifft dies nur auf Weibchen zu. Künstlich aufgezogene Böcke sollten, nach unseren Erfahrungen, nicht in eine Zuchtgruppe eingesetzt werden. Mit anomal aggressivem Verhalten muß dabei immer gerechnet werden.

Bei Wildrindern verfahren wir seit 1967 so, daß jedes zur künstlichen Aufzucht abgesetzte Jungtier Rinder-Gammaglobulin (durchschnittlich 40,0 ml), Sulfastrepdipen "wäßrig" und Ursovit AD_3EC erhält. E l z e et al. (1973) verfahren in Leipzig ebenso. Die Ernährung erfolgt in den ersten acht Tagen mit Kolostralmilch aus einem brucellose- und tuberkulosefreien Rinderbestand. Danach gehen wir auf die Verabreichung von Vollmilch (2,5 % Fett) über. Die von E l z e (1977) empfohlene Verabreichung von Kolostrumserumkonserven wird bei uns noch nicht praktiziert. Die angebotene Milchmenge liegt je nach Alter der Tiere bei 500,0 ml bis 3000 ml pro Mahlzeit bei fünf bis sechs Mahlzeiten bei älteren Kälbern. Die maximale Milchmenge am Tag liegt bei sieben bis zehn Litern. Als Zusätze werden der Milch Afarom und Ursovit AD_3EC beigegeben.

Je nach Zustand beim Absetzen der Jungtiere sind wir bemüht, die Kälber von vornherein an das Trinken aus dem Eimer beziehungsweise einer Schüssel zu gewöhnen. Nur bei Jungtieren mit gestörtem Allgemeinzustand wird mit Flasche und Sauger getränkt. Im Alter von zehn bis vierzehn Tagen wird den Tieren Rauhfutter angeboten (Heu, geschnittene Möhre, Apfel). Später werden außerdem Pellets, Haferflocken, Knäckebrot und Zwieback hinzugefügt.

Mit dem geschilderten Aufzuchtverfahren arbeiteten wir bisher bei 21 Jungen Wildrindern, 17 Rotbüffeln und vier Bantengs. Davon konnten 18 Tiere aufgezogen werden. Ein männliches Rotbüffelkalb verloren wir im Alter von vier Tagen. Bereits wenige Stunden nach der Geburt trat bei diesem Tier, es wurde erheblich unterkühlt aus der Anlage genommen, ein Ikterus auf. Bei der Sektion wurde eine fettige Leberdegeneration festgestellt.

1,1 Bantengs, im Abstand von vier Tagen im November 1974 geboren, verendeten jeweils am zehnten Lebenstag. Bei beiden Kälbern wurde eine Rachitis mit typischem Rosenkranz und Auftreibung beider Karpalgelenke festgestellt. Die Jungtiere waren aus der Herde genommen worden, weil sie nicht in der Lage waren zu stehen. Sie grätschten mit beiden Vorderbeinen aus. Auch sie wurden in der oben genannten Weise mit Immunglobulinen, Vitaminen und Antibiotika versorgt, erhielten zusätzlich Calcipot und Vitamin D_3-Gaben und nahmen auch selbständig Milch auf. Offensichtlich war es bereits im Mutterleib zu einer Mangelerscheinung durch nicht ausreichende Vitaminisierung und Mineralisierung des Futters unserer Bantengs gekommen. Dabei müssen wir feststellen, daß der Vitamin- und Mineralstoffbedarf bei den Bantengs artspezifisch außerordentlich hoch liegen muß, erhalten Bantengs bei uns doch im Vergleich zu unseren Rotbüffeln ein viel höherwertiges Futter, angereichert mit Vitaminen und Mineralstoffen, wie wir es sonst an Antilopen verabreichen. Auf Empfehlung von E l z e (1974) geben wir nunmehr unseren Bantengkühen in den letzten acht Wochen der Trächtigkeit zusätzlich zu den sonst üblichen Futterbeigaben 100 000 IE Vitamin A und 1000 mg Vitamin E pro Tier und Tag. Seitdem traten solche Erscheinungen bei Jungtieren nicht mehr auf.

Im Verlauf der Aufzuchten kommt es hin und wieder zur Nahrungsverweigerung mit nur gering gestörtem Allgemeinbefinden. Das Auslassen von ein oder zwei Milchmahlzeiten und die Verabreichung von leicht angesalzenem Tee mit etwas Traubenzucker führen regelmäßig zur Normalisierung des Zustandes der Kälber.

Im Alter von 14 bis 16 Tagen kam es bei den Jungtieren sehr häufig zu Durchfällen beziehungsweise zu einer wechselnden Kotbeschaffenheit mit recht unterschiedlicher Konsistenz von wäßrig bis sehr fest, meist ohne Störung des Allgemeinbefindens und der Futteraufnahme. Diese Erscheinungen hielten im Durchschnitt etwa drei bis zehn Tage an und waren therapeutisch kaum oder nicht zu beeinflussen. Wir setzten folgende Medikamente ein, ohne jedoch ein überzeugendes Ergebnis zu erhalten: Katzenpfötchentee, Eichenrindentee, Bolus alba, Huminsäurepräparate, Sulfaguanidin und Neomycin. Alle Präparate wurden im wäßrigen Medium ohne die Benutzung von Sonden oral verabreicht. Wir führen diese Störungen auf die beginnende Aufnahme von Rauhfutter und die sich dabei vollziehende Umstellung im Bereich des Magendarmtraktes zurück.

Die Therapie hin und wieder auftretender Darmaffektionen mit Störungen des Allgemeinbefindens wird grundsätzlich mit Nahrungsentzug, aber oraler Flüssigkeitszufuhr (Tee + physiolog. NaCl + Glukose) begonnen. Nur in wenigen Fällen machte sich dann eine Sulfonamid- oder Antibiotikatherapie nach Antibiogramm erforderlich. Der Bestimmung von Keimen aus der unmittelbaren Umgebung der Tiere (S c h n e i d e r , 1977) messen wir auch hier Bedeutung für eine rasche, gezielte Therapie bei.

Bei der Umgewöhnung einer Gruppe von drei etwa drei Monate alten Rotbüffeln auf Wasser als Tränke kam es bei zwei Tieren zu einer mittelgradigen Hämoglobinurie. Wir möchten dieses Krankheitsbild als Tränkungshämoglobinurie betrachten, weil es dadurch entstand, daß die Tiere nach der Nachtruhe vom Tierpfleger eine unverhältnismäßig große Menge Trinkwasser erhielten, das am Morgen zu verabreichende Kraftfutter aber erst zwei Stunden später gegeben wurde. Bei der Kontrolle der Jungtiergruppe am frühen Morgen konnten wir sehen, daß die drei Büffel innerhalb weniger Minuten jeweils sechs bis acht Liter Wasser aufnahmen.

Bei ungestörter Futteraufnahme zeigten die Tiere eine leichte Bewegungsunlust und lagen öfter als normal. Der Urin war deutlich rot und färbte sich an der Luft sehr schnell dunkelbraun. Bei ungenügender Kontrolle kann der Beginn einer solchen Erkrankung übersehen werden. Durch die Kraftfutterverabreichung vor dem Tränken, die Begrenzung der Flüssigkeitsmenge und die Beigabe eines kleinen Milchanteils zum Tränkwasser verschwand das Krankheitsbild innerhalb von drei Tagen. Ikterus konnte bei den Tieren klinisch nicht festgestellt werden.

Zusammenfassung:

Erfahrungen bei der Handaufzucht von Huftieren

Verfasser berichten über die Handaufzucht von Hirschziegenantilopen (Antilope cervicapra), Bantengs (Bos javanicus) und Rotbüffeln (Syncerus caffer nanus). Auf das Verhalten einer Herde Hirschziegenantilopen wird besonders eingegangen.

Summary:

Experience in the Handrearing of Ungulates

The authors report on the handrearing of Blackbucks (Antilope cervicapara), Bantengs (Bos javanicus) and Dwarf-Buffalos (Syncerus caffer nanus). The behaviour of a herd of Blackbucks is dealt with in detail.

Résumé:

Expériences dans le domaine de l'élevage artificel d'ongulés

Les auteurs décrivent l'élevage artificiel d'antilopes cervicapres (Antilope cervicapra), des bantings (Bos javanicus)et des buffles africains rouges (Syncerus caffer nanus). Ils mettent surtout en évidence le comportement d'un troupeau d'antilopes cervicapres.

Резюме:

Опыты по ручному выращиванию копытных животных.

Авторы описывают методы ручного воспитания оленекозовых антилоп (Antilope cervicapra), бантенг (Bos javanicus),красных буйволов (Syncerus caffer nanus) Особое внимание обращается на поведение оленекозовых антилоп.

Literatur:

ELZE, K., KRISCHE, G., EULENBERGER, K. und U. SCHNURRBUSCH (1973): Bekämpfung der Neugeborenenerkrankungen bei in Zoos gehaltenen Wiederkäuern. Verhandlungsber. XV. Internat. Symp. Erkrankungen Zootiere, Kolmarden, 85-92.

ELZE, K. (1974): Persönliche Mitteilung.

ELZE, K. (1977): Zur Bekämpfung der Koliseptikämie und Koliruhr der neugeborenen Ruminantia. Verhandlungsber. XIX. Internat. Symp. Erkrankungen Zootiere, Poznań, 203-208.

SCHNEIDER, H.-E. (1977): Künstliche Aufzucht einer Giraffe nach Schwergeburt. Verhandlungsber. XIX. Internat. Symp. Erkrankungen Zootiere, Poznań, 383-386.

Anschrift der Verfasser: Dr. med. vet. H.-E. S c h n e i d e r
Zoologischer Garten Dresden
8020 Dresden, Tiergartenstr. 1 (DDR)

Aus dem Bezirksinstitut für Veterinärwesen Rostock (Direktor: OVR Dr. med. vet. W. E h r e n t r a u t) und dem Zoologischen Garten Rostock (Direktor: Dr. rer. nat. D. S c h w a r z)

PROBLEME BEI DER MUTTERLOSEN AUFZUCHT EINES TRAMPELTIERES

Von Dagmar R i t s c h e r , H. S e i d e l und M. K o c h

Der Bedarf an Altweltkamelen ist nach wie vor größer als das Angebot an Jungtieren dieser Art aus Zoonachzuchten. Obwohl die Zucht dieser Tiere als problemlos eingeschätzt wird, sind die Aufzuchtverluste mit mehr als 30 % noch immer zu hoch (E l z e et al., 1970; K l ö s und L a n g , 1976). Auch im Zoologischen Garten Rostock hatten wir in letzter Zeit einige Todesfälle bei Kamelfohlen zu verzeichnen, wie an anderer Stelle berichtet wird. Die mutterlose Aufzucht von Kamelfohlen soll vergleichsweise weniger Probleme als die vieler anderer Wildtiere bieten, weil die Kamelmilch durch reine Kuhmilch mit guter Annäherung zu ersetzen ist (P u s c h m a n n, 1975; K l ö s , 1976). Ein Bericht über erfolgreiche Aufzuchten wurde 1970 von G ö l t e n - b o t h und K l ö s gegeben.

Daß auch bei der mutterlosen Aufzucht eines Trampeltieres große Schwierigkeiten auftreten können, sei im folgenden dargestellt.
Am 15. April 1975 wurde im Zoo Rostock ein weibliches Trampeltierfohlen von einer ein Jahr und 345 Tage alten Stute geboren. Bei einer Tragzeit von 13 Monaten kann das Muttertier zum Zeitpunkt der Paarung noch kein Jahr alt gewesen sein. Altweltkamele sollen mit drei Jahren geschlechtsreif werden (P u s c h m a n n , 1975). Die Trampeltierstute war während der Trächtigkeit noch nicht voll entwickelt. Das Geburtsgewicht des Fohlens betrug 28 kg, andere im Zoo Rostock geborene Trampeltiere wogen bei der Geburt zwischen 38 und 56 kg. Der Pflegetrieb fehlte der Mutter völlig. Nach eintägigem Abwarten wurde das Fohlen der Obhut eines Pflegers zur mutterlosen Aufzucht übergeben. Es erhielt ein Depotantibiotikum und Rindergammaglobulin injiziert. Da das Fohlen überhaupt nicht gesaugt hatte, wurde Rinderkolostrum angeboten und auch willig aufgenommen. Nach einer Woche wurde eine Mischung von handelsüblicher Vollmilch und frisch ermolkener Kuhmilch 1:1 verabfolgt, dann bekam das junge Trampeltier Vollmilch mit einem Zusatz von Kälmil, einem Kälberaufzuchtpräparat. Im Alter von drei Monaten wurden dem Fohlen Haferflocken, Kleie und Schrot zusätzlich angeboten. Ab Oktober wurde die Milch völlig abgesetzt, und "Karmon" erhielt nur noch Standardkraftfutter und Wasser. Es ist bekannt, daß Kamele ihre Fohlen 10 - 11 Monate (P u s c h m a n n , 1975) beziehungsweise 13 Monate (K r u m b i e g e l , 1952) lang säugen. Im September beobachtete der betreuende Pfleger, daß das Trampeltierfohlen "Karmon" sehr kurze Schritte machte. Mitte Oktober fielen bei "Karmon" eine Schwellung und eine Hauterosion an der rechten Vordergliedmaße im Bereich der Zehen auf. Als Ursache wurde Chorioptesräude festgestellt. Nach Aluganbehandlung klangen die Veränderungen rasch ab. Am 10. November 1975 erhielt das Trampeltierfohlen prophylaktisch 2 Mill. Vitamin D_3 i. m., zehn Tage später eine Wurmkur mit Mebenvet. Am 28. November schwankte "Karmon" beim Laufen und trat mit allen vier Gliedmaßen stark durch (Abb. 1 und 2). Eine Blutprobe wurde zur hämatologischen und biochemischen Untersuchung entnommen. Am 2. Dezember 1975 erfolgte eine zweite Behandlung mit 2,5 Mill. Vitamin D_3 und 5 ml Ursoselevit, einem Vitamin E-Selen-Präparat. Nach 16 Tagen wurde die Ursoselevitinjektion wiederholt. "Karmon" machte in dieser Zeit einen etwas kränklichen Eindruck. Als die Ergebnisse der zweiten, Anfang Januar erfolgten biochemischen Untersuchung den Verdacht auf Leberparenchymschaden und fortschreitende Rachitis nahelegten, behandelten wir "Karmon" vom 20. Januar bis zum 3. Februar täglich, bis zum 10. Februar in zweitägigem Abstand mit Infusionen von Glukose, Invertzucker und Elektrolytlösungen. Am 27. Januar erhielt das Kamelfohlen 3 Mill. IE Vitamin D_3 i. m. Nach einer einwöchigen Unterbrechung wurden vom 16. Februar bis 8. März noch weiter neun Infusionen durchgeführt. Am 28. Februar erhielt "Karmon" wieder 3 Mill. IE Vitamin D_3. Die biochemischen Befunde ließen Ende März fortschreitende Heilungsprozesse erkennen. Die Gewichtskurve verlief in dieser ganzen Zeit kontinuierlich ansteigend (Abb. 3). Im Mai, 13. Lebensmonat, verschlechterten sich die biochemischen Parameter wieder, obwohl sich in dieser Zeit die Gliedmaßenstellung völlig korrigiert hatte. Interessanterweise stagnierte die Gewichtszunahme nun auch fast völlig. Erst nach dem 20. Lebensmonat begann das Kamelfohlen wieder zuzunehmen.

Abbildung. 1:

Abbildung 2:

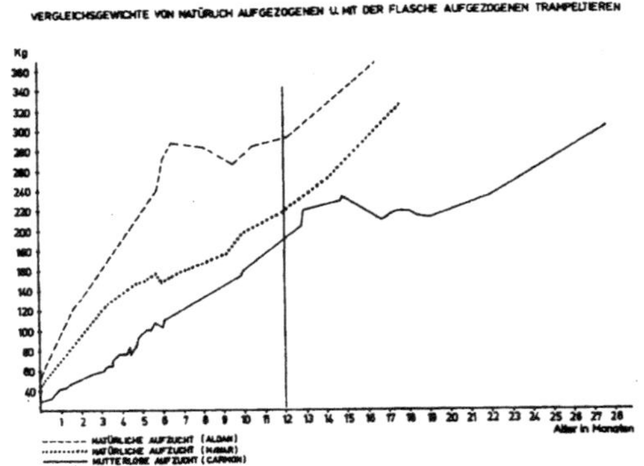

Abbildung 3:

Biochemische und hämatologische Untersuchungen aus diesem Zeitraum wiesen einen Eisenmangel nach. Eine Behandlung erfolgte vom 20. September 1976 bis 27. Oktober 1976 mit pastöser Eisenzubereitung Ursoferruvit[R], die auch gut aufgenommen wurde.
Eine biochemische und hämatologische Untersuchung mit 25 Monaten, also Ende Mai 1977, ergab keine besonderen Befunde. Stellungsanomalien wurden nicht mehr beobachtet (Abb. 4 und 5), jedoch fällt seit dem Sommer 1977 auf, daß "Karmon" zeitweise Beschwerden beim Aufstehen hat. Einmal in Bewegung, sind weder im Schritt noch in schnelleren Gangarten Störungen zu erkennen. Phenylbutazonapplikationen ergaben keine Besserung.

Von der Behandlung anderer Kamele her sind wir mit den Schwierigkeiten und Gefahren vertraut, die sich aus dem großen Aktionsradius der langen Beine ergeben. Sämtliche Blutentnahmen und Infusionen konnten hier am liegenden Tier durchgeführt werden, da sich das Trampeltierfohlen auf Kommando seines Pflegers hinlegte, wenn auch sehr widerwillig. Weitere Hilfskräfte waren nicht nötig. Das erleichterte unsere Arbeit beträchtlich.

Wichtig erscheint es uns, auch auf die bei dieser Aufzucht auftretenden psychologischen Probleme hinzuweisen. Kamelfohlen sind im Gegensatz zu den Jungtieren anderer Wiederkäuer auf den ständigen engen Kontakt zur Mutterstute orientiert. Ohne diesen wäre ihr Überleben in der freien Wildbahn unter harten klimatischen Bedingungen sehr in Frage gestellt. Der gewissenhafteste Pfleger kann keinen Ersatz für dieses enge Mutter-Kind-Verhältnis bieten. Während in unserem Falle ein von demselben Pfleger zusammen mit dem Trampeltierfohlen aufgezogenes Hirschziegenantilopenjungtier auch ohne Gegenwart des Pflegers ausgeglichen und ruhig erschien, machte "Karmon" allein gelassen einen nervösen, ängstlichen Eindruck. Sie versuchte auch nie, einen Ausweg aus für sie unliebsamen Situationen zu finden. Klägliches Heulen und Brüllen waren ihre einzige Reaktion, wenn sich der Pfleger zu weit von ihr entfernte. Während der Flaschenperiode reagierte sie mit Inappetenz und Durchfall auf zweitägige Abwesenheit des vertrauten Pflegers. Später schien sie trotz des Größenunterschiedes die Hirschziegenantilope in Abwesenheit des Pflegers als Leittier zu betrachten. Trotz zeitiger Eingewöhnung in die Herde macht sie den erwachsenen Tieren gegenüber auch jetzt noch einen etwas unsicheren Eindruck und unterscheidet sich damit im Verhalten von anderen Jungtieren der Herde. Uns ist bekannt, daß ein im Zoologischen Garten Schwerin allein handaufgezogenes Trampeltierfohlen noch weitaus nervöser und ängstlicher ist als unsere "Karmon", zeitweise aber auch aggressiv.

Unsere biochemischen Untersuchungsbefunde haben wir tabellarisch dargestellt (Tabelle 1). Wählt man den Grenzwertbereich der entsprechenden Parameter des Wiederkäuers als Interpretationsgrundlage, so können die folgenden Aussagen gemacht werden:
- In den Altersabschnitten 8 und 13 Monate liegt eine rachitische Krise vor, die im Zeitabschnitt 17 Monate von einer Wachstumsretardierung begleitet ist. - Die Parameter anorganischer Phosphor und Kalzium reagieren entsprechend auf die praktizierte Vitamin D_3-Therapie.
- Die LAP- und GOT-Aktivitäten, die Gesamt-Eiweiß-Konzentrationen sowie die mikroagargelelektrophoretisch bestimmten Eiweiß-Fraktionen sprechen für Leberzellalterationen, die die nicht ganz befriedigende Vitamin D_3-Therapie (gemessen am Verhalten der AP-Aktivitäten) erklären, da angenommen werden muß, daß die 1,25-Hydroxylierung des Cholecalciferols zum 1,25-Dihydroxycholecalciferol als biologisch aktiver Metabolit nicht mehr vollständig erfolgt.
- Der Eisen-Serumspiegel läßt sich im Sinne einer unzureichenden oralen Zufuhr beziehungsweise einer Malresorption deuten.

Diskussion:

Wir führen das geringe Geburtsgewicht unseres Trampeltierfohlens und das Fehlen des Pflegetriebes bei der Stute auf eine zu frühe Zuchtbenutzung des Muttertieres zurück. Wir diskutierten bereits unter anderen Gesichtspunkten die Problematik, die sich bei in zoologischen Gärten gehaltenen Herdentieren aus der Differenz zwischen Zuchtreife und Geschlechtsreife ergibt (R i t s c h e r et al., 1977). Die bei der mutterlosen Aufzucht unseres Trampeltierfohlens gewonnenen Beobachtungen lassen es günstig erscheinen, Jungtiere dieser Art immer in Gesellschaft anderer Tiere aufzuziehen, wobei auch artfremde geeignet sein können. Die von

Tabelle 1:

Verlaufsuntersuchungen zum Verhalten bestimmter Parameter des Mineralstoffwechsels, des Leberstoffwechsels sowie des Eisen-Hämoglobin-Haushaltes eines mutterlos aufgezogenen Trampeltieres

Alter [n/12 Jahre]	Mineralstoffwechsel			Leberparenchym					Eisen, Hämoglobin, Erythrozyten		
	AP	P_A	Ca	LAP	GOT	Gesamt-Eiweiß	Eiweiß-Fraktionen	Glukose	Fe	Hb	ERY
	IE/1	mg/100 ml		IE/1		g/100 ml		mg/100 ml	ug/100 ml	g/100 ml	n/mm³
7	80	11,8	11,2								
8	105				111	5,4	Hypoalbuminämie, Erhöhung der ß- und Gamma-Fraktionen	100			
9	62	15,6	9,9		96	6,7	Tendenz zur Normalisierung	83		8,1	8,61
9 1/2	70	9,9	9,9		114	5,4			35		
	86	10,5	11,0		102	5,9	Nahezu Normalisierung	67	48	9,6	8,64
10 1/2	83	10,0	12,0		96	6,3			70		
13	138	8,5	11,0	37		5,3		100	71		
17	78	8,2	11,0	33		6,0		79	56		
25 1/2	78	7,6	10,4								

S e i f e r t (1968) geäußerten Gedanken über die ethologischen Probleme einer mutterlosen Aufzucht sollten stärker beachtet werden, um Störungen der Entwicklung und Fehlprägungen zu vermeiden. S e i f e r t (1968) fordert, "den Zögling in der Ganzheit seines biologischen Daseins" zu sehen, wir können das nur unterstreichen.

Das beschriebene Syndrom wird unter anderem als Folge einer nicht optimalen Zusammensetzung des Milchaustauschers einerseits und andererseits als Folge der für Trampeltiere zu früh abgebrochenen Milchernährung gesehen.
Die Erkrankungen wurden einige Wochen nach Absetzen der Milch klinisch manifest. Wir konnten keine sicheren Angaben über den Vitamin- und Mineralstoffbedarf eines wachsenden Trampeltieres finden, nehmen aber an, daß er über dem eines Hausrindes liegt. Wahrscheinlich muß in der gleichen Zeiteinheit mehr Knochensubstanz gebildet werden. Zur Gewährleistung optimaler Erfolge bei mutterloser Aufzucht müßte die Biochemie der Kolostralmilch und Milch des Trampeltieres unbedingt bearbeitet werden.
Die biochemischen Untersuchungen waren uns ein wichtiges Hilfsmittel zur Diagnosestellung und Kontrolle des Behandlungserfolges, auch wenn keine vergleichbaren artspezifischen Parameter zur Verfügung standen. Es ist anzustreben, die verschiedenenorts erhobenen biochemischen Untersuchungsbefunde von Zootieren zu sammeln und zu ordnen, so wie wir das mit biologischen, physiologischen, pathologischen und hämatologischen Befunden schon seit langem tun. Die Mikrolitertechnik stellt eine nahezu optimale Methodik bei der Untersuchung biochemischer Parameter vieler Zootiere dar.

Zusammenfassung:

Probleme bei der mutterlosen Aufzucht eines Trampeltieres

Klinische und ethologische Probleme bei der mutterlosen Aufzucht eines weiblichen Trampeltierfohlens werden beschrieben.

Summary:

Problems in the Rearing Up of a Motherless Female Dromedary

Medical and ethological problems in the rearing-up of a motherless female foal of a dromedary are described.

Résumé:

Ils décrivent les problèmes cliniques et éthologiques que soulève l'élevage d'un chameau féminin sans mère.

Резюме:

Проблемы выращивания верблюжонка без матки.

Обсуждаются клинические и этологические проблемы выращивания верблюжонка женского пола без матки

Literatur:

ELZE, K., LIPPMANN, R. und R. HANSEN (1970): Zur Bekämpfung von Aufzuchtverlusten bei Altweltkamelen. Verhandlungsber. XII. Internat. Symp. Erkrankungen Zootiere, Budapest, 61-64.

GÖLTENBOTH, R. und H.-G. KLÖS (1970): Klinische Beiträge zur künstlichen Aufzucht einiger Zootiere im Zoo Berlin (Menschenaffen, Zebra und Wiederkäuer). Verhandlungsber. XII. Internat. Symp. Erkrankungen Zootiere, Budapest, 21-25.

KLÖS, H.-G. und E. M. LANG (1976): Zootierkrankheiten. Berlin-Hamburg: P. Parey.

KRUMBIEGEL, I. (1952): Kamele. Leipzig: Geest & Portig.

PUSCHMANN, W. (1975): Wildtiere in Menschenhand. Berlin: Deutscher Landwirtschaftsverlag.

RITSCHER, D., LINKE, K., GARLT, Chr. und K. SCHRÖDER (1977): Beitrag zur Geburtshilfe bei Zootieren. Verhandlungsber. XIX. Internat. Symp. Erkrankungen Zootiere, Poznań, 371-381.

SEIFERT, S. (1968): Beispiele einer Verhaltensstörung als Folge unbiologischer Verhältnisse bei der künstlichen Aufzucht von Zootieren. Verhandlungsber. X. Internat. Symp. Erkrankungen Zootiere, Salzburg, 221-222.

Anschrift der Verfasser: Dr. med. vet. Dagmar Ritscher
Tierklinik
25 Rostock, Thierfelderstr. (DDR)

Abbildung 4:

Abbildung 5:

Aus dem Zoologischen Garten Łódź (Direktor: Dr. A. S o s n o w s k i)

HÄMATOLOGISCHE UNTERSUCHUNGEN BEI HUFTIEREN IM ZOO ŁÓDŹ

Von A. S o s n o w s k i und E. Z u c h o w s k a

Labordiagnostische Untersuchungen, wie z. B. Blutuntersuchungen, gewinnen auch in der Veterinärmedizin immer mehr an Bedeutung. Unsere Kenntnisse über Blutwerte bei Zootieren sind bislang sehr lückenhaft. Unsere Zusammenstellung der Ergebnisse hämatologischer Untersuchungen bei Huftieren unseres Gartens soll als Beitrag zur Ergänzung noch fehlender Daten dienen. Ein Teil unseres Camelidenbestandes wurde schon früher hämatologisch bearbeitet (S o s n o w s k i , 1972). Die Untersuchungen werden seit 1960 von uns unter Routinebedingungen durchgeführt. Bei der Zusammenstellung wurden folgende Kriterien berücksichtigt:

1. Es wurden nur erwachsene, klinisch gesunde Tiere in die Auswertung einbezogen.
2. Tiere ohne Krankheitssymptome, jedoch mit stark abweichenden Blutwerten, wurden in unserer Zusammenstellung nicht berücksichtigt. Hierzu zählten wir
   a) Hämoglobingehalt unter 60 % (mit Sahli-Hämometer gemessen),
   b) Erythrozytenanzahl unter 5 Mill/mm^3,
   c) Leukozytenwerte über 20 000/mm^3,
   d) deutliche Links- oder Rechtsverschiebung des weißen Blutbildes.

Tabelle 1: Hämoglobingehalt bei Huftieren

Tierart	Anzahl der untersuchten Tiere	Anzahl der Untersuchungen	Hämoglobingehalt % Mittelwert	Hämoglobingehalt % Grenzwert	Standardabweichungen
Grant-Zebra (Equus quagga granti)	2	2	77,5	60 - 95	
Flachlandtapir (Tapirus terrestris)	4	8	81,8	75 - 98	
Europäisches Wildschwein (Sus scrofa)	4	4	94,7	78 - 120	
Halsbandpekari (Tayassu tayacu)	2	5	110,6	105 - 121	
Trampeltier (Camelus bactrianus)	11	35	74,5	62 - 107	± 10,75
Dromedar (Camelus dromedarius)	6	37	82,3	60 - 113	± 15,88
Alpaka (Lama pacos)	5	134	69,6	60 - 100	± 6,65
Guanako (Lama guanicoe)	7	14	84,6	75 - 110	± 12,32
Lama (Lama glama)	11	35	77,4	60 - 107	± 12,34
Vikunja (Vicugna vicugna)	3	6	75,0	62 - 80	
Rothirsch (Cervus elaphus)	16	19	83,0	68 - 97	± 9,30
Dybowski-Hirsch (Cervus nippon hortulorum)	1	4	81,0	60 - 100	
Sika-Hirsch (Cervus nippon pseudaxis)	1	1	95,0		
Damhirsch (Dama dama)	20	25	80,9	63 - 110	± 12,60
Reh (Capreolus capreolus)	13	13	79,5	70 - 115	± 15,38
Elch (Alces alces)	1	1	90,0		
Kronenducker (Sylvicapra grimmi)	2	2	71,5	70 - 73	

Fortsetzung →

Fortsetzung Tabelle 1:

Tierart	Anzahl der untersuchten Tiere	Anzahl der Untersuchungen	Hämoglobingehalt % Mittelwert	Hämoglobingehalt % Grenzwerte	Standardabweichungen
Kropfgazelle (Gazella gutturosa)	2	2	61,5	57 - 66	
Elenantilope (Taurotragus oryx)	1	1	100,0		
Hirschziegenantilope (Antilope cervicapra)	1	1	68,0		
Hausbüffel (Bubalus bubalis)	3	3	93,7	83 - 103	
Yak (Bos grunniens)	4	21	78,8	60 - 105	± 11,26
Mähnenschaf (Ammotragus lervia)	6	12	84,5	75 - 100	± 6,44
Mufflon (Ovis musimon)	10	21	82,6	64 - 104	± 12,21
Kaukasischer Steinbock (Capra ibex caucasica)	1	1	86,0		

Tabelle 2: Erythrozytenzahl bei Huftieren

Tierart	Anzahl der untersuchten Tiere	Anzahl der Untersuchungen	Erythrozyten Mill/mm³ Mittelwert	Erythrozyten Mill/mm³ Grenzwerte	Standardabweichungen
Grant-Zebra (Equus quagga granti)	2	3	9,5	7,7 - 11,9	
Flachlandtapir (Tapirus terrestris)	2	9	8,2	6,0 - 9,3	
Europäisches Wildschwein (Sus scrofa)	4	4	7,8	6,8 - 8,8	
Halsbandpekari (Tayassu tayacu)	2	6	10,4	9,4 - 12,1	
Trampeltier (Camelus bactrianus)	9	30	14,1	8,3 - 19,8	± 4,14
Dromedar (Camelus dromedarius)	8	54	11,8	8,1 - 18,6	± 2,69
Alpaka (Lama pacos)	5	163	16,9	8,1 - 20,1	± 2,62
Guanako (Lama guanicoë)	8	22	14,7	9,2 - 19,9	± 3,28
Lama (Lama glama)	11	36	13,0	9,9 - 18,0	± 2,29
Vikunja (Vicugna vicugna)	3	6	17,3	15,1 - 19,0	
Rothirsch (Cervus elaphus)	16	16	11,3	7,6 - 15,0	± 2,54
Dybowski-Hirsch (Cervus nippon hortulorum)	1	3	10,9	9,2 - 12,3	
Sika-Hirsch (Cervus nippon pseudaxis)	1	1	14,0		
Damhirsch (Dama dama)	20	25	10,2	6,9 - 12,3	± 1,22
Reh (Capreolus capreolus)	14	14	10,9	7,3 - 13,5	± 1,86
Elch (Alces alces)	1	1	6,1		
Kronenducker (Sylvicapra grimmi)	2	2	10,9	9,9 - 11,9	
Kropfgazelle (Gazella gutturosa)	2	2	12,1	10,1 - 14,2	
Elenantilope (Taurotragus oryx)	1	1	11,4		
Hirschziegenantilope (Antilope cervicapra)	1	1	12,0		

Fortsetzung →

Fortsetzung Tabelle 2:

Tierart	Anzahl der untersuchten Tiere	Anzahl der Untersuchungen	Erythrozyten Mill/mm³ Mittelwert	Grenzwerte	Standardabweichungen
Hausbüffel (Bubalus bubalis)	3	3	7,1	5,5 - 8,3	
Yak (Bos grunniens)	4	22	6,0	4,3 - 9,2	± 1,22
Mähnenschaf (Ammotragus lervia)	6	10	14,9	7,1 - 17,4	± 3,48
Mufflon (Ovis musimon)	10	23	10,7	6,8 - 15,8	± 2,80
Kaukasischer Steinbock (Capra ibex caucasica)	1	1	13,2		

Tabelle 3: Leukozytenzahl bei Huftieren

Tierart	Anzahl der untersuchten Tiere	Anzahl der Untersuchungen	Leukozyten Tausende/mm³ Mittelwert	Grenzwerte	Standardabweichungen
Grant-Zebra (Equus quagga granti)	1	2	14,2	13,7 - 14,8	
Flachlandtapir (Tapirus terrestris)	1	7	10,7	8,9 - 15,5	
Europäisches Wildschwein (Sus scrofa)	4	4	7,4	6,5 - 8,3	
Halsbandpekari (Tayassu tayacu)	2	6	12,6	9,2 - 16,8	
Trampeltier (Camelus bactrianus)	11	41	13,2	7,0 - 18,0	± 3,04
Dromedar (Camelus dromedarius)	8	48	13,0	7,9 - 19,4	± 3,31
Alpaka (Lama pacos)	5	154	12,2	6,8 - 19,5	± 3,19
Guanako (Lama guanicoe)	8	22	10,7	5,1 - 16,6	± 3,00
Lama (Lama glama)	11	34	9,1	5,1 - 15,2	± 2,65
Vikunja (Vicugna vicugna)	3	6	8,2	5,7 - 12,0	
Rothirsch (Cervus elaphus)	17	19	2,9	2,1 - 4,4	± 1,15
Dybowski-Hirsch (Cervus nippon hortulorum)	1	4	5,7	4,6 - 6,9	
Sika-Hirsch (Cervus nippon pseudaxis)	1	1	2,6		
Damhirsch (Dama dama)	20	30	3,6	1,6 - 6,4	± 1,27
Reh (Capreolus capreolus)	14	14	4,9	2,6 - 9,2	± 2,15
Elch (Alces alces)	1	1	1,5		
Kronenduoker (Sylvicapra grimmi)	2	2	10,1	8,1 - 12,1	
Kropfgazelle Gazella gutturosa)	2	2	8,5	7,7 - 9,4	
Elenantilope (Taurotragus oryx)	1	1	3,8		
Hirschziegenantilope (Antilope cervicapra)	1	1	7,0		
Hausbüffel (Bubalus bubalis)	2	2	8,4		
Yak (Bos grunniens)	4	21	8,2	5,1 - 12,6	± 1,99
Mähnenschaf (Ammotragus lervia)	5	11	8,3	6,1 - 11,0	± 1,57
Mufflon (Ovis musimon)	10	22	8,2	6,2 - 16,3	± 2,69
Kaukasischer Steinbock (Capra ibex caucasica)	1	1	7,4		

Tabelle 4: Leukogramm bei Huftieren

Tierart	Anzahl der untersuchten Tiere	Anzahl der Untersuchungen	Weißes Blutbild % Neutrophile Stabkernige	Neutrophile Segmentkernige	Eosinophile	Basophile	Lymphozyten	Monozyten
Grant Zebra (Equus quagga granti)	1	2	3	39 - 72	1 - 2	0	23 - 56	0 - 1
Flachlandtapir (Tapirus terrestris)	1	7	2,0 (0 - 5)	34,6 (22 - 55)	8,0 (2 - 19)	0	52,4 (32 - 72)	3,4 (0 - 6)
Europäisches Wildschwein (Sus scrofa)	4	4	2,0 (1 - 3)	42,7 (36 - 52)	3,0 (2 - 5)	0,2 (0 - 1)	47,6 (38 - 57)	4,5 (3 6)
Halsbandpekari (Tayassu tayacu)	2	6	0,8 (0 - 5)	35,0 (22 - 60)	5,3 (3 - 7)	0	56,1 (35 - 70)	2,8 (1 - 6)
Trampeltier (Camelus bactrianus)	10	31	2,2 (0 - 5)	50,2 (26 - 72)	4,5 (1 - 13)	0,06 (0 - 1)	39,94 (21 - 56)	3,1 (1 - 13)
Dromedar (Camelus dromedarius)	7	31	2,1 (0 - 5)	55,5 (21 - 70)	5,4 (1 - 13)	0,06 (0 - 1)	34,24 (21 - 68)	2,7 (1 - 10)
Alpaka (Lama pacos)	5	143	1,9 (0 - 4)	51,9 (26 - 73)	4,3 (1 - 15)	0,02 (0 - 1)	39,98 (21 - 71)	1,9 (1 - 7)
Guanako (Lama guanicoë)	7	18	2,3 (0 - 5)	53,5 (28 - 70)	2,5 (0 - 7)	0	39,2 (25 - 59)	2,5 (1 - 8)
Lama (Lama glama)	11	30	1,4 (0 - 4)	54,3 (38 - 76)	2,9 (1 - 10)	0,06 (0 - 1)	39,14 (20 - 61)	2,2 (1 - 4)
Vikunja (Viougna viougna)	2	5	1,8 (0 - 3)	53,2 (44 - 59)	4,0 (1 - 10)	0	39,0 (33 - 44)	2,0 (1 - 4)
Rothirsch (Cervus elaphus)	16	16	0,6 (0 - 3)	42,8 (21 - 69)	4,2 (0 - 9)	0,4 (0 - 3)	45,2 (31 - 69)	6,8 (2 - 12)
Dybowski-Hirsch (Cervus nippon hortulorum)	1	4	0	59,0 (46 - 71)	3,2 (2 - 4)	0	34,6 (22 - 48)	3,2 (2 - 5)
Sika-Hirsch (Cervus nippon pseudaxis)	1	1	0	24,0	4,0	0	62,0	10,0
Damhirsch (Dama dama)	20	26	0,9 (0 - 3)	43,8 (24 - 64)	3,6 (0 - 11)	0	45,9 (26 - 67)	5,8 (1 - 14)
Reh (Capreolus capreolus)	13	13	1,2 (0 - 4)	43,9 (33 - 70)	1,9 (0 - 4)	0,4 (0 - 2)	47,5 (21 - 61)	5,1 (2 - 10)
Elch (Alces alces)	1	1	1,0	41,0	6,0	1,0	44,0	7,0
Kronenducker (Sylvicapra grimmi)	2	2	2	42 - 49	2	0	40 - 47	1 - 7
Kropfgazelle (Gazella gutturosa)	2	2	1 - 4	58 - 62	2	0	34 - 35	1
Elenantilope (Taurotragus oryx)	1	1	5,0	61,0	2,0	0	30,0	2,0
Hirschziegenantilope (Antilope cervicapra)	1	1	2,0	67,0	1,0	0	28,0	2,0
Hausbüffel (Bubalus bubalis)	2	2	0	53 - 54	3 - 8	0	35 - 37	4 - 6
Yak (Bos grunniens)	4	19	0,9 (0 - 2)	37,6 (24 - 62)	8,8 (1 - 22)	0,2 (0 - 1)	44,2 (30 - 66)	8,3 (0 - 8)
Mähnenschaf (Ammotragus lervia)	6	10	0,3 (0 - 2)	41,1 (29 - 51)	2,9 (0 - 10)	0,2 (0 - 2)	52,6 (42 - 68)	2,9 (2 - 4)
Mufflon (Ovis musimon)	9	23	0,8 (0 - 3)	36,5 (20 - 55)	3,4 (1 - 10)	0,1 (0 - 2)	55,9 (38 - 75)	3,3 (1 - 9)
Kaukasischer Steinbock (Capra ibex caucasica)	1	1	2,0	60,0	2,0	0	33,0	3,0

In Klammern sind die Grenzwerte angegeben

Zusammenfassung:

Hämatologische Untersuchungen bei Huftieren im Zoo Łódź

Es wird über die Ergebnisse hämatologischer Untersuchungen bei Huftieren aus dem Zoologischen Garten Łódź berichtet. Dabei finden die Hämoglobinwerte, die Erythrozyten- und Leukozytenzahlen sowie die Leukogramme besondere Berücksichtigung.

Summary:

Hematological Examinations in Hoofed Animals in the Zoo of Łódź

The authors report on the results of hematological examinations carried through in hoofed animals from the Zoological Garden of Łódź. The hemoglobin values, the number of erythrocytes and leukocytes, as well as the leukograms are particularly consedered.

Резюме:

Гематологические исследования у копытных зоопарка города Лоджа

Дается сообщение о результатах гематологических исследований у копытных из зоологического сада города Лоджа. При этом особо учитываются показатели гемоглобина, эритроцитов, лейкоцитов и лейкограмм.

Literatur:

SOSNOWSKI, A. (1972): Morphologische Blutuntersuchungen bei den Kamelen der Neuen und Alten Welt. Medycyna weterynaryjna 28, 292-295.

Anschrift der Verfasser: Dr. A. Sosnowski
Ogród Zoologiczny
ul. Konstantynowska 8/10
94 - 303 Łódź (VR Polen)

Aus der Sektion Tierproduktion und Veterinärmedizin der Karl-Marx-Universität Leipzig, Fachgruppe Reproduktion landwirtschaftlicher Nutztiere (Leiter: OVR Prof.Dr.sc.med.vet. K. W o h a n k a), Fachgruppe Veterinärpathologie (komm. Leiter: Dr.sc.med.vet. U. J o h a n n s e n) und dem Zoologischen Garten Leipzig (Direktor: Dr. S. S e i f e r t)

PANSENAZIDOSE UND PANSENALKALOSE BEI ZOOWIEDERKÄUERN

Von K. E l z e , Gisela K r i s c h e , K. E u l e n b e r g e r
und K.-F. S c h ü p p e l

Störungen der Verdauungsorgane der Wiederkäuer, insbesondere aber alimentär bedingte Störungen der Vormägenfunktion, zählen zu den häufigsten Erkrankungen dieser Tiergruppe. Ausgangspunkt ihrer Pathogenese ist dabei bereits eine Störung der pH-Regulation der Vormägen. Wir haben in Anlehnung an R o s s o w und S c h u l z (1975) folgende Erkrankungen zu unterscheiden:

1. akute Pansenazidose (akute oder dekompensierte metabolische Azidose)
   - leichte Form
   - mittelgradige Form
   - schwere Form
2. chronische Pansenazidose (subklinische oder kompensierte metabolische Azidose)
3. Pansenalkalose

Weitere, bei Zoowiederkäuern ebenfalls gelegentlich zu beobachtende Erkrankungen dieser Komplexe sind:

- die faulige Zersetzung des Panseninhaltes und
- die primär alimentär bedingten Tympanien (G ü r t l e r , 1966).

Pansenazidosen, aber auch -alkalosen konnten wir in den früheren Jahren relativ häufig beobachten und durch zielgerichtete, wiederkäuergerechte Fütterung in den letzten Jahren erfolgreich zurückdrängen. Unserer Meinung nach verdienen sie insbesondere wegen ihres meist subklinischen Verlaufes große Beachtung. Sie bleiben vom Tierpflegepersonal relativ lange unbemerkt und bereiten zweifellos auch diagnostisch dem Kliniker und Pathologen Schwierigkeiten. Es erscheint aus diesem Grunde angezeigt, einige unserer vorwiegend klinischen Erfahrungen der letzten Jahre zur Diskussion zu stellen.

pH-Wert-Senkung wird bedingt durch:

- Angebot von Futterrationen mit zu wenig pansenmotorisch wirksamer Rohfaser (zu viel Konzentratfutter, zu wenig Rauhfutter ausreichender Struktur, z. B. zu viel Pellets)
- zu rasche Futterumstellungen, vor allem auf Rationen mit höheren Anteilen leichtverdaulicher Kohlenhydrate, einschließlich reichlicher Fütterung durch Besucher.

pH-Wert-Erhöhung wird bedingt durch:

- plötzliches Angebot zu eiweißreicher Futterrationen im Frühjahr
- Aufnahme größerer Mengen fauligen Laubes, Schmutzwassers und damit reichlich gramnegativer Bakterien
- Hungerperioden.

Charakteristisch ist für diesen Erkrankungskomplex, daß Störungen der Regulation des pH-Wertes in den Vormägen über längere Zeit in latenter Form bestehen können (G i e s e c k e und B a r t e l m u s , 1972; R o s s o w und E d v i , 1976). Die Tiere werden jedoch einerseits in ihrer Kondition allgemein geschwächt, z. B. auch in ihrer Resistenz gegenüber Infektionskrankheiten, und andererseits besteht eine ständige Disposition zum Ausbruch klinisch manifester Erkrankungsformen, wie es häufig nach Fütterung durch Besucher oder plötzlichen ungewöhnlichen Körperbelastungen beobachtet werden kann.

Pansenazidose

Bei der Pansenazidose handelt es sich um die häufigste alimentär bedingte Störung der Verdauungsvorgänge bei Zoowiederkäuern. Im Vordergrund steht eine Störung der pH-Regulation der Vormägen (K a u f m a n n , 1972). Rohfaserarmes und meist gleichzeitig wenig strukturiertes Futter in den Rationen bedingt

- verkürzte Wiederkauzeit
- verringerte Speichelsekretion
- Senkung des pH-Wertes bis auf 4
- Anstieg der Milchsäurebildung
- Entwicklung einer grampositiven Flora
- Hemmung der Wasserresorption.

Pathogenetisch kommt es zu einem onkotischen Gefälle von der Blutbahn zum Pansen und somit zur Dehydratation mit Hämokonzentration und, klinisch sichtbar, schrittweise zur Exsikkose. Da Zootiere ihre Krankheiten lange maskieren können, sind häufig neben Inappetenz Oligurie oder Anurie zunächst die einzig erkennbaren und sehr wesentlichen klinischen Symptome. Im weiteren Krankheitsverlauf kommt es zu Entzündungen der Schleimhaut des Pansens, des Labmagens und des Darmes und in schweren Fällen zu profusem, hämorrhagischem Durchfall. Durch die Entstehung von toxischen Aminen und Histaminen sowie B_1-Mangel kann es zu zentralnervösen Störungen und dem klinischen Bild einer verschiedengradigen Histaminintoxikation kommen.

Klinisches Bild

Die Pansenazidose beobachteten wir vermehrt sowie besonders rezidivierend bei Schafen (L i p p - m a n n , 1973), Moschusochsen, Davidshirschen, Giraffen und gelegentlich auch bei Kamelen. Im wesentlichen sind zwei Verlaufsformen abgrenzbar, die akute und die chronische Pansenazidose. Die akute Form trat besonders nach einseitiger Aufnahme oder Verabreichung großer Mengen leichtverdaulicher Kohlenhydrate auf. Je nach der Höhe der Milchsäurekonzentration (pH 5,5 - 3,8) zeigt sich klinisch ein leicht-, mittel- oder höhergradiger Verlauf. In letzterem Falle kommt es über die Hyperazidität des Panseninhaltes zur metabolischen Azidose mit schweren Stoffwechselstörungen (D i r k s e n , 1965; L i p p m a n n , 1968; F o r e n b a c h e r , 1970).
Bei leichten Verlaufsformen beginnt die Erkrankung mit dem Absetzen von klebrigem bis pastösem Kot und verminderter Futteraufnahme. Die Tiere nehmen wenig Wasser auf, setzen wenig oder über längere Zeit bei geringem Stallzwang keinen Harn ab. Sie bewegen sich nicht viel, zeigen Apathie, Stöhnen und Zähneknirschen, Muskelzittern und steifen Gang. Giraffen haben stets einen betont steifen Gang oder sogar eine leicht sägebockartige Stellung. Bei schweren Verlaufsformen, wie wir sie speziell bei zwei Davidshirschen und einem Okapi feststellen mußten, kommt es beim Fortschreiten der Erkrankung zum völligen Sistieren des Wiederkauens und der Pansenmotorik, wäßrigen Durchfall, zu starker Rötung der Konjunktiven, zur Erhöhung der Pulsfrequenz, zu geringgradiger Tympanie, sowie zum Abfall der Körpertemperatur, Niederstürzen, Kreislaufniederbruch und Koma.

Das klinische Bild zeigte sich bei drei schweren Verlaufsformen folgendermaßen:

O k a p i :
Inappetenz, keine Wasseraufnahme, verändertes, leicht schreckhaftes Verhalten, Apathie, steifer Gang und leichte Sägebockstellung, Zähneknirschen, zeitweise leichte Salivation, kolikartige Anfälle mit Harndrang, Muskelzittern, Aufstellen des Haarkleides, Absatz von kleinen Mengen klebrigen Kotes, starke Rötung der Konjunktiven, starke Injektion der Skleralgefäße, Niederstürzen, Schlagen mit den Hinterbeinen, Koma.

D a v i d s h i r s c h e :
Die Tiere wurden früh in komatösem Zustand festliegend im Stall vorgefunden, Herzfrequenz 150 Schläge pro Minute, dunkelrot gefärbte Konjunktiven, stark injizierte Skleralgefäße, leichtgradige Tympanie vom Typ der kleinschaumigen Gärung, Blut- und Fibrinausscheidungen in dünnflüssigem Kot, abgefallene Körpertemperatur, Kreislaufniederbruch.

Bei der chronischen Pansenazidose oder kompensierten metabolischen Azidose liegt ein subklinischer Zustand der Pansenazidose nach langsamer Gewöhnung der Pansenflora an Futterrationen mit einem zu hohen Anteil leichtverdaulicher Kohlenhydrate vor (R o s s o w und E d v i , 1976). Grundsätzlich haben wir es mit den gleichen Hauptsymptomen zu tun, der Grad ist nur wesentlich geringer und der Krankheitsverlauf dadurch bedingt protrahierter. Wir konnten diese subklinischen Erscheinungen bei Schafen, Hirschen, Wisenten, Kamelen sowie besonders Moschusochsen und Giraffen beobachten.
Im Vordergrund standen Inappetenz, geringgradige Tympanie, anfangs Kotverhalten, bald danach Absetzen von pastösem Kot, Sistieren der Vormägenmotorik, Muskelzittern und klammer Gang. Im Beobachtungszeitraum von 18 Jahren (1960-1977) wurden allein in der Giraffengruppe 29 Erkran-

kungsfälle beobachtet, die nach dem klinischen Bild als subakut bis chronisch verlaufende Azidose angesprochen werden mußten. Vorwiegend lagen die Erkrankungen in den Wintermonaten. Nur in einem Falle war eine gravide Giraffenkuh erkrankt, ingravide Kühe sechsmal, ein einjähriges Jungtier viermal, zwei halbwüchsige Tiere je einmal, Giraffenbullen sechzehnmal. Daraus ist ersichtlich, daß Tiere mit einer geringeren Leistungsbeanspruchung und Bullen disponierter sind. Bis auf einen leichtgradig verlaufenden Erkrankungsfall bei einem 0,1 ingraviden adulten Tier im Jahre 1977 lagen alle übrigen Erkrankungsfälle im Zeitraum bis 1974. Wir möchten daraus schlußfolgern, daß durch eine Veränderung der Futterrationen im Jahre 1975 eine Senkung der Morbiditätsrate erzielt wurde.

Sektionsbefunde

Bei den zur Sektion gelangten Kamelen, Davidshirschen, Rindern, Schafen und einem Okapi, die an einer akuten Acidosis ingestae ruminis verendet waren, wurden am Herzen umfangreiche subepi- und subendokardiale Blutungen und eine mürbe Konsistenz der Herzmuskulatur festgestellt. Leber und Nieren waren leicht geschwollen und von mürber Beschaffenheit. Die Milz wies häufig starke subseröse Blutungen auf. Die Harnblase war meist gut gefüllt, bei dem zerlegten Okapi enthielt sie etwa vier Liter Harn. Oft war die Blasenschleimhaut stark diffus gerötet, und bei einem Teil der Fälle waren umfangreiche Schleimhautblutungen zu beobachten.
Die charakteristischsten makroskopischen Veränderungen wurden am Magen-Darmkanal gefunden. Der Pansen und der Labmagen waren stark mit einem suppigen, trüben, grüngrauen, rohfaserarmen Brei gefüllt. An der Pansen- und Labmagenschleimhaut fiel eine diffuse Hyperämie auf, die besonders massiv an der Labmagenschleimhaut zu beobachten und dort auch oft von Blutungen begleitet war. Die Pansenzotten wiesen ödematöse Schwellungen und leichte schleimige Exsudatauflagerungen auf. Besonders in den vorderen Dünndarmabschnitten lag eine akute Enteritis vor, während im Enddarm die Schleimhaut häufig unverändert erschien und bei einigen Tieren auch noch geformter Inhalt im Rektum festzustellen war.
Durch die histologische Organuntersuchung ermittelten wir an der Pansenschleimhaut Epithelnekrosen, Ödematisierungen und Zellinfiltrationen in der Submukosa. In der Leber waren irregulär auftretende fein- bis grobtropfige Verfettungen zu finden.
Diese beschriebenen Veränderungen konnten nur bei frischtot obduzierten Tieren nachgewiesen werden, da die Autolyse insbesondere der Magen-Darmschleimhäute rasch voranschreitet und dann die genannten Veränderungen durch Schleimhautablösungen und Zersetzungen nicht mehr zu erkennen sind. Als eine wertvolle diagnostische Maßnahme erwies sich die Bestimmung des pH-Wertes vom Pansensaft, der bei der Pansenazidose immer zwischen pH 4,0 und 4,5 lag.

Pansenalkalose

Die Pansenalkalose treffen wir bei Zootieren besonders nach Transporten in der Eingewöhnungszeit, im Frühjahr nach Beginn der Grünfutterperiode, bei Aufnahme von Schmutz oder Sand über Futtermittel, aus Pfützen oder vom Gehegeboden an. Es kommt in diesen Situationen zu einer verminderten Produktion von Fettsäuren und somit zu einer Erhöhung des pH-Wertes im Pansen. Eine Zunahme von B. proteus und E. coli in der Magenflora begünstigt im weiteren Verlaufe Fäulnisprozesse und die Entstehung einer Gastroenteritis mit Durchfall. Im allgemeinen zeigen die Tiere anfänglich nur geringgradige Depressionen der Verdauung durch verringerte Futteraufnahme. Bald stehen hochgradige Indigestionen mit ersten Intoxikationszeichen im Vordergrund. Vereinzelt haben die Tiere leichte, rezidivierende Tympanien infolge einer kleinschaumigen Durchmischungsgärung, wie wir sie besonders bei Rentieren und Rehen beobachten konnten. Der meist ausgeprägte Durchfall mit wäßrig, stinkendem Kot, der bereits relativ früh einsetzt, sowie die erwähnten Tympanien können adspektorisch differentialdiagnostisch zur Abgrenzung gegenüber der Pansenazidose in Verbindung mit dem Vorbericht, der Tierart und den Futterrationen für die klinische Diagnose genutzt werden. Bei den Tieren, bei denen dies möglich ist, ergibt die Untersuchung einer kleinen Probe von Pansensaft schnell die Diagnose. Pansensaft: grauschwarz, wäßrig, fauliger Geruch, pH-Wert 7,6 - 8,6; wenig Infusorien mit geringer Beweglichkeit, zahlreiche E. coli und B. proteus nachweisbar.

Prophylaxe und Therapie

Die Bekämpfung der Pansenazidose und der Pansenalkalose muß schwerpunktmäßig in der Prophylaxe liegen. Da beide Erkrankungen primär durch Mängel in der Fütterung bedingt sind, haben die vorbeugenden Maßnahmen bei dieser zu beginnen. Im Vordergrund steht die Verabreichung wiederkäuergerechter Futterrationen und ihre Aufnahme durch die Tiere. Zusammensetzung und Gehalt der angebotenen Rationen und Mahlzeiten, insbesondere der Anteil an Grob- und Konzentratfutter bezogen auf die Trockensubstanz, entscheiden über den verdauungsphysiologischen Wert des Futters und den Ablauf der Vormagenfunktionen. Sie sind als wiederkäuergerecht anzusehen, wenn sie einen ausreichenden Gehalt an Rohfaser, d. h. mindestens 18 - 20 % aufweisen. Wenigstens zwei Drittel müssen als "pansenmotorisch wirksame Rohfaser" vorliegen (S c h ä f e r und R o s s o w , 1975), deren faserhaltige Struktur ausreichen muß, das schwammartige Netzgeflecht des Panseninhaltes aufrechtzuerhalten. Nicht mehr als Strukturfutter wirken gemahlenes oder feingehäckseltes Grobfutter mit Teilchenlängen < 10 mm; Partikel < 7 mm lösen keine Wiederkaufunktion mehr aus (P i a t k o w s k i und K o r i a t h , 1970). Das zu fein aufbereitete Rauhfutter unterliegt leicht einem bakteriellen Abbau und wirkt wie niedermolekulare Kohlenhydrate. Hierin sind auch auf der einen Seite die Grenzen beim Einsatz von Pellets und Preßlingen, von Kraftfutter, Gemüse und Obst, auf der anderen Seite die große Bedeutung der ausreichenden Versorgung mit qualitätsgerechtem Rauhfutter, insbesondere gutem Heu, das ständige Angebot und die gesicherte Aufnahme, zu sehen.

Für die Beurteilung einer Ration nach verdauungsphysiologischen Gesichtspunkten kann eine Futterberechnung Hilfe leisten. Besonders eignet sich hierfür das in der DDR entwickelte und seit 1972 eingeführte "DDR-Futterbewertungssystem" auf Nettoenergie-Fett-Basis, das vor allem durch seine relativen Futterwertkenndaten Protein-Energie-Quotient (PEQ), Energiekonzentration (EK), Verdaulichkeit der Energie (VE) und Rohfaseranteil (RFA) die Möglichkeit bietet, auch eine Zoowiederkäuerration in ihrem verdauungsphysiologischen Wert einzuschätzen, selbst wenn der Nähr-, Mineral- und Wirkstoffbedarf der meisten Zootiere noch nicht ausreichend bekannt sind. Besonders für die Beurteilung der physikalischen Struktur als wichtiger Einflußgröße zur Gewährleistung normaler Pansenfunktionen eignet sich der Rohfasergehalt in der Trockensubstanz, der in enger Beziehung zur Verdaulichkeit der Energie steht.
Die Nachberechnung einer beim Okapi eingesetzten Futterration (und weithin in etwa empfohlenen) verdeutlicht die Problematik.
Die Ration bestand (im Oktober 1962) aus:

2200 g Quetschhafer
415 g Sojaextraktionsschrot
55 g Futterhefe
83 g Standardmineralstoffgemisch für Rinder
500 g Haferflocken (als Suppe)
4100 g Gemüse
500 g Äpfel
1500 g Bananen
zirka 1500 g Luzerneheu und getrocknetes Robinienlaub.

Die relativen Futterwertkenndaten dieser Ration weist die nachfolgende Übersicht aus:

Übersicht 1: Relative Futterwertkenndaten der Ration eines Okapis im Leipziger Zoo im Vergleich zum Bedarf der Milchkuh

	PEQ	EK	VE	RFA
Okapi	190	635	73	170
Milchkuh, Erhaltung	100	400	55-60	über 270
Milchkuh 25 kg Milch, 4 % Fett	180	570	70	180

Die Ration ist als eiweiß- und energiereich, leicht verdaulich und rohfaserarm einzuschätzen, wobei vor allem der Mangel an Strukturfutter bedenklich ist. Nur 25 % der Trockensubstanz entstammen dem Grobfutter (Grünfutter und Konservate, einschließlich Laub), 75 % hingegen dem Konzentratfutter (Kraftfutter, Gemüse, Obst). Sein Anteil ist zu hoch und bedingt die hohe Verdaulichkeit und Energiekonzentration sowie den geringen Gehalt an Rohfaser. Lediglich die Hälfte der Rohfaser ist als "pansenmotorisch wirksam" anzusprechen. Auch die heikleren Pfleglinge unter den Zoowiederkäuern müssen durch sinnvolle Maßnahmen der Fütterungstechnik veranlaßt werden, ausreichend Grobfutter aufzunehmen. Durch den Einsatz von Trockengrünhäcksel läßt sich zum Beispiel

eine wesentliche Verbesserung erzielen. Eine Verschiebung des Anteiles von Grobfutter zu Konzentratfutter, gemessen an der Trockensubstanz, auf wenigstens 40 % : 60 % (statt 25 % : 75 % in der berechneten Ration) würde den verdauungsphysiologischen wert wesentlich erhöhen: der Rohfaseranteil steigt auf 210, die Verdaulichkeit der Energie sinkt auf 69, desgleichen die Energiekonzentration auf 595.
In der Fütterung der Giraffen wurde durch die bewußte Erhöhung des Anteiles an Grobfutter unter anderem durch den Einsatz von Luzernehäcksel diese beabsichtigte wiederkäuergerechtere Zusammensetzung der Ration erreicht (vgl. P i a t k o w s k i und K o r i a t h , 1971), wie aus Übersicht 2 hervorgeht.

Übersicht 2: Relative Futterwertkenndaten von Futterrationen für Giraffen im Zoo Leipzig

Fütterungszeitpunkt	Anteil des Grobfutters in % d. TS	PEQ	EK	VE	RFA
Februar 1962	31.7	193	599	72	156
Februar 1976	56.9	208	547	65	207

Der hohe Protein-Energie-Quotient sowohl in der Giraffen- als auch in der Okapifütterung ist Ausdruck für den angestrebten höheren Eiweißgehalt des Futters entsprechend den Gegebenheiten der natürlichen Äsungsverhältnisse beider Arten, aus denen sich auch der besondere Wert der Luzerne, insbesondere ihres Heues, für die Fütterung ergibt.

Im Rahmen der Prophylaxe von Pansenazidosen und -alkalosen bei Zoowiederkäuern sind zur Erhaltung optimaler pansenphysiologischer Verhältnisse fütterungstechnisch folgende Grundbedingungen zu sichern:

- ein ausreichender Anteil an Rohfaser (mindestens 18 - 20 %) in der Ration
- wenigstens zwei Drittel "pansenmotorisch wirksame Rohfaser" sind über Grobfutter mit Teilchenlängen > 10 mm zu decken
- Fütterungsorganisation und -technologie sind auf eine ausgewogene Zusammensetzung der einzelnen Mahlzeiten durch gleichmäßiges Angebot von Grob- und Konzentratfutter auszurichten
- eine Einschränkung des Auswahlvermögens der Tiere ist dort angezeigt, wo Grobfutter weniger gern aufgenommen wird
- ein notwendiger Futterwechsel hat langsam mit Übergang zu erfolgen, insbesondere bei Übergängen zu kohlenhydratreicheren und leichter verdaulichen Futtermitteln sowie beim Wechsel von der Winter- zur Sommerfütterung und umgekehrt
- kurzfristige Schwankungen, sogenannte Futtermittelschübe, sind generell, aber insbesondere bei kohlenhydratreichen Futtermitteln, strengstens zu vermeiden
- soweit wie möglich ist individuelle Fütterung anzustreben, besonders bei leistungsheterogen zusammengesetzten Gruppen
- die an besucherreichen Tagen meist nicht zu vermeidende zusätzliche Futteraufnahme, vor allem an leichtverdaulichen Kohlenhydraten, ist einzukalkulieren, am besten Entzug des Kraftfutters.

Therapiemöglichkeiten bei der Pansenazidose:

- Umstellung der Futterrationen (Sicherung eines Rohfaseranteiles von wenigstens 18 %)
- orale Gaben von hohen Dosen (2 - 10 g) Oxytetrazyklin oder Streptomyzin in den Pansen (so früh wie irgend möglich)
- Übertragung von Pansensaft gesunder Tiere
- orale Gabe von 20,0 - 300,0 g Kalziumkarbonat
- orale Gabe von Carbo medicinalis oder Huminsäurepräparaten
- orale Gabe von 3,0 g - 50,0 g Na_2SO_4
- Auffüllung des Blutkreislaufes durch isotonische Lösungen (1,1%ige Natriumbikarbonatlösung oder physiologische Kochsalzlösung und/oder 10-20%ige Invertzuckerlösung mit Methionin und Vitamin B_1)
- notfalls Ausräumung des Pansens über Rumenotomie
- Antihistaminika parenteral

bei der Pansenalkalose:

- Prüfung und gegebenenfalls Umstellung der Futterrationen (Reduzieren eines zu hohen Eiweiß- oder Amidgehaltes)
- Übertragung von Pansensaft gesunder Tiere
- orale Gabe von 0,5 - 15 Liter 5-8%igem Essig
- orale Verabreichung von 50-300 g Na_2SO_4 (Glaubersalz)
- orale Gabe von 2-10 g Oxytetrazyklin oder Streptomyzin oder Neomyzin
- orale Gabe von natriumpropionathaltigen Präparaten
- orale Gabe von Leinsamenschleim
- orale Gabe von Reisschleim
- soweit möglich intravenöse oder intraabdominale Infusion von 10-20%iger Glukoselösung mit Methionin
- Rumenotomie und Ausräumung des Pansens als ultima ratio.

Zusammenfassung:

Pansenazidose und Pansenalkalose bei Zoowiederkäuern

Die häufigsten alimentär bedingten Verdauungsstörungen bei Zoowiederkäuern sind die Pansenazidose und die Pansenalkalose. Besonders anfällig sind Moschusochsen, Davidshirsche, Lang- wie Kurzhalsgiraffen sowie auch Rentiere. Klinische Bilder der Pansenazidose und -alkalose einiger Zoowiederkäuer werden dargelegt und Möglichkeiten der Prophylaxe und Therapie aufgezeigt.

Summary:

Rumen Acidosis and Rumen Alkalosis in Ruminants Kept in Zoological Gardens

Acidosis and alkalosis of the rumen constitute the most frequent alimentarily induced digestive disturbances in ruminants in zoological gardens. Ox, David's deer, long-neck giraffes and short-neck giraffes, as well as reindeer were found to be particularly sensitive. The clinical pictures of rumen acidosis and rumen alkalosis of some ruminants in zoological gardens are described, demonstrating some possibilities of prevention and therapy.

Résumé:

Acidose et alcalose de la panse chez des ruminants en captivité

Les troubles digestifs les plus fréquents et engendrés par le régime alimentaire sont, chez les ruminants en captivité, l'acidose et l'alcalose de la panse. En souffrent tout particulièrement les ovibos, les cerfs de David, les giraffes au cou long et court ainsi que les rennes. Le rapport présente les symptômes cliniques de l'acidose et de l'alcalose de plusieurs animaux en claustration et signale les moyens préventifs et thérapeutiques mis en oeuvre.

Резюме:

Панзенацидоз и панзеналкалоз жвачных зоологических садов.

Часто встречающееся алиментарные нарушения переваривания у жвачных животных является панзенацидоз и панзеналкалоз. Особенно чувствительны муксусные волы, давыдовые олени, длинно- и короткошеее жирафы и олени. Описывается клиническая картина панзенацидоза и панзеналкалоза некоторых жвачных зоологических садов, предлагаются терапевтические и профилактические возможности.

Literatur:

AUTORENKOLLEKTIV (1972): Das DDR-Futterbewertungssystem, 2. Aufl. Berlin: VEB Deutscher Landwirtschaftsverlag.

DIRKSEN, G. (1965): Über die Pansenazidose. Vet. Med. Nachr. 2, 79-108.

FORENBACHER, S. (1970): Ernährungsbedingte Stoffwechselstörungen in Rindermastbeständen. Zbl. Vet. Med. B 17, 219.

GIESECKE, D. und G. BARTELMUS (1972): Ernährungsphysiologische und biochemische Faktoren bei der latenten und subakuten Pansenazidose. Tierärztl.Umschau 27, 371-374.

GÜRTLER, H. (1966): Zur Frage der Entstehung und Vorbeuge der Tympanie mit schaumiger Durchmischung des Panseninhaltes. Mh. Vet. Med. 21, 632-636.

KAUFMANN, W. (1972): Über die Regulierung des pH-Wertes im Hauben-Pansenraum der Wiederkäuer. Tierärztl. Umschau 27, 324-328.

LIPPMANN, R. (1968): Alimentäre Indigestionen als Herdenkrankheiten bei Schafen. Mh. Vet. Med. 23, 700-706.

LIPPMANN, R. (1973): Hinweise zur Bekämpfung der Pansenazidose in industriemäßig produzierenden Lämmermastbetrieben. Mh. Vet. Med. 28, 900-904.

PIATKOWSKI, B. und G. KORIATH (1970): Einfluß von künstlich getrocknetem Klee in gehäckselter und gepreßter Form auf die Verdaulichkeit, Pansensaftzusammensetzung, Verzehrsgeschwindigkeit und Milchleistung in Versuchen an Kühen. Arch.Tierzucht 13, 123.

PIATKOWSKI, B. und G. KORIATH (1971): Einfluß von Luzerne unterschiedlicher physikalischer Form auf die Futteraufnahme, Pansensaftzusammensetzung, Verdaulichkeit und Milchproduktion. Arch. f. Tierernährung 21, 241.

ROSSOW, N. und J. A. SCHULZ (1975): Alimentär bedingte Verdauungsdepressionen und Erkrankungen des Verdauungsapparates. - In: Lehrbuch der Rinderkrankheiten, Bd. II, Hrsg.Schulz, J.A. und N. Rossow, Leipzig: Hirzel.

ROSSOW, N. und P. EDVI (1976): Die latente alimentäre metabolische Azidose des Wiederkäuers. Mh. Vet. Med. 31, 226-230.

SCHÄFER, M. und N. ROSSOW (1975): Organisierte Prophylaxe von Ernährungsschäden und Stoffwechselkrankheiten. - In: Sicherung der Tiergesundheit in der industriemäßigen Milchproduktion. Hrsg. Rössw, N., Teickner, R. und F. Wolter, Jena: Fischer.

Anschrift der Verfasser: VR Prof. Dr. sc. med. vet. K. E l z e
701 Leipzig, Margarete-Blank-Str. 8 (DDR)

From San Diego Zoo (Director: Charles L. Bieler)

MUSCULAR DYSTROPHY IN UNGULATES AT THE SAN DIEGO ZOO AND SAN DIEGO WILD ANIMAL PARK

By Lynn A. Griner

The term muscular dystrophy, as used in human and animal pathology, has several connotations that are poorly understood and are frequently confusing to the comparative pathologist. In man there are several well known clinical syndromes that are pathologically indistinguishable. They rarely, if ever, occur in animals. Several clinical dystrophic syndromes of striated muscle and smooth muscles are likewise recognized in veterinary medicine. The histological changes observed in all of these muscular dystrophies are not distinctive, and the basic lesions are believed to be due to congenital or induced defective metabolic processes in the muscle fibers. This paper will concern itself with 2 clinically recognized forms of muscular dystrophy in captive zoo animals; white muscle disease (WMD), and capture myopathy (CM).

A review of 1964 through 1977 Zoo pathology records, reveals that both WMD and CM were diagnosed at necropsy in ungulates at the San Diego Zoo and San Diego Wild Animal Park. The diagnosis of white muscle disease was generally reserved for animals less than 6 months of age, which had no known history of unusual exertions. The other myopathies have been listed as capture myopathy. These two syndromes were diagnosed in 50 of 1488 Artiodactyla, and in 6 of 94 Perissodactyla necropsied.

White muscle disease: The syndrome, white muscle disease, has also been referred to as stiff lamb disease, nutritional myopathy, enzootic muscular dystrophy, fish flesh and enzootic myositis. White muscle disease was originally described as a disease of lambs (Metzger and Hagan, 1927; Muth, 1955) and calves (Vawter and Records, 1947), and was later reported in turkey poults (Scott et al., 1967), and ducklings (Pappenheimer and Goettsch, 1934). The disease usually occurs in lambs and calves up to approximately 6 months of age. The highest incidence has been reported to be in animals up to 2 months of age, with a few cases occurring in utero (Jubb and Kennedy, 1963).

Histologically WMD in mammals and birds is characterized by degeneration, necrosis and fibrosis of voluntary and involuntary striated muscles. In fowls similar lesions have been described in the smooth muscles of the ventriculus and intestines (Pappenheimer and Goettsch, 1934)

At the San Diego Zoo, white muscle disease was diagnosed in 21 Artiodactyla of 15 species. Ages of the affected animals range from 1 day to an estimated 6 months. These cases have been placed in 4 age categories .. 1 to 30 days, 31 to 60 days, 61 to 90 days and 91 to 180 days (Table 1). It is possible that the Grant's gazelle and Persian gazelle, listed in the 91 to 180 day group in Table 1, may have been cases of capture myopathy. However, there was no history of unusual stress or exertion. Thirteen of the cases of WMD occurred in animals 1 to 30 days of age. The youngest included a 1-day old addax, a 2-day old kob and Altai elk. The latter animal was taken by Caesarean section. Most of the animals with WMD had a clinical history of stiffness, lameness or paresis. Occasionally, when in larger groups of animals, clinical signs were not observable before the animal was found dead. Blood chemistry studies were not made on any of the affected animals.

At necropsy, pale or chalky-white streaks were noted in the skeletal muscles, with the group of large medial and posterior thigh muscles being the more frequently involved. Lesions were also found in the pectoral, scapular, abdominal, intercostal and other striated muscles, occasionally including the diaphragm. The heart was pale on one or 2 occasions, but specific gross lesions

Table 1: SPECIES AND AGE OCCURRENCE OF WHITE MUSCLE DISEASE IN 21 ARTIODACTYLA AT SAN DIEGO ZOO AND SAN DIEGO WILD ANIMAL PARK

SPECIES	SEX		AGE IN DAYS				COMMENTS
	M	F	1-30	31-60	61-90	91-180	
Altai elk		1	1				2 days of age
Pronghorn		1	1				
Baringo giraffe		1	1				5 days of age
Grant's gazelle	3	1	1	1	1	1	1 may be CM
Kob	2		2				4 and 2 days of age
Nilgai	1		1				
Greater kudu	1				1		
Impala		1	1				
S.Afr.sable	1	1	1		1		
Springbok		1	1				
Dama gazelle	1		1				
Scimitar-horn.oryx		1		1			
Persian gazelle	2			1		1	1 may be CM
Addax		1	1				1 day of age
Blackbuck		1	1				2 weeks of age
Total	11	10	13	3	3	2	

were not observed. Histopathologically, the lesions observed in these animals have varied from a loss of cross-striation, with fragmentation and hyaline degeneration of muscle fibers, to dystrophic calcification, complete necrosis of muscle fibers, and some repair by connective tissue proliferation. All stages of muscle degeneration and repair were seen in most of the fatal cases. In some muscles only a few fibers were involved, while in other cases only an occasional small fiber containing cross-striations, remained, in an otherwise degenerated muscle bundle. Dystrophic calcification was usually present in the degenerated muscle. A common histopathologic finding in cases of longer duration was the proliferation of sarcolemmal cells and endomysial cells, resulting in the formation of bizarre syncytial nuclei. Macrophages, a few lymphocytes and occasional polymorphonuclear leukocytes were found in the more advanced lesions. Focal hyaline degeneration and loss of striation were observed in the myocardium of 4 of the animals and dystrophic calcification of myocardial fibers was seen in one animal.

Discussion: It is commonly accepted that WMD is caused by deficiency of vitamin E and/or selenium. This concept is supported by the fact that prophylactic use of selenium has been successful in preventing or suppressing the disease incidence under experimental conditions (Muth , 1955). Undue exertion has been thought to be a precipitating but not essential factor in the development of the disease (Metzger and Hagau , 1927); however, fatal cases have occurred in stabled young animals. Induced vitamin E deficiency causes degeneration and necrosis of skeletal and cardiac muscles in a wide variety of mammals and fowls, testicular degeneration, and axonal degeneration in the central nervous system in dogs, rats and chickens. The function of vitamin E at the molecular level, is not understood, but there appears to be a physiological link between sulphur-containing amino acids and vitamin E and selenium. To further complicate our lack of understanding of the role of selenium and vitamin E, are the reports that deficiencies are induced or enhanced by feeding silver, copper, zinc, or polychlorinated biphenyls, to ducklings (van Fleet , 1977). It was recently reported that the addition of tellurium to a diet adequate in selenium and vitamin E, produced lesions in ducklings indistinguishable from those resulting from a deficiency of selenium and vitamin E. It was further shown that the addition of extra selenium prevented the development of the myopathies (v a n F l e e t , 1977). It therefore appears that a number of compounds are capable of inducing a deficiency of selenium; however, the mechanisms by which these compounds induce the deficiency, remains unexplained. Selenium and vitamin E are believed to have a biochemical role in maintaining and protecting cellular membranes from damage by lipoperoxidation. This may be accomplished by the anti-oxidant role of vitamin E and the fact that selenium is an integral part of the enzyme glutathione peroxidase, which destroys lipoperoxides. The biochemical interaction of the compounds and enzymes systems capable of causing white muscle disease, still remains unexplained. There is, however, sufficient evidence to justify a continued supplementation of animal diets with selenium and vitamin E as a prophylactic measure.

Capture myopathy: The principal hazard associated with the capture and transport of wild animals has been the loss from capture myopathy (CM). It occurs in newly-captured animals following physical exertion considerably greater than that of normal daily activity (H a r t h o o r n , 1973). Capture myopathy or rhabdomyolysis, an aseptic degeneration and necrosis of striated muscle, has also been referred to as overstraining disease, muscular degeneration, muscle necrosis, white muscle disease, stress myopathy, idiopathic muscle necrosis, paralytic myoglobinuria in animals, and exertional rhabdomyolysis, exercise myositis, stress myositis and march hemoglobinuria in man. Capture myopathy has been reported in many species of African wild ungulates (B a s s o n and H o f m e y r , 1973; Y o u n g , 1972), North American wild Artiodactyla (H a i g h et al., 1977; L e w i s et al., 1977, W o b e s e r et al., 1976), sub-human primates (S i e b o l d et al., 1971), and flamingoes (Y o u n g , 1967). Exertion rhabdomyolysis in military trainees is a syndrome similar to capture myopathy in animals (D e m o s et al., 1974; G e l l e r , 1974). In wild animals CM is clinically characterized by a variety of consistent and inconsistent signs which include muscular tremors and stiffness, progressive lameness, reluctance to move, weakness, paresis, progressive depression and occasionally myoglobinuria. Elevations of serum SGOT, SGPT, CPK, glucose and creatinine, were reported (C h a l m e r s and B a r r e t t , 1977). The morbidity seems to be related to the condition of the animal, and the degree and duration of the forced exertion. The morbidity rate among captured animals is variable, with a high rate occurring after a prolonged chase. The mortality rate in affected animals is high. The disease course may be acute, sub-acute or chronic, with death occurring within 10 hours, one to 2 days, or up to one month, respectively. Morphologic changes in striated muscle were described for acute exertion rhabdomyolysis in man (G e l l e r , 1974). Pathologically, CM is characterized in the acute form by acute swelling, granulation of sarcoplasm and loss of cross and vertical striations of affected muscle fibers; by loss of striation and fragmentation and dystrophic calcification of muscle fibers in the subacute stage, and by further necrosis and dystrophic mineralization of muscle fibers and accumulation and proliferation of sarcolemmal cells and fibrous connective tissue in the chronic stage. Chronic CM is indistinguishable from white muscle disease by light microscopy.

Capture myopathy was diagnosed at the San Diego Zoo pathology laboratory, in 35 ungulates ,. 29 Artiodactyla and 6 Perissodactyla. All of the Perissodactyla were zebras. The taxonomic distribution, sex, stage of the disease at the time of death, and contributing factors of our cases, are presented in Table 2.

The families of the order Artiodactyla in which the disease occurred were Bovidae .. 21 cases involving 15 species; Cervidae .. 7 cases involving 5 species; and one case in the family Antilocapridae. Since CM is a recently recognized syndrome, it is possible that some acute cases of the disease were not recognized in animals that died after having been subjected to capture or anesthetic procedures, and from which muscle tissues were not examined microscopically. Such cases were listed as possible post surgical or anesthetic shock. For this presentation, the cases of CM have been listed as acute, with death occurring within 10 hours, sub-acute, with death occurring between 10 and 48 hours, and chronic, with animals surviving longer than 48 hours following exertion. In this series of CM there were 17 acute, 5 sub-acute and 13 chronic cases. Predisposing factors that contributed to the induction of CM were of 2 major forms:

Table 2: TABULATION OF SPECIES' OCCURRENCE, SEX, DISEASE STAGE AND CONTRIBUTING FACTORS OF 35 CASES OF CAPTURE MYOPATHY AT SAN DIEGO ZOO AND SAN DIEGO WILD ANIMAL PARK

SPECIES	SEX		STAGE OF THE DISEASE			PRECIPITATING FACTORS	
	M	F	Acute	Sub-acute	Chronic	Drug, if used	Other stresses
Pronghorn	1		1			M-99	Crated for shipment
Fallow deer	1				1		Manual capture
Mule deer	2				2		Trauma,capture,transp
Reeve's muntjac		2		2			Manual capt.-crated
Sambar deer	1		1			M-99	Crated
E.Roe deer	1				1	Rompun	To remove antlers
Red lechwe	1	1	1		1	M-99	New arrivals
W.A.Bushbuck	1				1		New arrivals
Hartebeest	1	1	1		1		Crated
Impala	1				1	M-99	
Grant's gazelle	1		1				
Blackbuck	1	1		1	1		Introduced new exhibit
Banteng		1		1		M-99	Crated-shipped-DOA
Beisa oryx	1		1			Sernylan	
White-beard.gnu		1	1			Sernylan	
Anoa		2	2			M-99	Chase
Nilgai		2	1		1	M-99	Partur.-surg.-treat.
Persian gazelle		1	1			Rompun	Crated
Springbok	1				1		Unknown
E.Mouflon	1		1				Chased by herd
Himalayan tahr		2		1	1		Chase. 1 pregnant
Grevy zebra	1	1	2			M-99	Herd harrass.Manual restraint
Grant's zebra	2		1		1	1470-M-99	
Hartmann's Mt.zebra	1	1	2			M-99	Crated-treatment
Total	19	16	17	5	13		

(1) drug or manual capture for treatment or movement and (2) stress and exertion resulting from introduction of new animals into existing groups, or where incompatibility of animals occurred within a herd.

According to the clinical histories available, drugs were used in the capture and restraint of 18 of the 35 cases of CM. Immobilizing chemicals contributing to the development of CM, were M-99 in 12 cases, Sernylan in 2 cases, Rompun in 2 cases and 1470 and M-99 in one case. Clinical signs observed in the acute form of the disease were deep depression, weakness, recumbency, reluctance to move and accelerated labored respiration. Hyperthermia, with temperatures of 42°C to 43°C, was noted in 2 zebras and a roe deer. Reluctance to stand, lameness or paresis, depression and rapid respiration, were characteristic symptoms shown by the sub-acute cases. The signs exhibited by animals surviving more than 48 hours were variable, but depression, inappetence and dyspnea were the more common. Most animals showed some degree of stiffness or lameness, inability to arise, and in general were inactive.

Pronounced pulmonary congestion and edema were often the only prominent lesions observed at necropsy of animals dying in acute stages of CM. Frequently the kidneys were moderately swollen and congested, while dark red or coffeecolored urine was infrequently observed. In some of the acute cases ecchymotic hemorrhages were the only gross abnormality observed in the skeletal muscles. Death in these acute cases was believed to be due to pulmonary edema. Gross pathologic changes in the sub-acute stages of the disease were similar to those in the acute deaths; the skeletal muscles were uniformly pale or contained a few pale streaks. This was especially noted in one of the zebras. Gross lesions in the chronic stage of the disease were indistinguishable from those of white muscle disease. Pale streaks were seen in the hearts of the 2 mule deer and in the Grevy zebra with chronic CM. The cause of death in sub-acute and chronic stages is uncertain, but pulmonary edema, renal failure and a shock syndrome should be considered.

In the acute stage of CM, some of the striated muscle fibers were hyalinized due to loss of striations. Fragmentation of the fibers was seen in many sections of skeletal muscle and in such cases petechial and ecchymotic hemorrhages were often present. As the time period between exertion and death increased, the histopathologic alterations in muscle fibers progressed to necrosis and dystrophic calcification. In chronic stages of long duration, the lesions were indistinguishable by light microscopy from those found in WMD. Eosinophilic, proteinaceous material was found in the renal tubules of acute and sub-acute cases of CM. In a few instances intratubular casts, resembling hemoglobin casts, were seen. In such cases the tubular epithelium showed some signs of degeneration or necrosis.

Discussion: From studies of acute exertional rhabdomyolysis in marine recruits, it would appear that the marked elevation of CPK, SGOT, LDH, potassium and BUN, would be a diagnostic aid in suspected cases of CM (Demos et al., 1974). In the same study, a method for determining serum myoglobin levels, which were considered to be a hallmark of skeletal muscle injury, was reported (Demos et al., 1974). It is readily agreed that the biochemical and morphologic changes that have occurred in animals with CM, were induced by extreme muscle exertion when the animal was not conditioned for this degree of muscle activity. Acute and sub-acute phases of CM appear to be associated with a profound metabolic acidosis due to the liberation of lactic acid from stressed muscles into the intercellular compartment, and thence into the blood (Harthoorn, 1973). In recent years lactic acidosis has been associated with a number of disease entities in man and animals. Hyperlactatemia may be induced by a variety of situations such as carbohydrate overload of the digestive system, hyperventilation, shock, hepatic insufficiency and muscular fatigue (Moore et al., 1977).

It is believed that when muscle exertion approaches maximal levels, the muscles receive insufficient oxygen and are forced to convert to glycogen utilization for their energy source. Muscle glycogen is metabolized anaerobically and yields lactic acid. High muscle lactic acid was associated with fatigue of the musculoskeletal system (Moore et al., 1977). The liberation of lactic acid into the blood, affects the function of many organ systems but especially the cardiovascular, pulmonary and muscular systems. The heart rate is increased and the systemic blood pressure falls. Dyspnea and hyperventilation occur and the skeletal muscles become firm and stiff. Animals with acute CM become depressed and have a high pulse and respiratory rate, which leads to a decreased perfusion rate of body tissues. It is not known at this time if selenium or vitamin E levels play any role in the defective metabolic process of the muscle fibers in CM. It would be interesting to determine if supplementation of either or both nutrients would have an inhibitory or therapeutic value in CM, as they do in early cases of WMD. A series of experiments on zebras by Harthoorn (1973) led to the development of an apparently effective form of therapy. Animals with CM were infused intraveneously with 1 liter of fluid containing 1000 meq. sodium bicarbonate for each 250 kilograms of body weight. This therapy resulted in a reported 100 % recovery of treated zebras. All of the controls died. In conclusion, it remains obvious that considerable headway has been made in the study of capture myopathy. However, the pathogenesis is not completely understood.

Summary:

Muscular Dystrophy in Ungulates at the San Diego Zoo and San Diego Wild Animal Park

Two forms of myopathy, white muscle disease and capture myopathy, have been recognized in 56 ungulates at the San Diego Zoo. White muscle disease has primarily been a disease of young animals, while capture myopathy occurred in animals of all ages. Deficiencies of selenium and vitamin E are capable of causing WMD, but there is no evidence at this time that such deficiencies contribute to CM. Lactic acidosis, resulting from muscle activity, is believed to be a major cause of muscle lesions and death in CM. The metabolism of striated muscles is a complex and as yet incompletely understood process, and as a result pathogenesis of these myopathy syndromes has not been well elucidated.

Zusammenfassung:

Muskeldystrophie bei Huftieren im Zoo und im Wildpark von San Diego

Zwei Formen von Muskeldystrophie sind bei 56 Huftieren im San Diego Zoo diagnostiziert worden: die Krankheit, die im allgemeinen als "white muscle disease" bekannt ist und "capture myopathy", wahrscheinlich durch den Streß des Einfangens ausgelöst. "White muscle disease" ist hauptsächlich eine Krankheit bei jungen Tieren, während "capture myopathy" bei Tieren aller Altersklassen vorkommt. Mangel an Vitamin E und Selen können "white muscle disease" auslösen, aber es besteht kein Anlaß, solchen Mangel als Ursache der "capture myopathy" anzusehen. Die Azidose hingegen, die durch das Freiwerden von Milchsäure nach schwerer Muskelarbeit entsteht, wird als Hauptursache der Dystrophie und des Todes bei der "capture myopathy" angesehen. Der Metabolismus der Skelettmuskulatur ist kompliziert und noch nicht völlig geklärt. Aus diesem Grund ist die Pathogenese dieser Muskeldystrophien noch nicht genau bekannt.

Résumé:

Myopathie chez les ongulés du parc et du jardin zoologique de San Diego

Chez 56 ongulés, la Société Zoologique de San Diego a diagnostiqué deux formes de myopathie, une affection qui est généralement connue comme "white muscle disease" (maladie du muscle blanc) et comme "capture myopathy" (dystrophie de capture), provoquée vraisemblablement par le stress de la capture. La "maladie du muscle blanc" affecte surtout les jeunes animaux tandis que la "dystrophie de capture" affecte les animaux de tout âge. Il se peut que la carence de vitamine E et de selen provoquent la "maladie du muscle blanc" mais il n'y pas du tout lieu de croire que de telles carences puissent être la cause de la "dystrophie de capture". Par contre, l'acidosis lactique qui est le résultat d'un grand effort musculaire est considérée comme cause majeure des dystrophies musculaires et de la mort à la suite de la "dystrophie de capture". En ce qui concerne le métabolisme des muscles de l'ossature, il est compliqué, et l'on s'attend sur ce plan encore à des résultats convainquants. Voilà la raison pour laquelle la pathogénie de ces myopathies n'est pas encore connue.

Резюме:

Дистрофия мышц у копытных в зоопарке и на свободе в Сан Диего.

У 56 копытных животных взоопарке Сан Диего обнаружены 2 формы мышечной дистрофии: заболевание называемое "white muscle disease" и заболевание называемое "capture myopathy" вызываемые, по всей вероятности стессом. Первок заболевание поражает в основном молодых животных,второе заболевание встречается у животных всех возрастов. Первое заболевание вызывается по всей вероятности, недостатком витамина Е иселена, на второе недостаток указанных веществ не влияет. Причиной заболевания "capture myopathy" проявление дистрофии, смертности является ацидов,вызванный выделением молочной кислоты после тяжелой мышечной работы. Метаболизм скелетной мускулатуры сложен и не полностью раскрыт. Поэтому патогенез данной мышечной дистрофии точно не извесен.

Literature:

BARTSCH, R. C., McCONNELL, E. E., IMES, G. D. and J. M. SCHMIDT (1977): A review of Exertional Rhabdomyolysis in Wild and Domestic Animals and Man. Vet. Path. 14, 314-324.

BASSON, P. A. and J. M. HOFMEYR (1973): Fifteen mortalities associated with Wildlife Capture Operations. The Capture und Care of Wild Animals. Cape Town: Human and Rousseau, 151-171.

CHALMERS, G. A. and M. W. BARRETT (1977): Capture Myopathy in Pronghorns in Alberta, Canada. J.A.V.M.A. 171, 918-923.

DEMOS, M. A., GITIN, E. L. and L. J. KAPEN (1974): Exercise Myoglobinuria and Exertional Rhabdomyolysis. Arch. Intern Med. 143, 669-673.

GELLER, S. A. (1974): Extreme Exertion Rhabdomyolysis. A Histopathologic Study of 31 cases. Human Path. 4, 241-250.

HAIGH, J. C., STEWART, R. R., WOBESER, G. and P. S. MacWILLIAMS (1977): Capture Myopathy in a Moose. J. A. V. M. A. 171, 924-926.

HARTHOORN, A. M. (1973): Physiology and Therapy of Capture Myopathy, Second Annual Report. Pretoria: Transvaal Nature Conservation Division, 1-191.

JUBB, K. V. F. and P. C. KENNEDY (1963): Pathology of Domestic Animals. Vol.2. New York-London: Acad.Press.

LEWIS, R. J., CHALMERS, G. A. and M. W. BARRETT (1977): Capture Myopathy in Elk in Alberta, Canada. A report of 3 cases. J. A. V. M. A. 171, 927-932.

METZGER, H. J. and W. A. HAGAN (1927): Stiff Lamb Disease. Cornell Vet. 17, 35-42.

MOORE, J. N., JOHNSON, J. H., TRAVER, D. S., GARNER, H. E., COFFMAN, J. R., AMEND, J. R. and L. G. TRITSCHLER (1977): A review of Lactic Acidosis with particular reference to the Horse. J. Equine Med. Surg. 1, 96-105.

MUTH, O. H. (1955): White Muscle Disease in Oregon Lambs. J. A. V. M. A. 126, 355-361.

PAPPENHEIMER, A. M. and M. GOETTSCH (1934): Nutritional Myopathy in Ducklings. J.Exp.Med.59,35-42.

SCOTT, M. L., OLSON, G., KROOK, L. and W. R. BROWN (1967): Selenium Responsive Myopathies of Myocardium and Smooth Muscle in the Young Poult. J. Nutr. 91, 573-583.

SIEBOLD, H. R., ROBERTS, J. A. and R. H. WOLF (1971): Idiopathic Muscle Necrosis with apparent Myoglobinuria in Macaca arctoides. Lab. An. Sci. 21, 242-246.

SMITH, H. A., JONES, T. C. and R. D. HUNT (1972): Vet.Path. 4th Ed. Philadelphia: Lea and Febiger.

VAN FLEET, J. F. (1977): Protection by various Nutritional Supplements against Lesions of Selenium-Vitamin E deficiency induced in Ducklings fed Tellurium or Silver. Am. J. Vet. Res. 38, 1393-1398.

VAWTER, L. R. and E. RECORDS (1947): Muscular Dystrophy (White Muscle Disease) in young Calves. J. A. V. M. A. 110, 152-158.

WOBESER, G., BELLAMY, J. E. C., BOYSEN, B. G., MacWILLIAMS, P. S. and W. RUNGE (1976): Myopathy and Myoglobinuria in a Wild White-tailed Deer. J. A. V. M. A. 169, 971-974.

YOUNG, E. (1967): Leg Paralysis in the Greater Flamingo and Lesser Flamingo following Capture and Transportation. Int. Yr.Book 7, 226-227.

YOUNG, E. (1972): Overstraining Disease (Capture Myopathy) in the Tsessebe Damaliscus lunatus and Oribi Ourebia ourebi. Koedoe 15, 143-144.

Address of author: L. A. G r i n e r , D. V. M., Ph. D.
Zoological Society of San Diego
P. O. Box 551
San Diego, California 92112 (USA)

Aus dem Zentralinstitut für Veterinärmedizin Brno, Veterinärklinik der Fakultät (Direktor: Doz. Dr. M. H o j o v c o v á)

STRESSMYOPATHIE BEI ZEBRAS

Von J. J e d l i č k a , M. H o j o v c o v á und K. T i l ö

Eine der Hauptursachen der Verluste beim Fang und Transport von Wildtieren ist die sogenannte "Streßmyopathie". Diese Krankheit wurde bei zahlreichen afrikanischen Tierarten unter den Bezeichnungen "Capture Myopathy", "Vangspier simtrom", "Overstraining", "Odreising siekte", "White Muscle Stress Syndrome" und "Vlekspier" beschrieben. Die Tabelle 1 gibt einen Überblick über bisher vorliegende Berichte.

Tabelle 1: Bisher vorliegende Berichte über Streßmyopathien

Tierart	Autor
Kaffernbüffel (Syncerus caffer)	Van Niekerk, 1963
Hunters-Leierantilope (Damaliscus hunteri)	Jarrett et al., 1964
Kongoni (Alcelaphus buselaphus) Springbock (Antidorcas marsupialis) Bleßbock (Damaliscus dorcas phillipsi) Buntbock (Damaliscus dorcas dorcas)	Young, 1966
Elenantilope (Taurotragus oryx) Südafrikan. Spießbock (Oryx gazella) Giraffe (Giraffa camelopardalis)	Ebedes, 1969
Pferdeantilope (Hippotragus equinus) Rappenantilope (Hippotragus niger) Impala-Antilope (Aepyceros melampus) Großer Kudu (Tragelaphus strepsiceros) Nyala (Tragelaphus angasi) Steinböckchen (Raphicerus campestris) Weißbartgnu (Connochaetes taurinus) Spitzmaulnashorn (Diceros bicornis)	Basson et al., 1971
Burchellzebra (Equus quagga burchelli) Hartmann-Bergzebra (Equus zebra hartmannae)	Young and Bronkhorst, 1974
Afrikanischer Elefant (Loxodonta africana) Sassaby oder Halbmondantilope (Damaliscus lunatus) Bleichböckchen oder Oribi (Ourebia ourebi)	Young, 1972
Virginiahirsch (Odocoileus virginianus)	Wobeser at al., 1976
Primaten	Seibold et al., 1967
Vögel	Young, 1967

Nach den zitierten Autoren werden als Hauptsymptome Steifheit und abnorme Muskelfunktionen, z. B. Tortikollis, Parese bis Paralyse und die Unfähigkeit, sich auf den Beinen zu halten, festgestellt. In akuten Fällen ist eine angestrengte Atmung und Tachykardie zu beobachten. Es zeigt sich eine Myoglobinurie, so daß der Harn kaffeebraun gefärbt ist. Die Tiere sterben plötzlich unter den Symptomen einer akuten Herzschwäche.
Mikroskopisch ist eine Veränderung an den Skelettmuskeln, besonders der Extremitäten und des Rückgrates, zu beobachten. Die betroffenen Abschnitte zeigen scharfbegrenzte, helle bis graubraune und gestreifte Bezirke, oftmals mit Muskelzerreißungen und flächenförmigen Blutungen.

Dieselben Läsionen und Hämorrhagien wurden auch an der Herzmuskulatur beobachtet. In perakuten Fällen kann es subepikardial und subendokardial bereits vier Stunden nach dem Streßgeschehen zu Degenerationen der gestreiften Muskulatur kommen. Die histologische Untersuchung der Läsionen bestätigt die Degenerationen und Nekrosen mit zahlreichen Blutungen. In fortgeschrittenen Krankheitsstadien tritt eine Mineralisation der nekrotischen Muskelfasern sowie eine Sarkolemproliferation und Fibrose ein, wie sie auch bei der "Weißmuskel-Krankheit" der Haustiere gesehen wird. Die Nieren sind meist geschwollen und oft dunkelbraun gefärbt. Die Harnblase ist überwiegend mit kaffeebraun gefärbtem Harn gefüllt. Die Nebennieren sind vergrößert und mit zahlreichen Blutungen durchsetzt. Die Nebennierenrinde zeigt eine deutliche Atrophie. Eosinophile Granulozyten werden im Rindenteil und am Rand des Markes angetroffen. Die Milz und die Lymphknoten erweisen sich als relativ klein. Die Leber ist vergrößert und auffällig hell, was möglicherweise mit einer Degeneration im Zusammenhang steht. Die Lungen zeigen eine Hyperämie und ein Ödem.

Wir hatten Gelegenheit, Streßmyopathien mit perakutem und letalem Verlauf bei Zebras in Ostäquatorialafrika zu beobachten, die für Tiergärten in der Tschechoslowakei gefangen wurden. Weitere Beobachtungen konnten wir bei bereits im Tiergarten Brno eingewöhnten Zebras machen. Der erste Fall eines plötzlichen Verendens einer Grantzebrastute (Equus quagga böhmi) trat im Mai 1975 im Fanglager in Kenya ein. In der vorangegangenen Nacht kam es zu einer eindeutigen Streßsituation, die durch das Auftauchen von Raubtieren in der unmittelbaren Nähe des Lagers herrührte. Die Tiere wurden scheu und zeigten große Unruhe. Am Morgen wurde eine Zebrastute im Gehege tot aufgefunden. Makroskopisch traten deutlich Veränderungen in der Schultermuskulatur und der Muskulatur der Hinterextremitäten hervor. Die Muskulatur erwies sich als grauweiß. Die Harnblase war mit kaffeebraunem Harn gefüllt. In der Herzmuskulatur fanden sich zahlreiche Blutungen. Die Nieren waren leicht vergrößert, und die Lungen erwiesen sich als ödematös. Zwei weitere Grantzebrastuten (E. quagga böhmi) starben während des Eisenbahntransportes aus der Quarantäne von Nairobi zum Hafen von Mombasa in Kenya. Beim Ausladen aus den Waggons wurden in den Transportkisten zwei gestorbene Zebras gefunden. Bei der improvisierten Sektion im Hafengebiet wurde bei einer Stute eine Degeneration des Herzmuskels festgestellt und bei der anderen ein leichtes Lungenödem. Bei beiden Tieren wurden Leberdystrophie, Veränderungen an der Skelettmuskulatur, die an sogenanntes "gekochtes Fleisch" erinnerten, und kaffeebraun gefärbter Harn beobachtet. Die anwesenden Tierärzte hielten beide Fälle für "White Muscle Stress Syndrome".

Während des Schifftransportes der Zebras von Mombasa (Kenya) nach Hamburg über Cape Town kam es am 25. August 1975 auf offener See bei 30° südlicher Breite zu einer plötzlichen Abkühlung und Sturm. Der Schiffskapitän verbot aus Sicherheitsgründen, zwei Tage lang das Schiffsdeck, auf dem die Zebras untergebracht waren, zu betreten. Erst am dritten Tag beruhigte sich die See soweit, daß nun der Gesundheitszustand der Tiere kontrolliert werden konnte. In einer Transportkiste wurde ein gestorbener Grevyzebrahengst (Equus grevyi) gefunden. Makroskopisch zeigten sich zahlreiche Hautabschürfungen am Kopf, Hals und der rechten Schulter. Die Sektion erbrachte Hämorrhagien im Herzmuskel, geschwollene Nieren, vergrößerte Nebennieren mit zahlreichen Blutungen sowie eine leichte Gastroenteritis. Die Harnblase war mit dunkelbraunem Harn gefüllt. Gleichzeitig wurde festgestellt, daß eine weitere Grantzebrastute (E. quagga böhmi) in ihrer Transportkiste lag und nicht aufstehen konnte. Ein Versuch, sie aufzurichten, mißlang. Bei dem Tier zeigte sich eine allgemeine Paralyse, die von angestrengter Atmung und Tachykardie begleitet wurde. Der Harn war kaffeebraun gefärbt. Der Tod trat nach drei Stunden unter den Symptomen einer akuten Herzschwäche ein. Bei der Sektion wurde eine Dystrophie des Herzmuskels und schwere Veränderungen der Skelettmuskulatur festgestellt.

Am 30. August 1975 trat beim Durchfahren des 21° südlicher Breite wiederum stürmisches Wetter auf. In der Nacht löste sich an Deck der Strick, der die Transportkisten in einem kompakten Block zusammenhielt. Sogleich wurden Sicherheitsarbeiten aufgenommen, damit die einzelnen Kisten mit den Tieren sich nicht voneinander lösen, über das Deck rutschen und eventuell umstürzen konnten. Die große Zahl der bei den Sicherheitsarbeiten Beschäftigten und der durch sie verursachte Lärm rief bei den Tieren eine Streßsituation hervor. Die Tiere waren sehr unruhig und wurden scheu. Dabei sprengte ein Grevyzebrahengst (E. grevyi) mit den hinteren Extremitäten die Schiebetür der Transportkiste, und nur mit außergewöhnlicher Anstrengung gelang es, ihn wieder in die Kiste zurückzudrängen. Der Hengst wurde morgens tot in der Kiste aufgefunden. Makroskopisch wurden eine Kontusion des Fesselgelenkes und eine Rißwunde auf der linken Schulter festgestellt. Weiterhin fanden sich petechiale Blutungen entlang der Herzbasis und auf den Herzohren. Die Muskulatur längs der Wirbelsäule, der Lenden und der Schenkel hatte eine hellgraue Farbe. Der Harn wies wieder eine kaffeebraune Farbe auf.

Weitere plötzliche Todesfälle unter den Symptomen der Streßmyopathie konnten wir im Tiergarten in Brno verfolgen. Der erste Todesfall ereignete sich im Oktober 1975 unter folgenden Bedingungen: Eine Gruppe Böhmzebras wurde morgens aus dem Stall in einen Auslauf hinausgelassen, wobei eine dreijährige Stute durch die rennende Herde in die Umzäunung, die aus eisernen Röhren bestand, gestoßen wurde. Sie stand sofort wieder auf und rannte weiter hinter der Herde her, ohne sichtbare Zeichen einer Verletzung zu zeigen. Drei Stunden später trennte sie sich von der Herde und blieb steif in einer Ecke des Auslaufes mit hängendem Kopfe und beschleunigter Atmung stehen. Nach zwei weiteren Stunden trat plötzlich der Tod ein. Bei der Sektion wurden auffallende Veränderungen an der Skelettmuskulatur, besonders der Muskeln der Extremitäten, gefunden. Die Muskeln waren hell verfärbt. Der Harn war dickflüssig und kaffeebraun. Histologisch wurde eine Dystrophie der Skelett- und der Herzmuskulatur festgestellt.

Ähnlich verlief der zweite Fall. Im Januar 1976 wurde eine fünfjährige Böhmzebrastute von einem Hengst im Stall in den Unterkiefer getreten. Zwei Tage lang hielt sie sich von der Herde abgesondert, nahm kein Futter zu sich und starb unter den Anzeichen einer allgemeinen körperlichen Schwäche am dritten Tag. Der pathologisch-anatomische Befund glich dem im vorhergehenden Fall.

Ein dritter Fall wurde im Juni 1977 beobachtet. Am Morgen wurde im Stall eine dreijährige Böhmzebrastute (E. quagga böhmi) tot aufgefunden, ohne daß vorher irgendwelche Veränderungen im Gesundheitszustand bemerkt wurden. Bei der pathologischen Untersuchung wurden wieder eine hell verfärbte Skelettmuskulatur und brauner Harn sowie eine Dystrophie des Herzmuskels vorgefunden. Histologisch waren die Muskelfasern an verschiedenen Stellen nur schwach färbbar und ödematös. Im Harn wurden Glukose und Myoglobin festgestellt.

Alle verstorbenen Zebras kamen direkt aus Afrika. Die ersten beiden Tiere waren sehr scheu und wurden von den anderen Tieren in der Herde oft angegriffen. Man kann daher annehmen, daß sie dauernd von der Herde psychisch "traumatisiert" wurden. Bei der dritten gestorbenen Zebrastute gelang es dagegen nicht, eindeutig eine Streßsituation nachzuweisen.

Diskussion:

Die klinischen Symptome und pathologischen Befunde bei allen von uns untersuchten Zebras ähneln einer Erkrankung der Pferde, die unter den Bezeichnungen Myoglobinurie beziehungsweise Myoglobinaemia, Azidose, Azeturia oder Lumbago bekannt ist. Sie ist bei Pferden, die reichlich mit Kohlenhydraten gefüttert werden und keine Bewegung haben, beschrieben.
Eine andere leichtere Form, die sogenannte paralytische Myoglobinurie, ebenfalls bekannt unter der Bezeichnung Myalgie oder "Rennbahnkrankheit", zeigt sich bei Pferden nach anstrengender Arbeit oder nach dem Rennen. Die dritte Form ist bekannt unter dem Begriff "Enzootische Myoglobinurie" mit oft chronischem Verlauf und unklarer Ätiologie.
In der Literatur wurden sehr unterschiedliche Fälle dieser sogenannten enzootischen Myoglobinurie bei Zebras beschrieben. R i t t e r h a u s (1955) beschrieb als erster solche Erkrankungen mit letalem Verlauf bei 18 Monate alten Zebrastuten nach einem anstrengenden Wintermarsch. S t e h l i k (1963-64) beschrieb gleichartige Verläufe bei drei Zebras, von denen zwei tödlich endeten. In einem Fall führt er als Ursache eine Streßsituation an, die bei der Fesselung des Zebras zur Korrektion der Hufe auftrat. G ö l t e n b o t h und K l ö s (1975) berichten über drei Fälle von Myoglobinurie bei Zebras mit letalem Verlauf. Als Ursache der Erkrankung schlossen sie eine Stoffwechselstörung nach reichlicher Fütterung von Kohlenhydraten aus. Als tatsächliche Ursache vermuten sie in allen drei Fällen eine Streßsituation.
E u l e n b e r g e r et al. (1975) beschrieben das klinische Bild, die Pathogenese, die Prophylaxe und die Therapie der enzootischen Myoglobinurie bei neun Zebras, die im Zoo Leipzig erkrankten. Als Ursache der Erkrankung nehmen sie eine Stoffwechselstörung (Azidose) infolge zu starker Kohlenhydratfütterung an. Die von uns beschriebene Streßmyopathie bei Zebras ähnelt in klinischer und pathologisch-anatomischer Hinsicht der enzootischen Myoglobinurie der Pferde und der Zebras.

Man kann jedoch feststellen, daß ein großer Unterschied in der Ätiologie dieser Erkrankung besteht. In unseren Fällen war der wichtigste ätiologische Faktor nicht ein Überfluß an Kohlenhydraten im Futter sondern Streßeinflüsse. Plötzliche Veränderungen, die aufdie Psyche des Tieres einwirkten, wie starker Lärm, Angst, ein rauher Umgang mit den Tieren, gewaltsamer Fang und andere Einflüsse können diese Streßsituation auslösen.

Die eigenen beschriebenen Fälle sind durch einen akuten Verlauf und einen schnellen Tod gekennzeichnet. Beim Fang und Transport von Wildtieren kann ein starker psychischer Streß nicht ausgeschlossen werden, besonders bei Tieren, die gegen Streß empfindlich sind, wie Zebras und einige Antilopenarten. Bei der Manipulation mit diesen Tieren ist deshalb die Prävention durch Verabreichung von Antistreßpräparaten angezeigt. Ihr Einsatz hat sich auch bei Haustieren sehr gut bewährt, sie werden laufend beim Geflügel (Phenobarbital, Chlorprothixen), aber auch bei Schweinen (Asoperon) angewandt. Bei Zebras haben wir gute Erfahrungen mit dem Präparat M 99 gemacht. Es ist also angebracht, neben der Immobilisation auch die Antistreßtherapie in Anwendung zu bringen, wozu sich einige Präparate wie das Diosepan und die Derivate vom Butyrophenon auf Grund der Möglichkeit, sie auch per os verabreichen zu können, als günstig erweisen.

Zusammenfassung:

Streßmyopathie bei Zebras

Es wird über die sog. Streßmyopathie bei Zebras berichtet. Das Krankheitsbild bei Zebras ist durch Ataxien, Paresen bis Paralysen, Braunfärbung des Harns und Läsionen in der Herzmuskulatur charakterisiert. Anschließend werden die Ätiologie, die Pathogenese und die Differentialdiagnose dieser Erkrankung diskutiert.

Summary:

Stress-Induced Myopathy in Zebras

The author reports on the so-called stress-induced myopathy in zebras. In zebras the clinical picture is characterized by ataxias, pareses and even paralyses brown staining of the urine and lesions in the cardiac musculature. Subsequently, the etiology, pathogenesis and differential diagnosis of this disease are discussed.

Résumé:

Myopathie par effet de stress chez des zèbres

L'intervention porte sur la myopathie par effet de stress chez des zèbres. La maladie en question est caractérisée chez les zèbres par des symptômes d'ataxie, de parésie allant jusqu'à la paralysie, par la teinte brune de l'urine et par des lésions du myocarde. En outre, l'exposé contient des observations critiques au sujet de l'étiologie, de la pathogénèse et du diagnostic différentiel de cette affection.

Резюме:

Стрессовая миопатия у зебр.

Сообщается о так называемой стрессорой миопатии у зебр. Картина заболевания у зебр характеризуется атаксией, порезом, параличом, изменением до коричневого цвета мочи и изменениями в сердечной мускулатуре. В заключение обсуждается этиология, патогенез и дифференциальная диагностика данного заболевания.

Literatur:

BASSON, P. A., McCULLY, R. M., KRUGER, S. P. and J. W. Van NIEKERK (1971): Disease conditions of game in Southern Africa. Recent miscellaneous findings. Vet. med. Rev., Leverkusen No. 2/3, 313.

EBEDES, H. (1969): Notes on the immobilization of Gemsbok (Oryx gazella gazella) in South West Africa using etorphine hydrochlorid (M-99). Madoqua 1, 35.

EULENBERGER, K., ELZE, K. und Gisela KRISCHE (1975): Klinisches Bild, Pathogenese, Prophylaxe und Therapie von Störungen im Leber- und Muskelstoffwechsel (Azidose) bei Zebras und Ponys. Verhandlungsber. XVII. Internat. Symp. Erkrankungen Zootiere, Tunis, 197-209.

GÖLTNEBOTH, R. und H.-G. KLÖS (1975): Myoglobinurie bei Zebras und einige andere Erkrankungen bei Säugetieren des Zoologischen Gartens Berlin. Verhandlungsber. XVII. Internat. Symp. Erkrankungen Zootiere, Tunis, 211-216.

JARRETT, W. H. F., JENNIGS, F. W., MURRAY, M. and A. M. HARTHOORN (1964): Muscular dystrophy in wild Hunters antelope. E. Afr. Wildl. J., 2, 158.

NIEKERK, Van, W., De PIENAR, U. V. und N. FAIRALL (1963): Enkele gedagdes oor die versorging en verpleging van wilde diere tydens die vang-, vervoer-en vrylatingsproses. J. S. Afr. vet. med. Ass. 34, 413.

RITTERHAUS, E. V. (1955): Myoglobinurie und 2 Plexuscholeastome bei einem Zebra. Wien. tierärztl. Mschr. 40, 107.

SEIBOLD, H. R., ROBERTS, J. A. and R. H. WOLF (1971): Idiopathic muscle necrosis with apparent myoglobinuria in Macaca arctoides. Lab. Animal Sc. 21, 242.

STEHLIK, M. (1963-64): Ein Fall von Myoglobinurie bei einem Grantzebra. Zool. Garten 29, 189-190.

STEHLIK, M. (1973): Ein weiterer Fall von enzootischer Myoglobinurie bei einem Zebra. Kleintier-Prax. 18, 135.

WOBESER, G., BELLAMY, J. E. C. and B. G. BOYSEN (1976): Myopathy and myoglobinuria in a wild white-tailed deer. J. A. V. M. A. 169, 971-974.

YOUNG, E. (1966): Muscular dystrophy in captive red hartebeste (Alcelaphus buselaphus). J. S. Afr. vet. med. Ass. 37, 101.

YOUNG, E. (1967): Leg paralysis in the Greater flamingo and Lesser flamingo, following capture and transportation. Int. Zoo Yb. 7, 226.

YOUNG, E. (1972): Overstraining disease (capture myopathy) in the tsessebe (Damaliscus lunatus) and oribi (Ourebia ourebi). Koedoe 15, 143-144.

YOUNG, E. and J. L. BRONKHORST (1971): Overstraining diesease in game. Afr. wild. Life 25, 51.

Anschrift der Verfasser: MVDr. J. J e d l i č k a
Veterinärklinik im Zoologischen Garten Brno
635 00 Brno (ČSSR)

Aus dem Bezirksinstitut für Veterinärwesen Halle (Direktor: OVR Dr. I h l e n b u r g) und dem Zoologischen Garten Halle (Direktor: Dr. K.-G. W i t s t r u k)

BEITRAG ZUR ERFOLGREICHEN BEKÄMPFUNG VON KUPFERMANGELERSCHEINUNGEN BEI ZOOTIEREN

Von W. S e n f und D. Z s c h e i l e

Nachdem die Bedeutung des Kupfermangels für die im Zoologischen Garten Halle gehaltenen Tiere bekannt geworden war (S e n f , 1974), bemühten wir uns in den letzten Jahren um eine praktikable Substitution des in unserem Gebiet zu erwartenden sekundären Kupfermangels bei allen in Frage kommenden Tierarten. Zur Kontrolle der ausreichenden Kupferversorgung diente die Bestimmung des Kupfergehaltes der Leber bei möglichst vielen zur Todesursachenermittlung gelangenden Tieren unabhängig vom Ergebnis der klinischen oder postmortalen labordiagnostischen Untersuchung (Tabelle 2). Die regelmäßig durchgeführten Kupferbestimmungen sollten uns ferner in die Lage versetzen, Vergleichswerte zu sammeln und eventuell auftretende Kupferüberdosierungen und dadurch bedingte Schädigungen rechtzeitig zu erkennen.+) 1972 konnten wir durch mehrmalige orale Verabreichung von Kupfersulfatlösung an alle erwachsenen Zwergziegen des Bestandes das Auftreten des bei dieser Tierart besonders auffälligen Kupfermangels völlig verhindern und die Aufzuchtrate von 46,6 % auf 100 % erhöhen.

Diese Art der Prophylaxe, die eine mehrmalige Fixierung der Tiere erfordert, ist jedoch außerordentlich arbeitsaufwendig und bei Zootieren nur bedingt durchführbar. Da auch durch das ständige Angebot kupferhaltiger Lecksteine nach unseren langjährigen Erfahrungen das Kupfermangelgeschehen nicht beseitigt werden konnte, entschlossen wir uns ab Februar 1974 zum breiten Einsatz eines Mineralstoffgemisches mit erhöhtem Kupfergehalt. Wir mischten das "Mineralstoffgemisch für Rinder - Spezialmischung für Kupfermangelgebiete", das 0,1 % Kupfer enthält, zu 5 % einem Fertigfutter zu, das sämtlichen Huftieren des Zootierbestandes in nachstehenden Mengen angeboten wurde:

Pferdeartige (außer Hauspferde)	je	1,0 - 1,5 kg
Altweltkamele	"	3,0 kg
Neuweltkamele	"	0,5 - 1,0 kg
Damhirsche	"	1,0 kg
große Hirscharten	"	1,5 - 2,0 kg
Nilgauantilopen	"	1,0 kg
Steinböcke	"	1,0 kg
Zwergziegen	"	0,5 kg
Mähnenspringer	"	0,7 kg
Mufflons	"	1,0 kg

Die tatsächlich von den einzelnen Individuen der interessierenden Tierarten und Verwandtschaftsgruppen aufgenommene Menge dieses Mischfutters variiert allerdings bei in Gruppen abgefütterten Tieren nach Appetit, Attraktivität des Futters und Ranghöhe der Herdenmitglieder erheblich. Wir waren uns des Risikos bewußt, daß wir mit dieser Maßnahme eventuell bestehende und bisher unbekannte unterschiedliche, tierartlich bedingte Bedarfs- oder Verträglichkeitsgrenzen der Kupfergaben nicht berücksichtigen können. Die vierjährige Beobachtungszeit rechtfertigt jedoch voll die seinerzeit getroffene Entscheidung. So sind prae- und perinatale Todesfälle infolge Kupfermangel nach Einsatz der Mineralstoffmischung mit erhöhtem Kupfergehalt nicht mehr aufgetreten. Die Anzahl der adulten Tiere, die nach "symptomloser Abmagerung" meist in kachektischem Zustand zur Sektion gelangten, und bei denen stark erniedrigte Kupferwerte vorlagen, verringerte sich sehr stark.

So entfallen von insgesamt 11 Fällen mit durch Kupfermangel bedingter oder mitbedingter Todesursache sechs auf die Zeit vor Beginn der Kupferprophylaxe beziehungsweise auf Zukauftiere, zwei Tiere - Halsbandpekari (Tayassu tajacu) und Karakal (Caracal caracal) erhielten das obengenannte Mineralstoffgemisch nicht; nur jeweils ein Rothirsch (Cervus elaphus), Damhirsch (Dama dama) und Mähnenspringer (Ammotragus lervia) zeigten trotz allgemeiner Kupfersubstitution einen für Kupfermangel sprechenden Befund. Die anhaltende starke Exposition ist auch daraus zu ersehen, daß von

+) Sämtliche Kupferbestimmungen wurden in der Abteilung Chemie des BIV Halle, Abteilungsleiter Dipl. Chem. H. L a n g e , durchgeführt.

Abb. 1: Fruchtbarkeit (--) und Aufzuchtrate (—) bei afrikanischen Zwergziegen, Capra aegagrus hircus

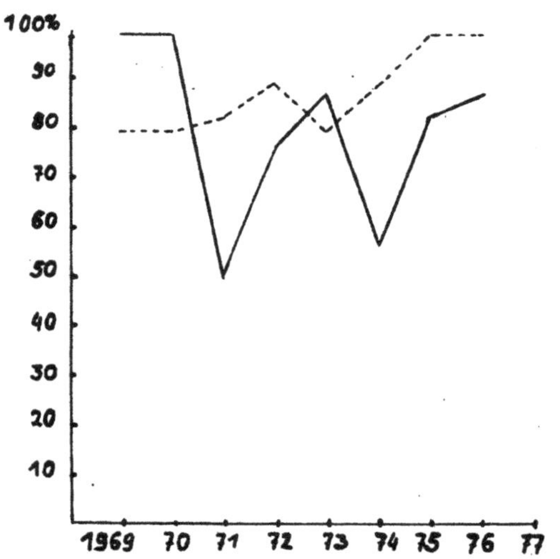

Abb. 2: Fruchtbarkeit (--) und Aufzuchtrate (—) bei Damhirschen, Dama dama

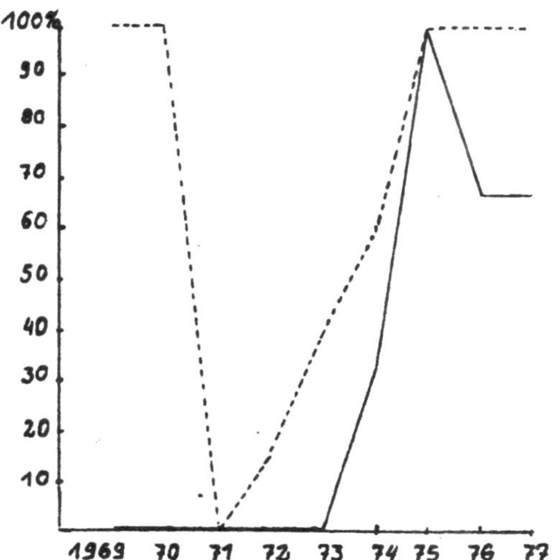

Abb.3: Fruchtbarkeit (---) and Aufzuchtrate (—) bei Westkaukasischen Steinböcken, *Capra ibex severtzowi*

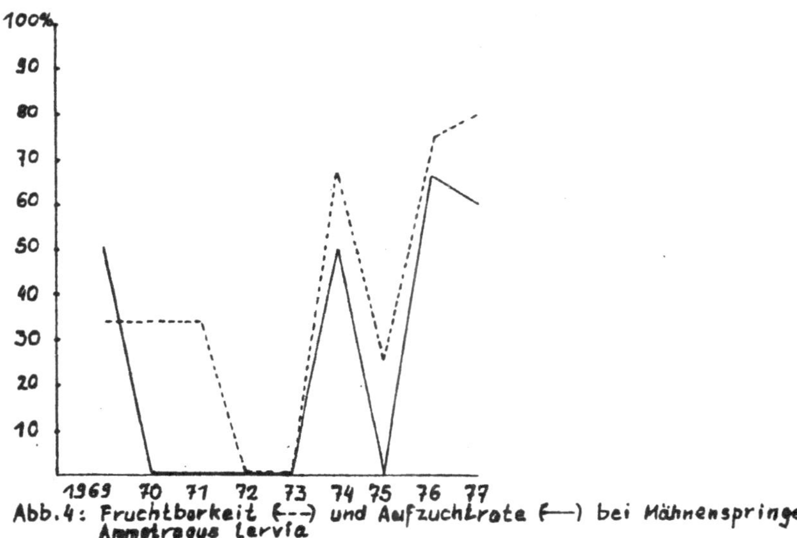

Abb.4: Fruchtbarkeit (---) und Aufzuchtrate (—) bei Mähnenspringern, *Ammotragus lervia*

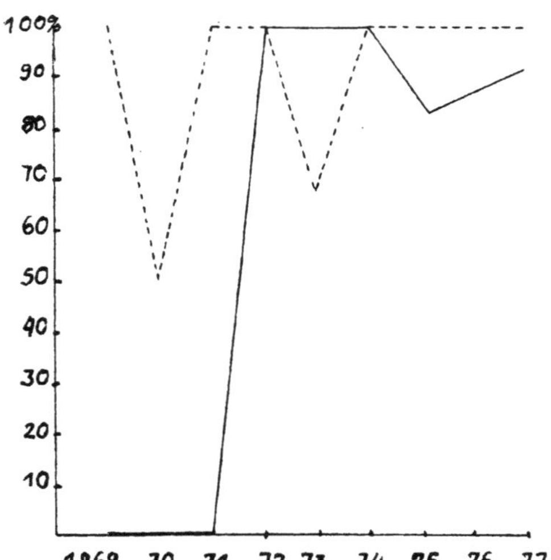

Abb.5: Fruchtbarkeit (---) und Aufzuchtrate (—) bei Mufflons, Ovis ammon musimon

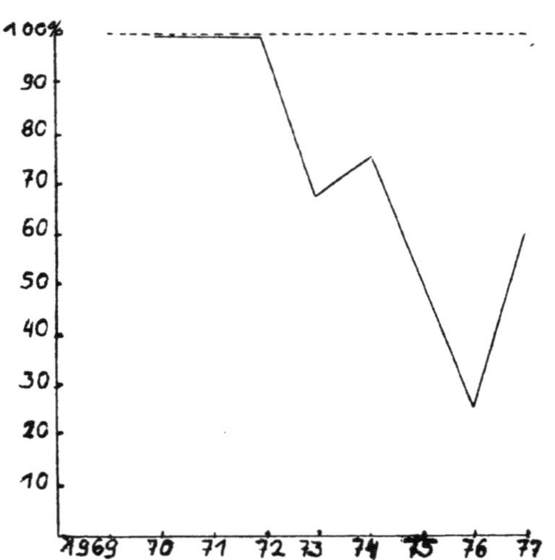

Abb.6: Fruchtbarkeit (---) und Aufzuchtrate (—) bei Nilgauantilopen, Boselaphus tragocamelus

acht aus Heimattiergärten der engeren Umgebung von Halle stammenden, chemisch quantitativ auf Kupfer untersuchten Tieren fünf einen Kupfermangel aufwiesen - Zwergziege (Capra aegagrus hircus L.), Reh (Capreolus c.), Mähnenspringer (Ammotragus lervia), Schraubenziege (Capra falconeri), Damhirsch (Dama dama).

Von großer Bedeutung für die Bestandsentwicklung war die im Beobachtungszeitraum festzustellende positive Beeinflussung der Fruchtbarkeit bei zahlreichen Arten. Die Entwicklung des Fruchtbarkeitsgeschehens und der Aufzuchtquoten sind in den Abbildungen 1 bis 6 dargestellt. Die Tabelle 1 informiert über die absolute Gruppenstärke (x/...) und den Anteil der weiblichen Tiere im fortpflanzungsfähigen Alter (.../x) per 01.01. des Jahres.

Tabelle 1:

Tierart	1969	1970	1971	1972	1973	1974	1975	1976	1977
Zwergziege	10/8	11/6	10/6	10/6	10/6	14/8	24/14	29/13	7/5
Damhirsch	12/6	12/6	19/6	16/10	17/10	20/8	17/6	17/8	-
Westkaukas.Steinbock	8/5	7/5	8/5	11/7	7/5	7/5	6/4	10/3	11/3
Mähnenspringer	6/3	7/3	7/3	5/3	6/3	4/3	7/4	7/4	9/5
Mufflon	2/1	3/2	3/2	3/2	4/2	6/3	9/6	10/7	13/11
Nilgauantilope	1/0	2/1	3/1	4/2	5/2	7/3	7/3	7/3	7/3

x/ = absolute Gruppenstärke per 1. 1. des Jahres
/x = Anzahl der fortpflanzungsfähigen Weibchen

Eine deutliche Steigerung der Fertilität war unter anderem bei Damhirschen (Dama dama), Abb. 2, Westkaukasischen Steinböcken (Capra ibex severtzowi Menzbier), Abb. 3, und bei Mähnenspringern (Ammotragus lervia), Abb. 4, zu verzeichnen. Auch die Aufzuchtquoten gestalteten sich günstig, so unter anderem neben vorgenannten Arten bei Mufflons (Ovis ammon musimon), Abb. 5. Bei den Afrikanischen Zwergziegen (Capra aegagrus hircus L.) war bei gleichbleibend hoher Fruchtbarkeit die Aufzuchtrate der Jungtiere nach 1973 signifikant höher als vorher, Abb. 1. Die geborenen Lämmer waren kräftig entwickelt. Frühgeburten blieben aus. Bei den männlichen Tieren konnte bei gleichzeitig verbesserter Konstitution und Kondition ein intensiveres Brunstverhalten registriert werden. Die dennoch bei mehreren Arten zum Teil erheblichen Aufzuchtverluste ließen sich auf objektivierbare infektiöse und nichtinfektiöse Ursachen zurückführen.

Eine gewisse Abweichung von diesem Bild ergibt sich bei den Nilgauantilopen (Boselaphus tragocamelus), Abb. 6. Hier waren bei sehr guter gleichbleibender Fertilität der Tiere die Aufzuchtergebnisse starken Schwankungen unterworfen und insgesamt gesehen mit Ausnahme des Jahres 1977 auch rückläufig. Von Interesse dürfte sein, daß eines der Weibchen jährlich bei seinen Zwillingswürfen ein totgeborenes, mehr oder weniger unterentwickeltes oder lebensschwaches Junges gebar, das hohe Kupferwerte in der Leber aufwies, während das andere Geschwister sich bei guter Konstitution gut entwickelte. Insgesamt wurden bei den neugeborenen Tieren dieser Art einheitlich sehr hohe Kupferwerte in der Leber ermittelt, die um 50 - 100 % höher lagen als bei Neugeborenen anderer Arten, ohne daß für Kupfervergiftung typische pathologisch-anatomische und histologische Veränderungen nachweisbar waren. Auch unter Berücksichtigung der Tatsache, daß neugeborene und sehr junge Tiere stets wesentlich höhere Kupferwerte aufweisen als Alttiere, kann gegenwärtig noch keine befriedigende Erklärung für diese hohen, nahezu im toxischen Bereich liegenden Werte gegeben werden. Weitere Untersuchungen sind erforderlich. Unverträglichkeits- und Nebenerscheinungen wurden bisher nicht beobachtet. Die dargelegte Problematik bei Nilgauantilopen bedarf weiterer Bearbeitung.

Zusammenfassung:

Beitrag zur erfolgreichen Bekämpfung von Kupfermangelerscheinungen bei Zootieren

Durch Einsatz eines Mineralstoffgemisches mit erhöhtem Kupfergehalt konnte bei zahlreichen Tierarten des in einem Kupfermangelgebiet liegenden Zoologischen Gartens Halle eine positive Beeinflussung prae- und perinataler Verluste, unklarer Todesfälle bei adulten Tieren und des Fruchtbarkeitsgeschehens erzielt werden.

Tabelle 2: Quantitative Kupferbestimmungen bei Zootieren

Eingangsdatum	Geschlecht	Alter	Befund	Cu-Leber-Trockensubstanz (ppm)
1. Zwergziegen (Capra aegagrus hircus L.)				
1/72	1,0	neugeboren	Swayback	4,6
1/72	1,2	"	3x "	18,4; 20,3; 15,8
3/72	1,1	"	2x "	15,8; 15,3
2/74	2,0	"	Milchmangel	157,0; 145,0
3/74	2,2	"	"	325,0; 275,0; 129,0
3/74	2,0	Totgeburt	-	129,0; 188,0
12/74	1,0	neugeboren	Lebensschwäche	265,0
1/75	1,0	"	Darmentzündung	101,0
2/75	2,2	"	Lebensschwäche	385,0; 270,0; 350,0 295,0
3/75	1,0	"	Darmentzündung	252,0
5/75	0,1	1/2 Jahr	Pneumonie	71,0
6/75	1,0	1/2 Jahr	Kokzidiose	132,0
7/75	1,0	3 Jahre	getötet	142,0
7/75	0,1	1 Woche	Darmentzündung	66,0
9/75	0,1	3 Monate	Hirnödem	107,0
12/75	0,1	neugeboren	Lebensschwäche	117,0
3/76	4,3	"	"	88-236
2/77	1,0	"	"	326,0
3/77	1,0	4 Wochen	Hepatitis	179,2
4/77	0,1	neugeboren	Lebensschwäche	226,0
12/77	1,0	Totgeburt		396,0
2. Mähnenspringer (Ammotragus lervia)				
7/73	0,1	8 Jahre	Magen-Darmentzündung	9,0
4/74	1,0	3 Wochen	Lebensschwäche	79,0
12/75	1,0	8 Jahre	Labmagen-Darmentzündung	26,0
3/75	1,0	neugeboren	Milchmangel	109,1
4/77	0,1	"	Magen-Darmentzündung	152,0
3. Steinbock (Capra ibex)				
7/73	0,1	3 Jahre	Magen-Darmentzündung	$< 1,0$
10/73	1,0	3 Jahre	Pneumonie	29,0
6/74	0,1	Totgeburt		405,0
8/74	1,0	1 Jahr	chronische Pneumonie	46,0
12/74	0,1	3 Wochen	Nekrobazillose	160,0
6/75	0,1	2 Jahre	Transportschaden	159,0
5/77	1,0	1 Woche	Darmentzündung	680,0
5/77	0,1	2 Tage	Kolisepsis	372,0
6/77	0,1	6 Wochen	Nekrobazillose	304,0
7/77	0,1	3 Wochen	Pneumonie	144,0
9/77	0,1	3 Monate	Parasitenbefall	592,0
4. Damhirsch (Dama dama)				
4/72	0,1	2 Jahre	Darmentzündung	165,5
5/74	0,1	4 Jahre	Puerperalerkrankung	148,0
4/75	0,1	1 Jahr	Kachexie	25,0
7/75	0,1	6 Wochen	Salmonellose	155,0
8/75	1,0	8 Wochen	Bauchfellentzündung	324,0
8/75	0,1	neugeboren	Milchmangel	137,0
6/76	1,0	"	Darmentzündung	728,0
6/77	0,1	"	"	224,0
5. Rothirsch (Cervus elaphus)				
5/75	0,1	Alttier	Kachexie	24,0
5/75	1,0	Totgeburt		495,0
6. Mufflon (Ovis ammon musimon)				
4/75	1,0	4 Wochen	Magen-Darmentzündung	208,0
4/76	0,1	neugeboren	Verblutung	288,0
6/77	1,0	8 Tage	Darmentzündung	264,0
7/77	0,1	8 Wochen	Kachexie	224,0

Fortsetzung:

	Eingangsdatum	Geschlecht	Alter	Befund	Cu-Leber-Trockensubstanz (ppm)
7. Nilgauantilope (Boselaphus tragocamelus)					
	8/73 Nilgau	1,0	neugeboren		700,0
	8/74	0,1	"		735,0
	10/75	1,0	"		840,0
	9/76 Nilgau	1,0	"		700,0
	10/76 Nilgau	0,1	"		688,0
	9/77 Nilgau		Totgeburt		880,0
	9/77 Nilgau	0,1	neugeboren	Fraktur	840,0
	9/77 Nilgau	1,0	6 Jahre	Psalterverstopfung	316,0
	12/77 Nilgau	0,1	Alttier	Kachexie	208,0
8. Nyala (T. angasi)					
	6/75	0,1	Alttier	Kachexie	23,0
9. Sitatunga (T. spekei)					
	1/76	1,0	Alttier	Herzmuskeldegeneration	210,0
10. Elenantilope (Taurotragus oryx)					
	1/73	0,1	7 Jahre	Kachexie	10,4
11. Neuweltkamele (Lama guanicoe glama, L. guanicoe pacos)					
	11/72 Alpaca	0,1	neugeboren		144,5
	1/73 Alpaca	1,0	Totgeburt		151,5
	8/73 Alpaca	0,1	2 Tage	Leberdegeneration	120,0
	12/73 Lama	0,1	3 Monate	Verblutung	252,0
	2/74 Alpaca	0,1	3 Wochen	Magen-Darmentzündung	355,0
	7/75 Lama	1,0	3 Tage	Leberdegeneration	242,0
	12/75 Alpaca	0,1	neugeboren	Milchmangel	228,0
	5/76 Lama	1,0	neugeboren	Leberdegeneration	314,0
12. Halsbandpekari (Tayassu tajacu)					
	4/72	0,1	1 Jahr	Kachexie	10,9
	12/72	1,0	6 Jahre	idiopath. Herztod	15,0
13. Pferdeartige (Equidae)					
	3/72 Pony	0,1	neugeboren		200,0
	11/74 Zwergesel	1,0	8 Tage	Phlegmone	215,0
	9/74 Esel	0,1	neugeboren	Darmentzündung	48,0
14. Flußpferd (Hippopotamus amphibius L.)					
	6/74	0,1	1 Jahr	Kachexie	540,0
15. Banteng (Bos javanicus)					
	12/75	1,0	3 Wochen	Nephritis	238,0
16. Karakal (Caracal caracal)					
	4/75	0,1	1 Jahr	Koprostase	10,0

Summary:

Contribution Towards the Successful Combatting of Symptoms of Copper Shortage in Animals Kept in Zoological Gardens

By applying a mineral substance mixture with an increased copper content in numerous animal species of the Zoologische Garten of Halle which is located in a copper-shortage area, prenatal and perinatal losses, cases of death of unclear genesis in adult animals, as well as the fertility process have been favourably influenced.

Résumé:

Exposé sur les succès atteints dans la lutte contre les phénomènes de carence de cuivre chez les animaux gardés dans les jardins zoologiques

Au zoo de Halle, situé dans une région caractérisée par sa carence de cuivre, l'on est parvenu à influer positivement sur les pertes pré- et périnatales, et l'on est arrivé à intervenir en cas de pertes mortelles chez des animaux adultes ainsi que sur la fertilité.

Резюме:

Сообщение об успешной борьбе с медной недестаточностью у зверей зоопарков.

Применение минеральной смеси веществ с повышенным содержанием меди, способствовало снижению пре и перинатальных потерь , снижению смертности с неясной картиной у беременных животных в зоологическом саду города Галле.

Literatur:

SENF, W. (1974): Beitrag zur Kupfermangelerkrankung - Swayback - bei Afrikanischen Zwergziegen und anderen Zootieren. Verhandlungsber. XVI. Internat. Symp. Erkrankungen Zootiere, Erfurt, 239-243.

Anschrift der Verfasser: VR Dr. W. S e n f
4020 Halle (Saale),
Freiimfelder Str. 66-68 (DDR)

Aus der Sektion Tierproduktion und Veterinärmedizin der Karl-Marx-Universität Leipzig, Fachgruppe Veterinär-Pathologie (Komm. Leiter: Dr. sc. med. vet. U. J o h a n n s e n) und dem Zoologischen Garten Leipzig (Direktor: Dr. S. S e i f e r t)

KALZINOSE BEI ZWEI JUNGEN LEIERHIRSCHEN (CERVUS ELDI)

Von K.-F. S c h ü p p e l und Gisela K r i s c h e

Ende Oktober erhielten wir zwei männliche Leierhirsche, die beide am letzten Septembertag des gleichen Jahres von einem dreieinhalbjährigen Muttertier geboren wurden, zur Untersuchung. Das größere Tier von beiden verstarb nach 24 Lebenstagen und das kleinere Hirschkalb wurde nach 26 Lebenstagen getötet, weil an beiden Hintergliedmaßen Frakturen vorlagen.

Bei der Sektion beider männlicher Hirschkälber,die sich in einem schlechten Ernährungszustand befanden, fielen umfangreiche Verkalkungen an den inneren Organen und der Skelettmuskulatur auf. Am Herzen erschienen beide Vorkammern graurosa, stellenweise grauweiß und waren gebietsweise holz- bis steinartig verhärtet. Die braune Herzkammermuskulatur wies auf der Oberfläche grauweiße Flecken auf. Beim Eröffnen des Herzens zeigten sich umfangreiche herdförmige, meist landkartenartig zusammenfließende, kalkartig derbe, beim Durchschneiden knirschende Muskelveränderungen, die subendokardial ausstrahlten. Die großen Gefäßstämme und Herzklappen waren nicht verändert. An den Lungen waren besonders die Spitzenlappen, fast die gesamten Herzlappen und etwa weizenkorn-bis walnußgroße Bezirke in den Basislappen nicht kollabiert, leicht emphysematisch und von hellerer Farbe als das übrige kollabierte Lungenparenchym. Die veränderten Lungenbezirke erschienen derb und hatten eine bimssteinähnliche Struktur. Mit kräftigem Druck konnte man Fingereindrücke, die bestehen blieben, anbringen. Dabei hatte man das Gefühl, als würden Strukturen zerbrechen. An der Bronchial- und Trachealschleimhaut fielen grauweiße, an den Knorpelspangen liegende Verkalkungsringe auf. Bei dem gestorbenen Tier lag eine Leber-, Milz- und Nierenschwellung vor, wobei die Organe makroskopisch nicht verändert schienen. Jedoch zeigte die Leber von beiden Tieren eine außergewöhnlich hellbraune Farbe. Am Labmagen der zwei Leierhirsche waren entlang der Gefäße in der großen Kurvatur flächenhafte Verkalkungszonen nachweisbar. Die Darmschleimhäute waren stark gerötet. Lediglich in der Oberschenkelmuskulatur beider Hinterextremitäten lagen bis männerfaustgroße, ausstrahlende, durch die Fascien durchschimmernde, massive Verkalkungsherde. Bei dem getöteten Hirschkalb war die Tibia im proximalen Drittel beider Hintergliedmaßen gebrochen und das umgebende Gewebe blutig ödematös infiltriert. Durch weitere Untersuchungen konnte bei dem gestorbenen Tier eine Koliinfektion durch den Typ CRR 270 nachgewiesen werden.

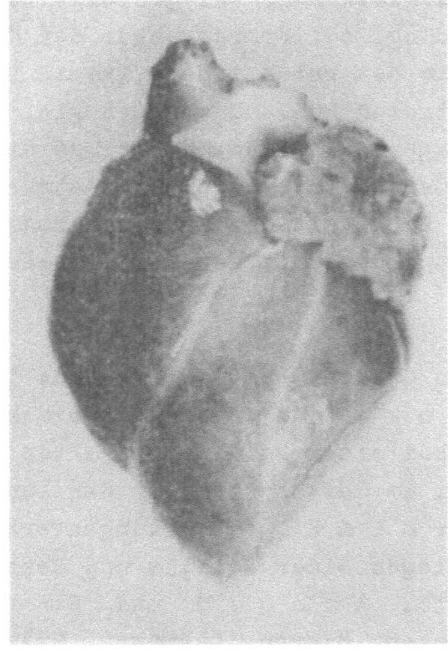

Abb. 1: Verkalkung der linken Vorkammer

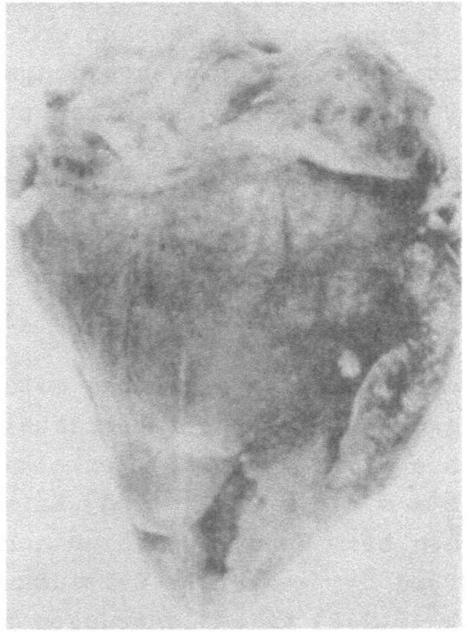

Abb. 2: Kalkablagerungen im Myokard

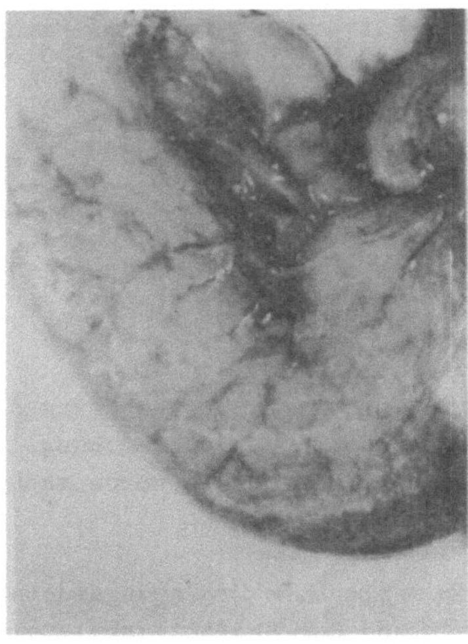

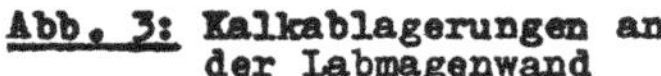

Abb. 3: Kalkablagerungen an der Labmagenwand

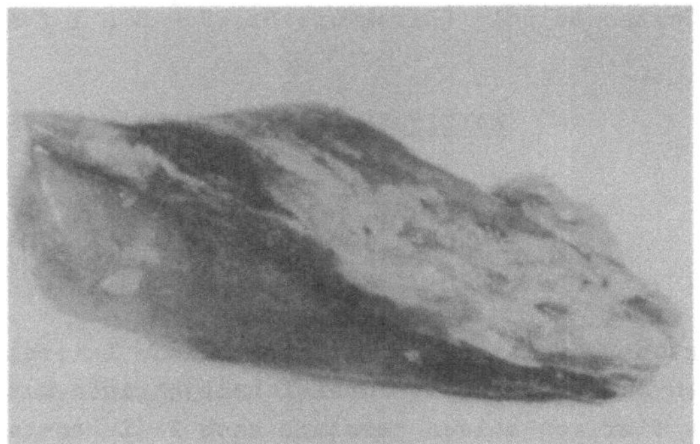

Abb. 4: Kalkabscheidung in der Skelettmuskulatur

Durch die histologischen Organuntersuchungen wurden in den makroskopisch veränderten Organen feinkörnige bis massiv schollige Kalkablagerungen nachgewiesen.
In den Lungen lagen die Kalkabscheidungen in den Alveolarsepten, subendothelial und an den elastischen Fasern der Gefäße sowie in der Submukosa der Bronchien. Die Verkalkungen traten irregulär von wechselnder Stärke in der Lunge auf. Im Herzmuskel und in der Skelettmuskulatur der Hintergliedmaßen lagen massive Verkalkungen der Muskelfasern vor. Hin und wieder waren auch subintimale Mediaverkalkungen, oft nur herdförmig, in Gefäßen zwischen den Muskelbündeln zu finden. In den Nieren waren Kalkabscheidungen an den Glomerulusschlingen, an den Gefäßen und teils auch an den Tubuli vorhanden. Des weiteren konnte eine hyalintropfige Tubulonephrose nachgewiesen werden. Besonders stark waren Kalkschollen in der Labmagenschleimhaut, in der Labmagenmuskulatur und in den mittleren Gefäßen des Magens anzutreffen. Histologische Veränderungen an der Parathyreoidea und der Thyreoidea konnten nicht beobachtet werden.

Lokale Verkalkungen in schwer geschädigten oder abgestorbenen Geweben trifft man häufiger im Tierkörper an. Diese dystrophischen Verkalkungen sind weniger auf allgemeine Störungen des Kalkstoffwechsels, sondern auf eine Herabsetzung der Löslichkeit für Kalksalze durch Kolloidfällung und Kohlensäuremangel in den geschädigten Geweben zurückzuführen.

Bei Hyperkalzämien, wie sie z. B. bei hyperparathyreotischen Zuständen, bei gesteigerter Kalziumfreisetzung aus dem Knochen und verminderter Kalkausscheidung, bei Erkrankungen der Nieren und des Darmes, den Hauptausscheidungsorganen für Kalksalze sowie bei reichlicher Vitamin D-Zufuhr und bei übermäßiger Kalziumresorption aus dem Darmkanal auftreten können, kann es gleichzeitig in anscheinend normalen Geweben mehrerer Organe zur Kalkablagerung kommen. Bevorzugt sind dabei sogenannte "saure Gewebsorte mit Kalkfängereigenschaften", Gewebe, die durch Säureabgaben eine Verminderung des Säuregehaltes erfahren. Hierzu gehören die Lunge mit der Kohlensäureausscheidung, die Niere mit der Phosphorsäureausscheidung und die Magenwand mit der Salzsäuresekretion (Potel, 1970; Ippen, 1975).

Über teils recht umfangreiche metastatische Verkalkungen von Organen bei Tieren wurde in der Vergangenheit wiederholt berichtet. So beschreiben Malicka und Landowska-Płazewska (1967) Verkalkungen in Lunge und Nieren bei einem zehn Wochen alten Löwen, Kretzschmar (1956) Kalkablagerungen in der Niere, im Gefäßsystem, in der Lunge und im Herzen beim Hund nach chronischer Nephritis, Tscherniak (1931) Lungenverkalkung beim Pferd bei gestörter Kalziumausscheidung durch das Vorliegen einer Kolitis und Nephritis, Renk (1944) Kalkablagerungen bei einem 14 Tage alten Kalb. Arnold und Bras (1956) berichten über umfangreiche Kalkablagerungen in Gefäßen, Lungen, Nieren, Labmägen, Milzen, Herz- und Skelettmuskulatur bei Rindern durch eine verstärkte Kalziumresorption aus dem Darm, die durch einen Wirkstoff in einer mit dem Futter aufgenommenen Pflanze (Solanum malacoxylon) bedingt sein soll (D a v i s et al., 1968). K ö h l e r und L i b i s e l l e r (1970) beschreiben Verkalkungen im Gefäßsystem, in Lunge und Nieren bei Weiderindern, die durch die Aufnahme von bestimmten Weidepflanzen verursacht wurden. Durch umfangreiche Untersuchungen wurde eine durch Verfütterung von Goldhafer (Trisetum flavescens) bewirkte Kalzinose bei Wiederkäuern erkannt (D i r k s e n und Mitarb., 1974).

Metastatische Organverkalkungen bei D-Hypervitaminosen beschreiben D ä m m r i c h (1963) beim Ferkel, C a p e n et al. (1966) beim Rind, M a r t i n (1966) bei Hundewelpen und bei einem Jungbären und L i n d t (1968) in einem Übersichtsreferat bei verschiedensten Tierarten. I p p e n (1975) und D j a k o v (1967) berichteten über hochgradige Kalkabscheidungen in allen Organen bei Jungtieren (Brillenbär und europäische Luchse) während der künstlichen Aufzucht. Da die in der Literatur durch hohe Vitamin D-Gaben beschriebenen Verkalkungen bei Jungtieren den von uns beobachteten Veränderungen ähneln, überprüften wir die Aufzucht der jungen Leierhirsche, insbesondere die Verabreichung von Vitaminen und von Kalzium.

Beide Tiere bekamen am ersten Lebenstag ein Vitaminpräparat (200 000 I. E. Vitamin A, 20 000 I.E. Vitamin D_3, 400 mg Vitamin C, 120 mg Vitamin E) intramuskulär sowie Gammaglobuline, Koliserum und Antibiotika zur Prophylaxe von Neugeborenen- und Aufzuchterkrankungen. Da die Jungtiere von dem Muttertier zu wenig Milch erhielten, wurde nach fünf Tagen die künstliche Aufzucht begonnen.

In der zweiten Lebenswoche zeigten die Tiere eine geringgradige Hyperextension der Zehengelenke (Durchtrittigkeit). Deshalb erhielten die Tiere am 12. Lebenstag wiederum 600 000 I. E. Vitamin D_3 oral mit der Milch. Des weiteren wurde der Milchnahrung über die folgenden fünf Tage eine Messerspitze Rachitin beigemischt, das ebenfalls Vitamin D_3 enthält.

Beide Tiere zeigten am 15. Lebenstag ein gestörtes Allgemeinbefinden, schlechte Nahrungsaufnahme und Husten, so daß ein Infekt der Atmungsorgane vermutet wurde. Es erfolgte über fünf Tage eine Antibiotikabehandlung. Vom 20. Lebenstag an wurden der Nahrung pro Tag über die folgenden fünf Tage weitere 5 000 I. E. Vitamin D_3 beigefügt und am 22. Lebenstag 10 000 I. E. Vitamin D_3 und 100 000 I. E. Vitamin A subkutan verabreicht. Insgesamt erhielten die Tiere über 24 beziehungsweise 26 Lebenstage jeweils zirka 655 500 I. E. Vitamin D_3.

Nach den Literaturangaben besteht eine große Variationsbreite in der Vitamin D-Dosis, die zu Organverkalkungen führen kann. So wurden pathologische Veränderungen bei Tieren beschrieben, die eine 2- bis 1000mal erhöhte Vitamin D-Dosis erhielten. Die Entstehung der Kalzinose bei erhöhten Vitamin D-Gaben scheint durch verschiedene Faktoren begünstigt zu werden. So werden die Applikationsart und -weise, ein hohes Kalziumangebot mit der Nahrung, die Kombination mit anderen Medikamenten, insbesondere mit Vitamin A und Paraminosalicylsäure, tierartlich und individuell unterschiedliche Verträglichkeiten und Veränderungen der allgemeinen Stoffwechsellage, z. B. bei krankhaften Zuständen, für die stark variierenden Vitamin D-Mengen, die zu Schäden führen können, genannt (L i n d t , 1968).

Die für die künstliche Aufzucht der Leierhirschkälber verwandte Kuhmilch, die hohe Kalziummengen beinhaltet, wurde zusätzlich mit Rachitin, das 85,6 % Calcium phosphoricum enthält, versetzt. Die wiederholten Vitamin D_3-Gaben parenteral und mit der Nahrung förderten die Kalziumresorption im Darmkanal. Auch entfiel bei den jungen Hirschkälbern der bei Wiederkäuern bekannte Vitamin D-Abbau durch die Pansenflora und -fauna, so daß das oral verabreichte Vitamin D voll zur Wirkung kam. Des weiteren wird die nachgewiesene hyalintropfige Tubulonephrose bei den Tieren eine normale Kalziumausscheidung beeinträchtigt haben. Nach S c h m i d t m a n n (1929) und H ä c k e r (1956) soll eine wiederholte Vitamin D-Applikation auch in kleinen Dosen über eine längere Zeit schneller zu Kalzinosen führen als eine einmalige hohe Dosis als Vitaminstoß.

Wir möchten die bei den zwei Leierhirschkälbern beobachteten starken Kalkablagerungen in mehreren Organen auf reichliche Vitamin D-Gaben bei gestörter Kalziumausscheidung durch die geschädigten Nieren zurückführen. Es sollte insbesondere bei Jungtieren, bei denen normalerweise eine höhere Kalziumresorption im Darmkanal als bei älteren Tieren stattfindet (K o l b , 1973), eine Vitamin D-Verabreichung vorsichtig und kritisch erfolgen.

Zusammenfassung:

Kalzinose bei zwei jungen Leierhirschen (Cervus eldi)

Es wird über eine starke Kalkablagerung in Herz, Lungen, Nieren, Labmagenwand und Skelettmuskulatur bei zwei etwa einen Monat alten Leierhirschen berichtet. Es wird angenommen, daß diese Veränderungen durch eine erhöhte Vitamin D-Applikation in Verbindung mit Kalziumausscheidungsstörungen der Nieren bedingt wurden.

Summary:

Calcinosis in Two Young Eld's Deer (Cervus eldi)

A heavy calcification in heart, lung, kidneys, abomasal wall and skeletal muscles in two deer about one monthe old is reported on. It is supposed that these lesions are due to a high-dose application of vitamine D in connection with a disturbed calcium excretion of the kidneys.

Résumé:

Calcinose chez deux jeunes cerfs de l'espèce Cervus eldi

Le rapport traite de dépôts calcaires considerables dans le coeur, les poumons, les reins et la caillette ainsi que dans la musculature du squelette de deux jeunes cerfs Cervus eldi âgés d'un mois. L'auteur formule la supposition que ces changements ont été amenés par un fort dosage de vitamine D en connexion avec des troubles de sécrétion de calcium des reins.

Резюме:

Кальциноз у двух оленят.

Сообщается о значительных осложнениях кальция в сердце, легких, почках, сычужной стенке и скелетной мускулатуре у двух оленят в возрасте одного месяца. Предполагается, что причиной этих изменений является повышение введения витамина Д , в связи с нарушением кальция почками.

Literatur:

ARNOLD, R. M. and G. BRAS (1956): Observations on the Morbid Anatomy and Histology of Manchester Wasting Disease of Cattle in Jamaica, and Related Conditions in other Countries of the Americas. Amer. J. Vet. Res. 17, 630-639.

CAPEN, C. C., COLE, C. R., and J. W. HIBBS (1966): The Pathology of Hypervitaminosis D in Cattle. Path. vet. 3, 350-378.

DAVIS, K., CAMBEROS, H. and M. I. DJAFAR (1968): Fed. Amer. Soc. Exper. Biol. 52nd Ann. Meeting, Atlantic City, April 1968, Feder. Proc.

DIRKSEN, G., PLANK, P., SIMON, U., HÄNICHEN, T., DANIEL, P. und A. SPIESS (1974): Über eine enzootische Kalzinose beim Rind. VII. Nachweis der kalzinogenen Wirkung von Goldhafer (Trisetum flavescens [L.] P. B.) beim Wiederkäuer. Dtsch. Tierärztl.Wschr. 81, 1-5.

DJAKOV, L. (1967): Calcinosis universalis bei einem jungen Brillenbären (Tremarctos ornatus). Zoolog. Garten 34, 270-275.

HÄCKER, W. (1956): Vitamin D-Intoxikation. Dtsch. Ges.-wesen 11, 737-740.

IPPEN, R. (1975): Ein Beitrag zu einigen stoffwechselbedingten Veränderungen bei Zoo- und Wildtieren. Verhandlungsber. XVII. Internat. Symp. Erkrankungen Zootiere, Tunis, 187-196.

KÖHLER, H. und R. LIBISELLER (1970): Über das Auftreten der sogenannten "Weidekrankheit" bei Kühen in Österreich im Zusammenhang mit Düngung und Fütterung. Zbl. Vet. Med. A, 17, 289-337.

KOLB, E. (1973): Neuere Erkenntnisse über die D-Vitamine im Stoffwechsel. Mh.Vet.-Med. 28, 666-672.

KRETZSCHMAR, Ch. (1956): Chronische Nephritis und Kalkstoffwechselstörung beim Hund. Tierärztl. Umschau 11, 12-16.

LINDT, D. (1968): D-hypervitaminotische Calcinose bei verschiedenen Tieren. Wien. Tierärztl. Mschr. 55, 148-164.

MALICKA, E. und E. LANDOWSKA-PŁAZEWSKA (1967): Kalkgicht bei einem Löwenjungen. Verhandlungsber. IX. Internat. Symp. Erkrankungen Zootiere, Prag, 275-277.

MARTIN, J. (1966): Vitamin D-Intoxikation bei zwei Hundewelpen und einem Jungbären. Dtsch. Tierärztl.Wschr. 73, 314-317.

POTEL, K. (1970): Lehrbuch der Allgemeinen Pathologie für Tierärzte. Jena: Fischer, 129-130.

RENK, W. (1944): Kongenitale Verkalkung der Lunge bei einem Kalb. Dtsch.Tierärztl.Wschr./Tierärztl.Rdsch. 35/36, 324-326.

SCHMIDTMANN, M. (1929): Vigantolversuche. Verhandlungen der Deutschen Pathologischen Gesellschaft, 24. Tagung, Wien, 75-79.

TSCHERNIAK, W. Z. (1931): Ein Fall von Lungenverkalkung beim Pferde. Dtsch. Tierärztl. Wschr. 39, 51-53.

Anschrift der Verfasser: Dr. med. vet. K.-F. S c h ü p p e l
701 Leipzig, Margarete-Blank-Str. 4 (DDR)

Aus dem Tierpark Berlin (Direktor: Prof. Dr. sc. Dr. h. c. H. D a t h e)

KOPROLOGISCHE UNTERSUCHUNGEN BEI HUFTIEREN DES TIERPARKS BERLIN

Von W. T s c h e r n e r

Die hier dargestellten Ergebnisse basieren auf routinemäßig durchgeführten Kotuntersuchungen der Jahre 1970 - 1977. Von allen Tieren wurden möglichst Einzelproben untersucht, oft aber mußte auf Sammelproben zurückgegriffen werden. Was die Diagnose betrifft, so wurde zwar versucht, die Strongylata der Wiederkäuer auf mehrere Gattungen aufzuschlüsseln, mit Ausnahme der Gattung Nematodirus mit ihren sehr großen und unverkennbaren Eiern ist es aber nach wie vor schwierig, die Vertreter der Familien Trichostrongylidae, Strongylidae und Ancylostomatidae bis auf die Gattung zu differenzieren. Die entsprechenden Angaben bei den einzelnen Wirtstiergruppen sind deshalb sicher mit Fehlern behaftet. Teilweise wurde auf eine Differenzierung ganz verzichtet und dann die Bezeichnung MDS (= Magen- und Darmstrongylata) gewählt. Nicht genauer bestimmt wurden auch die kleinen Lungenwürmer der Wiederkäuer (Familie Protostrongylidae). Bei den Strongyliden der Pferdeartigen wurde der bewährten Zweiteilung in große Strongyliden (Strongylus-Arten, Eier kürzer als 100 µm) und kleine Strongyliden (Unterfamilien Strongylinae und Trichonematinae, Eier länger als 100 µm) gefolgt. Ebenfalls nicht differenziert dargestellt ist der Befall mit Kokzidien, obwohl bei verschiedenen Wirtstieren mehrere Arten dieser Parasiten festgestellt werden konnten (vgl. T s c h e r n e r , 1973).

Alle Befunde sind tabellarisch zusammengefaßt (Tabellen 1 - 7). Was davon bemerkenswert erschien, ist im Text zusätzlich erläutert.

Tabelle 1:

Pferde	Nematoda								Trematoda	Protozoa
	Strongyloides westeri	Trichostrongylus spec.	Große Strongyliden (Strongylus spp.)	Kleine Strongyliden	Parascaris equorum	Oxyuris equi	Trichuris spp.	Gongylonema pulchrum (?)	Dicrocoelium dendriticum	Eimeria leuckarti
Hauspferd (Equus caballus)	+	+	+	+	+	+	+		+	+
Afrikanischer Wildesel (E. asinus)	+	+	+	+	+					+
Przewalski-Wildpferd (E. przewalskii)			+	+	+	+	+			
Asiatischer Wildesel (E. hemionus)	+		+		+		+			+
Kap-Bergzebra (E. zebra)		+	+		+					+
Steppenzebra (E. quagga)	+		+	+	+		+	+		+

1. Pferde: Strongyloides westeri ist ein ausgesprochener Fohlenparasit. Die meisten Eier haben wir in den ersten sechs Lebensmonaten festgestellt, wobei die Maxima der Ausscheidung zwischen dem Ende des 1. und des 5. Monats lagen. Bei einem Gotlandpony wurden vereinzelt Eier noch im Alter von acht Monaten gefunden, desgleichen bei einem 15 Monate alten Damara-Zebra (Equus quagga antiquorum). Der früheste Nachweis gelang bei einem zwei Wochen alten Kulanfohlen (E. hemionus kulan). Bei einer Präpatenz der mit der Muttermilch aufgenommenen Parasiten (galakto-

gene Invasion) von 6 - 13 Tagen (L y o n s et al., 1973; G r e e r et al., 1974) dürfte dies der frühest mögliche Nachweiszeitpunkt sein. Bei erwachsenen Equiden wurde Strongyloides westeri niemals gefunden.

Spulwürmer wurden ebenfalls fast ausschließlich bei Fohlen und Jährlingen festgestellt. Des öfteren schieden Jungtiere zahlreiche Spulwurmeier aus, während bei dem Muttertier keinerlei Eier im Kot nachweisbar waren. Wurden bei erwachsenen Pferden Askariden registriert, so lag die Zahl der Eier immer erheblich unter der der Jungtiere.

Die häufigsten Pferdehelminthen überhaupt waren große und kleine Strongyliden. Ihre Eier konnten bei allen Altersstufen festgestellt werden, wenngleich auch sie bei Jungtieren eine höhere Ausscheidungsrate erreichten.

Bei einem aus Schweden importierten Gotlandpferd fanden sich bei der ersten Untersuchung unmittelbar nach der Ankunft Trematodeneier im Kot, die zweifelsohne der Art Dicrocoelium dendriticum, dem Kleinen Leberegel, zuzurechnen sind. Die Maße betrugen 38 - 52 x 25 - 27 μm. Nach B o c h und S u p p e r e r (1971) ist dieser Parasit aus Equiden bislang nur wenige Male gemeldet worden.

Spiruriden-Eier wurden nur einmal im Kot eines erwachsenen Chapman-Zebras (E. quagga chapmani) gefunden. Möglicherweise handelte es sich dabei um die Geschlechtsprodukte von Gongylonema pulchrum, eines wenig wirtsspezifischen Wurmes, der gelegentlich in der Schleimhaut des Ösophagus auch des Pferdes vorkommt.

In fünf Equidengruppen wurden die sehr großen und auffälligen Oozysten von Eimeria leuckarti nachgewiesen, davon wohl erstmals beim Kulan, Damara-Zebra und Hartmann-Zebra (E. zebra hartmanni). Die Oozysten waren 70 - 82,5 x 45 - 60 μm groß, dunkelbraun und von einer dicken, rauhen Hülle umgeben. K u t z e r (1969) bezeichnet die Art als "seltenen Parasiten von Pferd und Esel". Die Oozysten besitzen ein hohes spezifisches Gewicht und sind deshalb durch die Kochsalzanreicherung nicht erfaßbar. Über die Pathogenität des Parasiten weiß man kaum etwas, allerdings hält S h e a h a n (1976) Eimeria leuckarti-Kokzidiosen mit letalem Ausgang für möglich.

Die bei Kulan, Hartmann-Zebra und Przewalski-Pferd (E. przewalskii) diagnostizierten Trichuris-Eier sind sicherlich sogenannte Pseudoparasiten, d. h. Entwicklungsstadien von Parasiten, die normalerweise in anderen Tieren vorkommen und in ungeeigneten Wirten den Darmtrakt unverändert passieren. Unseres Wissens ist Trichuris als Pferdeparasit bislang noch nicht bekannt geworden.

Tabelle 2:

	Nematoda										Cestoda	Protozoa	
Kamele	Strongyloides spp.	Haemonchus spp.	Trichostrongylus/ Ostertagia spp.	Nematodirus spp.	Oesophagostomum spp.	Ascaris skrjabini (?)	Trichuris spp.	Capillaria spp.	Dictyocaulus viviparus	Dictyocaulus filaria	Moniezia spp.	Eimeria spp.	Balantidium spec.
Trampeltier (Camelus bactrianus)	+	+	+	+	+	+	+	+	+	+	+	+	+
Dromedar (C. dromedarius)	+		+				+	+	+			+	+
Guanako (Lama guanicoe)				+			+					+	
Vikunja (L. vicugna)			+	+								+	

2. Kamele: Von allen Cameliden zeigten die Trampeltiere (Camelus bactrianus) nicht nur das breiteste Artenspektrum an Endoparasiten, sondern auch den höchsten Grad der Ei- beziehungsweise Larvenausschüttung. Vor allen Dingen frisch importierte Tiere schieden oft massenhaft Larven von Dictyocaulus filaria (wesentlich seltener und auch in geringerer Intensität von D. viviparus), Eier von Trichuris, Nematodirus, Strongyloides und Moniezia aus. Interessant ist das Vorkommen von Spulwurmeiern bei Trampeltieren, die auf Grund ihrer Abmessungen (75 - 85 x 60 - 70 μm)

und der stark buckligen Schalenstruktur sehr wahrscheinlich der von M o z g o v o j et al. (1969) aus dem Dromedar (Camelus dromedarius) beschriebenen und bislang nur aus diesem Wirt bekannten Art Ascaris skrjabini angehören. Beide Arten von Altweltkamelen werden auch von einer Eimeria-Art parasitiert, deren Oozysten noch größer sind als die der E. leuckarti der Pferde, nämlich E. cameli. Sie messen 95 - 111 x 70 - 96 µm und sind ebenso wie E. leuckarti nur im Sediment nachweisbar. Häufig, wenn auch niemals in großer Intensität, wurden Zysten von Balantidium spec. beobachtet. Nur schwach mit Parasiten befallen zeigten sich unsere Neuweltkamele.

Tabelle 3:

	Nematoda										Trematoda	Protozoa	
Hirsche	Strongyloides spec.	Haemonchus spec.	Trichostrongylus/ Ostertagia spp.	Cooperia spp.	Nematodirus spp.	Oesophagostomum spp.	Trichuris spp.	Capillaria spp.	Dictyocaulus viviparus	Protostrongylidae	Dicrocoelium dendriticum (?)	Eimeria spp.	Balantidium coli
Rothirsch (Cervus elaphus)				+	+	+	+			+		+	
Leierhirsch (C. eldi)		+					+						
Barasingha (C. duvauceli)												+	
Sikahirsch (C. nippon)												+	
Weißwedelhirsch (Odocoileus virginianus)		M	D			S		+				+	
Maultierhirsch (O. hemionus)												+	
Elch (Alces alces)	+	+	+	+	+	+	+	+		+		+	+
Rentier (Rangifer tarandus)			+	+	+			+		+			
Davidshirsch (Elaphurus davidianus)		M	D			S	+						
Wasserreh (Hydropotes inermis)			+						+			+	
Moschustier (Moschus moschiferus)			+		+				+	+		+	
Muntjak (Muntiacus muntjak)						+	+						
Mazama (Mazama pudu)			+			+						+	
Damhirsch (Dama dama)			+										
Reh (Capreolus capreolus)		M	D			S	+			+	+		
Axishirsch (Axis axis)			+										

3. **Hirsche:** Die schwerste Parasitenbürde in dieser Gruppe war stets bei den Elchen (Alces alces) zu verzeichnen. Den Hauptanteil stellten die Peitschenwürmer mit oftmals riesigen Eimengen im Kot und die Lungenwürmer (kleine Lungenwürmer der Familie Protostrongylidae). Trichuris-Befall kam im übrigen bei mehreren unserer Hirschgruppen vor, insbesondere bei den Buchara-Hirschen (Cervus elaphus bactrianus). Häufig von Lungenwürmern (Dictyocaulus viviparus, kleine Lungenwürmer) waren aus der Wildbahn stammende Moschustiere (Moschus moschiferus), Wasserrehe (Hydropotes inermis), Sibirische Rehe (Capreolus c. pygargus) und Rentiere (Rangifer tarandus) befallen. Bei Sibirischen Rehen wurden auch Eier von Dicrocoelium dendriticum gefunden.

Tabelle 4:

Antilopen	Nematoda											Protozoa
	Strongyloides spec.	Haemonchus spp.	Trichostrongylus/ Ostertagia spp.	Cooperia spp.	Nematodirus spp.	Oesophagostomum spp.	Trichuris spp.	Capillaria spp.	Dictyocaulus viviparus	Protostrongylidae	Toxocara vitulorum (?)	Eimeria spp.
Streifengnu (Connochaetes taurinus)		+	+									+
Wasserbock (Kobus ellipsoprymnus)		+					+		+			+
Mendesantilope (Addax nasomaculatus)	+		+		+		+					+
Säbelantilope (Oryx dammah)		+	+			+	+					+
Elenantilope (Taurotragus derbianus)	+		+		+			+		+		+
Buntbock (Damaliscus dorcas)	+	+	+				+	+				
Nyala (Tragelaphus angasi)			+	+								+
Hirschziegenantilope (Antilope cervicapra)		+	+		+		+				+	+
Nilgauantilope (Boselaphus tragocamelus)							+					+
Saiga (Saiga tatarica)			+			+	+					+
Gabelbock (Antilocapra americana)			+		+							+

4. Antilopen: Neben den Magen-Darm-Strongylata sind die Peitschenwürmer (Trichuris spp.) zweifellos die bedeutungsvollsten Parasiten dieser Gruppe. Dies trifft insbesondere auf die Säbel-Antilopen (Oryx dammah) und die Addax-Antilopen (Addax nasomaculatus) zu. Massenhafter Eiausstoß bei Jungtieren war oft mit einem schlechten Allgemeinzustand verbunden. Bei adulten Tieren wurden, wenn überhaupt, nur vereinzelt Eier im Kot erfaßt. Während verschiedene Trichostrongyliden bei nahezu allen Antilopen vorkamen, ist Nematodirusbefall charakteristisch für unsere Hirschziegen-Antilopen (Antilope cervicapra). Die meisten Eier wurden auch hier wieder bei Jungtieren gefunden. Die in dieser Antilopengruppe nur einmal aufgefundenen Spulwurmeier gehören wahrscheinlich zu Toxocara vitulorum. Lungenwürmer wurden nur bei zwei afrikanischen Antilopen-Arten beobachtet, obwohl sie bei zahlreichen wildlebenden Antilopen Afrikas anscheinend sehr häufig sind (D i n n i k and S a c h s , 1968).

Tabelle 5:

Giraffe Okapi Moschusochs Takin	Nematoda										Cestoda	Trematoda	Protozoa
	Strongyloides spec.	Haemonchus spp.	Trichostrongylus/ Ostertagia spp.	Cooperia spp.	Nematodirus spp.	Oesophagostomum spp.	Trichuris spp.	Capillaria spp.	Dictyocaulus viviparus	Protostrongylidae	Moniezia spp.	Paramphistomum spec. (?)	Eimeria spp.
Giraffe (Giraffa camelopardalis)		+	+				+	+					+
Okapi (Okapia johnstoni)		+	+			+		+					
Moschusochse (Ovibos moschatus)	+	+	+	+	+	+	+	+	+	+	+		+
Takin (Budorcas taxicolor)	+					+	+	+				+	+

5. Giraffe, Okapi, Moschusochs und Takin: Unsere Giraffen und das Okapi-Männchen "Boje" schieden nur gelegentlich wenige Magen-Darmwurm-Eier und Trichuriden-Eier aus. Trichuris spp. kommt wohl auch bei den Moschusochsen die größte Bedeutung zu, wobei wiederum die jungen Tiere offenbar am stärksten befallen waren. Außer den Peitschenwürmern werden vor allem die Kokzidien jungen Moschusochsen gefährlich. Lungenwürmer und Bandwürmer wurden nur bei einem aus Kanada eingeführten Männchen festgestellt, nicht aber bei im Tierpark geborenen Tieren. Bei unserem Takin-Paar sind lediglich die vom Männchen seit dem Tage seiner Ankunft im August 1974 ausgeschiedenen Trematoden-Eier zu erwähnen, die eine Größe von 140 - 162 x 80 - 95 µm aufweisen und von Paramphistomum-Eiern nicht zu unterscheiden sind.

Tabelle 6:

Rinder	Nematoda										Cestoda	Trematoda	Protozoa	
	Strongyloides spec.	Haemonchus spec.	Trichostrongylus/ Ostertagia spp.	Cooperia spp.	Nematodirus spp.	Oesophagostomum spp.	Toxocara vitulorum	Trichuris spp.	Capillaria spp.	Dictyocaulus spp.	Moniezia spp.	Dicrocoelium dendriticum	Eimeria spp.	Balantidium coli
Hausrind (Bos primigenius)	+		+	+		+	+					+	+	
Gayal (B. frontalis)													+	+
Zebu (B. indicus)	+													
Banteng (B. javanicus)			+											
Asiatischer Büffel (Bubalus bubalis)						+								
Kaffern-Büffel (B. caffer)		+		+			+						+	
Bison (Bison bison)	+	+	+	+	+		+	+		+	+		+	
Wisent (B. bonasus)	+	+	+	+	+	+	+	+	+	+			+	
Yak (Poephagus grunniens)								+					+	

6. Rinder: Die Wildrinder und Hausrindrassen des Tierparks sind im allgemeinen nur schwach mit

Helminthen und Protozoen befallen. Entsprechend gering sind deshalb die nachweisbaren Eimengen. Eine Ausnahme bilden Wisent (Bison bonasus) und Bison (Bison bison). Hier ist Toxocara vitulorum ein gefährlicher Parasit der Kälber. Schon 24 - 28 Tage nach der Geburt fanden wir bei vier Bisonkälbern massenhaft Eier im Kot, während die Muttertiere offenbar frei von adulten Spulwürmern waren. Nur in drei Fällen haben wir auch bei erwachsenen Rindern Spulwurm-Eier diagnostiziert, nämlich beim Bison und Rotbüffel (Bubalus caffer nanus) sowie einer Wisentkuh, deren drei Monate altes Kalb zur gleichen Zeit ebenfalls einige wenige Eier ausschied. Im übrigen gibt es bislang noch keinen gesicherten Hinweis darauf, daß die Invasion der Kälber schon im Mutterleib, also pränatal, erfolgt; es ist jedoch erwiesen, daß die Kälber nach der Geburt Invasionslarven mit der Muttermilch aufnahmen und sich auf diese Weise infestierten (vgl. S t o y e , 1976). Ebenfalls nur bei Wisent und Bison und auch hier besonders intensiv bei Jungtieren trat Nematodirus auf. Dieser Trichostrongylide wurde des öfteren bei durchfälligen Kälbern als einziger Parasit ermittelt. Trichuris-Eier wurden nur selten sowohl bei erwachsenen als auch bei jungen Rindern festgestellt, wenn auch bei letzteren in etwas höherer Intensität. Bandwürmer der Gattung Moniezia sind mit aus Kanada importierten Waldbisons (Bison b. athabascae) eingeschleppt worden; sie wurden nur während der Quarantänezeit registriert.

Tabelle 7:

	Nematoda											Cestoda	Trematoda	Protozoa
Schafe Ziegen	Strongyloides spec.	Haemonchus spp.	Trichostrongylus/ Ostertagia spp.	Cooperia spp.	Nematodirus spp.	Oesophagostomum spp.	Bunostomum spec.	Trichuris spp.	Capillaria spp.	Neostrongylus linearis	Protostrongylidae	Moniezia spp.	Fasciola hepatica	Eimeria spp.
Wildschaf (Ovis ammon)	+	+	+	+	+	+	+	+	+		+	+		+
Steinbock (Capra ibex)			+		+						+			+
Hausziege (C. aegagrus)	+		+	+		+	+	+	+	+				+
Schneeziege (Oreamnos americanus		+	+			+	+	+			+		+	+

7. Schafe und Ziegen: Bei allen Schaf- und Ziegengruppen des Tierparks wurden Kokzidien in zumeist mehreren Arten festgestellt. Besonders hartnäckig halten sich diese Parasiten in unserem Bestand afrikanischer Zwergziegen; sie sind aber auch sonst das parasitologische Hauptproblem dieser Tiergruppe. Strongyloides trat vermehrt bei Lämmern auf, Trichuris bei Tieren aller Altersstufen. Kleine Lungenwürmer kamen nur bei neu erworbenen Tieren vor: beim Kreishornschaf (Ovis ammon cycloceros), der Schneeziege (Oreamnus americanus), einer aus Sizilien stammenden Hausziegenrasse (Capra aegagrus), bei der Neostrongylus linearis festgestellt wurde, und dem Sibirischen Steinbock (Capra ibex sibirica). Ebenfalls "mitgebracht" wurden Bandwürmer der Gattung Moniezia durch das Kreishornschaf und Leberegel durch die Schneeziege.

Zusammenfassung:

Koprologische Untersuchungen bei Huftieren des Tierparks Berlin

Die Ergebnisse von Kotuntersuchungen bei Huftieren des Tierparks Berlin während der Jahre 1970 bis 1977 werden tabellarisch dargestellt und Besonderheiten besprochen.

Summary:

Coprological Studies in Hoofed Animals of the Tierpark Berlin (GDR)

The results of fecal examinations made in hoofed animals of the Tierpark Berlin (GDR) during the period from 1970 - 1977 are demonstrated in tables. Pecularities are discussed.

Résumé:

Analyses coprologiques chez des ongulés du Jardin zoologique de Berlin

Les résultats d'analyses des matières fécales effectuées chez des ongulês du Jardin zoologique de Berlin au cours des années 1970 à 1977 sont présentés dans des tableaux. Les particularités sont discutées.

Резюме:

Корпологические исследования копытных в зоопарке Берлина.

Даны результаты исследований кота у копытных животных зоопарка г. Берлина в 1970 по 1977. Результаты собраны в таблицы , особенности , выявленные при исследованиях обсуждены.

Literatur:

BOCH, J. und R. SUPPERER (1971): Veterinärmedizinische Parasitologie. Berlin-Hamburg: Paul Parey.

DINNIK, J. A. and R. SACHS (1968): A gigantic Protostrongylus, P. africanus sp. nov., and other lung nematodes of antelopes in the Serengeti, Tanzania. Parasitology 58, 819-829.

GREER, G. J., BELLO, T. R. and T. F. AMBORSKI (1974): Experimental infection of Strongyloides westeri in parasite-free ponies. J. Parasitol. 60, 466-472.

KUTZER, E. (1969): Eimeria leuckarti, ein seltener Parasit von Pferd und Esel. Dtsch.Tierärztl. Wschr. 76, 35-37.

LYONS, E. T., DRUDGE, J. H. and S. C. TOLLIVER (1973): On the life cycle of Strongyloides westeri in the equine. J. Parasitol. 59, 780-787.

MOZGOVOJ, A. A., KORNIENKO, Z. P. i V. I. ŠACHMATOVA (1969): Ascaris skrjabini sp. n. (Ascaridata) - parazit verbljuda. Parazitologija 3, 174-175.

SHEAHAN, B. J. (1976): Eimeria leuckarti infection in a thoroughbred foal. Vet. Rec. 99, 213-214.

STOYE, M. (1976): Pränatale und galaktogene Helmintheninfektionen bei Haustieren. Dtsch. Tierärztl. Wschr. 83, 569-576.

TSCHERNER, W. (1973): Kokzidien bei Wiederkäuern im Tierpark Berlin. Verhandlungsber. XV. Internat. Symp. Erkrankungen Zootiere, Kolmården, 103-111.

Anschrift des Verfassers: Dr. W. T s c h e r n e r
Tierpark Berlin
1136 Berlin-Friedrichsfelde, Am Tierpark 125 (DDR)

Aus dem Bezirksinstitut für Veterinärwesen Rostock (Direktor: OVR Dr. W. E h r e n t r a u t) und der Sektion Tierproduktion und Veterinärmedizin der Humboldt-Universität zu Berlin, Bereich Parasitologie (Leiter: VR Prof. Dr. sc. Th. H i e p e)

GASTEROPHILOSE-BEKÄMPFUNG BEI PFERDEN IM ZOO

Von Dagmar R i t s c h e r , H. S e i d e l und Regine R i b b e c k

Die Gasterophilose, d. h. der Magendassellarvenbefall, der Equiden ist seit langem bekannt und beschrieben. Sie teilt jedoch das Schicksal vieler Endoparasitosen, denen man bislang nur wenig Beachtung schenkt, weil die durch sie verursachten Schäden klinisch wenig auffällig und charakteristisch und die Erreger der Gasterophilose bei der koprologischen Untersuchung in der Regel nicht nachweisbar sind.

In den Pferdebeständen der DDR stellte die Gasterophilose in den letzten Jahren bis etwa zum Jahre 1975 kein Problem dar. Gasterophilus-Larven wurden meist nur als Nebenbefunde bei Schlachtungen oder Sektionen in Magen und/oder Dünndarm der Pferde festgestellt. Im Zoologischen Garten Rostock wurde daher der Magendassellarvenbefall der Equiden in dem parasitologischen Prophylaxeprogramm nicht berücksichtigt.

Hochgradige gesundheitliche Schäden bei Shetland-Ponys infolge Gasterophilus-Befalls in den Jahren 1975/76, die mit Beobachtungen in anderen Pferdebeständen korrespondierten, veranlaßten uns zu einer Bearbeitung der Bekämpfungsmöglichkeiten dieser Parasitose unter den Bedingungen eines Zoologischen Gartens.

Mitte Dezember 1975 wurden zwei Shetlandpony-Wallache im Alter von zwei Jahren wegen Durchfall, Inappetenz und Abmagerung beziehungsweise Krampfkolik in die Tierklinik des BIV Rostock aufgenommen und nach symptomatischer Behandlung sowie Leberzellschontherapie und Vitamin-Substitution nach klinischer Besserung beziehungsweise Heilung bei unauffälligen biochemischen Blutwerten Ende Dezember wieder in den Bestand entlassen. Als Ursache der Erkrankungen wurde eine Futterschädlichkeit (verschimmeltes Brot) angenommen. Beide Tiere mußten wegen fortschreitender Abmagerung Mitte Januar 1976 erneut in die Klinik eingestellt werden. Bei laufender Verschlechterung des Allgemeinbefindens, ohne daß eine direkte Krankheitsursache erkannt werden konnte, verstarb eines der Ponys trotz intensiver allgemeintherapeutischer Bemühungen am 3. 2. 1976. Der kontinuierliche Anstieg der SGOT-Aktivitäten von 171 IE/l am Tag der Klinikaufnahme auf 637 IE/l ante finem hatte diesen fatalen Verlauf voraussehen lassen. Bei der Sektion ergab sich eine für uns unerwartete Diagnose: Massive Gasterophilose, hervorgerufen durch Gasterophilus intestinalis. Bei dem zweiten Ponywallach, der bei den biochemischen Untersuchungen ebenfalls eine starke Erhöhung der SGOT-Aktivität sowie Eisenmangel und Anzeichen eines Eiweißmangel-Syndroms zeigte (Tab. 1, 2), wurde daraufhin sofort eine kausale Therapie mit einem Dichlorvos-Versuchsmuster (heute als Ursophos-Granulat für Schweine, Hersteller: VEB Serumwerk Bernburg , in der DDR im Handel, entspricht in etwa dem Equigard/Shell) eingeleitet. Die Dosis betrug 30 mg Wirkstoff/kg/KM. Das Dichlorvos-haltige Granulat wurde in einem Teigbissen verarbeitet, da das relativ stark riechende Medikament freiwillig nicht aufgenommen wurde. Post applicat. kam es innerhalb von 72 Stunden zu einem Abgang von insgesamt 73 G. intestinalis-Larven, davon wurden 46 zwischen der 36. und 48. Stunde post applicat. ausgeschieden. Bereits wenige Tage nach der Dichlorvos-Gabe trat eine deutliche klinische Besserung ein. Die Körpermasse des Pferdes, die ante applicat, während 3½ Wochen um 10 kg abgesunken war, stieg innerhalb von vier Wochen nach der Behandlung um 6 kg an.

Die gute Wirksamkeit und Verträglichkeit des Dichlorvos in oben angegebener Dosis gegenüber Gasterophilus spp. konnten durch weitere Untersuchungen an 26 Ponys und 8 Arabern bestätigt werden, für die Beurteilung des Behandlungserfolges wurde neben der Auszählung der abgehenden Gasterophilus intestinalis- beziehungsweise G. nasalis-Larven bei den Ponys auch die Beurteilung der biochemischen Befunde (Gesamteiweiß, Serum-Eisengehalt, SGOT-Aktivität) herangezogen. Die Verabreichung des Dichlorvos erfolgte teils in Bolusform, bei den Arabern und einigen Ponys

Tab. 1: Kritische Grenzwerte der Parameter SGOT, Gesamteiweiß und Eisen im Serum für das klinisch gesunde Pferd

Parameter Maßeinheit	SGOT IE/l	Gesamteiweiß g/100 ml	Eisen µg/100 ml
kritischer oberer Wert	110	8,0	300
kritischer unterer Wert	60	6,5	80

Tab. 2: Verlaufsuntersuchung unter Berücksichtigung der Parameter SGOT, Gesamteiweiß und Eisen im Serum eines Ponies mit G.-intestinalis-Befall

Untersuchungstag	SGOT (IE/l)	Gesamteiweiß (g/100 ml)	Eisen (ug/100ml)
12. 1. 76	159	6.9	n.u.
3. 2. 76	427	6.5	n.u.
+)			
17. 2. 76	296	6.4	57
10. 3. 76	216	7.3	111

Zeichenerklärung:
n.u. = nicht untersucht
+) = Dichlorvos-Behandlung am 9. 2. 76

auch mit dem Kraftfutter unter Zusatz von Obst und Möhren, wobei die Aufnahme der gesamten Dosis bei oral-alimentärer Gabe zwei Mahlzeiten in Anspruch nahm.

Im Rahmen der Bekämpfungsmaßnahmen gegen den Magendassellarvenbefall in dem Zoopferdebestand erfolgten regelmäßige Kontrollen während der Sommermonate 1976 auf abgelegte Gasterophilus-Eier an den Prädilektionsstellen am Pferdekörper. Eine echte Prophylaxe, d. h. eine Weidebeschränkung für die Pferde während der Flugzeit der Magenfliegen (bei Sonnenschein und Wärme) war nicht konsequent durchführbar. Die ersten Gasterophilus-Eier wurden im Juli festgestellt; die im Schrifttum propagierten Waschungen der Wirtstiere mit Wasser und anschließend einem Insektizid waren erfolglos, sie führten nicht zum Schlüpfen und zur Abtötung der Larven I.

Da eine Infektion der Pferde mit Gasterophilus spp. unter unseren Haltungsbedingungen nicht zu vermeiden ist, kommt der metaphylaktischen Behandlung mit hochwirksamen, gut verträglichen Insektiziden vorrangige Bedeutung zu. Die in der DDR dominierende Art Gasterophilus intestinalis ist dadurch charakterisiert, daß die Larven I in den Eihüllen bis zu drei Monaten lebens- und infektionsfähig bleiben können. Dadurch ist eine laufende Infektionsmöglichkeit bis in die Wintermonate hinein gegeben und eine einmalige Behandlung der Tiere etwa im November nicht ausreichend zur wirksamen Bekämpfung dieser Parasitose. Nach unseren bisherigen Erfahrungen und unter Berücksichtigung der Saisondynamik von Gasterophilus intestinalis halten wir in Übereinstimmung mit Jonas und Hasslinger (1973) mindestens zwei Insektizidgaben - im Dezember und Januar - für erforderlich.
Da trotz der serologischen Untersuchungsergebnisse von Viviers et al. (1974) bislang ein spezifisches praxisreifes intravitaldiagnostisches Verfahren zur Erkennung einer Gasterophilose bei Pferden nicht zur Verfügung steht und eine diagnostische Schlachtung - wie bei anderen Parasitosen in Nutztierbeständen - bei Zootieren indiskutabel ist, nutzten wir die Ergebnisse biochemischer Untersuchungen zur Erhärtung der Verdachtsdiagnose unter Berücksichtigung der Differentialdiagnostik, zur Prognose sowie zur Kontrolle des Behandlungserfolges. Die Parameter SGOT-

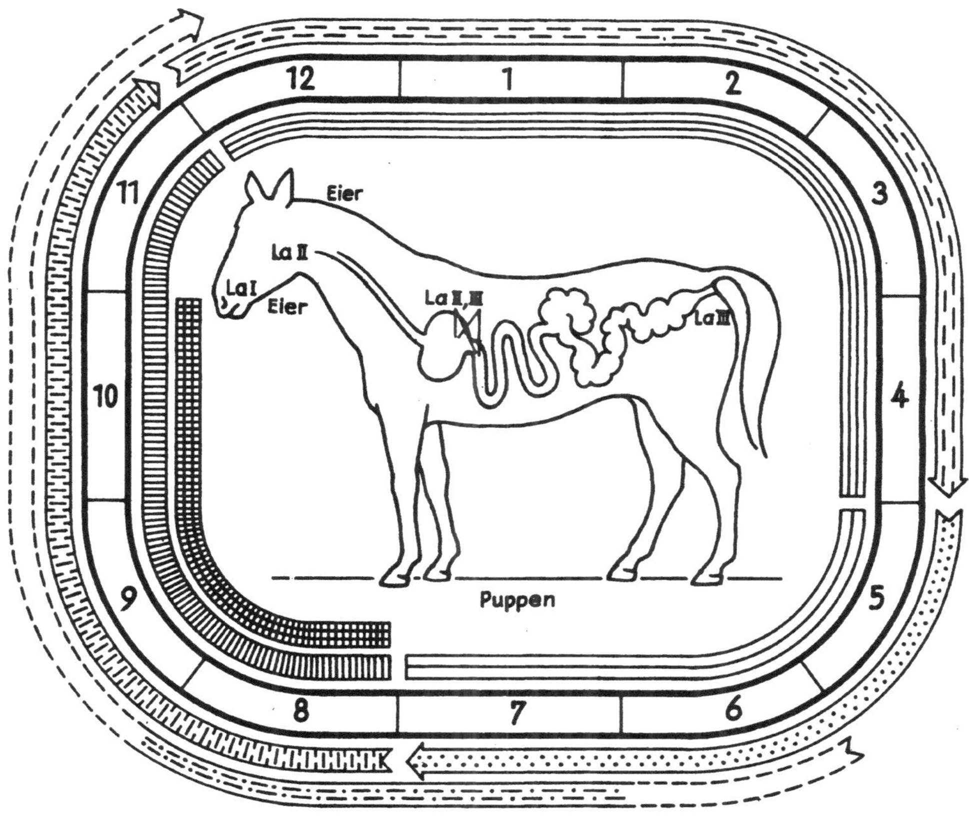

Legende der Abb. 1:

Lebenszyklus und Bekämpfungsmöglichkeiten einheimischer Gasterophilus spp. (schematisch)

Zeichenerklärung:

1-12	=	Monate
	=	Imagines, Eiablage, Embroynalentwicklung
	=	Larven I, ggf. II im Mundhöhlenbereich
	=	Larven II und III im Magen-Darm-Trakt
	=	Puppenruhe; artverschieden, bis 3 Monate
	=	Insektizideinsatz gegen Eier und Larven am Haarkleid
	=	Medikamentelle Bekämpfung der Larven I, ggf. Larven II
	=	Medikamentelle Bekämpfung der Larven II und III
	=	Insektizideinsatz gegen Puppen derzeit nicht möglich

Aktivität, Gesamteiweiß-Konzentration und Eisenkonzentration im Blutserum sind nach unseren bisherigen Untersuchungsergebnissen dafür geeignet und auch in der Zootierpraxis ohne Gefährdung oder Schädigung der Patienten zu erheben.

Zusammenfassung:

Gasterophilose-Bekämpfung bei Pferden im Zoo

Es wird über Gasterophilus intestinalis- und G. nasalis-Befall bei Pferden in einem Zoologischen Garten berichtet, wobei ein Pony infolge einer massiven Infektion ad exitum kam. Zur Therapie wurde erfolgreich Dichlorvos-Granulat in einer Dosierung von 30 mg Wirkstoff/kg KM oral-alimentär beziehungsweise in Bolusform bei insgesamt 36 Pferden, Ponys und Arabern eingesetzt. Auf den Wert biochemischer Untersuchungsergebnisse im Rahmen von Diagnostik, Prognostik und Kontrolle des Behandlungserfolges bei dieser Parasitose wird hingewiesen.

Summary:

Combatting of Gasterophilosis in Horses in Zoological gardens

The author reports on an affection with Gastrophilus intestinalis and G. nalasis in horses in a zoological garden. One pony died from a massive infection. For therapy dichlorvos-granulate at a dosage of 30 mg active substance/kg body-mass was successfully applied orally-alimentarily or in bolus form in altogether 36 horses, ponies and Arabian horses. The great value of biochemical test results within diagnostics, prognostics and check-ups of the therapeutic success achieved with this parasitosis is emphasized.

Résumé:

Thérapeutique en cas de gastérophilose chez des chevaux

Le rapport décrit des cas de parasitisme par Gastrerophilus intestinalis et par G. nasalis chez des chevaux dans un jardin zoologique, qui se sont soldés par une infection massive, et mortelle pour un poney. Un traitement positif a été mis en application sous forme de Dichlorvos granulé à raison de 30 mg/kg de masse fourragère ou bien sous forme de Bolus chez 36 chevaux, poneys et chevaux arabes. Le rapport fait ressortir l'importance revenant aux résultats des analyses biochimiques dans le cadre de la diagnose, du pronostic et du contrôle thérapeutique.

Резюме:

Борьба с гастерофилозом у лошадей в зоопарке.

Сообщается о поражении лошадей Gasterophilus intestinalis- G. nasalis при этом от массивной инфекции погиб один пони. Для терапии с успехом на 36 лошадях, пони и арабских скокунах применялся дихлорфос-гранулат в дозе 30мг вещества на кг. веса животного орально-алиментарным методом. Подчеркивается значение биохимических исследований в рамках диагностики, прогностики и контроля для успешного уничтожения данных паразитов.

Literatur:

GRUNIN, K. J. (1966): 64 a. Gasterophilidae, in: E. Lindner: Die Fliegen der paläarktischen Region. Stuttgart: E. Schweizerbart'sche Verlagsbuchhandlung.

JONAS, D. und M. A. HASSLINGER (1973): Erfolgsaussichten einer planmäßigen Gasterophilus-Bekämpfung bei Pferden. Dtsch. tierärztl. Wschr. 80, 369-372.

VIVIERS, P. L., ELAZHARY, M. A. S. Y., LAGACE, A., ROY, R. S. et A. TREMBLAY (1974): Une étude expérimentale sur la variation du taux d'anticorps sériques suivant le cycle évolutif des oestres du cheval. Canad. J. comp. Med. 38, 336-340.

Anschrift der Verfasser: Dr. Dagmar Ritscher
25 Rostock, Thierfelder Str. (DDR)

Aus dem Forschungsinstitut für Wildtierkunde (Vorstand: Prof. Dr. K. O n d e r s c h e k a)
der Veterinärmedizinischen Universität Wien

ZUSAMMENHÄNGE ZWISCHEN ERNÄHRUNGSSTOFFWECHSEL UND RÄUDE DER GEMSE (RUPICAPRA RUPICAPRA RUPICAPRA LINNÉ 1758)

Von K. O n d e r s c h e k a, G. G a t t i n g e r,
P. F e l d b a c h e r und W. K l ä r i n g

Das Auftreten der Gamsräude wird zumeist auf Konditionsmängel zurückgeführt (K e r s c h a g l, 1965; O n d e r s c h e k a et al., 1976a; 1976b; K n a u s und S c h r ö d e r, 1975). In diesem Zusammenhang wird vor allem dem Ernährungszustand der Tiere eine große Bedeutung zugeschrieben. Die bisher gebräuchlichen Verfahren zur Beurteilung des Ernährungszustandes, die adspektorische Beurteilung und die Wägung des Tierkörpers, sind unserer Erfahrung nach viel zu subjektiv und ungenau, um die Ernährungssituation auch nur einigermaßen reproduzierbar charakterisieren zu können. Andererseits sind die zur Erstellung exakter Stoffwechselbilanzen bei Labor- und Haustieren angewandten Untersuchungstechniken bei den in freier Wildbahn lebenden Tieren aber nicht anwendbar, da wildlebende Tiere sowohl bei Käfig- als auch bei Gehegehaltung fast ausnahmslos einen Stoffwechsel aufweisen, der dem dieser Tierart in ihrem natürlichen Biotop keinesfalls entspricht. Deshalb haben wir uns zur Aufgabe gemacht, ein für die Verwendung in der freien Wildbahn geeignetes Untersuchungsverfahren zu entwickeln, das es ermöglicht, an Hand von "Momentaufnahmen" einzelner bei einem Tier geprüfter Parameter die Stoffwechselsituation zu beurteilen. Bei solchen Methoden wirkt sich erwartungsgemäß der individuelle Einfluß besonders nachteilig aus. Eine weitere Erschwernis bei der Interpretation der Einzelwerte kommt dem Umstand zu, daß viele der Parameter physiologisch, also auch bei gesunden Tieren, bei vollkommen gegensätzlichen Stoffwechselsituationen gleich groß sind. Dies ist darauf zurückzuführen, daß z. B. beim Befüllen oder Entleeren eines Depots der gleich große Wert ermittelt werden kann. Diese Tatsache hat zur Folge, daß zur Beurteilung des Stoffwechsels immer mehrere Kriterien herangezogen werden müssen.

Daß mit Hilfe der Kombinationsmethode, bei der von einem erlegten Tier gleichzeitig z. B. Mageninhalt, Leber, Blut, Haar, Knochen und Harn analysiert und beurteilt wird, vielfach auch die Ursache der Ernährungsstörung ermittelt werden kann, soll an dieser Stelle nur erwähnt werden. Voraussetzung für die Interpretation und damit für die Anwendung dieser Untersuchungsverfahren ist die genaue Kenntnis der sogenannten Normalwerte (gegliedert nach Geschlecht, Alter, Jahreszeit und Leistung) und die jeweilige für die betreffende Stoffwechselsituation charakteristische Abweichung vom Normalwert (O n d e r s c h e k a, 1976a; 1976c).

Nur ein Bruchteil der von uns geprüften Kriterien ermöglicht auch direkte quantitative Rückschlüsse auf den Stoffwechsel. Außerdem können mehrere bei Haustieren sehr geeignete Parameter bei wildlebenden Tieren nicht untersucht werden, weil die erforderliche Technik der Probenentnahme in der freien Wildbahn nicht durchführbar ist oder die Transportdauer zur Untersuchungsstelle das Analysenergebnis beeinflußt. Wir waren darauf bedacht, daß die Technik der Probenentnahme und des Transportes so vereinfacht wird, daß die dafür erforderlichen Arbeiten, ohne Beeinträchtigung der Aussagekraft der Analysenergebnisse, auch von nicht speziell geschultem Personal und unter den Gegebenheiten der freien Wildbahn durchgeführt werden können.

Unter Berücksichtigung der vorgenannten Kriterien kann man, ohne gravierende Einbuße an Aussagekraft bei der Untersuchung der Zusammenhänge zwischen dem Ernährungszustand und der Räudeerkrankung, die Zahl der zu prüfenden Parameter von ursprünglich 178 auf weniger als 10 reduzieren. Erst durch die damit verbundene Ersparnis an Material, vor allem aber an Arbeitszeit, wird eine breitere Anwendung dieser Untersuchungsmethode ermöglicht.

Die Untersuchungen wurden in Mayrhofen (Zillertal/Tirol), einem Revier der Österreichischen Bundesforste, in der Zeit von November 1975 bis Oktober 1977 durchgeführt. Das Gebiet liegt im östlichen Teil Tirols an der Nordseite des Alpenhauptkammes. Der gesamte Biotop umfaßt eine Fläche von 40.000 Hektar und weist einen extremen Hochgebirgscharakter (bis zirka 3000 m Seehöhe) auf.

Monatlich wurden mindestens zwei gesund erscheinende Gemsen und alle beobachteten räudekranken beziehungsweise räudeverdächtigen Tiere abgeschossen und der Untersuchung zugeführt. Das im Rahmen dieser Arbeit verwertete Datenmaterial stammt von 177 Gemsen, von denen 38 Stück gering- bis hochgradig an Räude erkrankt waren.

Die Entnahme und Untersuchung des Probenmaterials wurde nach den von O n d e r s c h e k a et al. (1976a; 1976b) angegebenen Methoden durchgeführt.

Untersuchungsergebnisse

Die an 177 Gemsen ermittelten Untersuchungsergebnisse sind der besseren Übersicht wegen in Tabelle 1a, b, c, d zusammengefaßt. Die bei gesunden Tieren ermittelten Werte werden denen der räudekranken Gemsen gegenübergestellt. Die Zahl der Individuen wird unter (n), die Mittelwerte unter ($\bar{x}$), die jeweilige Standardabweichung vom Mittelwert unter ($\pm s$) und die Irrtumswahrscheinlichkeit beim Vergleich zwischen gesunden und räudekranken Tieren unter (p) angegeben.

ERNÄHRUNGSPHYSIOLOGISCH BEDEUTENDE PARAMETER BEI GEMSEN
(Biotop Mayrhofen/Tirol)

Tabelle 1/a:

	Maßeinheit	gesunde			räudekranke			
		$\bar{x}$	±s	n	$\bar{x}$	±s	n	p =
Tierdaten								
Lebendgew.	kg	26,3	7,2	52	25,5	8,5	8	0,768
Gewicht (aufgebrochen+Haupt)	kg	18,4	5,3	137	16,4	5,8	19	0,121
Seehöhe am Erlegungsort	m	1735	492	139	1351	479	41	0,000
Panseninhalt								
Panseninhalt	kg	3,3	1,7	27	2,1	1,8	8	0,117
Trockensubst.	% Fr.S.	12,3	5,3	30	12,6	9,1	14	0,930
Rohasche	% Tr.S.	11,1	2,2	30	11,2	2,2	14	0,870
Rohprotein	- " -	23,8	6,3	30	19,8	3,2	14	0,008
Rohfett	- " -	6,2	1,8	30	4,9	1,0	14	0,006
Rohfaser	- " -	19,5	4,9	30	23,0	2,8	14	0,004
N-fr.Extr.St.	- " -	39,5	4,6	30	39,3	6,3	14	0,925
Kalzium	g/kg Tr.S.	6,8	2,0	30	8,1	2,1	14	0,048
Phosphor	- " -	10,2	2,7	30	9,2	2,4	14	0,220
Magnesium	- " -	1,9	0,7	30	1,8	0,8	14	0,964
Natrium	- " -	17,9	4,4	30	15,9	3,9	14	0,153
Kalium	- " -	25,5	13,5	30	22,7	11,2	14	0,508
Kupfer	ppm Tr.S.	9,1	2,7	30	9,4	3,2	14	0,754

Tabelle 1/b:

	Maßeinheit	gesunde $\bar{x}$	gesunde ±s	gesunde n	räudekranke $\bar{x}$	räudekranke ±s	räudekranke n	p =
Panseninhalt								
Zink	ppm Tr.S.	141,8	53,4	30	117,6	22,8	14	0,041
Mangan	- " -	427,9	176,5	30	422,9	146,3	14	0,926
Eisen	- " -	440,8	1069,4	30	828,4	1563,6	14	0,341
Pansensaft								
Ammoniak(NPN)	mg %	62,2	27,0	30	56,8	28,3	12	0,560
pH		5,7	0,3	29	6,2	0,5	10	0,020
Leber								
Trockengeh.	% Fr.S.	28,4	2,2	139	26,9	2,0	38	0,000
Rohasche	% Tr.S.	1,6	0,3	139	1,5	0,3	38	0,133
Glykogen	mg/g Tr.S.	49,9	36,7	133	27,4	33,3	38	0,001
Fett	% Tr.S.	12,1	4,3	139	9,4	2,9	38	0,000
Gesamt-N_2	- " -	11,7	1,5	139	12,3	1,0	38	0,004
Vitamin A	i.E/g Tr.S.	1428	826	135	1825	1231	38	0,067
Carotin	µg/g Tr.S.	5,2	10,7	134	3,2	3,7	38	0,063
Kalzium	g % R.A.	0,2	0,1	138	0,3	0,1	38	0,064
Phosphor	- " -	26,1	2,3	138	24,3	3,4	38	0,004
Magnesium	- " -	1,2	0,4	138	1,2	0,3	38	0,959
Natrium	- " -	8,8	2,4	138	10,2	3,9	38	0,045
Kalium	- " -	23,9	4,6	138	22,8	4,2	38	0,189
Kupfer	µg % R.A.	148,1	171,1	138	244,2	268,0	38	0,042
Zink	- " -	341,2	176,4	138	440,0	253,3	38	0,029

Tabelle 1/c:

	Maßeinheit	gesunde			räudekranke			p =
		x̄	±s	n	x̄	±s	n	
Leber								
Mangan	µg % R.A.	20,8	8,7	138	22,7	7,1	38	0,220
Eisen	- " -	456,0	565,7	138	837,9	1213,3	38	0,066
Ascherückstd.	- " -	5,4	5,3	122	5,7	4,8	36	0,305
Lebergewicht	g	455,4	123,2	50	429,0	84,1	16	0,428
Blut								
Kalzium	mg %	11,7	2,5	52	9,8	2,2	10	0,027
Phosphor	-"-	11,3	4,0	56	12,3	9,6	10	0,759
Magnesium	-"-	3,4	0,9	51	2,9	0,5	10	0,121
Natrium	-"-	318,8	152,9	46	339,5	105,0	9	0,700
Kalium	-"-	45,9	27,0	47	39,1	12,0	9	0,235
Kupfer	µg %	46,8	17,9	50	56,6	19,0	8	0,156
Zink	-"-	70,0	38,7	48	58,4	28,0	9	0,399
Jod	-"-	6,2	3,5	41	8,9	2,5	9	0,054
PBJ	-"-	4,2	2,1	38	5,7	2,1	9	0,073
alk.Phosphat.	m Mol	6,0	4,1	52	4,7	4,7	10	0,371
Harnstoff	mg %	62,1	47,4	52	67,2	82,7	10	0,853
Glukose	-"-	219,7	173,4	36	84,0	54,3	4	0,132
Gesamteiweiß	g %	0,3	0,2	52	0,7	1,1	10	0,200
Haar								
Asche	%i.fettfr. Tr.S.	0,7	0,3	31	0,8	0,4	11	0,229
Kalzium	mg% fettfr. Tr.S.	226,9	100,9	31	361,5	140,4	11	0,001

Tabelle 1/d:

	Maßeinheit	gesunde $\bar{x}$	gesunde ±s	gesunde n	räudekranke $\bar{x}$	räudekranke ±s	räudekranke n	p =
Haar								
Phosphor	mg% fettfr. Tr.S.	16,2	4,0	31	17,2	2,2	11	0,427
Magnesium	- " -	32,1	14,3	31	46,0	15,3	11	0,010
Natrium	- " -	7,2	3,8	31	14,2	12,2	11	0,088
Kalium	- " -	6,5	6,6	31	10,9	7,8	11	0,074
Kupfer	- " -	1,0	0,7	31	1,4	0,8	11	0,114
Zink	- " -	10,6	4,0	31	14,8	5,3	11	0,009
Mangan	- " -	0,2	0,2	27	0,4	0,5	11	0,206
Eisen	- " -	3,0	4,0	31	2,5	2,1	11	0,605
Harn								
pH		7,07	0,88	31	7,11	0,92	10	0,887
spez.Gewicht		1,031	0,015	30	1,036	0,008	10	0,228
Trockensubst.	%	7,8	3,8	29	8,4	2,8	10	0,620
Gesamt-N_2	mg %	970,7	675,5	35	824,5	330,0	10	0,352
Kalzium	- " -	69,9	72,8	32	100,9	83,3	10	0,264
Phosphor	- " -	1,7	3,1	26	3,2	5,8	10	0,442
Magnesium	- " -	35,0	26,1	32	57,2	26,3	10	0,024
Natrium	- " -	16,4	29,7	32	23,8	23,2	10	0,477
Kalium	- " -	580,2	351,5	32	681,5	328,7	10	0,424
Kupfer	µg %	25,0	14,0	28	18,9	17,3	9	0,292
Zink	- " -	29,6	11,0	31	36,1	24,3	10	0,432
Kreatinin	mg %	163,9	189	20	101,3	59,7	8	0,197

Die Anzahl der untersuchten Individuen ist bei den einzelnen Untersuchungskriterien verschieden. Dies kommt daher, weil nicht bei jedem Einzelindividuum immer alle Kriterien geprüft werden konnten, da entweder mangelnde Qualität oder Quantität des Untersuchungsmaterials eine Analyse unmöglich machte.

Sämtliche Untersuchungsdaten zu diskutieren ist im Rahmen dieser Veröffentlichung nicht möglich, weshalb wir uns in den folgenden Ausführungen der besseren Übersicht wegen auf die Besprechung der uns besonders aussagekräftig erscheinenden Zusammenhänge zwischen Räudeerkrankung und dem Ernährungsstoffwechsel der Gemsen beschränken.

Panseninhalt:

Bei dem Vergleich des Rohnährstoffgehaltes im Panseninhalt gesunder mit räudekranken Gemsen wird ersichtlich, daß zwischen den beiden Gruppen ein großer Qualitätsunterschied besteht. So ist z. B. im Pansen räudekranker Tiere der Rohproteinanteil um 17 % ($p = 0{,}008$) und der Rohfettanteil sogar um 21 % ($p = 0{,}006$) geringer als bei gesunden Gemsen. Hingegen ist bei kranken Tieren der Rohfaseranteil um 18 % höher als bei gesunden. Daß diese Unterschiede vorwiegend auf die Aufnahme unterschiedlicher Äsung zurückzuführen sind, wird durch die botanische Analyse des Panseninhaltes bestätigt. Diese große Differenz in der Zusammensetzung der Äsung dürfte vor allem darauf zurückzuführen sein, daß sich räudekranke Gemsen zumeist vom Rudel absetzen und andere in der Regel tiefer gelegene Biotope (siehe Tabelle 1/a) bevorzugen. Außerdem nimmt der Aktionsradius der Tiere mit dem Fortschreiten der Krankheit stark ab. Besonders letztere Tatsache dürfte sich mit Sicherheit auf die Auswahl der Äsungspflanzen nachteilig auswirken.

Leber:

Bei den im Tierkörper für energetische Zwecke eingesetzten Kohlehydraten kann man ganz allgemein zwischen der Energie in Transportform (Glukose) und der Energie als Reserveform (Glykogen) unterscheiden. Bei einem Überangebot an frei verfügbarer Energie wird das Energiedepot z. B. in der Leber in Form von Glykogen aufgefüllt. Umgekehrt werden bei einem erhöhten Bedarf an Energie die Depots, vor allem die der Leber, mobilisiert (K o l b und G ü r t l e r , 1971; K e i d e l , 1972). Deshalb haben wir den Glykogengehalt der Leber als Kriterium zur Beurteilung des Ernährungsstoffwechsels verwendet. Wenn man aber den Glykogengehalt im Zusammenhang mit der Stoffwechselsituation richtig interpretieren will, müssen noch andere Kriterien, z. B. der Fettgehalt der Leber, berücksichtigt werden. Gleich der Glykogenese dient auch die Lipogenese der Bildung von Energiereserven. Vom Körper wird zur Energiegewinnung vorwiegend Glykogen herangezogen. Da aber der Glykogenvorrat im Körper begrenzt ist, muß bei längerdauernden Arbeitsleistungen und vor allem chronischen Hungerzuständen zwangsläufig Fett zur Energiegewinnung herangezogen werden (N ö c k e r und S c h u l z zit. aus H o c k , 1966).

Ein hoher Glykogen- und Fettgehalt der Leber ist ein sicheres Zeichen dafür, daß sich das Tier in einer anabolen Stoffwechselsituation befindet, während das Gegenteil davon eindeutig auf eine katabole Stoffwechsellage hinweist. Zwischen diesen beiden Extremfällen gibt es fließende Übergänge, und es soll an dieser Stelle nur als Beispiel angeführt werden, daß es z. B. im Frühstadium einer katabolen Stoffwechsellage als Folge der verstärkten Fettmobilisierung aus den Depots zu einer Erhöhung des Fettgehaltes der Leber kommt, während der Glykogenanteil vermindert ist.

Diese ernährungsbedingten Veränderungen der chemischen Zusammensetzung der Leber haben wir in zahlreichen mit Ziegen durchgeführten Exaktversuchen geprüft.

Aus unseren Untersuchungen (siehe Tabelle 1/b) ist zu ersehen, daß der Fettgehalt der Leber bei räudekranken Gemsen um 22 % ($p = 0{,}000$) und der Glykogengehalt sogar um 45 % ($p = 0{,}001$) geringer ist als bei gesunden Tieren. Diese weitgehend abgebauten körpereigenen Energiereserven weisen eindeutig auf den hochgradig katabolen Stoffwechsel der räudekranken Gemsen hin.

Die katabole Stoffwechselsituation der räudekranken Gemsen ist auch zu erkennen, wenn man den Fett- und Glykogengehalt der Leber nach Jahreszeit, Geschlecht und Altersgruppen (Einteilung nach R o t t l e r , 1976) (Abbildung 1, 2 und 3) aufgeschlüsselt betrachtet.

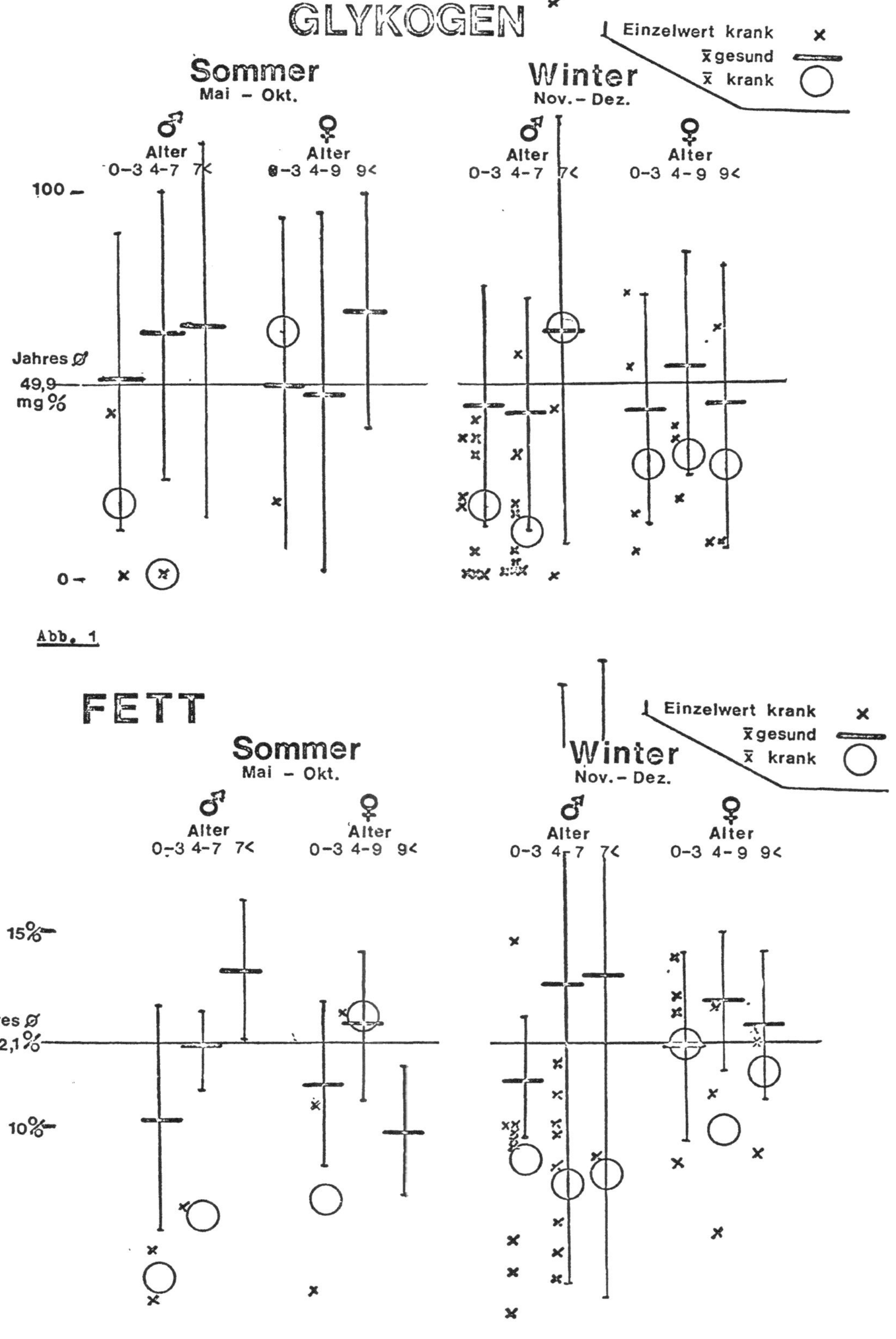

GLYKOGEN
Einzelwert krank
x̄ gesund
x̄ krank
Sommer
Mai - Okt.
Winter
Nov. - Dez.
♂
Alter
0-3 4-7 7<
♀
Alter
0-3 4-9 9<
100
Jahres Ø
49,9
mg %
0
FETT
15%
12,1%
10%

Abb. 1

Abb. 2

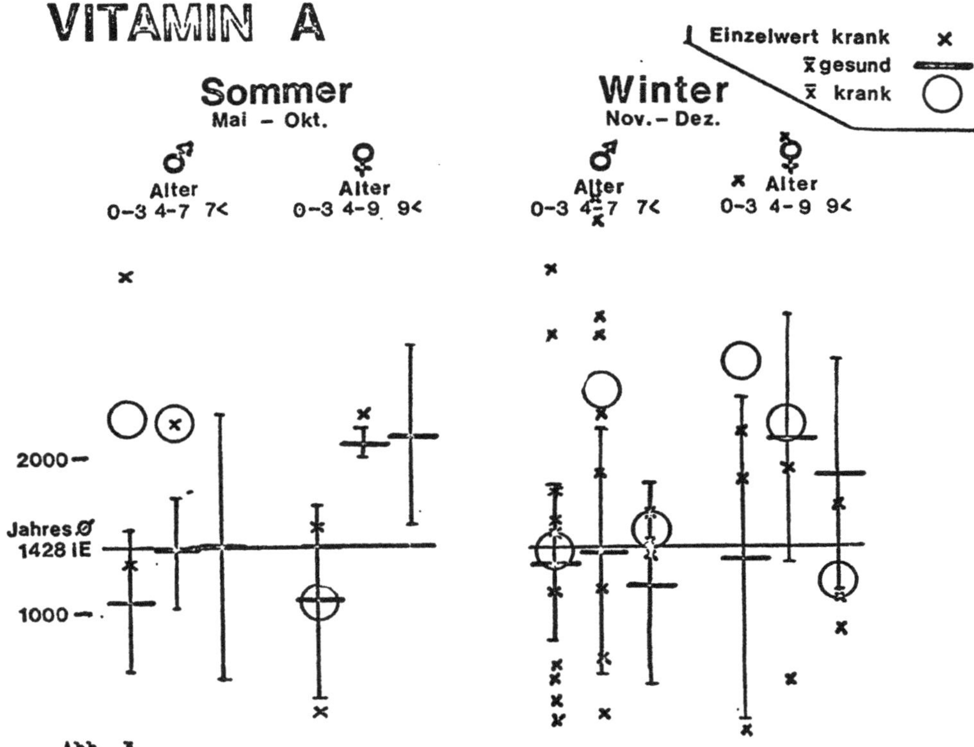

Abb. 3

Auffallend ist dabei die relativ geringe Anzahl der räudekranken Stücke während des Sommers mit nur 6 Stück gegenüber 32 Stück im Winter. Während des Sommers ist bei räudekranken Gemsen in einem Fall der Glykogen- oder der Fettgehalt über dem Mittel der jeweiligen Klasse. Während des Winters sind es bei Glykogen oder bei Fett insgesamt je 5 Werte, die über dem Mittel der jeweiligen Altersklasse liegen.

Betrachtet man den durchschnittlichen Fettgehalt in den einzelnen Altersklassen bei gesunden Gemsen, so fällt auf, daß dieser während des Winters über dem Jahresmittel liegt. Eine Ausnahme bilden lediglich die über sieben Jahre alten Böcke, bei denen kein jahreszeitlich bedingter Unterschied besteht. Der erhöhte Fettgehalt der Leber dürfte mit der im Spätsommer vermehrten Depotbildung im Zusammenhang stehen. Bei räudekranken Tieren konnte dieser Effekt, mit einer einzigen Ausnahme, nicht beobachtet werden.

Der Glykogengehalt der Leber ist bei gesunden Tieren während der Sommermonate über dem Jahresmittel. Dies dürfte mit der erhöhten Bewegungsaktivität und bei den Geißen vor allem mit der Laktationsleistung im Zusammenhang stehen. Bei den über sieben Jahre alten Böcken besteht allerdings, analog wie schon beim Fettgehalt beschrieben, kein jahreszeitlicher Unterschied. Der Glykogengehalt in der Leber räudekranker Gemsen liegt hingegen zu dieser Jahreszeit bis auf eine Ausnahme eindeutig unter dem gesunder Tiere.

Im Zusammenhang mit der Räudeerkrankung der Gemsen ist auch die Untersuchung des Vitamin A-Stoffwechsels von großem Interesse.

Die Resorption des Vitamin A erfolgt als Retinol über das Lymphsystem. Über den Blutkreislauf gelangt das Retinol in den Hauptspeicher, die Leber. Aus der Leber wird das Vitamin A wieder als Retinol abgegeben und im Blut gleich an ein Transportprotein gebunden. Obwohl die Stoffwechselfunktionen des Vitamin A in vielen Details noch unbekannt sind, wird ihm unter anderen Funktionen auch eine Wachstums- und Epithelschutzwirkung zugeschrieben. So wird in der Literatur auch von zahlreichen Autoren (Searle und Snyder, 1939; Eveleth et al., 1953; Soliman, 1953; Akopjan, 1956; Kutzer, 1964; Kutzer und Onderscheka, 1956; Onderscheka et al., 1968; Onderscheka et al., 1976b) über Zusammenhänge zwischen einem vermehrten Parasitenbefall und damit speziell auch der Räude und dem Vitamin A-Mangel berichtet. Deswegen war das Untersuchungsergebnis, wonach der Vitamin A-Gehalt in der Leber räudekranker Gemsen um durchschnittlich 28 % höher ist als in der Leber gesunder Gemsen, für uns sehr überraschend. Beschränkt man diesen Vergleich lediglich auf die räudekranken und gesunden Böcke, so findet man in der Leber kranker Tiere sogar um durchschnittlich 49 % mehr Vitamin A.

Da der positive Effekt einer Vitamin A-Applikation auf den Heilungserfolg bei Räude durch zahlreiche Behandlungen als erwiesen gelten kann, muß im vorliegenden Fall daran gedacht werden, daß das in der Leber der räudekranken Gemsen reichlich vorhandene und somit gespeicherte Vitamin A nicht ausgelagert und zum Erfolgsorgan, z. B. Haut, transportiert werden kann. Dies könnte in der Folge an diesen Stellen, Hand in Hand mit einem lokalen Vitamin A-Mangel, zu einer Minderung des Epithelschutzes führen.

Trotz der großen Bedeutung der Mineralstoffe für den Stoffwechsel ist besonders im Hinblick auf die Spurenelemente erst wenig über die Regulationsmechanismen, die die Ein- und Auslagerung dieser Stoffe steuern und deren Transportmechanismus im Körper bekannt. Vielfach sind sie Bestandteile von Enzymen und erfüllen dabei zumeist katalytische Aufgaben.

Die Leber räudekranker Gemsen weist im Vergleich zur Leber gesunder Tiere vor allem einen signifikant höheren Kupfer- und Zinkgehalt auf. Überraschenderweise ist aber der Zinkanteil im Blutserum räudekranker Gemsen geringer als bei gesunden Tieren. Auch in diesem Zusammenhang ist, ähnlich wie vorher bei der Besprechung des Vitamin A angeführt, an eine Störung im Auslagerungs- und Transportmechanismus dieses Spurenelementes zu denken.

Gerade Zink und Kupfer sind aber unter anderem sehr intensiv am Zellstoffwechsel der obersten Hautschichten und der Haare beteiligt, weshalb der Gedanke an einen Zusammenhang mit der Räudeerkrankung naheliegend ist.

An der Aufklärung dieser Stoffwechselfragen wird von uns zur Zeit gearbeitet.

Zusammenfassung:

Zusammenhänge zwischen Ernährungsstoffwechsel und Räude der Gemse

Von 74 ernährungsphysiologisch bedeutsamen Parametern werden für gesunde und räudekranke Gemsen Normalwerte angegeben. Auf die Bedeutung des Fett- und Glykogengehaltes der Leber als Kriterium für die Beurteilung der Ernährungssituation wird eingehend hingewiesen. Die Möglichkeit einer Störung der Auslagerung aus der Leber und des Transportmechanismus des Vitamin A, von Kupfer und Zink wird aufgezeigt.

Summary:

Correlations Between Nutritive Metabolism and Scabies in Chamois

The authors state 74 parameters important in nutritive-physiological respect for healthy and scabby chamois, taking normal values as a basis. The great importance of the fat- and glycogen content of the liver as a criterium for judging the nutritive state is dealt with in detail. The potential disturbance of the excretion of vitamine A, copper and zinc from the liver, as well as of the mechanism of transport of the latter is pointed to.

Résumé:

Sur les rapports existant entre le métabolisme nutritionnel et la gale du chamois

L'exposé indique les valeurs normales pour chamois sains et galeux de 74 paramètres nutritionnels significatifs. Il insiste sur l'importance de la eneur en matière grasse et en glycogène de foie comme critère de l'analyse de l'état nutritionnel. L'exposé évoque en plus l'éventualité d'un arrêt de fonctionnement de la sécrétion du foie et du mécanisme de transports de la vitamine A, du cuivre et du zinc.

Резюме:

Зависимость между обменом веществ и чесоткой у серн.

Даны 74 различных параметра по физиологии питания для здоровых и больных часоткой, серн. В качестве критерия для оценки питания дают указания на содержание жиров и гликогена в печени. Указывается также на возможность нарушения выведения из печени витамина А, меди и цинка, что говорит о нарушении транспортного механизма.

Literatur:

AKOPJAN, W. D. (1956): Der Einfluß des Vitamins A auf die Erhöhung der Resistenz der Schafe gegenüber Cystocaulose. Veterinarija 1, 129-137.

EVELETH, D. F., GOLDSBY, A. I., BOLIN, F. M. und D. W. BOLIN (1953): Effect of parasitism on conversion of carotine into Vitamin A by sheep: A preliminary report. Vet.med.48, 441-442.

HOCK, A. (1966): Vergleichende Ernährungslehre des Menschen und seiner Haustiere. Jena: Gustav Fischer.

KEIDEL, W. (1972): Kurzgefaßtes Lehrbuch der Physiologie. Stuttgart: Georg Thieme.

KERSCHAGL, W. (1966): Wildkrankheiten. Wien: Österr. Jagd- und Fischereiverlag.

KNAUS, W. und W. SCHRÖDER (1975): Das Gamswild. Hamburg-Berlin: Paul Parey.

KOLB, E. und H. GÜRTLER (1971): Ernährungsphysiologie der landwirtschaftlichen Nutztiere. Jena: Gustav Fischer.

KUTZER, E. (1964): Knemidocoptes - Räude bei Ziervögeln. Tierärztl. Msohr. 51, 36-43.

KUTZER, E. und K. ONDERSCHEKA (1966): Die Räude der Gemse und ihre Bekämpfung. Z. Jagdwiss. 12, 63-84.

ONDERSCHEKA, K., KUTZER, E. und H. E. RICHTER (1968): Die Räude der Gemse und ihre Bekämpfung. Z. Jagdwiss. 14, 12-27.

ONDERSCHEKA, K., GATTINGER, G. und W. KLÄRING (1976a): Beitrag zur Festlegung physiologischer Normalwerte. Tagungsbericht, II. Internat. Gamswildtreffen, Bled, 166-179.

ONDERSCHEKA, K., ROTTLER, G., FELDBACHER, P. und G. GATTINGER (1976b): Vorläufige Ergebnisse des Gamsräudeforschungsprojektes Zillertal/Tirol. Tagungsbericht, II. Internat. Gamswildtreffen, Bled, 61-73.

ONDERSCHEKA, K., GATTINGER, G. und W. KLÄRING (1976c): Beurteilung der Stoffwechselsituation der Gemse an Hand biochemischer und physiologischer Kriterien. Tagungsbericht, II. Internat. Gamswildtreffen, Bled, 203-216.

ROTTLER, G. (1976): Untersuchung und Auswertung einer Räudestatistik. Jagd in Tirol 7/8, 11-15.

SEARLE, E. M. und F. M. SNYDER (1939): A study of the relation of Vitamin A to louse resistance in rats. J. Parasitol. 25, 425-430.

SOLIMAN, K. N. (1953): Studies on the relationship of lungworm infestation in cattle and their liver Vitamin A reserves. Brit. Vet. J. 109, 148-154.

Anschrift der Verfasser: Prof. Dr. K. Onderscheka
Linke Bahngasse 11
A-1030 Wien (Österreich)

Aus dem Parasitologischen Institut (Direktor: Prof. Dr. Sc. B. R o s i c k ý) der Tschechoslowakischen Akademie der Wissenschaften, Abteilung für Veterinärmedizinische Parasitologie, Prag, und der Forschungsstelle für Wirbeltierforschung (im Tierpark Berlin) (Direktor: Prof. Dr. sc. Dr. h. c. H. D a t h e) der Akademie der Wissenschaften der DDR

EINIGE ASPEKTE ZUR VERBREITUNG, MORPHOLOGIE UND ZUM LEBENSZYKLUS DER SARKOSPORIDIEN DES REHWILDES

Von K. B l a ž e k , R. I p p e n , Doris H e n n e und Jana S c h r a m l o v á

Sarkosporidiosen werden beim Rehwild sehr häufig nachgewiesen. So konnten I p p e n und H i l g e n f e l d schon 1961 durch die histologische Untersuchung der Herzmuskulatur von Rehen aus einem Jagdforschungsgebiet bei 60 % des erwachsenen Rehwildes und bei 22 % der Rehkitze derartige Protozoen feststellen. Neueren Angaben zufolge können bis zu 98 % des untersuchten Rehwildes einen Sarkosporidienbefall aufweisen (D r o s t und G r a u b m a n n , 1974; I p p e n et al., 1974). In Ungarn stellten K á v a i und S u g á r (1976) eine Sarkosporidiose bei 88 % der erwachsenen Rehe und bei 47 % der Tiere, die jünger als ein Jahr alt waren, fest. Untersuchungen in der ČSSR durch B l a ž e k et al. (1976) zeigten, daß Sarkosporidien in der Herzmuskulatur der Rehe in 78 % anzutreffen waren, während der Nachweis von Sarkosporidien bei anderen Cervidenarten mit 11 % viel seltener gelang. Als Erklärung für diese Feststellung wird auf einen möglichen Zusammenhang mit der recht unterschiedlichen Nahrungsaufnahme hingewiesen. Bei den Untersuchungen von 197 Rehen beider Geschlechter und unterschiedlichen Alters aus acht verschiedenen Gebieten (B l a ž e k et al., 1977a) wurden in 76 % Sarkosporidiosen gefunden und gleichzeitig festgestellt, daß in sehr intensiv landwirtschaftlich genutzten Gebieten der Anteil der Sarkosporidiosen niedriger lag als in anderen Gegenden.

Die Sarkosporidien befallen als Parasiten der quergestreiften Muskulatur alle Abschnitte der Skelettmuskulatur, das Herz, die Zunge sowie den Schlund. Nach Angaben von D r o s t und G r a u b m a n n (1974) wird besonders häufig der Musculus rectus abdominis (bis 92 %) befallen. Sehr häufig finden sich aber auch Sarkosporidienzysten in Kau-, Lippen- oder Zwerchfellmuskulatur. Relativ selten sind Zysten in der Rücken-, Schulter- und Schenkelmuskulatur zu finden. Die Zahl der im Muskel nachzuweisenden Sarkosporidienzysten ist im allgemeinen mittelgradig, und nur in Ausnahmefällen tritt ein sehr massiver Befall auf (I p p e n et al., 1974). Tiere zwischen dem ersten und zweiten Lebensjahr lassen meist nur eine geringe Anzahl von Sarkosporidienzysten erkennen (B l a ž e k et al., 1977a).

Die infolge einer Sarkosporidiose auftretenden Veränderungen im Muskel sind meist nur geringgradig und dokumentieren sich oft nur in Form eines Verlustes der Querstreifung. Häufiger können Sarkozysten in den Fasern des Reizleitungssystems des Herzens angetroffen werden, wobei in der Umgebung öfter lymphozytäre Infiltrationen nachzuweisen sind. Ausgesprochen pathologische Reaktionen im Verlauf einer Sarkosporidiose des Rehes treten relativ selten auf (D r o s t und G r a u b m a n n , 1974). Eigene Untersuchungen (B l a ž e k et al., 1977a) ließen jedoch positive Befunde in 14 % aller untersuchten Sarkosporidiosen erkennen. Hierbei handelte es sich um nichteitrige, lymphozytäre Myositiden beziehungsweise Myokarditiden mit geringer Beteiligung von eosinophilen Granulozyten. Gelegentlich werden im Myokard auch submiliare Nekrosen festgestellt.

Bei Rehwild treten zwei verschiedene Sarkosporidienarten auf, die sich schon lichtmikroskopisch als dünnwandige und dickwandige Zysten unterscheiden (B e r g m a n n und K i n d e r , 1976; S c h r a m l o v á und B l a ž e k , 1977). Als dünnwandig werden Zysten mit einer einfachen zarten Hülle angesprochen, während die dickwandigen mit einer doppelt konturierten, etwa 6 μ starken und in sich radiär gestreiften Hülle umgeben sind. Bei Infektionen eines Tieres mit beiden Arten überwogen zahlenmäßig bisher stets die dünnwandigen Zysten. Dickwandige Sarkosporidienzysten wurden allgemein seltener und dann nur im bestimmten Gebieten angetroffen.

Zur besseren Kenntnis der angeführten unterschiedlichen Zystenkapseln wurden elektronenmikroskopische Untersuchungen durchgeführt (B e r g m a n n und K i n d e r , 1976; S c h r a m l o v á und B l a ž e k , 1977). Es zeigte sich, daß bei den dünnwandigen Zysten die Primärhülle dünne, lange, fingerförmige Vorstülpungen bildet, die in breiten Abständen voneinander entspringen. Diese Protusionen werden gleich oberhalb der Zystenwand abgewinkelt und verlaufen dementsprechend parallel zur Oberfläche. Die Primärhülle läßt zwischen den Ausstülpungen Einbuchtungen erkennen. Die Ultrastruktur der dickwandigen Zystenkapsel weist massive, palisadenförmig angeordnete Zottenbildungen auf, die dichtgedrängt ebenfalls aus der Primärhülle hervorgehen. Sie sind etwas abgewinkelt, und in ihrem Inneren sind in großer Zahl Fibrillen festzustellen. Einbuchtungen der Primärhülle sind nur an der Basis einiger Protusionen zu erkennen. Die Oberfläche der Zotten ist mit einer äußeren Schicht kurzer, dicker Stäbchen überzogen. Bergmann und Kinder (1976) geben an, daß elektronenoptisch für die dünnwandigen Zysten der Rehe nur rudimentäre Zotten am Rande der Zystenwand charakteristisch sind, so daß die Zystenwand an ein Zahnrad erinnert. Wir sind jedoch auf Grund eigener Befunde der Meinung, daß es sich in derartigen Fällen möglicherweise um noch im Wachstum befindliche Sarkosporidienzysten gehandelt haben könnte. Die von den zuletzt genannten Autoren gegebene Beschreibung der Ultrastruktur der Zystenwand dickwandiger Sarkosporidien vom Reh deckt sich grundsätzlich mit den von uns erhobenen Befunden.

Die dickwandigen Sarkosporidienzysten vom Rehwild und Rind sind einander sehr ähnlich. Nach Rommel und Heydorn (1974) und Heydorn et al. (1975) werden diese dickwandigen Zysten vom Rind als Sarcocystis (S.) bovifelis bezeichnet. Endwirt dieser Art ist die Katze. Eine große Ähnlichkeit besteht auch zwischen den dünnwandigen Sarkosporidienzysten des Rindes (S. bovicanis), des Schafes (S. ovicanis) und des Rehes. Als Endwirt für S. bovicanis wurden neben dem Hund auch Fuchs und Wolf bekannt, die alle drei zur Unterfamilie der echten Hunde (Caninae) gehören (Rommel et al., 1974). Ob die erwähnten Sarkozysten des Rehes denen von Rind und Schaf nur ähnlich oder ob sie direkt identisch sind, kann auf Grund der bisherigen morphologischen Befunde nicht entschieden werden (Schramlová und Blažek, 1977).

Die definitiven Endwirte der Sarkosporidien des Rehwildes waren bisher nicht bekannt. Bei Übertragungsversuchen (Blažek et al., 1977b) haben wir festgestellt, daß der Hund für die dünnwandigen Zysten des Rehs der Endwirt ist. So konnten wir bei zwei Versuchshunden nach Verfütterung von Muskulatur eines alten Rehbocks mit massenhaft dünnwandigen Sarkosporidienzysten nach elf Tagen sporulierte Oozysten und später auch Sporozysten im Kot nachweisen. Die ausgeschiedenen Sporozysten waren 15,3 x 10,0 μ groß und enthielten vier Sporozoiten und einen ziemlich großen Restkörper. Recht interessant erscheint die Tatsache, daß die Versuchshunde ohne erneute Infektion die Sporozysten 142 Tage lang ausschieden. Dies steht im Gegensatz zur angegebenen Ausscheidungsdauer von Sporozysten der Sarkosporidien der Haustiere im Kot des Menschen, des Hundes und der Katze, für die nur eine Ausscheidungszeit von 5 - 9 Wochen angeführt wird (Rommel und Heydorn, 1974). Gleiche Infektionsversuche mit Katzen verliefen negativ.

Wir vermuten, daß in der Natur der Fuchs als Endwirt die wichtigste Rolle spielt. Wie allgemein bekannt, werden gerade vom Fuchs die Kadaver gestorbenen Großwildes gefressen (Witt, 1976). Einige Autoren geben sogar an, daß das Fleisch des Rehwildes einen wichtigen Bestandteil der Nahrung des Fuchses darstellt (Behrendt, 1955; Fuchs, 1973). Schließlich wäre auch noch zu prüfen, ob möglicherweise aasfressende Käfer zur Verbreitung beitragen könnten, indem sie kontaminiertes Rehfleisch aufnehmen und später vom Fuchs verzehrt werden.

Zusammenfassung:

Einige Aspekte zur Verbreitung, Morphologie und zum Lebenszyklus der Sarkosporidien des Rehwildes

Die Sarkosporidiose ist unter dem erwachsenen Rehwild mit 80 - 98 % besonders stark verbreitet und tritt hier weit häufiger als bei anderem Schalenwild auf. In der Muskulatur der Rehe wurden dünn- und dickwandige Sarkosporidienzysten nachgewiesen, die sich auch in ihrer Ultrastruktur als zwei Arten unterscheiden. Als Endwirt für den dünnwandigen Sarkosporidientyp wurde der Hund nachgewiesen, während der Endwirt für die dickwandigen Sarkosporidienzysten des Rehes bisher unbekannt blieb.

Summary:

Some Aspects on the Spreading, Morphology and Life Cycle of the Sarcosporidiae in Roes

Sarcosporidiosis is widely spread among adult roes at a rate of 80 - 98 per cent, occurring much more frequently in roes than in other deer. In the muscles of roes we detected thin- and thick-walled sarcosporidial cysts which also proved to be two different kinds, as far as their ultra-structure is concerned. The terminal host for the thin-walled sarcosporidial type was found. Dogs proved to be involved here, while the terminal host for the thick-walled sarcosporidial cysts of roes has not been detected so far.

Résumé:

Divers aspects de la distribution, morphologie et du cycle de vie des sarcospores du chevreuil

Avec un taux de 80 à 98 pour-cent, la sarcosporidiose est la maladie parasitaire la plus fréquente chez les chevreuils adultes, mais aussi par rapport aux autres espèces de gros gibier. On a décelé dans la musculature des chevreuils des kystes à parois minces et à parois épaisses de sarcospores, qui constituent deux espèces séparées également par leur hyperstructure. L'hôte final du type sarcospore à paroi mince s'est avéré être le chien, l'hôte terminal du kyste-sarcospore à paroi épaisse du chevreuil n'a pas pu être déterminé jusqu'ici.

Резюме:

Некоторые аспекты распространения, морфологии и жизненного цикла саркоспоридий лани.

Саркоспоридоз очень распространен среди взрослых ланей 80-90%, заболевание встречается среди ланей значительно чще,.чем среди других животных. В мышцах лани обнаружены тонко и толстостенные цисты саркоспоридий, которые по своей ультраструктуре распределяются на два вида. Конечным хозяином для тонкостенной цисты является собака, а для толстостенной - лань.

Literatur:

BEHRENDT, G. (1955): Beiträge zur Ökologie des Rotfuchses. Z. Jagdwiss. 1, 113-145, 161-183.

BERGMANN, V. und E. KINDER (1976): Elektronenmikroskopische Untersuchungen zur Wandstruktur von Sarkozysten in der Skelettmuskulatur von Wildschwein und Reh. Mh.Vet.Med.31, 785-788.

BLAŽEK, K., KOTRLÝ, A. und R. IPPEN (1976): Sarkosporidioza myokardu spárkaté zvěře. Vet. medicina 21, 75-80.

BLAŽEK, K., SCHRAMLOVÁ, J., IPPEN, R. und A. KOTRLÝ (1977a): Die Sarkosporidiose des Rehwildes. Folia Parasitol. (im Druck).

BLAŽEK, K., SCHRAMLOVÁ, J., and R. IPPEN (1977b): Dog as definitive host of Sarcosporidia of the roe deer. Folia Parasitol. (im Druck).

DROST, S. und H. D. GRAUBMANN (1974): Der Sarkosporidienbefall beim Rehwild. Mh.Vet.Med.29, 620-621.

FUCHS, F. (1973): Über die Nahrung des Rotfuchses (Vulpes vulpes L.) im bernischen Hügelland. Jahrber. Naturhist. Mus. Stadt Bern 5, 17-31.

HEYDORN, A. O., GESTRICH, R., MEHLHORN, H., and M. ROMMEL (1975): Proposal for a new nomenclature of the Sarcosporidia. Z. Parasitenk. 48, 73-82.

IPPEN, R., BLAŽEK, K., HENNE, D. und A. KOTRLÝ (1974): Ein Beitrag zur Sarkosporidiose der Zoo- und Wildtiere. Verhandlungsber. XVI. Internat. Symp. Erkrankungen Zootiere, Erfurt, 315-321.

IPPEN, R. und M. HILGENFELD (1961): Ergebnisse der reihenmäßigen Untersuchung des erlegten Rehwildes aus dem Wildforschungsgebiet Hakel bei Gatersleben. Beitr.Jagd- und Wildforsch. 1, 49-52.

KÁVAI, A. und L. SUGÁR (1976): Beobachtungen über den Sarcosporidienbefall bei unseren Wildbeständen. Parasit. Hung. 9, 17-19 (ung.).

ROMMEL, M. und A. O. HEYDORN (1974): Neue Erkenntnisse zur Epidemiologie der Sarkosporidiose bei Mensch und Tier. Zbl. Vet., Suppl. 104-106.

ROMMEL, M., HEYDORN, A.-O., FISCHLE, B. und R. GESTRICH (1974): Beiträge zum Lebenszyklus der Sarkosporidien. V. Weitere Endwirte der Sarkosporidien von Rind, Schaf und Schwein und die Bedeutung des Zwischenwirtes für die Verbreitung dieser Parasitose. Berl. Münch. Tierärztl. Wschr. 87, 396-400.

SCHRAMLOVÁ, J. und K. BLAŽEK (1977): Ultrastruktur der Cystenwand der Sarkosporidien des Rehes (Capreolus capreolus L.). Z. Parasit. (im Druck).

WITT, H. (1976): Untersuchungen zur Nahrungswahl von Füchsen (Vulpes vulpes Linné, 1758) in Schleswig-Holstein. Zool. Anz. 197, 377-400.

Anschrift der Verfasser: Doz. MVDr. K. B l a ž e k , C. Sc.
Parasitologisches Institut der Tschechoslowakischen Akademie der Wissenschaften
Flemingovo nám. 2
Praha 6 (ČSSR)

Aus dem Lehrbereich Pathologie (Leiter: Prof. Dr. sc. G. Hoffmann) der Sektion Tierproduktion und Veterinärmedizin der Humboldt-Universität Berlin

ZUR ULTRASTRUKTUR VON SARKOZYSTEN IN DER SKELETTMUSKULATUR VON REH UND WILDSCHWEIN

Von V. Bergmann

In den letzten Jahren sind zahlreiche neue Erkenntnisse über die Sarkosporidien-Infektionen der landwirtschaftlichen Nutztiere und der Haustiere erarbeitet worden, die völlig neue und überraschende Aspekte dieser bislang als belanglos beurteilten Protozoonose aufgedeckt haben. Hierzu zählen beispielsweise die Erforschung des mehrere Wirte einbeziehenden Lebenszyklus der Sarkosporidien, die Stellung des Menschen in der Infektionskette und die Möglichkeit seiner Schädigung durch Sarkosporidien sowie die Aufdeckung hämatogen-schizogoner Zyklusphasen mit hochgradig pathogener Wirkung bei bestimmten Sarkosporidienspezies (S. bovicanis, S. ovicanis).
Ist somit die Sarkosporidiose der Haus- und Nutztiere in letzter Zeit lebhaft erforscht worden, so bestehen über die Sarkosporidiosen des Wildes nur geringe Kenntnisse. Dabei ist Reh- und Schwarzwild in unseren Beständen oft hochgradig mit Sarkosporidien infiziert. Nach den Untersuchungen von Drost und Graubmann (1973, 1974) sowie Unger (1978) enthalten bis 96 % der Rehe und um 70 % der Wildschweine Sarkozysten in der Muskulatur. Die starke Parasitenfrequenz bei Tieren, die der menschlichen Ernährung dienen, macht eine intensivere Bearbeitung der Sarkosporidiose bei Wildtieren notwendig. In eigener Untersuchung sollte die Struktur der bei Reh und Wildschwein vorzufindenden Sarkozysten und die Reaktionen der Wirtsmuskelfasern beurteilt werden.

Material und Methodik:

Licht- und elektronenmikroskopische Untersuchungen wurden an der Muskelschicht des Ösophagus, am M. rectus abdominis, am M. gracilis und am M. longissimus dorsi von vier Rehen und fünf Wildschweinen vorgenommen. Die Tiere waren entweder in freier Wildbahn erlegt worden oder entstammten, wie einige der Wildschweine, einem kleinen Wildpark. Die Muskelproben wurden für das Lichtmikroskop in 10%igem Formalin fixiert, paraffiniert und die Schnitte mit Hämatoxylin-Eosin gefärbt. Für die Elektronenmikroskopie wurden die Proben einer Glutaraldehyd/Osmiumtetroxidfixation unterworfen und in Epon eingebettet. Die Schnittkontrastierung erfolgte mit Uranylazetat/Bleizitrat, zum Mikroskopieren wurde das Elektronenmikroskop Tesla BS 613 verwendet (80 kV Beschleunigungsspannung).

Untersuchungsergebnisse:

Die Sarkozysten in der Muskulatur von Reh- und Schwarzwild zeigen bei licht- und elektronenmikroskopischer Untersuchung prinzipiell den gleichen Bau, wie er bei Schwein, Rind, Schaf und anderen Spezies nachweisbar ist. Der Zysteninnenraum ist mit Nestern von Merozoiten, seltener Metrozyten, ausgefüllt, die durch feine Septen voneinander getrennt sind. Sie werden umschlossen von einer Zystenwand, die ultrastrukturell bei gereiften Sarkozysten aus drei Schichten besteht: Den Zoiten liegt eine verdichtete Zone von feinfilamentöser Zystengrundsubstanz an, die die innere Hüllschicht bildet. Aus ihr entspringen radiär zottenförmige Fortsätze, die bei enger Lagerung die Zottenschicht der Zystenwand bilden. Den äußeren Abschluß bildet ein modifizierter Membrankomplex, der an das Sarkoplasma der Wirtsmuskelfaser grenzt.
Wie eigene Untersuchungen sowie zahlreiche experimentelle Befunde der Arbeitsgruppe um Mehlhorn gezeigt haben, läßt die ultrastrukturelle Organisation der Zystenwand Rückschlüsse auf die parasitierende Sarkozystenspezies zu, ihr kommt also eine gewisse Artspezifität zu. Bei der Untersuchung dieser Parasiten bei Reh und Wildschwein wurde daher der Ausbildung der Zystenwand besondere Aufmerksamkeit gewidmet.
In der Muskulatur des Rehes weisen die Sarkozysten bereits lichtmikroskopisch deutliche Wandunterschiede auf. So finden sich Zysten mit sehr dicker, radiär gestreifter Umhüllung neben Sarkozysten mit sehr dünner, membranähnlicher Hülle. Dickwandige Zysten enthalten meist locker eingelagerte Zoiten mit deutlicher Septierung, während in dünnwandigen Zysten eine dichte Lagerung

der Zoiten vorherrscht. Elektronenmikroskopisch bestehen die dicken Wandschichten aus sehr breiten und langen Zotten. Ihr Durchmesser beträgt an der Zottenbasis bis zu 1,75 µm. Die Zotten verlaufen radiär und liegen eng aneinander. Sie enthalten locker eingestreute Granula sowie einfache oder doppelte Mikrofilamente. Der Membrankomplex ist sehr dick und hat teilweise eine Stärke von über 50 nm. Die so strukturierten Sarkozysten weisen eine starke Ähnlichkeit mit den als S. bovihominis bezeichneten Sarkosporidien des Rindes (M e h l h o r n et al., 1975) auf. Dünnwandige Zysten des Rehes sind dagegen charakterisiert durch eine nur rudimentäre Ausbildung der Zottenschicht. Aus der wesentlich schmaleren inneren Hüllschicht entspringen in größeren Abständen kurze, stummelförmige Zotten mit der maximalen Breite von 0,55 µm. Sie sind mit verdichteter Grundsubstanz angefüllt und enthalten keine Mikrofilamente. Der umschließende Membrankomplex ist wesentlich dünner (ca. 30 nm) und anders gestaltet als bei dickwandigen Zysten. Dick- und dünnwandige Zysten können gleichzeitig in ein und derselben Wirtsmuskelfaser angetroffen werden. Sie werden als Zysten zweier verschiedener Sarkosporidienspezies angesehen.
Beim Wildschwein sind die Sarkozysten im Lichtmikroskop relativ einheitlich. Sie sind von mittlerer Größe und enthalten eng gelagerte Zoiten. Die Zystenwand ist schmal und dicht, deutliche Wandunterschiede sind lichtmikroskopisch nicht zu erkennen. Elektronenmikroskopisch lassen sich jedoch auch zwei Typen von Zystenwandstrukturen unterscheiden, die jedoch deutlich von den Sarkozysten beim Reh abgegrenzt werden können. Der überwiegende Teil der Sarkozysten ist gekennzeichnet durch eine Schicht schmaler (bis 0,5 µm), langer Zotten, die locker und unregelmäßig gelagert sind und oft verknäult oder vielfach verschlungen verlaufen. Sie enthalten 20 - 45 Doppel-Mikrofilamente von 20 - 30 nm Breite, die in Längsrichtung der Zotten verlaufen. Der die Zyste umhüllende Membrankomplex ist um 30 nm stark. Häufig wird beobachtet, daß die Zotten eine Zerstörung der sie umgebenden Myofibrillen der Wirtsmuskelfaser herbeiführen. Die ultrastrukturelle Organisation der Wand dieser Zysten ist völlig identisch mit einem beim Hausschwein vorherrschenden Zystentyp (B e r g m a n n und K i n d e r , 1974), der als S. suihominis (Endwirt Mensch) identifiziert wurde (M e h l h o r n und H e y d o r n , 1977).
Seltener sind beim Wildschwein Sarkozysten anzutreffen, die von diesem Strukturtyp abweichen. Sie zeichnen sich durch plumpe, eng gelagerte Zotten aus, die mit amorphem oder feinfädigem Material gefüllt sind. Sie enthalten keine Doppelfilamente, sondern es alternieren dicke (17 - 20nm) mit dünnen (5nm) Filamenten, die sehr kurz sein können. Sie sind vermutlich einer anderen Sarkosporidien-Spezies zuzurechnen.

Zusammenfassung:

Zur Ultrastruktur von Sarkozysten in der Skelettmuskulatur von Reh und Wildschwein

Licht- und elektronenmikroskopische Untersuchungen weisen die Existenz verschieden strukturierter Sarkozysten in der Skelettmuskulatur von Reh und Wildschwein nach. Sie zeigen, daß beide Wirte von mehreren, jeweils verschiedenen Sarkosporidien-Spezies infiziert werden. Strukturelle Analogien bestehen dagegen zu Sarkozysten des Rindes und des Hausschweines.

Summary:

On the Ultra-Structure of Sarcocysts in the Skeleton Musculature of Roes and Wild Boars

The existence of sarcocysts of different structures in the skeleton musculatures of roes and wild boars is proved by light- and electromicroscopic investigations. As is demonstrated, both hosts are infected by several, different sarcosporidiae species. There exist structural analogies with the sarcocysts of cattle and of domestic pigs.

Résumé:

A propos de l'ultrastructure de tumeurs sarcomateuses dans la musculature du squelette chez des chevreuils et des sangliers

Des analyses effectuées au microscope simple et au microscope électronique ont révélé l'existence de tumeurs sarcomateuses à structures différentes dans la musculature du squelette de chevreuils et de sangliers. Elles font ressortir que les deux hôtes ont été contaminés par plusieurs espèces différentes de spores sarcomateux. Des analogies structurales ont été constatées par rapport aux tumeurs sarcomateuses chez le boeuf et le porc domestique.

Резюме:
Ультраструктура саркоцист в скелетной мускулатуре у лани и дикой свиньи.
Микроскопические и электронномикроскопические исследования показали наличие различных структур в скелетной мускулатуре лани и дикой свиньи. Они показывают, что хозяева были инфицированы различными специями саркоспоридий. Структурная аналогия наблюдается однако между саркоцистами скота и домашней свиньи.

Literatur:

BERGMANN, V. und E. KINDER (1974): Elektronenmikroskopische Befunde an der Parasit-Wirt-Kontaktzone von Sarcocystis miescheriana in Muskelfasern des Schweines. Mh. Vet.-Med. 29, 956.

DROST, S. und H.-D. GRAUBMANN (1973): Der Sarkosporidienbefall beim Wildschwein. Mh. Vet.-Med. 28, 870.

DROST, S. und H.-D. GRAUBMANN (1974): Der Sarkosporidienbefall beim Rehwild. Mh. Vet.-Med., 29, 620.

MEHLHORN, H., HEYDORN, O. und R. GESTRICH (1975): Licht- und elektronenmikroskopische Untersuchungen an Cysten von Sarcocystis fusiformis in der Muskulatur von Kälbern nach experimenteller Infektion mit Oocysten und Sporocysten von Isospora hominis Raillet et Lucet, 1891. 1. Zur Entstehung der Cyste und der Cystenwand. Zbl. Bakt. Hyg. 1.Orig.A, 321, 301.

MEHLHORN, H. und A. O. HEYDORN (1977): Licht- und elektronenmikroskopische Untersuchungen an Sarcocystis suihominis. 1. Die Entwicklung von Cysten in der Muskulatur von Schweinen nach experimenteller Infektion. Zbl. Bakt. Hyg., I. Abt. Orig.A 239, 124.

UNGER, CH. (1978): Vorkommen und Verbreitung der Muskelsarkosporidien bei jagdbaren Wildtieren in einem Jagdgebiet. Berlin: Vet. med. Diss.

Anschrift des Verfassers: Dr. sc. V. Bergmann
104 Berlin, Reinhardtstr. 4 (DDR)

Aus dem Institut für vergleichende Neurologie der Universität Bern (Direktor: Prof. Dr. R. Fankhauser)

EINIGE NEUROPATHOLOGISCHE BEFUNDE BEI ZOOTIEREN

Von R. Fankhauser und R. Fatzer

Der Titel steht für die Kurzbeschreibung von vier Krankheitsfällen bei vier verschiedenen Tierarten, wobei jeder eine andere Problematik anspricht. Wir möchten damit zu vermehrten Beobachtungen in dieser Richtung anregen.

1. Ein weibliches Vierhornschaflamm starb bei der Geburt. Das Gehirn zeigt, wie alle Neugeborenengehirne, extreme Kongestion, besonders in der Marksubstanz. Im zentralen Großhirnmark, zum Teil in periventrikulärer Lage, aber auch tiefer und bis in die Markstrahlen der Großhirnwindungen, finden sich fleckförmige, scharf begrenzte, rundlich-ovale oder langgezogene Zerfallsherde. Hirnstamm und Kleinhirnmark sind frei davon. Die malazisch aufgelockerten Herde enthalten schollige und kugelige Gebilde, deren färberische Eigenschaften sie als Bruchstücke geschwollener, zerfallender Axone ausweisen. Die Herde und ihre Umgebung zeigen eine lebhafte mikrogliale Proliferation, Makrophagen fehlen. Laterale und mediale Anteile des zentralen Marklagers und vor allem die Markstrahlen sind fast unbemarkt, während zentrale Teile, Capsula interna, optisches System und Stammformationen eine normale Markentwicklung aufweisen. Mikrogliareaktion, typisches Bild intravitalen Axonzerfalls und Bemarkungsstörung deuten an, daß der Foet bereits in der letzten Trächtigkeitsphase einer Schädigung ausgesetzt war, eine teilweise beatmete Lunge, daß er bis unter die Geburt gelebt hatte. Eine Grundursache dieser foetal-perinatalen Hirnschädigung - die wohl über Durchblutungsstörungen entstanden ist - wurde nicht gefunden.

2. Ein weibliches Giraffenkalb konnte nach der Geburt nicht stehen. Ein Trauma beim Geburtsvorgang wurde vermutet. Das Tier lag oder saß in Spagatstellung. Obzwar mit Zusammenbinden der Hintergliedmaßen und unterstütztem Aufstellen soweit gebracht, daß es am sechsten Tag 20 Minuten ohne Hilfe stehen konnte, war es doch tags darauf wieder unfähig, sich auf den Beinen zu halten. Eine Aspirationspneumonie wurde antibiotisch behandelt. Verschlechterung und Exitus 15 Tage post partum. Vom Zentralnervensystem erhielten wir leider nur unteres Thorakal- und Lumbosakralmark. Bei der Sektion fanden sich ausgedehnte Blutungen im Gebiet der Schultersynsarkose und Medialseite der Oberschenkel sowie drei gebrochene Rippen.

Während Sakralmark und Lendenschwellung histo-topographisch normal sind, weisen oberes Lumbal- und Übergang zum Brustmark verschiedengradige Bauanomalien auf: zum Teil eine nur einseitige Hypoplasie des Dorsalhornes, zum Teil schwere, mehr oder weniger einseitige Verwerfungen im Flügelplattengebiet, schließlich eine einseitige Ektopie von vorwiegend grauer Substanz aus dem Gebiet eines Dorsalhornes über die dorso-laterale Markoberfläche. Auf diesem Niveau ist der Zentralkanal dreimal getroffen, infolge Aufspaltung in mehrere Kanäle (was wahrscheinlicher ist) oder starker Schlängelung. Es handelt sich um eine Mißbildung des Rückenmarks im Sinne einer abortiven Diplomyelie, beschränkt auf den Flügelplatten- (d. h. dorsalen) Anteil. Leider wurde bei der Eröffnung der Wirbelsäule vermutlich zu wenig darauf geachtet, ob eventuell eine Spina bifida occulta vorlag. Klinisch war die Stehunfähigkeit mit einem vermuteten Trauma (Herunterstürzen aus dem Geburtsweg) erklärt worden. Sie dürfte aber auf die Rückenmarksmißbildung zurückführbar sein. Die verschiedenen Traumaspuren waren Folgezustände der fruchtlosen Aufstehversuche und des jeweiligen Zusammenstürzens.

3. Ein männl., zwei Jahre alter Elch erkrankte unter den Anzeichen von Anorexie und Apathie. Schließlich setzte ein Drängen mit dem Kopf gegen Gehegeabschrankung ein. Das Tier war scheinbar blind und zeigte eine Konjunktivitis. Exitus nach angeblich zirka vier Tagen Krankheit. Vor einiger Zeit war ein anderer Elch des gleichen Geheges unter ähnlichen Symptomen gestorben. Die postmortem-Befunde lauten wie folgt: Bakteriologie: +++ hämolysierende Coli und +++ vergrünende

Streptokokken in Bronchus (ausgedehnte Aspiration von Panseninhalt); +++ E. coli und ++ Cl. Welchii im Darm (wie zu erwarten); ++++ säurefeste Stäbchen in Darmlymphknoten (nicht typisiert; da keine für Paratuberkulose sprechende Darmveränderungen vorliegen, wahrscheinlich bedeutungslos). Trichostrongyliden + in Labmagen und Caecum, +++ Trichuris ovis im Caecum. In drei Gewebekulturpassagen konnte aus Niere, Leber, Dünndarm, Lymphknoten und Lunge kein Virus isoliert werden. Pathologisch-anatomische und histologische Diagnosen: hochgradige portale, dystrophische Hepatitis, herdförmige diphtheroide bis nekrotisierende Enteritis (Dünndarm), verminöse, hämorrhagische Typhlitis, in summa: kein bestimmtes Krankheitsbild. Die histologische Untersuchung des makroskopisch unauffälligen Gehirns ergibt eine disseminierte Meningo-Enzephalitis mit weitgehend auf die Gefäßwände beschränkten Infiltraten aus lymphoiden und mono-histiozytären Elementen, gelegentlich in Mitose, mit geringfügigen lockeren Mikrogliaherdchen und einzelnen frischen Blutextravasaten. Diese wenig aufdringlichen, aber allgegenwärtigen Veränderungen entsprechen dem Bild der Katarrhalfieber-Enzephalitis und legen diese Diagnose nahe, auch wenn die typischen Veränderungen der Kopfschleimhäute fehlten. Über das Vorkommen von bösartigem Katarrhalfieber bei in Parks gehaltenen Wiederkäuern wurde bei diesen Symposien bereits berichtet (H ä n i c h e n und E r n s t , 1969; B a l s a i , 1973). S c h r ö d e r und I p p e n (1973) sowie H ä n i c h e n und E r n s t (1969) wiesen auf die Problematik der Abgrenzung gegen Mucosal Disease hin. A l t m a n n et al. (1973) sahen Katarrhalfieber bei zwei Elchen, nachdem bereits A n d e r s s o n (1953) einen Fall bei dieser Tierart bekanntgegeben hatte. Vielleicht lagen auch die ungeklärten, tödlichen Erkrankungen zweier Jungelche, die L a n d o w s k a (1969) mitteilte, in dieser Richtung.

4. Ein Vikuña, männlich, 14jährig, erblindet scheinbar von einem Tag auf den andern. Äußerlich sind - nach ihrem Zustand bei der Kopfsektion fünf Monate später zu schließen - die Augen unverändert. Von einer ophthalmoskopischen Untersuchung wird nichts gesagt. Angeblich machte das Tier Drehbewegungen nach rechts. Die Hirnuntersuchung liefert dafür keine direkte Erklärung, so daß sie vielleicht durch eine nicht-bilateralsynchrone Erblindung bedingt waren. Die Gesamtsektion unterbleibt wegen der nicht so seltenen Interessenkollision zwischen Pathologe und Museum! Histologie der Augen und deren Interpretation sind durch ungenügenden Erhaltungszustand behindert: Zwar läßt sich eine hochgradige Netzhautatrophie mit Pigmentinfiltration sichern, jedoch nicht die Annahme belegen, daß diese topographisch eine totale war. Die Nervi optici weisen fortgeschrittene bindegewebige und astrozytäre Sklerose mit weitgehendem Schwund von Markscheiden und Axonen auf. Dicke, hyalinisierte, adventitielle Bindegewebsmäntel umgeben die Gefäße. Sehnerv und seine Bindegewebsscheide sind von Pigmentzellen, darunter vereinzelten mehrkernigen Riesenzellen, durchsetzt. In den Tractus optici ist die Degeneration etwas weniger weit fortgeschritten, dagegen sind zellige Infiltration und Makrophagenaktivität intensiver. Corpora geniculata lateralia und Tectum opticum sind hochgradig infiltriert und zentral bis zur Malazie mit Makrophagen durchsetzt; die neuronalen Gewebsanteile zerfallen. Kleine Verkalkungen markieren dystrophische Perikarya. Entzündliche vaskuläre und diffuse, vorwiegend plasmocytäre Infiltrate - eher Begleiterscheinung als Ursache des Zerfallsprozesses - nehmen an Intensität von zentral nach peripher ab. In der Retina sind sie nur an geringfügigen Residuen über der Papilla optica zu erkennen. Sekundäre Sehbahnen, mediale Occipitalrinde und übriges Gehirn sind unverändert.

Die Ursachen erworbener Retinadegenerationen sind mannigfaltig (S a u n d e r s und R u b i n, 1975); unsere histologischen Befunde erlauben nicht, einer der verschiedenen Möglichkeiten den Vorzug zu geben.

Alle vier hier beschriebenen Beobachtungen sind Läsionstypen zuzuordnen, für die bei den Haustieren bereits Erfahrungen vorliegen. Alle weisen sie peinliche Lücken auf, die zeigen, daß nach dem "Stadium des Jägers und Sammlers" die Zootier-Neuropathologie in einen Zustand übergehen sollte, wo Gründlichkeit und Kompetenz der klinischen Beobachtung, Akkuratesse der pathologisch-anatomischen und ätiologischen Untersuchungen und schließlich Zugänglichkeit der Vergleichsdaten den "großen Sprung nach Vorwärts" antreten.

Fall 1 und 2 stammen aus dem Zoologischen Garten Basel, Fall 3 aus dem Tierpark Dählhölzli, Bern, Fall 4 aus dem Zürcher Zoo. Den Direktoren dieser Tiergärten und ihren Mitarbeitern sei für die Überlassung des Materials herzlich gedankt.

Zusammenfassung:

Einige neuropathologische Befunde bei Zootieren

Es wird berichtet über: 1) eine pränatal-perinatale Schädigung des Großhirnmarks bei einem totgeborenen Vierhornlamm; 2) eine Rückenmarksmißbildung im Sinne einer abortiven Diplomyelie bei einer stehunfähigen, zwei Wochen alten Giraffe; 3) eine Katarrhalfieber-Meningo-Enzephalitis bei einem zweijährigen Elch und 4) Degeneration der primären optischen Bahnen bei einem 14jährigen Vikuña .

Summary:

Some Neuropathological Findings in Animals Kept in Zoological Gardens

The author reports on: 1) a prenatal-perinatal injury of the cerebral white matter in a stillborn four-horned antelope; 2) a malformation of the spinal cord (abortive diplomyelia) in a two-week-old giraffe unable to stand after birth; 3) a meningo-encephalitis of the type recorded with malignant catarrhal fever, in a two-year-old elk (Alces alces); 4) degeneration of the primary optic pathways in a fourteen-year-old viougna.

Résumé:

Sur les affections neuro-pathologiques chez certains animaux gardés au zoo

L'exposé présente quatre cas: 1° Une lésion dégénérative de la substance blanche de l'encéphale chez un agneau tetracère mort-né, 2° Une malformation de la moelle épinière du type diplomyélie chez une giraffe, 3° une méningo-encéphalite type coryza gangréneux chez un élan de deux ans, 4° une dégénérescence des voies optiques primaires chez une vigogne de 14 ans.

Резюме:

Некоторые нервопатологические результаты у зверей зоопарков.

Сообщается о пренатально и перенатальном нарушении больших полушарий мозга у мертворожденной четырех рогатой ламы, о патологических новообразованиях спинного мозга в виде абортивной дипломилии у двух недельного жерафы, неспособного находиться в стоячем положении, сообщается также о катарально-температурном менинго-энцефалите у двухлетнено лося и о дегенерации первичных оптических путей у I4-летней викунии,

Literatur:

ALTMANN, D., KRONBERGER, H. und K. F. SCHÜPPEL (1973): Bösartiges Katarrhalfieber (Coryza gangraenosa) bei zwei Elchen, zwei Rentieren und einer Hausziege im Thüringer Zoopark Erfurt. Verhandlungsber. XV. Internat. Symp. Erkrankungen Zootiere, Kolmarden, 41-49.

ANDERSSON, P. (1953): Ett fall av alakarted katarralfeber hos älg. Nord.Vet.-Med. 5, 847-854.

BALSAI, A. (1973): Bösartiges Katarrhalfieber beim Wisent (Bison bonasus). Verhandlungsber. XV. Internat. Symp. Erkrankungen Zootiere, Kolmarden, 51-54.

HÄNICHEN, T. und K. ERNST (1969): Bösartiges Katarrhalfieber bei Gaur- und Bantengrindern. Verhandlungsber. XI. Internat. Symp. Erkrankungen Zootiere, Zagreb, 163-165.

LANDOWSKA-PŁAZEWSKA, E. (1969): Ungeklärte tödliche Erkrankung bei zwei jungen Elchen (Alces alces) im Warszawaer Zoo. Verhandlungsber. XI. Internat. Symp. Erkrankungen Zootiere, Zagreb, 109-111.

SAUNDERS, L. Z. and L. F. RUBIN (1975): Ophthalmic Pathology of Animals. Basel: Karger.

SCHRÖDER, H.-D. und R. IPPEN (1973): Beitrag zu den virusbedingten und bakteriellen Erkrankungen der Zoowiederkäuer. Verhandlungsber. XV. Internat. Symp. Erkrankungen Zootiere, Kolmarden, 35-40.

Anschrift der Verfasser: Prof. Dr. R. Fankhauser und Dr. R. Fatzer
Postfach 2735
CH-3001 Bern (Schweiz)

From the Zoological Garden of Łódź (Director: Dr. A. S o s n o w s k i)

SOME TUMOURS IN HOOFED ANIMALS

By J. D a b r o w s k i

Tumours in hoofed animals are described in a much less detailed way than in other animals. (A p p l e b y and K e y m e r , 1973; G r i n e r , 1975; M i c h a l s k a , 1972). The brief report serves to tabulate a series of cases collected in the Zoo of Łódź during the years from 1964 - 1974.

Materials and methods: The material is from post-mortem investigations, though one of the cases was a biopsy specimen. The examinations were made in the Institute of Veterinary Hygiene of Łódź. Tissue samples were fixed in 10 per cent formol saline and conventional paraffin embedding; sectioning and staining methods were used. The diagnosis is based on gross and histological examinations.

Table 1:

Species	Age	Sex	Nature of specimen	Tumour type and site
Shetland pony (Equus caballus)	21 years	1,0	Biopsy	Semino-sarcoma of testicle
Tarpan horse (Equus caballus)	Foetus 8 months	0,1	Necropsy	Leidigioma of ovary
Tarpan horse (Equus caballus)	9 years	0,1	Necropsy	Adenoma of suprarenal gland
Wild boar (Sus scrofa)	7 years	0,1	Necropsy	Adenoma corticale of suprarenal gland
Chinese Wild boar (Sus scrofa vittatus)	11 years	0,1	Necropsy	Leyomyoma of uterus
Guanaco (Lama guanicoë)	12 years	0,1	Necropsy	Carcinoma maligna of liver
Guanaco (Lama guanicoë)	15 years	1,0	Necropsy	Adenoma of suprarenal gland
Brindled gnu (Connochaetes taurinus)	14 years	1,0	Necropsy	Chondrosarcoma polymorphocellulare of pelvis region and of lung
Pigmy goat (Capra hircus)	adult	1,0	Necropsy	Adenoma mucoso-serosa of larynx

Summary:

Some Tumeurs in Hoofed Animals

Nine cases of neoplasia in hoofed animals are tabulated. The information states the species, age, sex and type of tumour found.

Zusammenfassung:

Über einige Tumoren bei Huftieren

Es werden tabellarisch neun Neubildungen bei Huftieren aufgezeigt, wobei Tierart, Alter, Geschlecht und Art der Geschwulst Berücksichtigung finden.

Literature:

APPLEBY, E. C. and I. F. KEYMER (1973): More tumours in captive wild animals: a third brief report. Verhandlungsber. XV. Internat. Symp. Erkrankungen Zootiere, Kolmarden, 347-351.

GRINER, L. A. (1975): Hematopoietic neoplasia in animals at San Diego Zoological Gardens. Verhandlungsber. XVII. Internat. Symp. Erkrankungen Zootiere, Tunis, 253-259.

MICHALSKA, Z. (1972): Nowotwory zwierząt ogrodów zoologicznych w świetle badań sekcyjnych i biopsyjnych Zakładu Anatomii Patologicznej WSR we Wrocławiu. Medycyna wet. 28, 275-277.

Address of author: J. D a b r o w s k i
Zoological Garden of Łódź
ul. Konstantynowska 8/10
94-303 Łódź (Poland)

From the Zoological Society of London, Department of Veterinary Science

A SHORT ANALYSIS OF 2000 UNGULATE IMMOBILISATIONS INVOLVING 71 SPECIES MAINLY FROM THE COLLECTIONS OF THE ZOOLOGICAL SOCIETY OF LONDON

By D. M. Jones

Introduction

So extensive has been the volume of work on the capture and handling of wild animals during the last 20 years that two books have now been published exclusively on this subject (Harthoorn, 1975; Young, 1973). These tend to review the use of drugs in the field and concentrate on problems in Africa although some of the work carried out in zoos is described. Comprehensive reviews of the work on captive animals have been published by Jones (1973 and 1977). Bauditz (1972) reviewed the literature on the use of Xylazine in non-domestic animals. More is now known of the effects of the drug and some of the conclusions drawn from this paper may not now be applicable. Much of the paper deals with the use of the drug in Ungulates.

The use of the potent narcotics Fentanyl citrate and Etorphine hydrochloride, probably the most effective immobilising agents now known for Ungulates, has been reviewed by Harthoorn (1967), Pienaar (1968), Heck and Rivenberg (1972) and Alford et al. (1974). The first two papers cover the African field situation while the last two describe the use of Etorphine mainly in American zoos. Unfortunately those by Heck and Rivenberg (1972) and Alford et al. (1974) are principally lists of dose rates with a minimum of comment. As a result, the reader looking for practical information is left in some doubt as to the circumstances under which the higher and lower dose rates for each species should be given.

A comprehensive review of chemical handling techniques for large herbivores in the collections of the Zoological Society of London is in preparation (Jones, 1978). This will cover the comparative reactions to a variety of drugs in a large number of Ungulate species. The development of the work at Regent's Park and particularly Whipsnade can be followed from the biennial scientific reports of the Society over the last 10 years.

Equipment, Drugs and Techniques

An assessment of the weapon systems available in Britain for injection of drugs using projectile syringes has been published by the author (Jones, 1976). The most suitable systems for ungulate collections will depend on local availability and the maximum range required. None of the systems commercially available are capable of delivering a small (2-4 ml capacity) syringe with consistent accuracy over a greater distance than 35 metres. Most collections would need a rifle with this facility together with some method of achieving shorter ranges without a high force of impact. Ideally such equipment should also be capable of projecting syringes of up to 20 ml capacity to carry antibiotics and less soluble immobilising agents. Some weapons incorporate a method of varying the muzzle velocity of the syringe so providing considerable versatility.

At Whipsnade and Regent's Park during the past 20 years Palmer "Cap Chur" gas powered pistols and rifles have been used. More recently, blowpipes have been found useful, especially where the range required was less than 5 metres and particularly for species of less than 30 kg body weight. A "Paxarm" rifle is now used at Whipsnade for ranges over 20 metres, but this weapon's performance has been disappointing. It is probable that the Swiss made "Dist-Inject" and the British made "Conservator" equipment are the best available in Europe at the present time.

A wide range of narcotic and sedative drugs have been tried in the two collections over the last 20 years. Four agents have emerged as the most suitable for handling Ungulates. These are the potent narcotic Etorphine hydrochloride, and the sedative Xylazine and Acepromazine. Phencyclidine is still the drug of choice in pigs and probably hippopotamuses. Full surgical anaesthesia is achieved where required with Ketamine or short acting barbiturates given intravenously. Anaesthesia is maintained with additional doses of these drugs or with Halothane after endotracheal intubation. The results of this work are summarised in the tables and are based on over 2000 immobilisations of individuals representing 71 species. All the drugs mentioned in the tables were given intramuscularly. The powerful narcotic effect of Etorphine was reversed using the competitive antagonist Diprenorphine hydrochloride at 1.5 times the dose rate of the Etorphine, usually given intravenously. Etorphine is rarely given alone because a sedative is usually required to reduce or overcome the narcotic excitement seen in most species.

Discussion

The Perissodactyl Ungulates are extremely sensitive to potent narcotics and only the domestic and Przewalski's horse show any appreciable excitement during induction with Etorphine. Fentanyl produces the same physiological effects but its lower potency and only moderate solubility make it a less practical drug to use. Acepromazine overcomes the narcotic excitement in most of these species but this problem in the horses is more effectively controlled after immobilisation by using intravenous Xylazine at 0.3 - 0.5 mg/kg or with small doses of short acting barbiturates (3 - 4 mg/kg sodium thiopentone). Xylazine has very little effect when used alone in this group except in very high doses. Preliminary investigation of the cardiovascular and respiratory effects of Etorphine in the common zebra and Asian wild ass suggest that these are similar to those reported for the domestic horse (Hillidge and Lees , 1975; Lees and Hillidge , 1975).

Residual sedation, caused probably by recycling Etorphine or possibly the antagonist, is seen frequently in the square lipped rhinoceros and the mountain zebra. Occasionally, in individuals of all the species examined, the animal appears to recover fully but then reverts to a sedated state 1 to 4 hours later. This often happens to equines after they have been put in a dark travelling crate. The physiology of this is not known.

From a pharmacological point of view, Xylazine is the most suitable agent for handling ruminants because it has very few side effects. From a practical point of view it has two major disadvantages. There is no specific antagonist which means that ruminants may have to be left recumbent for long periods and its effect at a given dose rate is dependant more on the temperament of the animal than on the species. The inexperienced user of Xylazine often has difficulty deciding on the dose rate for an animal because he has to be able to assess its temperament. Two closely related animals, one hand reared and the other kept unhandled in a large enclosure may show a ten fold difference in the dose of Xylazine required to produce a given level of sedation.

There are some differences in species sensitivity of Xylazine. In the Camelidae, Caprini and the Ovibovini, relatively low intramuscular dose rates of this drug are required to induce sedation, even in nervous or aggressive individuals. Reindeer respond well to low doses of Xylazine as does a second Cervid from sub-arctic regions, the Moose.

In most ruminant species the dose rates of Xylazine needed to induce sedation are so high that injection of the large volumes of fluid involved would be impractical. In these cases Etorphine is more suitable and has the added advantage of being reversible. Fentanyl can be used but the practical disadvantages of this drug have already been described. The principal side effect of Etorphine in ruminants is the marked narcotic excitation exhibited by many species. Ruminants can be divided into 3 categories on the basis of the degree of excitement produced. The wildebeests and hartebeests can be restrained with Etorphine alone although Acepromazine is usually added to subdue the occasional mild sign of excitation. The majority of the deer require the addition of the promazine derivative to control the more overt signs of excitation seen in this family. In the third group which includes a few of the deer, most of the antelopes and the large bovines, only the addition of Xylazine abolishes or markedly reduces excitation.

Table 1: Recommended drugs and dose rates for Perissodactyl Ungulates

Family/Species	Species tested	Etorphine mg/kg	Acepromazine mg/kg	Comments
Rhinocerotidae	3	0.002 - 0.003	0.01 - 0.015	Higher dose rates for *Rhinoceros unicornis*
Equidae				
Equus caballus, *Equus przewalskii*	2	0.015 - 0.02	0.1	Higher dose rates for more nervous *E. caballus*
Others	5	0.01 - 0.015	0.1	Higher dose rates for *E. hemionus*
Tapiridae	2	0.01	0.1	

Table 2: Recommended drugs and dose rates for Artiodactyl Ungulates

Tribe/Family	Species tested	Xylazine mg/kg	Comments
Camelidae	5	0.5 - 1.5	Dose dependant on temperament
Caprini	7	0.5 - 1.5	
Ovibovini	1	0.5 - 1.5	
Bovinae	2	0.5 - 1.0	Moderately quiet members of the family such as *Bos taurus* and *Bos grunniens* only
Cervidae			
Rangifer tarandus	1	0.5 - 1.0	Hand reared or very quiet individual deer of other species may also be handled at these dose rates

Table 3: Recommended drugs and dose rates for Artiodactyl Ungulates

Family/Genus/Species	Species tested	Etorphine mg/kg	Sedative mg/kg	Comments
Bovinae	6	0.01	Xylazine 0.2 - 0.4	For more nervous or aggressive species and individuals
Ovibovinae	1			
Taurotragus, *Hippotragus*, *Tragelaphus strepsiceros*	4	0.01 - 0.015	Xylazine 0.4 - 0.5	
Oryx, Addax, *Boselaphus*, *Kobus* (above 100 kg)	6	0.015	Xylazine 0.3 - 0.5	Lower dose rates of Xylazine for *Kobus*
Tragelaphus (less than 100 kg), *Kobus* (less than 100 kg)	3	0.02	Xylazine 0.4 - 0.5	
Gazella thomsoni, *Aepyceros melampus*, *Antilope cervicapra*, *Cephalophus maxwellii*	4	0.025 OR 0.045	Xylazine 0.4 OR Acepromazine 0.2	Et/Xylazine probably preferable, but only a few trials to date

Table 4: Recommended drugs and dose rates for Artiodactyl Ungulates

Family/Genus/Species	Species tested	Etorphine mg/kg	Sedative mg/kg	Comments
Bovidae				
Connochaetes	1	0.012	Acepromazine 0.05	Acepromazine probably unnecessary in these cases
Damaliscus	2	0.02 - 0.03	Acepromazine 0.1	
Cervidae				
Cervus elaphus *Elaphurus davidianus*	2	0.02	Acepromazine 0.1	Xylazine with Etorphine provides better sedation but tends to cause a very prolonged residual effect
Cervus nippon *Cervus timorensis* *Axis* sp. *Odocoileus virginianus*	5	0.04 - 0.06	Acepromazine 0.2 - 0.25	
Pudu pudu *Muntiacus* sp. *Hydropotes inermis*	4	0.06	Acepromazine 0.25	
Alces alces	1	0.01	Xylazine 0.3	Xylazine alone at 0.5-1.0 mg/kg in quiet individuals
Cervus duvancelii	1	0.015	Xylazine 0.4	Insufficiently sedated with Et/ACP
Dama dama	1	0.03	Xylazine 0.5 - 1.0	

Table 5: Recommended drugs and dose rates for Artiodactyl Ungulates

Family/Species	Species tested	Drugs used mg/kg	Comments
Suidae	2	Phencyclidine 1.0 - 1.2 Acepromazine 0.1	Narcotics tend to produce excitement
Tayassuidae	1		
Giraffa camelopardalis	1	Xylazine 0.3 - 0.6	Provided physical support available (crate or crush)
		Etorphine 0.01 with either Azaperone 0.5 or Acepromazine 0.05	Head kept upright while immobilised. Use lower doses and keep on feet if practical
Hippopotamidae			
Choeropsis liberiensis	1	Etorphine 0.015 or Phencyclidine 1.0 with Acepromazine 0.1	Etorphine effective but tends to produce excitement

Etorphine and Xylazine potentiate one another markedly in combination and although the safety margin of the two drugs together is lower than the two separately, due to their depressive activity on respiration, the mixture is by far the most effective to date in this group. The dose rate of Xylazine in the combination is still dependant on temperament but to a much smaller degree than when used alone. The advantage of the reversibility of the Etorphine is retained although some residual sedation from the Xylazine is usually apparent particularly if the animal is left alone without disturbance.

A safe method for inducing deep sedation and narcosis in the giraffe has yet to be found. Where possible, this species should be handled while still standing, preferably in a "race" or crate where physical support following sedation is feasible. Under these circumstances, Xylazine alone may be used. Complete immobilisation can be achieved with Etorphine or Fentanyl in combination with Acepromazine or one of the butyrophenone derivatives such as Azaperone. It is probable that these drugs adversely affect the control of blood pressure in this species, although this has not been established with certainty. The relatively high losses from immobilisation of the species are probably due to this problem.

Although the pigs and hippopotami can be handled using potent narcotics, these drugs invariably cause considerable excitement with dyspnoea and excessive salivation, despite the addition of a sedative. The cyclohexamine derivatives Phencyclidine and Ketamine produce a more relaxed state which is enhanced by the addition of Acepromazine. Phencyclidine is usually the drug of choice because the lower potency of Ketamine would result in large volumes of fluid having to be injected.

In Britain we have been fortunate in having access to a wide range of immobilising agents for this work, made possible by reasonable legislation and cooperative pharmaceutical companies. Many veterinary surgeons do not at present have access to all the drugs mentioned in this paper. It is to be hoped that with the increasing value of stock and the internationally recognised importance of a scientifically based programme of reproduction and veterinary care in zoos, that this situation will soon be rectified.

Acknowledgements

The author would like to acknowledge the considerable help given by the staff of the pharmaceutical divisions of Reckitt and Colman Ltd., Bayer Ltd., Parke Davis and Co. Ltd., and Crown Chemicals Ltd.

Summary:

A Short Analysis of 2000 Ungulate Immobilisations Involving 71 Species Mainly from the Collections of the Zoological Society of London

A wide range of drugs has been used for handling Ungulates in the collections of the Zoological Society of London over the last 20 years. This work is summarised and recommendations for the use of specific drugs in particular species drawn from the experience.

Zusammenfassung:

Analyse über die Immobilisationen von 2000 Ungulaten (71 Spezies) aus der Sammlung der Zoologischen Gesellschaft von London

In den letzten 20 Jahren wurden von der Zoologischen Gesellschaft London zur Immobilisation von Ungulaten in umfangreichem Maße Drogen eingesetzt. Diese Ergebnisse sind zusammengefaßt und daraus Vorschläge für den Einsatz spezifischer Mittel bei besonderen Tierarten abgeleitet.

Résumé:

Considérations sur les immobilisations de 2000 ongulés (71 espèces) de la collection de la Société zoologique de Londres

Pour opérer l'immobilisation d'ongulés, la Société zoologique de Londres a utilisé au cours des 20 dernières années dans une forte mesure des drogues anesthésiques. Les résultats de ces travaux ont été réunis et regroupés et permettent de faire des propositions en vue de l'utilisation de moyens spécifiques pour certaines espèces animales.

Резюме:

Анализ иммобилизации 2000 Ungulaten (7I специй) из коллекции зоологического общества Лондона.

В последние 20 лет в зоологическом обществе Лондона проводилась иммобилизация животных преимущественно с применением дроже. Обобщены результаты спецефичности вещкств, применяемых для различных видов животных.

Literature:

ALFORD, B. T., BURKHARD, R. L. and W. P. JOHNSON (1974): Etorphine and diprenorphine as immobilising and reversing agents in captive and free ranging mammals. J. A. V. M. A. 165 (7), 702.

BAUDITZ, R. (1972): Sedation, immobilisation and anaesthesia of zoo and wild animals with Xylazine. Vet. Med. Rev. 3, 204.

HARTHOORN, A. M. (1967): Comparative pharmacological reactions of certain wild and domestic mammals to Thebaine derivatives in the M series of compounds. Federation Proceedings 26, 1251.

HARTHOORN, A. M. (1975): The Chemical Capture of Animals. London: Baillière Tindall.

HECK, H. and E. RIVENBERG (1972): Dosages of M.99 used on hoofed animals at Catskill game farm. Zool. Garten 2 (5/6), 292.

HILLIDGE, C. J. and P. LEES (1975): Influence of the neuroleptanalgesic combination of Etorphine and Acepromazine on the horse: blood gases and acid-base balance. Equine Veterinary Journal 7 (3), 148-154.

JONES, D. M. (1973): The use of drugs for immobilisation, capture and translocation of non-domestic animals. In: Grunsell, C. S. G. and F. W. G. Hill (Eds.) Veterinary Annual 13th issue, Bristol: Wright, 320-352.

JONES, D. M. (1976): An assessment of weapons and projectile syringes used for capturing mammals. Vet. Rec. 99, 250-253.

JONES, D. M. (1977): Recent advances in the use of drugs for immobilisation, capture and translocation of non-domestic animals. In: Grunsell, C. S. G. and F. W. G. Hill (Eds.) Veterinary Annual 17th issue, Bristol: Wright, 280-285.

JONES, D. M. (1978): In Press.

LEES, P. and C. J. HILLIDGE (1975): Neuroleptanalgesia and cardiovascular function in the horse. Equine Veterinary Journal 7 (4), 184-191.

PIENAAR, U. de V. (1968): Recent advances in the field immobilisation and restraint of wild ungulates in South African national parks. Acta Zoologica et Pathologica 48, 163.

YOUNG, E. (Ed.) (1973): The Capture and Care of Wild Animals. Cape Town: Human and Rousseau.

Address of author: Dr. M. J o n e s
Regent's Park
London NW1 4RY (England)

Aus der Tierklinik (komm. Leiter: Dr. sc. med. vet. W. F r a n z) der Sektion Pflanzenproduktion der Martin-Luther-Universität Halle-Wittenberg

NARKOSEERFAHRUNGEN BEI ZEBRA UND KULAN

Von W. F r a n z

Im Zusammenhang mit erforderlichen Hufpflegemaßnahmen sowie in Verbindung mit purulenten Pododermatitiden und Hufuntersuchungen bei verschiedenen Equiden des Zoologischen Gartens Halle ergab sich seit einigen Jahren wiederholt die Notwendigkeit einer Immobilisation beim Bergzebra (Equus zebra), Grantzebra (Equus quagga böhmi), Dschiggetai/Kulan-Bastard (Equus hemionus hemionus x Equus hemionus kulan) sowie auch beim Zwergesel (Equus asinus f. asinus).

Beim Zwergesel sind im Zoologischen Garten Halle Hufpflegemaßnahmen ohne jede medikamentelle Vorbehandlung und Hufoperationen wegen purulenter Pododermatitis wiederholt nach unmittelbar eingeleiteter intravenöser Chloralhydrat-Rauschnarkose durchgeführt worden und damit narkosetechnisch unproblematisch (Dosierung nach eigenen Erfahrungen: 7,67 - 8 g Chloralhydrat/50 kg/ Körpermasse).

Eine derartige Form der medikamentellen Ruhigstellung bei Zebra und Dschiggetai/Kulan-Bastard (im folgenden: Kulan) ist bekanntlich nicht möglich, weil eine i. v. Injektion nicht ohne weiteres toleriert wird.
Eigenen Erfahrungen bei der Immobilisation von Zebra und Kulan seien einige Literaturangaben zur Equidennarkose vorangestellt.

Nach J a r o f k e (1976) ist eine der ältesten Methoden, Einhufer zu immobilisieren, die orale Applikation von Chloralhydrat. G ö l t e n b o t h (1968) berichtet dazu nach langjährigen guten Erfahrungen, daß die Tiere nach drei- bis viertägigem Wasserentzug 40 g Chloralhydrat in 3 - 4 Liter Wasser freiwillig aufnehmen und danach für 1/2 bis 2 Stunden in Narkose verfallen.
Nach K u n t z e (1967) benötigt man für die Chloralhydrat-Trinkwasser-Methode beim Zebra 75 - 80 g pro Tier und erreicht damit frühestens nach 30 Minuten den Wirkungshöhepunkt.
K u n t z e (1967) und J a r o f k e (1976) weisen allerdings auf bestehende Verletzungsgefahren während des An- und Abflutens dieser Narkoseform hin; letzterer erwähnt im gleichen Zusammenhang sogar einen Genickbruch beim Bergzebra. W e i l e n m a n n (1971) war mit dem Versuch, eine Chapman-Zebrastute von 250 kg KM zwecks Hufkorrektur mittels 750 mg Taractan per os und 10 ml Taractan intramuskulär zu immobilisieren, nicht erfolgreich. Nach J a r o f k e (1976) ist das Mittel der Wahl M 99 (Reckitt/Colman). Die Wirkung soll 5 - 7 Minuten nach i.m. Injektion beginnen, das betreffende Tier nach 10 Minuten zusammenbrechen, eine operationsfähige Narkosetiefe bereits nach 20 Minuten erreicht sein und die Immobilisation bis zu zwei Stunden anhalten.
Von H e c k und R i v e n b u r g (1972) werden für M 99 beim adulten Bergzebra (männlich und weiblich) 2,8 mg/Tier und beim adulten (weiblichen) Grantzebra 2,4 mg/Tier als Dosierung angegeben. Über eine erfolgreiche Kombination des gleichen Präparates mit Acepromazin berichtete R ö k e n (1975) im Zusammenhang mit 6 Immobilisationen beim Grantzebra (1,2 - 1,7 mg Etorphin + 5 - 7 mg Acepromazin/200 - 250 kg KM). W e s t h u e s und F r i t s c h (1961) sprechen sich für eine i. v. Chloralhydratinfusion nach vorheriger Sedation aus, die durch i.m. Injektion von Phenothiazinderivaten (unter anderem 0,5 - 1 ml Combelen [Bayer]/50 kg/KM) erzielt werden soll.
Auch Polamivet (Farbwerke Hoechst AG), 2 ml/50 kg KM i.m., bewirkt nach den letztgenannten Autoren nach 20 Minuten eine gute Sedation und kann auch in Mischspritze mit obigem Neuroplegicum i. m. appliziert werden. Dabei verringert sich die Dosis des letzteren etwa um die Hälfte.
J a k s z t i e n (1960) gab zwecks Operation eines Nageltritts beim Grantzebra zunächst 20 ml Propaphenin (Hydrierwerk Rodleben) und danach ohne Schwierigkeiten 15 g Chloralhydrat in 10%iger Lösung i. v.
F r i e d e l (zit. n. W e s t h u e s und F r i t s c h , 1961) erzielt mittels i. m. In-

jektion von 0,5 - 1 ml Combelen (Bayer)/50 kg/KM bei Wildpferden gute Beruhigung.
J a r o f k e (1976) gibt zum gleichen Zweck die halbe Dosis an: 0,5 - 1 ml Combelen (Bayer)/100 kg/KM beziehungsweise auch 2,5 mg Propaphenin (Hydrierwerk Rodleben)/kg/KM.
M a s u i et al. (1975) berichten über eine anläßlich Hufkorrektur vorgenommene Immobilisation beim Chapman-Zebrahengst. Während mit 1,2 mg Rompun (Bayer)/kg/KM nur eine geringe Sedation erreicht wurde, konnte nach oraler Prämedikation von 5 mg Diazebam/kg/KM mit 3 mg Rompun (Bayer)/kg/KM i. m. eine zweckgemäß zufriedenstellende Immobilisation erzielt werden.

Von L i n d a u und G o r g a s (1969) werden zur Hufpflege und Blutentnahme im Zwangsstand bei einer Zebrastute (200 kg KM) 3,6 mg Rompun (Bayer Va 1470)/kg/KM als ausreichend befunden. Die Toleranz wird mit 30 Minuten, das Wirkungsende mit 80 Minuten post injectionem angegeben. Bei einem 250 kg schweren Zebrahengst wurde ein gleichlanges Toleranzstadium bereits mit 2,0 mg Rompun/kg/KM i. m. erreicht.

Während das Rompun sich zur medikamentellen Ruhigstellung fast aller Zootiere hervorragend eignet, versagt es nach J a r o f k e (1976) bei der Immobilisation von Einhufern. Man soll bestenfalls eine Sedation erreichen. Außerdem warnt er vor Muskelabszessen nach i. m. Injektion dieses Präparates und will es deshalb bei Equiden nur auf Notfälle beschränkt wissen. Als Dosierung für Zebras, Esel, Onager und Przewalskipferde gibt der genannte Autor 3 - 5 mg Rompun/kg/KM i. m. an.

Kasuistik

Einem Vorschlag von K u n t z e (1974) folgend, wurden die zur Hufbehandlung vorgesehenen Equiden des Zoologischen Gartens Halle unter Berücksichtigung gegebener Möglichkeiten durch eine in Mischspritze i. m. applizierte Kombination von Rompun 2%ig (Bayer) und Combelen (Bayer) soweit sediert, daß eine nach Wirkung dosierte i. v. Chloralhydratnarkose (10%ige Lösung) angeschlossen werden konnte. Anläßlich der ersten drei Immobilisationen der Bergzebrastute (siehe Tabelle) wurden dem Chloralhydrat aus einem Restbestand noch 100 ml GGG (Guajakol-Glycerinaether Grünau) zugefügt. Bei den weiteren Hufbehandlungen erwies sich diese Zusatzmedikation als nicht erforderlich. Einzelheiten zur Dosierung sind der tabellarischen Übersicht zu entnehmen.

Während die Sedation beim Bergzebrahengst und Grantzebrahengst mittels eines Distanzinjektionssystems (Dist-Inject-Pistole Modell 30) eingeleitet werden konnte, erfolgte die i. m. Injektion der Rompun-Combelen-Kombination bei den länger zurückliegenden Medikationen der Bergzebrastute und der Kulane von Hand. Zu diesem Zwecke wurde die Bergzebrastute in ihrem Stall mittels zweier großer Holzplatten langsam und möglichst geräuscharm an einer Wand so eingeengt, daß eine i. m. Injektion im Oberschenkelbereich ohne Gefährdung von Mensch und Tier ermöglicht werden konnte.

Nach erfolgter Sedation wurden die Zebras (d. h. auch die Zebrahengste) sich selbst überlassen. Als erforderliche Wartezeit bis zur i. v. Chloralhydratinjektion ergab sich insbesondere anläßlich der häufig erforderlichen Immobilisationen der Bergzebrastute eine Zeitspanne von zirka 45 - 50 Minuten. Nach dieser Zeit war es bei den Bergzebras ohne Schwierigkeiten möglich, sie erneut (Stute) beziehungsweise erstmalig (Hengst) in beschriebener Weise einzuengen, ihnen einen Maulkorb aufzusetzen und eine i. v. Chloralhydratinjektion anzuschließen, nicht hingegen beim Grantzebrahengst, dessen Sedation sich nicht nur für eine i. v. Injektion, sondern bereits für eine vorbereitende Einengung als unzureichend erwies.

Die für die verschiedenen Medikationen erforderlichen Raumbeschränkungen wurden bei den Kulanen in anderer Weise vorgenommen. Die Tiere wurden in eine ihrer Körpermasse entsprechend relativ geräumige Transportkiste geleitet, die vorn und hinten mit in halber Höhe unterteilten Schiebern versehen ist. Danach erfolgte zunächst eine langsame weitere Einengung durch Einbringen von Strohballen von vorn, so daß die Hinterhand der Tiere nach Öffnung des hinteren oberen Schiebers ohne Mühe zur i. m. Injektion erreichbar war. Nach erfolgter Sedation wurden die Strohballen vorn entfernt.
Das Zeitintervall zwischen Sedation und i. v. Einleitung der Immobilisation war im Mittel mit etwa 60 Minuten, bedingt durch die etwas umständlicheren Manipulationen, etwas länger als beim

Tabelle 1:

Dosierungstabelle zu den Immobilisationen bei Zebra und Dschiggetai/Kulan-Bastard (= Kulan)

Tierart	♂ ♀	Körpermasse (geschätzt) kg	Anwendungshäufigkeit	Dosierungen: Rompun 2 % ml/Tier	Rompun 2 % mg/kg	Combelen ml/Tier	Combelen mg/kg	Chloralhydrat g/Tier	Chloralhydrat g/50 kg	Ergebnis
Bergzebra	♀	225	14 x	2,5-4,5	0,22-0,40	4,5-5,5	0,20-0,24	15-25	3,33-5,56	befriedigend
Bergzebra	♂	250	1 x	5,0	0,40	5,0	0,20	35	7,0	befriedigend
Kulan	♀	125	4 x	4,5	0,72	4,5	0,36	28-30	11,2-12,0	befriedigend
Kulan	♀	90	1 x	3,0	0,67	2,0	0,22	20	11,1	befriedigend
Grantzebra	♂	200	1 x	4,5	0,45	4,5	0,23	-	-	ungenügend

Die unterstrichenen Werte kennzeichnen die vorwiegend angewandten Dosierungen.
Die anderen Dosierungen (Von-bis-Spannen) beruhen auf vorübergehender Rompun-Verknappung.

Bergzebra. Vor i. v. Injektion wurden dann Strohballen von hinten so eingebracht, daß nach Öffnung des vorderen oberen Schiebers Kopf und Hals des Kulan aus der Kiste hervortraten. Auf das Anlegen eines Maulkorbes wurde zwecks Streß-Prophylaxe verzichtet und der Kopf des Tieres zur Einleitung der i. v. Injektion lediglich mittels Halfter seitlich gehalten. Alle diese Maßnahmen wurden äußerst behutsam, möglichst geräuschlos und ohne Hast vorgenommen. Nur in einem Fall kam es in Vorbereitung der i. v. Injektion zu einer vorübergehenden Abwehr, offenbar bedingt durch zu schnelles Einengen beziehungsweise störende Umweltgeräusche.

In allen 20 Fällen von Equidenimmobilisationen ergaben sich Toleranzen von 45 - 60 Minuten, die für Hufpflege, Hufoperationen beziehungsweise Verbandwechsel ausreichten. Bei der Operation einer purulenten Pododermatitis des Bergzebrahengstes wurde allerdings zusätzlich eine Lokalanästhesie vorgenommen.

Abschließend zur Kasuistik sollen im Telegrammstil noch einige Bemerkungen zu den Immobilisierungsanlässen angefügt werden. Die Reihenfolge der Aufzeichnungen entspricht dabei den Equiden-Patienten der Dosierungstabelle.

1. Bergzebrastute, jungerwachsen vom Zoologischen Garten Halle erworben im Dezember 1973. Bis Herbst 1977 wiederholte Operationen mit nachfolgenden Verbandwechseln wegen Pododermatitis purulenta und Doppelsohlenbildung vorn beiderseits infolge Hufbeinsenkung (chronischer Rehehuf). Verwertung November 1977.

2. Bergzebrahengst, 250 kg KM, einmalige Operation und Verband einer Pododermatitis purulenta im Bereich der lateralen Eckstrebe sowie des lateralen und dorsalen Tragerandes vorn rechts im November 1977. Heilung.

3. Kulanstute, 125 kg KM. Einmalige Operation einer Pododermatitis purulenta im Bereich der Sohle und der vorderen Zehenwand mit Durchbruch an der Krone vorn rechts. Operation mit Fensterung der vorderen Zehenwand, nachfolgend drei Verbandwechsel, Juli bis September 1977. Heilung.

4. Kulanstute, jungerwachsen, 90 kg KM. Einmalige Hufpflege, September 1977. Zur Zeit ohne besonderen Befund.

5. Grantzebrahengst, 200 kg KM. Sedations- beziehungsweise Immobilisationsversuch (nicht gelungen) zwecks Hufuntersuchung wegen deutlicher Lahmheit vorn links. Dezember 1977. Da Lahmheit nur vorübergehend, Immobilisationsversuch nicht wiederholt.

Diskussion

Die Ergebnisse vorliegender medikamenteller Ruhigstellungen sind mit einiger Zurückhaltung zu interpretieren. Zunächst kann festgestellt werden, daß es in der Regel möglich ist, unter Voraussetzung einer angemessenen Dosierung mittels einer Combelen-Rompun-Kombination Zebras und Kulane so weit zu sedieren, daß die i. v. Applikation von Chloralhydrat und damit eine Rauschnarkose toleriert wird. Unter Berücksichtigung sowohl der bisherigen Dosierungserfahrungen bei alleiniger Anwendung von Rompun (Bayer) beim Zebra (Lindau und Gorgas, 1969; Masui et al., 1975; Jarofke, 1976) und beim Pferd (Fessl, 1970; Bergsten und Rejnö, 1971; Ehmke und Böhm, 1971; Keller, 1971) als auch der Kenntnisse hinsichtlich seines Toleranzeintrittes möchte man im Hinblick auf die gewählten Wartezeiten von wenigstens 45 Minuten in erster Linie dem Combelen (Bayer) den vorwiegenden Sedationserfolg zuschreiben, der durch das Tolerieren der i. v. Injektion gekennzeichnet ist.

Für die Erzeugung von Abszedierungen im Gefolge der i. m. Injektion von Rompun (Bayer), vor denen Jarofke (1976) warnt, ergaben sich in vorliegenden Untersuchungen, wahrscheinlich bedingt durch die nur 2%ige Lösung des Rompun (Bayer) und dem zusätzlichen Verdünnungseffekt der Mischapplikation von Rompun (Bayer) und Combelen (Bayer), keine Anhaltspunkte.

Bemerkenswert erscheinen die zum Ablegen der verschiedenen Equiden erforderlichen, vergleichsweise differierenden Chloralhydratmengen (siehe Dosierungstabelle).

Die für eine "Selbstdosierung" erforderliche Chloralhydratmenge beträgt beim Kulan mit 11 - 12 g Chloralhydrat/50 kg/KM mehr als das Doppelte der von Westhues und Fritsch (1961) angegebenen Pferdedosis von 5 g Chloralhydrat/50 kg/KM, während die Dosis beim Bergzebra in etwa der Pferdedosis entspricht.

Zusammenfassung:

Narkoseerfahrungen bei Zebra und Kulan

Anhand von 20 Immobilisationen bei Bergzebra (Equus zebra) und Dschiggetai/Kulan-Bastard (Equus hemionus hemionus x Equus hemionus kulan) werden Narkoseerfahrungen bei den genannten Equiden mitgeteilt. Nach Prämedikation einer Kombination von Propionyl-Promazin (Combelen, Bayer) und Xylazin 2%ig (Rompun, Bayer) - in einer mittleren Dosierung von je 4,5 ml pro Tier und Präparatkonnte durch intravenöse Applikation von Chloralhydrat eine für Hufoperationen beziehungsweise

Hufpflege geeignete Rauschnarkose erzielt werden.

Summary:

Experience Gained in Narcotizing Zebra and Kulan

On the basis of 20 immobilizations in Equus zebra and Dschiggetai/Kulan hybrid (Equus hemionus kulan) the author reports on experience gained in narcotizing the above equides. After premedication of a compound of propionyl-promazine (Combelen, Bayer) and xylazine 2% (Rompun, Bayer) at a medium dosage of 4.5 ml each per animal and compound invariably an effective rauschnarcosis could be achieved by intravenous application of chloral hydrate. This type of narcosis is particularly suited for hoop operations or hoof trimming.

Résumé:

Narcose chez des zèbres et des hémiones

Partant de 20 immobilisations chez des zèbres (Equus zebra) et des hèmiones bâtards de dchiggetaï (Equus hemionus hemionus x Equus hemionus kulan), on signale quelles expériences ont été faites lors de narcoses chez ces équidés. A la suite d'une pré-médication d'une combinaison de Propionyl-Promazin (Combelen, Bayer) et de Xylazin à 2 % (Rompun, Bayer) - à raison d'un dosage moyen de respectivement 4,5 ml par animal et par mélange - l'application intraveineuse d'hydrate chloral a permis d'obtenir une narcose stupépiante permettant le soin des sabots chez ces bêtes.

Резюме;

Опыты с наркозом над зебрами и куланами.

На основе 20 иммобилизаций горной зебры (Equus zebra) и гибрида джигетая и кулана (Equus hemionus hemionus x Equus hemionus kulan) сообщается об опыте с наркозом у этих зверей. После премедикации комбинацией пропионил-промацина(Combelen,Bayer) 2% ксилацина (Rompun, Bayer)внутримышечно одним шприцем в средне дозировке 4,5 мл для одного животного одним препаратом,стала возможной внутривенная иньекция хлоральгидрата в различных дозах.Тем сямым был достигнут опьяняющей наркоз, пригодный для операций и обрезки копыт.

Literatur:

BERGSTEN, G. und S. REJNÖ (1971): Klinische und hämodynamische Untersuchungen über ein neues Sedativum für Pferde. Svensk Veterin.-Tidn. 23, 503-507. Ref.: Landw. Zbl. IV 17 (1972), 519.

EHMKE, J. und A. BÖHM (1971): Rompun zur Prämedikation für Operationen in Epiduralanästhesie beim Pferd. Dtsch.tierärztl. Wschr. 78, 49-52.

FESSL, L. (1970): Klinische Erfahrungen mit Bay Va 1470 (= Rompun). Vet.-med. Nachr. 197-208. Ref.: Landw. Zbl. IV 16 (1971), 703.

GÖLTENBOTH, R. (1968): Operative Eingriffe an den Extremitäten bei Zootieren. Verhandlungsber. X. Internat. Symp. Erkrankungen Zootiere, Salzburg, 111-118.

HECK, H. and E. RIVENBURG (1972): Dosages of M-99 used on hoofes Mammals at Catskill Game Farm. Zool. Garten 42, 282-287.

JAKSZTIEN, K.-P. (1960): Ein Beitrag zur Verwendung des Propaphenins (Chlorpromazin) in der Zootierpraxis. Mh. Vet. Med. 15, 578-581.

JAROFKE, D. (1976): in Klös, H.-G. und E. M. Lang: Zootierkrankheiten. Berlin-Hamburg: Paul Parey.

KELLER, H. (1971): Weitere Erfahrungen mit der Anwendung, der Dosierung und der Wirkung von Rompun beim Pferd. Berl. Münch. tierärztl. Wschr. 84, 266-269.

KUNTZE, A. (1967): Indikation und Grenzen der medikamentellen Immobilisation (Narkose, Neuroplegie, Myorelaxation) bei Zootieren. Verhandlungsber. IX. Internat. Symp. Erkrankungen Zootiere, Prag, 101-115.

KUNTZE, A. (1974): pers. Mitteilung.

LINDAU, K. H. und M. GORGAS (1969): Versuche mit Bayer Va 1470. Verhandlungsber. XI. Internat. Symp. Erkrankungen Zootiere, Zagreb, 135-137.

MASUI, M., SAITO, M. and E. NARUSHIMA (1975): Treatment of overgrown hooves in a Chapman's Zebra (Equus burchelli chapmani). Verhandlungsber. XVII. Internat. Symp. Erkrankungen Zootiere, Tunis, 85-91.

RÖKEN, B. O. (1975): Chemical restraint and anaesthesia in African herbivores. Verhandlungsber. XVII. Internat. Symp. Erkrankungen Zootiere, Tunis, 135-153.

WEILENMANN, P. (1971): Einige Angaben über die im Zoologischen Garten Zürich und im Wildpark Langenberg verwendeten Sedativa, Tranquilizer und Narkotika. Verhandlungsber. XIII. Internat. Symp. Erkrankungen Zootiere, Helsinki, 207-211.

WESTHUES, M. und R. FRITSCH (1961): Die Narkose der Tiere. Bd. II Allgemeinnarkose. Berlin-Hamburg: Paul Parey.

Anschrift des Verfassers: Dr. sc. med. vet. W. F r a n z
Tierklinik der Sektion Pflanzenproduktion der
Martin-Luther-Universität Halle-Wittenberg

402 Halle/S., Emil-Abderhalden-Str. 27/28 (DDR)

From the University of Freiburg, Department of Foresty (Chair: Prof. H. Steinlin)

OBSERVATIONS ON THE IMMOBILIZATION AND MARKING OF AFRICAN ELEPHANTS (LOXODONTA AFRICANA) IN BOTSWANA

By W. von Richter[+], N. Dräger[++], L. Patterson[++] und M. Sommerlatte[+++]

Introduction

As part of a long term study of the ecology of elephants in Northern Botswana it was decided to immobilize and mark adult and subadult animals for individual recognition in order to monitor social organization and short and long range movements.

The paper discusses the methods employed to immobilize the elephants, various marking devices and their usefulness for individual recognition. Comment is made on the individual responses of the animals to the drugs and resulting behaviour of darted animals and other members of the herd.

A total of 58 elephants were successfully immobilized and marked during the period 1973 to 1974, 50 along the Chobe River in the Chobe National Park and the remainder on privately owned farms in the Northern Tuli Block, adjacent to both the Transvaal and Rhodesian borders.

Methods and Materials

Standard Palmer Cap-Chur equipment was used throughout. This consisted of a long-range projector powered by compressed CO_2 and heavy duty elephant needles with a collar and side openings. The effective range of the projector is approximately 30 m and the dart was fired from the back of a Land-Rover under normal circumstances. Occasionally, especially outside the National Park, elephants had to be stalked on foot.

Following Pienaar et al. (1966) a drug mixture of M99 (etorphine hydrochloride) and acetylpromazine maleate (Reckitt & Coleman) was used to immobilize the animals. The specific antidote M285 (cyprenorphine) (Boots Pure Drug Co.) was normally used to resuscitate the animals except on six occasions when nalorphine hydrobromide (Lethidrone) was used.

Marking was done primarily by fitting collars of machine belting. Various methods were experimented with to obtain individual recognition: holes were punched into the plain collars, geometric designs in a nylon weave material covered by a polyvenyl fabric (Sterkolite) were rivetted to the collars; symbols cut from aluminium were also used on some collars.

The average length of belting used was 3,5 m for adult bulls and 2,8 m for adult cows. The collars were fixed with five 1" bolts with an overlap of approximately 10 cm. After tightening the threads the bolts were damaged with a hammer to prevent the nuts becoming loose. It proved easier to spot marked animals if the collars were fitted rather loosely and extended below the tips of the ears.

In addition freeze branding the outer ears (Pienaar, 1970) was attempted, as was punching holes through the ear cartilage, attaching ear and tail streamers, and finally, stamping the tusks near the lips for identification in the case of an elephant being shot legally and the ivory submitted for registration.

Basic measurements were taken from all immobilized animals.

+ F. A. O. Wildlife Ecologist, Department of Wildlife and National Parks

++ Department of Veterinary Services

+++ F. A. O. Associate Expert, Dept. of Wildlife & National Parks

Results are discussed in three sections:

i. the immobilization and recovery of the animals,

ii. the success or otherwise of the various marking devices and

iii. behavioural observations related to the immobilizing of the elephants.

Immobilization and Recovery (i)

Of a total of 74 darts fired 61 are known to have worked perfectly and only three mechanical failures could be established. Table 1 shows that the series was remarkably free of mechanical failures as described by W o o d f o r d et al. (1972).

Table 2 summarises the essential information for all immobilized elephants.

Table 1

Darts Fired	74
Successful Immobilizations	58
Elephants darted twice	5
Misses	3
Elephants hit but not traced	7
Mortalities (established)	1

On two occasions elephants were re-darted with full doses of the immobilizing mixture after showing no reaction to the first dart. In both cases the detonator had failed and almost no drug had been injected. On another occasion a dart which hit the animal was observed to leak on detonation.

Three animals although affected by the drugs were judged unsafe to approach and a further dose of M99 (1 - 2 mg) was administered by dart.

Seven elephants were hit by darts and lost in thick bush. These were only abandoned after prolonged searches. Mechanical failures (or indeed mortalities) cannot be ruled out in these cases.

The average drug dosages used were 7,0 - 8,0 mg M99 for adult males and 6,0 mg M 99 for adult females. 40 - 50 mg acetylpromazine was used in all cases. The average dose of M285 used was 40 - 50 mg.

The average time lapse from darting to recumbency (down time) was 25,5 minutes (45 animals), and the average time lapse from intravenous administration of the antidote to a standing position was 5,1 minutes. On 13 occasions the animal was lost to sight after darting and was already recumbent when found.

It is worth commenting on the single established mortality which occurred in unusual circumstances. On 29th November 1973 in the Tuli Block, an adult cow was darted after an approach on foot. The dart hit the rump squarely and the animal moved off in thick bush where she was kept under observation for 10 minutes. The cow did not seem unduly agitated and was mowing slowly. 20 minutes after darting it was decided to approach the area where she had last been seen. However she had moved off unobserved. The elephant was tracked for two hours over a distance of approximately 3,5 km. The spoor gave no indication that the drug was having any effect and assuming a dart failure the pursuit was abandoned.

The following day the cow was found by chance over 8 km from the darting site lying in a mud wallow and making strenous efforts to rise. To enable close examination and possibly marking, 5 mg M99 were injected by hand. Complete immobilization was reached after 30 seconds and the heart rate rose quickly to 120 per minute accompanied by very shallow breathing. As an emergency measure 60 mg of M285 were immediately administered but the animal died after 20 minutes. The previous day's dart had apparently functioned correctly and the injection was deep into the muscle. We have no explanation for the animal covering such a large distance after reacting apparently normally for the first 10 minutes after darting.

Table 2: Dosage Rates, Downtime and Recovery Time of Immobilized Elephants

No	Date	Locality	Sex	Age	M99 mg	A/p[+] mg	down time min.	Antidote mg	recovery time min.
1	20. 2.73	Chobe	♂	sub	5.5	50	11.1		3.6
2	20. 2.73	National Park	♂	ad	6.0 + 1.0	50	53.0		32.2
3	21. 2.73	"	♀	ad	5.5	50	20.0	M-50	4.2
4	21. 2.73	"	♀	ad	5.5 +1.5	50	55.3	M-60	17.0
5	21. 2.73	"	♀	ad	6.0	50	12.5	M-55	2.7.
6	22. 2.73	"	♂	sub	-	-	-	-	lost & aband.
7	22. 2.73	"	♀	ad	6.0	50	30.0	N-125	12.5
8	22. 2.73	"	♀	ad			40.0	M-50	3.75
9	23. 2.73	"	♂	ad	6	50	31.0	M-40	3.0
10	23. 2.73	"	♀	ad	6	50	26.5		2.1
11	23. 2.73	"	♀	ad	6	50	-	-	lost & aband.
12	25. 2.73	"	♂	ad	7	50	44.0	M-55	4.0
13	26. 2.73	"	♀	sub	6	50	27.0	M-40	3.0
14	26. 2.73	"	♀	ad	6	50	13.6	M-40	6.3
15	26. 2.73	"	♀	ad			21.0	M-40	8.8
16	26. 2.73	"	♀	ad			?	M-40	3.0
17	27. 2.73	"	♀	ad	6	50	30.0	M-40	6.2
18	27. 2.73	"	♀	ad	6	50	13.2	M-20 L-60	2.9
19	27. 2.73	"	♀	ad	6	50	8.0	M-20 L-100	13.6
20	27. 2.73	"	♂	ad	8	50	29.0	L-200	4.3
21	27. 2.73	"	♂	sub	6	50	20.0	M-31	6.0
22	28. 2.73	"	♂	ad	8	50	37.5	M-50 L-200	54.0
23	28. 2.73	"	♀	ad	6	50	14.8	M-70 L-200	pulled up a2h
24	1. 3.73	"	♀	ad	6	50	20.o	M-40	3.0
25	1. 3.73	"	♀	ad	6	50	19.3	M-30	3.7
26	1. 3.73	"	♀	sub	5	40	20.0	M-40	5.2
27	2. 3.73	"	♀	ad	6	50	30.0	M-40	3.7
28	2. 3.73	"	♀	ad	6	50	20.0	M-40	2.2
29	4. 3.73	"	♀	ad	6	50	27.0	M-40	4.6
30	5. 3.73	"	♀	ad	6	50	60.0	M-50	3.5
31	5. 3.73	"	♀	ad	6	50	-	M-40	-
32	5. 3.73	"	♀	ad	6	50	20.0	M-50	2.9
33	9. 8.73	"	♀	ad	6	50	21.0	M-45	5
34	9. 8.73	"	♀	ad	6	50	-	M-45	-
35	10. 8.73	"	♀	ad	6	50	25.0	M-55	4
36	10. 8.73	"	♂	ad	6	40	30.0	M-50	2
37	13. 8.73	"	♂	sub	6	40	11.0	M-40	-
38	14. 8.73	"	♂	sub	8	40	-	M-50	5
39	15. 8.73	"	♀	ad	6	45	33.0	M-30 L-40	5
40	25.10.73	"	♀	ad	5.25	50	13.0	M-40	4
41	26.10.73	"	♀	ad	5.25	50	27.0	M-40	5
42	26.10.73	"	♀	ad	5.25	50	15.0	M-40	6
43	26.10.73	"	♂	sub	5.25	50	12.0	M-40	4
44	27.10.73	"	♂	ad	5.25	50	33.0	M-40	4
45	27.10.73	"	♂	ad	5.25	50	28.0	M-40	3
46	28.10.73	"	♀	ad	6	50	29.0	M-40	13
47	28.10.73	"	♀	sub	6	50	9	M-40	2
48	29.10.73	"	♂	sub	6	50	-	-	lost & aband.
49	25. 5.74	Chobe	♂	ad	7	50	21	M-55	5
50	25. 5.74	National	♂	sub	6	40	40	M-50	7
51	24. 5.74	Park	♂	sub	6	50	-	-	lost &aband.
52	24. 5.74	"	♀	ad	6	50	-	-	lost & aband.
53	17. 8.74	"	♂	sub	7	40	24	M-40	?
54	17. 8.74	"	♂	ad	7	40	-	-	lost & aband.
55	18. 8.74	"	♂	sub	7	50	25	M-50	3
56	19. 8.74	"	♂	ad	6	50	13	M-50	5
57	28.11.73	Tuli	♀	ad	7+6	40+40	49	M-50	4
58	28.11.73	Block	♂	sub	8	40	23	M-60	6
59	29.11.73	"	♂	ad	7	40	28	M-40	2
60	29.11.73	"	♂	-	7	40	-	M-40	3
61	30.11.73	"	♂	sub	7	40	-	M-40	6
62	30.11.73	"	♂	sub	7	40	-	M-30	5
63	1.12.73	"	♂	ad	7	40	22	M-40	5
64	2.12.73	"	♀	ad	7	40	-	M-40	4
65	29.11.73	"	♀	ad	7	40	-	-	lost & died
66	30.11.73	"	♂	ad	7	40	-	-	lost & aband.

Antidote:
M = M 285
L = Lethidrone
N = Nalorphine

[+] A/p = Acetylpromazine

Marking of Elephants (ii)

The most successful method of marking the collars proved to be the use of coloured symbols made of "sterkolite" rivetted to the machine belting. Yellow was most easily recognized. This material had some self-cleansing properties and was most easily spotted.

Many animals have been seen repeatedly over the two years since they were marked and the collars have stood up well to wear and tear although it becomes increasingly difficult to read the colour combinations after 12 months (S o m m e r l a t t e , 1976).

Freeze branding the ears was not a success, as only one re-sighted animal displayed a brand. The brand marks are probably too easily obscured by dust and mud.

No positive identification was made as a result of punching holes through the ear cartilage.

The tail and ear streamers proved useful for drawing the observers' attention to a marked elephant in the short term as did painting large white numbers on the flanks. For the two weeks of the marking exercise these measures helped to avoid re-darting the same animal when a clear view of the target was obscured by other elephants.

Behavioural considerations (iii)

Lone bulls or individuals out of a group of bulls did not present any serious problems. No marked response other then initial flight upon being hit by the dart was observed. Only on one occasion did a darted bull display aggressive behaviour towards his two companions.

The majority of the animals darted were cows with or without calves. The reactions of these and the other members of the breeding herds were strikingly different from those of the bulls. Several responses were common to all the subjects while a few displayed individual reactions. When hit by the dart the animal normally moved off a short distance at speed squealing loudly. The herd normally followed the darted animal into thick cover. The level of agitation and exitement in the herd was influenced by the behaviour of the darted animal and whether or not the capture vehicle was associated with the firing of the dart. A few animals actually charged the vehicle on being hit.

On several occasions the breeding herds bunched up with the darted animal in the centre. Once three cows advanced together slowly to drive off the capture vehicle while the rest of the herd moved off with the darted animal in their midst. The three "rearguards" only rejoined the herd after the darted animal had been secreted in a very dense thicket and the herd had moved off into an open flood plain. Almost certainly this was an organized attempt to hide the darted animal from the capture vehicle.

Usually, as the drugs took action causing the animal to sway and stagger, the other members of the herd paid great attention, exploring the animal with their trunks and showing great exitement. On several occasions the darts were pulled out. Three animals were actually lifted from sternal recumbency by the determined efforts of their companions, using forefeet, tusks and trunks. On other captured animals tusk marks were evident on the flanks and probably indicated that attempts had been made to raise them. In these instances it usually proved difficult to drive the herd away. It was apparent that the most difficult animals to drive off were members of the immediate family unit, often an older cow with subadult animals and even calves.

The first sign of the drugs having any effect was usually a grumble-like "roar" from the open mouth. This had the effect of a distress signal causing the other members of the herd to immediately group around the darted animal, occasionally moving at a fast gait from up to 200 m away. On a single occasion an identical "roar" came from the bulk of the herd some 300 m away. This caused the few elephants still assisting the darted animal to immediately leave it and follow the herd.

Bulls with the herd or in the near vicinity generally showed very little concern when a cow was darted, although they often moved off fairly quickly. On two occasions however bulls took a direct interest in the darted animal. In the first instance a cow which was immobilized but still standing was mounted by a bull causing her to immediately collapse. The second observation involved two young bulls attending to a cow in lateral recumbency. The larger of the two tried to raise her by using his tusks under her body and legs. He then straddled the recumbent female.

Discussion

The results of our study agree by and large with the findings of E b e d e s (1975). E b e d e s (1975) has shown that considerably reduced dosage rates of the specific antagonist M285 can be employed safely. The mean immobilization times reported here are higher than these reported by E b e d e s (1975) who however, used higher M99 dosages. Recovery time for the Botswana elephants was also longer. Otherwise E b e d e s (1975) results confirm our observations. The present study indicates that long term marking of elephants for individual recognition can be achieved fairly satisfactorily with colour-coded collars. Collars with yellow colour combinations yielded the best re-sighting results. Freeze branding the outer ears is technically feasable although it has only a limited value for identification in the field. All other marking techniques tested, with the exception of stamping the tusks, are only useful for short term identifications and observations.

Some of the behavioural observations described have been confirmed by more detailed studies of elephant behaviour, notably H e n d r i c h s (1971) and D o u g l a s - H a m i l t o n et al. (1975). S c h ü r h o l z (1974) describing the effects on the social organization of a group of red deer (Cervus elaphus) by the immobilization of one of its members, reports that the drugged animal temporarily lost its place in the social hierarchy. On another occasion a young stag displayed typical rutting behaviour to an immobilized female, probably elicited by her posture. The mounting of female elephants under the influence of the drug by bulls conceivably could have been in response to the posture of the cow.

Summary:

Observations on the Immobilization and Marking of African Elephants (Loxodonta africana) in Botswana

58 elephants were successfully immobilized in their natural environment in the Chobe National Park and on privately owned farms in Botswana using a drug mixture of etorphine (M99 Reckitt) and acetylpromazine. The specific antidote cyprenorphine (M285 Reckitt) was used in most cases to resuscitate the animals. One known mortality occurred.
For the long term monitoring of social organization and long and short term range movements collars manufactured from machine belting and fitted with colour codes or symbols proved most satisfactory. Stamping the tusks near the lip provided a permanent marking although not useful for field observations. Various other marking techniques were tested but were considered unsatisfactory for long term identification.
Various behavioural aspects associated with the immobilizing of elephants are described and discussed.

Zusammenfassung:

Beobachtungen bei der Immobilisation und Markierung von Afrikanischen Elefanten (Loxodonta africana) in Botswana

58 Elefanten wurden erfolgreich mit einer Mischung von Etorphine (M99, Reckitt) und Acetylpromazine im Chobe Nationalpark und auf Farmen in Botswana immobilisiert. Die spezifische Gegendroge Cyprenorphine (M285, Reckitt) wurde in den meisten Fällen benutzt, um die Tiere wieder zu beleben. Ein Elefant starb unter dem Einfluß des Narkosemittels.
Verschiedene Verhaltensweisen der Elefanten, die bei der Immobilisierung beobachtet wurden, werden beschrieben und diskutiert.

Résumé:

Observations sur l'immobilisation et le marquage d'éléphants africains (Loxodonta africana) à Botswana

A Botswana, au Parc National Chobe et sur des fermes, des succès ont pu être enregistrés, sur le plan de l'immobilisation, chez 58 éléphants en leur administrant un mélange d'étorphine (M99, Reckitt) et d'acétylpromazine. Dans la plupart des cas, l'on s'est servi du cyprenorphine (M282, Reckitt), comme contre-drogue spécifique, pour réanimer les animaux. Un éléphant a succombé par suite de l'administration du narcotique.

Резюме:

Обсервация и иммобилизация африканских слонов в Ботсване.

В национальном парке Гоби успешно проведена иммунизация 58 слонов смесьюэторфана (M99, Рекетт) и ацетил-промазина. Для приведения животных в нормальное состояние , применялись таблеткиципренорфина (M285, Рекетт). Один слрн погиб, в результате применения наркотического средства.

Acknowledgements

We are grateful to the Director of Wildlife, National Parks and Tourism and the Director of Veterinary Services for permission to carry out the study and to publish the results.

The study was partly financed by a grant of the S. A. Nature Foundation/World Wildlife Fund to which we express our sincere appreciation.

Last not least we would like to extend our thanks to the senior and junior field staff of the Department of Wildlife, National Parks and Tourism for their assistance throughout the immobilization exercise.

Literature:

DOUGLAS-HAMILTON, I. & O. (1975): Among the elephants. London: Collins & Harvill Press, 285.

EBEDES, H. (1975): The immobilization of adult male and female elephant (Loxodonta africana, Blumenbach) with etorphine and observation on the action of diprenorphine. Madoqua 9 (2), 19-24.

HENDRICHS, H. (1971): Freilandbeobachtungen zum Sozialsystem des Afrikanischen Elefanten (Loxodonta africana, Blumenbach, 1797) in: Dikdik und Elefanten. Ökologie und Soziologie zweier afrikanischer Huftiere. München: R. Piper.

HENDRICHS, H. und V. Dikdik und Elefanten. Ökologie und Soziologie zweier afrikanischer Huftiere. München: R. Piper.

PIENAAR, U. de V., van NIEKERK, J. W., YOUNG, E. and P. van WYK (1966): The use of oripavine hydrochloride (M99) in the drug immobilization and marking of wild African elephant (Loxodonta africana, Blumenbach) in the Krüger National Park. Koedoe 9, 108-124.

PIENAAR, U. de V. (1970): A lasting method for the marking and identification of elephant. Koedoe 13, 123-126.

SCHÜRHOLZ, G. (1974): Immobilizing a wild animal changes the behaviour within the group. Unasylva 26, 105, 35-39.

SOMMERLATTE, M. (1976): A survey of elephant population in North-Eastern Botswana. Field document 2, BOT 72020, pp 67, Mimeo Government Printer, Gaborone, Botswana.

WOODFORD, M. H., ELTRINGHAM, S. K. and J. R. WYATT (1972): An analysis of mechanical failure of darts and costs involved in drug immobilization of elephant and buffalo. E. Afr. Wildl. J. 10, 279-286.

Address of authors: Dr. W. v o n R i c h t e r
Belfortstr. 4
D-7800 Freiburg i. Br. (W-Germany)

Aus dem Tierpark Berlin (Direktor: Prof. Dr. sc. Dr. h. c. H. Dathe) und der Sektion Tierproduktion und Veterinärmedizin der Humboldt-Universität zu Berlin, Bereich Pharmakologie/Toxikologie (Leiter: VR Dozent Dr. E. Werner)

DIE ANWENDUNG VON ETORPHIN HYDROCHLORID BEI ELEFANTEN UND WILDEQUIDEN IM TIERPARK BERLIN UNTER BERÜCKSICHTIGUNG DER SUCHTMITTELRECHTLICHEN BESTIMMUNGEN DER DDR

Von W.-J. Wundersee und E. Werner

Die Immobilisation der Zoo- und Wildtiere ist Voraussetzung für viele veterinärmedizinische Maßnahmen. Den Besonderheiten dieser Tiere entsprechend, muß sie meist per Distanz mittels freifliegender Projektile erfolgen.

An die Pharmaka sind dabei besondere Anforderungen zu stellen. Als wichtigste seien genannt:

- intramuskuläre Anwendbarkeit
- lokale Verträglichkeit bei hoher Konzentration
- schneller Wirkungseintritt bei ausreichender Wirkungsdauer
- große therapeutische Breite
- Anwendbarkeit bei möglichst vielen Tierarten
- gefahrlose Handhabung für den Anaesthesisten
- möglichst Vorhandensein eines Antidots und
- Kenntnis über den Abbau der Medikamente im Tierkörper.

Präparate, die allen diesen Anforderungen entsprechen, sind, trotz beachtlicher Fortschritte, bisher nicht bekannt. Besonders die Immobilisation von Dickhäutern und Wildequiden per Distanz war über lange Zeit wegen ungenügender Wirksamkeit, lokaler Unverträglichkeit oder zu geringer Konzentration der Pharmaka unbefriedigend. Mit der erfolgreichen und weltweiten Anwendung von Etorphin hydrochlorid zur Wildimmobilisation ist seit mehr als zehn Jahren auch für diese Tierarten eine per Distanz anwendbare, wirksame Substanz bekannt. Unter der Vielzahl der positiven Berichte über die Immobilisation mit Etorphin, meist unter Zusatz von Tranquilizern, seien nur die Arbeiten von Pienaar (1969), Harthoorn (1973), Alford et al. (1974) und Röken (1975) erwähnt.

Das Etorphin - als M 99 in die Literatur eingeführt - ist ein synthetisches Thebainderivat und somit in seiner Grundstruktur dem Morphin sehr ähnlich. Das Thebain ist ein natürliches Alkaloid des Opiums und fällt bei der Morphin- und Kodeinherstellung als therapeutisch nicht verwendetes Nebenprodukt an. Das Etorphin entsteht durch Substitution und ist ein 7,8-Dihydro-7α-[1 (R)-hydroxy-1-methylbutyl] -O^6-methyl-6,14-endo-äthenomorphin. Etorphin ist vielfach stärker analgetisch wirksam als Morphin und hat schwach narkotische Wirkungen, wobei in höheren Dosierungen ein stark ausgeprägtes Exzitationsstadium auftreten kann. Kombinationen mit Tranquilizern oder auch Parasympathikolytika (z. B. Skopolamin) vermindern diese und auch andere Nebenwirkungen. Nach intramuskulärer Injektion tritt am stehenden Tier die analgetisch-psychosedierende Wirkung in wenigen Minuten ein und erreicht zirka 20 Minuten p. appl. ihr Maximum. Als Nebenwirkungen können Atemdepressionen und bei Intoxikationen Atemstillstand, Muskelsteifheit (Nacken und Extremitäten) und Sistieren der Pansentätigkeit auftreten.

Eine weitere, bei Dickhäutern und Wildequiden gut wirksame Substanz ist das Fentanyl. Fentanyl wurde unter anderem von Keep (1973) beim Nashorn und Röken (1975) bei Giraffen erfolgreich eingesetzt. Nach Angaben der Hersteller wird bei Elefanten von zirka 5000 kg KGW in einer Dosierung von 120 mg Fentanyl, kombiniert mit 400 mg Azaperon eine tiefe Neuroleptanalgesie erzielt.

Fentanyl ist ein 1962 von Janssen entwickeltes basisches Anilid, 1-Phenyläthyl-4-[N-propionylanilino]-piperidin. Es zeigt bei Ratten eine vergleichsweise 270mal stärkere analgetische Wirkung als Morphin. Beim Menschen entsprechen 0,2...0,3 mg Fentanyl in der Wirkung zirka 60 mg Morphin.

Das Fentanyl ist nach intramuskulärer Injektion durch einen schnellen Wirkungseintritt und eine kurze Wirkungsdauer gekennzeichnet. Die atemdepressive Nebenwirkung des Fentanyls geht mit der analgetischen Wirkung parallel. Zur Herabsetzung der atemdepressiven Wirkung des Fentanyls ist eine Kombination mit einem Neuroleptikum angezeigt. Der damit erreichte Zustand einer Neuroleptanalgesie ist durch motorische Ruhe und psychische Indifferenz ohne Schmerzempfindung gekennzeichnet.

Im Tierpark Berlin wurde Immobilon^R in seiner Zusammensetzung: Etorphine hydrochloride 2,45 mg, Acepromazine Maleate BPC 1968, 10 mg und chlorocresol 0,1 % in saline pro ml insgesamt fünfmal bei Asiatischen Elefanten (Elaphus maximus), viermal bei Hartmann-Zebras (Equus zebra hartmannae), viermal bei Przewalski-Wildpferden (Equus przewalskii) und einmal bei einem Dschiggetai (Equus hemionus hemionus) eingesetzt. Die benötigten Dosen liegen nach unseren Erfahrungen für erwachsene Elefanten bei 4...5 mg Etorphin hydrochlorid und 20 mg Acepromazin für zirka 2000 kg KGW, für adulte Hartmann-Zebras bei 2,5...3 mg Etorphin hydrochlorid und 10...12 mg Acepromazin und für Przewalski-Wildpferde bei 1...1,2 mg Etorphin hydrochlorid und 4...5 mg Acepromazin pro 50 kg KGW. Sie stimmen damit im wesentlichen mit den Angaben vieler anderer Autoren wie Alford et al. (1974) oder Röken (1975) überein. Die für den ausgewachsenen Dschiggetai eingesetzte Menge von 4 mg Etorphin hydrochlorid und 16 mg Acepromazin war offensichtlich zu gering. Sie erbrachte eine Neuroleptanalgesie, die eine Hufpflege im Stand ermöglichte, aber mit Exzitationen verbunden war. Bei allen Tieren waren 5...7 Minuten nach der Injektion von Immobilon^R steifer Gang und sägebockartige Körperhaltung oder bei Elefanten hundesitzige Stellung zu beobachten. 10...15 Minuten post inj. erfolgte Ablegen in Seitenlage. Es trat Tachycardie, verbunden mit Atemfrequenzsenkung bei Verflachung der Atmung auf. Die Pulsfrequenz bei Elefanten lag durchschnittlich bei 48, die Atemfrequenz bei 24. Die Körpertemperatur blieb unverändert bei 36,5°C. Die Neuroleptanalgesie wurde jeweils nach 15...30 Minuten durch die intravenöse Injektion eines Antidots, Diprenorphine hydrochlorid im Revivon^R oder N-Allylnormophin hydrobrom im Nalorphin-Chinoin^R abgebrochen.

3...5 Minuten post inj. von Revivon^R, im Verhältnis 2:1 ml verabreicht, begannen die Tiere mit Ohrspiel, danach Kopfbewegungen und standen wenig später auf. Nach der intravenösen Injektion von Nalorphin-Chinoin^R im Verhältnis 2:1 ml zu Immobilon^R reagierten die Tiere erst nach 10...12 Minuten und waren längere Zeit gedämpft und unsicher in ihren Bewegungen.

Diskussion

Die Mischung Etorphin hydrochlorid-Acepromazin hat sich nach unseren Erfahrungen zur Immobilisation von Elefanten und Wildequiden gut bewährt. Der entscheidende Nachteil dieser morphinartig wirkenden Substanz liegt darin, daß ihre Wirkung bei Menschen zu psychischer und physischer Abhängigkeit Anlaß geben kann und die Resorption sehr schnell über alle Schleimhäute und die intakte Haut erfolgt und bei Intoxikation Atemstillstand erfolgen kann.
Etorphin hydrochlorid unterliegt deshalb, wie auch Fentanyl, dem Gesetz über den Verkehr mit Suchtmitteln der DDR vom 19. 12. 1973 und seinen Durchführungsbestimmungen. Etorphin wurde entsprechend § 1 (3) des Suchtmittelgesetzes in das Suchtmittelverzeichnis, Teil I, eingeordnet. Es gehört zu den verbotenen Verbindungen, "deren Mißbrauch eine besonders ernsthafte Gefährdung darstellt". Nur der Minister für Gesundheitswesen der DDR kann, laut § 3 (1) des Suchtmittelgesetzes, "im Einzelfall über Ausnahmen von den im § 1 (3) getroffenen Festlegungen entscheiden".

Fentanyl wurde in Teil II des Suchtmittelverzeichnisses der DDR eingeordnet. Diese Suchtmittel sind im Rahmen der Rechtsvorschriften für den Verkehr zugelassen und dürfen als Bestandteile von Arzneimitteln verwendet werden. Die Anwendung von Fentanyl ist jedoch nach § 1 (3) und Anlage 1 zu § 1 der II. Durchführungsbestimmung zum Suchtmittelgesetz vom 28. 1. 1974 auf humanmedizinische Indikationen begrenzt. Für veterinärmedizinische Indikationen sind dadurch auch für Fentanyl Ausnahmeregelungen notwendig.

Die II. Durchführungsbestimmung zum Suchtmittelgesetz vom 28. 1. 1974, § 2 (2), legt fest, daß die Verordnung eines suchtmittelhaltigen Arzneimittels dann medizinisch oder veterinärmedizinisch begründet ist, "wenn das medizinische oder veterinärmedizinische Behandlungsziel nach strenger Prüfung aller Umstände des jeweiligen Krankheitsfalles auf andere Weise nicht erreicht werden kann". Dieser Sachverhalt ist für die Immobilisation von Dickhäutern und Wildequiden gegeben. Es gibt für diese Tierarten keine sichere und risikoarme Immobilisationsmethode per Distanz außer der Anwendung der Suchtmittel Etorphin oder Fentanyl. Als Indikationen für die Immobilisation seien nur die zwei wichtigsten genannt:

Es ist erstens der Schutz der menschlichen Gesundheit bei Tierausbrüchen. Das Töten der Tiere bereitet häufig technische Schwierigkeiten und sollte bei dem hohen materiellen und ideellen Wert der Einzeltiere als ultima ratio die Ausnahme sein. Die zweite Indikation ist das Habhaftwerden der Tiere für veterinärmedizinische Eingriffe. Neben veterinärmedizinischen und tierschützerischen Erwägungen sind auch hier die Belange des Schutzes der menschlichen Gesundheit von großer Bedeutung.

Bei der Anwendung von Suchtmitteln bei Tieren entfällt die Suchtgefährdung des Menschen durch Suchtmittelverabreichung. Ausgeschlossen werden muß jedoch auch bei veterinärmedizinischer Anwendung der Suchtmittelmißbrauch und Intoxikationen durch Arbeitsunfälle. Ersteres ist durch die vorhandenen gesetzlichen Bestimmungen der DDR und zusätzlich zu treffende Festlegungen bei dem sehr kleinen Personenkreis von nur einigen Tierärzten und der einzigen veterinärmedizinischen Indikation, für die diese Suchtmittel unentbehrlich sind, der Immobilisation von Dickhäutern und Wildequiden per Distanz, mit großer Sicherheit erreichbar. Die Vermeidung von Intoxikationen beim Menschen ist durch Verhinderung möglicher Resorption über die Haut und Schleimhaut zu erreichen. Hierzu ist die unbedeckte Haut durch undurchlässige Handschuhe beziehungsweise einen Gesichtsschutz zu schützen und grundsätzlich vor dem Hantieren mit den genannten Suchtmitteln ein Antidot injektionsbereit zu halten. Beim Füllen der Projektile sollte grundsätzlich eine zweite Person zugegen sein, die notfalls entsprechende Maßnahmen einleiten könnte.

Zusammenfassend läßt sich einschätzen, daß sich Etorphin hydrochlorid (Immobilon^R) zur Immobilisation von Elefanten und Wildequiden gut bewährt hat und neben Fentanyl gegenwärtig die einzige Substanz ist, die für Injektionsprojektile zur Immobilisation dieser Tierarten per Distanz geeignet ist. Das Behandlungsziel, eine Immobilisation per Distanz, ist auch nach strenger Prüfung aller Umstände bei Dickhäutern und Wildequiden auf andere Weise nicht erreichbar.

Die Gefährdung des Menschen durch Suchtmittelmißbrauch oder ungewollte Intoxikation ist durch die gesetzlichen Bestimmungen der DDR bei geringfügiger, indikationsspezifischer Präzisierung und arbeitsschutzgerechtem Verhalten vermeidbar. Die Vorteile der Anwendung der Suchtmittel Etorphin hydrochlorid oder Fentanyl bei Dickhäutern und Wildequiden für den Schutz der menschlichen Gesundheit und aus ökonomischen und tierschützerischen Erwägungen sind unübersehbar.

Zusammenfassung:

Die Anwendung von Etorphin hydrochlorid bei Elefanten und Wildequiden im Tierpark Berlin unter Berücksichtigung der suchtmittelrechtlichen Bestimmungen der DDR

Verfasser berichten über gute Erfolge beim Einsatz von Immobilon^R (etorphine hydrochloride 2,45 mg und Acepromazine Maleate BPC 1968, 10 mg und chlorocresol 0,1 % in saline) bei Elefanten und Wildequiden im Tierpark Berlin und erläutern die diesbezüglichen suchtmittelrechtlichen Bestimmungen der DDR.

Summary:

The Application of Etorphine Hydrochloride in Elephants and Przewalski Horses in the Tierpark Berlin (GDR), Duly Considering the Legal Regulations on the Application of Habit-Forming Drugs Valid in the GDR

The authors report on full success achieved at the application of Immobilon^R (etorphine hydrochloride 2.45 mg and Azepromazine Maleate BPC 1968, 10 mg, and Chlorocresol 0.1 per cent in saline) to elephants and Przewalski horses kept in the Tierpark Berlin (GDR). The relevant legal addiotional regulations valid in the GDR are explained.

Résumé:

Sur l'application de l'étorphine hydrochloride chez les éléphants et chez les équides sauvages au Tierpark (parc zoologique) de Berlin eu égard aux stipulations légales en vigueur en R.D.A. sur les stupéfiants

Les auteurs présentent leurs bons résultats obtenus grâce à l'application d'immobilon[R] (étorphine hydrochloride 2,45 mg et acepromazine maleate BPC 1968, 10 mg et chlorocrésol 0,1 % en saline) chez les éléphants et chez les équides sauvages gardés au Tierpark de Berlin tout en expliquant en même temps la législation en vigueur en R.D.A. sur l'utilisation de stupéfiants.

Резюме:

Применение эторфина гидрохлорида у слонов и диких лошадей в зоопарке г. Берлина при учете законоположения В ГДР о наркотиках.

Авторы сообщают о положительных результатах при применении иммобилона (эторфина - 2,45мг. ацетопромазина маланата ВПС I968, I0 мг, хлорокрезола - 0,I% в залине) у слонов и диких лошадей в зоопарке Берлина при учете законоположения ГДР о наркотиках.

Literatur:

ALFORD, B. T., BURKHART, R. L. und W. P. JOHNSON (1974): Etorphine and diprenorphine as immobilising and reversing agents in capture and free-ranging mammals. J. A. V. M. A. 164, 702-705.

HARTHOORN, A. M. (1973): The Drug Immobilization of Large Wild Herbivores other than Antelopes. In the Capture and Care of Wild Animals, ed. by Young/Ebedes, Cape Town, 51-61.

HECK, H. and E. RIVENBURG (1972): Dosage of M-99 used on Hoofed Mammals at Catskill Game Farm. Zool. Garten (NF) 42, 282-287, zit. bei B. O. RÖKEN (1975).

KEEP, M. E. (1973): The use of etorphine hydrochlorid (M 99), Fentanyl (Janssen) and Hyoscine Hydrobromide Combination for Field Captures of White Rhinoceros. Lammergeyer 19, 28-30.

PIENAAR, U. V. de (1969): The use of drugs in the field immobilization and restraint of large wild animals in South African National Parks. Acta Zool. Path. Antv. 48, 163-177.

RICHTER, J., KNY, L. und K. GERICKE (1969): Arzneimittelübersichten, 32. und 33. Mitteilung, Pharm. Praxis, Heft 5, 97-106.

RÖKEN, B. O. (1975): Chemical restraint and anaesthesia in african herbivores. Verhandlungsber. XVII. Internat. Symp. Erkrankungen Zootiere, Tunis, 135-153.

Anschrift der Verfasser: VR Dr. W.-J. W u n d e r s e e

1136 Berlin-Friedrichsfelde, Am Tierpark 125 (DDR)

Aus der Tierklinik der Sektion Pflanzenproduktion der Martin-Luther-Universität Halle-Wittenberg (Komm. Leiter: Dr. sc. med. vet. W. F r a n z) und dem Zoologischen Garten Halle (Direktor: Dr. K.-G. W i t s t r u k)

IMMOBILISIERUNG UND NABELBRUCHOPERATION BEIM ZWERGFLUSSPFERD (CHOEROPSIS LIBERIENSIS)

Von W. F r a n z , H. H e y m a n n und D. Z s c h e i l e

Nach L i n d a u (1976) sind chirurgische Eingriffe bei den Hippopotamiden bisher kaum durchgeführt worden. Auch medikamentelle Ruhigstellungen und Narkosen gehören nach Angaben des gleichen Autors bei Tieren dieser Familie bis in die allerjüngste Zeit zu den Seltenheiten.

Als Indikationen zur Immobilisierung von Hippopotamiden werden bisher in dem uns zugänglichen Schrifttum Wildfänge (K r o l l , 1962; P i e n a a r , 1967), Markierungen (B u c h et al., 1963), Zahnbehandlung (S m i t s , 1964), Durchführung einer partiellen Fetotomie (C h a f f e e und E v i l l e , 1962), Beseitigung einer Schlundverstopfung (K l ö p p e l , zit. n. L i n d a u , 1976), Reposition eines Uterusprolaps (B u s h , 1972) sowie Untersuchungen und kleinere chirurgische Eingriffe (H a r t h o o r n , 1963) genannt.

Somit erscheint es angezeigt, über eine Nabelbruchoperation beim Zwergflußpferd (Choeropsis liberiensis) sowie über zwei in diesem Zusammenhang erforderliche Immobilisierungen zu berichten, die im November 1977 im Zoologischen Garten Halle vorgenommen worden sind.

Der Kasuistik seien zunächst einige Angaben zu bisher beschriebenen Immobilisierungen bei Hippopotamiden vorangestellt, soweit sie unter Berücksichtigung gegebener Möglichkeiten auf unsere Medikamentenauswahl Einfluß hatten.

Nach Angaben von K r o l l (1962) gelang es N i e k e r k und P i e n a a r , drei junge Flußpferde mit Sernyl innerhalb von 25 - 30 Minuten für 6 - 8 Stunden zum Fang zu immobilisieren. Für ausgewachsene Flußpferde wird bei sechs erfolgreichen Immobilisierungen eine Dosierung von 1 g Sernyl pro Tier angegeben.

K l ö p p e l (zit. n. L i n d a u , 1976) immobilisierte ebenfalls mit Sernyl ein halbwüchsiges Flußpferd von zirka 600 kg in einer Dosierung von 1 mg/kg Körpermasse (KM).

B e c k (1971) fand für Hippopotamiden bei alleiniger Verwendung von Phencyclidin-hydrochlorid 0,15 - 0,55 mg/kg KM ausreichend, konnte aber eine volle Relaxation nach Darstellung von S e i d e l (1975) nicht sicher erreichen. Dementsprechend sind von S e i d e l (1975) für Phencyclidin-hydrochlorid Dosierungsrichtwerte von 0,15 bis 1,10 mg/kg KM i. m. angegeben.

Weiterhin hat sich das Phencyclidin-hydrochlorid auch in Kombination mit Morphin (H a r t h o o r n , 1963; P i e n a a r , 1967) oder Tranquilizern (P i e n a a r , 1967) bewährt.

So ist nach H a r t h o o r n (1963) zur Immobilisierung von Hippopotamus folgende Kombination sicher wirksam und gut verträglich: 0,33 mg Phencyclidin/kg KM + 1,1 mg Morphin/kg KM + 0,11 mg Scopolamin/kg KM i. m.

Mit 200 mg Phencyclidin + 400 mg Promazin (= Combelen!) erzielte B u s h (1972) bei einem Zwergflußpferd (Choeropsis liberiensis) eine zur Reposition eines Uterusprolaps ausreichende, aber im übrigen nicht vollständige Relaxation.

Von P i e n a a r (1967) werden zum Fang von Hippopotamus für alle Gewichtsklassen unter anderem Kombinationen von Sernylan mit Chlorpromazin-hydrochlorid, Trifluopromazin, Azetylpromazin und Fluanison angegeben.

Hinsichtlich weiterer Immobilisierungsmöglichkeiten für Hippopotamiden - vor allem unter Einschluß von Etorphin (M 99) - sei auf die Übersichten von S e i d e l (1975) und L i n d a u (1976) verwiesen.

Kasuistik

Im Juli 1977 trafen im Zoologischen Garten Halle zwei Zwergflußpferde ein, darunter ein weibliches Tier, geboren in München am 19. Juli 1976. Seine Kondition und Futteraufnahme waren von Anfang an gut. Im Gegensatz zu seinem ausgesprochen angriffslustigen und schreckhaften, im übrigen älteren männlichen Partner wirkte das Weibchen vom Wesen her ruhig und relativ zutraulich. In seiner Bauchregion fiel eine deutliche, etwa handlange leichte Hervorwölbung auf, die mit einem feinen Haarbüschel versehen war. Der Verdacht des Vorliegens eines Nabelbruches lag nahe. Die Diagnose war aber nur palpatorisch zu erhärten. Zu diesem Zwecke wurde das Tier am 8. September 1977 in einen fahrbaren, mit Decken belegten Einengungskäfig überführt, den es sofort ruhig annahm. Eine vorsichtige, nicht zu intensive Einengung ergab keine erkennbare Unruhe des Tieres, das sich nach kurzem Stehen hinsetzte. Eine behutsame palpatorische Untersuchung wurde ohne jede Medikation in der Weise möglich, daß bei absoluter Umgebungsruhe eine seitlich dem Tier aufgelegte Hand ganz langsam durchs Gitter hindurchgeführt und so ohne Gegenreaktion zur Unterbauchgegend vorgeschoben werden konnte. Eine vorsichtige Druckpalpation ergab dann eine deutlich tastbare Bruchpforte in den Bauchdecken, in die annähernd 3 - 4 nebeneinanderliegende Finger einer Hand eingeführt werden konnten. Ein Bruchsackinhalt wurde nicht ertastet, der Bruchsack war offenbar in das Abdomen versenkbar.

Nach eingehenden, insbesondere die erforderliche Immobilisierung betreffenden Literaturstudien wurde die operative Behandlung vorbereitet. Die durch Wägung bestimmte Körpermasse des Patienten betrug 102 kg. Die Operation erfolgte am 1. November 1977 nach 24stündiger Nüchterung des Tieres direkt im Haus für Zwergflußpferde des Zoologischen Gartens Halle, um einen Transportstreß auszuschalten.

Die folgenden zeitlichen Zusammenhänge wurden aus dem Operationsprotokoll abgeleitet:
Der erste Versuch, im Einengungskäfig mit einer Injektionskanüle (Ø 2 mm, Länge 60 mm) hinten rechts eine i. m. Injektion vorzunehmen, gelang auf Grund der starken Schwarte des Tieres nicht (Nadel verbogen). Im zweiten Versuch wurden mittels stärkerer Nadel (Ø 2,5 mm, Länge 70 mm) 1 ml Parkesernyl (Parke-Davis) (= 100 mg Phencyclidin-hydrochlorid) + 5 ml Combelen (Bayer) (= 50 mg Propionyl-Promazin) in Mischspritze i. m. appliziert. 5 Minuten post injectionem (p. i.) torkelte das Tier im Stehen erstmalig und kam nach weiteren zwei Minuten zum Liegen. 21 Minuten p. i. war es möglich, dem Tier mittels eines quer ins Maul eingeführten Holzstabes und eines Strickes das Maul zuzubinden, es widerstandslos auf einer bereitgehaltenen Plane auf den 8 m entfernten Operationstisch zu tragen und dort in Rückenlage zu fixieren. 30 Minuten p. i. begann die Operation mit 15 cm langem Median-Hautschnitt, im wesentlichen ohne Abwehr. Es folgte die Freipräparierung des Bruchsackes und Versenkung desselben durch die zirka 8 cm lange Bruchpforte ins Abdomen sowie Verschluß der Bruchpforte nach Überreiter mit drei rückläufigen Heften (Nahtmaterial: Chrom-Catgut Stärke 11), danach lokale Antibiotikaversorgung mit Mamycin (VEB Jenapharm Serumwerk Bernburg) und Hautnaht mit acht rückläufigen Heften und sechs Knopfheften (Nahtmaterial: Polyester Nr. 9). Auf die Wundnaht wurde ein Ankerplast-Spray (VEB Jenapharm Rudolstadt) gegeben. Zusätzlich erfolgte eine parenterale Antibiotikaapplikation mit 15,0 Sulfastrepdipen-Suspension wäßrig (VEB Jenapharm Serumwerk Bernburg). Die Operationsdauer betrug 47 Minuten, die Operation war 81 Minuten nach Parkesernyl-Combelen-Applikation abgeschlossen, die Toleranz ab 21. Minute p. i. im wesentlichen zufriedenstellend, danach aber auf die Operationsdauer beschränkt. Beim Hautschnitt und beim Legen der Hefte um die Bruchpforte wurden vereinzelte schwache und beim Legen der Hauthefte etwas stärkere Abwehrbewegungen registriert.

Die nach Immobilisierung wiederholt vorgenommene Kreislauf- und Temperaturkontrolle ergab Herzfrequenzen zwischen 96 und 106 Herzschläge/min beziehungsweise eine Körpertemperatur von 35,8 - 35,9°C. 1 3/4 Stunden nach Immobilisierung richtete sich das Tier bereits wieder auf, lief taumelnd im Käfig umher und fand nach einigen Kreisbewegungen seine Ruheecke (Holzplatte), legte sich dort. Knapp drei Stunden p. i. stand das Tier noch unsicher auf. Vier Stunden p. i. war der Gang normal, und es erfolgte Kotabsatz. Zehn Stunden nach dem operativen Eingriff wurde Tee angeboten und in den folgenden Tagen häufig Futter in kleinen Rationen verabreicht. 48 Stunden p. op. erfolgte erstmaliges Abbrausen des Tieres, von da an zweimal täglich.

Am 10. November 1977, d. h. neun Tage später, wurde zum Entfernen der Hauthefte in gleicher Weise wie zur vorangegangenen Operation eine zweite Immobilisierung versucht. Obwohl das Tier die Transportkiste, von der es in den Einengungskäfig umgesetzt wurde, sofort nach Ziehen des Schiebers vertrauensvoll annahm, wurde zu diesem zweiten Termin ein dem früheren Operationstermin entsprechendes Toleranzstadium mit 100 mg Parkesernyl (Parke-Davis) + 5,0 Combelen (Bayer) nicht erreicht. Das Tier taumelte zwar zehn Minuten p. i., blieb aber permanent unruhig, lag nur vorübergehend. Eine Nachinjektion von 75 mg Parkesernyl in 3,0 Aqua dest. 53 Minuten nach Erstinjektion änderte an der Unruhe des Tieres nichts, reichte aber soweit, daß während eines kurzen Verharrens des Patienten in Seitenlage die Hauthefte schnell gezogen werden konnten. Die Naht sah gut aus, war von den beiden Enden her schon für jeweils 3 cm voll verheilt. Nach Ankerplast-Spray (VEB Jenapharm Rudolstadt) auf die Hautnarbe wurde der Patient in seinen Käfig verbracht, torkelte dort umher und blieb zwei Stunden p. i. in ruhiger Lage sich selbst überlassen. Am Tag darauf wurde sein Verhalten als völlig normal befunden, der Appetit war ausgesprochen gut, Trinkbedürfnis und Kotabsatz normal.
Zehn Tage nach dem Fädenziehen, d. h. 19 Tage p. op., wurde dem Tier ein erstes Vollbad im Becken gestattet.

Am 22. Dezember 1977 (7 1/2 Wochen p. op.) ergab die Adspektion der Operationsnarbe noch einen markstückgroßen und einen pfenniggroßen Epitheldefekt im Nahtbereich. Ob diese beiden offenen Stellen auf eine mangelhafte beziehungsweise ausbleibende Resorption der Chromcatgutfäden im ehemaligen Bruchpfortenbereich zurückgehen, war zu diesem Zeitpunkt nicht mit Sicherheit zu ermitteln.

Diskussion

Die vorliegende Kasuistik zur Untersuchung und Operation eines Nabelbruches beim Zwergflußpferd läßt im Ergebnis kaum zu verallgemeinernde und nur sehr beschränkte Schlußfolgerungen zu.

Die behutsame manuelle Exploration der Bruchpforte, durchgeführt am nicht immobilisierten Patienten im Einengungskäfig, läßt erneut erkennen, daß man unter genannten Bedingungen gerade bei unseren Exoten in völliger Umgebungsruhe sowie bei entsprechenden ruhigen Bewegungen des Untersuchers ohne Erzeugung einer Streßsituation unter Umständen manches mehr erreichen kann als bei lautem, nicht angepaßtem Verhalten.

Die technischen Schwierigkeiten bei der zur Immobilisierung erforderlichen i. m. Injektion unterstreichen nachdrücklich, daß die Forderung von H a r t h o o r n (1973), bei Flußpferden zur Injektion per Distanz Kanülen von 7 - 9 cm Länge und 3 mm Durchmesser zu verwenden, auch bei der Injektion per Hand beherzigt werden sollte.
Die Frage, warum der zweite Immobilisierungsversuch trotz gleicher Dosierung im Vergleich zur ersten Immobilisierung weniger wirksam ausfiel, ist schwer zu beantworten. Es wird für möglich gehalten, daß die i. m. Injektion bei der zweiten Immobilisierung infolge Abwehrbewegung des Tieres etwas flacher erfolgte, das Medikament dabei teilweise ins subkutane Fettpolster appliziert und damit die Resorption verzögert wurde.

Zusammenfassung:

Immobilisierung und Nabelbruchoperation beim Zwergflußpferd (Choeropsis liberiensis)

Es wird über die Operation einer Hernia umbilicalis bei einem weiblichen, 102 kg schweren Zwergflußpferd (Choeropsis liberiensis) berichtet. Mit 1 ml Parkesernyl (Parke-Davis) (= 100 mg Phencyclidin-hydrochorid) + 5 ml Combelen (Bayer) (= 50 mg Propionyl-Promazin), in Mischspritze i. m. appliziert, konnte eine zur Operation befriedigende Immobilisierung erreicht werden.

Summary:

Immobilization and Operation of an Umbilical Hernia Carried Out on a Choeropsis liberiensis

The paper reports on an operation of an umbilical hernia conducted on a female choeropsis li-

beriensis weighing 102 kg. The immobilisation preceding this operation could be achieved to satisfaction by administering an intramuscular mixed injection with 1 ml of Parkesernyl (Parke-Davis) (= 100 mg phencyclidine hydrochloride) + 5 ml Combelen (Bayer) (= 50 mg of Propionyl-Promazin).
The surgical operation itself did not involve any complications.

Résumé:

Il s'agit d'une opération d'hernie ombilicale sur un hippopotame nain (choeropsis liberiensis), du sexe féminin et d'un poids de 102 kg. L'immobilisation nécessaire à l'opération fut obtenue par 1 ml de Parkesernyl (Parke-Davis) (= 100 mg d'hydrochlorure de phencyclidine) + 5 ml de Combelen-(Bayer) (= 50 mg de Propionylpromazine) appliqué par injection intramusculaire. L'Opération chirurgicale s'est déroulée sans complications.

Резюме:

Иммобилизация и операция пупочной грыжи у карликового бегемота (Choeropsis liberiensis).

Дается описание операции пупочной грыжи (Hernia umbilicalis) у карликового бегемота женского пола весом 102 кг (Choeropsis liberiensis).

Удовлетворительная иммобилизация для проведения операции была достигнута путем внутримышечной инъекции шприцем смеси I мл Parkesernyl (Parke-Davis) (= 100 мг Phencyclidin hydrochlorid) с 5 мл Combelen (Bayer) (= 50 мг Propionyl-Promazin).

Хирургическое вмешательство само протекало без осложнений.

Literatur:

BECK, C. C.: zit. n. B. SEIDEL (1975).

BUCH, N. et al. (1963): zit. n. K.-H. LINDAU (1976).

BUSH, M. (1972): zit. n. B. SEIDEL (1975).

CHAFFEE, P. S., and T. B. EVILLE (1962): Dystocia in a Hippopotamus. J.A.V.M.A. 140, 350.

HARTHOORN, A. M. (1963): Techniques of Handling Large Animals Such as Elephant, Rhinoceros, and Hippopotamus etc. By Use of Drugs, Kongr.-Ber. 17, Welttierärztekongreß Hannover, 183-187.

HARTHOORN, A. M. (1973): zit. n. B. SEIDEL (1975).

KROLL, W. R. (1962): Experience with Sernylan in Zoo animals. Int. Zoo Yearb. 4, 131-141.

LINDAU, K.-H. (1976): in H.-G. Klös und E. M. Lang: Zootierkrankheiten. Krankheiten von Wildtieren in Zoo, Wildpark, Zirkus und in Privathand sowie ihre Therapie. Berlin-Hamburg: Parey, 181-187.

PIENAAR, U. de V. (1967): The field-immobilisation and capture of hippopotami in their aquatic element. Koedoe 10, 149-157.

SEIDEL, B. (1975): Zur Immobilisation und Narkose afrikanischer Tiere (Aves, Canidae, Felidae, Hippopotamidae, Hyaenidae, Pongidae, Cercopithecidae). Verhandlungsber. XVII. Internat. Symp. Erkrankungen Zootiere, Tunis, 117-133.

SMITS, G. M. (1964): zit. n. B. SEIDEL (1975).

Anschrift der Verfasser: Dr. sc. med. vet. W. F r a n z
Tierklinik der Sektion Pflanzenproduktion der
Martin-Luther-Universität Halle-Wittenberg
402 Halle (S), Emil-Abderhalden-Str. 27/28 (DDR)

Aus dem Zoologischen Garten Berlin (Direktor: Prof. Dr. H.-G. Klös)

VERBESSERUNGEN DER DISTANZINJEKTIONSSYSTEME UND DER ERFOLGREICHE EINSATZ EINES ZERLEGBAREN BLASROHRES[+]

Von D. Jarofke und H.-G. Klös

Im Jahre 1976 berichtete Fritsch ausführlich über die Distanzinjektionssysteme. In der folgenden Zeit konnten aber einige Modelle wesentlich verbessert werden, die nicht nur die Arbeit des Tierarztes erleichtern, sondern auch die Kosten senken. Vor der Entwicklung des Blasrohres erlebten die mit einem Aufschlagzünder arbeitende Narkosepistole oder das Narkosegewehr (Cap-Chur-System und Dist-Injekt) ihre größte Verbreitung. Durch die Entwicklung der Blasrohre wurde der Einsatz jener Geräte wesentlich eingeschränkt; jedoch sind sie für die Verabreichung von Medikamentenmengen bis zu 15 ml und für die Überbrückung weiter Distanzen noch nicht ersetzbar. Eine amerikanische Herstellerfirma (Hill & Hill Custom vet. Supplies) bietet jetzt einen Adapter an, der, in den Flintenlauf gesteckt, kurzfristig diese Jagdwaffe zum Narkosegewehr umrüstet.
Seit 1973 tritt nun das neu entwickelte Blasrohrsystem den Siegeszug durch die zoologischen Gärten an. Bei einer 1972 entwickelten Spritzenausführung (Telinjekt) mußte erst die Spritze unter Druck gesetzt und anschließend gefüllt werden. Es gehörte schon eine gewisse Geschicklichkeit und viel Übung dazu, diese 2 ml Projektile in angemessener Zeit zu füllen.
Eine Verbesserung erfolgte durch die Entwicklung des "Miniject", bei dem man zunächst das Medikament in die Spritze füllte und anschließend nach Durchstoßen einer Gummischicht im Stabilisator die Projektile mit Hilfe einer Gaspatrone unter Druck setzte. Diese Spritzen können schon Tage vor dem Einsatz gefüllt und kurz vor der Verwendung unter Druck gesetzt werden.
Eine weitere Vereinfachung und leichtere Handhabung bietet die Entwicklung des "Telinject". Die Füllung der Projektile erfolgt wie bei dem vorhergehenden Modell, aber mit einer 10 ml Spritze werden sie über ein Kupplungsstück erst kurz vor dem Einsatz mit Luft gefüllt. Ein Gummipfropfen arbeitet nach dem Prinzip eines Rückschlagventils und verhindert den Austritt der Luft. Neben den 2 ml Projektilen gibt es jetzt auch 3 ml Spritzen, die ihrem weiteren Lumen entsprechend ein weites Blasrohr benötigen.
Die oben beschriebenen Spritzenprojektile verschießen wir in der Regel mit dem vom Hersteller empfohlenen 1,20 m langen, gelegentlich auch mit dem 1,80 m langen Blasrohr.
Mit zunehmender Anwendung des Blasrohres suchten wir nach Lösungen, dieses Gerät griffbereit im Tierarztkoffer unterbringen zu können. So entwickelten wir im Zoologischen Garten Berlin ein zerlegbares Blasrohr für die 2 ml und 3 ml Spritze. Für die 2 ml Spritze verwenden wir 3, gelegentlich 4 zusammensteckbare, 40 cm lange Messingrohre, und 3 beziehungsweise 4 zusammensteckbare Messingrohre mit einer Länge von jeweils 45 cm für die 3 ml Projektile (siehe Abbildungen). Nachdem sich dieses Gerät in mehr als tausend Einsätzen bewährt hat, können wir den Nachbau nur empfehlen. Parallel zu unserer Entwicklung wurde von Röken (1977) ein zerlegbares Blasrohr aus Kunststoff angefertigt und ebenfalls erfolgreich eingesetzt. In beiden Fällen wurden im Handel erhältliche Rohre mit dem geeigneten Durchmesser verwendet. Eine Oberflächenbehandlung fand nicht statt.

Vor der Entwicklung des oben beschriebenen Blasrohrsystems stellte Roney (1971) ein Blasrohr mit dem Innendurchmesser von 1.875 cm vor, das zum Verschießen der mit Aufschlagzündern arbeitenden Cap-Chur-Projektile von 1 - 10 ml geeignet sein soll. Da der Aufschlagzünder beim Aufprall oft nicht ausgelöst wurde, fand dieses Gerät keine Verbreitung.

Erst mit dem neuen Blasrohr und den leichten Kunststoff-Projektilen kann man ruhigen Gewissens auf Gazellen schießen, ohne gleichzeitig starke Hautläsionen zu setzen. So berichtet ein anonymer Autor (1976), daß ein Cap-Chur-Projektil in ganzer Länge durch die Haut in die Muskulatur

[+]Herrn Dr. Gerhard Leutke, dem langjährigen Mitglied des Aufsichtsrates des Zoologischen Gartens zu Berlin, zur Vollendung seines 80. Lebensjahres gewidmet.

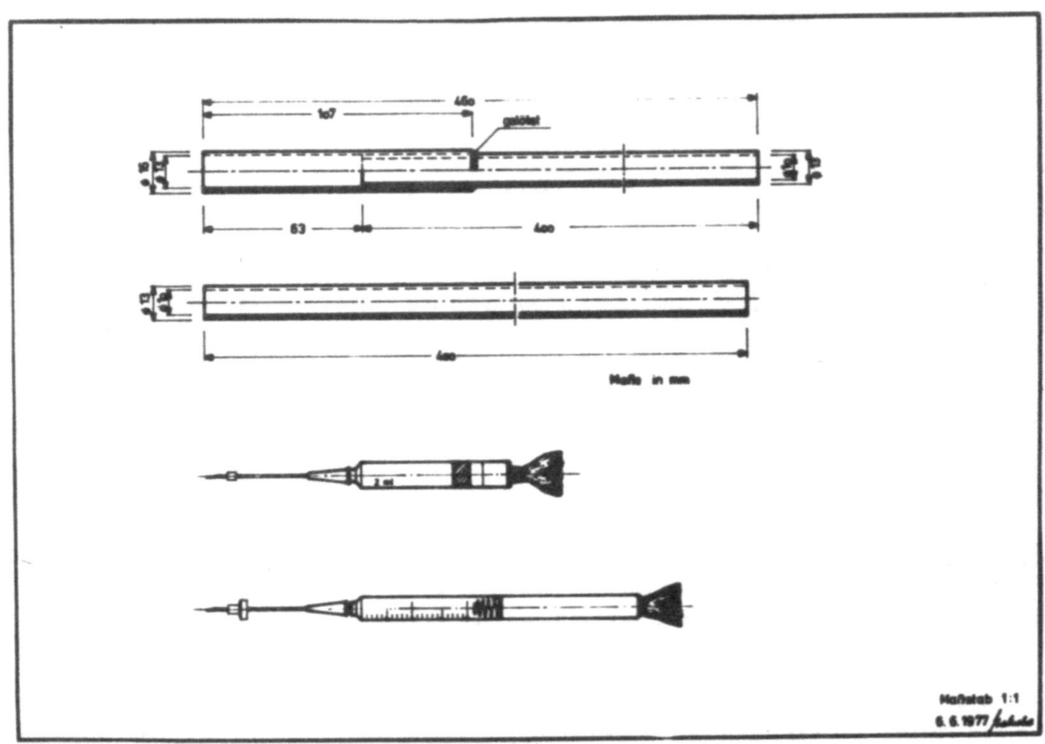
460
1o7
gelötet
63
4oo
4oo
Maße in mm
Maßstab 1:1
6.6.1977

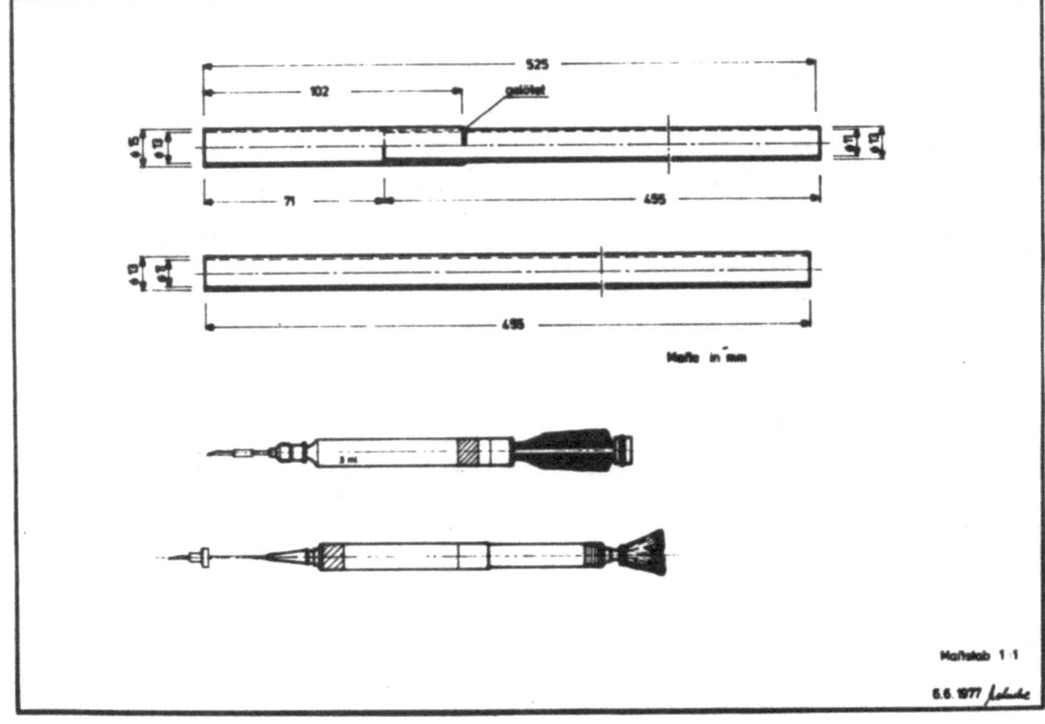
525
102
gelötet
71
455
455
Maße in mm
Maßstab 1:1
6.6.1977

einer Kropfgazelle eindrang und später aus einem eitrigen Prozeß herauspräpariert wurde. In einer ausführlichen Analyse berichtet H a i g h (1976) über Fehler, die durch falsche Handhabung und durch Versagen der Geräte möglich sind. Wenn K u l l m a n n (1976) einen Tierarzt zitiert und schreibt, daß deutlich weniger Medikamente durch die Plastik-Projektile des Blasrohres benötigt werden, so ist das richtig. Durch die Sogwirkung während eines längeren Fluges tritt bei den üblichen weitlumigen Nadeln ein Flüssigkeitsverlust ein, wie H a t l a p a (1973) in einem Versuch feststellte. Darüber hinaus erzeugt der explosionsartig wirkende Aufschlagzünder auf Grund der schnellen Flüssigkeitsentladung einen Rückstoß, der die Projektile - sofern die Nadeln keine Widerhaken tragen - wieder zurücktreibt. Dieser Medikamentenverlust darf bei der Dosierung nicht unterschätzt werden.

Über den erfolgreichen Einsatz des Blasrohres berichteten W i e s n e r (1975), W e n t g e s (1975) und R ü e d i (1976). Unsere Erfahrungen stimmen in vielen Punkten mit diesen Autoren überein (G ö l t e n b o t h und K l ö s , 1976), doch weicht unsere Dosierung stark von W i e s n e r s Angaben ab. So erhielt z. B. unser ausgewachsener Gaurbulle, den wir auf 750 kg schätzen, für den Tbo-Test jeweils 1500 mg Rompun zusammen mit 500 mg Vetalar; die fünf adulten Gaurkühe immobilisierten wir ebenfalls zweimal mit jeweils 1200 mg Rompun zusammen mit 800 mg Vetalar. Somit erhielt unser Gaurbulle die 4-5fache, die Gaurkühe fast die 10fache Dosis. Berücksichtigt man die oben erwähnten Verluste beim Cap-Chur-System, so bleibt doch eine gewaltige Differenz, die wir uns nicht erklären können.

Nach den vielen Verbesserungen sei auf folgende Vorteile des Blasrohres hingewiesen, die zu Recht die bekannten "Narkosegewehre" ablösen:

1. leichte Handhabung
2. lautloser Einsatz
3. tierschonende langsame Injektion
4. Widerhaken überflüssig
5. Injektion sichtbar und somit kontrollierbar
6. kostensparend, da die preisgünstigen Projektile mehrfach eingesetzt werden können.

Somit steht den Tierärzten ein Gerät zur Verfügung, das nicht nur für zoologische Gärten, sondern jetzt in handlichem Format mit leichterer Bedienungsmöglichkeit sowohl für den Großtier- als auch für den Kleintierpraktiker empfohlen werden kann.

Zusammenfassung:

Verbesserungen der Distanzinjektionssysteme und der erfolgreiche Einsatz eines zerlegbaren Blasrohres

Es wird über die Entwicklung eines zerlegbaren Blasrohres berichtet, das mit Erfolg im Zoologischen Garten Berlin eingesetzt wurde.

Summary:

Improvements of the Distance-Injection Systems and the Successful Application of a Detachable Blowing-Tube

The authors report on the design of a detachable blowing-tube which has already been successfully applied in the Zoologische Garten Berlin.

Résumé:

Perfectionnement des systèmes d'injection à distance et utilisation positive d'une sarbacane démontable

L'exposé porte sur la mise au point d'une sarbacane démontable qui a pu être utilisée avec succès au Jardin zoologique de Berlin(-Ouest).

Резюме!

Улучшение дистанционно-иньекционной системы и успешное применение разбираемой продувной трубки.

Сообщается об успешном применении в зоопарке города Берлина разбираемой продувной трубки.

Literatur:

ANONYMUS (1976): A clinical note about capture equipment. J. Zoo Anim. Med. 7, No.2, 7.

FRITSCH, R. (1976): In: Klös/Lang, Zootierkrankheiten. Berlin-Hamburg: Paul Parey.

GÖLTENBOTH, R. und H.-G. KLÖS (1976): Zur Immobilisation von Zootieren mit Vetalar und Rompun. Verhandlungsber. XVIII. Internat. Symp. Erkrankungen Zootiere, Innsbruck, 287-294.

HATLAPA, H. (1973): Pers. Mitt.

HAIGH, J. C. (1976): Some faults associated with dart immobilisation. J. Zoo Anim. Med. 7, No. 2, 12-14.

KULLMANN, L. C. (1976): Telinjekt-Information.

RÖKEN, B. O. (1977): Pers. Mitt.

RONEY, E. E. (1971): Use of the blow gun to immobilize or medicate caged animals. J. Zoo Anim. Med. 2, No. 2, 25.

RÜEDI, D. und J. VÖLLM (1976): Das Blasrohr, ein Narkosegerät zur Wildtierimmobilisierung. Vet. Med. Nachr. 85-90.

WENTGES, H. (1975): Medicine administration by blowpipe. Vet. Rec. 97, 281.

WIESNER, H. (1975): Zur Neuroleptanalgesie bei Zootieren und Gatterwild unter Anwendung des Telinject-Systems. Kleintier-Prax. 20, 18-24.

Anschrift der Verfasser: Dr. D. J a r o f k e und
Direktor Prof. Dr. H.-G. K l ö s
Hardenbergplatz 8
1000 Berlin (West)

Aus dem Institut für Geflügelkrankheiten (Prof. Dr. O. S i e g m a n n) und dem Anatomischen Institut (Prof. Dr. H. W i l k e n s) der Tierärztlichen Hochschule Hannover

NARKOSE BEI ZOOVÖGELN MIT KETAMINHYDROCHLORID

Von M. H e i d e n r e i c h und H. W i ß d o r f

Eine der wichtigsten Voraussetzungen für den Erfolg in der Vogelchirurgie ist die Anästhesie oder Narkose. In der Vergangenheit setzte das Fehlen einer zuverlässigen, sicher zu handhabenden Vollnarkose für Vögel bei der Behandlung und besonders bei chirurgischen Eingriffen, die sonst sicher auszuführen wären, enge Grenzen. Auf Grund anatomischer und physiologischer Besonderheiten neigen Vögel während der Vollnarkose - wahrscheinlich wegen der höheren Stoffwechselrate - eher zu Kreislauf- oder respiratorischem Kollaps als Säugetiere.

Grundsätzlich müssen Inhalations- und Injektionsnarkosen unterschieden werden. Als Inhalationsnarkotika wurden Äther, Chloroform und Halothan von verschiedenen Autoren angewandt. Äthernarkosen verlaufen nach F r i e d b u r g (1962) und B o n a t h (1972) nur in wenigen Fällen komplikationslos. Erbrechen von Kropfinhalt, starke Exzitationen und Speichelfluß werden häufig beobachtet. Außerdem ist die Einleitungsphase langwierig, und ein reflexfreies Narkosestadium wird nur in seltenen Fällen erreicht (B o n a t h , 1975).
Auch Chloroform ist wegen der geringen narkotischen Breite als Narkotikum für Vögel ungeeignet (W e s t h u e s und F r i t s c h , 1961; Z e d l e r , 1962 u. a.).
Während viele Untersucher die Inhalationsnarkosen beim Vogel wegen der anatomischen und physiologischen Unterschiede zum Säuger als zu risikoreich beurteilten (B l ö m e r , 1973; B a r k e , 1971; G e r l a c h , 1968; J o n e s , 1966) machten G r a h a m - J o n e s (1965), M a p l e t o f t und F u t t e r (1969, W h i t t o w und O s s o r i o (1970) sowie B o n a t h (1972, 1975) gute Erfahrungen mit der Halothan-Inhalation bei verschiedenen Haus- und Wildvogelarten und beschreiben als Vorzug die Steuerbarkeit dieser Narkose.
Wegen dieser unbefriedigenden Ergebnisse, beziehungsweise wegen des relativ großen apparativen Aufwandes für ein geschlossenes Narkosesystem, haben sich Inhalationsnarkosen für den Praktiker nicht durchgesetzt.

Als Injektionsnarkotika wurden von G a n d a l (1969) das Equi-Thesin und von F r e y t a g (1969), G e r l a c h (1968) und N o r r m a n n (1975) das Pentobarbital-Natrium als gut verträgliche Narkotika für den Vogel beschrieben. Untersuchungen über die Brauchbarkeit von Methoxymol bei Vögeln wurden von C o o p e r (1970, 1974), B l ö m e r (1973) sowie von H o r n b e r g e r (1975) durchgeführt. Die Autoren bezeichnen dieses Hypnotikum als brauchbar auch für die sogenannte große Chirurgie. B a r k e (1971) stellte allerdings in seinen Untersuchungen bei Anwendung von Equi-Thesin, Pentobarbital und Metomidat Todesraten von 15 - 28 % fest und kommt zu dem Schluß, daß diese Präparate für die Vogelnarkose ungeeignet sind.
Bereits 1970 berichtete M a n d e l k e r über die Anwendung von Ketaminhydrochlorid bei Papageien, Wellensittichen und Tauben. Auch K i t t l e und E a r l (1971) narkotisierten einige Reiher und Greifvögel mit diesem Präparat, wiesen aber auf Speichelfluß als unangenehme Nebenreaktion hin. Nach R o b l - F ü r s t und H a u s e r (1973) läßt sich auch bei Tauben mit einer Dosierung von 25 - 30 mg/kg Körpergewicht eine operationsfähige Narkose von 10 - 20 Minuten Dauer erreichen.
Die Anwendung von Ketaminhydrochlorid bei Wellensittichen ist nach H o r n b e r g e r (1975) nicht zu empfehlen, da äußerst starke Exzitationen auftreten und keine ausreichende Narkose erreicht werden kann. Die gleichen Beobachtungen machten L e n g n i c k und M a r q u a r d t (1974), konnten aber durch Zugabe von Xylazin eine gute Narkose erreichen. Eine weitere Kombinationsnarkose mit Ketaminhydrochlorid wurde von R e d i g und D u k e (1976) untersucht. Diese Autoren setzten als zweite Komponente Diazepam ein und erreichten bei Greifvögeln brauchbare Narkosen.

Wie aus der Literatur hervorgeht, sind bislang nur wenige Vogelarten auf ihre Reaktion gegenüber

Tabelle 1: Narkose von Zoovögeln mit Ketaminhydrochlorid bei intramuskulärer Applikation

Spezies	Zahl	Dosis (mg/kg)	Einleitungsphase (min.)	Narkosedauer (min.)	Nachschlafphase (Std.)	Exzitationen Einleitung	Exzitationen Nachschlaf	Salivation
Laufvögel								
Nandu (Rhea americana)	4	30	2-6	45-60	2-4	+	++	+++
Emu (Dromaius novaehollandiae)	2	30	4-6	30-40	2-3,5		++	++
Helmkasuar (Casuarius casuarius)	2	40	1-5	40	8	+	++	+++
Stelzvögel								
Graureiher (Ardea cinerea)	2	30	0,5 - 2	60-80	0,5 - 3	+	+	-
Weißstorch (Ciconia ciconia)	18	20-40	0,5 - 2	20-40	2-4	-	-	-
Schwarzstorch (Ciconia nigra)	9	20-40	1-3	20-60	2-4	-	-	-
Gänsevögel								
Graugans (Anser anser)	2	30	2-4	20-40	2	-	++	-
Schwan (Cygnus spec.)	8	30	1-3	30-80	1-4	-	-	-
Ente (Anatinae)	22	30-40	0,5 - 4	20-80	0,5 - 1	+	-	-
Greifvögel								
Königsgeier (Sarcorhamphus papa)	1	30	6	60	4	+	-	+
Sekretär (Sagittarius serpentarius)	1	20	2	40	3	+	++	-
Milan (Milvus spec.)	3	20-40	2	30-60	3	-	-	++
Habicht (Accipiter gentilis)	9	30	0,5 - 2	40-50	3-4	-	-	+++
Sperber (Accipiter nisus)	4	30	0,5 - 1	30-45	1-2	-	-	+++
Bussard (Buteo spec.)	14	20-30	1-4	40-80	1-5	+	+	+
Steinadler (Aquila chrysaetos)	5	20-40	2-3	40-60	1-3	+	+	++
Kaiseradler (Aquila heliaca)	2	30	2	30-40	2-5	-	-	++
Raubadler (Aquila rapax)	1	40	1	20	1,5	-	-	-

Spezies	Zahl	Dosis (mg/kg)	Einleitungsphase (min.)	Narkosedauer (min.)	Nachschlafphase (Std.)	Exzitationen Einleitung/Nachschlaf		Salivation
Seeadler (Haliaeetus albicilla)	4	20–40	2–3	40–90	2–3	–	–	+++
Mönchsgeier (Aegypius monachus)	2	30	5–8	20–30	8–10	–	–	++
Schneegeier (Gyps himalayensis)	2	40–50	4–7	40–70	3–5	–	–	++
Rohrweihe (Circus aeruginosus)	5	20–30	0,5 – 2	20–40	0,5 – 2	+	++	–
Wanderfalke (Falco peregrinus)	4	30	0,5 – 4	25–45	2–4	–	–	+
Baumfalke (Falco subbuteo)	1	20	1	40	3	+	++	–
Turmfalke (Falco tinnunculus)	12	20–30	0,5 – 4	40–60	2–4	–	+	+
Sakerfalke (Falco cherrug)	7	30–40	1–4	20–60	1–3	–	–	+
Luggerfalke (Falco jugger)	1	30	0,5	35	3	–	–	–
<u>Hühnervögel</u>								
Auerwild (Tetrao urogallus)	2	40	2–3	20–30	2	++	++	–
Schneehuhn (Lagopus spec.)	1	30	2	35	1,5	+	++	–
Fasan (Phasianinae)	3	30–40	3–6	20–40	2–3	++	+++	+
Pfau (Pavo cristatus)	2	30–50	3–7	40–80	2–5	+	++	–
<u>Kranichvögel</u>								
Jungfernkranich (Anthropoides virgo)	2	30	1–3	15–25	1–3	+	+	–
Mandschurenkranich (Grus japonensis)	1	25	0,5	30	3	++	+	–
<u>Wat- und Möwenvögel</u>								
Lachmöwe (Larus ridibundus)	2	30	0,5–2	20	0,5–2	–	–	–
Silbermöwe (Larus argentatus)	1	30	1	40	2	–	–	–
<u>Taubenvögel</u>								
Haustaube (Columba livia f.domestica)	9	20–40	0,5–3	20–30	0,5–2	+	+	+

Spezies	Zahl	Dosis (mg/kg)	Einleitungs-phase (min.)	Narkose-dauer (min.)	Nachschlaf-phase (Std.)	Exzitationen Einleitung	Exzitationen Nachschlaf	Salivation
Papageien								
Wellensittiche+ (Melopsittacus undulatus)	102	30-40	0,5-2	15-40	1-4	++	++	-
Graupapagei (Psittacus erithacus)	25	30	1-2	20-40	1-3	-	-	-
Amazone (Amazona spec.)	14	30-40	1-3	20-50	1-4	-	-	-
Kea (Nestor notabilis)	3	30	1-2	20-30	2-4	-	-	-
Königssittiche (Alisterus scapularis)	4	20-40	0,5-2	20-30	2-4	+	-	-
Glanzsittiche (Neophema elegans)	2	30	0,5-1	20-30	1-1,5	-	-	-
Pennantsittich (Platycercus elegans)	2	30	0,5-3	15-40	2-4	++	-	-
Rosellasittich (Platycercus eximius)	3	30	0,5-2	20-30	1-2	++	-	-
Agapornide (Agapornis spec.)	4	30	0,5-3	30-40	1-4	-	-	-
Kakadu (Kakatoe spec.)	7	20-40	1-4	20-50	2-4	-	++	-
Eulenvögel								
Uhu (Bubo bubo)	3	30	1-2	30-60	3-4	-		++
Schleiereule (Tyto alba)	2	30	2	20-30	2	-	+	+++
Waldohreule (Asio otus)	8	15-30	0,5-3	15-40	2-3	-		++
Waldkauz (Strix aluco)	3	15-30	2-4	15-30	1-4	-	+	++
Pagodenkauz (Strix seloputo)	1	20	1	40	4	-	-	+
Fleckenuhu (Bubo africanus)	1	40	0,5	70	4	-	+	++
Streifenohreule (Rhinoptynx clamator)	1	15	3	40	4	-	-	++

+ bei 48 % der Vögel starke Exzitationen und Hyperästhesie. Nach L e n g n i c k und M a r q u a r d t (1974) Addition von Xylazin
Eigene Dosis: 0,05 ml 2%ig/Vogel

Spezies	Zahl	Dosis (mg/kg)	Einleitungs-phase (min.)	Narkose-dauer (min.)	Nachschlaf-phase (Std.)	Exzitationen Einleitung	Exzitationen Nachschlaf	Salivation
Spechtvögel								
Buntspecht (Dendrocopos major)	1	30	1	30	4	-	++	-
Grünspecht (Picus viridis)	1	40	1	40	2	-	-	-
Tukan (Rhamphastidae)	4	30	0,5-3	20-40	1,5-3	-	-	-
Sperlingsvögel								
Kanarienvogel (Serinus canaria)	5	15-30	0,5-2	20-40	1-3	++	++	-
exotische Finken	8	15-30	0,5-1	10-30	0,5-1	++	++	-
Sperling (Passer spec.)	2	40	0,5-1	20-30	0,5-3	+	+	-
Beo (Gracula spec.)	2	30	2-3	30-40	4-5	+	+++	-
Rabenkrähe (Corvus corone corone)	1	30	1	15	1	-	-	++
Dohle (Corvus monedula)	1	30	1	25	2	-	-	-
Kolkrabe (Corvus corax)	1	40	2	45	2	-	-	-
Star (Sturnus vulgaris)	1	30	0,5	20	1	-	-	-
Amsel (Turdus merula)	2	30	1-2	15-30	1-2	+	+	-

+ = geringgradig   ++ = mittelgradig   +++ = hochgradig

Ketaminhydrochlorid-Applikation untersucht worden. Außerdem handelte es sich überwiegend um klinisch gesunde Versuchstiere und nicht um Patienten, an denen chirurgische Eingriffe vorgenommen wurden.
In der folgenden Arbeit soll über die Eignung von Ketaminhydrochlorid bei insgesamt 384 Vögeln aus 12 verschiedenen Ordnungen und von 65 verschiedenen Arten unter Praxisbedingungen berichtet werden.

Material und Methodik

Alle Tiere stammten aus der Zier- und Wildvogelklinik des Instituts. Bis auf 52 Vögel, bei denen eine Laparoskopie zur Geschlechtsbestimmung durchgeführt wurde, handelte es sich um Patienten, an denen chirurgische Eingriffe vorgenommen werden mußten.
Vor der Applikation des Medikaments wurde stets das Körpergewicht ermittelt. Bei großen Laufvögeln, bei denen eine Wägung nicht möglich war, wurde das Durchschnittsgewicht aus der Literatur zugrunde gelegt. Bei Tumoroperationen wurde das geschätzte Tumorgewicht vom Körpergewicht abgezogen. Als Grunddosierung wurde bei allen Vögeln 30 mg/kg/Körpergewicht angesetzt. Um die zu applizierende Flüssigkeitsmenge der Körpergröße des Patienten entsprechend anzupassen, wurde bei Vögeln bis 100 g Gewicht die Konzentration 10 mg/ml,+ von 100-2000 g 50 mg/ml+ und bei Vögeln über 2000 g die 100 mg/ml-Konfektionierung++ verwendet. Um bei intramuskulärer Applikation eine intravasale Injektion des Arzneimittels weitgehend auszuschließen, erfolgte der Einstich mit einer dünnen Kanüle, kraniodorsal gerichtet, unmittelbar parallel zur Crista sterni am Übergang des mittleren in das kaudale Drittel. In diesem Bereich kann relativ gefahrlos zwischen die Rami superficialis medius und superficialis caudalis der Arteria thoracica externa eingegangen werden. Wie aus Abb. 1 und 2 hervorgeht, existieren im Bereich der Brustmuskulatur starke venöse und arterielle Gefäße, die bei Verletzung zu großflächigen Hämatomen führen können.

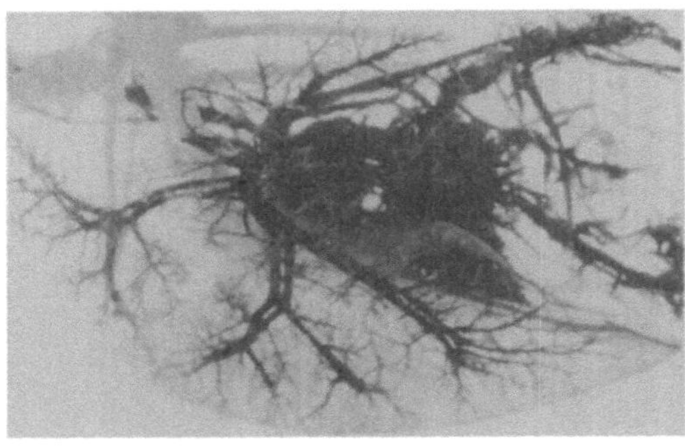

Abb. 1: Gefäßausgußpräparat (Polyvinylchlorid) einer Reisetaube, Flügel und Clavicula entfernt, arteriell und venös injiziert (Pohlmeyer und Wißdorf, 1976)

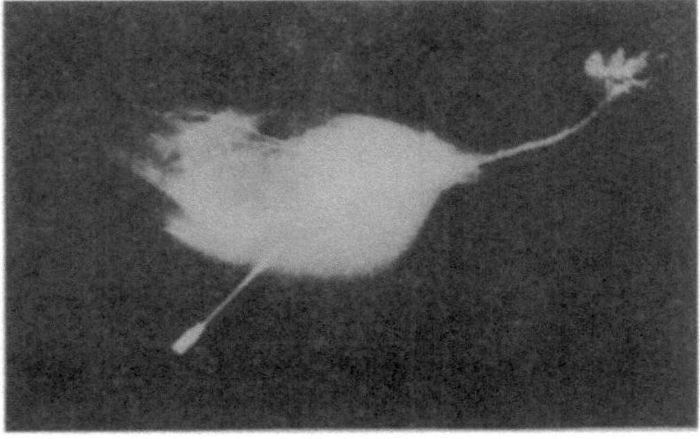

Abb. 2: Arteriographie einer Reisetaube. Kanüle in beschriebener Lage, latero-lateraler Strahlengang, 55kV, 0,06 sec., folienloser Film. (Pohlmeyer und Wißdorf, 1976)

Nach Errechnung der zu verwendenden Dosis wurde zunächst die halbe Menge verabreicht. Erst nachdem die Patienten nicht mehr stehen konnten, wurde der Rest nachinjiziert. Nach Reaktion und Operationsdauer wurde nachdosiert. Sofort nach der ersten Injektion wurden die Vögel in ihr gewohntes Gehege entlassen, oder wenn dies nicht möglich war, in ein dunkles Behältnis verbracht. Gleichermaßen wurde nach der Operation verfahren, wobei allerdings auf keinen Fall eine Auskühlung des Patienten stattfinden darf, da die Thermoregulation in der Narkose beeinträchtigt ist.

Ergebnisse

Die Ergebnisse sind aus der Tabelle 1 zu entnehmen.
Bei fast allen Vögeln wurde eine exzitationslose, operationsfähige Narkose erreicht.

+ Ketanest® (Parke-Davis)
++ Vetalar® (Parke-Davis)

In der Einleitungsphase wurden allerdings leichte Exzitationen bei vielen Tieren beobachtet. Zum Teil starke Erregungszustände traten bei einem großen Prozentsatz erst im Nachschlaf auf. Während der Narkosephase wurden diese allerdings nicht beobachtet.
Lediglich 48 % der narkotisierten Wellensittiche reagierten nach der Applikation mit sehr heftigem Flügelschlagen, Manegebewegungen und sogar Hyperästhesie. Eine zusätzliche Gabe von Xylazin+ in einer Dosierung von 0,05 ml pro Vogel führte dann doch zu einer ausreichenden Narkose. Bei den übrigen 52 % der Wellensittiche reichte die alleinige Gabe von Ketaminhydrochlorid. Bei einigen Vögeln reichte die Grunddosis von 30 mg/kg nicht aus, so daß während der Operation nachdosiert werden mußte.
72 % der Patienten reagierten bereits kurz nach Applikation des Medikaments mit Speichelfluß, der sich durch Kopfschütteln und häufiges "Schmecken" ankündigte.
Bei Greifvögeln und dort besonders bei Habichten, Sperbern und Bussarden wurde zusätzlich Würgereiz und Erbrechen von Kropfinhalt beobachtet. Im Gegensatz zu Narkosen mit anderen Präparaten sind die Augen des Patienten stets geöffnet, und auch leichte Kopfbewegungen sind üblich. Obwohl die Patienten bei völliger Analgesie innerer Organe und der serösen Häute reaktionslos operiert werden können, war bei fast allen Vögeln eine Hautsensibilität vorhanden. Somit dürfte z. B. dem Zehenreflex und dem Palpebralreflex bei der Beurteilung der Narkosetiefe keine Bedeutung zukommen. Störend wirkte diese Sensibilität allerdings erst bei der die Operation abschließenden Hautnaht.
Bei 63 % der Patienten wurden in der Aufwachphase Exzitationen festgestellt, die bei großen Vögeln zu Eigenverletzungen durch Anschlagen führen können. Durch Geräuscharmut in der Umgebung narkotisierter Vögel lassen sich aber die Erregungszustände deutlich vermindern. Häufig führt erst ein Anfassen des Tieres zu unkontrollierten Abwehrbewegungen, die sich verstärken und zu minutenlangem Bein-, Kopf- und Flügelschlagen führen können.
Ein Verbringen von Kleinvögeln in glatte Pappkartons oder ein Einwickeln in einen Perlonstrumpf verhindert Verletzungen. Bei großen Vögeln, insbesondere bei frakturgefährdeten Stelzvögeln, ist auf gute Polsterung zu achten.
Acht Vögel verweigerten nach der Narkose längere Zeit die Nahrungsaufnahme. Ob dies letztlich auf die Operationsfolgen oder auf das Medikament zurückgeführt werden muß, läßt sich nicht sagen.
Von 384 narkotisierten Vögeln waren lediglich zwei nicht mit Ketaminhydrochlorid zu narkotisieren. Zum einen handelte es sich um eine Graugans, die auch nach einer Dosiserhöhung auf 200 mg/kg KGW nicht einmal mit einer Sedierung reagierte. Sieben Tage später konnte allerdings auch dieses Tier mit 30 mg/kg gut narkotisiert werden.
In einem anderen Fall reagierte ein Silberfasan, der zunächst exzitationslos war, auf das Geräusch eines herabfallenden Eisenkäfigs mit nicht mehr zu beruhigenden Erregungszuständen. Dieser Vogel wurde am nächsten Tag nach Gabe von 40 mg/kg operiert.

Bei zwei weiteren Patienten traten tödlich verlaufene Zwischenfälle auf, die kurz geschildert werden sollen:
Ein Helmkasuar wurde für eine Laparoskopie vorbereitet. Während des Eingriffs und in der Nachschlafphase speichelte er stark und aspirierte durch eine Nachlässigkeit des Pflegepersonals große Mengen Speichel.
Im zweiten Fall wurde ein siebenjähriger Wanderfalke wegen einer vorzunehmenden Hauttransplantation mit 30 mg/kg KGW narkotisiert. Sechs Stunden nach Narkosebeginn konnte der Patient wieder stehen und flog eine Stunde später auf seinen gewohnten Sitzplatz. Die Operation und die Narkose schienen gut überstanden, bis der Vogel am nächsten Morgen tot aufgefunden wurde. Die Sektion ergab eine hochgradige Visceralgicht, die vor der Operation nicht diagnostiziert werden konnte.

Diskussion

Die beobachteten Reaktionen bei den narkotisierten Wellensittichen stimmen mit den Untersuchungen von Hornberger (1975) überein. Eine zusätzliche Applikation von Xylazin, wie sie Lengnick und Marquardt (1974) empfehlen, verhinderte die Exzitationen, so daß auch für jene Wellensittiche, die bei alleiniger Ketaminhydrochloridapplikation paradox reagierten, in Kombination mit Xylazin eine gut verträgliche Injektionsnarkose zur Verfügung steht.

+ Rompun (Bayer)

Ein Risiko stellt sicherlich die auch von den anderen Autoren beschriebene zum Teil starke Salivation der Patienten nach Ketaminhydrochloridgabe dar. Ein Austouchieren der Schnabelhöhle oder das Herabhängenlassen des Kopfes über den Rand des Operationstisches kann dieses Risiko mindern. Das Erbrechen von Kropfinhalt sollte kein Risiko darstellen, wenn die Vögel nüchtern für die Operation vorbereitet werden. Eine versuchsweise Prämedikation mit Atropin ist nicht möglich, da alle Versuchstiere nach Applikation starben.

Wie auch bei Säugetieren beobachtet, ist bei der Narkose des Vogels mit Ketaminhydrochlorid wichtig, daß der Patient möglichst ohne vorherige Erregung narkotisiert wird. Vielfach wird diese Forderung nicht zu erfüllen sein, aber ein Entlassen des Patienten in eine ihm bekannte Umgebung führt zumindest zur Beruhigung, so daß Exzitationen in der Einleitungsphase vermindert werden. Genauso wichtig ist es, in der Aufwachphase auf Manipulationen am Patienten zu verzichten. Interessant war die Reaktion einer Graugans auf die Gabe von Ketaminhydrochlorid. Auch E b e r t (1972) berichtete über ähnliche Verhaltensweisen bei Vögeln nach Applikation von Pentobarbital, so daß eine schlechte Narkotisierbarkeit eines Vogels wohl nicht vom Präparat, sondern vielmehr von der Reaktionslage des Patienten abhängig ist.

Zusammenfassung:

Narkose bei Zoovögeln mit Ketaminhydrochlorid

384 Zoovögel aus 12 verschiedenen Ordnungen und 65 verschiedenen Arten wurden mit Ketaminhydrochlorid bei intramuskulärer Applikation narkotisiert. Lediglich bei zwei Vögeln traten tödlich verlaufende Zwischenfälle auf, die aber nicht ausschließlich auf die Wirkung des Präparates zurückgeführt werden konnten. Störend wirken in der Einleitungs- und Aufwachphase auftretende Exzitationen sowie die bei einigen Arten auftretende Salivation. Trotzdem kann das Ketaminhydrochlorid wegen der sehr guten Verträglichkeit und der großen Toleranzbreite als brauchbares Narkotikum für Vögel in einer Grunddosis von 30 mg/kg/Körpergewicht empfohlen werden.

Summary:

Narcosis in Birds Kept in Zoological Gardens (Narcotic: Ketamine hydrochloride)

384 birds selected out of 12 different orders and 65 different species were narcotized by ketamine-hydrochloride with intramuscular application. The lethal incidents that occurred only in two birds, cannot simply be ascribed to the effect of the compound itself. The excitations, as well as the salivation - the latter occurred with some species - constituted disturbing factors during the induction and posthypnotic sleep period. Nevertheless, owing to its very good compatibility and wide tolerance range, ketamine-hydrochloride can be recommended as an expedient narcotic for birds at a dosage of 30 mg/kg/body weight.

Résumé:

Anesthésie d'oiseaux de zoo au moyen de kétamine hydrochlorée

Une anesthésie par application intramusculaire de kétamine hydrochlorée a été effectuée sur 384 oiseaux de zoo, appartenant à 12 ordres différents et à 65 espèces distinctes. Deux oiseaux seulement ont subi des complications à effet mortel, ce qui n'était pas nécessairement une cause du produit employé. Des troubles se produisent durant la phase introductive et la phase de réveil sous forme d'excitations et, pour quelques espèces, sous forme de salivation. Néanmoins, les auteurs recommandent le produit, en raison de son excellente compatibilité et de sa grande largeur de tolérance, comme anesthésique pouvant être utilisé chez des oiseaux à raison d'un dosage de 30 mg/kg de poids vif.

Резюме:

Применение кетамингидрохлорида для наркоза у птиц.

384 птицы из I2 порядков и 65 различных видов были наркотизированы с помощью кетамингидрохлорида внутримышечно. При этом погибло 2 птицы , по всей вероятности, не только от влияния препарата.Нарушения обнаружены в стадии просыпания в виде экситации и саливации. Несмотря на это, кетамингидрохлорид может быть применен в связи с положительной переносимостью и значительной толерантностью, для птиц в дозе 30мг/кг веса тела.

Literatur:

BARKE, E. (1971): Zur Narkose des Geflügels. Dtsch. Tierärztl. Wschr. 78, 286-288.

BLÖMER, R. (1973): Untersuchungen über die Wirksamkeit und Brauchbarkeit von Metomidat zur Schmerzausschaltung bei Zier- und Wildvögeln. Hannover: Vet. Med. Diss.

BONATH, K. (1972): Zur Inhalationsnarkose von Hühner, Tauben, Enten und anderen Vögeln mit Halothan und Äther und deren Wirkung auf Blutdruck, Herz-, Atemfrequenz und Körpertemperatur. Zbl. Vet. Med. A 19, 639-660.

BONATH, K. (1975): Die Halothan-Inhalationsnarkose bei Vögeln und ihre klinische Überwachung. Berl. Münch. Tierärztl. Wschr. 88, 299-301.

COOPER, J. E. (1970): Use of the Hypnotic agent "Methoxymol" in birds of prey. Vet. Rec. 87, 751-752.

COOPER, J. E. (1974): Metomidate anaesthesia of some birds of prey for laparazomy and sexing. Vet. Rec. 94, 437-440.

EBERT, U. (1972): Vogelkrankheiten, Behandlung, Haltung und Pflege von Zier- und Wildvögeln. Hannover: M. + H. Schaper.

FREYTAG, U. (1966): Zur Narkose beim Wellensittich. Kleintierprax. 11, 56-60.

FRIEDBURG, K. M. (1962): Anesthesia of parakeets and canaries. J. A. V. M. A. 141, 1157-1160.

GANDAL, P. C. (1969): Avian anaesthesia. Fed. Proc. 28, 1533-1534.

GERLACH, H. (1968): Chirurgie bei Wild- und Ziervögeln. X. Internat. Symp. Erkrankungen Zootiere, Salzburg, 119-122.

GRAHAM-JONES, O. (1965): Restraint and anaesthesia of small cagebirds. J. Small Anim. Pract. 6, 31-39.

HORNBERGER, M. (1975): Zur Narkose und allgemeinen Chirurgie bei Heim- und Wildvögeln. Kleintierprax. 20, 24-29.

JONES, R. S. (1966): Halothane anaesthesia in turkeys. Brit. J. Anaesth. 38, 656-658.

KITTLE, E. L. and L. EARL (1971): Ketamine HCL as an anaethetic for birds. Mod. Vet. Practice 10, 40-41.

LENGNICK, H. D. und U. MARQUARDT (1974): Erfahrungen über die Narkose beim Wellensittich mit Ketamin-Xylazin. Kleintierprax. 19, 270-272.

MANDELKER, L. (1970): Anaesthesia for parakeets and other birds. J. A. V. M. A. 157, 1081.

MAPLETOFT, R. J. and G. J. FUTTER (1969): Repeated Halothane anaestesia in an american bird cargee. Can. Vet. J. 10, 274-277.

NORRMANN, A. (1975): Zit. nach Hornberger (1975).

POHLMEYER, K. und H. WISSDORF (1976): Die Vaskularisation der Pektoralismuskulatur bei der Reisetaube (Columba livia, Gmelin 1789) im Hinblick auf die intramuskuläre Applikation von Medikamenten. Prakt. Tierarzt 57, 71-74.

REDIG, P. T. and G. E. DUKE (1976): Intravenously administered ketamine HCL and Diazepam for anesthesia of raptors. J. A. V. M. A. 169, 886-888.

ROBL-FÜRST, H. und K. W. HAUSER (1973): Narkose bei Tauben. Coll. Vet., 25-27.

WESTHUES, M. und H. FRITSCH (1961): Die Narkose der Tiere, Bd. 2, Allgemeinnarkose. Berlin-Hamburg: Paul Parey.

WHITTOW, G. C. and N. OSSORIO (1970): A new technic for anesthetizing birds. Lab. Anim. Care 20, 651-656.

ZEDLER, W. (1962): Narkose der Vögel. Kleintierprax. 7, 99-103.

Anschrift der Verfasser: Dr. M. H e i d e n r e i c h , Institut für Geflügelkrankheiten und
Prof. Dr. H. W i ß d o r f , Anatomisches Institut
Tierärztliche Hochschule Hannover
Bischofsholer Damm 15
D-3000 Hannover (BRD)

Aus der Staatlichen tierärztlichen Gemeinschaftspraxis Hoyerswerda (Leiter: Dr.W.T s c h i r o h), dem Tiergarten Hoyerswerda (Direktor: Dr. H.-D. H o h m a n n) und der Kinderklinik des Bezirkskrankenhauses Hoyerswerda (Direktor: MR Dr. M a g e r)

EIN BEITRAG ZUR ORALNARKOSE BEI VÖGELN

Von W. T s c h i r o h , H.-D. H o h m a n n und G. P ö t s c h i c k

Zur Allgemeinnarkose für operative Eingriffe am Vogel stehen eine Vielzahl von Präparaten und Narkosemethoden zur Verfügung. Unbefriedigend ist nach wie vor das Problem der Oralnarkose der Vögel gelöst. Oralnarkosen sind bisher besonders für den Fang verschiedener Vogelarten (Möwen, Rabenvögel, Tauben, Wasservögel) zwecks Markierung, Selektion oder Entfernung aus der Umgebung von Flugplätzen in freier Natur eingesetzt worden.
In Zoos und Tierhaltungen würden der Fang zwecks Umsetzung empfindlicher Vogelarten (Stelz-, Wasser-, Hühnervögel), der Transport streßanfälliger Vogelarten (Kraniche, Tetraoniden) und der zunehmende Einsatz biotechnischer Maßnahmen (z. B. bei der künstlichen Besamung von Fasanen zur Verhinderung der Schreckmauser) weitere Indikationen für Oralnarkosen am Vogel darstellen. In Tierhaltungen ist der erreichte Immobilisationseffekt wichtiger als die Zeitdauer des Initialstadiums. In freier Natur jedoch ist die Schnelligkeit des Wirkungseintrittes das wichtigste Kriterium für den möglichen Einsatz eines Präparates. Daneben spielen der Immobilisationseffekt (Fangbarkeit), die erzielte Narkosetiefe (Gefahr des Ertrinkens bei Wassergeflügel), die therapeutische Breite (Aufnahme unterschiedlicher Mengen mit dem Futter) und die Dauer der Nachwirkung (Überleben nicht aufgefundener Exemplare) eine nicht unbedeutende Rolle.

Bisher gelangte hauptsächlich die Alpha-Chloralose mit einigermaßen gutem Erfolg zum Einsatz (C a i t h n e s s , 1968; G r e e n w o o d , 1972; S e i d e l , 1975). Außerdem wurden z. B. Pentobarbital, Librium, Contergan, Combelen, Meprobamat und Avertin mit unterschiedlichem Erfolg eingesetzt (L i n d a u , 1962; P e e k , 1966; S p e l l e r b e r g , 1969; S c h a f e r und C u n n i n g h a m , 1972). In letzter Zeit wurde der Tranquilizer Diazepam (Faustan) auch an landwirtschaftlichen Nutztieren getestet (z. B. D r u m e v et al., 1973), wobei eine zum Teil gute Brauchbarkeit bei intravenöser oder intramuskulärer Applikation gefunden wurde. C r i d e r et al. (1968) setzten es oral in Verbindung mit Alpha-Chloralese bei Wasservögeln ein.

Eigene Versuche: In eigenen Versuchen an Stockenten, Seidenhühnern und Grünfinken sollte bei direkter oraler Verabreichung die Brauchbarkeit von "Faustan" (Diazepam) (VEB Arzneimittelwerk Dresden) und "Hexobarbital" (VEB Arzneimittelwerk Dresden) zur Oralnarkose beim Vogel getestet werden. Diese Versuche sind als Vorversuche für die Verabreichung über das Futter zu werten. Da in den letzten Jahren Dimethylsulfoxyd (DMSO) für verschiedene Präparate als Penetrationsmittel beziehungsweise "Vehikelsubstanz" benutzt wurde, sollte durch Zusatz von DMSO (in Form des Präparates "Damul" vom VEB Pharmazeutisches Werk Meuselbach) zu Faustan beziehungsweise Hexobarbital eine schnellere Resorption der Narkotika über die Schleimhäute versucht werden.

a) Stockenten (Anas platyrhynchos) (1,1 - 1,3 kg Körpergewicht)

1. Faustan oral: je 1 Tier erhielt 5,10 beziehungsweise 20 mg per os. Nach zwei Minuten waren bei allen Tieren leichte Bewegungsstörungen feststellbar. Die letzte Dosierung führte nach zehn Minuten zu einem leichten Taumeln des Tieres.
2. Faustan + DMSO oral: 2 Tiere erhielten je 5 mg Faustan und 750 mg DMSO per os, 1 Tier erhielt 5 mg Faustan mit 1500 mg DMSO per os, und 2 Tiere bekamen je 10 mg Faustan und 1500 mg DMSO per os. Bei allen Tieren war nach zirka zwei Minuten eine leichte Bewegungsstörung zu erkennen.
3. Hexobarbital oral: 1 Tier erhielt 125 mg als Tablette, 1 Tier 125 mg (Tablette in Wasser gelöst), 2 Tiere je 250 mg und 1 Tier 500 mg ebenfalls als Tablette in Wasser gelöst. Das Initialstadium dauerte von einer Stunde über 30 Minuten bis 5 Minuten. Die Tiere waren nach 90 beziehungsweise 45 beziehungsweise 25 Mi-

nuten fangbar. Während bei beiden Tieren mit 250 mg völlige Lähmung (nicht schwimmfähig) resultierte, konnte dieses Stadium mit 500 mg nicht erzielt werden. Die Abklingphase begann zirka 70 - 90 Minuten nach Applikation und dauerte zum Teil mehrere Stunden.

4. Hexobarbital + DMSO oral: Je 1 Tier erhielt 125 beziehungsweise 250 beziehungsweise 375 mg Hexobarbital jeweils als Tablette gelöst in 1125 mg DMSO. 2 Tiere erhielten je 250 mg Hexobarbital als Reinsubstanz gelöst in 1125 mg DMSO. Die Tiere waren nach 45 beziehungsweise 20 beziehungsweise 6 Minuten fangbar. Das totale Lähmungsstadium wurde nicht in jedem Fall erreicht.
5. Faustan beziehungsweise Faustan + DMSO intramuskulär: Je 1 Tier erhielt 5 beziehungsweise 10 mg Faustan i. m., 1 Tier 5 mg Faustan und 750 mg DMSO i. m. Bei allen drei Tieren waren nach zirka zwei Minuten leichte Bewegungsstörungen feststellbar, nach zirka 10 Minuten leichtes Taumeln.

b) Seidenhühner (Gallus domesticus) (1,2 - 2,0 kg Körpergewicht)

1. Faustan oral: 1 Tier erhielt 5 mg Faustan oral. Nach 15 Minuten war eine ganz leichte Beeinträchtigung des Allgemeinbefindens feststellbar.
2. Hexobarbital oral: Je 2 Tiere erhielten 125 mg, 2 Tiere 200 mg und 1 Tier 400 mg Hexobarbital jeweils als Reinsubstanz in Aqua dest. gelöst per os. Mit 125 mg konnte keinerlei Wirkung erzielt werden, mit 200 beziehungsweise 400 mg nach 25 beziehungsweise 2 Minuten eine leichte Beeinträchtigung (Beruhigung).
3. Hexobarbital intramuskulär: 1 Tier erhielt 200 mg Reinsubstanz gelöst in Aqua dest. intramuskulär. Das Tier war nach sieben Minuten fangbar, für 15 Minuten bewegungslos und nach 240 Minuten wieder normal.
4. Faustan intramuskulär: 1 Tier erhielt 5 mg Faustan intramuskulär. Das Tier zeigte eine sofortige Lähmung für zirka 30 Minuten bei einer völligen Normalisierung nach 90 Minuten.

c) Grünfinken (Carduelis chloris) (30 - 50 g Körpergewicht)

Faustan und Faustan + DMSO oral: 2 Grünfinken erhielten je 3 mg Faustan per os, 2 Tiere je 3 mg Faustan und 250 mg DMSO per os. Alle vier Tiere waren nahezu sofort gelähmt und hielten dieses Stadium für 1-2 Stunden.

Diskussion der Versuchsergebnisse: Schon Seidel (1975) weist in seiner Arbeit darauf hin, daß oral wirksame Drogen keine einheitlichen und sicheren Ergebnisse erbrachten, wobei eine große artabhängige Variabilität am auffälligsten war.
In unseren Versuchen konnte mit Faustan oral in den angegebenen Dosierungen bei Enten und Hühnern keine befriedigende Wirkung erzielt werden, während die vergleichsweise eingesetzte intramuskuläre Applikation eine deutlich bessere, aber tierartlich auffällig unterschiedliche Wirkung brachte. Die zu geringen Versuchszahlen lassen jedoch keine eindeutige Wertung zu. Vielleicht ist durch Erhöhung der Dosierung eine schnellere und stärkere Wirkung zu erzielen, da bei Grünfinken mit der 20-30fachen Dosis Faustan oral eine nahezu sofortige Wirkung eintrat. Sehr hohe Dosen Faustan werden auch beim Menschen ohne negative Wirkungen vertragen (z. B. bei schweren Schädel-Hirn-Traumen).
Mit Hexobarbital konnte bei Enten mit 250 - 500 mg per os eine zum Teil schnell einsetzende gute Wirkung mit guter Fangbarkeit erzielt werden, während bei Hühnern bei gleicher Dosierung nur eine ganz leichte Beeinträchtigung des Allgemeinbefindens feststellbar war. Die Wirkung war am günstigsten bei Verwendung von Reinsubstanz in Aqua dest. gelöst, da gegenüber gelöster Tablettensubstanz und Tablettenverabreichung eine beschleunigte Resorption zu erwarten ist. Eine deutliche Beschleunigung des Wirkungseintritts bei Zusatz von DMSO war weder bei Faustan noch bei Hexobarbital feststellbar.

Zusammenfassung:

Ein Beitrag zur Oralnarkose bei Vögeln

Es wird über Versuche zur Oralnarkose bei Vögeln mit den Präparaten "Hexobarbital" und "Faustan" unter Verwendung des Penetrationsmittels DMSO berichtet.

Summary:

A Report on Oral Anesthesia Applied to Birds

A report is given on experiments of oral anesthesia applied to birds by the use of preparations "Hexobarbital" and "Faustan" and the DMSO penetrating agent.

Résumé:

Exposé sur l'anestésie orale chez des oiseaux

L'exposé traite des expériences en matière d'anesthésie orale chez des oiseaux en appliquant les médicaments "Hexobarbital" et "Faustan" sur la base de l'agent de pénétration DMSO.

Резюме:

Об оральном наркозе у птиц.

Сообщается об опытах с оральным наркозом у птиц с применением препаратов "мексебарбиталь" и "Фаустан" и пенетрационного средства ДМ 0.

Literatur:

CAITHNESS, T. A. (1968): Poisoning gulls with Alpha-Chloralose near a New Zealand Airfield. J. Wildl. Management 32, 279-286.

CLINE, D. R. and R. J. GREENWOOD (1972): Effect of Certain Anesthetic Agents on Mallard Ducks. J. Amer. vet. med. Ass. 161, 624-633.

CRIDER, E. D., STOTTS, V. D. and J. C. Mc DANIEL, (1968): Diazepam and Alpha-Chloralose Mixtures to Capture Waterfowl. Proc.Ann.Conf.Southeastern Assoc., Game and Fish Comm., 1-29.

DRUMEV, D., KOCJEV, K., DILOV, P., MENDOV, Chr. und B. GEORGIEV (1973): Einfluß des Tranquilizers Diazepam (Faustan) auf die landwirtschaftlichen Nutztiere. (Orig.bulg.) Veter.med.Nauki Sofija 10, Nr.10, 47-52, ref. in: Mh.Vet.Med.31, 12, 477, 1976.

LINDAU, K.-H. (1962): Versuche mit Tranquilizern bei Vögeln. Nord.Veterinärmed.14, Suppl.Nr.1, 112-117.

PEEK, J. M. (1966): Chlordiazepoxyd und Pentobarbital als Tranquilizer für Kuhstärlinge und Wachteln. (Orig.engl.) J.Amer.vet.med.Ass. 149, Nr. 7, 950-952, ref. in: Landwirtschaftl. Zbl. IV, 1962, 1967.

SCHAFER, F. W. jr. and O. J. CUNNINGHAM (1972): An evaluation of 148 compounds as avian immobilizing agents. Spec.Scientif.Rep., Wildlife No. 150, Washington D.C. (U.S.Dept.Interior, Bur. Sport Fisheries Wildlife, 30.

SEIDEL, B. (1975): Zur Immobilisation und Narkose afrikanischer Tiere (Aves, Canidae, Felidae, Hippopotamidae, Hyaenidae, Pongidae, Cercopithecidae). Verhandlungsber. XVII. Internat. Symp. Erkrankungen Zootiere, Tunis, 117-133.

SPELLERBERG, I. F. (1969): Capturing and immobilizing Mc Cormick Skuas, J. Amer.vet.med.Ass. 155, Nr. 7, 1040-1043.

Anschrift der Verfasser: Dr. W. T s c h i r c h
7705 Lauta,
Nordstr. 20 (DDR)

Aus der Fachgruppe Kleintierkrankheiten der Sektion Tierproduktion und Veterinärmedizin der Karl-Marx-Universität Leipzig (Leiter: VR Prof. Dr. sc. med. vet. Vera Schmidt)

INTRAMEDULLÄRE OSTEOSYNTHESE BEI TIBIOTARSUSFRAKTUREN VON PSITTAZIDEN

Von P. Arnold und Walpurga Goette

Der Anteil von Vogelpatienten am tierärztlichen Patientengut ist in ständiger Zunahme begriffen. Gegenwärtig beträgt er in unserem Einzugsbereich etwa 10 % der Gesamtpatienten. Bei dieser Trendentwicklung kann er in zirka 15 - 20 Jahren bis zu 25 % betragen. Die dem Tierarzt vorgestellten Vogelpatienten besitzen meist neben einem hohen ideellen einen geringeren materiellen Wert, der jedoch in Einzelfällen ebenfalls erheblich sein kann. Aus der ständig anwachsenden Zahl von Vogelpatienten und den erhöhten Ansprüchen seitens der Besitzer leitet sich die Notwendigkeit einer weiteren Vervollkommnung der therapeutischen Möglichkeiten des Tierarztes ab.

Bei zirka 3000 Vogelpatienten in den Jahren 1976 und 1977 (davon etwa 87 % Wellensittiche) wurden bei annähernd 150 Vögeln Ständerfrakturen festgestellt. Hauptprädilektionsstelle war beim Wellensittich und anderen Psittaziden, wie auch Kronberger (1974) feststellt, der Tibiotarsus. Die Behandlung von Frakturen des Tibiotarsus bei kleinen Vögeln kann durch entsprechende Heftpflasterfixationen (Gerlach, 1968; Ebert, 1972; Kronberger, 1974) erfolgen. Bei Tieren ab 100 g Körpermasse sind diese Methoden jedoch häufig nicht erfolgreich, und man benötigt festeres Fixationsmaterial, wie z. B. Holzspatel, Aluminiumblech und ähnliches. Nicolai (1974) und Raethel (1973) empfehlen andererseits wegen der Gefahr der Beeinträchtigung der Blutzirkulation, alle Schienungsversuche zu unterlassen. Ungeschiente Frakturen des Tibiotarsus ohne größere Dislokation der Frakturenden und ohne größere Weichteilverletzungen heilen bekanntlich häufig ohne Behandlung ab.
Kása und Kása beschreiben 1968 eine Methode der Marknagelung des Tibiotarsus bei Kleinvögeln mit entsprechenden Rundkörpernadeln. Ebert (1972) lehnt diese Methode als zu aufwendig ab. Über ebenfalls gute Erfahrungen mit Marknagelungen bei anderen Vogelarten berichten Lang (1967) und Isenbügel (1971).
Die Indikation für ein entsprechendes therapeutisches Vorgehen wird weitgehend von der Art der Fraktur, der Lokalisation sowie der Lage der Frakturenden zueinander beeinflußt. Bei der Wahl der Therapiemethode muß bei Psittaziden daran gedacht werden, daß sie sich mit Verbänden aller Art nur schwer abfinden und meist innerhalb kurzer Zeit erfolgreich versuchen, den Verband zu entfernen. Auch das Anlegen einer Halskrause bietet nicht selten wegen des möglichen Herausschlüpfens des Vogels keinen sicheren Schutz. Infolge unvollkommener Möglichkeit der Fixation sind die Wiederherstellung der anatomischen Ausgangssituation, möglicherweise die Stabilität und damit die ungestörte Funktion der Gliedmaße in Frage gestellt. Für die Art des therapeutischen Vorgehens ist aus diesen Gründen eine sorgfältige Indikationsstellung erforderlich. Generell bei Tibiotarsusfrakturen eine Osteosynthese durchzuführen, ist ebenso falsch, wie generell einer Selbstheilung zu vertrauen.

Die Ursachen von Tibiotarsusfrakturen sind vielfältig: Fliegen gegen Fenster, Hängenbleiben an Gitterstäben der Voliere, Einklemmen in Türen und vieles andere mehr, wobei physiologische Momente (erhöhte Frakturanfälligkeit während der Mauser) zu berücksichtigen sind. Die klinischen Symptome bestehen in erster Linie in einer functio laesa, der Ständer wird nach hinten gehalten und nicht benutzt. Insbesondere bei Kleinsittichen führt dies aber kaum zu einer Beeinträchtigung der Mobilität; auf Grund der spezifischen Funktion des Schnabels wird dieser Schaden weitgehend kompensiert. Im Bereich der Fraktur besteht abnorme Beweglichkeit, ferner sind Schwellungen und Hämatome festzustellen. Schmerzreaktionen werden kaum beobachtet.

Bei allen Fällen, die Probleme in der Heilung bei konservativem Vorgehen erwarten lassen, führen wir eine modifizierte Operationsmethode der von Kása und Kása (1968) empfohlenen Marknagelung durch. Probleme in der Heilung sehen wir bei allen Fällen starker Dislokation der Frakturenden, Sequestrierungen, gelenknahen Frakturen und Weichteilverletzungen.

Bisher operierten wir 42 Patienten aus der Familie der Psittacidae:

29 Wellensittiche	-	Melopsittacus undulatus (Shaw)
4 Nymphensittiche	-	Nymphicus hollandicus (Kerr)
3 Springsittiche	-	Cyanoramphus auriceps (Kuhl)
1 Rotbugamazone	-	Amazona aestiva (L.)
1 Graupapagei	-	Psittacus erithacus (L.)
1 Rosenköpfchen	-	Agapornis roseicollis (Vieill.)
1 Glanzsittich	-	Neophema splendida (Gould)
1 Rosellasittich	-	Platycercus eximius (Shaw)
1 Pennantsittich	-	Platycercus elegans (Gm.)

Als Anästhetikum hat sich Vetalar[R] in einer Dosierung von 15 - 20 mg pro kg Körpermasse gut bewährt. Die von G ö l t e n b o t h (1976) angegebene Dosierung von 100 - 200 mg pro kg Körpermasse erscheint uns gefährlich hoch. Etwa 3 - 5 Minuten nach der intramuskulären Applikation von Vetalar kann sich der Vogel nur noch mühsam auf der Stange halten, taumelt und legt sich etwa zehn Minuten p. a. auf den Käfigboden. Beim Herausgreifen und Ausbinden des Vogels auf eine speziell dafür hergestellte Ausbindeplatte aus Plast können geringe Abwehrreaktionen auftreten. Trotz dieser scheinbar nicht genügenden Narkosetiefe treten Schmerzreaktionen des Vogels bei der angegebenen Dosierung nicht auf.
Für die Durchführung der Operation verwenden wir Injektionskanülen. Diese besitzen den Vorteil, daß sie in unterschiedlichsten Stärken und Längen im Handel sind. Sie sind auf Grund ihrer Hohlraumstruktur leicht, elastisch und dennoch stabil genug, um den Belastungen standzuhalten.
Für die Operation verwenden wir, entsprechend der Größe des Patienten, ein Instrumentarium, welches vorwiegend der Augenchirurgie entlehnt ist. Die Operation erfolgt nicht unter sterilen Kautelen. Wir verzichten bewußt auf eine Desinfektion der Haut mit Äther beziehungsweise Alkohol und Jod, um Vergiftungen durch perkutane Resorption der aufgetragenen Mittel zu verhindern.

Am Beispiel der intraossealen Nagelung einer Tibiotarsusfraktur bei einem Wellensittich soll im folgenden unsere Methode erläutert werden. Nach Entfernung der Federn erfolgt die Säuberung der Gliedmaße mit feuchter Watte und die Abdeckung des Patienten. Wir eröffnen in Höhe der Fraktur und lagern die Frakturenden nach außen. Die entsprechend der Länge des Knochens und der Weite des Markkanals ausgewählte Kanüle wird durch drehende Bewegung vom Frakturende nach proximal durch die Kompakta in Höhe der Tuberositas tibiae gebohrt. Diese Kanüle dient nur als Führungsspieß für die endgültig als Nagel verwendete Kanüle. Der Nagel wird nun in das distale Frakturende eingeführt. Die Länge des Einführens in den Knochen wird durch Vergleich mit dem Führungsspieß kontrolliert. Die exakt sitzende Kanüle wird nun mit einem Breitband-Antibiotikum, z. B. OTC, gefüllt und proximal abgekniffen. Mit 1 - 2 Catgutknopfnähten wird die Wunde verschlossen. Der postoperative Heilungsverlauf gestaltet sich günstig. Die Operationswunden aller operierten Vögel verheilten in der Regel per primam. 1 bis 2 bis 3 Tage nach der Operation wird das Bein leicht, 7 bis 10 Tage post operationem völlig belastet. Der Nagel wird drei Wochen nach der Operation entfernt, meist ist dazu keine Narkose notwendig.
Auf die Auswahl entsprechend starker Nägel (Kanülen) ist zu achten. Andernfalls treten infolge ungenügender Fixation Rotationen der Fragmente auf, die zu Heilungskomplikationen führen. Das ist besonders bei Papageien zu erwarten. Einen derartigen Fall beobachteten wir bei einer 70jährigen Rotbugamazone. Mit einer Drahtligatur durch den Nagel konnte schließlich die Heilung erzielt werden. Bei größeren Vögeln empfiehlt sich deshalb die Verwendung von Küntschernägeln, die einen zuverlässigen Halt garantieren und ein Verdrehen der Frakturenden verhindern.

Zusammenfassung:

Intramedulläre Osteosynthese bei Tibiotarsusfrakturen von Psittaziden

Grenzen und Möglichkeiten der zwei grundlegenden Therapieformen (konservativ und chirurgisch) bei Tibiotarsusfrakturen von Psittaziden finden Erörterung. Anhand von Bildern wird eine bei 42 Tibiotarsusfrakturen erprobte und bewährte intramedulläre Osteosynthese-Behandlungsform erläutert.

Summary:

Intramedullary Osteosynthesis with Tibiotarsus Fractures of Psittazides

Limits and possibilities of two basic forms of therapy (conservative and surgical) with tibiotarsus fractures of psittazides are discussed. An intramedullary kind of osteosynthesis therapy tried out and proved in 42 tibiotarsus fractures is explained by demonstrating pictures.

Résumé:

Ostéosynthèse intramédullaire lors de fractures du tibia-tarse chez des psittacidés

Le rapport traite des possibilités et des limites des deux formes fondamentales de thérapeutique (conservatrice et chirurgicale) lors de fractures du tibia et du tarse chez des psittacidés. Tout en présentant une documentation photographique, l'auteur explique les avantages d'un traitement par astéosynthèse intramédullaire qui a fait ses preuves lors de 42 fractures.

Резюме:

Интрамедулярный остеосинтез во фрактурах тибиотарзуса у папугаевых.

Описаны возможности и ограничения двух форм терапии (консервативной и хирургической) при фрактурах тибиотарзуса у папугаевых. Описаны на основе 42 снимков фрактур интрамедулярный синтез -форму лечения данных поражений.

Literatur:

EBERT, U. (1972): Vogelkrankheiten. Hannover: M. & H. Schaper.

GERLACH, H. (1968): Chirurgie bei Wild- und Ziervögeln. Verhandlungsber. X. Internat. Symp. Erkrankungen Zootiere, Salzburg, 119.

GÖLTENBOTH, R. (1976): In: H.-G. Klös und E. M. Lang: Zootierkrankheiten. Berlin-Hamburg: P.Parey.

ISENBÜGEL, E. (1971): Marknagelung bei Tag- und Nachtgreifen. Verhandlungsber. XIII. Internat. Symp. Erkrankungen Zootiere, Helsinki, 283.

KÁSA, G. und F. KÁSA (1968): Die Marknagelung des Tibiotarsus bei Kleinvögeln. Kleintier-Prax., 13, 209.

KRONBERGER, H. (1974): Haltung von Vögeln - Krankheiten der Vögel. Jena: Gustav Fischer.

LANG, E. M. (1967): Marknagelung des Oberarmbruches bei Storch und Adler. D. Zool. Garten (NF), 34, 264.

NICOLAI, J. (1974): Vogelhaltung, Vogelpflege. Kosmos: Gesellschaft der Naturfreunde. Stuttgart: Franck'sche Verlagshandlung.

RAETHEL, H. S. (1973): Das Vivarium. Kosmos: Gesellschaft der Naturfreunde. Stuttgart: Franck'sche Verlagshandlung.

Anschrift der Verfasser: Dr. med. vet. Peter A r n o l d
Vet.-Ing. Walpurga G o e t t e
701 Leipzig, Zwickauer Str. 57 (DDR)

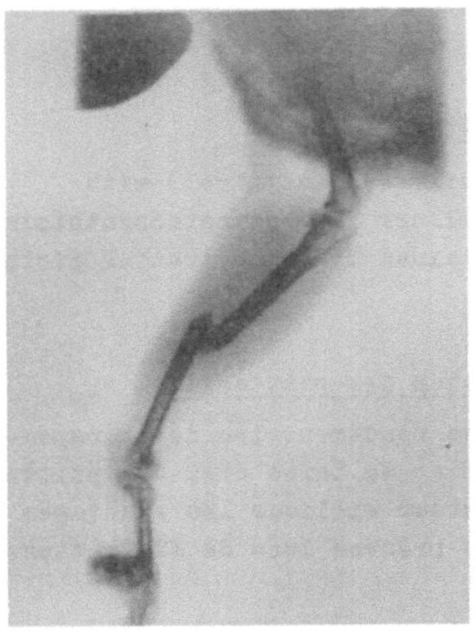

Abb. 1: Tibiotarsusfraktur bei einer Rotbugamazone

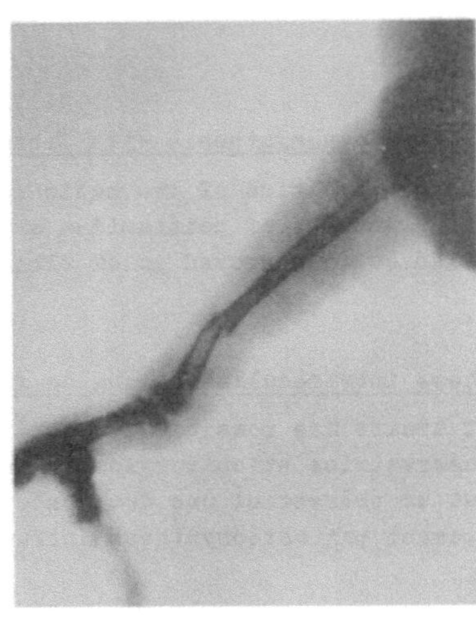

Abb. 2: Tibiotarsusfraktur bei einem Graupapagei

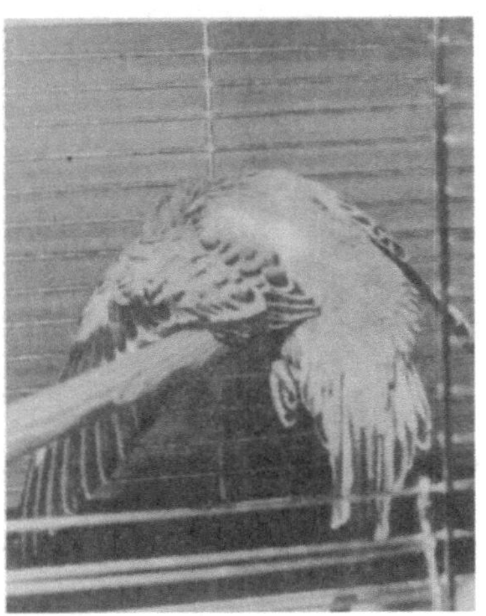

Abb. 3: Wellensittich, 3 Minuten nach Applikation von 15 mg Vetalar[R] pro kg/Kgw.

Abb. 4: Wellensittich, drei Minuten nach Applikation von 15 mg Vetalar[R] pro kg/Körpermasse

Abb. 5: Ausbinden des Vogels zur Operation

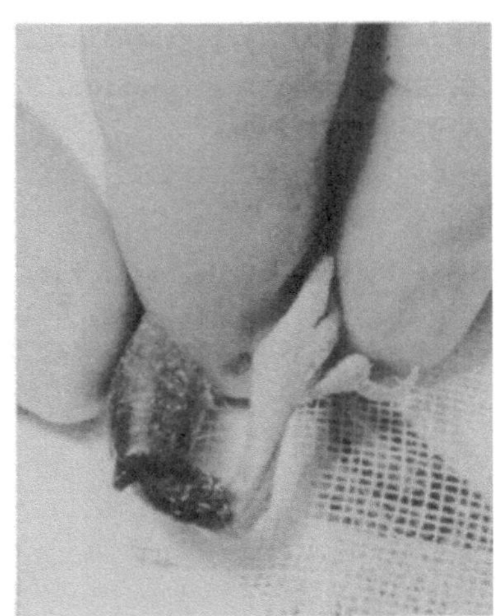

Abb. 6: Freilegen des proximalen Frakturfragmentes

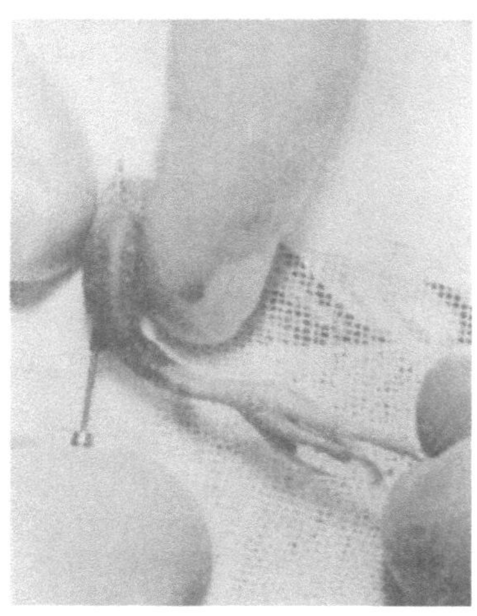

Abb. 7: Einführen einer Kanüle als Führungsspieß in die Markhöhle

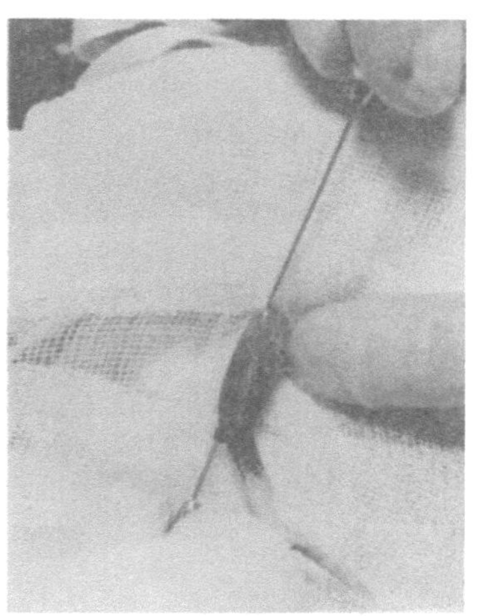

Abb. 8: Ansetzen der als Nagel dienenden Kanüle

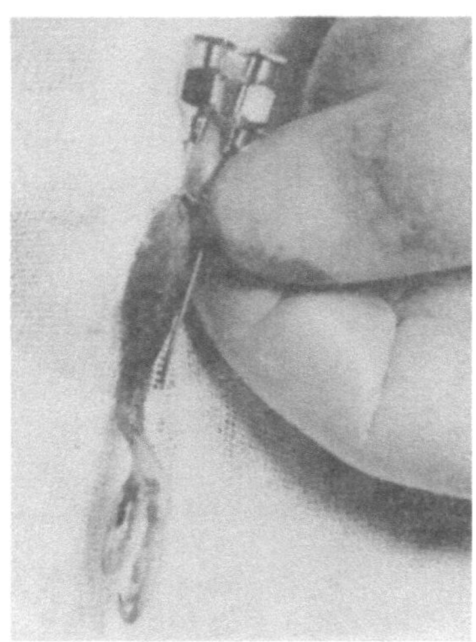

Abb. 9: Kontrolle des Sitzes der eingeschobenen Kanüle

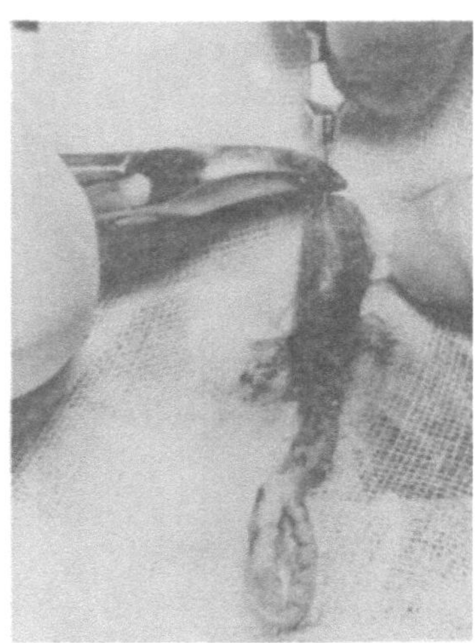

Abb. 10: Abkneifen der Kanüle

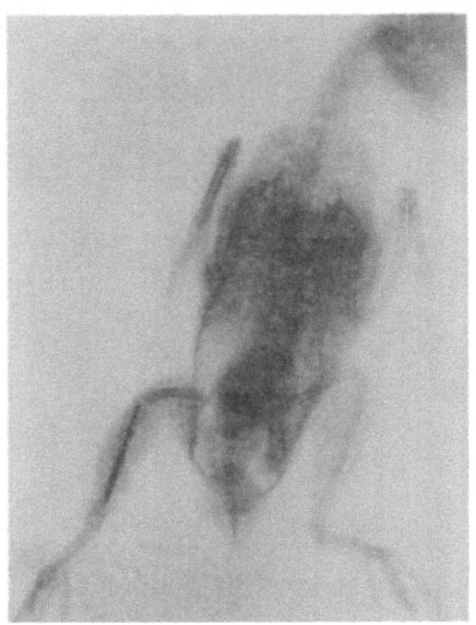

Abb. 11: Nymphensittich mit Tibiotarsusfraktur. Intramedulläre Osteosynthese mittels Kanüle

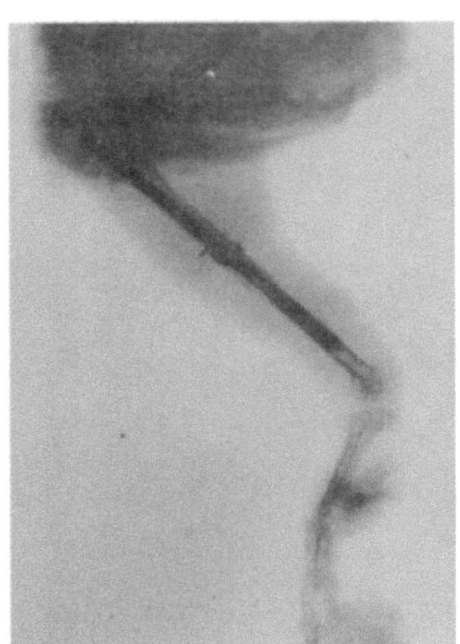

Abb. 12: Rotbugamazone mit Tibiotarsusfraktur. Intramedulläre Osteosynthese mittels Kanüle, zusätzliche Sicherung gegen Rotation der Fragmente durch Drahtligatur

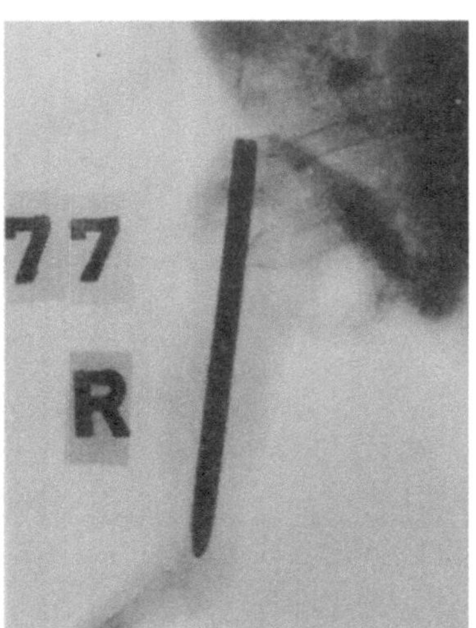

Abb. 13: Graupapagei mit Tibiotarsusfraktur. Intramedulläre Osteosynthese mittels Küntschernagel

From Veterinary Medical Research Institute, Hungarian Academy of Sciences, Budapest (Director: Dr. J. M é s z á r o s , academician), Veterinary Institute, Debrecen and Veterinary Station, Szeged

ZOO BIRDS AND MIGRATING WILD BIRDS AS POTENTIAL POST-EPIDEMIC CARRIERS OF THE INFLUENZAVIRUS VARIANT A/VICTORIA/75

By J. R o m v á r y , J. M é s z á r o s , J. T a n y i and J. R ó z s a

Spread of the influenzavirus variant Victoria/75 among zoo birds, as well as resident and migrating wild birds simultaneously with, or shortly after the appearance of the pandemic in Hungary was reported on earlier (R o m v á r y et al., 1977). The epidemic Victoria/75 had subsided in Hungary by late spring in 1976, but sporadic cases, verified by virus isolation, continued to occur. In 1977, blood samples were taken at random from 50 captive birds of 17 species in a zoo situated in a forest near a large provincial town, for examination for haemagglutination inhibiting (HI) antibodies to Victoria/75 and to the seven avian influenza-virus subtypes (Hav1-Hav7) available in this laboratory. Antibodies to Victoria/75 were found in 46 % (23) of the samples at titres ranging from 1:16 to 1:128; positive reactors were especially numerous among pheasants, anatid birds and storks. Among the avian subtypes HI-antibodies were found only to Hav7, at titres of 1:24 - 1:128; the reactors numbered 12 (24 %) and all were either anatid or anserine species. In some sera antibodies were simultaneously present to both Victoria/75 and Hav7.

Three weeks after the zoo investigation the eggs laid by migrating wild birds (common tern - Sterna hirundo, black-headed gull - Larus ridibundus, little gull - Larus minutus, mallard - Anas platyrhynchos, pochard - Aythya ferina and Ferruginous duck - Aythya nyroca) in the area of a pond farm were examined for yolk antibodies to avian influenzaviruses and Victoria/75. Among the eggs of black-headed gulls 8.9 % contained antibodies to subtype Hav3, while the yolks of several eggs laid by anatid birds, little gulls and common terns contained in 2.1 - 4.0 % HI-antibodies to Hav5. We were surprised to find HI-antibodies in 7.8 - 13.8 % in gull and tern eggs, respectively, to Victoria/75 and in 4.0, 7.4 and 17.9 % to subtype Hav7 in wild duck, tern and gull eggs, i. e. in a relatively high proportion of the yolks examined. Such antibodies were also detected in eggs collected from black-headed gulls in an agricultural farm near the river Tisza.

At the survey of wild bird eggs laid in the pond farm on second instance 46 days after the first sampling, yolk antibodies to Victoria/75 and Hav7 were found in roughly similar proportions of gull and tern eggs. After hatching of the young birds, serum samples were collected for antibody assay at a few days or weeks of age. Among 21 young terns 4 (19.0 %) and among 11 gull chicks one (9.0 %) had serum antibodies to Victoria/75, while the serum of another single tern (4.7 %) reacted with the Hav7 virus.

Among various wild birds (mallard, pochard, black-headed gull, common tern, coot - Fulica atra, redshank - Tringa totanus, black tern - Chlidonias niger shot in the pond farm area during egg collection, positive isolations of influenzavirus were made from three; subtype Hav7 virus was isolated from the sinus of one gull and the cloacal mucosa of one tern, while Victoria/75 was isolated from a rinsing fluid obtained from the infraorbital cavity of another gull. Subsequent isolation experiments in a wild bird reservation area (lapwing - Vanellus vanellus, common sandpiper - Tringa hypoleucos, common tern, starling - Sturnus vulgaris and coot) situated between the rivers Danube and Tisza resulted in the isolation of a subtype Hav6 strain from the upper respiratory mucosa of one starling.

The Victoria/75 epidemic had spread to Hungary early in 1976 and subsided by springtime, but single infections verified by virus isolation continued to occur sporadically also later in that year. Spreading of the infection to wild birds had been demonstrated both directly and indirectly (R o m v á r y et al., 1977) during the pandemic period, but we were surprised to detect one year later antibodies to Victoria/75 in a relatively high proportion of captive birds kept in a provincial zoo, separated from its surroundings only by a wire-mesh fence. Subsequent detection of haemagglutination inhibiting yolk antibodies to Victoria/75 in eggs laid by gulls and terns in the area of a pond farm, and positive isolation of Victoria/75 virus from migrating gulls were indicative of persistence of the agent in certain populations of both wild bird species. The migrating gulls and terns had either become infected during the previous year's epidemic and continued to spread the virus among their populations, or during later sporadic occurrence of the disease among humans, which may, on principle, also have been responsible for the infection of the isolated zoo birds.

Last winter, which was colder than the previous ones, the gulls indigenous in Hungary migrated to the southern part of Europe and to the Near East, while the terns migrated via the Balcan, eastern littoral of the Mediterranean Sea and Egypt to Central and Southern Africa, aven as far as Mocambique, as reported by the Ornithology Institute, Budapest. According to the WHO reports, disease due to the variant Victoria/75 did occur among humans in the transit or target areas of wild bird migration; namely early in 1977 in Turkey, in February 1977 in Bulgaria and Italy, in March in the E. A. R., Israel and Spain, and in April in Yugoslavia. The gulls and terns seeking rest in these countries during their return migration in early spring may well have contracted the infection during transit. The virus Victoria/75 may have persisted long among the birds, to judge from the presence of yolk antibodies in non-embryonated eggs freshly laid by gulls and terns in the peat marsh islets belonging to a pond farm. Yolk antibodies were present in a similar proportion of the eggs, and at similar titres at the first and second egg layings at an interval of 46 days. By the time of the second laying the eggs produced in the first instance were either in an advanced stage of embryonation or had already been hatched. Part of the newly hatched or very young gull and tern chicks possessed yolk-derived serological HI-antibodies at titres roughly similar to those found in yolks.

The serological positivity of the zoo birds may have been due either to infection during the epidemic and subsequent boostering exposures to sporadic human cases, or to fresh infection through contact with free living migrating wild birds.

Another remarkable issue of the present studies has been the detection of HI-antibodies to subtype Hav7 of avian influenzavirus in the serum or yolk of a substantial proportion of wild birds and zoo birds, and the isolation of Hav7 virus from a gull and a tern shot down for investigation along with other wild birds. Of the avian influenzavirus subtypes only Hav7 was demonstrable in zoo birds, while among the migrating wild birds 2 - 9 % also had antibodies to Hav5 and Hav3. Infection by strains of the latter two subtypes had presumable occurred during northward migration from the south. Haemagglutinins to Hav7 were found to have antigenic components closely related to those of A/Hong Kong/H3N2/ subtype strains. Only few bird sera had simultaneously contained antibodies to both Victoria/75 and Hav7; in these cases the possibility of recombination of the two strains cannot be ruled out.

Summary:

Zoo Birds and Migrating Wild Birds as Potential Post-Epidemic Carriers of the Influenzavirus Variant A/Victoria/75

One year after the epidemic A/Victoria/75 had subsided in Hungary, 46 % of captive birds in a zoo were found to possess serological antibodies to this variant. Of the avian influenzavirus subtypes only Hav7 accounted for seropositivity in 24 % of the zoo bird population, exclusively in anatid or anserine species. Among the wild birds shot for investigation positive isolations of Hav7 virus and of Victoria/75 virus were made from three birds. A subtype Hav6 strain was isolated from a starling shot elsewhere in a wild bird reservation area.

Zusammenfassung:

Zoo- und Wildvögel als post-epidemische Träger der Influenzavirusvariante A/Victoria/75

Ein Jahr nach der A/Victoria/75-Epidemie in Ungarn wurden bei 46 % der in einem Zoo gehaltenen Vögel Antikörper gegen diesen Virustyp nachgewiesen, während von den aviären Influenzavirussubtypen lediglich Hav7 bei 24 % der Tiere, und zwar ausschließlich bei Enten- oder Gänsevögeln, ermittelt wurde. Unter geschossenen Wildvögeln konnte bei drei Tieren der Typ Hav7 oder Victoria/75 isoliert werden. Der Subtyp Hav6 wurde aus einem Star isoliert, der in einem Wildvogelreservat geschossen worden war.

Résumé:

La rôle potencielle des oiseaux captifs dans le zoo et des passés dans la conservation de l'infection de la variante apres l'épidémie causée par la var. Victoria/75 du virus grippal

Après une année de la fin de l'épidémie causée par la var. Victoria/75, les auteurs ont trouvés à raison de 46 pour cent des oiseaux examinés un réponse immunologique contre la var. Victoria/75. Ils ont constatés à raison de 24 pour cent des seropositifs uniquement contre le virus grippal des oiseaux sous-type Hav7, notamment parmi les genres de canards et d'oies. Parmi des oiseaux passés nous avons isolés la souche du virus Hav7 d'une mouette, d'une autre mouette la var. Victoria/75, plus nous avons tués un sansonnet dans une réserve de la faune aillée et il en est isolé le souche du virus Hav6.

Резюме:

ПОТЕНЦИАЛЬНАЯ РОЛЬ ПТИЦ В ЗООПАРКЕ И ПЕРЕЛЕТНЫХ В ПОДДЕРЖИВАНИИ ВАРИАНТНОЙ ИНФЕКЦИИ ПОСЛЕ ПРОТЕКАНИЯ ЭПИЗООТИИ ГРИППА Victoria/75.

Авторы получили положительный иммунологический ответ в одном зоопарке у 46 % исследуемых птиц, через год после прекращения эпидемии, вызванной вирусом гриппа Victoria/3/75.
Птици оказались серологически положительными только к вирусу субтипа Hav 7, в 24 % из вирусов гриппа птиц среди чирок и гусинных. Из выстреленных перелетных птиц был изолирован вирус типа Hav 7 из одной чайки и из одной речной крачки, из другой чайки вирус Victoria/75, а из одного скворца, выстреленного на пло- щади резервата, был изолирован вирус типа Hav 6.

Address of authors: J. Romváry, D.V.M., C.V.Sc., D.Sc.
P.O.B. 18
H-1581 Budapest (Hungary)

From Veterinary Medical Research Institute, Hungarian Academy of Sciences, Budapest (Director: Dr. J. M é s z á r o s , academician), Veterinary Station, Szeged

SUSCEPTIBILITY OF BIRDS TO TYPE B INFLUENZAVIRUS

By J. R o m v á r y , J. M é s z á r o s and J. R ó z s a

The spread of human type B influenzavirus infection to certain mammalian species has been known from indirect serological evidence. Complement fixing (CF) and haemadsorption-inhibiting antibodies to influenza B virus were demonstrated in 10 % of horses aged 6 to 18 months, with 20 % incidence among those above one year old (D i t c h f i e l d et al., 1965). Equine susceptibility to influenza B virus was studied by K a s e l et al. (1968) in a group of approx. 1.5 - 2 years old wild ponies kept in isolation from humans. The experimentally infected ponies showed temperature rise to 40.0 - 40.5°C 1 - 3 days after the infection, shed the virus for 2 - 6 days and developed a definitive immune response. Spread of influenza B infection to pigs was demonstrated in Hungary for the first time (R o m v á r y et al., 1966, 1969; T a k á t s y et al., 1969); in village communities where several inhabitants were affected by influenza B infection, 9 - 38 % of the adult sows and 15 - 18 % of less than one year old gilts had serological antibodies to the agent during the period of study. R o m v á r y et al. (1969) presented experimental evidence of pig-to-pig spread of influenzavirus B by contact, and showed that low ambient temperatures (9 to 13°C) predisposed the gilts for greater frequency and severity of the infection. Positive isolations of influenzavirus B were made for 4 days p. i. from throat swabs swabs of two among three intranasally infected monkeys; a significant rise of serological haemagglutination-inhibiting (HI) antibodies was also found, but no spread of the infection occurred to a fourth monkey kept in the neighbouring cage (P a n i k e r and N a i r , 1972). The last cited authors were able to infect cats, too, with influenza B virus; a single cat passed the virus in the throat discharge for 8 days, and spread of the agent to one among the non-infected cage mates was verified both by virus isolation and serologically. Susceptibility of cats to influenzavirus B had been reported by L o z o v a y a (1942) decades ago. Canine susceptibility to the agent was demonstrated in infection experiments by several authors (T i t o v a , 1968; A d o and T i t o v a , 1959; T o d d and C o h e n , 1968); T o d d and C o h e n were even able to reisolate the virus 4 - 5 days after infection, and also found CF-antibodies to it. The infection was not transmitted to in-contact control dogs. The natural infection of dogs by influenza B virus has been little studied; among 600 canine serum samples collected by T o d d and C o h e n during the period from 1964 - 66, only four showed a weakly positive reaction in the CF test.

During endemic-like outbreaks of influenza B virus infection in Hungary early in 1977, HI-antibodies to the virus were detected in the sera of several zoo birds (shelduck, ruddy shelduck, raven) and migrating wild birds (black-headed gulls, common and little terns), as well as in the yolk of gull and tern eggs laid in peat islets belonging to a pond farm. Since the zoo and pond farm were both situated in the endemic area, the susceptibility of birds to influenza B virus was more closely investigated, for lack of relevant data in literature.

Pheasants and mallards reared in captivity could be infected with the B/HK/8/73 reference strain of human influenzavirus, as verified by reisolation of the agent from the airways 4 - 5 days p. i. and demonstration of primary and secondary serological immune responses to infection and challenge, respectively. The agent spread by contact to control birds housed with the infected ones, to judge from the secondary immune response of the former to challenge, and from positive isolation of the virus from an in-contact pheasant 13 days after placing it with the infected group at 3 weeks p. i. The virus persisted in the infected birds for at least 3 weeks. Antibodies were found in the yolks of eggs laid by the infected pheasants at titres similar to the serum levels, but 10 - 14 days later. The antibodies formed during the primary immune response were occasionally demonstrable for 3 - 4 weeks, and those formed in response to challenge persisted as long as 2 - 3 months. The pheasants infected experimentally or by contact were retarded in comparison to their healthy, and some of them died within 2 - 8 weeks. The virus could be reisolated from the infected mallards 4 days p. i. and it even could be transferred to two susceptible ones with the sinusoidal exudation of a sick bird. The in-contact domestic ducklings and chicks did not show a primary immune response, but part of them developed a long-lasting secondary response to challenge. The infected chicks did not transmit the virus by contact to susceptible ones. The antibodies associated with the primary immune response to influenzavirus B were predominantly of the IgM class, while those associated with the boostered secondary response were mostly of IgG-type also in ducks and chicks.

Serological screening of seabirds in the Far-Eastern region of the USSR revealed antibodies to influenzavirus B in 1.7 % of the bird sera examined (S a z o n o v et al., 1973). According to C h e r n e t s o v et al. (1973), 7.7 % of wild birds migrating and hatching in the Primorye region had been infected by influenzavirus B, and S o l o u k h i n et al. (1973) found a still greater percentage of infection among domestic and wild birds studied in Byelorussia. Among zoo birds and wild birds examined by us during endemic-like outbreaks of influenzavirus B infection in Hungary, 4.1 % were identified as positive reactors to the agent. Subsequent infection experiments performed in adult pheasants and mallards, as well as one day-old domestic ducklings and chicks have shown that these species too, are susceptible to the agent, and the infection of the pheasants may persist long, least for 3 weeks. Evidence of transmissibility of the infection by contact was also obtained in all species examined, except for the domestic chicken, although spread was of a lesser degree compared to that of influenza-virus A. This is in accordance with the dissimilar spread of the two influenzavirus types in human populations: type B accounts for sporadic or endemic occurrence of influenza, while type A accounts for mass incidence.

Virological and serological screenings and infection experiments performed during the pandemics caused by different influenzavirus A subtypes - especially during the A/Hong Kong/68/H3N2 pandemic - have unequivocally affirmed the susceptibility of various mammalian and domestic and wild bird species to influenzavirus A. In this light the type A influenzavirus infections of humans and animals and/or birds might well be regarded as anthropozoonoses. More recent findings on influenzavirus ecology strongly suggest that the endemic occurrences of type B influenzavirus infections among humans also are anthropozoonoses, as implied by us (R a m v a r y et al., 1966) at the first demonstration of human influenzavirus B in pigs more than one decade ago.

Summary:

Susceptibility of Birds to Type B Influenzavirus

Among zoo birds and migrating wild birds examined serologically during an endemic-like outbreak due to influenzavirus B, 4.1 % were identified as positive reactors to the agent. More recent investigations on the ecology of influenzaviruses have unequivocally affirmed that in addition to mammals certain domestic and wild birds species are also susceptible to infection by influenzavirus B. Therefore, the endemic occurrence of the latter among humans may well be interpreted as an anthropozoonosis.

Zusammenfassung:

Zur Empfänglichkeit von Vögeln gegenüber dem Influenza B-Virus.

Von den während einer Influenza-Endemie untersuchten Zoo- und Wildvögeln erwiesen sich 4,1 % als serologisch positiv. Neuere Untersuchungen haben bestätigt, daß bestimmte Haus- und Wild-vögel dem Influenza B-Virus gegenüber ebenso empfänglich sind wie Säugetiere. Aus diesem Grunde kann bei endemischem Auftreten auch von einer Anthropozoonose gesprochen werden.

Résumé:

L'encline des oiseaux au type B du virus grippal

Pendant le temps de l'endémie du virus grippal type B les auteurs ont constatés à raison de 4.1 pour cent des animaux séropositifs au virus grippal parmi des oiseaux captifs dans le zoo et des passés. Nous pouvons tirer une nouvelle conclusion de recherches d'oecologie du virus grippal en dehors des mammifères déja examinés il éxiste aussi de l'encline au virus grippal type B chez quelques oiseaux domistiques et sauvages. On peut annoncer, que l'infection humaine occasionnée par le virus grippal type B soit une maladie d'un anthropozoonzis.

Резюме;

ВОСПРИИМЧИВОСТЬ ПТИЦ К ВИРУСУ ГРИППА ТИПА Б.

Авторы установили положительную серологическую реакцию к вирусу гриппа типа Б у 4,1 % исследуемых птиц в зоопарке и перелетных, параллельно с ендемической вирусной инфекцией вирусом гриппа типа Б у людей. Из исследований, касающихся экологии вирусов гриппа можно выводить новое заключение: кроме исследованных позвоночных и некоторые виды домашних и диких птиц являются восприимчивими к вирусу гриппа типа Б. Эндемическую инфекцию вирусом гриппа типа Б у людей можно понять как антропозооноз.

Literature:

ADO, A. D., and S. M. TITOVA (1959): A study of influenza in dogs. Probl.Virol., N.Y. 4, 36-41.

CHERNETSOV, Yu.V., SLEPUSKIN, A.N., SAZONOV, A.A., GONSOVSKI, F.K., OBROSOVA-SEROVA, N.P., LVOV, D.K., PYSINA, T.V., and L. Ya. ZAKSTELSKAYA (1973): A serological survey of wild birds for antibody to influenza viruses in Primorye territory. Ekologiya virusov 1, 53-59.

DITCHFIELD, J., MACPHERSON, L.W., and A. ZBITNEW (1965): Upper respiratory disease in thoroughbred horses: studies of its viral etiology in the Roronto area, 1960 to 1963. Can. J. comp. Med. vet. Sci. 29, 18-22.

KASEL, J. A., BYRNE, R. J., HARVEY, E.W., and R. SHILLINGER (1968): Experimental human B influenza virus infection in Chincotengue ponies. Nature 219, 968-969.

LOZOVAYA, A. N. (1942): The etiology of influenza outbreaks and experimental material on the adaptation of the influenza virus to new species of animals (Russian). Zh.Mikrobiol. 7, 60-64.

PANIKER, C. K. J., and C. M. G. NAIR (1972): Experimental infection of animals with influenza-virus types A and B. Bull. Wld. Hlth. Org. 47, 461-463.

ROMVÁRY, J., FARKAS, E., and Gy. TAKÁTSY (1966): Serum antibodies to influenza viruses in swine stocks and norway rats. VIII-ème congrès international de Pathologie Comparée, Beyrouth (Liban), La Grippe, 1966. Tome II. 201-208. Paris: Edition Médicales et Scientifiques Editeurs.

ROMVÁRY, J., FARKAS, E., and Gy. TAKÁTSY (1969): Diagnosis of human influenza B virus infection in pigs, contact infection in pigs from artificially infected animals. M. Á. L. 24, 473-475.

SAZONOV, A.A., LVOV, D.K., ZAKSTELSKAYA, L. Ya., CHERNETSOV, Yu.V., and N.P. OBROSOVA-SEROVA (1973): A serological examination of seabirds for antibodies in influenza viruses in the North of the Soviet Far East. Ekologiya virusov 1, 46-53.

SOLOUKHIN, V.Z., KASHTANOVA, L.V., and V.V. SHUMKO (1973): Results of examination of wild and domestic birds for influenza viruses. Ekologiya virusov 1, 163-164.

TAKÁTSY, Gy., FARKAS, E., and J. ROMVÁRY (1969): Susceptibility of the domestic pig to influenza B virus. Nature 222, 184-185.

TITOVA, S. M. (1954): Experimental influenza infection in dogs. (Russian). Vop. Med. Virus 4, 114.

TODD, J.D., and D. COHEN (1968): Studies of influenza in dogs. 1. Susceptibility of dogs to natural and experimental infection with human A2 and B strains of influenza virus. Amer. J. Epidemiol. 87, 426-439.

Address of authors: J. Romváry, D.V.M., C.V.Sc., D.Sc.
P.O.B. 18
H-1581 Budapest (Hungary)

Aus der Sektion Tierproduktion und Veterinärmedizin der Karl-Marx-Universität Leipzig, Fachgruppe Veterinär-Pathologie (Komm. Leiter: Dr. sc. med. vet. U. J o h a n n s e n) und Fachgruppe Veterinär-Mikrobiologie und Tierseuchen (Leiter: Prof. Dr. sc. med. vet. A. V o i g t)

MYKOBAKTERIOSEN BEI HEIM- UND VOLIERENVÖGELN

Von K.-F. S c h ü p p e l und J. S c h n e i d e r

1974 berichteten wir über das Vorkommen von Mykobakteriosen bei drei Ringeltauben, einem Schwarzkopfedelsittich und einem Schwarzohrpapagei, wobei die Veränderungen vorwiegend im Darmkanal lokalisiert waren (V r o e g e et al.). Seit dieser Zeit gelangten neun weitere Tiere acht verschiedener Arten zu uns zur Untersuchung, die Mykobakteriosen erlegen waren. Es handelte sich dabei um folgende Tiere:

1,0 Rebhuhn (Perdix perdix)
0,1 Stanleysittich (Platycercus i. icterotis)
1,0 Wellensittich (Melopsittacus undulatus)
0,1 Roter Paradiesvogel (Paradisaea rubra)
1,0 Stieglitz (Carduelis carduelis)
0,1 Lauchgrüne Papageiamadine (Erythrura prasina)
1,0 Gouldsamadine (Erythrura gouldiae)
1,1 Zebrafinken (Taeniopygia guttata).

Das Rebhuhn, der Paradiesvogel und die Zebrafinken stammten aus zoologischen Gärten und wurden dort über viele Jahre gehalten. Die Lauchgrüne Papageiamadine, der Stanleysittich und die Gouldsamadine kamen von Vogelzüchtern und der Wellensittich und der Stieglitz von Heimtierhaltern zur Einsendung.

Alle Tiere befanden sich in einem schlechten Ernährungszustand, und es waren außer bei den zwei Papageienvögeln makroskopisch große grau-gelbliche, derbe Herde in der Lunge erkennbar. Bei allen Vögeln lagen in der Leber kaum sichtbare, submiliare hellere Herde vor, und die Milz war geschwollen. Die Darmschleimhäute des Stanleysittichs und des Wellensittichs waren in den ersten zwei Dritteln etwa gleichmäßig stark verdickt und erschienen granuliert.

Durch die histologische Untersuchung konnte in allen makroskopisch veränderten Organen eine starke Infiltration von Epitheloidzellen, die in der HE-Färbung ein sehr zart eosinophil getöntes, hell erscheinendes Zytoplasma aufwiesen, ermittelt werden. Insbesondere in der Lunge waren bei dem Rebhuhn und den Sperlingsvögeln große Lungenbezirke völlig in ein Epitheloidzellgewebe aufgegangen. In der Leber und in der Milz waren miliare Epitheloidzellgranulome stets nachweisbar. Bei dem Stanleysittich und dem Wellensittich lag in den veränderten Darmbezirken eine starke epitheloidzellige Infiltration vor allem in der Propria mucosae vor, wie sie bereits 1974 bei dem Schwarzkopfedelsittich und dem Schwarzohrpapagei beschrieben wurde. Riesenzellbildungen oder regressive Erscheinungen in Form einer Verkäsung oder gar Verkalkung in den Epitheloidzellnestern fehlten in allen Organen. In nach Ziehl-Neelsen gefärbten histologischen Schnitten wurden säurefeste Stäbchen, die massenweise in den Epitheloidzellen lagen, sichtbar.

Eine Anzüchtung der Mykobakterien gelang lediglich bei dem Roten Paradiesvogel und bei dem Stanleysittich. So wurde aus den veränderten Geweben vom Stanleysittich Mycobacterium phlei und bei dem Roten Paradiesvogel aus der Lunge und der Leber Mycobacterium triviale isoliert. Die Anzüchtung der genannten Mykobakterien gelang auf den Nährböden nach Ogawa (mit Malachitgrünzusatz) beziehungsweise auf Löwenstein-Jensen Nährmedium nach Vorbehandlung des Untersuchungsmaterials mit 6%iger Schwefelsäure über die Dauer von 7,5 Minuten. Während M. phlei bei Zimmertemperatur bereits nach fünf Tagen isoliert werden konnte, gelang dies bei M. triviale - bei einer Bebrütungstemperatur von 37° C - erst nach zirka 14 Tagen.

Obgleich die Mykobakterien im Untersuchungsmaterial sehr zahlreich vorlagen, wuchsen sie jeweils nur in wenigen Kolonien auf den Kulturmedien an. Dieses spärliche Wachstum deutet darauf hin, daß durch die vorangegangene Säurebehandlung neben der beabsichtigten Ausschaltung der Begleit-

flora doch offensichtlich auch eine starke Reduzierung der Mykobakterien eingetreten war.
Die Artbestimmung der beiden isolierten Mykobakterienstämme erfolgte unter Berücksichtigung der nachstehend aufgeführten Wachstumskriterien sowie biochemischen Reaktionen:

	M. phlei	M. triviale
Wachstum bei 25° C (n. 5 Tg.)	++++	ø
Wachstum bei 37° C (n.21 Tg.)	++++	++++
Wachstum bei 45° C (n.21 Tg.)	++++	ø
Pigmentierung der Kolonien (ohne Belichtung)	+ (gelb)	ø (cremefarbig)
Sensibilität gegen INH (10 µg)	+	ø
Nitratreduktase (4 h)	++	ø
Phosphatase (4 h)	++	+
- Esterase (4 h)	++	ø
Arylsulfatase (3 d / 10 d)	ø / +	++ / ++
Tween-80-Hydrolyse (5 d / 10 d)	+ / ++	+ / +
Niacintest		ø
PAS-Abbau	ø	
Urease (20 h)	+	ø
Nikotinamid (20 h)	+	ø
Pyrazinamid (20 h)	+	ø

Bezug nehmend auf das ubiquitäre Vorkommen atypischer Mykobakterien - namentlich der Runyon-Gruppen II, III und IV (Beerwerth und Schürmann, 1969; Beerwerth und Kessel, 1976) - bestehen bei den üblichen Haltungsbedingungen mehrere Möglichkeiten des Kontaktes von Käfigvögeln mit diesen Mykobakterien. Erwähnt sei in diesem Zusammenhang die mögliche Keimaufnahme über kontaminiertes Körnerfutter, über mit Erde oder Kot beschmutztes Grünfutter und über das Tränkwasser. Auch aerogen ist eine Infektion denkbar, wenn z. B. Mykobakterien durch Flug- und Flatterbewegungen aus angetrockneten Kotpartikeln beziehungsweise nicht einwandfreiem Käfigsand freigesetzt und aufgewirbelt werden und so in die Atemluft der Tiere gelangen können. Unter diesen Gesichtspunkten sind die beiden von uns beschriebenen Infektionen mit M. phlei und M. triviale nicht als Ausnahmebefunde zu betrachten, sondern liegen vielmehr derartige Infektionen mit atypischen Mykobakterien sicherlich häufiger als bisher angenommen vor. Es bleibt intensiveren pathologisch-histologischen Untersuchungen und darüber hinaus auch einer schonenderen Säurevorbehandlung des Untersuchungsmaterials (am besten ist möglichst frisches Organmaterial geeignet, bei dem eventuell auf eine Säurebehandlung gänzlich verzichtet werden kann) vorbehalten, das Vorliegen von atypischen Mykobakteriosen bei Vögeln in einem höheren Prozentsatz als bisher zu bestätigen.

Auch im Schrifttum wurden Infektionen wildlebender Vögel mit atypischen Mykobakterien gelegentlich schon erwähnt. So berichteten Kubin und Matejka (1967) über die Isolierung von M. fortuitum und M. gordonae bei Saatkrähen (Corvus frugilegus), und im gleichen Jahr ermittelten sie (Matejka und Kubin, 1967) sowie Rossi und Dokoupil (1969) unter Sperlingen (Passer domesticus) zahlreiche Träger von M. avium-Keimen. Auch Viallier und Mitarb. (1975) gelang es, aus 242 Kotproben von Vögeln in freier Natur immerhin 25 Mykobakterienstämme (darunter viermal M. avium) auf Spezialnährböden anzuzüchten.

Im Gegensatz zu der vertretenen Meinung einiger Autoren, daß die meisten atypischen Mykobakterien, so besonders die skotochromogenen Keime der Runyon-Gruppe II, keine pathogene Bedeutung für Tiere besitzen, wies Seeger (1969) jedoch für Tuberkulose sprechende pathologisch-anatomische Veränderungen bei Hühnern, nach experimenteller Infektion dieser Tiere mit skotochromogenen Mykobakterien, nach.

Das histologische Bild der veränderten Organe bei allen neun untersuchten Vögeln war gleichartig und unterscheidet sich deutlich von den durch Mycobacterium avium hervorgerufenen Gewebsveränderungen beim Geflügel, wo die Epitheloidzelltuberkel zur Verkäsung neigen und reichlich Riesenzellen vom Fremdkörpertyp nachweisbar sind. Die hier beschriebenen histologischen Veränderungen ähneln eher denen der Paratuberkulose bei Rind und Schaf als denen der Geflügeltuberkulose.

Die umfangreichen mykobakteriellen Gewebsveränderungen in der Lunge bei dem Rebhuhn und den Sperlingsvögeln lassen auf eine aerogene Infektion schließen, während die starken Darmveränderungen bei den Psittaciden eine orale Infektion wahrscheinlich machen. Von den Eintrittsstellen aus ist es dann zu einer protrahierten Generalisation gekommen.

Mycobacterium phlei und M. triviale können bei Vögeln eine Infektion, Erkrankung und Tod bewirken. Hinweise, inwieweit eine Herabsetzung der Widerstandskraft der Tiere das Haften der Infektion erleichterte, konnten nicht ermittelt werden.

Anliegen dieser Mitteilung ist es, auf die Möglichkeit einer Erkrankung von Vögeln durch diese Mykobakterien aufmerksam zu machen und auf die von der aviären Tuberkulose abweichenden histologischen Veränderungen hinzuweisen.

Zusammenfassung:

Mykobakteriosen bei Heim- und Volierenvögeln

Es wird über das Vorkommen von Mykobakteriosen bei einem Rebhuhn, bei zwei Papageienvögeln und bei fünf Sperlingsvögeln berichtet. Die histologischen Veränderungen unterscheiden sich deutlich vom bekannten Bild der Geflügeltuberkulose durch die produktive epitheloidzellige Gewebsreaktion ohne Riesenzellbildung und ohne regressiven Gewebszerfall. Säurefeste Stäbchen liegen massenhaft in den Epitheloidzellen.

Summary:

Mycobacterioses in Cage Birds

Mycobacterioses are reported on in one partridge, two parrots, and in five passerines. The histological reaction markedly differs from the well-known pattern of avian tuberculosis by the productive epitheloid cell tissue reaction without the formation of giant cells and without any regressive caseous necrosis. Rod-shaped acid-proof bacilli were found in large numbers in the epitheloid cells.

Résumé:

Mycobactérioses chez des oiseaux de cage et de volière

Le rapport décrit des cas de mycobactériose chez une perdrix, chez deux psittacidés et chez cinq oiseaux passereaux. Les transformations histologiques diffèrent nettement des formes de tuberculose de volaille par la réaction cytologique productive des cellules épithéliales sans aucune formation de cellules géantes et sans décomposition régressive des tissus. Des bactéries résistantes à l'acide se trouvent en grande quantité dans les cellules épithéliales.

Резюме:

Микобактериозы у птиц в домашних и вольерных условиях.

Сообщается о проявлении микобактериозов у одной куропатки, двух попугаевых и пяти воробьиных птиц. Гистологические изменения отчетливо отличаются от известной картины туберкулеза птиц продуктивной эпитолоидно-клеточной реакцией ткани без образования гигантских клеток и их регрессивного распада. В эпитолоидных клетках находятся в большом количестве кислотоустойчивые палочки.

Literatur:

BEERWERTH, W. und J. SCHÜRMANN (1969): Zur Ökologie der Mykobakterien. Zbl. Bakt. I. Abt. Orig. 211, 58-69.

BEERWERTH, W. und U. KESSEL (1976): Mykobakterien in der Umwelt von Mensch und Tier. Zbl. Bakt. I. Abt. Orig. A 235, 177-183.

KUBIN, M. und M. MATĚJKA (1967): Atypická mykobakteria u havranu (Corvus frugilegus). (Atypische Mykobakterien bei Saatkrähen (C. frugilegus)). Veterinární Med. 12 (40), 499-504.

MATĚJKA, M. und M. KUBIN (1967): Vrabei (Passer domesticus) jako zdroj infekee aviárními mykobakteriemi pro skot. (Sperlinge (P. domesticus) als Quelle der Rinderinfektion mit aviären Mykobakterien). Veterinární Med. 12 (40), 491-497.

ROSSI, L. und S. DOKOUPIL (1969): Vrabei (Passer domesticus) jako zdroj aviární infekee u hospodářských zvířat. (Sperlinge (Passer domesticus) als Quelle der aviären Infektion bei landwirtschaftlichen Nutztieren). Veterinářství 19, 356-358.

SEEGER, J. (1969): Vorkommen und Bedeutung atypischer Mykobakterien der Gruppe II nach Runyon bei Schweinen, Hühnern und Hunden. Zbl. Bakt. I, Abt.Orig. 210, 517-524.

VIALLIER, J., VIALLIER, G. und G. CARRET (1975): Rôle des oiseaux comme vecteurs de mycobacteries. (Über die Rolle der Vögel als Vektoren von Mykobakterien). Bjull. Soc. Sci. veter. et Med. comp., Lyon 77, 123-126.

VROEGE, C., ZWART, P., SCHÜPPEL, K.-F. und H. KRONBERGER (1974): Atypische Mykobakteriose bei einigen Vogelarten. Verhandlungsber. XVI. Internat. Symp. Erkrankungen Zootiere, Erfurt, 331-335.

Anschrift der Verfasser: Dr. med. vet. K.-F. S c h ü p p e l
701 Leipzig, Margarete-Blank-Str. 4 (DDR)

Aus dem Institut für Pathologie (Vorstand: Prof. Dr. B. Mařan) der Veterinärmedizinischen Fakultät Zagreb und dem Zoologischen Garten der Stadt Zagreb (Direktor: I. Huber)

ZUR PATHOGENESE VON EROSIONEN UND ULZERA IN DER KUTIKULA DES MUSKELMAGENS BEI WILDVÖGELN

Von M. Herceg, B. Mařan und I. Huber

Nach Kronberger (1967 und 1974) gehören die Erkrankungen der Verdauungsorgane bei den Wildvögeln zu den häufigsten und wichtigsten Organkrankheiten. Eine genaue Definition der verschiedenen Erkrankungsprozesse ist nur selten möglich. Dies bedeutet mit anderen Worten, daß auch die Pathogenese meist nicht genau bekannt ist. Als derartige Krankheitsprozesse werden in der Literatur Erosionen und Ulzera in der Kutikula des Muskelmagens, besonders solche, die zu Blutungen und zum Verbluten ins Lumen des Verdauungsapparates führen, nur selten erwähnt. Aus diesem Grunde halten wir es für angezeigt, eigene Erfahrungen über derartige pathologische Prozesse zu unterbreiten. Dazu veranlaßte uns vor allem auch die Tatsache, daß diese Krankheit oft falsch interpretiert wird. Selbst Pathologen diagnostizieren derartige Veränderungen nicht selten als "hämorrhagische Enteritis" beziehungsweise als Intoxikation unbekannter Ätiologie.

Erosionen und Ulzera in der Kutikula des Muskelmagens sind, mit einer sie begleitenden oder ihnen vorangegangenen Hyperkeratose, ein relativ häufiger Sektionsbefund. Ihre Ursachen sind letzten Endes Auswirkungen verschiedener Faktoren bei der Aufzucht und Haltung von Wildvögeln in der Gefangenschaft. Besonders hinzuweisen ist auf die blutenden Erosionen und Ulzera, die vor allem bei den Wellensittichen beobachtet werden. Die sowohl akut als auch chronisch verlaufenden Erkrankungsprozesse treten primär auf oder werden als sekundäres Krankheitsgeschehen im Verlauf einer anderen Grundkrankheit beobachtet.

In akuten Fällen handelt es sich meist um Vögel in guter Kondition, die erst wenige Tage im Bestand waren. Es sind dies vor allem temperamentvolle oder scheue Vögel, die sich den Haltungsbedingungen nicht anpassen können. Ihr Tod erfolgt plötzlich. Bei der Sektion fällt eine dunkelrote bis schwarze Verfärbung des Anfangs vom Dünndarm auf, was durch einen blutigen Inhalt bedingt ist. Der Drüsenmagen ist geringgradig gefüllt, enthält aber große Mengen Blut, das aus den Erosionen und Ulzera in der Kutikula ausgetreten ist. Besonders zahlreiche Erosionen findet man am Übergang zum Drüsenmagen. Als Folge einer Regurgitation kann Blut auch im Kropf ermittelt werden. In Abhängigkeit vom Blutverlust kann der ganze Tierkörper mehr oder weniger anämisch sein. Andere Veränderungen sind nicht zu beobachten. Der bakteriologische Befund ist meist negativ.

In chronischen Fällen werden die Vögel fortschreitend schwächer. Die Tiere sind vollkommen abgemagert und anämisch. Anstelle des Futters findet man im Muskelmagen und in großen Teilen des Dünndarmes grauschwarzes Blut. Die Kutikula des Muskelmagens ist rauh, verdickt und weist Ulzera auf. In der Leber können infolge einer länger andauernden Hypoxie dystrophische Veränderungen und in den Harnleitern Uratrückstände gefunden werden. Der bakteriologische Befund ist ebenfalls negativ.

Schließlich können als sekundäre Erscheinungsform bei langen und erschöpfenden Krankheiten, besonders solchen, die von Inappetenz und Dehydration begleitet werden, in der Kutikula des Muskelmagens unterschiedliche Erosionen und Ulzera mit Blutungen beobachtet werden.

Schlußfolgerung:

Auf Grund der vorliegenden Ausführungen stellt sich die Frage nach der Ätiologie und Pathogenese der Erosionen und Ulzera in der Muskelmagenkutikula bei Zoovögeln, insbesondere bei Wellensittichen. Entsprechend unseren Beobachtungen liegt der Grund dafür im Versagen des Anpassungsvermögens der Wildvögel, die sich in der Gefangenschaft oft in einem zeitweiligen oder dauernden

Streßzustand befinden, der wiederum von den Unterkunftbedingungen, der Ernährung und der Haltung abhängig ist. Extreme physische und psychische Belastungen führen bei den Vögeln früher oder später zu einem Schock mit Kreislaufversagen. In akuten Fällen entsteht das Bild einer Verblutung in die Eingeweide mit unterschiedlich starker Blutung ins Darmlumen, während es sich im Muskelmagen mit hämorrhagischen Erosionen und Ulzera in der Kutikula manifestiert. In chronischen Fällen verläuft der Prozeß langsam, führt jedoch infolge des langandauernden Blutverlustes aus den Verletzungen in der Kutikula zu einer immer stärker werdenden Anämie und Abmagerung. Die Tatsache, daß dieser pathologische Zustand nur bei einzelnen Vögeln innerhalb einer Gruppe, in der alle Tiere unter den gleichen Bedingungen gehalten werden, zu beobachten ist, deutet auf ein geschwächtes Anpassungsvermögen hin. Selbstverständlich können nutritive Faktoren oder Giftstoffe im Futter das Entstehen und den Verlauf hämorrhagischer Erosionen und Ulzera in der Kutikula des Muskelmagens bei den Zoovögeln begünstigen. Eine Reduzierung oder sogar Ausschaltung derartiger Prozesse kann wesentlich durch die Einhaltung aller biologischen Erfordernisse bei den einzelnen Vogelarten erzielt werden.

Zusammenfassung:

Zur Pathogenese von Erosionen und Ulzera in der Kutikula des Muskelmagens bei Wildvögeln

Es wird über Erosionen und Ulzera in der Muskelmagenkutikula bei den Zoovögeln, insbesondere bei Wellensittichen, berichtet. Als ausschlaggebend für die Entstehung solcher Prozesse werden haltungsbedingte Streßzustände angesehen.

Summary:

On the Pathogenesis of Erosions and Ulcers in the Cuticula of the Muscle-Stomach in Wild Birds

The author reports on erosions and ulcers in the muscle-stomach cuticula in zoological birds, above all, in parrakeets. Environmentally conditioned states of stress are considered to be essentially responsible for the development of such processes.

Résumé:

A propos de la pathogénie d'érosions et d'ulcères dans la cuticule stomacale musculaire chez des oiseaux sauvages

L'exposé aborde le problème d'érosions et d'ulcères dans la cuticule stomacale musculaire chez des oiseaux des jardins zoologiques, surtout chez des perruches. L'auteur est d'avis que de telles affections sont surtout dûes à des sitations de stress qu'implique leur garde.

Резюме:

О патогенезе эрозий и ульцерн в кутикуле мышечного желудка у диких птиц.

Сообщается об эрозиях и ульцерне в мышечной кутикуле желудка у птиц зоопарка, осбенно у волнистых попугайчиков. Заболевание возникает в результате стресса, появляющегося в процессе содержания животных.

Literatur:

KRONBERGER, H. (1967): Erkrankungen der Verdauungsorgane der Vögel. Verhandlungsber. IX. Internat. Symp. Erkrankungen Zootiere, Prag, 25-31.

KRONBERGER, H. (1974): Haltung von Vögeln - Krankheiten der Vögel. Jena: Gustav Fischer.

Anschrift der Verfasser : Prof. Dr. Marijan H e r c e g
Institut für Pathologie der Veterinärmedizinischen Fakultät Zagreb
Heinzelova 55
Zagreb (SFR Jugoslawien)

Aus dem Zoologischen Garten Berlin (Direktor: Prof. Dr. H.-G. K l ö s)

SELTENE TUMOREN BEI VÖGELN DES BERLINER ZOOLOGISCHEN GARTENS

Von H. S. R a e t h e l

Unter dem während der letzten Jahre zur Sektion gelangten Vogelmaterial des Berliner Zoos wurden von uns als Todesursache mehrfach Geschwülste diagnostiziert, die wegen der Seltenheit ihres Vorkommens in der Klasse der AVES im folgenden kurz beschrieben werden sollen.

Malignes Melanom einer Smaragdente (Anas platyrhynchos f. domesticus)

Im Februar 1977 erhielten wir eine 5 Jahre alte weibliche Smaragdente (Hausentenrasse) zur Sektion, deren Bauchdecken stark kugelig vorgewölbt waren. Nach Anschnitt entleerten sich aus dem Eingeweidebauchfellsack zirka 10 ml tintenschwarze wäßrige Flüssigkeit. Die Darmschlingen waren durch ausgedehnte speckige dunkelbraune bis schwarze Neubildungen, die Gekröse und Darmserosa überwuchert hatten, untrennbar untereinander verwachsen. Auch die übrigen Serosen wiesen schwarze klumpige Neubildungen auf, die der Unterlage fest aufsaßen (Abb. 1). Das überwiegend schwarze Ovar bestand neben normal ausgebildetem follikelhaltigem grauweißlichem Gewebe auch aus derbspeckigen, gelappten Gewebsteilen, die stark schwarzbraun pigmentiert waren und fließend in das Geschwulstgewebe der Serosen übergingen. Die grobsinnliche Untersuchung des Myocards sowie des Leber-, Milz-, Nieren- und Lungenparenchyms ergab keine Normabweichungen.

Histologische Untersuchung: Das Geschwulstgewebe des Darmkonvolutes sowie der veränderten Teile des Ovars werden durch Bindegewebszüge in rundliche und ovale Bezirke geteilt. Die Geschwulstzellen liegen ballen- und strangförmig zusammen und bestehen entweder aus epithelzellenähnlichen rundlichen Chromatophoren oder aus spindeligen und sternförmig verästelten fibroplastenähnlichen Zellen. Der Melaningehalt der Zellen ist sehr variabel (Abb. 2)

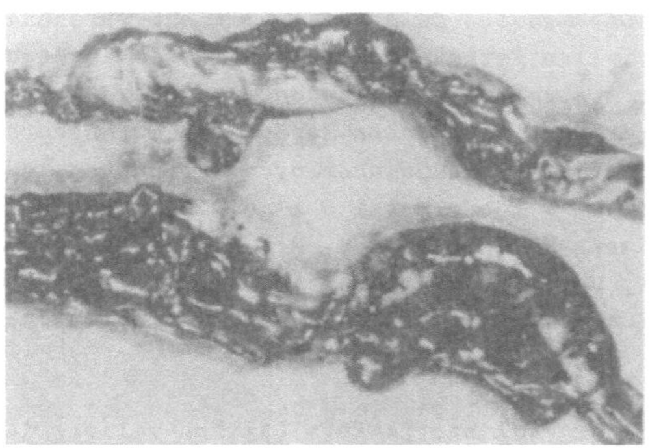

Abb. 1: Malignes Melanom einer Smaragdente. Melaninhaltige Pigmentgewebswucherungen auf Gekröse und Darmserosa

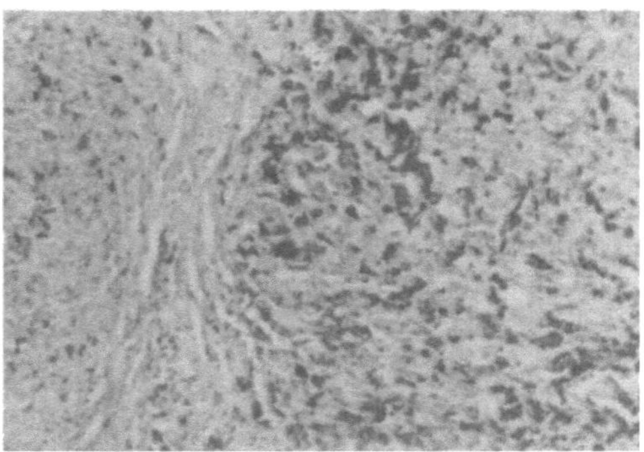

Abb. 2: Ausschnitt aus dem malignen Melanom. Die Melanophoren weisen einen sehr unterschiedlichen Pigmentgehalt auf (80fach)

Während in manchen Zellen dunkelbraunes Pigment in dicken Klumpen vorhanden ist, werden in anderen nur feine Pigmentkörnchen gefunden, und viele Geschwulstzellen weisen überhaupt kein Pigment auf. Mitosen und Riesenzellenbildung werden selten beobachtet. Kleinste pigmenthaltige Metastasen werden im Lungengewebe, Myocard, Nieren- und Leberparenchym nachgewiesen.

Diagnose: Auf Grund des geweblichen Aufbaus und der Metastasenbildung handelt es sich um ein malignes Melanom (Melanosarkom) des Ovars. In der Literatur haben wir bisher nur einen einzigen ähnlichen Fall, ein Melanom des Ovars beim Huhn, finden können, das C o h r s (1970) nur kurz erwähnt. Maligne Melanome scheinen bisher vom Vogel noch nicht beschrieben worden zu sein. Nach Diagnostizierung dieses Falles haben wir unser besonderes Augenmerk auf das Vorhandensein melaninhaltiger Zellen im Vogel-Ovar gerichtet und sie im inaktiven Ovar von Vertretern verschiedener Vogelfamilien nicht allzu häufig feststellen können. Über den Melaningehalt der Hoden mancher Vogelarten sind mehrere Arbeiten veröffentlicht worden.

Lipome bei Kakadus (Cacatuinae)

Das Lipom ist die am häufigsten diagnostizierte Geschwulst beim Haustier Wellensittich, tritt auch nicht selten beim Nymphensittich auf, ist dagegen, was Großpapageien betrifft, bisher nur von Kakadus beschrieben worden. Unter diesen scheint wiederum der australische Rosenkakadu (Eolophus roseicapilla) in Gefangenschaft die am meisten "lipomgefährdete" Art zu sein (Abb. 3). Jedenfalls hat R a t c l i f f e (1933) allein von dieser Spezies 6 Lipome beschrieben. Wir selbst haben während der letzten drei Jahre in 5 Fällen Lipome bei Kakadus des Berliner Zoos diagnostiziert, von denen 4 auf den Rosenkakadu und einer auf den Gelbhaubenkakadu (Kakatoe galerita) entfielen. Die Fettgeschwülste nehmen gewöhnlich ihren Ausgang vom subkutanen und subserösen Fettgewebe des Körpers und sind am häufigsten in der Unterhaut der Brust-, Bauch und Kloakenregion lokalisiert. Infolge des über Jahre hinaus erfolgenden expansiven Wachstums kommt es zu starker Umfangvermehrung der Geschwulst und dadurch zur Behinderung der Bewegungsmöglichkeit des Vogels. Durch mangelhafte Gefäßversorgung des Lipomgewebes kommt es nicht selten zu Nekrosen und Ulzerationen, zu Schmerz und Juckreiz, denn die Vögel beginnen die betreffenden Hautbezirke zu benagen, was wiederum Hautläsionen, Blutungen und Schorfbildung hervorruft. Über einen Fall von Automutilation bei einem Bauchlipom eines Rosenkakadus des Londoner Zoos hat H i l l (1952) berichtet. Unsere Lipomfälle waren im Aufbau durchaus nicht gleichartig: Während in einem Fall Lipomgewebe zwischen der leicht verschieblichen Unterhaut und der Brustmuskulatur zu langgestielten Fettgewebssträngen mit daranhängenden Fettkugeln und nach deren Ablösung zu Corpora libera geworden war, fanden wir in einem anderen Fall ein zirka pingpongballgroßes Lipom von schwarzroten blutreichen Herden und Strängen durchzogen, die sich histologisch als angiomatöse, blutgefüllte Gefäßwucherungen entpuppten, so daß wir ein Haemangio-Lipom diagnostizierten, wie es nach A l b e r t i n i (1955) nicht selten in menschlichen Lipomen festgestellt wird. Drei dieser Fälle sind von R a e t h e l (1976) ausführlich beschrieben worden. Soweit nachweisbar, handelte es sich bei den betreffenden Kakadus durchweg um Individuen, die erwachsen in den Zoo gelangten und dort noch 11 und 13 Jahre gelebt hatten.

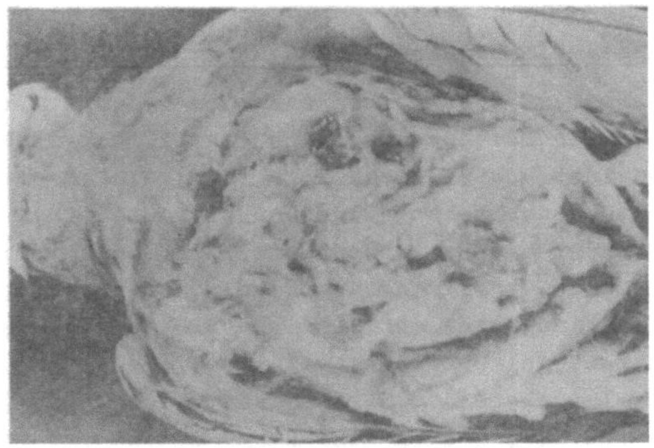

Abb. 3: Gestielte Lipome und Corpora libera zwischen (abpräparierter) Haut und Brustmuskulatur eines Rosenkakadus

Struma maligna (malignes Adenom) der Schilddrüse einer Valisneria-Ente (Aythya valisneria)

Im März 1976 gelangte eine nordamerikanische Valisneriaente (Canvasback) zur Sektion, die erwachsen in den Zoo gelangt war und dort 16 Jahre gelebt hatte. Bei dem 810 g schweren Erpel im Prachtkleid wurde im Brusteingang oberhalb der Herzbasis eine über hühnereigroße, 40 g schwere Neubildung festgestellt, die Trachea und Oesophagus nach rechts abgedrängt hatte. Das von einer dünnen hellrötlichen Bindegewebskapsel umgebene Blastom wies auf der Schnittfläche ein recht buntes Bild auf: Neben weichspeckigen grauweißen Bezirken fanden sich mit klarer wäßriger Flüssigkeit gefüllte Zysten, trübrötliche Herde von dickbreiiger Konsistenz sowie schwarzrote Blutungsherde. Die wäßrig durchtränkten rosa Lungen enthielten mehrere bis linsengroße schwarzrote, feste Herdchen.

Histologische Untersuchung: In einem feinnetzigen Bindegewebsstroma finden sich um freie Lumina angeordnete mehrschichtige Epithelbeläge, die dem Follikelaufbau der Thyreoidea ähneln (Abb. 4). Sie werden in anderen Bezirken der Neubildung von kompakt gewucherten undifferenzierten Epithelverbänden abgelöst. Außerdem finden sich vereinzelt große, unregelmäßig gestaltete kolloidgefüllte Zysten, nekrotische Bezirke und ausgedehnte Blutungsherde. Die Geschwulstepithelzellen kann man als rund oder polyädrisch mit chromatinreichen Kernen und breiten Protoplasmasäumen charakterisieren. Mitosen sind nicht selten. Das Lungengewebe enthält zahlreiche Metastasen vom Aufbau der Muttergeschwulst.

Diagnose: Es handelt sich um ein malignes Adenom der Thyreoidea, eine Geschwulst, die bisher unter den Vögeln nur in wenigen Fällen von Papageien beschrieben worden ist. Von den Säugern ist bekannt, daß bei diesem Blastom neben kontinuierlichem Wachstum recht häufig eine hämatogene Metastasierung der Lungen erfolgt, wie sie auch in unserem Fall festgestellt wurde. Kolloidbildung, oft in zystösen Hohlräumen, wurde bei derartigen Tumoren ebenfalls wiederholt beobachtet.

Gallengangskarzinom einer Krontaube (Goura cristata)

Im März 1977 erhielten wir eine Krontaube zur Zerlegung, die 13 Jahre lang im Freiflugraum des Zoos gelebt und wiederholt erfolgreich gebrütet hatte. Die 1963 g schwere Täubin war in einwandfreiem Gefieder und mäßigem Nährzustand. Die Bauchdecken waren halbkugelig vorgewölbt. Nach Anschnitt derselben entleerten sich 200 ml klare bernsteingelbe Flüssigkeit. Das hellrotbraune Lebergewebe wurde dicht von vielfach konfluierenden stecknadelkopf- bis kirschgroßen, hellgelben, knotigen Neubildungen durchsetzt, die halbkugelig die Leberoberfläche überragten (Abb. 5)

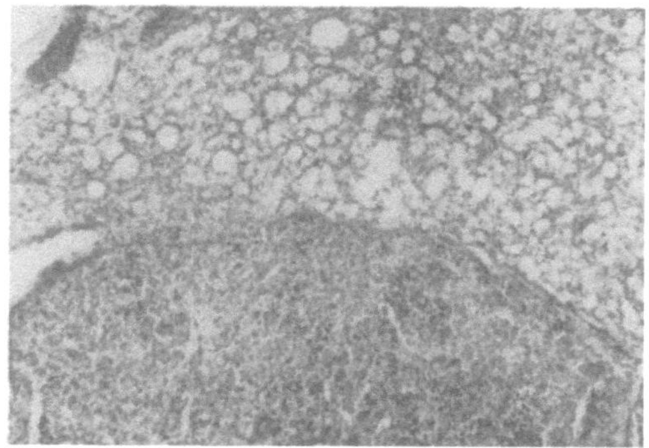

Abb. 4: Ausschnitt aus dem Schilddrüsen-Karzinom eines Valisneria-Erpels. Neben follikulär gewucherten Tumorabschnitten finden sich auch Epithelherde von solidem Wachstum (80fach)

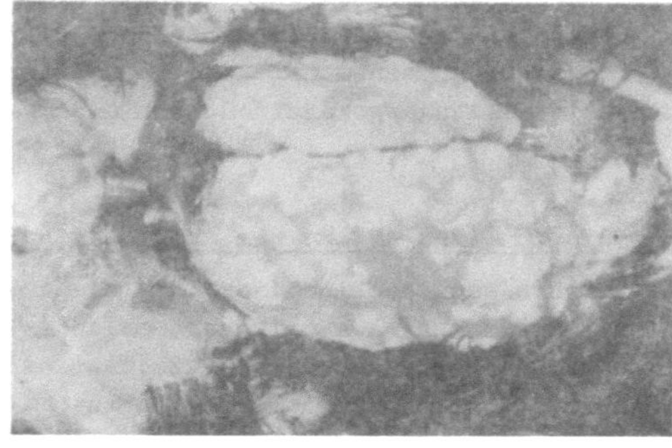

Abb. 5: Gallengangskarzinom der Leber einer Krontaube

Auf der Schnittfläche wiesen diese Knoten vielfach zystenartige Hohlräume auf, die von schmalen hyperämischen Säumen umgeben waren und graugelbes nekrotisches Gewebe enthielten. Anstelle des linken kaudalen Nierenlappens fand sich walnußgroßes knotiges Geschwulstgewebe. Die hellrosa Lungen enthielten mehrere je senfkorngroße weißliche Herde. Die übrigen Organe wiesen keine grobsinnlichen Veränderungen auf. Der Vogel hatte vor seinem Tode noch reichlich Futter aufgenommen.

Histologische Untersuchung: Die Neubildungen im Lebergewebe bestehen aus tubulös und rosettenförmig gewucherten Epithelverbänden, die von einem feinen Netz fibrillären Bindegewebes durchzogen werden. Die Epithelzellen liegen meist so eng zusammen, daß nur die rundlichen und langovalen basophilen Kerne gut sichtbar, die schwach eosinophilen Plasmaanteile der Zellen dagegen nur schwer gegeneinander abgrenzbar sind (Abb. 6). Mitosen werden häufig festgestellt. Meist ist das Geschwulstgewebe expansiv gegen das normale Lebergewebe vorgewachsen, so daß sich in der schmalen Grenzzone eine Druckatrophie des letzteren zeigt. Innerhalb des Lebergewebes finden sich außerdem überall zirrhotische Bezirke mit Ansammlungen pseudoeosinophiler Zellen. Die in den Lungen sowie bei der histologischen Untersuchung auch in Nieren und Milz nachgewiesenen Geschwulstmetastasen weichen im Bau nicht von der Muttergeschwulst ab.

Diagnose: Auf Grund der Ähnlichkeit des Geschwulstgewebes mit gewucherten Gallengangsepithelien der Leber handelt es sich um ein Gallengangskarzinom mit Metastasierung in mehreren Organen. Derartige Tumoren bei Vögeln sind von P e t r a k (1969) beim Wellensittich und von L o m b a r d und W i t t e (1959) bei einem Amaranten (Lagonosticta) festgestellt worden. Unser Fall dürfte der erste von Taubenvögeln (Columbiformes) beschriebene sein. Im geweblichen Aufbau und im Verhalten glich er auffallend den von Säugern beschriebenen Gallengangskarzinomen. Es ist möglich, daß sich die Geschwulst auf dem Boden einer Leberzirrhose entwickelte, wie dies häufig beim Menschen der Fall zu sein pflegt.

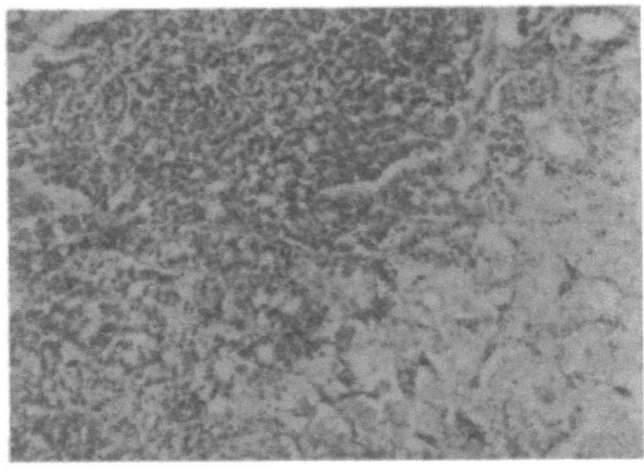

Abb. 6: Ausschnitt aus dem Gallengangskarzinom der Krontaube. Übergangszone der gewucherten Karzinom-Epithelien zum normalen Lebergewebe. Bei den Zellansammlungen in der Randzone handelt es sich um RBK und Pseudoeosinophile (80fach)

Zusammenfassung:

Seltene Tumoren bei Vögeln des Berliner Zoologischen Gartens

Mehrere Tumoren werden wegen der Seltenheit des Vorkommens in der Klasse der AVES beschrieben. Erstmalig wurde beim Vogel ein vom melaninhaltigen Ovar einer Smaragdente (Anas platyrhynchos f. domestica) ausgehendes malignes Melanom diagnostiziert. In 5 Fällen wurden Lipome der Kakadus, 4 davon beim Rosenkakadu (Eolophus roseicapilla) nachgewiesen. Ein Valisneriaerpel (Aythya valisneria) starb an einem malignen Adenom der Thyreoidea, während bei einer Krontaube (Goura cristata) ein Gallengangskarzinom als Todesursache gefunden wurde.

Summary:

Rare Tumours in Birds of the Berlin Zoologische Garten

Several tumours are described for the rareness of their occurrence in the class of AVES. For the first time in a bird a malignant melanoma originating from the pigmented ovary of an Emerald-Duck (Anas platyrhynchos f. domestica) was diagnosed. In 5 cases lipomata were diagnosed in Cockatoo, four thereof in the Galah (Eolophus roseicapillus). One drake Canvasback (Aythya valisneria) died from a malignent adenoma of the thyroid gland, while in a Crowned Pigeon (Goura cristata) a carcinoma of the intrahepatic bile ducts was found to be the cause of death.

Résumé:

Tumeurs rares chez des oiseaux du Zoo de Berlin

Description de tumeurs que l'on observe rarement dans la classe des oiseaux. C'est ainsi que l'on a pu diagnostiquer pour la première fois un mélanome maligne se développant à partir d'un ovaire mélanique chez un canard smaragdin (Anas platyrhinchos f. domestica). Des lipomes ont été décelés à cinq reprises chez des cacatoès, dont quatre fois chez le rosalbin (Eolophus roseicapillus). Un canard mâle de l'espèce milouin aux yeux rouges (Aythya valisneria) est mort d'un adénome malin de la thyroïde, tandis qu'un pigeon huppé (Goura cristata) a succombé à un carcinome du canal cholédoque.

Резюме:

Редковстречающиеся опухоли у птиц Берлинского зоопарка.

Описаны многочисленные опухоли, встречающиеся у различных классов птиц. Первый раз в меланинсодержащем оварии у смарагдавой утки обнаружена злокачественная меланома, в 5 случаях найдены липомы у какаду, 4 из них розовые какаду. Aythya valisneria погибла от злокачественной аденомы тироеда, коронный голубь погиб от карциномы желчных путей.

Literatur:

ALBERTINI, A. (1955): Histologische Geschwulstdiagnostik. Stuttgart: Thieme.

COHRS, P. (1970): In Nieberle-Cohrs, Lehrbuch der spez. pathologischen Anatomie der Haustiere, V. Aufl., Tl. II, Kapitel Ovar, 893.

HILL, W. O. C. (1952): Report of the Society's Prosector for the year 1951, Proc. Zool. Soc. London 122, 515-533.

LOMBARD, L. S. and E. J. WITTE (1959): Frequency and types of tumours in mammals and birds of the Philadelphia Zoological Garden. Cancer Research 19, 127-141.

PETRAK, M. L. (1969): Diseases of Cage and Aviary Birds, 478-479, Philadelphia: Lea & Febiger.

RAETHEL, H. S. (1976): Lipome bei Kakadus des Berliner Zoologischen Gartens. Tierärztl. Umschau 31, 17.

RATCLIFFE, H. L. (1933): Incidence and nature of tumours in captive wild mammals and birds. Amer. Journ. Cancer 17, 116-135.

Anschrift des Verfassers: Dr. H. S. R a e t h e l
Xantener Str. 7
1 Berlin 15 (Berlin-West)

Aus dem Staatlichen Veterinär-Untersuchungsamt Frankfurt (Main) (Direktor: Prof. Dr. W a c h e n d ö r f e r)

RÜCKSTANDSUNTERSUCHUNGEN BEI ZOOVÖGELN

Von W. L ü t h g e n und H. G e m m e r

Die negativen Folgen der Anwendung der chlorierten Kohlenwasserstoffe als Insektizide, Herbizide, Fungizide und Rodentizide auf die Umwelt hat bereits vor Jahren dazu geführt, daß die Anwendung dieser Substanzen - die auch als Pestizide bezeichnet werden - in der Bundesrepublik Deutschland unterbunden worden sind.

Wegen ihrer teilweise außerordentlich langen Halbwertzeit muß jedoch noch auf längere Zeit hinaus mit ihrem Vorkommen im ökologischen System der freien Natur gerechnet werden. Darüber hinaus werden die Pestizide nach wie vor in erheblichem Umfang in den Entwicklungsländern eingesetzt, so daß Futtermittel pflanzlichen und erst recht tierischen Ursprungs mit großen Mengen dieser Substanzen belastet sein können. Das gleiche gilt für lebende Tiere aus dem dortigen Biotop, wobei besonders fleisch- und fischfressende Raubtiere und Greifvögel betroffen sind, die am Ende der Nahrungskette stehen.

Bereits 1960 haben H u n t und B i s c h o f f ein instruktives Beispiel für die DDT-Anreicherung in der Nahrungskette gegeben (Wasser = 1 x, Plankton = 265 x, Kleinfische = 500 x, Raubfische = 8500 x, Greifvögel = 80000 x).

Auf die Gefährdung der Vogelwelt mit der Gefahr der Ausrottung durch eine reduzierte Nachkommenschaft infolge verminderter Gelege beziehungsweise Verlust der Gelege durch Dünnschaligkeit der Eier nach hoher Pestizidbelastung ist in den letzten Jahren mehrfach hingewiesen worden (C o n r a d , 1977).

Höhere Gehalte an DIELDRIN, das wohl toxischste Berührungs- und Fraßgift von großer Wirkungsbreite (C o n r a d , 1977), fanden M o o r e und W a l k e r (1964) bei der Untersuchung der Brustmuskulatur von 5 Vogelarten (Sperber, Steinkauz, Schleiereule, Taucher und Reiher), wobei bei den beiden letzteren Arten die Werte zwischen 2,4 und 4,8 ppm lagen.

Da in den zoologischen Gärten auch häufig Vogelarten gehalten werden, die als Endglieder einer Nahrungskette angesehen werden können, wurde bei der fallweisen Untersuchung gestorbener Tiere derartiger Arten eine zusätzliche Rückstandsanalyse durchgeführt.

Darüber hinaus wurden vermehrt Greifvögel aus der freien Natur, die als Folge von Unfällen zu Tode gekommen waren, oder aus anderen Gründen tot aufgefunden wurden, der Rückstandsanalyse zugeführt, um eine Aussage über die Pestizidbelastung in der näheren Umgebung treffen zu können. Über ausführliche Ergebnisse wird später an anderer Stelle zu berichten sein, die ersten vorläufigen Zahlen sollen aber den Befunden der Vögel zoologischer Gärten gegenübergestellt werden.

Material

Im Rahmen der Rückstandsuntersuchungen wurden insgesamt 14 Vögel aus dem Zoologischen Garten Frankfurt a. M. erfaßt (Tabelle 1). Als Vergleichskollektiv dienten 17 Greifvögel aus der freien Wildbahn aus einem Nachbarkreis (Darmstadt). Nach Möglichkeit wurde Körperfett für die Untersuchung verwendet. Soweit dieses wegen geringer Größe des Vogels oder wegen mäßigem Ernährungszustand nicht zur Verfügung stand, diente das gesamte Gehirn beziehungsweise die Skelettmuskulatur als Untersuchungsmaterial.

Aufbereitung des Untersuchungsmaterials

Sofern genügend Fettgewebe zur Verfügung stand, wurde der Fettgehalt direkt quantitativ bestimmt und in einer Menge von 0,5 g der weiteren Reinigung zugeführt.

Bei nur gering vorhandenem Fettgewebe erfolgte zunächst eine Extraktion von entsprechenden Tierkörperteilen (in der Regel Gehirn) unter Verwendung der Soxhlet-Apparatur.

Die weitere Reinigung (Clean-up) der Probenextrakte wurde nach der von S t i j v e und C a r d i n a l e (1974) veröffentlichten Methode durchgeführt.

Statt des dort angegebenen Florisils verwendeten wir Aluminiumoxid mit der H_2O-Belegung von 4,5 %.

Tabelle 1: Ergebnisse von Rückstandsuntersuchungen bei Vögeln aus dem Zoologischen Garten Frankfurt a.M.

Nr.	Tierart	HCB	HCH	HCH	HCH	Hepta-chlor	Hepta-chlor-epoxid	Aldrin	Dieldrin	Endrin	p,p' DDE	o,p' DDT	p,p' DDD	p,p' DDT	Summe DDT
1	Schnee-Eule (Nyctea scandiaca)	19,85	-	-	0,046	-	-	0,248	0,049	2,887	110,4	21,62	-	1,118	133,138
2	Chile-Flamingo (Phoenicopterus chilensis)	0,568	-	0,105	0,036	-	0,072	0,051	0,066	-	4,462	3,219	-	3,499	11,180
3	Weißstorch (Ciconia ciconia)	1,84	-	0,25	0,10	0,31	0,67	0,15	0,45	-	5,72	5,01	0,43	5,43	16,89
4	Rosa-Pelikan (Pelecanus onocrotalus)	8,03	-	0,55	0,47	0,87	4,34	2,97	10,86	-	24,91	15,03	4,97	21,62	66,53
5	Graureiher (Ardea cinerea)	4,124	-	2,566	4,454	2,452	7,743	-	4,250	-	115,020	88,803	-	104,040	307,863
6	Mikadofasan (Syrmaticus mikado)	0,099	0,004	-	0,002	0,002	-	-	-	-	0,071	0,565	-	0,454	1,090
7	Rosa-Pelikan (Pelecanus onocrotalus)	0,185	0,097	0,006	0,082	0,037	-	0,341	1,075	-	1,996	1,010	0,497	1,141	4,644
8	Rosa-Pelikan (Pelecanus onocrotalus)	0,193	0,099	0,009	0,071	0,032	0,073	0,063	1,101	-	5,365	0,743	1,497	1,798	9,403
9	Zwergpinguin (Eudyptula minor)	0,324	0,036	0,080	0,025	0,220	0,40	-	-	0,303	1,831	0,471	-	0,452	2,754
10	Brauner Pelikan (Pelecanus occidentalis)	0,735	0,171	0,202	0,055	0,290	1,663	1,137	-	10,369	96,513	26,329	1,389	24,404	148,637
11	Haubenzwergfischer (Corythornis cristata)	0,893	-	0,809	-	2,986	2,008	1,412	14,760	-	18,390	22,061	1,397	22,725	64,573
12	Zwergkönigfischer (Ispidina picta)	0,079	-	0,997	1,457	-	2,249	-	-	19,723	100,8	69,038	1,857	69,475	241,17
13	Steinadler (Aquila chrysaetos)	0,086	-	0,01	-	-	0,1	-	-	0,22	3,37	0,83	-	0,43	4,63
14	Lappenstar (Creatophora cinerea)	0,0375	-	0,012	-	-	0,12	-	-	-	2,182	2,38	-	-	4,562

<u>Tabelle 2:</u> Ergebnisse von Rückstandsuntersuchungen bei Greifvögeln aus freier Wildbahn

Nr.	Tierart	HCB	HCH	HCH	HCH	Hepta-chlor	Hepta-chlor-epoxid	Aldrin	Dieldrin	Endrin	p,p' DDE	p,p' DDT	p,p' DDD	p,p' DDT	Summe DDT
1	Waldohreule (Asio otus)	0,013	-	-	-	1,233	0,316	-	-	0,220	3,793	0,636	-	0,386	4,815
2	Waldohreule (Asio otus)	0,093	-	0,009	0,023	0,010	0,019	-	-	0,084	1,894	0,279	-	0,169	2,342
3	Waldohreule (Asio otus)	2,201	-	0,120	0,046	0,085	0,526	-	-	2,051	28,035	11,986	-	5,935	46,856
4	Schleiereule Gehirn (Tyto alba)	0,273	-	-	0,095	0,070	0,095	-	-	0,335	2,213	0,773	-	2,856	5,842
5	Schleiereule SkM (Tyto alba)	0,773	-	0,209	0,916	1,178	1,572	-	-	0,032	10,586	4,347	-	3,378	18,311
6	Mäusebussard (Buteo buteo)	0,122	-	0,026	0,023	-	0,030	-	-	0,056	0,207	0,300	-	0,181	0,688
7	Mäusebussard (Buteo buteo)	0,183	-	0,010	0,001	-	0,227	-	-	0,079	0,175	0,486	-	0,243	0,904
8	Turmfalke (Falco tinnunculus)	0,447	-	0,036	0,061	0,036	0,123	-	-	0,873	2,864	4,480	-	1,416	8,760
9	Turmfalke (Falco tinnunculus)	0,382	-	0,026	-	0,965	-	-	-	2,361	1,909	0,603	-	0,795	3,367
10	Steinkauz (Athene noctua)	0,143	-	-	-	-	-	-	-	-	0,123	-	-	-	0,123
11	Luggerfalke (Falco jugger)	0,613	-	0,018	0,276	0,007	0,018	0,032	-	-	-	0,4	0,063	0,281	0,744
12	Bussard (Buteo buteo)	0,142	-	-	0,258	0,027	0,03	-	0,025	-	-	0,07	-	-	0,07
13	Bussard (Buteo buteo)	-	0,513	-	-	-	0,094	0,088	-	0,002	-	-	0,242	-	0,242
14	Bussard (Buteo buteo)	0,109	-	0,140	0,014	-	0,043	-	0,083	0,17	-	0,390	0,138	0,313	0,841
15	Mäusebussard (Buteo buteo)	0,434	-	-	0,055	0,003	0,069	-	-	0,37	-	1,685	-	1,198	2,883
16	Bussard (Buteo buteo)	0,309	-	0,007	-	0,017	0,09	-	-	0,057	0,792	0,19	0,003	0,057	1,042
17	Schleiereule (Tyto alba)	5,564	-	-	-	-	0,165	-	-	0,3352	6,56	1,7	-	1,459	9,719
18	Turmfalke (Falco tinnunculus)	2,263	-	0,003	-	0,005	0,255	-	-	1,2	2,02	6,981	-	4,253	13,254

Die gaschromatographische Bestimmung erfolgte mit einem Gerät der Firma Hewlett-Packard, wobei folgende Daten von Bedeutung sind:

Gerät: Hewlett-Packard 5710 A
Säulen: Glassäule; Länge 3 m, Durchmesser 3 mm
Füllmaterial: 3 % Dexil 6 % oV-210 on Gas-Chrom Q
Trägergas: Argon-Methan 95/5
Detektor: EED
Temperaturen:
Einspritzblock: 300°C
Ofen: 205°C
Detektor: 300°C
Gasflußgeschwindigkeit: 25 - 30 ml/min.
Auswertung durch Integrator HP 3380 A

Die gefundenen Werte beziehen sich in allen Fällen auf den Fettgehalt der untersuchten Gewebe.

Ergebnisse:

Die Ergebnisse der Rückstandsanalyse der 14 untersuchten Vögel aus dem Zoologischen Garten Frankfurt (Main) sind in der Tabelle 1 aufgelistet. Bei Berücksichtigung der Höchstmengenverordnung vom 15. 11. 1973 (die freilich nur für Lebensmittel für den menschlichen Genuß gilt) zeigte sich, daß 8 von 14 Vögeln (57 %) den zulässigen HCB-Wert von 0,5 ppm überschritten haben. Der zulässige Lindan-Wert (γ- HCH) von 2,0 ppm wurde nur einmal überschritten. Beim DDT und seinen Isomeren lagen dagegen nur 2 der untersuchten Proben unter dem zulässigen Höchstwert von 3,0 ppm, in allen anderen Fällen lag er zum Teil erheblich höher, in einem Fall sogar um 100 %.
Ähnliche Verhältnisse finden sich beim Aldrin plus Dieldrin sowie beim Heptachlor plus Heptachlorepoxid.
Ein Vergleich mit den Ergebnissen der Untersuchung der Greifvögel aus freier Wildbahn (Tabelle 2) zeigt deutliche Unterschiede.
Beim Aldrin und Dieldrin lassen sich nur selten meßbare Werte nachweisen, auch die HCB-Belastung ist in der Regel geringer. Beim Heptachlor plus Heptachlorepoxid sowie beim Lindan zeigen sich ähnliche Verhältnisse in beiden Vergleichskollektiven. Die DDT-Belastung ist immer noch reichlich hoch, da 8 von 17 Proben (= 47 %) den Schwellenwert überschreiten, aber in der Größenordnung doch nicht ganz die Spitzenwerte der Zoovögel erreichen.

Diskussion

Wie nicht anders zu erwarten war, läßt das sehr unterschiedliche zufällige Untersuchungsmaterial keine einheitlichen Rückstandswerte erkennen. Nach Eliminierung von zwei Fällen, bei denen es sich einmal um einen Vogel handelt, der nicht zum Endglied einer Nahrungskette gehört (Mikadofasan) sowie einen Zwergpinguin, von dem nicht bekannt ist, wie lange er schon zum Bestand des Frankfurter Zoologischen Gartens gehörte, zeigen die verbleibenden 12 Fälle eine überhöhte Pestizidbelastung, wobei vor allem das DDT und seine Metaboliten dominierten. Seit dem 10. 11. 1973 ist die Anwendung des DDT in der Bundesrepublik Deutschland stark eingeschränkt worden. Damit entfiel auch der Einsatz entsprechender Präparate im Zoologischen Garten Frankfurt (Main). Daher muß eine Anreicherung im Vogelkörper entweder vor diesem Zeitpunkt oder im Herkunftsland des Tieres oder später über kontaminierte Nahrung erfolgt sein. Hierbei kommt der Rolle der untersuchten Vögel als Fischfresser und somit als Endglieder einer Nahrungskette eine besondere Bedeutung zu. Dabei kann die lange Halbwertzeit des DDT zu extrem hohen Werten führen, wobei allerdings akute toxische Einflüsse kaum nachzuweisen sein werden.
Unter den Verhältnissen eines gut geführten zoologischen Gartens können auf diese Weise, vermutlich auch durch eine Summierung beider Faktoren, extrem hohe DDT-Werte erreicht werden, da die Tiere häufig ein Alter erreichen, welches unter den Bedingungen der freien Wildbahn selten ist. Dafür sprechen auch die Befunde der als Vergleich herangezogenen Greifvögel aus freier Wildbahn, bei denen die DDT-Werte, wenn auch allgemein vorhanden, in der Regel nicht die Extremwerte der Vögel zoologischer Gärten erreichen.

Ähnliche Verhältnisse liegen bei Aldrin beziehungsweise Dieldrin vor, das bei den Vögeln aus der freien Wildbahn kaum gefunden wurde, bei den Tieren aus dem Zoologischen Garten aber häufig und in erheblicher Menge nachweisbar war. Bei den übrigen Pestiziden sind die Unterschiede zwar vorhanden, aber doch nicht so drastisch, wobei auch die kürzere Halbwertzeit eine gewisse Rolle spielen dürfte. Da eine Kumulierung von Pestiziden im Vogelkörper zu einem negativen Einfluß auf das Fortpflanzungsgeschehen führt (V o g t , 1972 a und b; C o n r a d , 1977), könnte in den für Vögel zoologischer Gärten gefundenen extrem hohen Pestizid-Werten ein weiterer Faktor gefunden sein, der für die vielfach fruchtlosen Bemühungen, Nachzucht von seltenen Vogelarten zu erzielen, verantwortlich gemacht werden dürfte.

Wir danken der medizinisch-technischen Assistentin Rita K a r g l für die sorgfältige Durchführung der gaschromatographischen Untersuchungen.

Zusammenfassung:

Rückstandsuntersuchungen bei Zoovögeln

14 Vögel aus dem Zoologischen Garten Frankfurt (Main) - überwiegend fischfressende Arten - wurden auf ihren Gehalt an Rückständen chlorierter Kohlenwasserstoffe untersucht und die Ergebnisse mit Werten von 17 Greifvögeln aus der freien Wildbahn verglichen. Bei einer weiten Streuung der gefundenen Ergebnisse zeigte sich eine extrem hohe DDT-Belastung der Vögel aus dem Zoologischen Garten, dazu häufiger hohe Aldrin- und Dieldrinwerte, die bei den Greifvögeln aus der freien Wildbahn selten sind. Die Pestizidbelastung der Vögel aus dem Zoologischen Garten könnte als ein Faktor angesehen werden, der für die oft fruchtlosen Vermehrungsversuche seltener Vogelarten verantwortlich zu machen ist.

Summary:

Investigations on Residues in Zoo-Birds

14 Birds from the Zoologische Garten Frankfurt (Main) - mainly fish-eating species - were examined as to their content of residues of chlorinated hydrocarbons. The results obtained were compared with those obtained from 17 birds of prey in the natural state. Considering a wide deviation of the results found, there was an extremely high DDT-exposure of the birds from the zoos, besides frequently high percentages of aldrin and dieldrin, which are rarely found in birds of prey in the natural state. The pesticide-exposure of the birds from the zoos might be regarded as a factor responsible for the often unsuccessful attempts of breeding rare species of birds.

Résumé:

Examen des résidus chez des oiseaux de jardin zoologique

Chez 14 oiseaux du Jardin zoologique de Francfort (sur le Main) - il s'agit avant tout d'espèces ichtyophages - on a procédé à un examen des résidus d'hydrocarbure chloré et comparé les valeurs obtenues avec celles prélevées sur 17 oiseaux de proie ayant vécu à l'état sauvage. La despersion des valeurs examinées étant fort grande, on a cependant constaté de fortes doses de D.D.T. chez les oiseaux du zoo, en outre des valeurs importantes d'Aldrin et de Dieldrin qu'on ne trouve que rarement chez des rapaces vivant à l'état sauvage. La présence de pesticides dans l'organisme d'oiseaux gardés au Jardin zoologique pourrait être considérée comme l'un des facteurs que expliqueraient les vaines tentatives de reproduction de quelques espèces rares.

Резюме:

Остаточные исследования у птий зоопарка.

Исследовались остатки хлористого углеводорода в организме I4 птиц из зоологического сада города Франкфурта на Майне. В основном изучались птицы питающиеся рыбой.Проводилось сравнение результатов с I7 хватающими птицами , живущими на свободе. При довольно большой разбросонности результатоа, наблюдалось очень высокое содержание ДДТ у приц зоопарка, а также повышенные Aldrin- Dieldrinwerte - показатели, что у птиц живущих на свободе наблюдается очень редко. Авторы приходят к выводу,что высокое содержание пестицидов у приц зоопарков может являтся причиной бесплодности некоторых видов птиц.

Literatur:

CONRAD, B. (1977): Die Giftbelastung der Vogelwelt Deutschlands. Vogelkundliche Bibliothek 5, Greven: Kilda.

HUNT, E. G. and A. I. BISCHOFF (1960): Inimical effects on wildlife of period DDT applications to Clear Lake. Calif. Fish Game 46, 91-106.

MOORE, N. W. and C.-H. WALKER (1964): Organic chlorine insecticide residues in wild birds. Nature 201, 1072-1073.

STIJVE, T. and E. CARDINALE (1974): Rapid Determination of Chlorinated Pesticids, Polychlorinated Bisphenyls and a Number Phosphated Insecticides in Fatty Foods. Mitt. Lebensmittel-unters. Hyg. 65, 131-150.

VOGT, H. (1972a): Der Einfluß von DDT im Geflügelfutter (Literaturübersicht). Arch. Geflügelkd. 36, 137-146.

VOGT, H. (1972b): Der Einfluß von Chlorkohlenwasserstoffen (außer DDT, DDD) im Geflügelfutter (Literaturübersicht). Arch. Geflügelkd. 36, 147-158.

Anschrift der Verfasser: Dr. W. Lüthgen und Dr. H. Gemmer
Staatliches Veterinär-Untersuchungsamt
Deutschordenstr. 48
D-6000 Frankfurt (Main) (BRD)

Aus dem Institut für Tierpathologie (Direktor: Prof. Dr. H. L u g i n b ü h l) der Universität Bern und aus dem Zoologischen Garten Basel (Direktor: Prof. Dr. E. M. L a n g)

ARTERIOSKLEROSE BEIM SCHUHSCHNABEL (BALAENICEPS REX)

Von A. H e l d s t a b , D. R ü e d i und R. M ü l l e r

Einleitung

Im Zoologischen Garten Basel wurden von 1948 bis 1976 insgesamt fünf Schuhschnäbel gehalten (S t e i n b a c h e r , 1937; C a r p e n t i e r , 1967). Sie konnten sich in einer Grünanlage, die an einen Wassergeflügelteich grenzt, frei bewegen. Die tägliche Fütterung erfolgte individuell und bestand hauptsächlich aus Süßwasserfischen. Ab 1974 wurden auch Meerfische und regelmäßig Vitaminkapseln verabreicht. Im Winter wurden die Schuhschnäbel einzeln auf periodisch befeuchtetem Torf gehalten.

Klinik

Wie aus Tabelle 1 zu entnehmen ist, betrug die durchschnittliche Haltungsdauer zwölf Jahre. Da vermutlich alle Schuhschnäbel als Jungvögel importiert worden waren, scheint uns das Lebensalter außer einem Individuum (17jährig), verglichen mit anderen Storchvögeln wie Störche, Reiher, Ibisse und Marabus, relativ kurz (Weißstörche werden in Gefangenschaft zwischen 25 und 30 Jahre alt).

Alle Individuen lebten sich problemlos im Zoo ein. Erste Krankheitssymptome traten einige Monate vor dem Tod auf. Als erstes fielen leicht geschwollene Zehen und/oder Mittelfußgelenke auf. Das Horn an den Beinen trocknete ein und löste sich grobschuppig ab. Diese Veränderungen bewirkten Bewegungsarmut und im fortgeschrittenen Stadium Festliegen, Anorexie und Abmagerung. Alle systemischen wie lokalen Behandlungen blieben erfolglos. Einzelne Zehenglieder oder ganze Zehen oder Füße wurden steif und verwandelten sich in ein trockenes Gangrän. Einzelne Glieder fielen ab.

Tabelle 1:

Schuhschnabel	♂ ♀	Haltungsdauer im Zoo (Jahre)	Pathologisch-anatomischer Befund	Kadavergewichte
1.	1,0	1948-1960 (12 J)	Leukose, 1959 zwei Zehen verloren (links)	6,3 kg
2.	1,0	1948-1957 (9 J)	Arteriosklerose, abgestorbene Zehe (links)	6,5 kg
3.	?	1948-1959 (11 J)	Lungen- und Luftsackmykose, zwei Zehen abgestorben (links und rechts)	6,6 kg
4.	1,0	1959-1976 (17 J)	Lungen- und Luftsackmykose, Arteriosklerose, rechts alle Zehen und Mittelfußknochen abgestorben	4,8 kg
5.	0,1	1965-1975 (10 J)	Arteriosklerose, drei Zehen abgestorben (links)	3,8 kg

Pathologie

Die Beschreibung der pathologisch-anatomischen und histologischen Veränderungen stützt sich im wesentlichen auf zwei gut dokumentierte Fälle (Nr. 4 und 5). Das histopathologische Bild war sehr einheitlich.

Herz:

Die intramuralen Koronararterien der linksseitigen Papillarmuskeln waren als Folge hochgradiger Arteriosklerose stenosiert. Dabei waren viele glatte Muskelzellen vakuolig degeneriert. In diesem Bereich konnte zudem eine Myokardfibrose und kompensatorisch eine Vermehrung kleiner Arterien beobachtet werden.

Körpergefäße:

Die großen Körperarterien zeigten besonders an der Herzbasis und im Bereich der Abzweigung der Beingefäße massive Intimaverdickungen. In einem Fall (Nr. 5) war es vermutlich durch erhöhten Blutdruck zu einer ausgeprägten Schlängelung der abdominalen Arterien gekommen. Typisch für Frühveränderungen (wie zum Beispiel in der einen Carotis) waren Proliferation und degenerative Veränderungen von glatten Muskelzellen in Media und Intima. Bei fortgeschrittenerer Arteriosklerose (Aorta, Bild 1) konnte ein ungerichtetes Wachstum von glatten Muskelzellen sowie eine Zunahme von elastischen Fasern und Kollagen festgestellt werden. Knorpelgewebe, Kalk- und Cholesterineinlagerungen ergänzten das histologische Bild. Dies entspricht den von W i s s l e r (1965) aufgestellten Kriterien der Atherosklerose. Die Lumina derart veränderter Arterien erschienen stark verengert. Auch Vasa nutritiva der Aorta wiesen segmentförmige arteriosklerotische Umbauerscheinungen auf. In den Gliedmaßenarterien wurde keine stenosierende Arteriosklerose beobachtet.

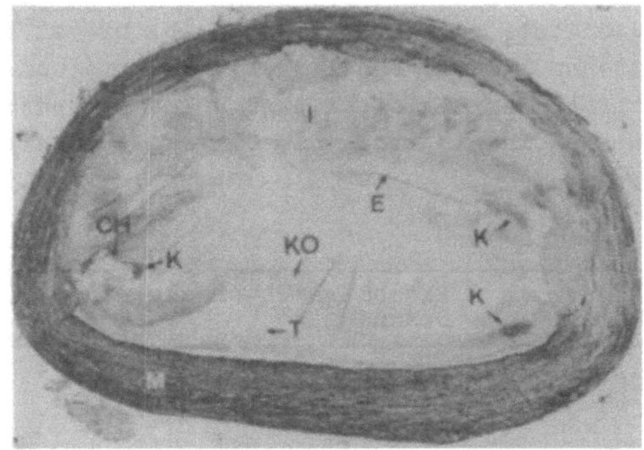

Abb. 1: Abdominale Aorta mit stenosierender Intimaverdickung. Media (M), Intima (I), Knorpel (K), Kollagen (KO), Elastische Fasern (E), Cholesterin (CH), Fibrin-Thrombus (T).

Übrige Organsysteme:

In einem Fall war eine Lungenaspergillose die unmittelbare Todesursache. Diese wurde vermutlich durch mehrmalige Antibiotikagaben noch begünstigt. Mehr oder weniger ausgeprägte herdförmige Fibrose, Verkalkungs- und Verknöcherungsbezirke konnten in den Lungen beider Tiere festgestellt werden. Die Lebern beider Vögel zeigten eine portal akzentuierte Hepatitis, welche beim einen durch eine massive hepatozelluläre Hämosiderose kompliziert wurde. Die Thyreoideastruktur war in beiden Fällen ähnlich. Die peripher gelegenen Follikel neigten mit Einlagerung von Cholesterinkristallen und Kalkkonkrementen zu cystöser Entartung, während die innengelegenen mit ihrem mehrheitlich flachen Epithel den Eindruck einer mehr oder weniger inaktiven Drüse hinterließen.

Entsprechend den klinischen Befunden konnten bei der Sektion aller Schuhschnäbel Zehen- und Gliedmaßengangräne beobachtet werden.

Diskussion

In den Arbeiten von S c h e i d e g g e r (1959), R a t c l i f f e (1965) und C l a r k s o n (1965) sind arteriosklerotischen Veränderungen beim Zootier spezielle Beachtung geschenkt worden. Bei nachweisbar alten Vögeln der Familien Ardeidae, Ciconiidae und Phoenicopteridae konnten im Zoo Basel nie im Schweregrad vergleichbare arteriosklerotische Veränderungen gefunden werden. Das Absterben der Gliedmaßenspitzen dieser langbeinigen Vögel läßt sich wenigstens teilweise durch die hochgradigen atheromatösen Prozesse in der Aorta sowie der großen Distanz zwischen Herz und Zehen und dem damit verbundenen peripheren Blutdruckabfall erklären.

R a t c l i f f e konnte bei Vögeln, die ungewöhnlichem Streß ausgesetzt waren, besonders ausgeprägte atheromatöse Veränderungen in der Aorta nachweisen. In diesem Zusammenhang erwähnt er zwei durch gangränöse Füße behinderte Kraniche, die infolge einer Aortenthrombose eingegangen waren.

Stenosierende Arteriosklerose intramuraler Koronararterien und Myokardfibrose führt R a t c l i f f e bei Vögeln und Säugern auf Streßfaktoren einschließlich inadäquater Fütterung, unnatürlichem Klima, falscher Bodenbeschaffenheit etc. zurück. Er bringt damit das Unvermögen, sich in einer aufgezwungenen Umgebung zu behaupten und den Grad der Veränderungen in enge Beziehung. Verglichen mit über 25jährigen Störchen und Flamingos mit geringen Gefäßveränderungen, scheinen die Haltungsansprüche der Schuhschnäbel höher zu liegen.

Ein Zusammenhang zwischen der Schilddrüsenfunktion und der Atheromatose wäre nach F i s h b e r g (1924), A s b o e - H a n s e n (1951) und L u g i n b ü h l et al. (1977) denkbar, ist nach Beobachtungen von W e l s h (1961) und F i s h e r (1964) jedoch vorsichtig zu postulieren. Die Struktur der Schuhschnabelschilddrüsen läßt nur ungenaue Schlüsse über den Funktionszustand der Drüse zu. Wie E i c k h o f f (1963) zeigte, sollten bei bestimmten Tierarten gewonnene Resultate nur mit Vorsicht auf andere Arten übertragen werden.

Gegen die Ansicht S c h e i d e g g e r s (1959), daß fleischfressende Vögel für arteriosklerotische Veränderungen prädisponiert sind, spricht R a t c l i f f e s Untersuchungsmaterial.

Wir sind der Auffassung, daß in unseren Fällen verschiedene Umwelteinflüsse ätiologisch maßgebend beteiligt waren. Verwandte Vögel verschiedener ökologischer Nischen reagieren offensichtlich unterschiedlich auf gleiche "Streßsituationen".

Zusammenfassung:

Arteriosklerose beim Schuhschnabel (Balaeniceps rex)

Es werden Klinik und Pathologie der im Basler Zoo gehaltenen Schuhschnäbel (Balaeniceps rex) beschrieben. Für die hochgradigen arteriosklerotischen Veränderungen sowie die Gliedmaßengangräne werden mögliche Ätiologien aufgezeichnet.

Summary:

Arteriosclerosis in Shoebills (Balaeniceps rex)

Clinical symptoms and histopathological lesions of five shoebills (Balaeniceps rex) are reported on. An attempt is made to explain the gangrenous toes and the severe arteriosclerotic alterations in the aorta and coronary arteries.

Résumé:

Artériosklérose chez les Balaeniceps (Balaeniceps rex)

L'article a trait à la symptomatologie et à l'anatomie pathologique chez cinq Balaeniceps (Balaeniceps rex) gardés au zoo de Bâle. Il indique diverses étiologies pour expliquer d'une part les alérations artériosclérotiques prononcées et d'autre part la gangrène des membres.

Резюме:
Артериосклероз у китоглавов.

Описана клиника и патология китоглавов, содержащихся в зоопврке г. Базеля. Дана возможная этилогия артериосклеротических изменений и гангрены.

Literatur:

ASBOE-HANSEN, G., and K. IVERSEN (1951): Influence of thyrotropic Hormon on connective tissue; pathogenetic significans of mucopolysacharids in experimental exophthalmus. Acta endocr., Copenhagen, 8, 90-96.

CARPENTIER, J. (1967): Le bec-en-sabot, Zoo Revue editée par la société royale de zoologie d'Anvers a l'intention de ses membres. 32ième année, No.4, 197-198.

CLARKSON, T. B., MIDDLETOU, C. C., PRICHARD, R. W., and H. B. LOFLAND (1965): Naturally occuring Atherosclerosis in Birds, Ann. N. Y. Acad. Sci. 127, 685-693.

EICKHOFF, W. (1963): Zur Histologie und Pathologie der Wildschilddrüse. Arch. exp. Vet. Med. 16, 211-228.

FISHBERG, A. M. (1924): Arteriosclerosis in Thyroid Deficiency. J. A. M. A. 82, 463-464.

FISHER, E. R. (1964): Thyroidal Influence on Experimental Cholesterol Atherosclerosis. Amer. J. Path. 45, 21-39.

LUGINBÜHL, H., ROSSI, G. L., RATCLIFFE, H. L., and R. MÜLLER (1977): Comparative Atherosclerosis, Advances in Veterinary Science and Comparative Medicine 21, 421-448. New York: Academic Press.

RATCLIFFE, H. L. (1965): Age and Environment as Factors in the Nature and Frequency of Cardiovascular Lesions in Mammals and Birds in the Philadelphia Zoological Garden. Ann. N.Y. Acad.Sci. 127, 715-735.

SCHEIDEGGER, S. (1959): Arteriosclerosis in Birds, In Lifespan of Animals. Ciba Foundation Colloquia on Ageing. C. E. W. Wolstenholme and M. O'Connor , Eds. 5; 106-114. Little Brown and Co. Boston, Mass.

STEINBACHER, G. (1937): Zur Haltung und Pflege des Schuhschnabels. Leipzig: Akademische Verlagsgesellschaft 9, 101-106.

WELSH, R. H. (1961): Colloid Goiter and Atherosclerosis, Circulation 24, 777-781.

WISSLER, R. W. (1965): In "Comparative Atherosclerosis" (J. C. Roberts and R. Straus, eds) New York: Harper and Row, 342-353.

Anschrift der Verfasser: Med.-vet. A. H e l d s t a b
Institut für Tierpathologie
Länggassstr. 122
CH-3012 Bern (Schweiz)

Parc Zoologique et Botanique de la Ville de Mulhouse (Directeur: Dr. P. G u t k n e c h t

AFFECTIONS PODALES SUR DES MANCHOTS DE HUMBOLDT (SPHENISCUS HUMBOLDTI)

Par P. G u t k n e c h t

Lors du fonctionnement de notre nouvelle présentation pour animaux de la zone holarctique en mai 1973 (voir article), nous avons observé plusieurs fois des lésions plantaires sur nos Manchots de Humboldt (Spheniscus humboldti).

Du point de vue symptomatologique, il y avait boiterie, tuméfaction diffuse de la surface plantaire intéressant également dans un stade plus avancé l'articulation interphalangienne.

A la surface plantaire, on notait une zone ronde d'érosion comportant une zone centrale de nécrose.

Traitement: déplacement des oiseaux sur du gazon; injection insitu en profondeur d'anti-biotiques mélangés à de la cortisone, introduction de crayons et de pommade antibiotiques, pansement protecteur, bains dans des solutions de permanganate et également bains chauds, sans grands résultats.

La plupart des malades sont morts après une phase terminale d'amaigrissement.

Les examens anatomo-pathologiques et histologiques des lésions ont donné les résultats suivants:

La face plantaire comporte plusieurs zones circulaires, ulcéreuses, nécrotiques; la plus importante de 1,5 cm de diamètre avec abrasion du revêtement. Il s'agit d'un tissu de granulation qui correspond, à la coupe, à un abcès sous-jacent qui s'étend uniquement dans les parties molles. Les articulations et l'os sont épargnés.

Histologiquement, on retrouve cet abcès de près de 2 cm de plus grand axe avec nécrose inflammatoire et tissu de granulation périphérique.

En bordure de la lésion principale, il y a une sclérogénèse importante et image de lésions vasculaires dystrophiques à type d'endartériolite fibreuse (voir photo).

Du point de vue étiologique, on peut certainement mettre en cause l'abrasion par le ciment, ayant une compacité insuffisante et relativement rugueux.

Du point de vue pathologique il est à noter qu'une ulcération superficielle peut aisément se surinfecter dans ce tissu mal vascularisé, très dense et peu cellulaire.

Il est possible que la chaleur de la surface du parcours et qu'un pH basique puissent également être mis en cause.

Par la suite, après avoir soigné 4 malades, nous avons recouvert le ciment d'une couche de peinture. La surface a ainsi été rendue très lisse et en l'espace de deux ans il n'est plus apparu une seule lésion de ce type.

En conclusion on peut dire que les manchots sont à loger sur des surfaces lisses, non abrasives. Lors d'achat, il est indispensable de bien examiner les surfaces plantaires et de refuser tout oiseau présentant une tuméfaction de la sole ou une érosion de la surface plantaire.

Résumé:

Affections podales sur des Manchots de Humboldt (Spheniscus humboldti)

Description d'une affection podale des Manchots. Traitement et prophylaxie.

Zusammenfassung:

Fußerkrankungen bei Humboldt-Pinguinen (Spheniscus humboldti)

Es wird über Fußerkrankungen bei Humboldt-Pinguinen und ihre Behandlung berichtet.

Summary:

Foot Diseases in Spheniscus humboldti

The authors report on foot diseases in Spheniscus humboldti and on their treatment.

Резюме:

Заболевание конечностей у Гумболтевских пингвинов (Spheniscus humboldti)

Сообщается о заболевании конечностей у Гумболтовских пигвинов, предлагаются методы лечения,

L'adresse d'auteur: Dr. P. Gutknecht
Directeur du Parc Zoologique de la Ville de Mulhouse
1, avenue de la 9e D.I.C.
F-68 Mulhouse (France)

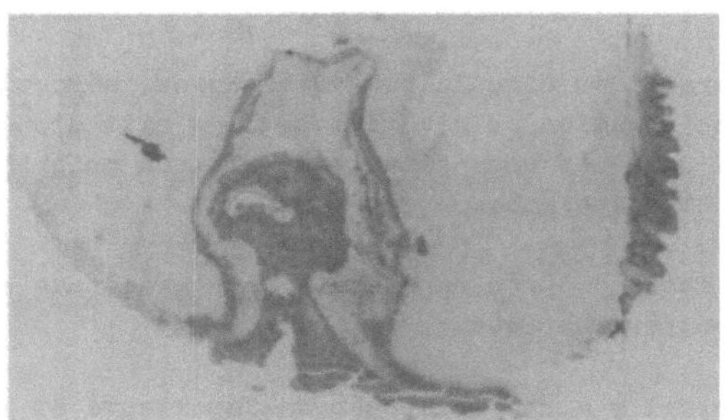

Abbildung 1:

Abbildung 2:

From the San Diego Zoo (Director: Charles L. B i e l e r)

PATHOLOGY OF DOUC LANGURS (PYGATHRIX NEMAEUS) AT SAN DIEGO ZOO

By K. B e n i r s c h k e and M. B o g a r t

Introduction

Douc langurs, leaf-eating primates from Vietnam, have been kept successfully in zoos only during the last decade. With the exception of a few reports concerning their handling in captivity and reproduction from the zoos in Cologne and San Diego, very little is known about these beautiful monkeys. Only the recent report by R ü e d i et al. (1976) provides some information about pathologic findings in captive Douc langurs at Basle Zoo. They report on 2, 4 deaths. Three animals died from purulent meningoencephalitis, two had primarily pneumonia and one female died from bite wounds. The causative organisms were not recorded. In new imports the authors identified microfilaria in blood smears. The group was treated with diethylcarbamazin and for this reason or because of lack of reinfection this type of infection was not seen again. Trichuris and Capillaria were also identified and treated, and sporadic pneumonia was treated intensively with antibiotics. Pneumonia and diarrhea were principal clinical problems and lung mites and their sequelae were identified in a number of animals and found at autopsy in three.

At San Diego Zoo there are currently kept 6, 5 Douc langurs in three groups. The animals have adapted well to captivity, form successful breeding groups and are fed browse, fruit and bisquits. One male infant, delivered by repeat Cesarean section on December 6, 1977, is currently being raised artificially in our Children's Zoo. Since first introduced into our Zoo we have lost 6.10 animals, including abortuses and stillborns. The findings form the substance of this report.

Autopsy Findings

The findings recorded in our autopsy files were reviewed and all histological material restudied. In addition to the 6.10 animals shown in Table I there was one abortus of #8307 on which neither size nor autopsy findings are available. The remainder of animals are listed in chronological order. Whenever available the weight and size of the autopsied animals are listed. This is considered to be of considerable importance for future better understanding of this species. In particular it is necessary to know the weight and size of normal newborns if we are to adjudge properly future abortuses or newborns as to their gestational age. In this regard it may be worth recording that the male currently being reared artificially and delivered by Cesarean section weighed 720 g and the placenta weighed 156 g. The umbilical cord measured 15 cm and contained three vessels. Two other placentas of live births were 124 and 106 g and the cords measured 30 and 23 cm respectively. Usually one of the two lobes is slightly larger than the other disk, and the former carries the cord. It is also of importance to record the size of infants' or stillborns' organ weights for future comparison. One of our stillborns (#11295, Table I) had an unusually large heart and small lungs whose significance is less well understood because no comparative weights exist (R e s n i c k et al., in press). Further, the development of the fetal adrenal can only be understood by placing its weight into relationship with total body and kidney weights.

There are two overriding causes of death in our colony as can be seen from Table I. There is an excessive loss in the perinatal period, and pulmonary acariasis of older animals is an important condition.

Perinatal losses: There were three abortuses (one not autopsied and therefore not listed numerically), two stillborns and five deaths within the first 6 months, a really excessive mortality that must be overcome in the future if we are to succeed in having a self-sustaining colony.

TABLE I

Autopsy #	Sex	Age	Length in Collection	Year of Autopsy	Weight	Lung Findings	Principal Autopsy Findings
3099	M	"Juvenile"	1-1/2 m	1968		Mites Emphysema	Minimal myocarditis, hypertrophied heart, lung pigment.
4617	M	Newborn	0	1970	449 g		Stillborn, no changes
5577	M	3 y	3 y	1971	2130 g	Mites Emphysema	Aspirated food, pigment.
6384	F	2 d	2 d	1972			Extensive subarachnoid hemorrhage.
7145	F	2 w	2 w	1972	416 g		Poor nutrition, abducted from mother by other female; dehydration.
8081	F	4 m	4 m	1973	405 g	Mites Emphysema	Pneumonia, hemosiderin in liver, focal pyelonephritis; thought to be retarded, pectus excavatum - fracture.
8307	F	"Adult"	6 y	1974		Mites Emphysema	3 days after Cesarean section for dead fetus. Diarrhea, calc. oxal. cast in kidney, aspiration pneumonia, bladder stones. No autopsy on fetus.
10228	M	2 y	2 y	1976	1940 g	Mites Emphysema	Fibrosing pleuritis, pneumonia. Immature testes.
10376	M	Abortus	0	1976			Decomposed fetus - no pathology
10859	F	20 y	8 y	1976	4520 g	Mites Emphysema	Recurrent diarrhea, worn teeth; hemosiderin in liver and spleen; myocardial scar; pneumonia. Active ovaries.
11209	F	Abortus	0	1976	204 g		Stillborn abortus. Adrenal "fetal" zone. Deciduitis.
11295	F	Stillborn	0	1976	465 g		Stillborn by hysterotomy post-term. Anasarca. Enlarged heart (5.8 g), pulmonary hypoplasia (2.2 g), placental infarcts. 16 m crown-rump length.
11393	F	2-1/2 m	2-1/2 m	1977	615 g		Failed to gain weight; vomiting. Pyloroplasty. Candidiasis pneumonia; hemosiderin in liver.
12227	M	5 y	5 y	1977		Mites Emphysema	Diarrhea, vomiting, gastritis, ascites. Hemosiderin in spleen, liver and nodes. Spermatogenesis.
12278	F	± 4 y	2 y	1977	6785 g	Mites	Diarrhea, amebiasis, trichomonad infection. Was nursing a 1-1/2 m old baby (next autopsy). Aspiration pneumonia. 51 cm crow-rump length.
12326	F	3-1/2 m	3-1/2 m	1977	747 g	Mites	Trichomoniasis of stomach; ascites; pulmonary pigment. Involuted fetal adrenal, mature cerebellum, aspiration. 26 cm crown-rump length.

TABLE I: Autopsy findings in Douc langurs. Autopsy numbers in chronological sequence; age in days (d), weeks (w), months (m) and years (y).

In reviewing the problem it has become apparent that many abortions or stillborns come from the progeny of our principal male, "Jack" (Fig. 1).

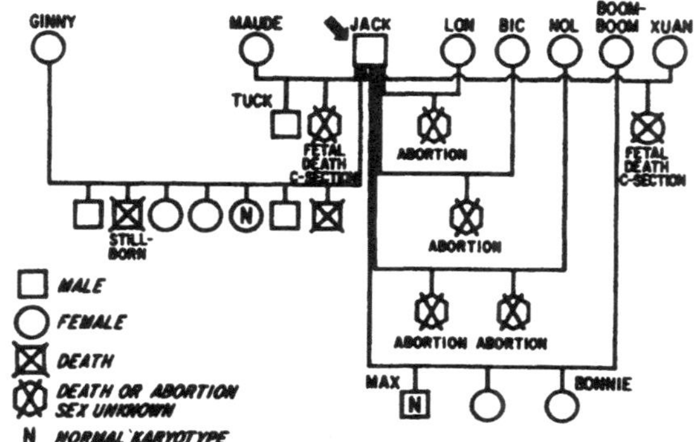

Fig. 1: Pedigree of our colony untill 1976 to indicate frequency of perinatal losses in offspring of our male "Jack". N = chromosome study shows normal karyotype

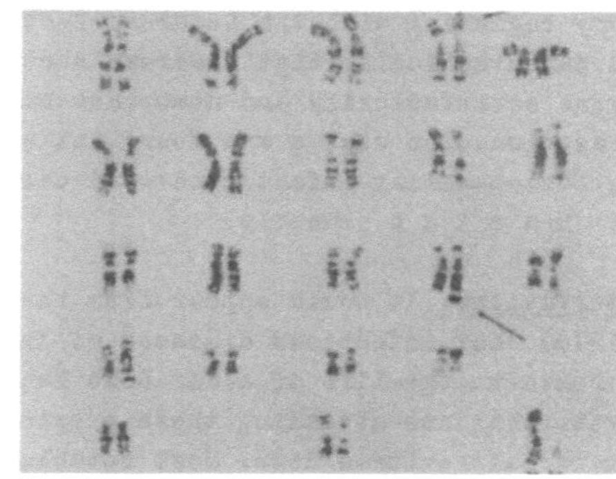

Fig. 2: Karyotype of "Jack" (see Fig. 1) showing a reciprocal translocation between autosomes at arrows (Giemsa banding)

Inasmuch as in similar circumstances (repeated fetal loss) in human pregnancies the problem is frequently chromosomal or endocrinological, we instituted appropriate studies. It became apparent that "Jack" has a reciprocal translocation of two autosomes (Fig. 2). This may be the cause of these fetal losses in that aneuploidy in the conceptuses may be the cause of abortion; however, for proof one must show this aneuploidy. Unfortunately, in every case, the placenta received (with difficulty retrieved) was contaminated and tissue cultures failed for bacterial contamination. Histologically, most placentas were partially infarcted. Such infarction has been reported in other primates, particularly Patas monkeys (Erythrocebus patas) and likened to changes in human preeclampsia (G i l l e et al., 1977). It may be that this is also the reason why the weights of other fetuses listed are small (449 g, 465 g; Table I), if we assume that the survivor referred to before with 720 g represents normal weight at birth. Alternatively, this lower weight does not represent placental infarction-induced growth retardation but prematurity. Future studies will be important to decide this point.

The other perinatal deaths incurred in the neonatal period are self-explanatory from reading Table I. One (# 6384) had extensive subarachnoid hemorrhage, a frequent finding in human premature neonates and usually related to hypoxia. Another infant (# 7145) was malnourished because it had been abducted by a female lacking appropriate milk production. The autopsy findings in the 4 months old female (#8081) were of focal infections nature; how they could have been prevented is difficult to know. The same can be said of # 11393 and 12326. They both had infectious complications but it is likely that they were not really "primary" in the events that ultimately led to death.

The paper by R e s n i k et al. (in press) reports on endocrinological findings of the Douc langur pregnancy. In contrast to other cercopithecidae, particularly the baboon and rhesus monkey, the langur produces appreciable amounts of urinary estrogen during pregnancy. This quality was exploited to monitor the failed pregnancy of "Xuan" which ended in # 11295 (Table I) and that which led to a successful repeat Cesarean section exactly one year later. Apparently, as in human pregnancy, the fetal zone of the large fetal adrenal gland produces androgenic precursors for placental aromatization and maternal estrogen excretion reflects fetal well-being. Its fall indicates fetal distress/death and/or anticipates labor.

Lung mites: Pneumonyssus simicola is the parasite responsible for pulmonary acariasis in old world monkeys (K i m , 1977). It had been reported that Douc langurs suffered from this parasitism (R ü e d i et al., 1976), but the severity and extent of damage done by this mite to our colony was surprising in this review. Significant lung mite lesions were found in 9 of the autopsied animals, i. e. in all our adults and, significantly in two neonates, as early as at 3-1/2 months of age. The lesions found in our Douc langurs are exactly as those reported for other cercopithecidae (K i m, 1977). There develop fibrosis, collapse, emphysema, pleural adhesions, interstitial pneumonia, extensive pigment deposits and focal bronchopneumonia as a result of the infestation. Since it has not been treated successfully as yet, and because it appears to be a most significant cause of mortality in our colony, we are planning to establish a Pneumonyssus-free colony beginning with the Cesarean section derived male born in December 1977. It should be mentioned parenthetically that Cesarean section in that pregnancy was performed when labor did not progress satisfactorily and membranes had been ruptured all night, rather than for reasons of previous section. The uterus was found intact but chorioamnionitis was found in the placenta and the limp, foul-smelling infant recovered only with antibiotic therapy. This is to be reported in detail by K a p l a n shortly.

Other observations: It would appear from these observations and those published by R ü e d i et al. (1976) that infectious diseases of lung, intestinal tract and meninges are the most significant threats to the life of adult Douc langurs whose prevention and early therapy are challenges for the veterinarians attending these precious animals. There are some other peculiarities in the autopsy material reviewed here. Most notable is the frequency of hemosiderin deposition in liver, spleen and lymph nodes. It was found in large quantities in four of our animals, as early as at 2-1/2 months. The pathogenesis of this excessive iron storage is obscure. No hemorrhage to account for it was ascertained and repeated blood films showed no red cell infection or excessive destruction since hematocrits were normal. Perhaps the origin is dietary but presently unknown.

The ovarian findings of #10859 are of interest. This female was acquired in 1968 and was then twelve years old. At twenty years, when examined, the ovary contained numerous follicles (Fig.3). Thus, fertility can be expected beyond that age. Conversely, the two year old male (#10228) had immature testes. A male at five years (#12227) had active spermatogenesis.

Finally, aside from chorioamnionitis and infarcts present in some placentas, a decidual vascular lesions was present in the organ of #11295, perhaps accounting for infarcts and intrauterine death. This lesion consists of extensive "fibrinoid degeneration" in maternal vascular walls with narrowing of lumen and mural thrombosis (Fig. 4).

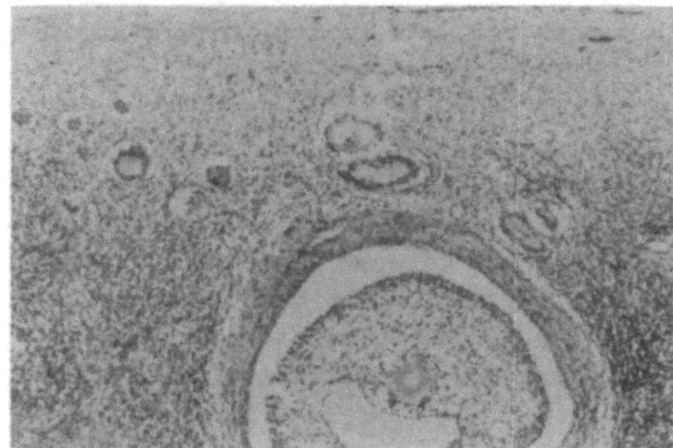

Fig. 3: Low power photomicrograph of ovarian cortex of "Boom-Boom", #10859 in Table I. This female was known to be 20 years old and still possessed an abundance of oocytes and developing follicles (H&E X 60)

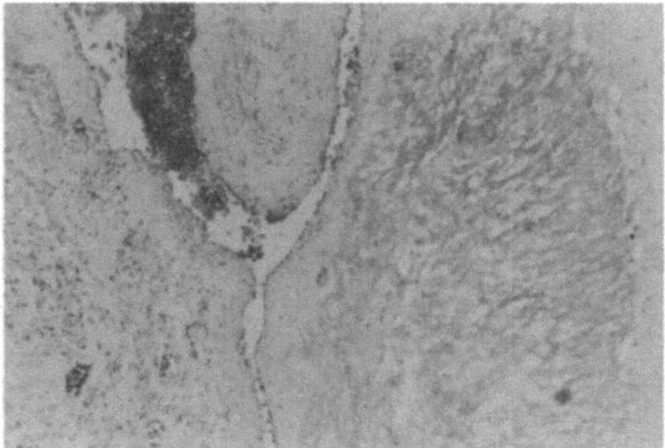

Fig. 4: Decidua of "Xuan", mother of #11295 (Table I) whose placenta was infarcted. Note fibrin masses in vascular wall at right and narrowing of lumen (H&E X 60)

Summary:

Pathology of Douo langurs (Pygathrix nemaeus) at San Diego Zoo

The review of 16 deaths in Douo langurs revealed two prinoipal causes of death. They are perinatal losses from a variety of causes and, in adults, pulmonary lesions secondary to lung mites. Infectious diseases are major threats to the well-being of these animals and need to be anticipated and promptly treated when they occur.

Zusammenfassung:

Pathologische Befunde bei Kleideraffen (Pygathrix nemaeus) im Zoo San Diego

Es wird ein Überblick über die Todesursachen von 16 Kleideraffen gegeben, wobei zwei Todesursachenkomplexe besonders auffielen. Während die Verluste während der Perinatalzeit verschiedene Ursachen hatten, traten bei erwachsenen Tieren vorwiegend durch Milben verursachte Lungenveränderungen auf. Die besondere Gefährdung dieser Tiere durch Infektionskrankheiten erfordert rechtzeitige wirksame prophylaktische und therapeutische Maßnahmen.

Résumé:

Causes de mortalité chez des singes de l'espèce Pygathrix nemaeus au Zoo de San Diego

Le rapport donne un aperçu des causes de mortalité chez 16 singes de l'espèce Pygathrix nemaeus, causes qui peuvent être partagées en deux groupes distincts. Alors que les décès enregistrés pendant la période dite périnatale étaient de causes diverses, les changements du systèmes pulmonaire chez les adultes étaient dûs essentiellement à des cirons. Le manque de résistance de ces animaux vis-à-vis des maladies infectieuses demande que des mesures préventives et théra-peuthiques efficaces soient prises.

Резюме:

Причины смертности Pygathrix nemaeus в зоопарке Сан Диего.

Дается обзор смертности 16 обезьян Pygathrix nemaeus при этом особенно бросаются в глаза 2 комплекса. В то время, когда гибиль обезьян в перенатальном периоде имеет разричные причины, взрослые животные погибают в результате изменений в легких, вызванных
Даются предложения по терапии и профилактике.

Literature:

GILLE, J., MOORE, D. G. and C. J. SEDGWICK (1977): Placental infarction: A sign of preeclampsia in a Patas monkey (Erythrocebus patas). Lab. Anim. Sci. 27, 120-121.

KIM, J. C. S. (1977): Pulmonary acariasis in old world monkeys. Commonwealth Bureau of Animal Health. The Veterinary Bulletin 47 (4), April, 249-255. Commonwealth Agricultural Bureaux.

RESNIK, R., ROBINSON, P. T., LASLEY, B. and K. BENIRSCHKE (submitted): Intrauterine fetal demise associated with consumption coagulopathy in a Douc langur monkey (Pygathrix nemaeus nemaeus). J. Med. Primatol.

RÜEDI, D., MÜLLER, R. and H. WACKERNAGEL (1976): Zur Haltung von Schlankaffen (Stummelaffe, Nasenaffe, Kleideraffe) im Zoo Basel. Verhandlungsber. XVIII. Internat. Symp. Erkrankungen Zootiere, Innsbruck, 253-261.

Address of authors: K. Benirschke, M.D.
P.O.B. 551
San Diego, California 92112 (USA)

Aus der Forschungsstelle für Wirbeltierforschung (im Tierpark Berlin) (Direktor: Prof. Dr. sc. Dr. h. c. H. Dathe) der Akademie der Wissenschaften der DDR und dem Institut für Experimentelle Pathologie und Therapie, Suchumi (Direktor: Prof. B. A. Lapin) der Akademie der Medizinischen Wissenschaften der UdSSR

ZUM VORKOMMEN BAKTERIELLER INFEKTIONEN BEI AFFEN

Von H.-D. Schröder, E. K. Dzhikidze und S. H. Shaginian

Die Bedeutung, die bakteriellen Infektionen unter den Erkrankungen der Affen zukommt, ist hinreichend bekannt. Wir sehen daher diesen Bericht auch nicht als einen weiteren Beitrag zur Frage der Häufigkeit des Vorkommens bakterieller Infektionen bei Affen an, sondern vielmehr als einen Versuch, im Rahmen einer vergleichenden Auswertung zu prüfen, inwieweit sich die für beide Einzugsgebiete doch recht unterschiedliche epizootiologische Situation auf die Verbreitung der entsprechenden Infektionen auswirkt. Zu diesem Zweck wurden sowohl in Suchumi als auch in Berlin jeweils 400 gestorbene Affen hinsichtlich des Vorkommens bakterieller Infektionen untersucht. Während das Material in Suchumi vorwiegend von Tieren stammt, die in großen Gruppen auf Freianlagen gehalten wurden, setzt sich das Untersuchungsgut in Berlin hauptsächlich aus Einsendungen Zoologischer Gärten und Tierparks zusammen, bei denen die Haltung in kleineren Gruppen dominiert. Über das Spektrum und die Häufigkeit des Vorkommens der einzelnen bakteriellen Infektionen gibt die Tabelle 1 Auskunft.

Tab. 1:	Berlin	Suchumi
Kokken	15,0 %	6,0 %
Rotlaufbakterien	0,5 %	-
Listerien	0,75 %	-
Klebsiellen	2,25 %	1,0 %
Salmonellen	3,75 %	10,5 %
Shigellen	0,5 %	7,5 %
Pseudomonaden	2,5 %	8,25 %
Aeromonaden	0,25 %	-
Pasteurellen	1,75 %	1,5 %
Tuberkulosebakterien	3,75 %	3,5 %

Hierbei werden Übereinstimmungen aber auch erhebliche Unterschiede deutlich sichtbar. So ist z. B. eindeutig festzustellen, daß die Tuberkulose mit 3,5 beziehungsweise 3,75 % im Untersuchungsgut beider Einrichtungen etwa gleich häufig vertreten ist. Unterschiede ergeben sich allerdings hinsichtlich des nachgewiesenen Typenspektrums. Während in Suchumi ausschließlich Mycobacterium tuberculosis nachgewiesen werden konnte, wurden im Berliner Untersuchungsgut sowohl Infektionen mit Mycobacterium tuberculosis als auch mit Mycobacterium bovis festgestellt. Außerdem wurde hier bei einem Pavian eine Infektion mit atypischen Mykobakterien ermittelt. Auch die Verluste durch Pseudotuberkulose sind mit 1,5 beziehungsweise 1,75 % etwa gleich hoch. Selbst hinsichtlich der betroffenen Affenarten besteht Übereinstimmung, indem in beiden Einrichtungen fast ausschließlich Meerkatzen betroffen waren.

Erhebliche Unterschiede sind allerdings bei der Verbreitung von Infektionen mit Shigellen, Salmonellen, Pseudomonaskeimen und Kokken festzustellen. Besonders deutlich wird das bei den bakteriellen Darminfektionen. So wurden z. B. in Suchumi bei 30 Affen (7,5 %) Shigellen-Infektionen festgestellt, während in Berlin lediglich in zwei Fällen der Nachweis dieser Keime gelang, das entspricht einem Verhältnis von 15:1. Für die Nachweissicherheit von Shigellen ist allerdings der Frischezustand des Untersuchungsmaterials ausschlaggebend, der im Berliner Material auf Grund längerer Transportwege oft nicht gewährleistet war. Aber auch bei den Salmonellen lag die Nachweisrate in Suchumi mit 10,5 % wesentlich höher als in Berlin (3,75 %). Offensichtlich macht sich die Haltung von Affen in größeren Gruppen besonders bei der Verbreitung bakterieller Darminfektionen nachteilig bemerkbar, indem einzelne Bakterienausscheider immer wieder die ganze Gruppe infizieren. Hieraus ergibt sich die zwingende Notwendigkeit, den gesamten Bestand ständig unter Kontrolle zu halten und beim Nachweis derartiger Infektionen strengste Isolierung vorzunehmen.

Für die vermehrte Feststellung von Pseudomonaskeimen im Untersuchungsmaterial von Suchumi ist mit hoher Wahrscheinlichkeit der dort im Rahmen der Bekämpfung der bakteriellen Darminfektionen häufiger notwendig werdende Einsatz von Antibiotika verantwortlich zu machen. Auch in der Humanmedizin wird die steigende Häufigkeit von Pseudomonas-Infektionen teilweise mit auf die Tatsache zurückgeführt, daß bei der Behandlung mit Antibiotika die physiologische Darmflora unterdrückt wird und sich dann andere Keime, wie beispielsweise Pseudomonaden, ungehindert entwickeln können. Die in beiden Einrichtungen recht hohen Nachweisraten an Kokken bedürfen einer genaueren Analyse, die zur Zeit noch nicht abgeschlossen ist. Der Nachweis einer Aeromonas-Infektion beim Affen sollte aufmerksam verfolgt werden, da das Genus Aeromonas in den letzten Jahren auch in den Blickpunkt des Interesses der medizinischen Mikrobiologie gerückt ist. Diese Tatsache dürfte in erster Linie darauf zurückzuführen sein, daß es gelang, die ätiologische Bedeutung von Aeromonasstämmen bei verschiedenen Krankheitsprozessen beim Menschen zu sichern.
Die im Berliner Material mit 0,75 beziehungsweise 0,5 % nachgewiesenen Infektionen mit Listerien beziehungsweise Rotlaufbakterien gehören offensichtlich zu den seltener bei Affen anzutreffenden Befunden, sollten aber nicht völlig aus den Augen verloren werden.

Zusammenfassung:

Zum Vorkommen bakterieller Infektionen bei Affen

In einem Überblick werden die in beiden Einrichtungen jeweils an 400 Affen erhobenen Befunde miteinander verglichen. Dabei werden die hinsichtlich des Vorkommens bakterieller Infektionen festzustellenden Übereinstimmungen und auch Unterschiede besonders herausgestellt und entsprechende Schlußfolgerungen abgeleitet.

Summary:

On the Occurrence of Bacterial Infections in Monkeys

In a survey the findings raised in both establishments in 400 monkeys each are compared with each other. The conformity and differences found with regard to the occurrence of bacterial infections are particularly emphasized. Respective final conclusions are derived.

Résumé:

Infections microbiennes chez des singes

Il s'agit d'un aperçu comparatif des analyses effectuées dans deux établissements sur respectivement 400 singes. L'exposé met en relief aussi bien les concordances que les différences constatées dans le contexte des infections microbiennes et présente des conclusions.

Резюме:

О выявлении бактериальных инфекций у обезьян.

Дается обзор и сравнение результатов , полученных на 400 абезьянах. При этом расматриваются подробные проявления заболеваний и различия . Дается соответствующие заключение полученных результатов.

Anschrift der Verfasser: Dr. med. vet. H.-D. Schröder
Forschungsstelle für Wirbeltierforschung
(im Tierpark Berlin) der Akademie der Wissenschaften der DDR
1136 Bln.-Friedrichsfelde, Am Tierpark 125 (DDR)

Aus dem Bezirksinstitut für Veterinärwesen Rostock (Direktor: OVR Dr. W. Ehrentraut)
und dem Zoologischen Garten Rostock (Direktor: Dr. D. Schwarz)

YERSINIA ENTEROCOLITICA-ERKRANKUNGEN BEI TIERAFFEN

Von Chr. Garlt und H. Kiupel

In einer tiergärtnerischen Einrichtung sind neben kommerziell erworbenen Tieren auch solche anzutreffen, die aus Schenkungen oder von zwangsweisen Einziehungen stammen. Schiffsbesatzungen, die sich mit dem Zoo ihrer Heimatstadt verbunden fühlen, sind nicht selten in gut gemeintem Sinn daran interessiert, den Tierbestand durch aus tropischen Ländern stammende Exemplare zu bereichern. Oft fehlen die Ursprungszeugnisse, was zur zwangsweisen Einziehung durch die zuständigen veterinärmedizinischen Kontrollorgane führt. Die Tiere - meist Affen oder Vögel - werden dem Zoo übergeben, machen daselbst eine Quarantäne durch und werden dann in den übrigen Tierbestand übernommen. Nicht nur die Isolierung, sondern auch die Eingliederung solcher Tiere, die meistens überraschend und oft als Einzeltiere kommen, kann problematisch werden.

Zum Seuchenschutz beim internationalen Transport von Zootieren und im Zoo hat Hussel (1966) eingehend Stellung bezogen. Er führt einige diesbezüglich bedeutungsvolle Tierseuchen auf, weist auf sachgemäße Transporte und die Durchführung einer exakten Quarantäne hin. Tiere mit zweifelhafter Herkunft können für die im Zoo befindlichen Individuen eine Gefahr darstellen, weil Infektionsstoffe eingeschleppt, gegebenenfalls von Besuchern nach außen getragen werden können oder sich den Abwässern, die den Zoo verlassen, beimischen (Hussel, 1966). Durch diese Tiere können auch Infektionsstoffe in den Zoo gelangen, die in der Einrichtung bislang unbekannt waren. Welche Probleme Erregereinschleppungen aufwerfen, möge durch nachstehende Ausführungen zur Yersiniosis bei Tieraffen im Zoo Rostock deutlich werden.

Aus dem Schrifttum sind erst in den letzten Jahren Berichte über Yersinia enterocolitica (Y. e.)-Nachweise und Erkrankungen bekannt. Otsuki et al. (1973) berichten über die Isolierung von Y. e. bei Affen und Hirschen einer Versuchstierstation. Aus 154 Fäzesproben von Affen wurden 32 und aus 5 ebensolchen Proben von Hirschen wurden zwei Stämme von Y. e. isoliert. Serologisch gehörte die Mehrheit der isolierten Keime zur Gruppe 12. Bei 3 1/2 Monate später durchgeführten Nachuntersuchungen konnten bei den Affen nur 5 Stämme isoliert werden, die von den Hirschen gewonnenen Proben waren keimfrei. Die Autoren vertreten die Meinung, daß die Mehrheit der Affen diese Erreger anscheinend beherbergt, weil positive Ergebnisse aus den Fäzesproben häufiger erzielt werden konnten. Kurek et al. (1974) machen darauf aufmerksam, daß seit einigen Jahren in der Fachliteratur eine Zunahme der Beschreibung klinischer Fälle bei Mensch und Tier zu verzeichnen ist, die durch Y. e. hervorgerufen werden. Hingewiesen wird auf die nicht ausreichend bekannte Ätiopathogenese der Krankheit, ihren wahrscheinlich anthropozoonotischen Charakter sowie die diagnostischen Schwierigkeiten, besonders im Bereiche der serologischen Reaktionen. Herausgestellt wird ferner die unbekannte Inkubationszeit, das Spontanauftreten der Krankheit in Form einer Enzootie und daß therapeutisch hauptsächlich Antibiotika zur Anwendung kommen. Hauptkriterium für das Erkennen der Y. e. sind die bakteriologischen Untersuchungen, die ihre Schwierigkeiten in serologischen Kreuzreaktionen, die zwischen Y. e. und Bruzellen bestehen, haben. Nach Simon et al. (1975) liegen Mitteilungen über Y. e. von anderen Autoren bei folgenden Affenarten vor: bei Wolläffchen (Lagothrix lagothrix), Weißbüscheläffchen (Callithrix jacchus), Galago (keine Artbezeichnung), Pinseläffchen (Callithrix callithrix) und drei Affen ohne Artbezeichnung. Simon et al. (1975) selbst konnten den Erreger bei einem Springäffchen (Callicebus moloch hoffmannsi) finden. Baggs et al. (1976) berichten über eine Y. e.-Enzootie unter Eulenaffen (Aotus trivirgatus), die zu Versuchszwecken gehalten wurden. Innerhalb von 28 Monaten starben 29 Affen. Nach der Erregerisolierung wurde das Krankheitsbild durch experimentelle Infektion bei Artgenossen reproduziert und eingehende morphologische und bakteriologische Untersuchungen durchgeführt. Als Ursache der Spontanerkrankungen wird die Erregereinschleppung durch Wildtiere vermutet. Mortelmans et al. (1977) berichten über Yersiniosis im Zoo Antwerpen. Y. e. konnte bei einer Meerkatze (Cercopithecus)

isoliert werden.
Über Y. e.-Erkrankungen bei Ziegen, die im Winter und Frühjahr auftraten, berichten K r o g - s t a d et al. (1972). Die Tiere verendeten zum Teil ohne klinische Symptome, andere zeigten kurze Zeit Diarrhoe. Von 16 sezierten Tieren ermittelten sie in drei Fällen Y. e. - Typ 2 -. Die Erkrankung wurde zu gleicher Zeit auch bei einigen Tierpflegern festgestellt. Eine Person wies einen spezifischen Antikörpertiter von 1:1250 auf. Weitere Hinweise auf das Vorkommen von Y. e. bei anderen Säugern (Haustiere, Mensch) und Vögeln sind der Veröffentlichung von S i - m o n et al. (1975) zu entnehmen.
Die genannten Autoren schreiben zum Krankheitsverlauf des Springäffchens, daß der Patient eine Ohnmacht gezeigt habe, ferner Untertemperatur, Speichelfluß sowie Unterleibkrämpfe das klinische Bild kennzeichneten. Zwei Stunden nach Krankheitsbeginn war der Tod plötzlich eingetreten. Pathologisch-anatomisch bestanden eine starke Blutung der Dünndarmschleimhaut sowie zahlreiche, unterschiedlich große Abszesse in Leber und Milz, aus denen die Keime isoliert werden konnten. Nach S i m o n et al. (1975) hatten andere Autoren noch Abszesse in Lymphknoten und Bauchspeicheldrüse gefunden. Bei einem Affen wurden die Bakterien auch in einem vereiterten Knochenbruch ermittelt. Beim Menschen war das hervortretendste Merkmal eine akute Darmentzündung. Auch Todesfälle durch Y. e. sind bekannt geworden.

Eigene Untersuchungen:

I. Klinische Fälle

Fall 1: Am 8. 6. 1976 brachte ein Schiff der Deutschen Seereederei aus Westafrika eine 0,1 Weißnasenmeerkatze (Cercopithecus petaurista) als Geschenk für den Zoo Rostock mit. Das Tier verhielt sich klinisch unauffällig und wurde quarantänisiert. Die bei Ankunft des Tieres entnommenen Kotproben ergaben: Parasitologie: Strongyloidesbefall - geringgradig. Bakteriologie: E. coli - Hefen -; Salmonellen: negativ (E.coli im Resistenztest empfindlich gegen Kanamycin). Da bei einer bakteriologischen Wiederholungsuntersuchung der gleiche Befund erhoben werden konnte, erfolgte die Behandlung des Tieres mit Mycerin^{R}-Tabletten (Neomycinsulfat) 0,2/Tabl. über 5 Tage (0,05/kg/KM). Ferner wurde eine Wurmbekämpfung mit Mebenvet^{R} (Mebendazol) vorgenommen. Bei der bakteriologischen Kontrolluntersuchung konnte ein unspezifischer Keimgehalt nachgewiesen werden, die parasitologische Kontrolle fiel negativ aus. Im Verlauf der Quarantäne wurde der Affe ferner einem Tuberkulin-Test unterzogen und, da die Probe negativ ausfiel, mit BCG geimpft. Vier Monate nach Ankunft starb das Tier, ohne vorherige Krankheitszeichen, plötzlich. Todesursache: Sepsis durch Yersinia enterocolitica.

Fall 2: Am 13. 3. 1976 brachte ein Schiff eine 0,1 Blaumaulmeerkatze (Cercopithecus cephus) aus Guinea mit. Das ebenfalls klinisch unauffällige Tier wurde quarantänisiert und einer dreimaligen bakteriologischen und parasitologischen Kotuntersuchung unterzogen. Parasitologie:
1. Probe: Toxocara - geringgradig; 2. Probe: Cestodeneier - stark; Strongyloides - gering;
3. Probe: Cestodeneier - mittelgradig. Bakteriologie: 1. und 2. Probe: negativ; 3. Probe: coliforme Keime, Streptokokken, Mikrokokken.
Im Verlaufe der Quarantäne konnte erfolgreich eine Bandwurmkur mit Radeverm^{R} (Niklosamid), 2 x 0,25 in einstündigem Intervall p. o. appliziert, durchgeführt werden. Tbc-Prophylaxe wie bei Fall 1. Das Tier zeigte in den folgenden Monaten keine Krankheitserscheinungen. Nach siebenmonatigem Aufenthalt im Zoo wurde der Patient wegen einer Diarrhoe vorgestellt. Das Allgemeinbefinden war gestört, die Körpertemperatur normal und der Ernährungszustand mäßig. Die bakteriologische Kotuntersuchung ergab einen unspezifischen Keimgehalt. Als Antidiarrhoicum mit adstringierender Wirkung kam zunächst Tanninum albuminatum, später Adsorgan^{R} (Chlorsilber-Kieselsäure-Gel + Silberkohle) als Adsorbentium, neben diätetischen Maßnahmen, zum Einsatz. Es trat geringe Besserung ein. Fünf Tage nach Krankheitsbeginn trat plötzlich bei normaler Körpertemperatur erneut heftiger Durchfall auf, der den zusätzlichen Einsatz von Elektrolytlösung 153 erforderlich machte, weil der Affe Zeichen der Exsikkose aufwies. Neun Tage nach Feststellung der ersten Krankheitszeichen starb der Patient. Todesursache: Septikämie durch Yersinia enterocolitica bei gleichzeitig schwerer katarrhalischer Enteritis.

Fall 3: Im August 1976 war ebenfalls per Schiff ein 1,0 Katta (Lemur catta) aus Madagaskar gekommen. Das Tier konnte klinisch als "gesund" bezeichnet werden. Die während der Quarantänezeit durchgeführten parasitologischen und bakteriologischen Untersuchungen des Kotes verliefen negativ. Die Tbc-Prophylaxe erfolgte wie in den beiden erstgenannten Fällen. Vier Monate nach seiner Ankunft in Rostock meldete der Tierpfleger, daß sich das Tier, ohne vorherige Krankheits-

zeichen gezeigt zu haben, in einem "ohnmachtsähnlichen Anfall" befinde. Bereits 30 Minuten später war der Tod eingetreten. Todesursache: Yersinia-Enteritis.
Wenige Tage vor dem Exitus des Kattas waren im Rahmen einer "Umgebungsuntersuchung" (siehe II) von diesem Tier drei Kotproben in kurzen Abständen zur bakteriologischen Untersuchung eingeschickt worden. Bei der Entnahme der Tupferkotproben waren keinerlei Krankheitszeichen aufgefallen. In den Proben 1 und 3 war Y. e. nachgewiesen worden. Probe 2, 24^h nach Probe 1 entnommen, wurde als "keimfrei" befundet. Die Untersuchungsergebnisse lagen jedoch erst vor, als das Tier bereits verendet war.

II. Pathologisch-anatomische und bakteriologische Befunde
Fall 1: Da das Tier erst zwei Tage nach dem Exitus zur Sektion gelangte, wurden die morphologischen Untersuchungen durch Autolyseerscheinungen beeinträchtigt. Wesentliche Befunde lagen an Leber und Darmkanal vor, Die Leber zeigte neben geringgradiger Schwellung deutlich graue Nekrosen. Der gesamte Dünndarm und das Caecum wiesen ein starkes Ödem auf, die Schleimhaut war hochgradig gerötet und von pappig-grauem Schleim bedeckt. Ferner wurden Schwellung der Mesenteriallymphknoten, hochgradige Blutstauung in beiden Herzkammern und schlechter Ernährungszustand nachgewiesen. Die bakteriologische Untersuchung führte zum Y. e.-Nachweis aus Herz, Milz, Niere, Leber und Darmlymphknoten. Aus dem Dünndarm wurde eine Mischkultur aus Y. e. und Colikeimen isoliert.

Fall 2: Die Sektion ergab den gleichen Darmbefund wie bei der Weißnasenmeerkatze. Außerdem waren die Kämme der Schleimhautfalten mit feinen Fibrinbelägen bedeckt. Leber und Milz zeigten geringgradige Umfangsvermehrung. An der Leber fiel außerdem eine deutliche Läppchenzeichnung auf. Auch dieses Tier wies einen schlechten Nährzustand auf. Ferner lagen eine fibrinöse Glossitis und Pharyngitis, mittelgradige Zahnsteinbildung und beginnender Zahnausfall vor. Die bakteriologische Untersuchung ergab Y. e. aus allen Parenchymen und den Darmlymphknoten. Aus dem Dünndarm wurde abermals eine Mischkultur aus E. coli und Y. e. isoliert.

Fall 3: Das dritte Tier wies die gleichen Darmbefunde wie die anderen Fälle auf. Leber und Milz zeigten außer geringer venöser Stauung keine auffälligen Veränderungen. In der Lunge wurden neben einem hochgradigen bronchialen Ödem zahlreiche spritzerartige Blutungen gesehen. Im Gegensatz zu den beiden anderen Tieren fiel der gute Ernährungszustand des Kattas auf. Bakteriologisch ließen sich Yersinien nur aus dem Dünndarm isolieren. Die anderen Organe waren keimfrei.

III. Umgebungsuntersuchungen
Die Fälle 1 und 2 gaben Veranlassung, bei allen im Zoo befindlichen Tieraffen, die im Laufe des Jahres per Schiff gekommen waren, den Kot speziell auf das Vorkommen von Yersinien zu untersuchen. Nachdem die diagnostischen Voraussetzungen verbessert waren, wurden die Proben von 1 Grünen Meerkatze (Cercopithecus aethiops), 3 Weißnasenmeerkatzen (Cercopithecus petaurista), 1 Husarenaffen (Erythrocebus patas), 1 Halsbandmangabe (Cercocebus torquatus) und dem bereits erwähnten Katta (Lemur catta) untersucht. Die Tiere stammten aus Tansania (Grüne Meerkatze), Ghana (Weißnasenmeerkatze , Husarenaffe, Halsbandmangabe), Madagaskar (Katta) und befanden sich seit einigen Monaten im Zoo Rostock. Von jedem Tier gelangten die ersten beiden Proben in 24stündigem Abstand und Probe 3 nach 3 - 4 Tagen zur Untersuchung. Alle Proben wurden mittels steriler Stieltupfer direkt oder aus ganz frisch abgesetztem Kot entnommen und unmittelbar nach der Entnahme an das bakteriologische Labor weitergeleitet. 21 Proben wurden getestet. Ein positives Ergebnis zeigten außer dem Katta (siehe Fall 3) noch die Proben 2 und 3 einer Halsbandmangabe. Dieses Tier, welches während seines Aufenthaltes im Zoo keiner tierärztlichen Behandlung bedurfte, wurde mit Neomycinsulfat behandelt (5 Tage lang täglich 0,05/kg/KM auf zwei Dosen verteilt). Der Husarenaffe, mit dem die Mangabe ein Gehege teilte, erhielt aus Sicherheitsgründen die gleiche Behandlung. Verfolgsuntersuchungen nach der Kur ergaben negative Befunde bei beiden Tieren. Diese Form der bakteriologischen Kotuntersuchung wurde bei 6 Tieren oben genannter Gruppe nach acht Monaten wiederholt (drei Proben je Tier in viertägigem Abstand), wobei in keinem Fall ein positiver Befund erhoben werden konnte. Darüber hinaus wurde dem Yersinien-Nachweis innerhalb der Quarantänezeit bei allen Tieraffen, die im Laufe des Jahres 1977 in den Zoo gelangten, besondere Beachtung geschenkt. Positive Befunde ergaben sich nicht.

Im Zoo Rostock befinden sich seit Jahren 1,2 Bartaffen (Macaca silenus). Magen-Darmerkrankungen auf infektiöser oder alimentär bedingter Basis waren nicht zur Beobachtung gekommen. Die Rekonstruktion der Pflegetechnik zur Zeit der Anwesenheit des Katta und der Halsbandmangabe ergab, daß auch bei dieser Gruppe der Keim vorkommen könnte, d. h. eine latente Infektion möglich schien. Es wurden daraufhin von jedem Tier drei Kotproben orientierend untersucht. Y. e. konnte bei zwei Tieren in jeweils einer Probe nachgewiesen werden. Bei später routinemäßig durchgeführten bakteriologischen Kotuntersuchungen von Tieren dieser Gruppe und anderen Affen des Stammbestandes kam der Erreger nicht mehr zur Feststellung. Auf eine Behandlung der Bartaffengruppe mußte verzichtet werden. Die Applikation von Medikamenten hätte Schwierigkeiten bereitet.

Diskussion

Enteritiden, durch Y. e. hervorgerufen, waren im Sektionsgut unserer Einrichtung bis zum Auftreten der beschriebenen Fälle (1 - 3) unbekannt. Eine latente Infektion im Tier- und Menschenaffen-Stammbestand des Zoos kann auf Grund der früher durchgeführten Sektionen und bakteriologischen Kotuntersuchungen, die im Jahre 1977 durch Verbesserung des Nährmediums noch spezifischer vorgenommen worden sind, weitgehend ausgeschlossen werden. Der von O t s u k i et al. (1973) vertretenen Meinung, daß die Affen die Erreger anscheinend beherbergen, kann nur bedingt zugestimmt werden. Sie hätten bei den vielen routinemäßig durchgeführten bakteriologischen Kotuntersuchungen im Affenbestand häufiger gefunden werden müssen, zumal ein Jahr lang mit verbesserter Untersuchungstechnik danach geforscht wurde. Der zitierte Autor stellte seine Untersuchungen in Japan an. Es scheint nicht ausgeschlossen, daß geographische Umstände eine Rolle spielen. Die drei Todesfälle zeigen, daß es sich um ernst zu nehmende Krankheitskeime handelt. Die Gefährlichkeit wird unter anderem auch aus K r o g s t a d s et al. (1973) Bericht deutlich, indem die Erkrankung gleichzeitig bei Ziegen und bei den diese betreuenden Tierpflegern auftrat. In der Eingewöhnungszeit eines Individuums in das Biotop "Zoo" muß dem Erreger besondere Beachtung geschenkt werden. Die Beobachtungen, die bei den Krankheitsverläufen gemacht wurden, decken sich mit denen anderer Autoren. Das Spontanauftreten der Erkrankung und der plötzliche Exitus letalis sind hervorstechende Merkmale. Das Auftreten der Krankheit mit tödlichem Ausgang bei Fall 1 und 2 ereignete sich innerhalb eines Monats, Fall 3 wurde etwa vier Wochen später registriert. Die Tiere waren in einem Haus untergebracht. Damit könnte die von K u r e k et al. (1974) vertretene Ansicht des enzootischen Charakters der Erkrankung eine Bestätigung finden. Die Erkrankungen bei Ziegen (K r o g s t a d et al. (1972) traten zu kühler beziehungsweise kalter Jahreszeit auf. Auch M o r t e l m a n s et al. (1977) führen aus, daß die Yersiniosis eine subakute bis chronische Krankheit der kalten Jahreszeit ist. Die hier mitgeteilten Fälle bei Affen wurden ebenfalls zu kühlerer Jahreszeit beobachtet. Die erfolgreiche Behandlung einer Halsbandmangabe, allerdings ohne klinische Symptome, mit Neomycin, welches im Darm eine bakterizide Wirkung entfaltet, zeigt, daß Antibiotika am Platze sind, wie auch K u r e k et al. (1974) berichten. Fall 1, der während der Quarantänezeit unter anderem Aspekt mit Neomycin behandelt worden war (siehe Kasuistik), kann nicht als "Versager" gelten. Zwischen der Behandlung und dem plötzlichen Tod lagen etwa drei Monate.

Die pathologisch-anatomischen Befunde decken sich mit den Beobachtungen bei anderen Enzootien (B a g g s et al., 1976; M o r t e l m a n et al., 1977, u. a.) in Affenbeständen. Im beschriebenen Untersuchungsmaterial überwiegen aber die Darmveränderungen. Lebernekrosen ließen sich in zwei Fällen erst durch die histologische Untersuchung nachweisen. Bemerkenswert erscheint der erst postmortal festgestellte schlechte Ernährungszustand bei den beiden ersten Tieren, wenn diese Beobachtung mit den klinischen und bakteriologischen Ergebnissen in Beziehung gebracht wird. Der klinische Verlauf deutet kaum auf eine Sepsis hin. Aus morphologischer Sicht müssen die beiden ersten Fälle eher als protrahierte Verlaufsformen angesehen werden. Nur in diesen Fällen war der Erreger aus den Parenchymen zu isolieren und hatte zu den genannten Veränderungen geführt. Die morphologischen Befunde und das bakteriologische Ergebnis beim Katta sprechen zusammen mit den klinischen Beobachtungen für eine perakute Verlaufsform. Gerade dieser letzte Befund läßt Rückschlüsse auf die Pathogenese der Yersiniosis durch Y. e. bei Affen zu. Das klinische Krankheitsbild und die morphologischen Befunde weisen auf eine Toxiinfektion hin, wie sie häufiger bei verschiedenen Enterobakteriaceae-Infektionen des Menschen und verschiedener Tierarten zu beobachten ist.

Schlußbetrachtung

Die Yersiniosis enterocolitica ist eine ernst zu nehmende Erkrankung, die - in Übereinstimmung mit Literaturberichten - offenbar vorwiegend zu kühlerer Jahreszeit auftritt und perakut oder

schleichend verlaufen kann. Plötzliche Todesfälle in Affenbeständen sollten ein Alarmzeichen sein. Die Krankheit kann sicherlich nicht als eine "Einschleppungs-Krankheit" nur der Affen angesehen werden. Bei vorzunehmenden Eingliederungen von Affen, die zweifelhafter Herkunft sind, in einen Stammbesatz muß an die Möglichkeit von Y. e.-Keimträgern gedacht werden.
Folgende Empfehlungen können gegeben werden:

1. Der perakute oder schleichende Verlauf solcher Infektionen erfordert sorgfältige klinische Beobachtung und zusätzliche diagnostische Untersuchungen, damit Verluste verhindert werden.
2. Neben strenger Einhaltung der Quarantänezeiten mit gezielten bakteriologischen Untersuchungen und Abklärung aller Todesfälle sollten in derartigen Beständen bakteriologische Kontrolluntersuchungen regelmäßig in größeren Abständen (z. B. zweimal jährlich) durchgeführt werden.
3. Alle klinisch unklaren Krankheitsbilder mit Magen-Darmsymptomen müssen zumindest bakteriologische Kontrolluntersuchungen der jeweiligen Haltungsgruppe und der Kontaktgruppen zur Folge haben.
4. Nach unseren Erfahrungen ist es wesentlich, daß die bakteriologische Kotuntersuchung, auch unter den besonderen Bedingungen der Zootierhaltung, nur dann erfolgreich verläuft und ein ausreichend sicheres Ergebnis liefert, wenn die Proben möglichst direkt am Tier oder unmittelbar von frisch abgesetztem Kot entnommen werden.
5. Die so gewonnenen Proben müssen der Untersuchungsstelle umgehend zur weiteren Bearbeitung übergeben werden.

Zusammenfassung:

Yersinia enterocolitica-Erkrankungen bei Tieraffen

Es werden Krankheitsverlauf und pathologisch-anatomische sowie bakteriologische Befunde bei Yersinia enterocolitica-Erkrankung von drei Tieraffen (Cercopithecus petaurista, Cercopithecus cephus, Lemur catta) beschrieben und diskutiert. Die Ergebnisse einer Umgebungsuntersuchung werden mitgeteilt. Empfehlungen zur Technik der Diagnostik werden gegeben.

Summary:

Yersinia enterocolitica Diseases in Monkeys

The author describes and descusses the process of the disease and pathological-anatomical as well as bacteriological findings with Yersinia enterocolitica infection of three monkeys (Cercopithecus petaurista, Cercopithecus cephus, Lemur catta). The results of an environmental examination are reported on. Recommendations on the technique of diagnostics are furnished.

Résumé:

Enterocolite par Yersinia chez des singes cercopithèques

Description du cours de la maladie ainsi que des analyses pathologiques, anatomiques et bactériologiques lors d'une entérocolite par Yersinia chez trois espèces de singes (Cercopithecus petaurista, Cercopithecus cephus, Lemur catta). L'auteur fait aussi part des résultats d'une étude de l'environnement et formule quelques recommandations au sujet de la technique à employer pour le diagnostic.

Резюме;

Yersinia enterocolitica -заболевание у обезьян.

Описаны и обсуждены результаты протекания , а также пато анатомические и бактериологические исследования у трех обезьян (Cercopithecus petaurista, Cercopithecus cephus, Lemur catta) заболевания вызванного Yersinia enterocolitica . Сообщаются результаты обследования окрестностей Даются предложения по технике к диагностике.

Literatur:

BAGGS, R. B., HUNT, R. D. and F. G. GARCIA (1976): Pseudotuberculosis (Yersinia enterocolitica) in the owl monkey (Aotus trivirgatus). Labor. Animal Sci. 26, 1079-1082.

HUSSEL, L. (1966): Seuchenschutz beim internationalen Transport von Zootieren und im Zoo. VIII. Internat. Symp. Erkrankungen Zootiere, Leipzig, 1-14.

KROGSTAD, O., TEIGE, I. and J. LARSEN (1972): Yersinia enterocolitica type 2 associated with disease in goat. Acta veter. scand. 13, 594-596.

KUREK, C. und M. KROLAK (1974): Yersinioza u. zwierzat i ludzi. 1. Wystepowanie, etiopatogeneza i rozpoznawanic. Med. weter. 6, 323-326.

MORTELMANS, J., KAGERUKA, P. et J. VERCRUYSSE (1977): La Yersinosis au Zoo d'Anvers: douze annees d'observations. Verhandlungsber. XIX. Internat. Symp. Erkrankungen Zootiere, Poznań, 219-222.

OTSUKI, K., TSUBOKURA, M. ITAGAKI, K., HIRA, K. and H. NIGI (1973): Isolation of Yersinia enterocolitica from monkeys and deers. Jap. J. vet. Sci. 35, 447-448.

SIMON, F., GIORGI, W., MOLLARET, H. H. and E. A. MATERA (1975): Yersinia enterocolitica Infection in a Jumping monkey (Callicebus moloch hoffmannsi). Verhandlungsber. XVII. Internat. Symp. Erkrankungen Zootiere, Tunis, 303-306.

Anschrift der Verfasser: VR Dr. med. vet. Chr. G a r l t
Dr. med. vet. H. K i u p e l
25 Rostock, Thierfelderstr. 18/19 (DDR)

Aus dem Institut für Parasitologie und Allgemeine Zoologie (Vorstand: Prof. Dr. R. Supperer) der Veterinärmedizinischen Universität Wien und dem Tiergarten Schönbrunn (Direktor: Doz. Dr. W. Fiedler)

ENZOOTISCHES AUFTRETEN VON PROSTHENORCHIS ELEGANS BEI PRIMATEN

Von E. Kutzer, H. K. Hinaidy, W. Grünberg und H. Burger

Halbaffen (Prosimiae) und Affen (Simiae) sind nicht selten von Kratzern der Gattung Prosthenorchis (Fam. Oligacanthorhynchidae) befallen. Natürliche Infektionen scheinen auf südamerikanische Arten sowie auf Lemuren der Insel Madagaskar beschränkt zu sein (Dollfus, 1938; Machado Filho, 1950). In Gefangenschaft, in Tiergärten, Versuchstierhäusern usw. können sie dann über die dort häufig anzutreffenden Schaben der Gattung Blatella, die als Zwischenwirte ermittelt wurden (Brumpt und Urbain, 1938; van Thiel und Wiegand Bruss, 1945), zum Ausgangspunkt für die Verbreitung von Kratzern in den Affenbeständen, einschließlich der Arten der alten Welt (Makaken, Schimpansen und andere), werden (Chandler, 1953). Meist kommt es aber nur zu subklinischen Infektionen, die gewöhnlich erst bei der Zerlegung von aus anderen Ursachen gestorbenen Tieren in Erscheinung treten.

Vor einiger Zeit trat bei Primaten des Tiergartens Schönbrunn eine durch Prosthenorchis elegans hervorgerufene seuchenhaft verlaufende Acanthocephalose auf. Betroffen waren 5 Schimpansen (Pan troglodytes), 2 Orang-Utans (Pongo pygmaeus), 1 Gibbon (Hylobates lar), 3 Rotmanteltamarine (Saguinus illigeri) und 1 Zwerggalago (Galago demidovii). Eine ähnliche Acanthocephalose war in Schönbrunn bereits in den Jahren 1938/39 beobachtet worden. Damals waren ausschließlich Krallenaffen (2 Callithrix jacchus, 1 Callithrix penicillata, 1 Callithrix santaremensis, 3 Oedipomidas oedipus, 1 Leontideus rosalia) betroffen.

Prosthenorchis elegans wurde von Diesing (1851) nach Material von Natterer beschrieben. Natterer sammelte dieses Material in den Jahren 1829-1835 in Brasilien von Saimiri sciureus, Leontideus rosalia, Saguinus tamarin (= Jacchus ursulus, = Mystax ursulus). Später veröffentlichte Diesing (1856) neun Abbildungen, die die morphologischen Merkmale der Art darstellen. Die Beschreibung Diesings wurde 1870 durch Cobbold ergänzt. Cobbold verweist auf die unterschiedliche Anzahl der Hakenreihen und der Falten, der sogenannten Halskrause; außerdem gibt er erstmalig eine Darstellung der Eier. Weitere ausführliche morphologische Beschreibungen von Prosthenorchis elegans gaben Porta (1909), Meyer (1933), Dollfus (1938) und Machado Filho (1950). Das Charakteristikum von Prosthenorchis elegans ist eine aus Längsfalten bestehende Halskrause, die keine andere Prosthenorchisart besitzt. Yamaguti (1963) hält dieses Merkmal für so markant, daß ihm die Errichtung einer neuen Gattung für diese Art gerechtfertigt erscheint. Im folgenden sollen die parasitologischen, klinischen und pathologischen Befunde beschrieben werden.

Prosthenorchis elegans (Diesing, 1851)

Synonym: Prosthenorchis lemuri (Machado Filho, 1950)

Wirte (eigenes Material): + Galago demidovii (1), Saimiri sciureus (4), Cebus apella (1), Callithrix jacchus (2), Callithrix leucocephala (2), + Callithrix penicillata (1), Callithrix santaremensis (1), Leontideus rosalia (1), + Saguinus (Tamarinus) illigeri (5), Oedipomidas oedipus (4), + Macaca (Lyssodes) fuscata (1), Hylobates lar (1), Pongo pygmaeus (2), Pan troglodytes (5).

\+ neuer Wirt
() Anzahl der bisher von uns festgestellten befallenen Tiere

Weiters ist Prosthenorchis elegans noch aus Cheirogaleus major, Lemur fulvus, Lemur fulvus albifrons, Saimiri o. orstedii, Cebus fatuellus, Lagothrix lagothricha, Ateles paniscus, Callithrix chrysoleucos, Saguinus tamarin (= Jacchus ursulus; = Mystax ursulatus), Saguinus midas, Oedipomidas geoffroy und Gorilla gorilla beschrieben worden.

Morphologie: Die morphologischen Merkmale unserer Exemplare stimmen weitgehend mit den Angaben in der Literatur überein. Der Rüssel besitzt 38-46 Haken verschiedener Größe. Die Halskrause (Abb. 1) setzt sich aus 20-28 Längsfalten zusammen (24 nach Diesing, 1851; 24-28 nach Cobbold, 1876; 28 nach Porta, 1909; 18-20 nach Meyer, 1933; 20-25 nach Dollfus, 1938). Die Größe der Eier (Abb. 2a) beträgt 63-70x36,5-43,2 µm (65x42 µm nach Meyer, 1933; 63-77x42 µm nach Machado Filho, 1950; 57-73x31-52 µm nach Eckert, 1961; 70x50 µm nach Moore, 1970; 60-65x41-43 µm nach Schmidt, 1972). Die Eioberfläche weist eine netzförmige Struktur auf (Abb. 2b). Der Nachweis der Eier erfolgt am besten mit einem abgekürzten Benedek-Verfahren (Kutzer, 1969).

Biologie: Die Entwicklung erfolgt über einen Zwischenwirt, in unseren Fällen über die Schabe Blatella germanica. Die von uns untersuchten 65 Schaben aus dem Schönbrunner Affenhaus waren zu 50 % mit infektionsfähigen Larvenstadien befallen, wobei deren Anzahl von 1 bis 20 pro Schabe schwankte (Abb. 3).

Die Eiausscheidung ist großen Schwankungen unterlegen, wie wir dies bei einem zur Beobachtung und Behandlung übergebenen Rotmanteltamarin (Saguinus illigeri) über zwei Monate feststellen konnten.

Klinische Befunde: Die betroffenen 5 Schimpansen stammten von einem Direktimport aus Afrika und wurden von einem Tierhändler im Spätherbst geliefert. Ein Jahr später wurden erstmals klinische Symptome beobachtet, die in Inappetenz, rascher Abmagerung und deutlicher allgemeiner Anämie bestanden. In der Folge entwickelte sich bei allen Schimpansen ein therapieresistenter wäßriger Durchfall, der bis zum Tode der Tiere bestehen blieb. Die parasitologische Kotuntersuchung ergab einen gering- bis mittelgradigen Befall mit Prosthenorchis elegans. Eine anthelminthische Therapie mit Dilombrin[R] (= Dithiazaninjodid, dreimal täglich 100 mg über zwei bis drei Tage p. o.) blieb erfolglos. Die Affen starben trotz intensiver oraler Versorgung mit Elektrolyten und Nährstoffkonzentraten innerhalb eines Zeitraumes von acht Monaten. Ein seit über zehn Jahren im gleichen Gehege gehaltener, etwa 14jähriger männlicher Schimpanse erkrankte nicht.

Die gleichzeitig betroffenen Orang-Utans wurden als Jungtiere von einem Tierhändler übernommen. Nach mehrjähriger guter Entwicklung kam es plötzlich zu auffallender Abnahme der Lebhaftigkeit und deutlichem Wachstumsstillstand. Der weitere Verlauf war durch Abmagerung, wechselnde Lebhaftigkeit bis Apathie und unterschiedlich auftretende abdominale Schmerzen mit oft unklarer Lokalisation gekennzeichnet. Der Blutbefund ergab eine geringgradige hypochrome Anämie, das Differentialblutbild eine mäßige Lymphozytose in Verbindung mit einer geringgradigen Eosinophilie. Die Elektrolytkonzentration im Serum war deutlich reduziert. Anthelminthische Behandlungen mit den Präparaten Mansonil[R] (= Niclosamid; 1500 mg), Dilombrin[R] (s. oben), Combantrin[R] (= Pyrantelpamoat, 250mg) und Citarin[R] (= Tetramisol; 10 mg/kg/KGW) blieben erfolglos. In der Folge wurden, wie bei den Schimpansen, roborierende Maßnahmen gesetzt, die keinen oder nur vorübergehenden Einfluß auf den Krankheitsverlauf nahmen. Der erste der beiden Orang-Utans starb nach einjähriger Krankheit. Ein halbes Jahr später wurde der kachektische Käfiggenosse mit T 61 getötet. Die Körpergewichtskurve dieses Affen läßt den Krankheitsverlauf deutlich erkennen. Von altersadäquaten 34 Kilogramm beim Auftreten der Symptome fiel das Gewicht innerhalb eines halben Jahres gleichmäßig auf rund 28 kg. Nach mehrmonatigem Stillstand des Gewichtsverfalles (vorübergehend sogar Gewichtszunahme) kam es zu einem raschen Absinken des Körpergewichtes. Am Tötungstag wog der Orang-Utan nur noch 19 kg.

Der Krankheitsverlauf bei einem gleichzeitig angekauften Gibbon, der von allen anderen Affen räumlich getrennt gehalten wurde, entsprach dem der Schimpansen und der Orang-Utans. Das adulte weibliche Tier bekam plötzlich einen profusen wäßrigen Durchfall. Die parasitologischen Befunde ließen auf das Vorhandensein von Acanthocephalen schließen. Die Behandlung mit Anthelminthika (Dilombrin[R], Combantrin[R], Citarin[R]) und Roborantien blieb erfolglos. Das Tier verendete nach etwa sechsmonatiger Krankheitsdauer.

Pathologische Befunde: Makroskopisch fallen schon bei der Eröffnung der Bauchhöhle die mehr oder weniger zahlreichen Anheftungsstellen der Parasiten an der Darmwand (Ileum, Caecum, Colon) auf. Sie erscheinen als stecknadelkopf- bis kleinerbsengroße flache oder mehr kugelförmige Hervorwölbungen der Serosa von weißlich-gelblicher oder bräunlicher Farbe. Bei plötzlichen Todesfällen besteht fast immer eine durch Perforation der Darmwand bedingte sekundäre Peritonitis. Nicht selten findet man aber auch einzelne Würmer in der freien Bauchhöhle, ohne daß sich eine Entzündung des Bauchfelles nachweisen läßt. Vielfach haben sich die Würmer mit dem Rüssel an der Serosa verankert, manchmal findet man sie auch im Begriff, die Darmwand wieder von außen nach innen zu durchbohren (E c k e r t , 1961; M e n s c h e l und S t r o h , 1963; eig. Beobachtung).

Die Mukosa ist im Befallsbereich gewöhnlich mit gelblich- oder grauweißlichem Schleim bedeckt, in dem die bisweilen nesterweise noch an der Darmwand festsitzenden, teilweise aber auch freiliegenden Kratzer nicht zu übersehen sind. Bei Massenbefall findet man häufig erwachsene und jugendliche Würmer nebeneinander (Abb. 4). An der Oberfläche der verdickten Schleimhaut sieht man verlassene Anheftungsstellen als geschwürartige Defekte mit grau-rötlichem Grund und verdicktem Rand. Die an der Darmwand verankerten Parasiten sind nur schwer herauszuziehen. Sie hinterlassen einen bis in die Submukosa oder tief in die Muskularis reichenden Bohrgang, dessen blindes Ende von einem schon von außen sichtbaren granulomartigen Knötchen gebildet wird. Die Schleimhaut am Rande der Öffnung des Bohrganges ist wulstig verdickt und vielfach leicht entzündlich gerötet.

Histologisch sieht man den verschieden tief in das Gewebe der Darmwand eingedrungenen Rüssel der Parasiten. Entzündliche Zellinfiltrationen in der Umgebung der Bohrgänge fehlen meist, sie sollen nur bei bakteriellen Sekundärinfektionen der Anheftungsstelle auftreten. Die Knötchen bestehen im Zentrum aus einer den Rüssel umgebenden nekrotischen Masse, die peripher von einer Granulationszone und Fibroblasten begrenzt wird (T h o m a s und T a k o s , 1956; T a k o s und T h o m a s , 1958; R u c h , 1959; E c k e r t , 1962; M e n s c h e l und S t r o h , 1963).

Diskussion

Das wesentliche Merkmal von Prosthenorchis elegans ist die sogenannte Halskrause, die von C o b b o l d (1876) als "rosette-shaped collar" bezeichnet wurde. C o b b o l d glaubte auch, daß dieses "attractive-looking surface" die Namensgebung durch D i e s i n g (1851) erklärt. Die Anzahl der Längsfalten der Halskrause schwankt nach den Literaturangaben, ausgenommen M a c h a d o F i l h o (1950), zwischen 18 und 28, nach unseren Untersuchungen zwischen 20 und 28. M a c h a d o F i l h o spricht zwar von einer variablen Anzahl von Längsfalten, doch zeigen seine Abbildungen 37 respektive 40. Er selbst ist aber der Meinung, daß es sich bei einem Teil der Falten um Artefakte, bedingt durch die Fixation, handeln könnte. Bei genauer Betrachtung seiner Abbildungen lassen sich auch tatsächlich 11 respektive 12 Falten als solche Artefakte denken, und somit wäre die Anzahl der Längsfalten der Halskrause wiederum 26 respektive 28. Die Abtrennung des von D o l l f u s (1938) als Prosthenorchis elegans beschriebenen Materials als eigene Art Prosthenorchis lemuri halten wir für ungerechtfertigt. Die angegebenen Unterschiede liegen, wie unsere Untersuchungen ergaben, in der normalen Variationsbreite des Parasiten. Prosthenorchis lemuri ist daher als Synonym zu Prosthenorchis elegans zu betrachten.

Die Menschenaffen des Tiergartens Schönbrunn sind in einem Affenhaus gemeinsam mit anderen Primaten untergebracht. Der Besatz zum Zeitpunkt des Auftretens der beschriebenen Enzootie betrug 63 Individuen aus 19 verschiedenen Spezies, darunter 9 verschiedene Neuweltaffenarten. Im alten, renovierungsbedürftigen Gebäude sind seit langem viele Schaben der Art Blatella germanica. Im Abdomen der Blatellen wurden 1-20 Acanthocephalenlarven festgestellt. Der Ausbruch der Enzootie konnte eindeutig mit zwei frisch importierten Rotmanteltamarinen (Saguinus illigeri) in Zusammenhang gebracht werden, bei deren Sektion ein hochgradiger Befall mit Prosthenorchis elegans als unmittelbare Todesursache festgestellt werden konnte.

Alle erkrankten Menschenaffen hatten die Gewohnheit, Schaben zu fangen und zu zerbeißen beziehungsweise zu verzehren. Nur der überlebende Schimpanse konnte nie bei der Aufnahme von Schaben beobachtet werden; das Betreuungspersonal hatte sogar gesehen, daß dieser Affe Furcht vor den Insekten zeigte.
Dementsprechend war auch der parasitologische Befund aller Kotproben dieses Tieres negativ.

Die vollständig übereinstimmenden klinischen Befunde lassen sich in Einklang mit den Ergebnissen der pathologischen Untersuchung bringen. Das ein Malabsorptions-Syndrom simulierende Krankheitsbild wird durch die fast vollständige Zerstörung weiter Strecken des Ileum erklärbar. Dabei dürfte nicht nur die Schädigung der Mukosa, sondern vor allem die Beeinträchtigung des neuromuskulären Apparates der Darmwand eine ausschlaggebende Rolle spielen.

Die durch schwere Colitiden beeinträchtigte Wasserresorption fand klinisch ihren Ausdruck in der bei allen Tieren beobachteten profusen wäßrigen Diarrhoe. Die unterschiedlich stark ausgeprägte hypochrome Anämie läßt sich nicht mit einem schleichenden Blutverlust aus den von den Parasiten gesetzten Zusammenhangstrennungen des Darmes erklären, sondern dürfte vielmehr Ausdruck einer insuffizienten Versorgung des Organismus mit den für die Blutbildung wichtigen Substanzen sein.

Die bei 3 Menschenaffen (2 Schimpansen, 1 Orang-Utan) beobachtete subakute bis chronische Peritonitis mit Verlötungen zwischen einzelnen Darmteilen kann nur als unmittelbare Todesursache, nicht aber als Grundleiden aufgefaßt werden.

Anthelminthische Behandlungen mit Dithiazaninjodid, Niclosamid, Pyrantelpamoat und Tetramisol blieben damals erfolglos. G ö l t e n b o t h (1976) berichtet über gute Behandlungserfolge mit Thiabendazol und Mebendazol.

Die wichtigste und wirksamste Maßnahme ist jedoch die Ausschaltung der Zwischenwirte, was in Affenhäusern (besonders in Altbauten) nicht immer leicht ist. Für die Bekämpfung der Schaben eignen sich Pyrethrum- und Carbamatverbindungen sowie Phosphorsäureester. Wir konnten mit Baygon[R] (Carbamat-Präparat) vor allem aber mit Dursban M[R] (organische Phosphorverbindung) gute Erfolge erzielen. Vorbeugend wäre zu fordern, daß nach Abklingen der Infektion in der Schabenpopulation bei allen Neueinstellungen von Affen eine Quarantänefrist eingehalten wird, die solange zu bemessen ist, bis feststeht, daß ein Acanthocephalen-Befall nicht vorliegt.

Zusammenfassung:

Enzootisches Auftreten von Prosthenorchis elegans bei Primaten

Bei einigen Primatenarten des Tiergartens Schönbrunn trat eine enzootisch verlaufende, durch Prosthenorchis elegans verursachte Acanthocephalose auf. Anthelminthische und roborierende Behandlungsverfahren blieben erfolglos. Bei der Sektion konnte einheitlich eine schwere Schädigung der Endabschnitte des Ileum sowie eine nekrotisierende Colitis festgestellt werden. Als Zwischenwirt und Überträger der Parasiten konnte Blatella germanica identifiziert werden.
Auf Grund unserer Untersuchungen ist Prosthenorchis lemuri ein Synonym von Prosthenorchis elegans. Galago demidovii, Callithrix penicillata, Saguinus illigeri und Macaca fuscata konnten als neue Wirte von Prosthenorchis elegans gefunden werden.

Summary:

Enzootic Occurrence of Prosthenorchis elegans in Primates

In some types of primates kept in the Tiergarten Schönbrunn there occurred an enzootically proceeding acanthocephalosis caused by Prosthenorchis elegans. Anthelminthic and roborative methods of treatment failed. At autopsy a severy injury of the final section of the ileum, as well a necrotizing colitis were invariably found. Blatella germanica could be identified as the intermediate host and transferring agent of the parasites. Owing to our studies, Prosthenorchis lemuri is a synonym of Prosthenorchis elegans. Galago demidovii, Callithrix penicillata, Saguinus illigeri and Macaca fuscata were isolated as new hosts of Prosthenorchis elegans.

Résumé:

Parasitisme enzootique de Prosthenorchis elegans chez des primates

Plusieurs primates du Jardin zoologique de Schönbrunn ont souffert d'une acanthocephalose provoquée par Prosthenorchis elegans et présentant une évolution enzootique. Les traitements avec des remèdes helminthiques et roboratifs sont restés sans succès. Lors de la dissection, on a pu constater une grave lésion de la partie terminale de l'iléon ainsi qu'une colite à effet narcotique. Comme hôte intermédiaire et agent de transmission des parasites on a pu identifier Blatella germanica. Nos analyses ont révélé que Prosthenorchis lemuri est un synonyme de Prosthenorchis élegans. Galago demidovii, Callithrix penicillata, Saguinus illigeri et Macaca fuscata ont été découverts comme hôtes nouveaux de Prosthenorchis elegans.

Резюме;

Энзоотическое проявление Prosthenorchis elegans у приматов.

У некоторых приматов в зоопарке Шенбрунна наблюдалось проявление энзотически протекающего акантоцефалоза, вызванного Prosthenorchis elegans . Применение антигильминтных препаратов не дало положительных результатов. Секционные исследования показали тяжелые нарушения конечных участков илиума, а также некротический колит. Промежуточным хозяином переносящем паразиты, является по всей вероятности Blatella germanica . На основе наших исследований Prosthenorchis lemuri является симптомом Prosthenorchis elegans. Galago demidovii, Callithrix penicillata, Saguinus illigeri, Macaca fuscata могут быть промежуточными хозяевами Prosthenorchis elegans

Literatur:

BRUMPT, E. et C. DESPORTES (1938): Hôtes intermédiaires expérimentaux de deux espèces d'acanthocéphales (Prosthenorchis spirula et P. elegans) parasites des lémuriens et des singes. Annls. Parasit. hum. comp. 16, 301-304.

BRUMPT, E. et A. URBAIN (1938): Épizootie vermineuse par acanthocéphales (Prosthenorchis) ayant sévi à la singerie du Muséum de Paris. Annls. Parasit. hum. comp. 16, 289-300.

CHANDLER, A. (1953): An outbreak of Prosthenorchis (Acanthocephala) infection in primates in the Houston Zoological Garden, and a report of this parasite in Nasua narica in Mexico. J. Parasit. 39, 226.

COBBOLD, S. (1876): Notes on Entozoa III. Proc. zool. Soc. Lond. 13, 200-205.

DIESING, C. M. (1851): Systema helminthum. Vol. II. Wien: Wilhelm Braumüller.

DIESING, K. M. (1856): Zwölf Arten von Acanthocephalen. Denkschr. kaiser. Akad. Wissensch., Math.-naturwiss. Cl. 11, 1. Abt., 275-290.

DOLLFUS, R. P. (1938): Etude morphologique et systématique de deux espèces d'acanthocéphales, parasites de lémuriens et de singes. Revue critique du genre Prosthenorchis Travassos. Annls. Parasit. hum. comp. 16, 385-422.

ECKERT, J. (1961): Bemerkenswerte Fälle von Helminthenbefall bei Zootieren. Mh. Vet. Med. 16, 851-856.

GÖLTENBOTH, R. (1976): in Klös, H. G. und E. M. Lang: Zootierkrankheiten. Berlin-Hamburg: Paul Parey.

KUTZER, E. (1969): Eimeria leuckarti, ein seltener Parasit von Pferd und Esel, Dtsch. tierärztl. Wschr. 76, 35-37.

MACHADO FILHO, D. A. (1950): Revisao do genero Prosthenorchis Travassos, 1915 (Acanthocephala) Mem. Inst. Osw. Cruz 48, 495-544.

MENSCHEL, E. und R. STROH (1963): Helminthologische Untersuchungen bei Pincheäffchen (Oedipomidas oedipus). Z. Parasitenkde. 23, 376-383.

MEYER, A. (1933): Acanthocephala. In: Bronns Klassen und Ordnungen des Tierreiches Bd. 4, 2 Abt., 2 B. Leipzig: Akademische Verlagsgesellschaft.

MOORE, J. G. (1970): Epizootic of Acanthocephaliasis among primates. J. Am. vet. med. Ass. 157, 699-705.

PORTA, A. (1909): Gli acantocephali dei Mammiferi. Arch. zool. Napoli 4, 239-285.

RUCH, Th. C. (1959): Diseases of laboratory primates. Philadelphia-London: Saunders.

SCHMIDT, G. D. (1972): Acanthocephala of captive primates: in T-W-Fiennes, R. N. Ed.: Pathology of Simian Primates Part. II., 144-156. Basel: Karger.

TAKOS, M. J. and L. J. THOMAS (1958): The parasitology and pathogenesis of fatal infections due to an acanthocephalid parasite of marmoset monkeys. Am. J. trop. Med. Hyg. 7, 90-94.

THIEL, P. H. van et C. E. WIEGAND BRUSS (1945): Présence de Prosthenorchis spirula chez les chimpanzés. Son rôle pathogêne et son development dans Blatella germanica. Annls. Parasit. hum. comp. 20, 304-320.

THOMAS, L. J. and M. J. TAKOS (1956): The pathology and pathogenesis of fatal infections due to an acanthocephalid parasite of marmoset monkeys. J. Parasit. 42, No. 4, Sec. 2, Suppl. 39-40.

YAMAGUTI, S. (1963): Systema helminthum. Vol. V: Acanthocephala. New York-London: Interscience Publishers.

Anschrift der Verfasser: Prof. Dr. Erich Kutzer
Veterinärmedizinische Universität Wien
Linke Bahngasse 11
A 1030 Wien III (Österreich)

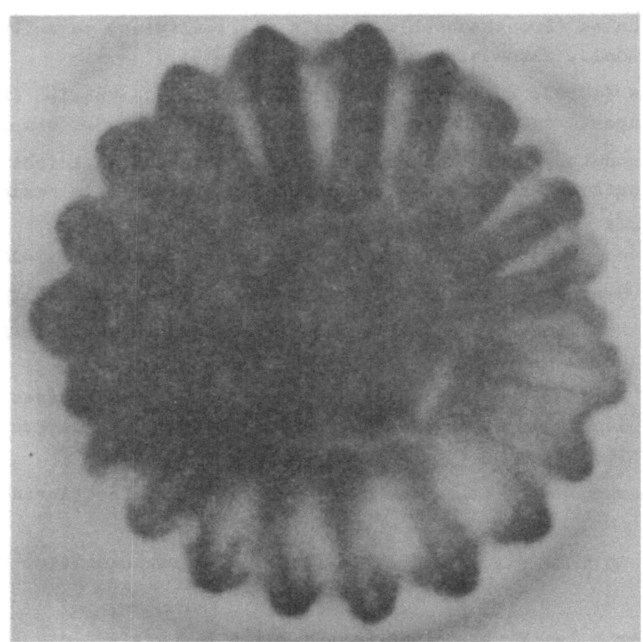

Abb. 1: Halskrause von Prosthenorchis elegans, Aufsicht.

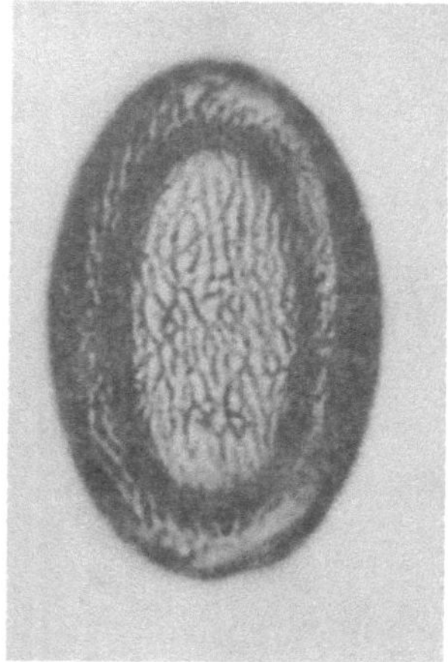

Abb. 2: Ei von Prosthenorchis elegans,
a) Querschnitt b) Oberflächenstruktur

Abb. 3: Larvenstadium (a) von prosthenorchis elegans in einer Schabe.

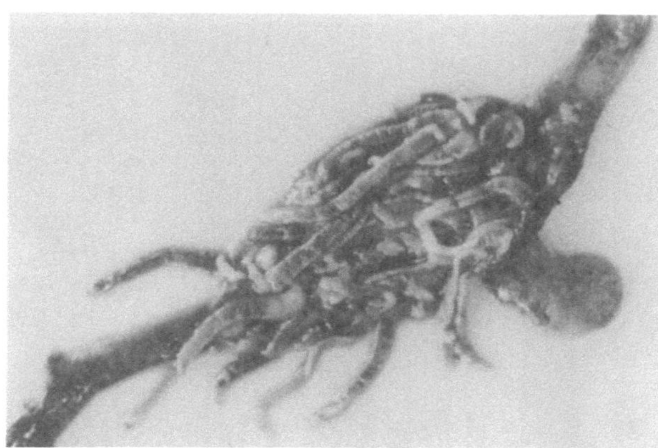

Abb. 4: Darmstück eines Totenkopfäffchens (Saimiri sciureus) mit starkem Prosthenorchis elegans - Befall.

Aus dem Zoologischen Garten Basel (Direktor: Prof. E. M. Lang) und dem Institut für Tierpathologie (Direktor: Prof. H. R. Luginbühl) der Universität Bern

HERPESVIRUS-SEPSIS BEI EINEM 13 TAGE ALTEN FLACHLANDGORILLA (GORILLA GORILLA GORILLA) IM ZOOLOGISCHEN GARTEN BASEL

Von D. Rüedi und A. Heldstab

Von 1954 an wurde im Zoologischen Garten Basel eine Zuchtgruppe von Flachlandgorillas aufgebaut. Heute besteht unsere Gruppe aus 4,4 Tieren. Zwischen 1959 und 1977 wurden 6,4 Jungtiere geboren, davon leben heute 2,2 in unserer Gorillafamilie und 2,0 in anderen Zoos. 1,3 Jungtiere starben im Alter von einer Woche bis 1 1/2 Jahren (keine Aufzucht durch das Muttertier; Milchmangel).

Wir prüfen jede Möglichkeit, um Jungtiere in der Gruppe von der Mutter aufziehen zu lassen und greifen nur in Extremfällen zur künstlichen Aufzucht. Dabei sind wir uns durchaus bewußt, daß wir ein gewisses Risiko eingehen.

Der Todesfall unseres männlichen Gorillas "Zorillo" kam für uns sehr überraschend.

Krankheitsverlauf

Das Jungtier, in der Nacht vom 23. auf den 24. 7. 1977 von der zehnjährigen Mutter "Quarta" geboren, stand bis 12 Stunden vor dem Tod unter täglicher Beobachtung unseres Gorilla-Verhaltensforschers. Die Aufzucht schien in den ersten 12 Tagen problemlos. Das Verhalten von Mutter und Kind war, verglichen mit unseren Erfahrungen mit früheren Gorilla-Aufzuchten, sehr befriedigend.

Am Morgen des 30. 7. 1977, also sechs Tage vor dem Tod des Jungen, stellte der Wärter bei "Quarta" ein "fiebriges" Gesicht, Apathie und Schüttelfrost fest. Sie fraß normal und trank ihre täglich gewohnten neun Liter Flüssigkeit. Diesen Beobachtungen maßen wir jedoch keine Bedeutung bei. Schon am Nachmittag machte die Gorillamutter wieder einen normalen Eindruck.
Am 5. 8. 1977, 07.30 Uhr, zeigte das Jungtier eine beschleunigte und verstärkte Atmung. Der Mund war leicht geöffnet, und der Kopf baumelte nach hinten über den Arm der Mutter, die den Kleinen an sich drückte. Über das Gesicht des Jungen waren zahlreiche, durch die schwarz-pigmentierte Haut schlecht sichtbare Vesikel verteilt.

Wir entschlossen uns, das kranke Junge, nach Sedation der Mutter, wegzunehmen und klärten eine vorübergehende Aufnahme im Kinderspital Basel ab. Da "Quarta", wie die meisten Menschenaffen, auf den Anblick von ihr bekannten Narkosegeräten mit wildem Geschrei und Abwehrbewegungen reagierte, war der verzögerte Eintritt der Narkosewirkung verständlich. Auch eine zweite Injektion mit Sernylan^{R} (Parke Davis) war nicht vom erhofften Erfolg begleitet. Es war nur eine leichtgradige Sedation eingetreten, und wir erachteten das Risiko einer dritten Injektion als zu groß. Die Mutter behielt das Junge in den Armen, und zwischen 12 und 13 Uhr konnten wir nur noch seinen Tod feststellen. Es dauerte weitere fünf Stunden, bis sie das Junge auf den Boden legte und sich in den wieder geöffneten Schaukäfig begab. Der ganze Vorgang hatte sich in einer der Mutter wenig vertrauten Nebenboxe abgespielt, was einen zusätzlichen Streß für sie bedeutete.

Im Anschluß an diesen Todesfall (5. 8. 1977) konnten Symptome einer leichtgradigen Infektion noch bei weiteren Individuen beobachtet werden. Bei unserem Zuchtmann "Pepe" sahen wir vom 2. bis 13. 9. 1977 Vesikel auf Nase und Oberlippe. Der Allgemeinzustand war nicht beeinträchtigt. Als letzte zeigte vom 9. bis 16. 9. 1977 "Achilla", die 30jährige Stammutter der Basler Familie - räumlich am weitesten von der erkrankten Mutter entfernt - die schwersten Symptome, wie Anorexie, Apathie und Vesikel über das ganze Gesicht verteilt. Wohl lebt unsere Gorillafamilie in drei geräumigen Käfigen mit Glasabschrankungen gegen die Besucher. Zwischen den einzelnen Käfigen aber besteht Kontaktmöglichkeit durch Schieber und Gitter.

Sektionsergebnisse

a) Makroskopische Befunde: Der Nährzustand war gut. Das Gewicht betrug 2,35 kg. Die Haut auf Brust, Armen, Beinen, Fußsohlen und besonders auf der haarlosen Gesichtsfläche war von multiplen, leicht über die Oberfläche erhabenen Bläschen übersät (Bläschenexanthem, Abb. 1).

Alle großen Parenchyme zeigten mehr oder weniger ausgeprägte Veränderungen. So waren die voluminösen Lungenlappen bis auf einen schmalen peripheren Randsaum dunkelrot verfärbt, die Oberfläche feucht und glänzend. Von der Schnittfläche ließ sich viel Ödemflüssigkeit abpressen. Die hochgradig vergrößerte, gelbbraun verfärbte Leber wies besonders in den lateralen Lappen multiple, zirka 1/2 mm Ø messende, scharf begrenzte gelbe Herdchen auf. Eine ausgeprägte Blutfülle verlieh der vergrößerten Milz eine violette Färbung. Auf beiden Nieren bestanden subkapsulär multiple petechiale Blutungen. Auf der ganzen Länge des Verdauungstraktes konnten in jedem Abschnitt zahlreiche Schleimhauterosionen und Ulzerationen nachgewiesen werden und zudem im Magen multiple Mucosablutungen.

Abb. 1: 13 Tage alter Gorilla. Vesikel über das ganze Gesicht verteilt

b) Mikroskopischer Befund: Der auf Grund des raschen klinischen Verlaufs und wegen der makroskopischen Veränderungen erhobene Verdacht auf eine Viruserkrankung konnte durch die histologischen Untersuchungen erhärtet werden. So zeigten sich in Herz, Lunge, Leber, Milz, Nieren und Gehirn multiple herdförmige Nekrosebezirke. Durch Konfluieren einzelner Herde erreichten die Veränderungen in der Lunge ein beträchtliches Ausmaß. In der Nekrobiosezone, am Übergang zum intakten Gewebe, beobachteten wir in allen Parenchymen eosinophile Kerneinschlüsse vom Cowdry-Typ A.

Die histologischen Veränderungen der Haut (Abb. 2) und des oberen Verdauungstraktes (Abb. 3) waren ähnlich.

Abb. 2: Fußsohle: Vesikel in der Epidermis (schwaches Trockensystem)

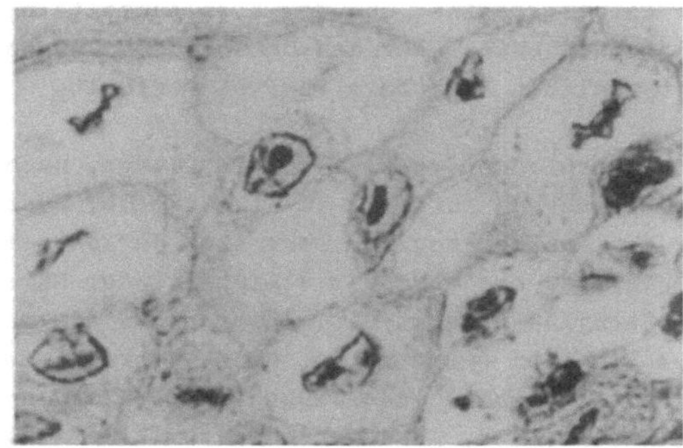

Abb. 3: Ösophagus: Intranukleäre Einschlußkörper im Plattenepithel des Ösophagus (Ölimmersion)

Durch umschriebene, ballonierende Degeneration der Epithelzellen war die Haut oder Schleimhaut herdförmig verdickt und oberflächlich stellenweise erodiert. Im Gegensatz zu den Parenchymläsionen konnte hier öfters eine leichtgradige, neutrophile Infiltration festgestellt werden. Multiple Nekroseherdchen in der Drüsenschleimhaut waren sowohl im Magen als auch in Dünn- und Dickdarm zu sehen. Die oben beschriebenen Kerneinschlußkörperchen sah man hier in großer Zahl in der Propria und im degenerierten Drüsenepithel.

c) Elektronenoptische Befunde: Obwohl nur formalinfixiertes Material zur Verfügung stand, konnten elektronenoptisch intranukleär Viruskapsidfragmente und intracytoplasmatisch Kapsid- und Envelopeteile gesehen werden. Die hexagonale Form der Partikel ließ ein Virus aus der Herpesgruppe am wahrscheinlichsten erscheinen (Abb. 4 und 5).

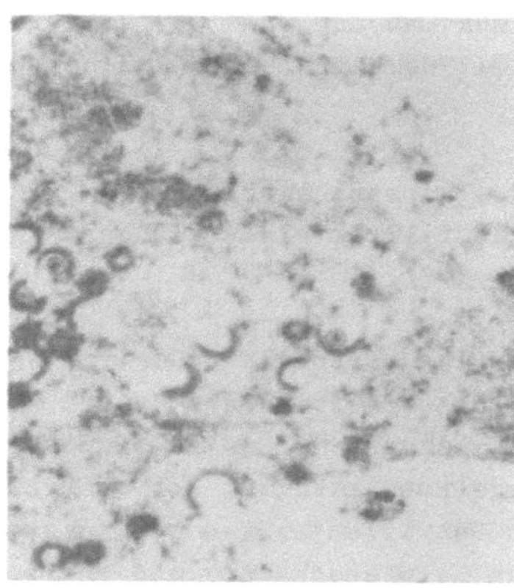

Abb. 4: Lunge: Einzelne Viren im Cytoplasma (Vergrößerung x 34440)

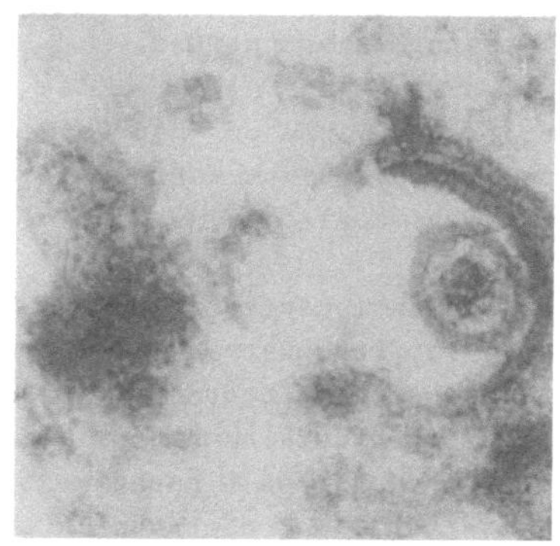

Abb. 5: Lunge: Einzelnes Virus (Vergrößerung x 234'000)

Diskussion

In der Literatur sind zahlreiche Herpes-Virusinfektionen bei Mensch und Affe beschrieben. Speziell wäre die beim Menschen fatal verlaufende Infektion mit Herpes B (Herpes simiae) und die für den erwachsenen Menschen meist harmlos verlaufende Infektion mit Herpes simplex (Herpes hominis) zu erwähnen. Bei ersteren stellen Makakenspezies (C o l e et al., 1968; B r a c k , 1977), bei letzteren der Mensch (Mc C l u r e et al., 1972) das Reservoir dar.

Beim Gorilla sind nur sehr wenige, schlecht dokumentierte Fälle von Herpesinfektionen beschrieben (R u c h , 1959; Mc C l u r e and G u i l l o u d , 1971; M a r e n n i k o v a et al., 1973/74; B r a c k ; 1977, T s u c h i y a , 1970).

Der Schweregrad der Krankheit beim Jungtier und der Verlauf bei den Alttieren hatte uns eher an eine Infektion mit Herpes simplex als Herpes B denken lassen (D a v i s et al., 1970). Nach Mc C l u r e and G u i l l o u d (1971) sind bis jetzt keine spontanen Infektionen mit Herpes B bei afrikanischen und Neuweltaffen beobachtet worden, hingegen sind künstliche Übertragungen auf verschiedene Alt- und Neuweltaffen möglich (Mc C l u r e , 1972; D a n i e l , 1972). Antigenetisch sind sich diese beiden Herpes-Typen sehr ähnlich (K a l t e r and G u i l l o u d, 1970; C o l e et al., 1968; D a n i e l et al., 1972).

Wir versuchten auf verschiedenen Wegen unsere Verdachtsdiagnose einer Herpesinfektion zu erhärten. Das Organmaterial konnte leider erst 19 Stunden nach Eintritt des Todes formalinfixiert und tiefgefroren werden.

Wir sandten Material nach München+. Auf verschiedenen Zellkulturen (Affennieren-Z, Human-dipl-Z, HEp-2-Z, Rita, Owl monkey kidney) konnten keine Viren der Herpesgruppe gezüchtet werden.

In St. Gallen++ konnten anhand von Immunfluoreszenz-Untersuchungen Herpes simplex, Varicella und Cytomegalovirus ausgeschlossen werden. Dadurch wurde unsere Verdachtsdiagnose, es könnte sich am ehesten um eine Herpes simplex-Infektion handeln, in Frage gestellt. Aus den Erfahrungen in der Humanmedizin ist bekannt, daß während des Geburtsvorganges diese Infektion von einer still infizierten Mutter (Vulvovaginitis) (D a v i s et al., 1970; Mc C l u r e and G u i l l o u d , 1971; Mc C l u r e et al., 1972; W h e e l e r and H u f f i n e s , 1977; F e l d e r et al., 1960) oder Pflegeperson auf das Neugeborene übertragen werden kann und sich meist fatal auswirkt.

+ Prof. Dr. F. D e i n h a r d t , Max v. Pettenkofer-Institut für Hygiene und Medizinische Mikrobiologie der Ludwig Maximilian-Universität, München, BRD.

++ Dr. S o n n a b e n d , Institut für medizinische Mikrobiologie, Kantonsspital St. Gallen, Schweiz.

In einem weiteren Schritt konnten im selben Institut mit dem uns von den USA+ zur Verfügung gestellten Herpes B Antiserum in Milz, Leber, Gehirn und Niere mit der indirekten Immunfluoreszenzmethode Herpes B nachgewiesen werden.

Im Rückblick können wir vermuten, daß es sich bei dem erwähnten kurzen Unwohlsein von "Quarta" (30. 7. 1977) und den Symptomen von zwei Gorillas nach dem Todesfall um eine leichtgradige Infektion mit Herpes B gehandelt hat.

Die Abklärung des Infektionsweges wird uns kaum möglich sein. Die Übertragung kann vom Wärter auf die Affen oder vom Besucherraum aus - bei kurzzeitig geöffneter Verbindungstür zum Wärtergang - aerogen stattgefunden haben (D a v i s et al., 1970). Es geht uns jetzt hauptsächlich darum, mit serologischen Untersuchungen abzuklären, ob eine gewisse Immunität bei unseren Wärtern und Menschenaffen gegen Herpes B nachzuweisen ist. Mit diesen Schritten hoffen wir, diese Diagnose erhärten, die Gefahr einer nächsten Infektion mit demselben Keim abschätzen und mögliche Infektionswege mit entsprechenden prophylaktischen Maßnahmen erkennen zu können.

Den Herren Prof. S t a l d e r , Direktor, Prof. J u s t , Virologe, und Dr. S a r t o r i u s, Hämatologe des Kinderspitals Basel, und Dr. O h n a c k e r , Pathologe, Universität Basel, möchten wir unseren Dank für die Hilfsbereitschaft bei der Untersuchung des Krankheitsfalles aussprechen. Auch den Herren Prof. D e i n h a r d t , München, und Dr. S o n n a b e n d , Kantonsspital St. Gallen, möchten wir für ihre Untersuchungen recht herzlich danken. Dem National Institute of Health sind wir für das Überlassen des Antiserums und den Herren K a l t e r , Ph. D., Director, Dept. of Microbiology and Infection Diseases, WHO Collaborating Center for Reference and Research in Simian Viruses, San Antonio, Texas, and Mc C l u r e , D.V.M., Veterinary Pathologist, Yerkes Regional Primate Research Center, Emory University, Atlanta, Georgia, für die Mitarbeit sehr verbunden.

Zusammenfassung:

Herpesvirus-Sepsis bei einem 13 Tage alten Flachlandgorilla (Gorilla gorilla gorilla) im Zoologischen Garten Basel

Am 5. 8. 1977 erkrankte ein 13 Tage alter Gorilla. Der Krankheitsverlauf war perakut und führte in wenigen Stunden zum Tode. Auf Grund der Resultate histologischer, elektronenmikroskopischer und immunfluoreszenzmikroskopischer Untersuchungen konnte mit großer Wahrscheinlichkeit eine Herpesvirus-Infektion angenommen werden.

Summary:

Herpes Virus-Induced Sepsis in a 13 Day-Old Gorilla gorilla gorilla in the Zoological Garden of Basel

On August 5, 1977 a 13 days old Gorilla fell ill. The peracute course of the disease led to death within a few hours. Due to the results of the histological and ultrastructural investigations a viral infection with Herpes was probable.

Résumé:

Virus herpétique septique chez un gorille (Gorilla gorilla gorilla) âgé de 13 jours, au Jardin zoologique de Bâle

Le 5 août 1977 un gorille agé de 13 jours tomba malade. Après quelques heures la maladie menait à la mort dans sa phase aigue. Selon toute apparence les résultats des examens histologiques et en microscopie électronique indiquaient une infection virale (Herpes).

+ National Institute of Health, BLDGWW, RM7A03, Department of Health, Education and Welfare, Public Health Service, Bethesda, Maryland 20014.

Резюме:

Гербисвирус-сепсис у тринадцатидневной гориллы низменной поверхности, зоопарка г. Базеля.

5.8.1977 года заболела 13-дневная горилла. Течение болезни было острым и привело через несколько часов к смерти. На основе гистологических, электронномикроскомических и иммунофлурисцентных исследований выявлена с большой вероятностью гербисвирусная инфекция.

Literatur:

BRACK, M. (1977): Morphological and Epidemiological Aspects of Simian Herpesvirus Infections. Schriften-Reihe Versuchstierkunde 5. Berlin-Hamburg: Paul Parey.

COLE, W. C., BOSTROM, R. E. and Jr. R. A. WHITNEY (1968): Diagnosis and Handling of B Virus in a Rhesus Monkey (Macaca mulatta). J.A.V.M.A. 153, 894-898.

DANIEL, M. D., MELÊNDEZ, L. V., HUNT, R. D. and B. F. TRUM (1972): The Herpesvirus Group. In 'Pathology of Simian Primates' Part II, 592-611. (Editor: R.N.T.W. Fiennes, London). Basel: S. Karger.

DAVIS, B. D., DULBECCO, R., EISEN, H. N., GINSBERG, H. S. and W. B. WOOD (1970): Microbiology. Harper International Edition, 2nd Edition. Hagerstown, Maryland: Harper and Row.

FELDER, J., MUEHLETHALER, J.-P. und U. KRECH (1960): Herpes simplex generalisatus. Eigener Fall und kasuistischer Überblick. Helv. Paed. Acta 15, 451-470.

HENRICKSON, R. (1972): Herpes Virus Infections of Primates. J.Z.A.M. 3, 37-39.

KALTER, S. S. and N. B. GUILLOUD (1970): Chimpanzee viruses. In 'The Chimpanzee', Vol. 2, 361-389. (Editor: G. H. Bourne, Atlanta, GA), Basel-New York: S. Karger.

MARENNIKOVA, S. S., MALTSEVA, N. N., SHELUKHINA, E. M., SHENKMAN, L. S. and V. I. KORNEEVA (1973/74). A Generalized Herpetic Infection Simulating Smallpox in a Gorilla. In 'Intervirology' 2, 280-286. (Editor-in-Chief: J. L. Melnick, Houston, Texas). Basel: S. Karger.

Mc CLURE, H. M. and N. B. GUILLOUD (1971): Comparative Pathology of the Chimpanzee. In 'the Chimpanzee', Vol. 4, 103-272. (Editor: G. H. Bourne, Atlanta, GA). Basel-New-York: S. Karger.

Mc CLURE, H. M. and M. E. KEELING (1971): Viral diseases noted in the Yerkes Primate Center Colony. Lab. Animal Science 21, Part II, 1002-1010.

Mc CLURE, H. M., KEELING, M. E., OLBERDING, B., HUNT, R. D. and L. V. MELÊNDEZ (1972): Natural Herpesvirus hominis Infection of tree shrews (Tupaia glis). Lab.Animal Science 22, 517-521.

Mc CLURE, H. M. (1974): Primate Pathology. A.A.Z.V. Annual Proceedings, 143-149.

MIMS, R. E. (1977): Viral Antidote. New drug checks herpes simplex encephalitis. Time, August 22, 47.

RUCH, T. C. (1959): Diseases of Laboratory Primates. Philadelphia-London: W.B.Saunders Company.

SUMNER-SMITH, G. (1966): B Virus in Association with a Monkey Colony at a department of Psychology. Lab. Primate Newsletter 5, 1-4.

TSUCHIYA, Y., ISSHIKI, O. and H. YAMADA (1970): Generalized cytomegalovirus infection in a gorilla. Japan J. Med. Sci. Biol. 23, 71-73.

WHEELER, C. E. and W. D. HUFFINES (1977): Primary Disseminated Herpes Simplex of the Newborn. JAMA 191, 111-116.

WOLF, R. H. (1974): Viral Diseases of Nonhuman Primates. A.A.Z.V. Annual Proceedings, 95-108.

Anschrift der Verfasser: Dr. med. vet. D. Rüedi, Zootierarzt
Zoologischer Garten Basel, Oberwilerstraße 131
CH-4054 Basel (Schweiz)

Aus dem Zoologischen Garten Duisburg (Direktor: Dr. W. G e w a l t)

THERAPEUTISCHE MASSNAHMEN GEGEN EINE PYODERMIE BEI JUNGEN FLACHLANDGORILLAS (GORILLA G. GORILLA)

Von F. O s t e n r a t h

Nach vielen Irrungen und Wirrungen trafen im November 1976 2,1 junge Flachlandgorilla direkt aus Westafrika ein: seit Anfang 1974 waren die drei Tiere bestellt, und man konnte "täglich mit ihrer Ankunft rechnen". Bei Ankunft waren alle Tiere in einigermaßen desolatem Gesundheitszustand, auch der Schreck des Einfangens in Afrika sowie die Aufregung des Fluges und des kurzen Quarantäneaufenthaltes auf dem Flughafengelände zeigten Spuren, die sich unter anderem an heftigen Bissen an den Armen des Pflegepersonals ablesen ließen. Beide Männchen ("Kumba" und "Campo") wogen je 12 kg und waren schätzungsweise drei Jahre alt; das weitaus kleinere Weibchen brachte lediglich 2,3 kg auf die Waage und wurde auf zirka 1 1/2 Jahre geschätzt.

Alle drei Tiere mußten zunächst ihre vorgeschriebene Quarantäne durchmachen. Zwei von ihnen (die beiden Männchen) waren in einem Raum in drei nebeneinander liegenden Käfigen untergebracht, standen aber in Kontakt durch Gitterschieber, die in regelmäßigen Zeitabständen auch entfernt wurden. Die Käfignachbarn hatten dadurch nicht nur Sicht-, sondern auch Körperkontakt. Das noch babyhafte Weibchen "Yuka" zog zur weiteren Handaufzucht in eine Tierpflegerfamilie ein. Zwischen diesem Tier und den beiden Männchen bestand also nur mittelbarer Kontakt über die Tierpfleger. Die Wände der Käfige sind gekachelt, Vorderseite, Boden- und Deckenteil bestehen aus 1,5 cm starken Eisenstäben, die in 3,5 cm lichtem Abstand voneinander angebracht sind. Als "Bodenbelag" benutzten wir einige Zeit lang noch eine zirka 5 cm dicke Schicht Holzwolle. Dieses Material wechselten wir bei Bedarf, mindestens aber einmal täglich. Alle Käfige sowie Wände und Boden des Raums wurden täglich vollständig desinfiziert (Lysoformin-Verdünnung/Firma Dr. H. Rosemann, Berlin).

Mitte Januar - also zirka drei Wochen nach Ankunft der Tiere in Duisburg - wurden zunächst bei "Kumba" ekzemartige Hautwunden am Ellbogengelenk, Kopf, Nacken und Rücken beobachtet. Die Haare fielen aus, die Wunden zeigten nach wenigen Tagen starke Schorfbildung, erste offene Hautrisse traten auf, welche bluteten. Drei Tage später zeigten sich bei dem Käfignachbarn "Campo" die gleichen Symptome. Da beide Tiere die befallenen Hautstellen zu kratzen begannen, vermuteten wir zunächst eine Räude oder unspezifische Pilzinfektion und badeten die Gorillas unter Narkose in einer 0,4%igen Alugan-Defungit-Lösung. Anschließend trockneten wir sie mit Handtüchern und einem Haarfön gut ab. Auf die trockenen, befallenen Hautpartien strichen wir Dermakulin-Emulsion. Diese Badeprozedur führten wir dreimal im Abstand von zwei Tagen durch.

Vor Beginn der ersten Alugan-Defungit-Behandlung entnahmen wir von beiden Tieren Hautproben jeweils vom Nacken und vom Ellenbogen, den am stärksten befallenen Körperregionen. Die bakteriologische und mykologische Untersuchung erbrachte bei allen Hautproben einen massiven bakteriellen Befall mit Staphylococcus aureus und Klebsiella spec.; die mykologische Untersuchung verlief negativ, wenn man von verstreuten Candida-albicans-Kolonien in den angelegten Kulturen absieht, die aber mit Sicherheit nicht als pathologisches Agens angesehen werden konnten.+ Daher wurde auf eine gezielte Therapie gegen Candida-Sprosse verzichtet. Es lag eine hochgradige Pyodermie der beiden Tiere vor. Das Resistogramm der bakteriellen Erreger ergab eine sehr gute Empfindlichkeit gegen das Sulfonamid Bactrim Roche (Hoffmann-La Roche AG). Dieses Präparat enthält als Wirkstoffe Trimethoprim und Sulfamethoxazol. Als Applikationsform werden Sirup (zuckerhaltig) und Tabletten (zuckerfrei) für Kinder (1 Tabl. 20 mg Trimethoprim und 100 mg Sulfamethoxazol) sowie für Erwachsene (1 Tabl. 80 mg Trimethoprim und 400 mg Sulfamethoxazol) angeboten. Wir ent-

---

+ An dieser Stelle sei wiederum Herrn AOR Dr. D. H a n t s c h k e , Dermatologische Klinik und Poliklinik der Universität Essen herzlich gedankt, der in kürzester Zeit die oben genannten Untersuchungen für uns durchführte.

schieden uns für den Sirup für Kinder (40 mg Trimethoprim und 200 mg Sulfamethoxazol pro Meßlöffel = 5 ml) und verabreichten beiden Tieren zunächst morgens und abends jeweils 1/2 Meßlöffel, das entspricht (laut Angabe der Herstellerfirma) 20 mg Trimethoprim und 100 mg Sulfamethoxazol als halbe Tagesdosis. Die Kur war für acht Tage angesetzt. Am 5. Februar 1977 wurde morgens mit der Verabreichung des Medikaments begonnen, die Aufnahme vom Löffel war komplikationslos. Zu diesem Zeitpunkt wogen beide Tiere 22 kg, das entspricht einer Gewichtszunahme von 10 kg in 10 Wochen! Bezogen auf das Körpergewicht wurde beiden Tieren also 1,8 mg Trimethoprim und 9,1 mg Sulfamethoxazol als Tagesdosis im 12-Stunden-Rhythmus verabreicht. Nach Ablauf dieser ersten Sulfonamidkur badeten wir beide Tiere nochmals in der bereits erwähnten Alugan-Defungit-Lösung. - Leider blieb der Erfolg dem ganzen bisherigen Unternehmen versagt. Die erkrankten Hautbezirke zeigten keinerlei Besserung, im Gegenteil, sie weiteten sich aus, Kniegelenke und Unterschenkel wurden ebenfalls befallen.

Da uns der Gedanke an eine mögliche Allergie gegen die als Käfigbodenbelag verwendete Holzwolle (feiner Holzstaub) nicht ganz abwegig erschien, wechselten wir kurzerhand die Holzwolle gegen kurzes, sauberes Haferstroh aus. Die Tiere nahmen es gerne an und begannen sogar damit, sich regelmäßig kleine Schlafnester zu bauen, was sie vorher mit der Holzwolle nicht gemacht hatten.

Drei Wochen nach Beginn der ersten Kur nahmen wir wiederum Hautproben und wieder wurden die gleichen Erreger nachgewiesen. Candidasprosse fehlten diesmal ganz. Bemerkenswerterweise zeigte auch das neuerstellte Resistogramm keine wesentlichen Unterschiede zum ersten. Wir entschlossen uns, nochmals eine Bactrim-Kur durchzuführen, allerdings in höherer Dosierung. Ohne Schwierigkeiten applizierten wir 5 Meßlöffel (= 25 ml) Kindersirup pro Tier, jeweils morgens und abends (12-Stunden-Abstand), das entspricht einer Tagesdosis von 400 mg Trimethoprim (= 18,2 mg/kg Kgw bei 22 kg Kgw) und 2000 mg Sulfamethoxazol (= 90,9 mg/kg Kgw. bei 22 kg Kgw). Wie beim ersten Mal verabreichten wir das Medikament über acht Tage. Die ersten Anzeichen einer Besserung zeigten sich nach drei Tagen: der Juckreiz ließ offenbar nach, die Tiere kratzten sich nicht mehr; in der Folgezeit schlossen sich die zum Teil blutenden Risse in der Haut.

Wegen der Aggressivität der beiden Junggorillas war es für unser Pflegepersonal unmöglich, die ausheilenden Hautläsionen mit Wundöl oder -creme zu bestreichen. Nach Ablauf dieser zweiten Kur bedeckten wir unter Narkose alle Wunden im Abstand von drei Tagen insgesamt dreimal mit Althosol-Spray (Wirtschaftsgenossenschaft Deutscher Tierärzte e. G., Hannover), um die Granulation des Wundgewebes anzuregen, sowie mit Fissan-Kindercreme, um ein Entfetten und Austrocknen der Haut zu vermeiden. Die Schorfbildung verschwand ungefähr zehn Tage nach Behandlungsbeginn, und Haare wurden nach 15 Tagen wieder sichtbar. - Zur Kontrolle ließen wir sechs Wochen nach Absetzen der letzten Sulfonamidgaben von beiden Tieren nochmals Hautproben untersuchen. Die Befunde fielen negativ aus.

Zum Abschluß seien noch einige Bemerkungen zur Narkose beider Gorillajungtiere beigefügt. Wie bereits erwähnt, waren alle Behandlungsschritte, die eine direkte Berührung zwischen Pflegepersonal und den Tieren notwendig machten, wegen der extremen Aggressvität der Affen nur in Narkose durchzuführen. Insgesamt wurden beide Gorillas jeweils elfmal narkotisiert. Die Applikation erfolgte stets mit Hilfe eines Blasrohres (1 m Länge) der Firma TELINJECT (Ludwigshafen). Für beide Tiere wurden 22 kg Körpergewicht zugrunde gelegt. Über jede einzelne Narkose wurde ein Protokoll angefertigt. Stellvertretend für alle diese Vorgänge sei im folgenden ein Protokoll auszugsweise wiedergegeben, da sich die einzelnen Narkoseabläufe nur unwesentlich voneinander unterscheiden. Die Applikationen wurden stets in den Morgenstunden durchgeführt, da die Tiere zu diesem Zeitpunkt noch nüchtern waren; als Anästhetikum wurde in allen Fällen nur Vetalar 100 mg/ml (Firma Parke-Davis) eingesetzt:

8.20 Uhr	1,2 ml Vetalar 100 mg/ml per Blasrohr; das entspricht 5,4 mg/kg Kgw.;
8.23 "	sitzt ruhig, guckt noch lebhaft, beißt aber nicht mehr bei Berührung;
8.25 "	legt sich in Seitenlage, schläft aber noch nicht;
8.29 "	schläft, läßt sich widerstandslos aus dem Käfig herausnehmen.
8.35 "	Hautproben werden ohne Gegenreaktion entnommen, danach Badeprozedur.
8.50 "	alle Eingriffe beendet, nach Zurücksetzen in den Käfig versucht das Tier, sich aufzurichten, fällt aber um und legt sich ruhig in Rückenlage, Kopf zur Seite gedreht.
9.00 "	hat sich aufgerichtet, hält sich an Gitterstäben fest, noch taumelig.
9.30 "	trinkt Suppe, ißt einen Apfel.

Vom Zeitpunkt der Applikation bis zur Nahrungsaufnahme sind also lediglich 70 Minuten vergangen. Wie aus dem Protokoll hervorgeht, reicht also eine Dosis von 5,4 mg/kg Kgw. für eine "Kurznarkose" unter den gegebenen Umständen voll aus.

Zu Versuchszwecken wurde bei einem der Jungtiere (Campo) eine Narkose durchgeführt, nachdem das Tier zuvor seine volle Morgenmahlzeit (1/2 l Haferschleimsuppe und diverses Obst sowie einige Stückchen Zwieback) aufgenommen hatte. In diesem Fall erzielten wir einen guten Narkoseverlauf bei einer Dosierung von 8,2 mg Ketaminhydrochlorid (VETALAR) pro kg Kgw. Mit der gleichen Dosierung erzielten wir gute Resultate bei "Kumba", der in zwei Fällen mit einem Netz gefangen worden war und dem Vetalar per Hand appliziert wurde. Durch den Streß des recht umständlichen Fangens mit dem Kescher wurde die erhöhte Dosis nötig.

Zusammenfassung:

Therapeutische Maßnahmen gegen eine Pyodermie bei jungen Flachlandgorillas (Gorilla g.gorilla)

Die Symptome einer Staphylokokken/Klebsiellen-Mischinfektion der Haut bei zwei jungen Flachlandgorillas werden beschrieben sowie Hinweise zur Therapie gegeben. Ferner werden Angaben zur Narkose sowie deren Verlauf bei beiden Jungtieren gemacht.

Summary:

Therapeutic Measures Against a Pyodermia in Young Gorilla g. gorilla

The symptoms of a staphylococcus-klebsiella infection of the skin of two young Lowland-gorillas are described. Hints on a successful therapy are furnished at the same time. Furthermore, statements on the narcosis applied, as well as on its process in both young animals are made.

Résumé:

Méthode thérapeuthique contre une pyodermie chez deux jeunes gorilles (Gorilla g. gorilla)

Description des symptômes d'une infection mixte staphylococcie-klebsielle de la peau chez deux jeunes gorilles ainsi que mention des mesures thérapeuthiques. L'exposé contient également des indications au sujet de la narcose et de son évolution chez les jeunes anthropoïdes.

Резюме:

Терапевтические мероприятия против пиодермии выявленной у молодых горилл.

Описаны симптомы смешанной инфекции стафилококко-клебсилевого типа у двух молодых горилл низменных поверхностей. Предложены терапевтические мероприятия. Кроме того описан метод наркоза применяемый у данных двух молодых животных.

Anschrift des Verfassers: Dipl.-Biol. F. Ostenrath
Zoologischer Garten Duisburg
Mülheimer Str. 273
D-4100 Duisburg 1 (BRD)

us dem Zoologischen Garten Krefeld (Direktor: Dr. W. E n c k e)

COLITIS ULCEROSA BEI EINEM SCHIMPANSEN

Von R. G a n d r a s , W. E n c k e und P. V o g t

Einleitung: Der Schimpanse "Charly" wurde zirka 1973 in freier Wildbahn geboren und als Zweijähriger von der Firma L. Ruhe erworben. Bevor das Tier am 9. 9. 1976 nach Krefeld kam, war es etwa ein halbes Jahr im Zoo Gelsenkirchen und wurde dort von einer Tierpflegerin betreut. Es bestand ein äußerst enger Kontakt zwischen Tier und Pflegerin. Nach einer einmonatigen Eingewöhnungszeit wurde "Charly" unserem fünfjährigen Weibchen "Trixi" beigesellt. Beide vertrugen sich sehr gut miteinander. Nach zwei Tagen wurden beide in die Gruppe gelassen, die aus vier dreijährigen Weibchen und einem fünfjährigen Männchen bestand. "Charly" wurde reibungslos in die Gruppe aufgenommen. Es konnte nicht festgestellt werden, daß er unterdrückt wurde.

Klinische, parasitologische, bakteriologische und mykologische Befunde:
Im November 1976 erkranken alle Schimpansen an Husten und leichtem Schnupfen. Es wird keine Therapie eingeleitet. Parasitologisch zeigt sich ein geringer Magenwurmbefall. Es wird Mebenvet eingesetzt. Eine weitere parasitologische Untersuchung im selben Monat ergibt das Vorhandensein zahlreicher Strongyloides stercoralis-Larven. Zur Behandlung wird erneut Mebenvet verwendet. Am 8. 1. 1977 zeigen dann einige Schimpansen einen unspezifischen Durchfall. Eine Behandlung erfolgt mit Streptomagma (Wyeth). Am 9. 1. 1977 hat nur noch "Charly" wäßrigen Durchfall, der in den nächsten Wochen zum Teil mit Schleim und hellrotem Blut abgesetzt wird. Appetit ist noch vorhanden. Ab Mitte Januar wird "Charly" auf eine Diätkost mit Sonana (Humana), zusätzlich Biosorbin, Bactrim-Sirup (Hoffmann-La Roche), Konakion (5 Tropfen), Moronal (1 Pipette) gesetzt. Häufig wiederholte parasitologische, mykologische und bakteriologische Kotuntersuchungen ergeben von Mal zu Mal unterschiedliche Befunde wie: Hämolysierende Streptokokken und hämolysierende Colibakterien, Hefen (Sproßpilze), Bazillen (aerobe Sporenbildner). Salmonellen, Clostridien, Amöben und Vibrionen konnten in allen Proben nicht festgestellt werden. Medikamente wurden in folgender Reihenfolge eingesetzt: Perenterol (Pharma Codex), Oralpädon (Fresenius), Moronal, Chloromycetin-Palmitat, Phosphalugel (Biotherax), Vetoprim-900 und Polymyxin-B.
Bis Mitte Februar 1977 bleibt der Zustand von "Charly" wechselhaft, die Futteraufnahme verschlechtert sich, und der Kot ist breiig bis wäßrig, zum Teil mit hellrotem Blut vermischt. Am Körpergewichtsverlust läßt sich der Krankheitsverlauf ablesen:

16. 9. 1976	16 kg
23.11. 1976	19 kg
24. 1. 1977	16,5 kg
4. 2. 1977	15,5 kg
12. 2. 1977	15 kg

Ab 15. 2. 1977 verweigert der Patient fast völlig die Nahrungsaufnahme. Wegen der zunehmenden Menge an hellrotem Blut im Stuhl wird am 19. 1. 1977 als weitere diagnostische Möglichkeit die Sigmoido-Colono-Ileoskopie durch Herrn Dr. B r o i c h e r und zwei Schwestern von den Städtischen Krankenanstalten Krefeld unter Narkose (15 mg Vetalar + 2 mg Combelen) durchgeführt.
In Linksseitenlage wird das Coloskop CF LB3 eingeführt. Bereits unmittelbar oberhalb des Anus findet sich eine hämorrhagisch fibrinös veränderte Schleimhaut. Beim weiteren Ausspiegeln des Rektums, der Colonabschnitte Sigma und des Descendens finden sich auch kleinste Ulzerationen verbunden mit Hämorrhagien. Die Coloskopie wird etwa bis in Höhe der linken Flexur durchgeführt. Wegen der Gefahr einer Perforation wird von einer totalen Coloskopie abgesehen. Aus dem Colon descendens- und Sigmabereich werden Biopsien entnommen. Beim Zurückspiegeln finden sich keine inneren Hämorrhoiden. Von den Befunden werden auch endoskopische Aufnahmen gemacht. Als endoskopische Verdachtsdiagnose wird eine Colitis ulcerosa unmittelbar oberhalb des Anus beginnend und mindestens bis zur linken Flexur reichend festgestellt.

Die histologische Untersuchung durch Herrn Prof. Dr. H e y m e r erbrachte folgenden Befund: "Mikroskopisch erkennt man mehrere Gewebsstückchen aus dem Dickdarm, bestehend aus Mukosa. An einzelnen Stellen ist auch die Muscularis mucosae angeschnitten. Submucosa liegt nicht vor. Die Schleimhaut weist sehr unterschiedlich große und unregelmäßig gestaltete Drüsen auf. Einige Schleimhautdrüsen sind hyperplastisch und besitzen außerordentlich zahlreiche Becherzellen, andere Drüsen weisen eine starke Reduktion der Becherzellenzahl auf, in diesem letztgenannten Bereich findet man eine deutliche, chronisch-entzündlich-zellige Infiltration des Schleimhautstromas, wobei stellenweise auch Granulocyten nachweisbar sind. Vereinzelt findet man innerhalb der Lichtung der Schleimhautdrüsen massenhaft Granulocyten im Sinne von sogenannten Kryptenabszessen. Manchmal wird das Schleimhautepithel von den Granulozyten infiltriert. Größere Schleimhaut-Ulzerationen oder -Erosionen liegen nicht vor. In den HE- und van Gieson-Präparaten kann man keine Bakterien oder Pilze nachweisen. In den Giemsa-Präparaten finden sich vereinzelte kleine metachromatische Körnchen, deren diagnostische Bedeutung unklar erscheint. Obwohl dem Untersucher das normale Bild der Dickdarmschleimhaut bei Schimpansen unbekannt ist und er vor allem auch nicht weiß, wie sich das Schleimhautbild in Abhängigkeit von der Ernährung (ausreichend Bananen) ändert, läßt sich dennoch folgendes konstatieren: Es finden sich in der Schleimhaut morphologische Veränderungen, die in mancher Hinsicht den Kriterien der Colitis ulcerosa beim Menschen entsprechen. Dazu gehören Kryptenabszesse, Reduktion der Becherzellenzahl und Irregularität der Drüsen. Es finden sich aber keine Schleimhautulzerationen oder Erosionen. Ein Anhalt für eine Malignität am eingesandten Material war nicht gegeben." Als Behandlung werden täglich Klysmen mit Betnesol-Rektal-Instillation (halbe Dosis) vom 19. 2. bis zum 8. 3. 1977, sieben Tage lang je 1 ml Celestovet i. m. und 1 ml Terramycin i. m., täglich 1/2 Beutel Velyn (Behringwerke) + 1/2 Beutel Phosphalugel + zweimal 10 Tropfen Kobalt-Ferrlecit + Municaps (Schwarzhaupt) verabreicht. Nach dem Absetzen der Betnesol-Einläufe erhält der Patient ab 9. 3. 1977 zweimal täglich 1 Tablette Deltacortril für 10 Tage, dann 3 Tage je 1 1/2 Tabletten, darauf 3 Tage je 1 Tablette und schließlich 3 Tage je 1/2 Tablette. Ab 28. 3. 1977 wird nicht mehr therapiert. Während der Behandlungszeit wurden 1000 bis 1500 g Biosorbin-Brei täglich bis zum 6. 3. 1977 gefüttert, danach wurde zusätzlich ein geriebener Apfel und etwas Banane und Zwieback gereicht. Auffällig war, daß drei Tage nach der Therapie mit dem noch dünnflüssigen, graugrünen Kot kein Blut mehr abgesetzt wurde. Nach weiteren 12 Tagen ist der Kot erstmals halbgeformt. Die Gewichtszunahme beträgt innerhalb dieses Zeitraums 2,5 kg.

Am 30. 3. 1977 wird "Charly" wieder in die Gruppe eingesetzt. Eine Kotuntersuchung am 20. 4. 77 ergibt bei normalem Kot zahlreich Balantidien-Cysten (600 CpG). Am 3. 5. 1977 werden im ansonsten unveränderten Kot von "Charly" wieder Blutspuren beobachtet. Dieser Befund verstärkt sich in den darauffolgenden Tagen. Vom 5. 5. 1977 an werden wieder 10 Tage lang Einläufe mit Betnesol durchgeführt. Als Diät erhält der Schimpanse Biosorbin, an Obst nur etwas Banane. Vom 9. 5. 1977 an werden die Blutungen schwächer. Der Kot ist zunehmend geformt, dennoch wird bis zum 26. 5. 1977 etwas blutiger Schleim gefunden. Ab 26. 5. 1977 werden 14 Tage lang täglich 3 Dragees Azulfidine gegeben. Der Zustand von "Charly" verbessert sich zusehends. Am 11. 7. 1977 wird "Charly" wieder der Gruppe zugesellt. Er wird freudig begrüßt und setzt sich im Gruppenverband ohne Schwierigkeiten durch. Das Gewicht beträgt am 11. 7. 1977 18,5 kg und steigt bis zum 30. 8. 1977 auf 19 kg.

Diskussion und Schlußfolgerungen:

Der langwierige Verlauf der Erkrankung mit den Leitsymptomen blutig-wäßriger Durchfall, stetige Abmagerung und zunehmende Hinfälligkeit rechtfertigte den Einsatz eines aufwendigen Instrumentariums (Coloskop). Durch diese Methode wurde erst die exakte Diagnose einer Colitis ulcerosa ermöglicht. Folgerichtig konnte dann eine gezielte Therapie dieser Erkrankung nach den Erfahrungen der Humanmedizin durchgeführt werden, nachdem von uns zuvor erfolglos eine ursächlich nicht bekannte Enteritis behandelt worden war.

Die Colitis ulcerosa des Menschen ist eine chronisch-remittierende, unspezifische, entzündliche und ulzerative Erkrankung des Colons und Rektums unbekannter Genese mit blutig-eitrigen Durchfällen. Beginn meist im Rekto-Sigmoid mit Tendenz zum Weiterwandern nach oben bis zum Befall des gesamten Colons, manchmal sogar übergreifend auf das Ileum (s.g. back-wash-Ileitis). Die Pathologie beschreibt oberflächliche Entzündungsprozesse in Mukosa und Krypten, Hyperämie, vermehrte Verletzlichkeit der Schleimhaut, Kryptenabszesse, Ulzera, Pseudopolypen bei chronischen Formen, Narbenbildung. Klinisch findet man neben den blutig-eitrigen Durchfällen krampfartige

Leibschmerzen, Tenesmen. Weitere Symptome sind Appetitlosigkeit, Müdigkeit, Fieber, Abmagerung, Leukozytose, beschleunigte BKS, Anämie, Elektrolytstörungen (besonders Hypokaliämie), Hypoproteinämie. Die diagnostischen Hilfsmittel sind die Rektoskopie und die Röntgenuntersuchung mit Kontrastbrei, wobei angenagte Dickdarmkonturen (sägezahnähnlich), "Kragenknopfabszesse", Verlust der Haustrierung bei Befall der Muskularis, starrer, verengter Darm bei chronischem Verlauf und Pseudopolypen erkannt werden. Es werden Sonderformen beschrieben wie:
a) Hämorrhagische Proktitis; nur auf Rektum beschränkt mit milder Verlaufsform, außer Blut- und Schleimabgang keine anderen Symptome, dabei in etwa 10 % der Fälle Fortschreiten des Prozesses nach oben.
b) Toxisches Megacolon; lebensbedrohliche Form mit maximaler Blähung des Colons, besonders des Colon transversus; dabei schwere Allgemeinsymptome und Perforationsgefahr.

Bei der Colitis ulcerosa können Komplikationen wie Analfisteln, Analabszesse, Perforation, Peritonitis, massive Blutungen, Stenosen und Karzinome auftreten. Differentialdiagnostisch sind auszuschließen: Amöbenruhr, Bazillenruhr (Shigellen), pseudomembranöse- und Staphylokokkenenterokolitis bei Resistenzgeminderten unter der Therapie mit Breitbandantibiotika, Urämie, Quecksilbervergiftung, Mesenterialinfarkt, ischämische Kolitis, Darmtuberkulose, Colica mucosa, Kolonkarzinom und Rektumkarzinom.
Neben der auch von uns durchgeführten medikamentellen Therapie wird in der Humanmedizin zusätzlich Psychotherapie als unterstützende Maßnahme empfohlen. Bei allen schweren Verlaufsformen und Komplikationen wird, wenn die konservative Therapie versagt, eine totale Kolektomie vorgenommen.

Die Ursache dieser Erkrankung ist nicht bekannt. Es wird jedoch vermutet, daß Streßfaktoren eine bedeutende Rolle dabei mitspielen. Hausärzte forschen bei Patienten mit plötzlich auftretender Colitis ulcerosa immer nach durchgestandenem Ärger in der Familie oder anderswo. Im Falle "Charly" könnte eine ähnliche Situation bestehen. Der Affe wurde, bevor er in unseren Zoo kam, einzeln gehalten, und es bestand ein sehr enger Kontakt zu seiner Pflegerin. Hier mußte er, nach einer Eingewöhnungszeit, in einer Gruppe mit sechs anderen Schimpansen zusammenleben. Obwohl von uns nicht beobachtet wurde, daß er sehr stark unterdrückt wurde, bedeutete die Anpassung an die Gruppe für ihn mit Sicherheit eine erhebliche Umstellung in seinen Lebensgewohnheiten. Unerklärlich blieb uns zunächst auch die erneute Erkrankung mit dem gleichen Symptomenbild, nachdem er bereits mehr als einen Monat ohne Krankheitsanzeichen wieder in der Gruppe gelebt hatte. Nach genauer Befragung des Personals konnten wir herausfinden, daß "Charly" öfters von einem der Pfleger aus der Gruppe genommen wurde und "bevorzugt" behandelt wurde. Nach Abstellung dieser "Sonderbehandlung" und Abheilung seines Durchfalls lebt "Charly" nur noch in der Gruppe und hat bis Ende 1977 keine Anzeichen einer ähnlichen oder anderen Erkrankung gezeigt.

Besonderer Dank gilt den Städtischen Krankenanstalten Krefeld, insbesondere Herrn Dr. Broicher und Assistenz, Herrn Prof. Dr. Heymer und Herrn Prof. Dr. Finger sowie dem Staatlichen Veterinäruntersuchungsamt Krefeld, Frau Dr. Kleine und den Herren Dr. Ackermann und Dr. Bannenberg für die Unterstützung unserer Arbeit.

Zusammenfassung:

Colitis ulcerosa bei einem Schimpansen

Es wird ein Fall von Colitis ulcerosa beim Schimpansen beschrieben. Nach anfänglicher erfolgloser Enteritisbehandlung wird die Rektoskopie als diagnostisches Hilfsmittel eingesetzt. Dadurch wird eine genaue Diagnosestellung ermöglicht und eine Therapie mit Betnesol-Rektal-Instillationen unter Antibiotika-Schutz eingeleitet. Streßfaktoren als Ursache der Erkrankung werden diskutiert.

Summary:

Colitis ulcerosa in a Chimpanzee

The authors describe a case of colitis ulcerosa in a Chimpanzee. After an initial enteritis treatment had failed, rectoscopy was applied as a diagnostic aid. This enabled an exact diagnosis and the starting of an aimed therapy by applying Betnesol-Rektal instillations under antibiotic protection. Stress factors are discussed as the cause of the disease.

Résumé:

Colite ulcéreuse chez un chimpanzé

Description d'un cas de colite ulcéreuse chez un chimpanzé: après un traitement sans résultat contre une entérite supposée, on a eu recours à la rectoscopie en tant que moyen diagnostique auxilliaire. Un meilleur diagnostic a pu être établi et un traitement par instillation rectale de Betnesol avec protection antibiotique a été engagé. Les auteurs supposent que l'affection pourrait être un effet du stress et soumettent cette idée à la discussion.

Резюме:

Colitis ulcerosa у шемпанзе.

Сообщается один случай проявления у шемпанзе. После начального безуспешного лечения энтерита , была в целях диагностики проведена ректоскопия. При этом была проведена точная диагностика заболевания и предложена ректальная ветезольная терапия, при антибиотиковой защите. Причиной заболевания по мнению авторов являются стрессовые факторы.

Anschrift der Verfasser: Dr. R. G a n d r a s und
Dr. W. E n c k e
Zoologischer Garten der Stadt Krefeld
Uerdinger Str. 377
4150 Krefeld (BRD)

Aus der Abteilung für Pathomorphologie und Parasitologie (Direktor: Prof. Dr. S e n d u l k a) der Veterinärmedizinischen Universität Brno und dem Zoologischen Garten Brno (Direktor: Ing. S. K r a l i k)

URSACHEN POSTNATALER VERLUSTE BEI EISBÄREN IM ZOOLOGISCHEN GARTEN BRNO

Von L. G r o c h , K. T i l ǒ und F. H a n á k

Die hohen Jungtierverluste und die bisher selten erfolgreich verlaufende künstliche Aufzucht von Eisbären weisen auf eine Vielzahl noch ungeklärter Probleme bei der Zucht von Eisbären hin. Die Feststellung ist besonders ernst zu nehmen, da der Eisbär zu den vom Aussterben bedrohten Tierarten zählt. Wir möchten deshalb hier einige Aussagen über die Ursachen der postnatalen Verluste bei Eisbären geben, die im Zoo Brno von 1970 bis 1976 ermittelt wurden.

Im Jahre 1970 wurden unsere Eisbären fünf Jahre alt. Von diesem Zeitpunkt an wurden jährlich im Dezember zwei Jungtiere geboren, so daß im Untersuchungszeitraum im Verlauf von sechs Geburten zwölf Jungtiere zur Welt kamen. Insgesamt konnte jedoch nur ein einziges Tier aufgezogen werden. Die Gründe für die Verluste waren unterschiedlicher Art. Beim ersten Wurf trug die Mutter die Jungtiere nach der Geburt in den Auslauf ins Freie, wo sie am nächsten Morgen vom Pfleger erfroren aufgefunden wurden. In den beiden darauffolgenden Jahren hielten wir das Muttertier für den Zeitraum der Geburt in ihrer Unterkunft eingeschlossen. Lediglich am lauten Geschrei der Jungtiere ließ sich nachweisen, daß die Geburt stattgefunden hatte. Am zweiten beziehungsweise dritten Tag verstummte jedoch das Geschrei, und bei der daraufhin vorgenommenen Kontrolle wurden die Jungtiere stark abgemagert und tot aufgefunden. Die Mutter hatte die Jungen zwar nicht verletzt, jedoch hatte sie auch keine Anstalten zu einer Versorgung und Pflege unternommen, so daß sie infolge Nahrungsmangel und Unterkühlung verstarben. Im Jahre 1973 brachte die Mutter die Jungtiere bereits zu einem Zeitpunkt zur Welt, als noch keine Separierung erfolgt war. So konnte wiederum ein Jungtier in den Auslauf getragen werden, wo es bereits nach zwei Stunden starb. Das zweite in der Unterkunft zurückgelassene Jungtier konnte herausgenommen werden, jedoch erkrankte es nach vier Tagen unter den Anzeichen einer Pneumonie und starb nach weiteren zwei Tagen. Nach der Sektion konnte aus allen Organen Pasteurella multocida nachgewiesen werden. Im darauffolgenden Jahr wurden beide Jungtiere sofort nach der Geburt der Mutter abgenommen. Fünf Tage hindurch verlief die künstliche Aufzucht der Jungtiere ohne Schwierigkeiten, und es konnten Gewichtszunahmen registriert werden. Dann stellte sich jedoch wiederum eine Pneumonie ein. Die apathisch erscheinenden Jungtiere nahmen keine Nahrung mehr auf und zeigten deutlich Atembeschwerden. Trotz sofort eingeleiteter Penizillin- und Streptomyzintherapie verstarben sie am folgenden Tag. Die pathologische Untersuchung ergab eine katarrhalische und zum Teil eitrige Pneumonie. Histologisch konnten neben einer ausgeprägten Hyperämie Anhäufungen von entzündlichen Zellelementen in den Lungenalveolen festgestellt werden. Charakterisiert wurde die Entzündung durch Makrophagen, Lymphoidzellen und epitheliale Zellelemente sowie durch Anhäufungen neutrophiler Granulozyten. In den entzündlich veränderten Alveolen traten dichte Bakterienrasen hervor. Bakteriologisch wurden aus allen Organen Klebsiella pneumoniae und E. coli var. haemolytica isoliert. Die isolierten Keime erwiesen sich gegenüber Penizillin und Streptomyzin als resistent.

Im Jahre 1975 wurden die Jungen bei der Mutter gelassen. Sie starben am nächsten Tag. Die Sektion und histologische Untersuchung ergaben eine interstitielle Pneumonie. Im histologischen Bild dominierten Reaktionen in den interalveolären Septen, die infolge kapillärer Kongestion und durch starke Aktivierung der Alveolarmakrophagen angeschwollen waren. Auch die Alveolenlumina waren mit Detritusmassen ausgefüllt. Bei einem Jungtier konnten außerdem histologisch Anzeichen von einer extramedullären Blutbildung in der Leber beobachtet werden. In den Lebersinusoiden wurden Konglomerate von unreifen Zellelementen festgestellt, die der Entwicklungsreihe der Erythro- und Leukopoesis angehören. Die bakteriologischen Untersuchungen führten zu negativen Ergebnissen. Im Jahre 1976 wurden die zwei Jungtiere unmittelbar nach der Geburt in einen Inkubator gebracht. Die Aufzucht verlief in absolut sauberem Milieu in der Wohnung des

Zootierarztes. Den Jungtieren wurde dieselbe Aufmerksamkeit und Pflege gewidmet, wie es bei Frühgeburten des Menschen üblich ist. Am sechsten Tag verweigerte ein Tier die Nahrungsaufnahme und starb nach zwei Tagen trotz Verabreichung von Pyopen (Carbenicillin) und Prostaflin (Oxacillin). Bei der Sektion wurden eine ausgedehnte eitrige Leptomeningitis und pneumonische Herde festgestellt. Histologisch war in der weichen Hirnhaut eine starke Exsudation von neutrophilen Granulozyten festzustellen, die zusammen mit einem Netz von feinen Fibrinfasern auf der Oberfläche der Hemisphären eine ausgedehnte Schicht bildeten. In der Lunge befanden sich disseminierte pneumonische Herde verschiedener Größe, die von zerfallenden Zellen gebildet wurden. Bakteriologisch wurde Klebsiella pneumoniae nachgewiesen, die sich im Resistogramm nur Keflin und Tobramycin gegenüber als empfindlich erwiesen. Dem zweiten Jungtier wurden dann diese Antibiotika appliziert, und es konnte mit Erfolg aufgezogen werden. Der Eisbär ist inzwischen ein Jahr alt und wiegt 98 kg.

Die Ursachen der Mißerfolge bei der Aufzucht von Eisbären im Zoo Brno müssen aus der Sicht der natürlichen und der künstlichen Aufzucht beurteilt werden. Bei der natürlichen Aufzucht war es das mangelnde Interesse der Mutter an den Jungtieren, die dann immer innerhalb zwei Tagen infolge Nahrungsmangel und Unterkühlung starben. Die Umwelt Tiergarten erfüllt nicht die Voraussetzungen zur Aufzucht von jungen Eisbären, die im ursprünglichen natürlichen Biotop gegeben sind. Bei der künstlichen Aufzucht wird Unterkühlung und Nahrungsmangel ausgeschlossen, dagegen kommt die außergewöhnliche Anfälligkeit der Jungtiere gegenüber Infektionen zum Tragen. Bakteriologisch wurden Pasteurellen, Klebsiellen und E. coli festgestellt, also Keime, die gegenüber den üblichen Antibiotika oft resistent sind. Besonders der letzte Fall, der durch Klebsiellen verursachten Hirnhautentzündung, erinnert stark an die entsprechende Erkrankung bei neugeborenen Kindern. Die Prognose ist äußerst schlecht, und der Behandlungserfolg ist vom Einsatz einer Kombination von Antibiotika abhängig, die entsprechend den Ergebnissen eines Empfindlichkeitstestes gewählt werden. Die Inkubationsdauer wird mit einigen Stunden bis sieben Tagen angegeben.

Aus unseren Beobachtungen geht hervor, daß bei der künstlichen Aufzucht von Eisbären die erste Lebenswoche besonders kritisch ist, denn in dieser Zeitspanne entwickelt sich die von der Mutter oder von der Umgebung aquirierte Infektion. Die Jungen sind daher stets als infiziert anzusehen, und die Aufzucht muß unter Antibiotikaschutz durchgeführt werden. Es empfiehlt sich, sofort nach Abnahme der Jungtiere einen Abstrich aus der Mundhöhle und dem Enddarm bakteriologisch zu untersuchen und entsprechende Antibiotika einzusetzen. Aussichtsreich könnte auch eine Analyse der Mikroflora des Muttertieres sein, die eine Anwendung von geeigneten Antibiotika sofort beim Absetzen der Jungtiere von der Mutter möglich machen würde.

Zusammenfassung:

Ursachen postnataler Verluste bei Eisbären im Zoologischen Garten Brno

Eine Analyse der Ursachen postnataler Verluste bei Eisbären im Zoo Brno zeigte, daß bei natürlicher Aufzucht alle Jungtiere starben, da sie von der Mutter verlassen wurden. Bei künstlicher Aufzucht sind die Verluste auf Infektionen zurückzuführen, die die außergewöhnlich empfindlichen Jungtiere nach der Geburt aufnehmen. Grundvoraussetzung für einen Erfolg bei der künstlichen Aufzucht ist eine optimale Pflege, die der vorzeitig geborener Kinder entspricht und alle modernen Möglichkeiten der Vorbeuge und Behandlung ausschöpft.

Summary:

Causes of Postnatal Losses in Polar Bears in the Zoological Garden of Brno

As was revealed by an analysis of the causes of postnatal losses in Polar Bears in the Zoo of Brno, all young bears died under conditions of natural rearing, as they were abandoned by their mothers. Under conditions of artificial rearing the losses are due to infections which the young bears contract right after birth. As they are particularly sensitive to infections and other diseases, their artificial rearing should correspond to the optimal care for prematurely born humans. This is the prerequisite for a successful artificial rearing. All modern facilities of prevention and treatment should be fully availed of.

Résumé:

Pertes postnatales chef des Ours polaires au Zoo de Brno

Un examen des causes ayant conduit à des pertes postnatales chez des ours polaires au Zoo de Brno a mis en évidence qu'en cas d'élevage naturel, tous les oursons sont morts, parce que l'ourse les avait abandonnés. En cas d'élevage artificiel, les pertes ont été causées par des infections auxquelles les petits sont particulièrement sensibles après la naissance. Afin de parvenir à un élevage artificiel sans pertes, il importe d'administrer aux oursons nés avant terme tous les soins en se servant des moyens les plus avancés de la médecine profilactique et thérapeuthique.

Резюме:

Причины постнатальных потерь среди белых медведей в зоопарке города Брно.

Анализ потерь среди белых медведей показал, что при естественном разведении все молодые животные погибают, потому что матери их покидают. При искусственном разведении потери животных возникают в результате инфекций, которыми поражаются чувствительные молодые животные. Основной предпосылкой для искусственного разведения белых медведей является соблюдение оптимальных условий, предупреждение и лечение возникших заболеваний.

Anschrift der Verfasser: Dr. L. G r o c h
Zoologischer Garten Brno
635oo Brno-Bystrc (ČSSR)

Aus dem Institut für Infektions- und Invasionskrankheiten der Landwirtschaftlichen Akademie Wrocław, Abteilung für Pathologische Anatomie (Direktor: Prof. Dr. habil. Z. Wachnik) und dem Zoologischen Garten Wrocław (Direktor: Dr. A. Guowiński)

AUGENTUBERKULOSE BEI EINEM BENGALTIGER (PANTHERA TIGRIS TIGRIS)

Von Z. Michalska, K. Kocuła und A. Guowiński

Bei Haustieren wird die Augentuberkulose verhältnismäßig selten beobachtet. In der Regel tritt sie nur im Verlauf einer generalisierten Tuberkulose auf. Primäre Infektionen im Bereich des Augapfels (Bindehäute und Cornea) werden nur bei Katzen beobachtet, die sich beim Putzen mit den Pfoten selbst infizieren können. Die tuberkulösen Veränderungen treten als speckige Verdickungen an dem dritten Augenlid oder an der Cornea auf. Kommt es zu einer fortschreitenden Ausbreitung, so kann eine tuberkulöse Iritis, Retinochorioditis oder sogar eine Panophthalmie entstehen. Kleinere Granulome konfluieren zu massiven Konglomeraten, die den ganzen Augapfel ausfüllen können und gelegentlich die Cornea oder Sklera durchbrechen (Freudiger, 1956; Sobiech, 1975). In dem uns zugänglichen Schrifttum haben wir keine Beschreibungen von Augentuberkulose bei Raubtieren gefunden. Aus diesem Grunde möchten wir nachfolgend einen von uns beobachteten Fall vorstellen.

Ein zehnjähriger weiblicher Bengaltiger zeigte klinisch eine Corneatrübung des rechten Auges, Tränenfluß und deutliche Sehstörungen. Des weiteren trat ein Appetitmangel und dadurch bedingt eine Abmagerung auf. Die Atmung des Tieres war beschleunigt, und das Fell erwies sich als glanzlos. Da neben den beschriebenen Symptomen eine Leberschädigung vermutet wurde, erfolgte eine Behandlung mit Polisulfamid (Biovet), Tylan (Elanco), Calphosan (Polfa), Fellogen (Polfa), Vitamine A+D_3, K (Polfa). Es trat keine Besserung ein. Achtzehn Tage nach sichtbarem Krankheitsbeginn starb das hochgradig kachektische Tier.

Sektionsbefund:
Das Tier zeigte eine chronische Magen-Darmentzündung. In der Leber und den Nieren traten eine Verfettung und eine albuminöse Degeneration auf. Die Milz ließ eine bindegewebige Induration erkennen, und im Lungengewebe konnte eine Peribronchitis, Hyperämie und Atelektase festgestellt werden. Die gezielte Untersuchung des rechten Auges zeigte eine deutliche Verdickung der graugelb verfärbten Cornea. Der Augapfel war insgesamt vergrößert, wobei die einzelnen Abschnitte des Auges infolge tuberkulösen Gewebewachstums nicht voneinander zu unterscheiden waren. Die getrübte Linse war deformiert, und in der Retina trat eine Hyperämie hervor. Desgleichen konnte man im Gehirn, im Bereich des Chiasma, eine Hyperämie der Meningen beobachten. Am linken Auge traten keine Veränderungen auf. Histologisch wurden in der Leber miliare Granulome ermittelt, die aus Epitheloidzellen sowie lympho-histiozytären Zellelementen zusammengesetzt waren. In den etwas größeren Granulomen traten zentral Koagulationsnekrosen auf. Ähnliche Gewebsveränderungen fanden sich auch in der Lunge. Auffällig häufig waren hier Schaumzellen nachweisbar. Die im Bereich des rechten Auges auftretenden Gewebsveränderungen setzten sich ebenfalls aus lympho-histiozytären und epitheloidzelligen Infiltrationen zusammen. Vereinzelt wurden Plasmazellen und große Histiozyten nachgewiesen. Nekrosen traten nicht auf. Eingebettet in Granulationsgewebe ließen sich Überreste von zerstörtem Augengewebe erkennen. Die im Auge nachweisbaren Veränderungen entsprachen dem histo-pathologischen Bild der Veränderung in den anderen Organen. Durch die bakteriologische Untersuchung konnte der Nachweis von Mykobakterien erbracht werden, eine Typendifferenzierung erfolgte nicht.

Der von uns beschriebene Fall einer Augentuberkulose bei einem Tiger sollte Anlaß sein, grundsätzlich bei Augenveränderungen der Feliden die Möglichkeit einer Augentuberkulose mit in Betracht zu ziehen. Im Überblick von Benirschke (1976) über pathologische Befunde bei Sibirischen Tigern werden als Augenveränderungen nur Katarakte bei mehreren Tieren angeführt. Über gleichartige Befunde in Amerika und Europa berichten auch verschiedene andere Autoren.

Zusammenfassung:

Augentuberkulose bei einem Bengaltiger (Panthera tigris tigris)

Es wird über eine einseitige Augentuberkulose bei einem zehnjährigen weiblichen Bengaltiger berichtet. Die pathologisch-anatomischen Veränderungen werden ausführlich beschrieben.

Summary:

Ocular Tuberculosis in a Panthera tigris tigris

The author reports on a unilateral ocular tuberculosis in a ten year-old female Panthera tigris tigris. The pathological-anatomical changes are described in detail.

Résumé:

Tuberculose des yeux chez un tigre du Bengale (Panthera tigris tigris)

L'exposé signale un cas de tuberculose sur un oeil chez une tigresse royale âgée de dix ans. Une description minutieuse des modifications pathologiques et anatomiques est présentée.

Резюме:

Туберкулез глаза у бенгальского тигра.

Сообщается об одностороннем туберкулезе глаза, выявленном у десятилетней бенгальской тигрицы. Описаны пато-анатомические изменения.

Literatur:

BENIRSCHKE, K., GRINER, L. A. and S. L. SALTZSTEIN (1976): Pathological findings in Siberian Tigers. Verhandlungsber. XVIII. Internat. Symp. Erkrankungen Zootiere, Innsbruck, 263-273.

FREUDIGER, W. (1956): Beobachtungen zur Epidemiologie und Klinik der Tuberkulose des Hundes und der Katze. Schweizer Arch. Tierheilk. 98, 5, 195-205.

SOBIECH, T. (1975): Gruźlica zwierząt. PWRiL Warszawa, 191.

Anschrift der Verfasser: Doz. Dr. habil. Z. Michalska
Landwirtschaftliche Akademie Wrocław
Ul. Cypriana Norwida 31
Wrocław (VR Polen)

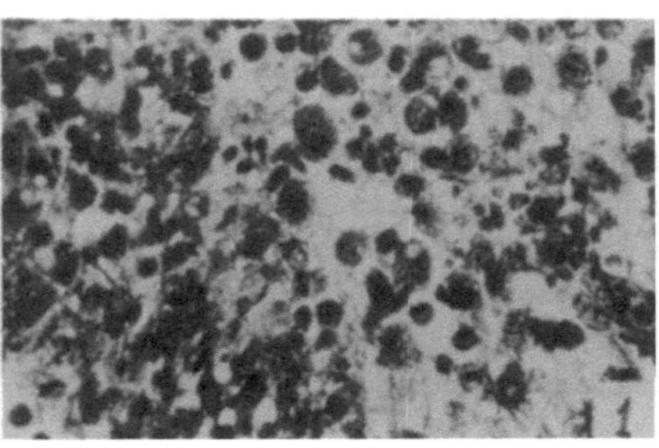

Abb. 1: Große Histiozyten im Granulationsgewebe der Chorioidea. (Vergr. 360X)

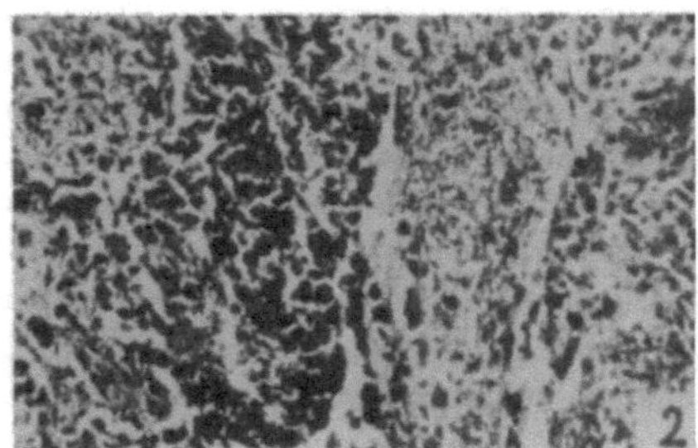

Abb. 2: Gewebsreste der Iris (Pigmentzellen) im tuberkulösen gewebe.

Aus der Staatlichen tierärztlichen Gemeinschaftspraxis Hoyerswerda (Leiter Dr.W. T s c h i r c h) und dem Tiergarten Hoyerswerda (Direktor: Dr. H.-D. H o h m a n n)

B_1-AVITAMINOSE BEIM EUROPÄISCHEN FISCHOTTER (LUTRA LUTRA L.)

Von W. T s c h i r c h

Berichte über B_1-Avitaminosen bei Säugetieren wurden bisher hauptsächlich aus der Gefangenschaftshaltung von Löwen, Füchsen, Nerzen sowie Delphinen und Robben und neuerdings von Hauswiederkäuern bekannt (G r e e n et al., 1937; L ö l i g e r , 1970; T h e i l e , 1959; W e n z e l , 1974). Die Krankheitsbilder wurden als Sterngucker-Krankheit, B_1-Avitaminose, Thiaminmangelkrankheit, Chasteckparalyse und Cerebrocortical-Nekrose bezeichnet. In freier Natur werden auf Grund der Vielseitigkeit und Reichhaltigkeit der natürlichen Nahrung diese Krankheitsbilder nicht beobachtet. Berichte über B_1-Avitaminose beim Fischotter konnten in der Literatur nicht gefunden werden.

Der Tiergarten Hoyerswerda erhielt im Jahre 1976 von Mitgliedern einer Fischerei-Produktionsgenossenschaft einen jungen weiblichen Fischotter geschenkt, der als Wildfang aus den Produktionsgewässern dieser Genossenschaft stammte. Wie alle Otterwildfänge blieb das Tier zunächst sehr scheu und nahm nur nachts Nahrung auf, und zwar nur Fisch. Alle Versuche, das Tier mit Geflügel, Küken, Fleisch, Meerschweinchen oder dem Spezialfuttergemisch einer Nerzfarm zu ernähren, schlugen fehl. Als das Tier im August 1977 über einen längeren Zeitraum nur mit Blei (Abramis brama L.) gefüttert werden konnte, wurde ganz plötzlich eine Schwäche der Nachhand beobachtet, die sich am folgenden Tag als völlige Nachhandlähme zeigte.

Bei der näheren klinischen Untersuchung bewegte sich das Tier in Fischrobbenstellung nur schwerfällig vorwärts, zeigte kaum Abwehrbewegungen und wies bei stumpfem, glanzlosem Fell eine sehr starke Abmagerung auf. Es wurden intramuskuläre Injektionen von Vitamin B-Komplex und Ursovit AD_3EC vorgenommen. Nach zwei Tagen waren die Lähmungserscheinungen nahezu völlig verschwunden, und bei zusätzlicher oraler Vitamin B-Komplex-Applikation normalisierte sich der Zustand des Tieres innerhalb einer Woche völlig. Seit der Genesung nimmt der Otter auch regelmäßig Küken, Tauben, Hühner und Enten neben der möglichst abwechslungsreich gestalteten Fischnahrung auf. Meerschweinchen, Fleisch, Eier und das erwähnte Nerzfuttergemisch werden weiterhin abgelehnt. Seit Überstehen der Erkrankung ist das Tier völlig vertraut und nahezu handzahm, so daß die Eingewöhnungsphase nach einem dreiviertel Jahr als abgeschlossen betrachtet werden kann.

B_1-Avitaminosen können sowohl durch unzureichende Vitamin B-Zufuhr als auch durch Abbau des vorhandenen Thiamins durch die Fermente Thiaminase I oder II bewirkt werden. Die Thiaminase I kommt außer im Adlerfarn und in verschiedenen Bakterienarten (z. B. Bacillus thiaminolyticus und Clostridium sporogenes) hauptsächlich in Süßwasser- und Seefischen vor. Sie überträgt nach Art einer Transferase den Pyrimidinanteil des Vitamins B_1 auf ein Amin beziehungsweise auf eine SH-gruppenhaltige Verbindung (E v a n s , 1975). Die Thiaminase II spielt als Hydrolase bei der Entstehung der Cerebrocortical-Nekrose der Wiederkäuer eine entscheidende Rolle (E v a n s , 1975). Thiaminase I wurde unter anderem in Karpfen, Hecht, großem und kleinem Stint, Hasel, Karausche, Quappe, Blei, Elritze, Wandermuräne, Barsch, Aland, Schlei, Felchen, Katzenwels und anderen nachgewiesen (W e n z e l , 1974). Heringe und Makrelen besitzen besonders in Kopf, Skelett, Haut und Eingeweiden einen hohen Thiaminaseanteil. Nach K r a f t (1971) kann 1 g roher Fisch 44 µg Thiamin zerstören. Außerdem nimmt der natürliche Vitamingehalt der Fische bei Lagerung ab und kann durch Eislagerung (Gefrier- und Auftauprozesse) sowie durch Waschen des Fisches ausgelaugt werden, da die Vitamine B_1 und B_2 wasserlöslich sind (E n s k a t , 1951). Thiaminase ist ein hitzelabiles Ferment und kann durch Kochen des Fisches zerstört werden.

Nach W e n z e l (1974) kommt es bei unzureichender B_1-Zufuhr zu einem Stopp des Abbaus der Kohlenhydrate auf der Stufe der Brenztraubensäure, da Vitamin B_1 als Koferment Dekarboxylase die Brenztraubensäure oxydiert. Durch die Ansammlung der nicht abbaufähigen Brenztraubensäure in Geweben und Blut kommt es zu Störungen im Stoffwechsel der Muskulatur und des Zentralnervensystems mit den bekannten Lähmungssymptomen.

Die starke Abmagerung resultiert aus einer Proteinverarmung der betroffenen Tiere, da es bei vorliegendem B_1-Mangel zu einem verstärkten Abbau stickstoffhaltiger Substanzen im Körper kommt. Bestehen bei erkrankten Nerzen bereits einen Tag lang Krämpfe, so sind die Schäden am Zentralnervensystem irreparabel, und die Tiere sterben trotz Behandlung. Da Bleie als besonders thiaminasereich gelten, ist auch ein Zusatz anderer Vitamin B-haltiger Futtermittel beziehungsweise reiner Vitamin B-Präparate zu rohem Fisch sinnlos, da diese sofort durch die vorhandene Thiaminase abgebaut werden.

Aus vorliegender Fallschilderung ist ersichtlich, daß bei Schwierigkeiten in der Eingewöhnungsphase (nur einseitige Nahrungsaufnahme) eine Zwangsapplikation von Vitaminen und Mineralstoffen notwendig werden kann.

Zusammenfassung:

B1-Avitaminose beim Europäischen Fischotter (Lutra lutra L.)

Es wird über Klinik und Therapie einer schweren B_1-Avitaminose in der Eingewöhnungsphase eines frisch gefangenen Fischotters berichtet.

Summary:

B1-Avitaminosis was Found in the European Otter (Lutra lutra L.)

An account is given of the symptoms and treatment of a severe B_1-avitaminosis in the acclimatization period of a newly caught otter.

Résumé:

Avitaminose B_1 chez une loutre commune (Lutra lutra L.)

Description des signes cliniques et de la thérapeutique dans un cas d'avitaminose B_1 grave chez une lutre commune qui venait d'être capturée et qui se trouvait en phase d'acclimatation.

Резюме:

B_I-авитаминоз у европейской выдры (Lutra, lutra L.) .

Сообщается о клинике и терапии тяжелого B_I-авитаминоза на фазе привыкания только что пойманной выдры.

Literatur:

ENSKAT, G. (1951): Zur Frage der Fischfütterung-Fischlähme-B_1-Avitaminose. Dtsch. Pelztierzüchter, 25, 89.

EVANS, W. C. (1975): Thiaminases and their effects on animals. Vitamins and Hormones, New York, London, 33, 467-504, ref. in Landwirtschaftl. Zbl. IV, 1500 (1977).

GREEN, R. G., EVANS, C. A. and W. E. CARLSON (1937): A summary of Chastek paralysis studies. Minnesota Wildlife Dis. Invest, 3, 173.

KRAFT, H. (1971): Die Vitaminversorgung von in Gefangenschaft gehaltenen Meeressäugern. Kleintier-Prax., 16, 160-161.

LÖLIGER, H.-C. (1970): Pelztierkrankheiten. Jena: Gustav Fischer.

THEILE, H. (1959): Über eine schwere B-Avitaminose beim Nerz. Mh.Vet.Med. 14, 642-647.

WENZEL (1974): Edelpelztiere. Berlin: Deutscher Landwirtschaftsverlag.

Anschrift des Verfassers: Dr. W. T s c h i r c h

7705 Lauta, Nordstr. 20 (DDR)

Aus der Kleintierpraxis Uhlandstraße (Leiter: Dr. K. G r u e n b e r g) und dem Zoologischen Garten Berlin (Direktor: Prof. Dr. H.-G. K l ö s)

OPERATIVE ENTFERNUNG EINER UMFANGSVERMEHRUNG AUS DER VULVA EINER INDISCHEN ELEFANTENKUH (ELEPHAS MAXIMUS)+

Von K. G r u e n b e r g und D. J a r o f k e

Die schlechte Heiltendenz der Haut beim Elefanten ermutigt selten einen Tierarzt, chirurgisch vorzugehen. Über einige Eingriffe berichtete K u n t z e (1968 u. 1972). Er konnte unter anderem bei einer Resectio praeputii feminalis eine 3370 g schwere Umfangsvermehrung entfernen (K u n t z e , 1977). Ein vorfallähnliches Gebilde behinderte den Elefanten erheblich, und der chirurgische Eingriff führte zu einem unkomplizierten Heilungsverlauf, der den vollen Arbeits- und Schauwert dieses Tieres wieder herstellte.

An diese Veröffentlichungen erinnerten wir uns, als uns vom Zirkus Krone im September 1976 die Indische Elefantenkuh "Pavarti" mit einem Scheidenvorfall vorgestellt wurde. Dieses Tier überlebte mit einer größeren Elefantenherde den Brand des Elefantenzeltes im Jahre 1967 in Mannheim. Neben Hautschäden kam es in der Folgezeit bei fünf Kühen zu "vorfallähnlichen" Bildungen im Bereich der Vulva. In vier Fällen erfolgte später eine Heilung, während sich bei der Elefantenkuh "Pavarti" diese Umfangsvermehrung noch weiter vergrößerte und sie ab 1974 so stark behinderte, daß eine Arbeit in der Manege nicht mehr möglich war. "Pavarti" begleitete zwar weiterhin die Elefantenherde auf Reisen, zeigte aber im Verlauf der Zeit, anscheinend durch Bewegungsmangel, ein immer stärker werdendes aggressives Verhalten. Die gute Konstitution und Kondition der erst 25 Jahre alten Elefantenkuh sowie das Entgegenkommen und Verständnis der Zirkusleitung ermutigten uns zum chirurgischen Eingriff.

Nach der letzten Abendvorstellung am 17. 9. 1976 ketteten wir das Tier an einem Vorder- und einem Hinterfuß in der Manege an und verabreichten 4 mg (1 mg/1000 kg Kgw.) Immobilon[R]. Nach zirka fünf Minuten wurde "Pavarti" merklich ruhiger. Es ist bekannt, daß sich Elefanten gegen eine Narkose wehren und daher bei Wirkungseintritt plötzlich zusammenbrechen können, wobei Frakturen möglich sind. Es ist demzufolge als positiver Nebenfaktor zu bewerten, daß "Pavarti" dem Tierlehrer Harald J a h n Gehorsam zollte und bis zum Wirkungseintritt die Kommandos weiter befolgte. So ließ sie sich zunächst in Brustlage und gleich darauf in die rechte Seitenlage ablegen. Vollständige Narkose war nach 12 Minuten erreicht. Nun konnte mit Hilfe eines Flaschenzuges der linke Hinterfuß angehoben und damit das Operationsfeld besser zugängig gemacht werden. Nach einer sehr gründlichen, aber, wie sich bei der Operation zeigte, dennoch nicht vollständigen Reinigung der faltenreichen Umfangsvermehrung mit Buratonlösung und Wurzelbürste übergossen wir diesen Bereich mit Merfen Tinktur[R] und setzten das "vorfallähnliche" 8070 g schwere Gebilde ab (Abb. 1).

In diesem stark durchbluteten Gewebe mußten wir etwa 50 bleistiftstarke Gefäße mit Catgut unterbinden und durchtrennen. Darüber hinaus waren noch unzählige kleine Sickerblutungen zu stillen.

Besondere Schwierigkeiten bereitete das Gewicht des Operationspräparates, wodurch die vorgesehene Schnittlinie stark verzogen wurde. In ähnlichen Fällen sollte man daher eine so "gewichtige" Umfangsvermehrung vorher entsprechend fixieren (aufhängen).

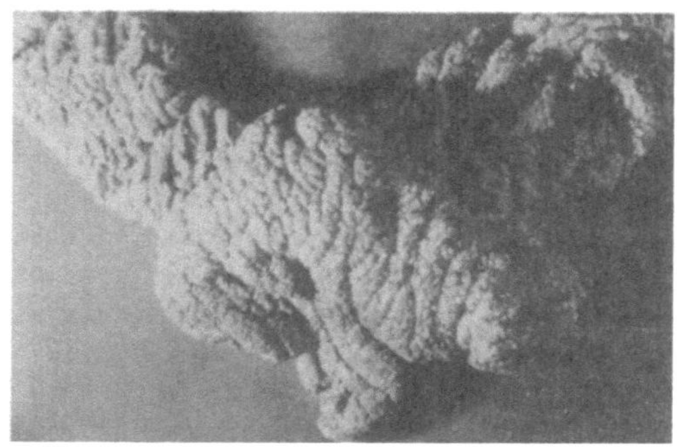

Abb. 1

+) Herrn Carl S e m b a c h, dem Altmeister der deutschen Zirkuskunst, gewidmet.

Ohne die persönliche und auch instrumentelle Hilfe einiger Kollegen wäre der Eingriff noch schwieriger zu bewältigen gewesen.+

Nach zirka 50 Minuten fing der Elefant an, mit dem am Flaschenzug hängenden Bein zu reagieren und erhielt daraufhin noch einmal 2 mg Immobilon^R. Die vorübergehend geringe Narkosetiefe machte sich auch durch die Aktivitäten des Rüssels bemerkbar. Die Haut wurde mit Perlon Nr. 6 in Y-Form vernäht. Die Operation dauerte 90 Minuten. Nach beendeter Hautnaht erhielt "Pavarti" zunächst 6 mg Revivon^R i. v. und nach zehn Minuten nochmals 4 mg i. v. Es vergingen insgesamt 25 Minuten, ehe der Elefant mit Hilfe eines Hebebaumes wieder auf den Beinen stand. Es dauerte weitere 30 Minuten, bis er sich von der Narkose so weit erholt hatte, daß er an seinen Platz zurückkehren konnte. Wegen der großen Smegmamassen in den Schleimhautfalten hielten wir, um einer Infektion vorzubeugen, eine hohe antibiotische Versorgung für indiziert und verabreichten zunächst 15 ml Parkemycetin P^R zusammen mit 20,0 ml Omnamycin^R und 25 ml Tardocillin comp.^{R} (Bayer). Mit der oralen Gabe von 100 Tabletten Tribrissen 80^R (30/die) verlängerten wir die Antibiose. Erstaunlicherweise bearbeitete der Elefant die Wunde nicht mit dem Rüssel, sondern mit dem Schwanz, dessen Ende er wie einen Finger zum Tasten benutzte. Durch Festbinden desselben am Bein daran gehindert, stellte er nun die Hinterbeine ganz eng aneinander und scheuerte nun die Wunde durch Bewegen der Hinterextremitäten. Am vierten Tag p. op. verabreichten wir nochmals 20,0 ml Tandicillin^R und 10 ml Tardocillin comp.^{R}. Wir ließen die Wunde täglich zwei- bis dreimal mit 1,5%iger Clorinalösung oder 3%igem H_2O_2 säubern und mit Entozonsalbe oder Leukasepuderspray (Dawelsberg) behandeln. Trotzdem lösten sich in der Folgezeit größere nekrotische Hautstücken in Fetzen ab. Danach wurde auch einige Zeit zur Granulationsanregung Sol. Chlumski angewendet.

Wie nicht anders zu erwarten, zog sich der Heilungsverlauf über mehrere Monate hin. Die auf der Abbildung 2 sichtbare 5 cm lange Wunde zirka zehn Wochen p. o. schloß sich in der Folgezeit, und ein Jahr nach diesem Eingriff ist von der Operation nichts mehr zu erkennen. Darüber hinaus hat "Pavarti" ihr aggressives Verhalten wieder abgelegt und ist in der Manege voll einsatzfähig.

Die Untersuchung des Operationspräparates führte zu folgendem Befund:++
Das Operationspräparat wiegt 8070 g. Es besteht aus einem unregelmäßigen Mittelabschnitt, der dem ventralen Vulvawinkel entspricht (44 cm lang, bis 22 cm breit und bis 12 cm dick) und zwei bis zu 7 cm dicken seitlichen Hautlappen (33 beziehungsweise 30 cm lang; 21 beziehungsweise 16 cm breit). Mittelteil und Hautlappen sind oberflächlich von einer stark zerklüfteten Epidermis überzogen. In den Nischen zwischen den blumenkohlartigen hyperkeratotischen Epidermisproliferationen befinden sich übelriechende schmierig-schmutzige Massen. Die Hauptmasse des Mittelteiles und der Hautlappen besteht aus schwieligem und ödematösem Bindegewebe. Sie ist aus dem ehemaligen Corium- und Subkutisgewebe hervorgegangen und wird von dick- und dünnwandigen Blutgefäßen unterschiedlichen, teilweise großen Kalibers durchzogen. Nach dem pathologisch-anatomischen Befund ist davon auszugehen, daß die Vergrößerung der ventralen Vulvaabschnitte hauptsächlich durch Bildung einer kutanen und subkutanen Bindegewebsschwiele infolge chronischer Stauungsödeme, eventuell auch chronischer entzündlicher Ödeme, entstanden ist (Ödemsklerose). Der Prozeß wurde von einer chronischen Dermatitis mit extensiver Hyperkeratose eingeleitet oder begleitet und durch die entzündungserregende Einlagerung von Schmutzmassen in die zerklüftete Hautoberfläche über längere Zeit begleitet oder aufrecht erhalten.
Diagnose: Pachydermie im ventralen Bereich der Vulva.

Rückblickend kann vermutet werden, daß sich bei allen fünf Elefanten nach dem Zirkusbrand ein Vulvaödem gebildet hatte, das sich bei vier Tieren zurückbildete. Bei "Pavarti" aber kam es zu einem chronischen entzündlichen Prozeß, der einen operativen Eingriff erforderlich machte.

+ Wir möchten auch an dieser Stelle Herrn Prof. Mülling und Herrn Dr. Weizenhöfer von der Universität Berlin-Dahlem herzlich danken.

++ Für die histologische Untersuchung des Operationsmaterials sagen wir Herrn Prof. Dr. E. Loppnow vom Veterinärpathologischen Institut der Universität Berlin-Dahlem besten Dank.

Es sei an dieser Stelle auf die Behandlung eines umfangreichen Vulvaödems hingewiesen (G ö l t e n b o t h , 1974), das innerhalb von zehn Tagen durch Einsatz von Diuretika vollständig abgebaut wurde. So erhielt eine adulte Afrikanische Elefantenkuh damals zunächst 20 ml Dimazon[R] und in den folgenden drei Tagen jeweils vier Boli Dimazon[R] zu 1 g per os.

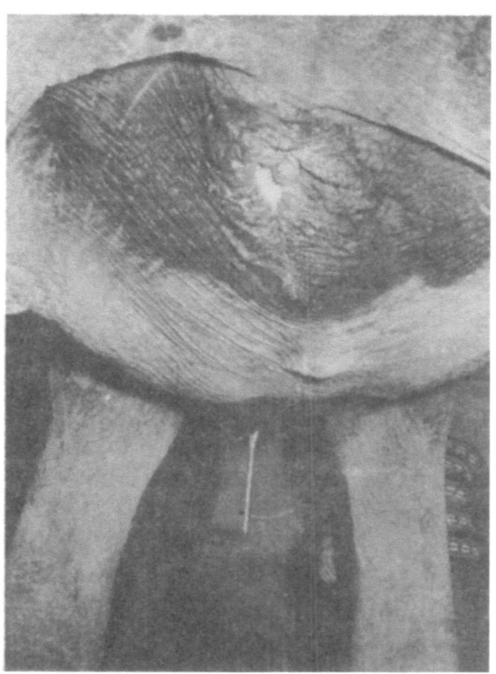

Abb. 2

Zusammenfassung:

Operative Entfernung einer Umfangsvermehrung aus der Vulva einer Indischen Elefantenkuh (Elephas maximus)

Es wird über die erfolgreiche Operation einer Indischen Elefantenkuh (Elephas maximus) berichtet, bei der nach Immobilisation mit Immobilon eine 8070 g schwere Haut- beziehungsweise Bindegewebsschwiele aus dem Bereich der Vulva entfernt wurde.

Summary:

Surgical Removal of an Excessive Callous Growth from the Vulva of an Indian Female Elephant (Elephas maximus)

The authors report on the successful operation of an Indian female elephant (Elephas maximus). After immobilization by Immobilan a callosity of the skin and connective tissue weighing 8070 g was removed from the region of the vulva.

Résumé:

Ablation d'une excroissance dans la vulve d'un éléphant femelle d'Asie (Elephas maximus)

L'intervention porte sur l'opération effectuée chez un éléphant femelle d'Asie (Elephas maximus), chez lequel on a pu opérer avec succès, après immobilisation, l'ablation d'une excroissance calleuse sur la peau et le tissu conjonctif de la vulve de l'animal.

Резюме:

Оперативное удаление разростания из вульвы индийской слонихи. (Elephas maximus)

Сообщается об успешном удалении разростания у индийской слонихи в вульве. Для иммобилизации применялся иммобилан. Было удалено 8070 г. кожных и соединительных тканей.

Literatur:

GÖLTENBOTH, R. und H.-G. KLÖS (1974): Zu einigen Erkrankungen und Todesfällen bei Elefanten des Zoologischen Gartens Berlin. Verhandlungsber. XVI. Internat. Symp. Erkrankungen Zootiere, Erfurt, 175-179.

KUNTZE, A. (1968): Operationen am Genitaltrakt von Zirkus- und Zootieren. Verhandlungsber. Internat. Symp. Erkrankungen Zootiere, Salzburg, 105-109.

KUNTZE, A. (1972): Operationen an Indischen Elefanten (Elephas maximus) aus Zirkusunternehmen. Mh. Vet. Med. 27, 747-750.

KUNTZE, A. (1977): pers. Mitteilung.

Anschrift der Verfasser: Dr. K. G r u e n b e r g
Uhlandstr. 63
1 Berlin-West

Aus der Poliklinik für kleine Haustiere, Ambulanz für Exoten, Wild- und Zirkustiere (Leiter: Dr. habil. A. Kuntze) und dem Staatlichen Institut für Immunpräparate und Nährmedien (Direktor: MR Prof. Dr. med. habil. Dr. rer. nat. H. Franz)

POCKENTITERBESTIMMUNGEN BEI ELEFANTEN

Von A. Kuntze und V. Janetzky

Die besondere Empfindlichkeit der Elefantenhaut begünstigt die Ansiedlung unspezifischer (ubiquitäre Keime) und spezifischer (MKS, Pocken) Krankheitserreger. Die verheerenden Folgen des Pockenausbruches in Elefantenbeständen (Potel et al., 1963; Mayer et al., 1972; Kretzschmar und Köther, 1972; Kuntze, 1974) erzwangen die Forderung nach wirksamen vorbeugenden Maßnahmen. Dathe (1967) regt an, alle frisch importierten Elefanten und Nashörner unmittelbar nach der Ankunft zu vakzinieren. Mayer et al. (1972) raten zur Pockenschutzimpfung aller Elefanten, die in Zirkusunternehmen oder öffentlichkeitszugänglichen Gehegen gehalten werden. Sie empfehlen darüber hinaus, alle Tiere eines Geheges zu impfen und im zweijährigen Abstand zu revakzinieren. Göltenboth und Klös (1974) beabsichtigen, die Tiere ihres Bestandes alle drei Jahre schutzzuimpfen. Salzert (1976) sieht in der Impfung den sichersten Schutz vor dieser gefährlichen Virusinfektion des Elefanten. Zum Zwecke der Festlegung des tatsächlich notwendigen Revakzinationszeitpunktes kontrollierten Kuntze und Niemer (1974) den Titerverlauf pockenkranker beziehungsweise -schutzgeimpfter Elefantinnen. Da jene Ergebnisse eine Revakzination nach zwei Jahren nicht begründeten, waren Verfolgsuntersuchungen unumgänglich, über die im folgenden berichtet wird.

Material und Methodik:

Das Blut wurde von unsedierten Elefanten aus einem Ast der V. auricularis ext. gewonnen. Die Punktion wurde wesentlich erleichtert, wenn die Tiere in Brustlage gebracht werden konnten, da dann infolge Stauung der Brustorgane der Gefäßbaum an der Ohrmuschel plastisch hervortrat. Bald nach der Gewinnung wurde das Blut im Institut zentrifugiert und das Serum bis zum Ansatz bei -20°C aufbewahrt. Unseren früheren Erfahrungen (Kuntze und Niemer, 1974) entsprechend wurde ausschließlich der Serum-Neutralisationstest (NT 50) angesetzt. Hierbei wird jene Serumverdünnung ermittelt, die im elf Tage bebrüteten Hühnerei eine 50%ige Reduzierung der Plaques auf der Chorioallantoismembran bewirkt.

Diskussion der Ergebnisse:

Bei allen Elefantinnen (Tab. 1), die im März 1972 akut an Pocken erkrankten beziehungsweise Titer aufwiesen, die für das Durchlaufen einer inapparenten Infektion sprachen, wurden auch im Dezember 1977 seropositive Ergebnisse diagnostiziert. Von der Elefantin "Pia" konnte der Titer nicht kontrolliert werden, da sie sich der Punktion heftig widersetzte und eine Narkose zum Zwecke der Blutgewinnung nicht vertretbar war. Die Titerhöhe der 1974 geimpften "Deoli" fügt sich in den Rahmen der Vergleichswerte, so daß die Notwendigkeit einer Revakzination für die Tiere des ursprünglichen Bestandes nicht zu begründen ist. Auf die Serokontrolle der 1973 vakzinierten "Sita" mußte leider verzichtet werden, da sie sich zum Zeitpunkt der Untersuchungen noch im Ausland befand.

Überraschenderweise wurden bei zwei der drei im September 1977 über einen ausländischen Tierhändler importierten Jungelefantinnen positive Titer ermittelt, während das dritte Tier ("Jana") seronegativ war. Da beim Importeur eine Pockenschutzimpfung nicht durchgeführt wurde, muß vermutet werden, daß sich die Jungtiere im Ursprungsland infizierten. Auffällig waren bei beiden Reagenten zahlreiche, etwa fünfmarkstückgroße, rundliche, nicht schmerzhafte Beulen in der Haut der Kruppe und der caudalen Rückenhälfte. Im Oktober-November entwickelten sich bei beiden Reagenten je eine warzenähnliche Neubildung auf der Haut des Rüssels, die in einem Fall ("Daisy") durch Vagothylbetupfung (Metakresolsulfonsäure mit Methanol) abtrocknete.
Die ständig wachsende Neubildung oral am Rüsselansatz bei "Shura" wurde am 21. 11. 1977 operativ abgetragen. Die Lokalisation an der Haut-Schleimhautgrenze und der histologische Befund

Tabelle 1: Pockentiterbefunde bei Asiatischen Elefantinnen

Name	Vermutetes Geburtsjahr	Pockeninfektion März 1972	Vakzination (Jahr)	Titerhöhen HAHT 4/5.72	NT 50 12.73	NT 50 12.77	Bemerkungen
Tara	1968	ja	nein	1:64	1:7	1:45	
Saida	1965	ja	nein	1:128	1:4	1:20	
Indra	1964	ja	nein	1:512	1:40	1:18	
Pitoli	1964	ja	nein	1:128	1:12	1:12	
Bombay	1951	symptomlos	nein	1:512	1:16	1:10	
Puntschi	1949	symptomlos	nein	1:128	1:21	1:30	
Pia	1961	ja	nein	1:256	1:12	-	Punktion nicht möglich
Oly	1961	ja	nein	1:512	1:4	1:25	
Sita	1966	nein	ja/1973	0	1:4	-	z.Zt.im Ausland
Deoli	1968	nein	ja/1974	-	-	1:14	Ende 1972 importiert
Daisy	1975/76	Import	nein	-	-	1:30	September 1977
Shura	1975/76	September	nein	-	-	1:4	September 1977
Jana	1975/76	1977	ja/Dez.77	-	-	Sept.77 ≡0	Januar 1978 1:35

NT 50 = Neutralisationstest
HAHT = Hämagglutinationshemmungstest

- chronisch entzündetes Granulationsgewebe -+ schließen unsere Vermutungen nicht aus, daß sich der kartoffelgroße Tumor im Gefolge einer gerade überstandenen Pockeninfektion als Caro luxurians aus einer nicht verheilten Pockennarbe entwickelte (Abb. 1 und 2).

Abb. 1: Kartoffelgroße Neubildung am Rüsselansatz bei der serologisch positiven frisch importierten, zirka zwei Jahre alten Elefantin "Shura". Ante operationem

Abb. 2: Sulfonamidpuder-Abdeckung des mit fünf Heften vernähten Defekts

+ Für die histologische Untersuchung sind wir Frau Dr. Lehnert vom BIV Berlin (Direktor: VR Dr. E. Gudat) zu Dank verpflichtet.

Die dritte junge Elefantin ("Jana") wurde am 8. 12. 1977 mit 2 ml (= 20 Menschenimpfdosen) Dermavakzine "Stamm Elstree" subkutan hinter dem Ohr geimpft. Der Impfstoff ist eine Aufschwemmung von vermehrungsfähigem Vaccinia-Virus, der aus dem Hautpustelinhalt infizierter Jungrinder gewonnen, in Peptonlösung stabilisiert und lyophilisiert wurde. Appetit, Verhalten und Körpertemperatur des Impflings blieben unverändert. Dagegen zeigte sich am elften Tage p. vacc. an der Injektionsstelle - ähnlich wie früher bei "Sita" - eine etwa kartoffelgroße, derbe, nicht schmerzhafte Umfangsvermehrung, die sich spontan allmählich zurückbildete. Die bei "Sita" registrierten allergischen Erscheinungen (K u n t z e und N i e m e r , 1974) wurden bei "Deoli" und "Shura" nicht beobachtet.

Unseren Untersuchungen ist zweifelsfrei zu entnehmen, daß bei unserem Elefantenmaterial gegenwärtig, d. h. rund fünf Jahre post infectionem, ausreichend neutralisierende Antikörper vorhanden sind, so daß die Notwendigkeit einer Revakzination wissenschaftlich nicht zu begründen ist. Selbstverständlich können wir nicht beweisen, ob diese Antikörper noch im Gefolge der 72er Infektion oder erst später durch neuen Kontakt mit dem Vaccinia-Virus gebildet wurden. Andererseits verpflichten uns die überraschenden Ergebnisse bei zwei der drei Frischimporte, nicht sofort jeden neuen Elefanten schutzzuimpfen, sondern dies vom Vorliegen des serologischen Ergebnisses abhängig zu machen.

Zusammenfassung:

Pockentiterbestimmungen bei Elefanten

Die Pockentiter einer Elefantenherde, die 1972 an Pocken erkrankt war, wurden kontrolliert. Die Antikörpertiter sind ausreichend, so daß sich eine Revakzination erübrigt. Frisch importierte Elefanten sollten erst nach der entsprechenden Titerprüfung schutzgeimpft werden.

Summary:

Smallpox Titer Determinations in Asian Elephants

The smallpox titers of a herd of elephants which had been suffering from smallpox in 1972, were checked. The serological responses, as expressed by the antibody titers, were so high that a revaccination was not required. Only newly imported elephants which underwent the respective titer check-up, should be vaccinated against smallpox.

Résumé:

Contrôle des titres varioliques chez des éléphants

Un contrôle des titres varioliques d'un troupeau d'éléphants, qui avait été atteint de la variole en 1972, a été effectué. Les titres d'anticorps se sont avérés suffisants, et une revaccination ne s'imposait pas. Des éléphants venant d'être importés, ne devraient recevoir leur vaccination qu'après contrôle des titres.

Резюме:

Определение титра оспы у слонов.

Контролировался титр оспы у слонов, проболевших оспой в 1972 году. Обнаружено достаточное количество антител, так что повторная ревакцинация не требуется. Свеже импортированные слоны должны быть вакцинированы только после проверки соответствующего титра.

Literatur:

DATHE, H. (1967): Über weitere Fälle von Elefantenpocken. D. Zool. Garten (NF) 33, 194-204.

GÖLTENBOTH, R. und H.-G. KLÖS (1974): Zu einigen Erkrankungen und Todesfällen bei Elefanten des Zoologischen Gartens Berlin. Verhandlungsber. XVI. Internat. Symp. Erkrankungen Zootiere, Erfurt, 175-179.

KUNTZE, A. (1974): Zur Klinik der Pocken bei Asiatischen Elefanten (Elephas maximus). 1.Mitt.: Pockeneinbruch und -verlauf in einer elfköpfigen Elefantenherde. Verhandlungsber. XVI. Internat. Symp. Erkrankungen Zootiere, Erfurt, 281-289.

KUNTZE, A. und U. NIEMER (1974): 2. Mitt.: Serologie und Epidemiologie. Verhandlungsber. XVI. Internat. Symp. Erkrankungen Zootiere, Erfurt, 291-296.

MAYER, H., GEHRING, H. und H. MAHNEL (1972): Elefantenpocken in einem Wanderzirkus. Verhandlungsber. XIV. Internat. Symp. Erkrankungen Zootiere, Wrocław, 211-216.

POTEL, K., VOIGT, A., HIEPE, Th., KRONBERGER, H., HEIDER, G., ELZE, K. und L. DITTRICH (1963): Eine bösartige Haut- und Schleimhauterkrankung bei Elefanten. D. Zool. Garten (NF), 27, 1-103.

SALZERT, W. (1976): in: Klös, H.-G. und E. M. Lang: Zootierkrankheiten. Berlin-Hamburg: Parey.

Anschrift der Verfasser: Dr. habil. A. K u n t z e
1157 Berlin,
Robert-Siewert-Straße 34 (DDR)

Aus der Poliklinik für kleine Haustiere, Ambulanz für Exoten, Wild- und Zirkustiere (Leiter: Dr. habil. A. K u n t z e) und dem Bezirksinstitut für Veterinärwesen Berlin (Direktor: VR Dr. E. G u d a t)

HÄMATOLOGISCHE UND BIOCHEMISCHE BEFUNDE (Ca, P, Mg, Fe, GLUKOSE, FERMENTE) VON ASIATISCHEN ELEFANTINNEN

Von A. K u n t z e und P. H u n s d o r f f

Der gründlichen klinischen Untersuchung des Elefanten sind durch die Körpergröße dieser Tierart und einige physiologische Besonderheiten (Lunge, Herz) Grenzen gesetzt, so daß der Diagnostiker zwangsläufig mehr als bei anderen Zootierarten diagnostische Hilfsmittel zu Rate ziehen muß. Andererseits verpflichtet die häufig vorkommende Anämie (E v a n s , 1910; L a n g und U n d r i t z , 1954; H a g e n b e c k , 1950; M ä r k e r , 1964; S a l z e r t , 1972 und 1976) den gewissenhaften Zootierarzt zur gelegentlichen Kontrolle des Hämogramms und im Bedarfsfalle zur Überprüfung biochemischer Parameter. Das setzt die Kenntnis der physiologischen Grundwerte voraus.
In der uns zugänglichen Literatur beschäftigen sich nur wenige Arbeiten (S i m o n , 1961; B a r t e l s et al., 1963; N i r m a l a n et al., 1967; R h o d e s , 1975) mit der Hämatologie oder Biochemie (N i r m a l a n und N a i r , 1969) des Elefanten. F o w l e r und H a r t (1973) erwähnen krankhafte Blutbefunde bei einem Elefantenbullen. Pathologische Blut- und Stoffwechselwerte, die wir bei scheinbar gesunden, frisch importierten Jungelefantinnen ermittelten, veranlaßten uns, die übrigen Tiere des Bestandes hämatologisch und biochemisch zu kontrollieren.

Material und Methodik:

Die Blutentnahme erfolgte vor der Hauptfütterung von unsedierten Tieren unterschiedlichen Alters (Tab. 1) aus der V. auricularis ext. Das Blut wurde spätestens zwei Stunden nach der Entnahme untersucht und das Serum durch Zentrifugieren abgetrennt. Nur in Ausnahmefällen wurde es nicht am gleichen Tage verarbeitet, sondern bei -20°C aufbewahrt. Die Glukose wurde im Vollblut mit dem Fermognost[R]-Blutzuckertest enzymatisch bestimmt und bei 545 nm photometrisch gemessen. Das Serumkalzium wurde komplexometrisch, der anorganische Phosphor nach U r b a c h (modifiziert von R a a b e , 1951), das Magnesium mit der Titangelbmethode und das Eisen mit der Bathophenanthrolinmethode photometrisch bestimmt. Die Fermente wurden mittels Fermognost[R]-Farbtests bestimmt und photometrisch bei 400 nm gemessen. Die Ergebnisse sind den Tabellen 1 und 2 zu entnehmen.

Diskussion der Ergebnisse:

In Anlehnung an N i r m a l a n et al. (1967), wonach Elefanten erst mit 177 Monaten als adult angesehen werden können, wurde eine Aufteilung nach Altersgruppen vorgenommen. Bei den - nach dieser Vorstellung - vollerwachsenen Elefantinnen (I) fällt die geringe Schwankungsbreite der Erythrozyten-Hämoglobin-Hämatokritwerte auf. Das wird außerdem durch die Konstanz der Serum-Eisenwerte verdeutlicht. L a n g und U n d r i t z (1954), die sich mit der Problematik der Elefantenanämie vergleichend auseinandersetzten, betonen, daß beim Menschen erst nach Erreichen des Erwachsenengewichtes die Serumeisenwerte konstant bleiben, während andererseits Hämoglobinminima während der größten Wachstumsperiode feststellbar sind. Legt man das von S c h a l m (1965) als Anhaltspunkt vorgeschlagene Hämoglobin-Hämatokrit-Verhältnis von 1:3 zugrunde, können die in unseren Gruppen I und II ermittelten Werte als normal angesehen werden. Die deutlich niedrigeren Erythrozyten-Hämoglobin- und Hämatokritbefunde bei den Jungelefanten werden serochemisch zweifelsfrei als Eisenmangelanämie belegt. Den Untersuchungen S c h m i t t s (1961) zufolge, der sich eingehend mit den Ursachen der hypochromen Anämie bei Zootieren auseinandersetzte, ist bei unseren Patienten alimentärer Eisenmangel verantwortlich zu machen, denn die knapp zweijährigen Tiere wurden bald nach der Ankunft entwurmt. Alle bisherigen parasitologi-

Tabelle I: Das Hämogramm bei Elefanten

n = Anzahl der untersuchten Proben (nicht identisch mit Tierzahl)

	I älter als 14 Jahre n = 4	II 9-13 Jahre n = 6	III ca.2 Jahre n = 7	Simon,1961 n = 15	Nirmalan et al.,1967 n = 41	Rhodes,1975 n = ?
Erythrozyten Mill/mm^3	4,48-4,94	3,98-5,60	1,93-3,67	1,98-4,01	1,84-2,47	2,46-4,186
Hb (g%)	12,4-13,6	12,5-15,0	10,5-15,8	12,0-15,5	9,78-11,12	10,824-16,3
Hämatokrit (%)	40-43	36-48	25-37	30-48,3	29,8-34,8	29,85-49,37
Leukozyten (1000/mm^3)	11,9-17,0	10.9-18,3	7,9-18,6	6,4-14,0	8,78-12,4	13,213-19,519
Eosinophile	2-9	1-4	0-10	6-15	1,9-6,6	0,91-1,09
Basophile	0	0	0	0-2	0,5-0,9	0
Stabkernige	0-1	2-5	2-3	0	0	0
Segmentkernige	40-53	44-56	31-63	22-50	32,1-44,1	29,28-50,72
Lymphozyten	43-50	40-53	32-61	40-60	50,6-59,0	48,39-69,15
Monozyten	1	1-2	0-2	0-5	2,9-6,07	0,11-0,33

Tabelle II: Biochemische Befunde bei Elefanten

n = Anzahl der untersuchten Proben

	I älter als 14 Jahre n = 3	II 9-13 Jahre n = 6	III ca.2 Jahre n = 7	Nirmalan und Nair,1969 n = 41	Rhodes,1975 n = ?	Simon,1961 n = 15
Ca mg %	9,6-13,2	9,6-12,4	10,0-13,6	11,1-12,5	9,47-12,11	5-11
Mg mg %	3,1-3,47	3,06-3,69	1,94-3,2	2,33-2,6	-	-
anorg. P mg %	3,2-3,5	3,5-5,6	2,85-7,79	4,07-5,53	3,49-6,91	2,0-4,5
Fe mg %	84-125	78-137	26-46 (n = 4)	-	-	-
Blutzucker mg %	17,1-120,0	34,5-143,0	35,5-129,0	52,86-67,47	53,28-99,72	28-56
SGPT E/1000 ml	1-5	< 1	9 (n = 1)	-	9,9-19,7	-
SGOT	12-24	9-29	10 (n = 1)	-	26,83-57,97	-
Alkal. Phosphatase	29-118	57-171	111 (n = 1)	-	163,7-379,5	-

schen Nachkontrollen+ waren negativ. Die Erkenntnis von Lang und Undritz (1954) wird damit bestätigt ".....‚ daß die Eisenbehandlung in Gefangenschaft lebender junger Elefanten eine beinahe unbedingte Lebensnotwendigkeit ist." Eisenverbindungen werden schon von Evans (1910) in der Liste der Medikamente aufgeführt, die er für sehr wichtig ansieht. Die bei unseren klinisch gesunden Elefantinnen ermittelten Erythrozytenzahlen liegen deutlich über den von Simon (1961) und Nirmalan et al. (1967) bei Asiatischen und geringgradig höher als die von Rhodes (1975) beim Afrikanischen Elefanten angegebenen Normalwerte. Inwieweit hier klimatische Unterschiede verantwortlich zu machen sind, steht dahin. Nach Simon (1961) wird die im Vergleich zu anderen Säugetieren niedrige Erythrozytenzahl durch die beachtliche Größe (9,3 Mikron gegenüber 5,7 beim Pferd) des roten Blutkörperchens ausgeglichen. Bartels et al. (1963), die die Sauerstoffaffinität verschiedenster Pflanzenfresser-erythrozyten untersuchten, fanden im Elefantenblut die höchste O_2-Bindungstendenz und belegten hiermit den entsprechend der Körpermasse zunehmenden höheren Sauerstoffbedarf. Die Leukozytenwerte unseres Patientenmaterials liegen innerhalb der Streuungsbreite der von anderen Untersuchern (Simon, 1961; Nirmalan et al., 1967; Rhodes, 1975) erhobenen Befunde. Im Differentialblutbild fällt der recht hohe Lymphozytenanteil auf. Während hier im wesentlichen die Ergebnisse der oben angeführten Untersucher bestätigt werden, wurden bei unserem Material erheblich mehr Segmentkernige diagnostiziert. Die Streuungsbreite der Eosinophilen und Monozyten liegt im Rahmen der erwähnten Normalwerte, während die von Fowler und Hart (1973) vor und nach der Kastration eines Jungbullen registrierten Prozentsätze (zwischen 35 - 53,5 Monozyten) als pathologisch anzusehen sind. Die auch bei einigen unserer Elefantinnen (die alle aus einem Betrieb stammten!) auffallend niedrigen Blutzuckerwerte werden von Nirmalan und Nair (1969) als tierartspezifische Stoffwechselbesonderheiten gedeutet: Ein Großteil der stark zellulosehaltigen Nahrung des Elefanten wird in leichtflüchtige Fettsäuren gespalten, so daß der Energiehaushalt zum wesentlichen Teil daraus gedeckt werden kann. Da wir andererseits - in einem zweiten Betriebsteil - weitaus höhere Blutzuckerwerte als Simon (1961), Nirmalan und Nair (1969) und Rhodes (1975) feststellen mußten, glauben wir, daß sichere Relationen zwischen dem Zeitpunkt der Nahrungsaufnahme und der Blutentnahme, d. h. zur Verdauungsintensität, unverkennbar sind. Der Verdauungsphysiologie des Elefanten entsprechend sind Nüchternwerte praktisch nie erhältlich. Die höchsten Hyperglykämien wurden ausschließlich bei den Elefanten beobachtet, die zur Blutentnahme abgelegt worden waren. Es wird vermutet, daß sie im Gefolge hierdurch provozierter Adrenalinausschüttung resultierten. Ähnlich wie Nirmalan und Nair (1969) wurden bei den Jungtieren die höchsten P-Werte ermittelt, zweifellos ein Ausdruck der Knochenwachstumsvorgänge. Die bei der Mehrzahl unserer Patienten ermittelte Hypermagnesiämie kann nicht erklärt werden. Die Serumbilirubinwerte lagen bei allen Elefanten erwartungsgemäß bei Null beziehungsweise unter 0,2 mg %.
Die Serumfermentparameter vermögen wir nicht zu interpretieren, da sie von den Ergebnissen von Rhodes (1975) abweichen, halten es jedoch für zweckmäßig, sie als Diskussionsgrundlage anderen Untersuchern anzubieten. Grundsätzlich sei in diesem Zusammenhang an unsere früher geäußerte Meinung (Kuntze und Hunsdorff, 1976 und 1977) erinnert, daß die von uns vorgelegten Ergebnisse weder als definitiv noch unumstößlich anzusehen sind, sie aber als Hilfsfaktoren das klinische Bild ergänzen und damit diagnostische und therapeutische Schlußfolgerungen zu erleichtern vermögen.

Zusammenfassung:

Hämatologische und biochemische Befunde (Ca, P, Mg, Fe, Glukose, Fermente) von Asiatischen Elefantinnen

Die hämatologischen Befunde von zehn klinisch gesunden Elefantinnen (Elephas maximus) und im Vergleich hierzu die Eisenmangelanämie dreier frisch importierter zweijähriger Elefanten werden diskutiert. Einige Serumelektrolytwerte (Ca, P, Mg, Fe, Glykose, SGOT, SGPT, alkalische Phospha-

+ Die koprologischen Untersuchungen wurden im Bereich Parasitologie der Sektion Tierproduktion und Veterinärmedizin der Humboldt-Universität zu Berlin (Leiter: Prof. Dr. sc. Th. Hiepe) und im BIV Berlin (Direktor: VR Dr. E. Gudat) durchgeführt, wofür wir Herrn Dr. Nickel und Frau Dr. Fiolka zu danken haben.

.tase)werden mitgeteilt.

Summary:

Hematological and Biochemical Findings (Ca, P, Mg, Fe, glucose, enzymes) of Asian Female Elephants

The hematological findings of ten clinically intact female elephants (Elephas maximus) are discussed, being compared with those of three newly imported young elephants (two years old) suffering from anemia caused by iron shortage. Some serum electrolyte values (Ca, P, Mg, Fe, glycose, SGOT, SGPT, alkaline phosphatase) are stated.

Résumé:

Analyses hématologiques et biochimiques (Ca, P, Mg, Fe, ferments de glucose) chez des éléphants femelles d'Asie

Les résultats d'analyses hématologiques réalisées pour dix éléphants (Elephas maximus) femelles sains du point de vue clinique et, mise en comparaison avec ces données, l'anémie par manque de fer chez trois éléphants de deux ans venant d'être importés, font l'objet de discussions. Le rapport communique plusieurs valeurs d'électrolyse sérique (Ca, P, Mg, Fe, glucose, SGOT, SGPT, phosphatase alcaline).

Резюме:

Гематологические и биохимические результаты (Ca, P, Mg, Fe , глюкозы и ферментов полученные у азиатских слонов.

Обсуждаются гематологические результаты IO клинически здоровых слоних, в сравнении со свеже импортированными, у которых выявленна железистая анемия. Даны сравнительные результаты электролитного состава сыворотки (Ca, P, Mg ,Fe, глюкозы, SGOT, SGPT ,щелочнойфосфатазы).

Literatur:

BARTELS, H., HILPERT, P., BARBEG, K. BETKE, K., RIEGEL, U., LANG, E. M. and J. METCALFE (1963): Respiratory functions of blood of the yak, llama, camel, Dybowskider and African Elephant. Am. J. Physiol. 205, 331-336.

EVANS, G. H. (1910): Elephants and their Diseases. Supdt. Govt. Printing Union of Burma, Rangoon (Reprint 1961).

FOWLER, M. E. and R. HART (1973): Castration of an Asian Elephant, Using Etorphine Anesthesia. J. Am. Vet. Med. Ass. 163, 539-543.

HAGENBECK, L. (1950): Elefanten in Zirkus und Zoo. Zool. Garten (NF) 17, 60-66.

KUNTZE, A. und P. HUNSDORFF (1976): Hämatologische Befunde und Serumelektrolytwerte (Na, K, Ca, Mg, P) bei gesunden und kranken Großkatzen (Löwe, Tiger, Leopard, Puma). Verhandlungsber. XVIII. Internat. Symp. Erkrankungen Zootiere, Innsbruck, 353-359.

KUNTZE, A. und P. HUNSDORFF (1977): Weitere hämatologische und chemische Befunde (Ca, P, Mg, Na, K, Blutzucker, Fermente) bei kranken und gesunden Großkatzen (Löwe, Tiger, Leopard, Puma). Verhandlungsber. XIX. Internat. Symp. Erkrankungen Zootiere, Poznań, 347-352.

LANG, E. M. und E. UNDRITZ (1954): Die Eisenbehandlung der alimentären Anämie in Gefangenschaft lebender Elefanten, ein Beitrag zum Problem der alimentären Anämie überhaupt. Schweiz. Med.Wschr. 80, 1120-1122.

MÄRKER, B. (1964): Krankheiten bei Zoo- und Menagerietieren. Literaturstudie (1900 - 1961). Leipzig: Vet. Diss.

NIRMALAN, G., NAIR, S. G. and K. J. SIMON (1967): Hematology of the Indian Elephant (Elephas maximus). Canad. J. Physiol. Pharmacol. 45, 985-991.

NIRMALAN, G. and S. G. NAIR (1969): Biochemical Studies on the Blood of Indian Elephants. Res. Vet. Sci. 10, 176-180.

RHODES, M. T. (1975): Biochemical Profiles in Exotic Captive Animals. Ann. Proc. Am. Ass. Zoo Vet., 81-111.

SALZERT, W. (1972): Elefanten, ihre Pathologie und den Tiergärtner interessierende physiologische Daten. Hannover: Vet. Diss.

SALZERT, W. (1976): Elefanten in Klös, H.-G. und E. M. Lang: Zootierkrankheiten. Berlin-Hamburg: Parey.

SCHALM, O. W. (1965): Veterinary Hematology. 2. Aufl. Philadelphia: Lea and Febiger.

SCHMITT, J. (1961): Die hypochrome Anämie, ihre Diagnose, Differentialdiagnose und Therapie. Zbl. Vet. Med. 8, 853-861.

SIMON, K. J. (1961): Haematological studies on elephants. Indian Vet. J. 38, 241-245.

Anschrift der Verfasser: Dr. habil. A. K u n t z e
1157 Berlin,
Robert-Siewert-Str. 34 (DDR)

Aus der Sektion Tierproduktion und Veterinärmedizin der Humboldt-Universität zu Berlin, Bereich Chirurgie und Röntgenologie mit Tierklinik Hoppegarten (Bereichsleiter: VR Prof. Dr. sc. O. Dietz) und Poliklinik für kleine Haustiere, Ambulanz für Exoten, Wild- und Zirkustiere (Leiter: Dr. habil. A. Kuntze)

ELEKTROKARDIOGRAFISCHE UNTERSUCHUNGEN AN GESUNDEN UND EINEM KRANKEN ELEFANTEN (ELEPHAS MAXIMUS)

Von J. Mill und A. Kuntze

Elefanten unternehmen in freier Wildbahn ausgedehnte Wanderungen, um ihren Nahrungsbedarf zu befriedigen. Im Paßgang entwickeln sie eine Geschwindigkeit von 5 - 7 km/h und legen in einer Nacht nicht selten bis zu 70 km zurück. Im Zoo und Zirkus ist der Bewegungsraum des Elefanten auf ein Minimum beschränkt. Von der Leistungsphysiologie des Menschen sind nachteilige Einflüsse bei stark reduzierter Bewegung oder Bewegungsarmut bewiesen worden. Es drängt sich auf Grund der heutigen leistungsphysiologischen Kenntnisse die Frage auf, inwieweit mangelnde physische Belastung kreislaufschädigende Einflüsse auch beim Elefanten begünstigt oder verursacht.
Köhler et al. (1965) weisen nach, daß Herz-Kreislauferkrankungen in der Gesamtstatistik nach den Erkrankungen des Verdauungskanals an zweiter Stelle folgen. Morphologische Untersuchungen am arteriellen Blutgefäßsystem vieler Tierarten erbrachten den Beweis, daß zum Teil sehr umfangreiche arteriosklerotische Spontanveränderungen vorliegen können, die auch vom Menschen als Symptom einer sogenannten Zivilisationskrankheit bekannt sind (Dahme, 1962; Grünberg, 1965; Krieg, 1964). Vergleicht man Haustiere mit ihren wildlebenden Verwandten (Grünberg, 1965), so läßt sich feststellen, daß Häufigkeit und Schweregrad der arteriosklerotischen Veränderungen bei Haustieren ein Vielfaches der bei Wildformen erhobenen Befunde betragen. Die Domestikation und die daraus resultierende Lebensweise wird ursächlich dafür verantwortlich gemacht (Krieg, 1967). Vielfach wird eine mögliche Verbindung zwischen psychischen Belastungen - die beim Menschen eine Rolle spielen - und dem Ansteigen arteriosklerotischer Veränderungen bei Tieren diskutiert. Die Einengung des Bewegungsraumes und die durch ständig wachsende Besucherzahlen zunehmende Beunruhigung der Tiere können für die Genese der Arteriosklerosen bei Zootieren von einiger Bedeutung sein (Ratcliffe und Snyder, 1965). Miminoshvili et al. (1960) gelang die Erzeugung von Atheromen, Thrombosen und Herzinfarkten bei Affen durch neurogenen Streß. Bei der Autopsie abgeschossener wilder Afrikanischer Elefanten fand Sikes (1969) in der Intima der Aorta bei gestreßten Tieren aller Altersgruppen Atheromatose. Aus den sehr umfangreichen Untersuchungsergebnissen schlußfolgert sie, daß Intimaablagerungen beim Elefanten als "Streßindikator" anzusehen sind. Evans (1910) hebt hervor, daß bei Elefantensektionen weitaus mehr Herz-Kreislaufschäden bekannt werden als klinisch vermutet wurden.

Unsere Zoo- und Zirkustiere sind zweifelsohne neurogenen Streßfaktoren ausgesetzt (Dózsa, 1969), deren Wirkungen bisher jedoch zu wenig erforscht sind. Nur die Ergebnisse von Sektionsbefunden spontaner Todesfälle gestatten einige Rückschlüsse auf mögliche Todesursachen. Arteriosklerotische Veränderungen im arteriellen Gefäßsystem des Elefanten und dadurch bedingte chronische Kreislaufinsuffizienz sind von Eriksen und Palmer (1966) sowie Herzmuskelschäden von Göltenboth und Klös (1974) beschrieben worden. Gezielte Herz-Kreislaufuntersuchungen, die Kausalzusammenhänge zwischen neurogenen Streßfaktoren und chronischen Herzmuskel- und Gefäßschäden aufdecken könnten, fehlen.

Die Bedeutung des Transportstreß bei Elefanten wurde bereits von verschiedenen Stellen diskutiert (Cociu et al., 1967; Diss, 1973; Dózsa, 1973). Neben Verschlechterungen des Allgemeinzustandes standen hierbei Verdauungsstörungen, das Überwiegen katabolischer Prozesse und eine allgemeine Resistenzminderung gegenüber Krankheitserregern im Vordergrund der klinischen Erscheinungen. Kreislaufparameter wurden leider in diesem Zusammenhang nicht untersucht. Als erschwerend für die Kreislaufuntersuchungen des Elefanten wird die respektable Körpergröße angesehen (Steuer, 1966). Daß sie sich jedoch nicht wesentlich von gleichen Untersuchungen anderer Tierarten unterscheiden, konnten White et al. bereits 1938 nachweisen. Trotz allem sind in der Literatur verhältnismäßig wenig Mitteilungen elektrokardiografischer Untersuchungsergebnisse zu finden. Benedict und Lee (1938) untersuchten das EKG von 37 erwachsenen Asiatischen Elefanten. G r a u w i l e r (1965) hat die bekannten funktionellen Daten des Elefanten-EKG in einer vergleichenden Übersicht zusammengestellt. Für die Leistungsfähigkeit des Herzens ist unter anderem die Dauer der Systole und der Diastole von Bedeutung, da ein intensiver Blutfluß und die oxydative Resynthese zum größten Teil während der Diastole erfolgen (B o r o s und B o r o s , 1948). Einen Einblick in die relative Dauer dieser Abschnitte der Herztätigkeit gibt uns der Quotient aus Diastolen- und Systolenzeit (DSQ). Offenbar ist dieser Quotient durch äußere Faktoren zu beeinflussen. Wenn auch das Potential zur physischen Leistungsfähigkeit genetisch bestimmt ist (A s t r a n d und R o d a h l , 1970; M o r s e und S m i t h , 1972), wird es doch durch entsprechendes Training beziehungsweise mangelnde Bewegungsmöglichkeit variiert. Veränderungen der Zeitwerte des EKG und des DSQ gestatten uns einen Einblick in die Ökonomie der Herztätigkeit und geben uns die Möglichkeit, die Leistungsfähigkeit zu beurteilen und Rückschlüsse auf den Trainingszustand zu ziehen (P l a z e k und W u s c h e c h , 1966; S p ö r r i , 1954; J o r d a n , 1973).

In Tabelle I sind die physiologischen Zeitwerte des Elefantenelektrokardiogramms nach G r a u w i l e r (1965) dargestellt:

Elephas maximus

Anzahl	Alter	HF/Min.	R-R Intervall	P Dauer	QRS Dauer	Q'T Intervall	DSQ
9 White (1938)	erwachsen	35-40	1,50-1,72 s	0,16 s	0,12-0,18 s	0,65 s	
7 Spörri	9-35 Jahre	29-46 Ø 38	1,58 s	--	0,14-0,22 s 0,175 s	0,64 s	1,47
5 Spörri	2-7 Jahre	45-56 Ø 50	1,21 s	--	0,09-0,13 s 0,112 s	0,51 s	1,37

Loxodonta africana

Anzahl	Alter	HF/Min.	R-R Intervall	P Dauer	QRS Dauer	Q'T Intervall	DSQ
5	5 Jahre	42-53 Ø 46	1,13-1,43 s Ø 1,31 s		0,12-0,14 s 0,128 s	0,48-0,60 s 0,545 s	1,37
Dies.	9 Jahre	34-42 Ø 37	1,42-1,76 s Ø 1,62 s		0,184-0,203 s 0,195 s	0,701-0,802 s 0,734 s	1,22

Junge Tiere haben, den bisherigen Untersuchungsergebnissen zufolge, offensichtlich eine höhere Herzfrequenz als ältere. Unterschiede in den Zeitwerten zwischen Afrikanischen und Asiatischen Elefanten liegen innerhalb der Schwankungsbreite. Mitteilungen von EKG-Befunden kranker Elefanten sind selten. S p ö r r i beschreibt einen Fall von Tachykardie (50 Schläge pro Minute) bei einem Zirkuselefanten verbunden mit relativ langer Systole (45,9 % des Schlagintervalls). Das Tier litt an hochgradiger hypochromer Anämie. G ö l t e n b o t h und K l ö s (1974) untersuchten einen herzkranken Elefanten und fanden eine relativ lange QRS-Dauer, die mit 0,21 sec. die obere Grenze der Norm erreichte. Außerdem wurde eine ST-Senkung ermittelt.

Leistungsphysiologische Untersuchungen, die Aufschluß über die Bedeutung körperlicher Belastungen für die Herz-Kreislauffunktionen bei Elefanten geben könnten, wurden bisher nicht beschrieben. Die wechselnden Haltungsformen von Zirkuselefanten zwischen Saisonbetrieb und Winterquartier, sowie ihre unterschiedlichen Belastungsstrukturen und die demgegenüber gleichförmigen Haltungsbedingungen der Zoo-Elefanten waren uns Anlaß, vergleichende Herz-Kreislaufuntersuchungen zwischen Zoo- und Zirkuselefanten durchzuführen. Die Kreislaufstabilität vieler Zoo- und Zirkuspatienten ist uns aus der Praxis hinlänglich bekannt. Dennoch wissen wir relativ wenig über die Herz-Kreislaufreaktionen dieser Tiere. Ganz bestimmt kann eine regelmäßige physische Belastung einige Bedeutung für das Training des Herz-Kreislaufsystems erlangen. Unsere Untersuchungen galten Belastungs- und Trainingseinflüssen auf elektrokardiografische Befunde, um Rückschlüsse auf die Haltungs- und Belastungsformen zu gewinnen. Gleichzeitig wollten wir Vergleichswerte erarbeiten, die es uns ermöglichten, den EKG-Befund eines kranken Elefanten zu beurteilen.

Eigene Untersuchungen

Material, Methoden, Versuchsablauf

Insgesamt wurden 52 Elektrokardiogramme ausgewertet. Für unsere Untersuchungen standen uns 19 in Gefangenschaft lebende Elefanten, 18 der Gattung Elephas maximus und 1 in einem zoologischen Garten gehaltenes Tier der Gattung Loxodonta africana zur Verfügung. 10 Elefanten arbeiten seit mehreren Jahren regelmäßig im Zirkus, 3 Elefanten waren junge Neuzugänge, 6 Elefanten leben in zoologischen Gärten. Der jüngste Elefant ist zirka zwei Jahre alt, der älteste 30 Jahre alt. Zwei Gruppen sind zahlenmäßig am stärksten vertreten, eine Gruppe sehr junger Tiere zwischen sechs und neun Jahren und eine Gruppe doppelt so alter, d. h. etwa 12- bis 15jährige Tiere. Es entsprach unserer Aufgabenstellung, vergleichende kreislaufphysiologische Daten mit Hilfe elektrokardiografischer Untersuchungen zu erarbeiten.

Die Zirkuselefanten befanden sich von Mitte November bis Mitte März im Winterquartier. Diese Zeit ist für sie eine Periode relativ geringer körperlicher Belastung. Mit Beginn der Winterpause werden die intensiven Proben eingestellt. Vorausgesetzt, es sind keine neuen Tricks einzustudieren, werden sie erst vor Beginn der neuen Tournee wieder aufgenommen. Unsere Untersuchungen begannen zu einem Zeitpunkt, als nach relativ langer Ruheperiode die regelmäßigen Probenarbeiten zur Vorbereitung auf die neue Saison einsetzten.

Die Intensität der Probenbelastung wird in erster Linie durch die gestellten Aufgaben bestimmt. Während einer Tournee, die meistens von März bis November dauert, absolvieren die Zirkuselefanten täglich eine Vormittagsprobe sowie zwei Vorstellungen. Daraus ergibt sich eine Gesamtdauer der in drei Zeitintervallen durchgeführten täglichen Belastung von 1 1/2 Stunden. Da die dynamische Arbeit verhältnismäßig ruhig abläuft, darf vorausgesetzt werden, daß diese Belastung sich in Grenzen geringer bis höchstens mittlerer Intensität bewegt. Demgegenüber kann die statische Belastung spontan maximale Kraftanforderungen stellen und z. B. beim einbeinigen Handstand durchaus eine bedeutend höhere Belastungsintensität erreichen. Nicht immer folgen statische und dynamische Beanspruchung im harmonischen Wechsel aufeinander, so daß kein gleichmäßiger Belastungsrhythmus vorliegt.

Mit Beendigung der winterlichen Ruhepause und Wiederaufnahme der intensiven täglichen Probenbelastung führten wir bei allen zehn Zirkuselefanten elektrokardiografische Untersuchungen im Zustand relativer Ruhe und nach körperlicher Belastung durch. Vor den Belastungsuntersuchungen absolvierten 5 Elefanten 15 Minuten lang leichte Schritt- und Trabarbeit. Die 5 anderen Elefanten wurden nach 30 Minuten normaler Probenarbeit untersucht. Wiederholungsuntersuchungen in relativem Ruhezustand waren bei 5 Tieren während zweier Sommergastspiele im Monat August in Berlin möglich. Alle Elefanten wurden nach Beendigung ihrer Tourneen sofortigen Ruhe- und Belastungsuntersuchungen unterzogen. Belastungs-EKG's konnten bei allen Tieren nach einstündiger intensiver Probe, die anläßlich einer Galavorstellung notwendig war, geschrieben werden.

Zu vergleichenden Untersuchungen im Hinblick auf unterschiedliche Haltungsbedingungen wählten wir 6 Elefanten, die in zwei relativ jungen zoologischen Gärten in modernen Gehegen mit dazugehörigen neuerbauten Elefantenhäusern, d. h. unter besonders günstigen Haltungsbedingungen, leben. Alle 6 Elefanten haben, soweit die Außentemperaturen das zulassen, ganztägigen Auslauf. Einzelne Tiere werden hin und wieder zur Vorführung einstudierter Kunststücke herangezogen, die jedoch eher Intelligenzleistungen als körperliche Belastungen darstellen. Da die Möglichkeit einer echten physischen Belastung im Zoo nicht gegeben war, mußten wir uns auf das Aufzeichnen von Ruhe-EKG's beschränken. Die Ergebnisse wurden durch bipolare Brustwandableitung (Apex cordis - Widerrist) gewonnen. Mit Ausnahme der während einer abklingenden Narkose untersuchten Jungelefantin ("Shura") (Abb. 1 und 2) wurden die Tiere weder vor noch während der Ableitungen sediert oder zusätzlich fixiert.

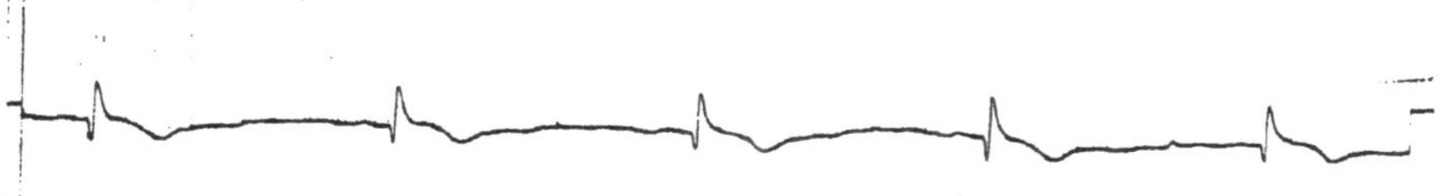

Abb. 1: Ruhe-EKG eines 5jährigen Ind. Elefanten
P=39 Systolendauer 29 % Diastolendauer 71 %

Abb. 2: Derselbe Elefant zum Zeitpunkt des Erwachens aus der Narkose
P=50 Syst. 50 % Diast. 50 % (liegend rechts)

Das Erkennen krankhafter Veränderungen im Verlauf von Herzstromkurven muß zwangsläufig Schwierigkeiten bereiten, wenn die Erkenntnisse über deren physiologisches Verhalten auf Grund fehlender Untersuchungen lückenhaft sind. Elefanten fordern von uns wegen ihrer Größe gebührenden Respekt, und dennoch wirft deren elektrokardiografische Untersuchungen wenig Probleme auf. Elefanten sind nur wenig behaart, so daß ihre Haut direkt zugänglich ist. Zum anderen sind sie gehorsame Tiere, die sich dem Willen des Menschen unterwerfen. Schon allein diese Tatsachen erleichtern das Anlegen der Elektroden und das Aufzeichnen von Elektrokardiogrammen. Da Elefanten ungenügende auskultatorische Möglichkeiten bieten (S c h u l z e und S t e u e r , 1961), erweist sich das Elektrokardiogramm zur Diagnose von Herzerkrankungen auf Grund relativ einfacher Durchführung als Mittel der Wahl. Auch vor uns stand bei Erkrankung eines Zooelefanten unter klinischen Symptomen einer Herzmuskelschwäche die Frage nach einer gesicherten Diagnose. Sie hat uns veranlaßt, Untersuchungen an einer größeren Zahl von Elefanten durchzuführen.
Die Herzstromkurven wurden in Abhängigkeit von der Herzfrequenz nach ihren Zeitwerten ausgewertet. Statistische Vergleiche der Dauer von Systole und Diastole bei bestimmten Herzfrequenzen wurden mittels t-Test vorgenommen. Ruhe- und Belastungswerte wurden einander bei gleicher Herzfrequenz gegenübergestellt. Durch die Verlaufsuntersuchungen an Zirkuselefanten soll der Trainingseffekt regelmäßiger Arbeit geprüft werden.

Ergebnisse:

Die Ergebnisse sind in den Tabellen II - V dargestellt. Da die Intervalle des EKG vorwiegend durch die Herzfrequenz (HF) beeinflußt werden, sind, um den Einfluß weiterer Faktoren erkennen zu können, unter den vorliegenden Versuchsbedingungen die Beziehungen zwischen HF und Diastolen- und Systolenzeit (Abb. 3 - 6) sowie zwischen HF und Diastolen-Systolen-Quotient (DSQ) dargestellt und verglichen worden.

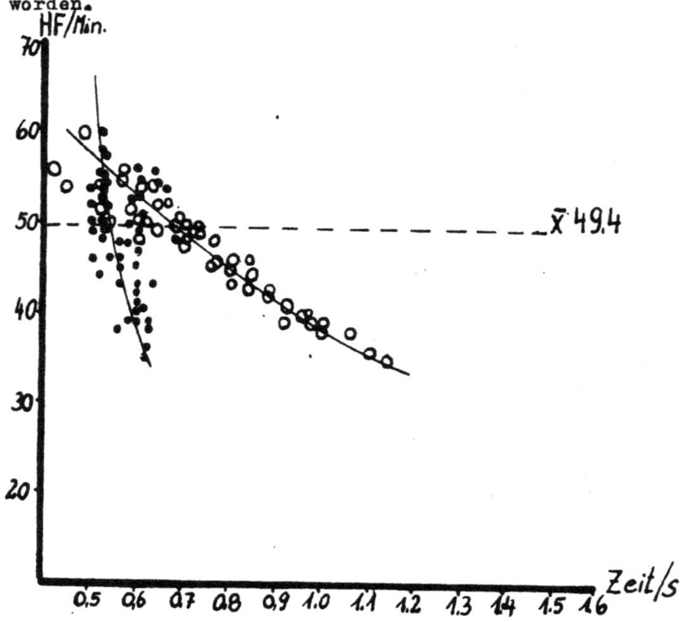

Abb. 3: Diastolen-Systolendauer und Herzfrequenz
Ruhe-EKG, März, Zirkuselefanten

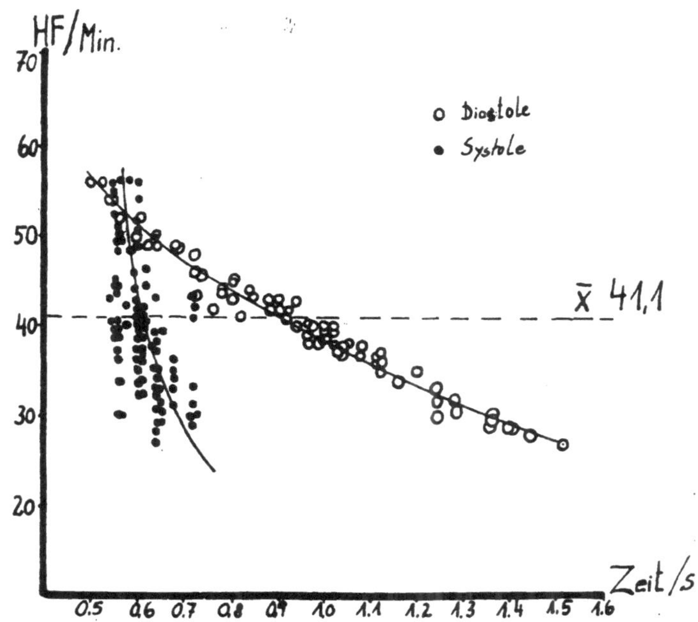

Abb. 4: Diastolen-Systolendauer und Herzfrequenz Postbelastungs-EKG, März, Zirkuselefanten

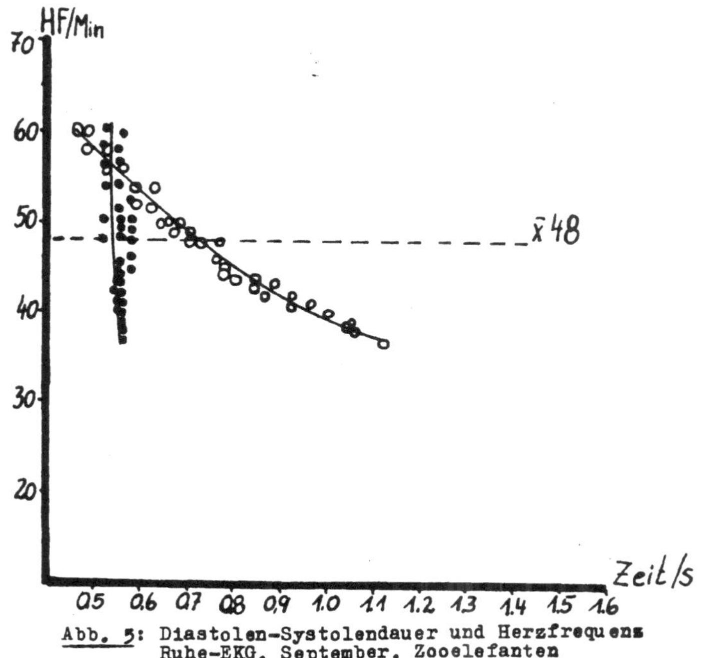

Abb. 5: Diastolen-Systolendauer und Herzfrequenz Ruhe-EKG, September, Zooelefanten

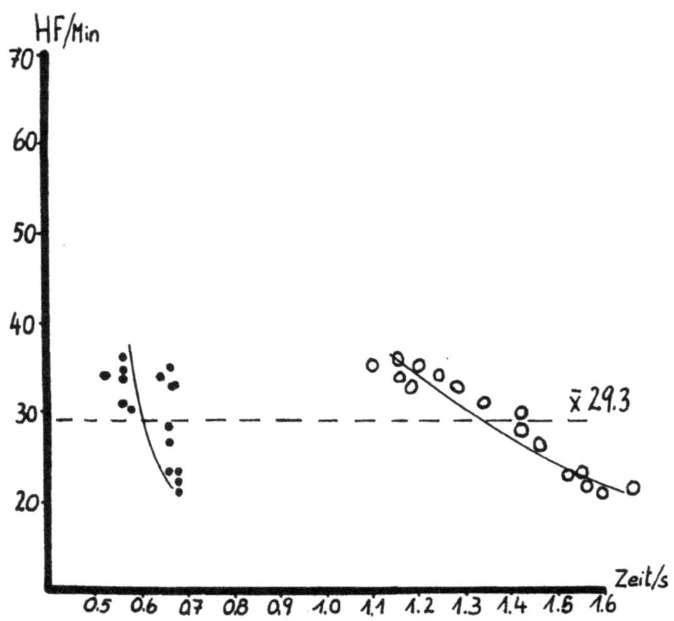

Abb. 6: Diastolen-Systolendauer und Herzfrequenz Ruhe-EKG, November, Zirkuselefanten

Die Ruheherzfrequenz im Verlauf eines Jahres in vier Untersuchungen ermittelt und in Tab. II als mittlere Herzfrequenz (mHF) jedes Untersuchungszeitpunktes dargestellt, zeigt bei Zirkuselefanten einen typischen Verlauf, der die Trainierbarkeit des Elefantenherzens klar erkennen läßt. Während die mHF zum Zeitpunkt des Probenbeginns im Winter mit 41 Schlägen/Minute noch relativ hoch ist, sinkt sie mit wachsender Probenbelastung im Verlaufe der Gastspielsaison. Ihren niedrigsten Wert erreichte die mHF mit 29 Schlägen/Minute zu einer Zeit intensivster Probenarbeit in Vorbereitung einer Galavorstellung für das Fernsehen. Dieser Zeitpunkt - zufällig am Ende der Saison - erforderte von den Tieren Arbeiten mit höherer als der üblichen Intensität. Vier Wochen nach Beendigung der Saison, die gleichfalls die Beendigung der Probenarbeit bedeutet, ist wieder ein Anstieg der mHF zu erkennen. Der DSQ, der die Verbesserung oder Verschlechterung des Diastolen:Systolenverhältnisses kennzeichnet, verhält sich analog der mHF. Mit Verlangsamung der Herzfrequenz wächst der DSQ von 1,53 auf 1,66 und dann auf 2,16, d. h. das Diastolen-Systolenverhältnis gestaltet sich mit wachsendem Trainingszustand zunehmend günstiger. Bei Einstellung der körperlichen Belastung verschlechtert es sich jedoch wieder und nach vier Wochen Inaktivität ist der gute Trainingszustand der Saison bereits teilweise verlorengegangen.
Während die Systole der Ruhe-HF mit wachsendem Trainingszustand nur geringfügig zunimmt, wird die Diastole erheblich länger. Nach Einstellung der Trainingsbelastungen in Form der regelmäßigen Proben, wird wieder eine Verkürzung beider Herzperioden deutlich, von den ebenfalls hauptsächlich die Länge der Diastole betroffen ist. Im Ergebnis tritt eine deutliche Verschlechterung des DSQ ein (Tab. II). Ein Vergleich der Ausgangswerte vom März mittels t-Test mit den Werten der übrigen Untersuchungstermine zeigt, bei einer angenommenen Irrtumswahrscheinlichkeit von 1 %, daß sich der DSQ signifikant vom Ausgangswert Ende der Winterpause unterscheidet (Tab. V). Demgegenüber unterscheidet sich nur die Pulsfrequenz der dritten Untersuchung zur Zeit intensivster Probenbelastung signifikant vom Ausgangswert. Deutliche Unterschiede bestehen zwischen der mHF und dem DSQ der Gruppe der in zoologischen Gärten gehaltenen Elefanten und den Zirkuselefanten. Die Werte der Zooelefanten unterscheiden sich signifikant von denen der Zirkuselefanten (Tab. II und V): Die auffallend höhere mHF und der niedrige DSQ, bedingt durch ein ungünstiges Diastolen-Systolen-Verhältnis, weisen auf eine unökonomischere Herztätigkeit bei den Zooelefanten hin.

Tab. II: Ruhemittelwerte

Datum	mHF	R - R Interv.	P Dauer	P - Q Interv.	QRS Dauer	Q - T Interv.	T - Q Interv.	DSQ	
März	41,1	1,54	0,16	0,09	0,15	0,60	0,88	1,53	$\bar{x}$
	72	72	27	30	59	62	62	72	n
	±6,3	±0,25	±0,02	±0,02	±0,015	±0,04	±0,25	±0,33	s
August	38,7	1,64	0,17	0,11	0,15	0,62	1,02	1,66	$\bar{x}$
	28	27	14	13	25	27	27	27	n
	±6,4	±0,24	±0,03	±0,04	±0,01	±0,07	±0,20	±0,28	s
November	29,3	1,99	0,15	0,12	0,17	0,63	1,37	2,16	$\bar{x}$
	16	16	2	1	15	15	15	15	n
	±5,7	±0,22	0	0	±0,01	±0,06	±0,18	±0,26	s
Dezember	39	1,61	0,15	0,13	0,15	0,62	0,98	1,59	$\bar{x}$
	16	16	7	6	15	16	16	16	n
	±6,2	±0,25	±0,01	±0,03	±0,02	±0,08	±0,22	±0,36	s
Zoo	47,8	1,31	0,15	0,15	0,15	0,56	0,75	1,34	$\bar{x}$
	35	35	15	18	35	35	35	35	n
	±4,97	±0,11	±0,01	±0,01	±0,02	±0,02	±0,14	±0,21	s

Tab. III: Belastungsmittelwerte

Datum	mHF	R - R Interv.	P Dauer	P - Q Interv.	QRS Dauer	Q - T Interv.	T - Q Interv.	DSQ	
März	49,4	1,37	0,10	0,10	0,14	0,57	0,74	1,29	$\bar{x}$
	46	46	17	13	45	47	47	47	n
	±5,5	±0,18	±0,02	±0,01	±0,02	±0,04	±0,12	±0,20	s
November	46,4	1,39	0,14	0,14	0,14	0,55	0,83	1,52	$\bar{x}$
	20	20	5	3	20	19	19	19	n
	±11,0	±0,34	±0,01	0	±0,015	±0,06	±0,31	±0,50	s

Tab. IV: Mittelwerte 15 Minuten nach Belastung

Datum	mHF	R - R Interv.	P Dauer	P - Q Interv.	QRS Dauer	Q - T Interv.	T - Q Interv.	DSQ	
Dezember	40,0	1,57	0,17	0,13	0,15	0,56	1,01	1,78	$\bar{x}$
	20	20	4	4	19	20	20	20	n
	±5,65	±0,20	±0.01	±0,02	±0,2	±0,02	±0,20	±0,33	s

Tab. V: t-Test

Datum	HF	DSQ
August/März	NS	P 0,01
November/März	P 0,01	P 0,01
Dezember/März	NS	P 0,01
Zoo/März (Zirkus)	P 0,01	P 0,01

Durch psychische Erregungen erhöhte sich die Herzfrequenz sowohl der Zoo- als auch der Zirkuselefanten auf Werte zwischen 50 und 60 HS/Minute. Die Erhöhung der Herzfrequenz beruht dabei ausschließlich auf einer Verkürzung der Diastolendauer, die Dauer der Systole hingegen bleibt unverändert. Als Folge resultiert eine Abnahme des DSQ, die einer unökonomischen Belastung des Herzens gleichbedeutend ist. Durch Belastungsuntersuchungen konnten wir nachweisen, daß nach physischen Belastungen im gleichen HF-Bereich wesentlich günstigere DSQ vorhanden sind (Tab. III). Nach körperlicher Belastung ist die Erhöhung der HF nicht nur durch eine Verkürzung der Diastolenzeit bedingt, sondern es tritt auch eine Verkürzung der Systolendauer ein. Vergleichen wir die Ruhewerte vom März (Tab. II) mit den Belastungswerten vom November (Tab. III), so wird deutlich, daß bei nahezu gleichem DSQ die Systole des Belastungswertes wesentlich kürzer als die des Ruhewertes ist. Folglich wird der gleiche DSQ wie in Ruhe nach physischer Belastung erst bei höheren HF erreicht. Daß der positive Einfluß von Belastungen auf die Arbeit des Herzmuskels, der in der Verbesserung des DSQ seinen Ausdruck findet, auch längere Zeit anhält, konnte durch Untersuchungen 15 - 20 Minuten nach Probenbelastung nachgewiesen werden (Tab. IV). Ein Vergleich mit den Ruhewerten von August und Dezember offenbart das günstigere Diastolen-Systolenverhältnis in der Nachbelastungsphase. Dieser Effekt leitet trainingsphysiologisch einen Zustand erhöhter Leistungsbereitschaft ein. Subjektiv erhöht er das allgemeine Wohlbefinden. Zirkuselefanten sind also, bedingt durch ihre Arbeit, ständigem Training ausgesetzt, das eine Ökonomisierung ihrer Herzarbeit bewirkt.

Ein erkrankter Zooelefant, der uns mit klinischen Symptomen einer allgemeinen Schwäche vorgestellt wurde, hatte an allen vier Beinen Ödeme. Nur mit Mühe war er zu bewegen, einige Schritte zu laufen. Bereits nach dieser unbedeutenden Belastung stieg die Atemfrequenz erheblich an. Vom Spiel und den Bewegungen der anderen Elefanten schloß er sich aus. Selbst im Freigehege war er bestrebt, sich hinzulegen. Seine Futteraufnahme war nicht wesentlich beeinträchtigt. Da Symptome einer Allgemeinerkrankung fehlten, lag der Verdacht einer Herzaffektion nahe. Sein EKG-Befund (Abb. 7) zeigt eine mHF von 49 HS/Min. und einen DSQ von 116.

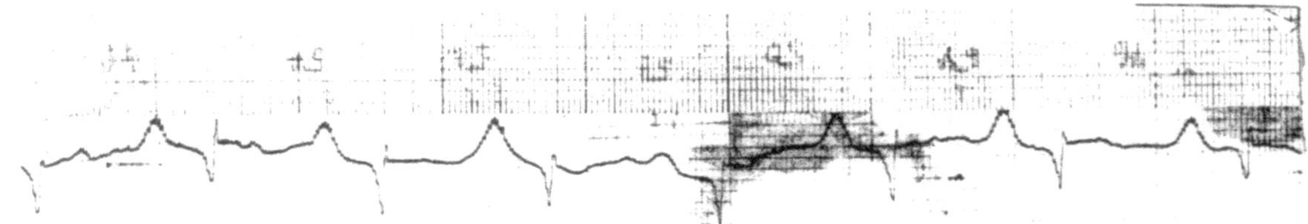

Abb. 7: Ruhe-EKG eines 6jährigen Ind. Elefanten aus einem zoologischen Garten, der an Symptomen einer Leistungsinsuffizenz des Herzens erkrankte.
P Ø 49 Systole Ø 49,4 % Diastole 50,6 %

Diese Werte sind wesentlich ungünstiger als die der Zirkuselefanten, von denen sie sich signifikant unterscheiden. Sie sind ebenfalls ungünstiger zu beurteilen als die der übrigen Zooelefanten (Tab. I). Die relativ lange Systolendauer (49,4 %) und der niedrige DSQ werden in Verbindung mit den klinischen Symptomen als Zeichen einer Leistungsinsuffizienz des Herzmuskels gewertet. Eine entsprechende Therapie wird eingeleitet. Der Elefant erhält "Ceglunat AWD" (1 Tablette - 0,25 mg), ein Lanatosidpräparat in einer Dosierung von 16 Tabletten täglich (= 4,0 mg). Nach achtwöchiger Behandlung sind die klinischen Symptome vollständig abgeklungen.

Diskussion

Die vorliegenden Untersuchungen bestätigen die Annahme, daß die Zeitwerte des Elektrokardiogramms von Elefanten durch verschiedene Faktoren beeinflußt werden. Außer frequenzabhängigen Einflüssen, die die Zeit von Systole und Diastole verändern, gibt es offensichtlich auch frequenzunabhängige Wirkungsmechanismen, die auf die Zeitwerte verändernd einwirken.
Für die physische Leistungsfähigkeit sind die Energiebereitstellung sowie die Regelkapazität der Wärmeregulation und der Herz-Kreislauffunktion von erheblicher Bedeutung. Die Regelkapazität der Herz-Kreislauffunktion wird in hohem Maße durch die Wärmeregulation bestimmt (Rowell et al., 1969a, b, 1970; Gisolfi und Robinson, 1969, 1970; Steinhardt, 1973). Beim Menschen wurde eine lineare Beziehung zwischen HF und Rektaltemperatur (RT) während körperlicher Arbeit nachgewiesen (Kamon und Belding, 1971). Die Steigerung der Herztätigkeit bei physischer Belastung und bei Erregung wird durch sympathische Aktivität veranlaßt. Andererseits verändern sich unter dem direkten Einfluß von Temperatureinwirkungen Systolen- und Diastolenzeit (Steinhardt und Wachtel, 1971). Bei Schweinen führten Erhöhungen der RT in erster Linie zu einer Verkürzung der Systolenzeit (Steinhardt et al., 1967). Während wir bei Elefanten nach erregungsbedingter HF-Erhöhung lediglich eine Verkürzung der Diastole beobachten konnten, trat eine Verkürzung der Systole bei gleicher HF erst nach physischer Belastung auf. An der Abnahme der Systole sind in erster Linie S-T-Intervall und QRS-Komplex beteiligt. Es ist möglich, daß diese spezifische Reaktion bei Elefanten ebenfalls von der belastungsbedingten Erhöhung der Körpertemperatur abhängig ist. Auch am Elefanten-EKG lassen sich Trainingseinflüsse, bedingt durch regelmäßige physische Belastung, nachweisen. Nach einer

längeren Trainingsperiode, die durch tägliche Probenarbeit gekennzeichnet ist, kommt es zu einer Verlangsamung der Ruhe HF. Es wird eine erhebliche Verlängerung der Diastole und in engen Grenzen auch eine Verlängerung der Systole nachgewiesen. Ebenso wie die Abnahme der Systolenzeit ist ihre Verlängerung in erster Linie an Veränderungen der Zeitdauer des QRS-Komplexes und des S-T-Intervalls gebunden. Wir können also feststellen, daß sowohl psychische wie physische Belastungen als auch Trainingseinflüsse den zeitlichen Ablauf eines Elefanten-EKG erheblich verändern können. Der Einfluß der Umgebungstemperatur, die die Wärmeregulation verändern kann, sollte ebenfalls nicht vernachlässigt werden. Diese Faktoren müssen in die Bewertung einbezogen werden.
Fehlendes Training - auch das konnten wir nachweisen - führt zum Rückgang der erreichten Veränderungen und damit zu einer Verschlechterung des DSQ. Der ungünstigere DSQ bei Zooelefanten in Verbindung mit der relativ hohen Ruhepulsfrequenz ist als Ausdruck mangelhafter physischer Aktivität anzusehen. Einschränkung der Bewegungsmöglichkeit führt zu einer Abnahme der physischen Leistungsfähigkeit. Sie ist mit einer Verkleinerung der Herzleistung verbunden. Erhöhungen der HF und lange Beruhigungszeiten nach Belastungen sind die Folge. Das Verhältnis von Diastole und Systole verschlechtert sich zunehmend.
Die Leistungsfähigkeit des Herzens, die unter anderem von der Dauer von Systole und Diastole abhängig ist, muß regelmäßig trainiert werden, wollen wir uns nicht ungünstige Herz-Kreislaufverhältnisse wie beim Hausschwein heranzüchten. Eine intensive Durchblutung des Herzmuskels und damit seine optimale Sauerstoffversorgung erfolgt zum größten Teil in der Diastole. Während sie sich unter dem Einfluß psychischer Erregung extrem verschlechtern kann - der Grad der Verschlechterung hängt auch vom Trainingszustand des Herzmuskels ab - wird sie unter dem Einfluß physischer Beanspruchung in Form der Probenarbeit anhaltend verbessert. Die Ökonomisierung der Herzarbeit wird in einer länger anhaltenden Nachbelastungsphase besonders wirksam. Unter den Bedingungen der freien Wildbahn vollziehen sich Belastung und Ruhe in natürlichem Wechsel, daher erfüllt die Belastung eine wichtige Funktion im Tagesablauf der Tiere. Fehlt sie, so ist der natürliche Lebensrhythmus gestört, und Störungen einzelner Lebensfunktionen müssen folgen. Mit dem Aufhören der regelmäßigen physischen Belastungen bilden sich die Veränderungen der zeitlichen Abläufe der Herzperioden wieder zurück. Die regelmäßige Belastung ist die sicherste Prophylaxe, um der Entwicklung pathologischer Zustände am Herz-Kreislaufsystem entgegenzuwirken. Berichte über pathologische EKG-Befunde bei Elefanten sind selten (S c h m i d t , 1975). Das mag daran liegen, daß bisher selbst die physiologischen Veränderungen des Elefanten-EKG nur ungenügend bekannt sind. Auch in unserem Fall ließ sich die Diagnose nur in Verbindung mit den klinischen Erscheinungen stellen. Vergleichende Untersuchungen der übrigen Tiere der gleichen Gruppe können daher in der Beurteilung des Einzelelektrokardiogramms von Nutzen sein. Der niedrige DSQ bei relativ kurzer Diastole (50,6 %) und relativ langer Systole (49,4 %) kennzeichnen den unökonomisch arbeitenden Herzmuskel, da er in unserem Fall diesen Zustand bereits bei einer mHF von 49 Schlägen/Minute erreichte und damit von den Mittelwerten der etwa gleichaltrigen Gruppengefährten erheblich abweicht.
Die Ergebnisse der Untersuchungen werfen die Frage auf, in welchem Grad die hier aufgezeigten Probleme auch bei anderen in Gefangenschaft lebenden Wildtieren bestehen. Unter spezifischen Versuchsbedingungen bedarf der Einfluß verschiedener Belastungsformen weiterer Klärung.

Zusammenfassung:

Elektrokardiografische Untersuchungen an gesunden und einem kranken Elefanten (Elephas maximus)

Es wird über vergleichende EKG-Befunde an Zoo- und Zirkuselefanten sowie an einem an einer Herzmuskelinsuffizienz leidenden Elefanten berichtet. Die Einflüsse von Erregung, physischer Belastung, Training und relativer Inaktivität auf die zeitlichen Abläufe von Diastole und Systole werden verglichen und diskutiert. Die Bewegungsarmut der Zooelefanten dokumentiert sich in ihren EKG-Befunden und führt zu der Forderung, sie regelmäßig täglich zu belasten und damit der Entwicklung pathologischer Zustände im Herz-Kreislaufsystem entgegenzuwirken.

Summary:

Comparative Electrocardiographic Examinations in Intact and Sick Elephants (Elephas maximus)

The authors report on comparative ECG-findings raised in elephants kept in zoological gardens and circuses, as well as in one elephant suffering from cardiac insufficiency. The influences of excitation, physical activity, training and relative inactivity upon diastole and systole

are compared and discussed. The lack of mobility of elephants kept in zoological gardens is expressed by their ECG-findings. Therefore, all elephants kept in zoological gardens should undergo a regular daily physical activity, so as to prevent the development of pathological states of the cardiac-circulatory system.

Résumé:

Examens électrocardiographiques chez des éléphants sains et chez un éléphant malade (Elephas maximus)

Le rapport traite de l'analyse comparative des examens électrocardiographiques effectués chez des éléphants de zoo et de cirque et chez un éléphant souffrant d'une insuffisance du myocarde. Les influences de l'excitation, des efforts physiques, de l'entrainement et d'un repos relatif sur les mouvements diastoliques et systoliques font l'objet d'une analyse comparative et de discussions. Le manque de mouvement des éléphants dans les zoos est illustré par les courbes de l'électrocardiogramme. Il importe donc de soumettre ces pachydermes quotidiennement à des efforts physiques suffisants, pour remédier à une dégration pathologique du système cardio-vasculaire.

Резюме:

Электрокардиологические исследования на здоровых и больных слонах.

Сообщаются данные ЭКГ , полученные у слонов зоопарка и цирка, а также от слона, страдающего сердечной недостаточностью. Сравнены и обсуждены результаты, полученные в результате различных раздражений, психического напряжения,тренировки, отсутствия активного движения, на на зависимое от времени протекания диастолы и систолы. Недостаток движения у слонов зоопарков отражается в результатах ЭКГ. Пребуется повышение нагрузки зверей, для противодействия развития патологических состояний в сердечно-сосудистой системе.

Wir danken Herrn Direktor Dr. B ü r g e r (Zoologischer Garten Magdeburg) und Herrn Direktor Dipl. Biol. J a k o b (Tierpark Cottbus) für ihr freundliches Entgegenkommen, die notwendigen Untersuchungen an Elefanten ihrer Einrichtungen durchzuführen.

Der Generaldirektion und den Dresseuren des VEB Zentralzirkus sei an dieser Stelle ganz besonders für die Förderung unserer Untersuchungen gedankt.

Literatur:

ASTRAND, P. O. and W. RODAL (1970): Textbook of Work Physiology. New York: McGraw

BENEDIKT and LEE (1938): Further Observations on the Physiology of the Elefant. J.Mammalogy 19, 175.

BOROS, v. J. und B. v. BOROS (1948): Die klinische Bedeutung der Tachykardie. Cardiologia 13, 325.

COCIU, M., WAGNER, G. und N. DRAGOMIR (1967): Der erste Indische Elefant im Zoo Bukarest und die seit seiner Ankunft aufgetretenen Haltungsprobleme. Verhandlungsber. IX. Internat. Symp. Erkrankungen Zootiere, Prag, 253-256.

COCIU, M., WAGNER, G., MICU, N., MIHAESCU, G. und Maria COCIU (1973): Transportbedingte Streßerscheinungen bei Tieren im Zoo Bukarest. Verhandlungsber. XV. Internat. Symp. Erkrankungen Zootiere, Kolmarden, 191-193.

DAHME, E. (1962): Blutgefäße. Hdb. d. spez. path. Anat. d. Haustiere. V. E. Joest. Berlin-Hamburg: Parey.

DÓSZA, I. (1969): Unterschiede in Haltung und Medikation zwischen Zoo- und Zirkustieren. Verhandlungsber. XI. Internat. Symp. Erkrankungen Zootiere, Zagreb, 249-251.

ERIKSEN, E. und J. HANSEN (1966): Erfolge und Mißerfolge bei der Anwendung von Phencyclidine bei einigen Wiederkäuern und einem Elefanten. Verhandlungsber. XIII. Internat. Symp. Erkrankungen Zootiere, Leipzig, 181-187.

EVANS, H. G. (1910): Elephants and their Diseases. Supdt. Govt. Printing, Union of Burma, Rangoon (Reprint 1961).

GISOLFI, C. and S. ROBINSON (1969): Relations between physical training, acclimatization and heart tolerance. J. App. Physiol. 26, 530.

GISOLFI, C. and S. ROBINSON (1970): Venous blood distribution in the legs during intermittand treadmill work. J. App. Physiol. 29, 368.

GÖLTENBOTH, R. und H. G. KLÖS (1974): Zu einigen Erkrankungen und Todesfällen bei Elefanten des Zoologischen Gartens Berlin. Verhandlungsber. XVI. Internat. Symp. Erkrankungen Zootiere, Erfurt, 175-179.

GRAUWILER, J. (1965): Herz und Kreislauf der Säugetiere. Basel: Birkhäuser.

GRÜNBERG, W. (1965): Arteriosklerose bei Wildtieren. Ergebnisse und Probleme der vergleichenden Arterioskleroseforschung. Klin. Wschr. 43, 479.

JORDIN, H. (1973): Das rhythmologische Verhalten (Streubreite) der Systolen- und Diastolendauer in Ruhe und unter körperlicher Belastung. Z. inn. Med. u.Grenzgeb. 28, 394.

KAMON, E. and H. S. BELDING (1971): Heart rate and rectal temperature relationship during work in hot environments. J. Appl. Physiol. 31, 472.

KÖHLER, H., BURTSCHER, H. und R. SWOBODA (1965): Zur Sektionsstatistik bei Zootieren. Verhandlungsber. VII. Internat. Symp. Erkrankungen Zootiere, Zürich und Basel, 238-247.

KRIEG, K. (1964): Mediaxanthomatose und Atherosklerose bei einem Hund. Arch.exper.Vet.med.18,251.

KRIEG, K. (1967): Zur Bedeutung der Wild- und Zootiere für die vergleichende Arterioskleroseforschung. Verhandlungsber. IX. Internat. Symp. Erkrankungen Zootiere, Prag, 279-284.

MIMINOSHVILI, D. J., MAGAKIAN, G. O. and G. KOKAIA (1960): Attemps to obtain a model of hypertension and coronarinsuffizienz in monkeys, in: Theoretical and practical Problems of medicine and biology in experiments in monkeys. London: Pergamon Press.

MORSE, J. T. and A. H. SMITH (1972): Exercise capacity in a population of domestic fowl: Effects of selection and training. Amer. J. Physiol. 222, 1380.

PLAZEK, S. und H. WUSCHECH (1966): Die Belastungs EKG bei Leistungssportlern als Hilfsmittel zur Beurteilung des Trainingszustandes. Dtsch. Ges. Wesen, Berlin, 21, 116.

RATCLIFFE, H. L. and R. L. SUYDER (1965): Artherosclerosis in mammals and birds in the Philadelphia Zoo: Some illustrative examples, in: Comparative atherosclerosis. New York-Evanston-London: Harper and Row.

ROWELL, L. B., BRENGELMANN, G. L. and J. A. MURRAY (1969a): Cardiovascular responses to sustained high skin temperatur in resting man. J. App. Physiol. 27, 673.

ROWELL, L. B., MURRAY, J. A., BRENGELMANN, G. L. and K. K. KRANING (1969b): Human cardiovascular adjustment to rapid changes in skin temperature during exercise. Circulation Res. 24, 711.

ROWELL, L. B., BRENGELMANN, G. L., BLACKMANN, J. R. and J. A. MURRAY (1970): Restribution of blood flow during sustained high skin temperature in resting man. J. App. Physiol. 28, 415.

SCHMIDT, M. J. (1975): The Use of Xylazine in Captive Asian Elephants. Ann. Proc. Am. Ass. Zoo Vet., 1-11.

SPÖRRI, H. (1954): Untersuchungen über die Systolen- und Diastolendauer bei verschiedenen Haustierarten und ihre Bedeutung für die Klinik und Beurteilungslehre. Schweiz. Arch. Tierheilk. 96, 593.

STEINHARDT, M., STUDZINSKI, T., LYHS, L. und D. BORCHARDT (1968): Zur Herztätigkeit des Hausschweines in exogener Hyperthermie. Arch. Exp. Vet. Med. 22, 51.

STEINHARDT, M. und W. WACHTEL (1971): Einfluß der Umgebungstemperatur auf die Dauer der Systole und Diastole des Herzens bei Hausschweinen. Arch. Exp. Vet. Med. 25, 985.

SCHULZE, W. und H. STEUER (1961): Ein Beitrag zu den Erkrankungen des Elefanten, in: Der Zool. Garten Leipzig - eine Stätte der Wissenschaft. Leipzig: Geest & Portig.

STEUER, H. (1966): Statische Hilfsmaßnahmen beim festliegenden Elefanten unter Beachtung des Betzold-Jarisch-Reflexes und zur Ausschaltung des Goltzschen Reflexes. VIII. Internat. Symp. Erkrankungen Zootiere, Leipzig, 175-179.

WHITE, P. D., JENKS, J. L. and F. G. BENEDICT (1938): The Electrocardiogramm of the Elephant. Am. Heart. J. 16, 744.

Anschrift der Verfasser: Dr. Jürgen M i l l
Tierklinik
1271 Dahlwitz-Hoppegarten (DDR)

Aus dem Eidgenössischen Veterinäramt, Bern (Direktor: Prof. Dr. H. Keller)

REGELUNG DES INTERNATIONALEN VERKEHRS MIT ZOOTIEREN IN DER SCHWEIZ

Von P. Dollinger

1. Einleitung

Durch die Schaffung internationaler Übereinkommen und neuer Gesetze auf nationaler Ebene sowie durch Verschärfung der Quarantänevorschriften wurde der internationale Verkehr mit Zootieren in den meisten Ländern während der letzten Jahre zunehmend erschwert. Die Regelungen in den einzelnen Staaten sind bisweilen so komplex, daß es bereits für Beamte der Verwaltung schwierig ist, einen vollständigen Überblick zu haben, von den eigentlichen Betroffenen, den zoologischen Gärten und Tierhändlern, ganz zu schweigen.

Die Verhältnisse in der Bundesrepublik Deutschland wurden, soweit Tierseuchenrecht betroffen ist, von Raethel (1976), bezüglich Tierschutz- und Artenschutzrecht von Drawer und Ennulat (1977) umfassend dargestellt. Im folgenden soll versucht werden, die für die Schweiz gültigen Vorschriften des Veterinär- und Naturschutzrechts in übersichtlicher Form zusammenzufassen.

2. Gesetzliche Grundlagen für die Kontrolle des internationalen Verkehrs mit Zootieren

Folgende Gesetze und Verordnungen enthalten Vorschriften, die sich auf den internationalen Verkehr mit Zootieren beziehen:

2.1 Tierseuchengesetzgebung

- Tierseuchengesetz vom 1. Juli 1966 (SR 916.40, SR = Systematische Gesetzessammlung);

-- Verordnung über die veterinärrechtliche Regelung der Ein-, Durch- und Ausfuhr von Tieren und Waren (EDAV) vom 13. Juni 1977 (SR 916.443.11);

--- Verschiedene Verfügungen und Verordnungen des Eidgenössischen Veterinäramtes, welche die Einfuhr bestimmter Tiergruppen aus bestimmten Ländern einschränken.

Die tierseuchenrechtlichen Vorschriften beziehen sich auf Primaten, Echte Vampire, Hasenartige, Landraubtiere, Unpaarzeher, Paarzeher, Entenvögel, Hühnervögel, Taubenvögel und Psittaziden, ferner auf verschiedene Tiergruppen, die als Zootiere unbedeutend sind.

2.2 Artenschutzgesetzgebung

- Übereinkommen über den internationalen Handel mit gefährdeten Arten freilebender Tiere und Pflanzen, abgeschlossen in Washington am 3. März 1973 (SR 0.453);

-- Artenschutzverordnung vom 16. Juni 1975 (SR 453);

--- Kontrollverordnung im Rahmen des Artenschutzübereinkommens (SR 453.1).

Der Geltungsbereich des Washingtoner Artenschutzübereinkommens umfaßt gegenwärtig 43 Staaten sowie eine Anzahl abhängiger Territorien. Der Mechanismus des Übereinkommens wurde von King (1974) kurz beschrieben, eine detaillierte Studie wurde von Flachsmann (1977) durchgeführt. Zur Zeit stehen rund 1340 verschiedene Arten von Säugetieren, Vögeln, Reptilien, Amphibien, Fischen, Insekten und Mollusken unter dem Schutz des Übereinkommens. Die schweizerische Vollziehungsgesetzgebung ermöglichte es zudem, die Kontrollen auf alle nichtdomestizierten Säugetiere und Vögel sowie auf alle Reptilien und Amphibien auszudehnen.

- Bundesgesetz über Jagd und Vogelschutz vom 10. Juni 1925 (SR 922.0);

-- Vollziehungsverordnung dazu vom 7. Juni 1971 (SR 922.01).

Auf Grund des Jagdgesetzes ist die Ein- und Ausfuhr aller in der Schweiz als Brut-, Strich- oder Zugvögel frei vorkommenden Vogelarten, mit Ausnahme der in Artikel 2 des Gesetzes namentlich aufgeführten, jagdbaren Arten, verboten. Dieser Schutz erstreckt sich auf rund 225 Arten.

- Bundesgesetz über den Natur- und Heimatschutz vom 1. Juli 1966 (SR 451);
- Vollziehungsverordnung dazu vom 27. Dezember 1966 (SR 451.1).

Das Natur- und Heimatschutzgesetz stellt keine Vorschriften bezüglich der Einfuhr von Tieren auf, aber es verbietet die Ausfuhr aller einheimischen Fledermäuse (24 Arten), Reptilien (13 Arten) und Amphibien (18 Arten).

2.3 Tierschutzgesetzgebung

- Europäisches Übereinkommen über den Schutz von Tieren auf internationalen Transporten, abgeschlossen in Strassburg am 13. Dezember 1968 (SR 0.452);
- Tierschutzgesetz (zur Zeit in parlamentarischer Beratung, voraussichtliches Inkrafttreten 1979).

Das Strassburger Übereinkommen gilt zur Zeit für 17 Staaten. Seine Schutzbestimmungen erstrecken sich, ebenso wie jene des künftigen Tierschutzgesetzes, sowohl auf Wirbeltiere als auch auf Wirbellose.

3 Bewilligungsverfahren

Auf Grund der oben aufgeführten Gesetze und Verordnungen ist für die Einfuhr aller Säugetiere (mit Ausnahme von Haushunden, Hauskatzen, Meerschweinchen, Goldhamstern sowie Mäusen und Ratten für Labor- und Futterzwecke), Vögel (mit Ausnahme von Kanarienvögeln), Reptilien und Amphibien sowie aller geschützten Fische und Niederen Tiere eine Bewilligung erforderlich.

Bewilligungspflichtig ist auch der Transit von solchen Tieren, die unter die Tierseuchengesetzgebung fallen, und die Ausfuhr von geschützten Tieren.

Bewilligungen werden vom Eidgenössischen Veterinäramt erteilt, welches zuvor das Einverständnis der mitbetroffenen Behörden einholen muß. Dies sind im Falle der Tierseuchengesetzgebung der für den Bestimmungsort zuständige Kantonstierarzt, bei Haustierrassen die Abteilung für Landwirtschaft, bei einheimischen Vögeln das Eidgenössische Oberforstinspektorat und bei der Ausfuhr von nach Natur- und Heimatschutz geschützten Arten das Naturschutzinspektorat des Herkunftskantons.

Diese Regelung hat den Vorteil, daß sich der einzelne Gesuchsteller nur mit einer einzigen Dienststelle auseinanderzusetzen hat und nicht mit einer Vielzahl von Behörden.

Die Erteilung von Bewilligungen wird von - meist standardisierten - Bedingungen und Auflagen tierseuchenpolizeilicher oder artenschützerischer Natur abhängig gemacht. Das künftige Tierschutzgesetz wird auch erlauben, die Aspekte des Tierschutzes vermehrt miteinzubeziehen.

Bei der Einfuhr gelten zur Zeit die folgenden tierseuchenpolizeilichen Vorschriften:

a) Primaten

Bewilligungserteilung nur an Zoos, Zirkusse und wissenschaftliche Institute. Vorlage eines amtstierärztlichen Ursprungs- und Gesundheitszeugnisses, welches auch Auskunft darüber gibt, ob die Tiere bereits im Ausland einer Quarantäne unterzogen wurden. Für vorkonditionierte Affen und Halbaffen ist eine Quarantäne von vier, für andere eine solche von zwölf Wochen vorgesehen. Während der Quarantäne sind eine oder mehrere Tuberkulinisierungen, eventuell eine röntgenologische Untersuchung des Thoraxbereichs, Kotuntersuchungen auf Salmonellen, Shigellen und Parasiten sowie klinische Untersuchungen auf Herpesvirusinfektionen und andere Zoonosen durchzuführen.

b) Vampire

Bewilligungserteilung nur zu wissenschaftlichen Zwecken.

c) Hasenartige

Vorlage eines amtstierärztlichen Ursprungs- und Gesundheitszeugnisses mit Bescheinigung, daß der Herkunftsort und dessen Umkreis von 20 km während der letzten 40 Tage vor dem Versand frei von Myxomatose und Tularämie waren. Quarantäne von mindestens 21 Tagen.

d) Landraubtiere

Je nach Herkunft und Bestimmungsort ist entweder nur ein amtstierärztliches Usprungs- und Gesundheitszeugnis vorzulegen, oder es ist zusätzlich eine Tollwutschutzimpfung vor oder nach der Einfuhr vorzunehmen. Es kann eine Quarantäne von 100 Tagen vorgeschrieben werden.

e) Unpaarzeher

Pferdeartige aus Europa (ohne UdSSR und Türkei), Nashörner und Tapire: Vorlage eines einfachen, amtstierärztlichen Ursprungs- und Gesundheitszeugnisses.

Bei der Einfuhr von Pferdeartigen aus außereuropäischen Ländern werden die Bedingungen im Einzelfall festgelegt. Die Einfuhr aus afrikanischen und asiatischen Ländern wird sehr restriktiv gehandhabt und in jedem Fall mit einer Quarantäne von mindestens vier Wochen verbunden.

f) Paarzeher

Die Bedingungen werden im Einzelfall festgelegt. Bei Einfuhren aus europäischen Zoos wird meistens nur ein amtstierärztliches Ursprungs- und Gesundheitszeugnis verlangt. Bei Schaf- und Ziegenartigen sind serologische Untersuchungen auf Brucellose, Leptospirosen und Rickettsiese vorgeschrieben. Je nach Herkunftsbetrieb können bei Schweinen serologische Untersuchungen auf Brucellose, Leptospirosen und Aujeszky'sche Krankheit und bei Rinderartigen auf Brucellose und Leptospirosen sowie eine Tuberkulinisierung vorgeschrieben werden. Einfuhren aus afrikanischen und asiatischen Ländern sind im Prinzip verboten. Falls für einen Zoo eine Ausnahmebewilligung erteilt wird, muß eine Kontaktquarantäne unter Verwendung von Kälbern, Zwergziegen oder Schweinen, eventuell außerhalb des Zoos, durchgeführt werden. Bei Antilopen, die in Walvisbaai vorquarantäniert wurden, wird in der Regel auf eine derartige Kontaktquarantäne verzichtet.

g) Enten-, Hühner- und Taubenvögel

Vorlage eines amtstierärztlichen Ursprungs- und Gesundheitszeugnisses mit Bescheinigung, daß im Herkunftsbestand und in dessen Umkreis von 20 km während der letzten 40 Tage vor dem Versand keine Fälle von Pseudogeflügelpest oder Geflügelcholera festgestellt wurden. Nach der Einfuhr ist eine Quarantäne von vier Wochen durchzuführen.

h) Psittaziden

Der Gesuchsteller hat eine Erklärung einzureichen, wonach ihm die Gefahr der Übertragung der Psittakose von Psittaziden auf den Menschen bekannt ist. Er hat ein amtstierärztliches Ursprungs- und Gesundheitszeugnis vorzulegen mit Bescheinigung, daß im Herkunftsbestand und in dessen Umkreis von 20 km während der letzten 40 Tage vor dem Versand keine Fälle von Pseudogeflügelpest festgestellt wurden. Die Psittaziden sind bei der Einfuhr zu beringen, wobei vernietbare Ringe zur Anwendung kommen, die im Auftrag des Veterinäramtes von der Firma F r a n k, Büren, entwickelt und hergestellt wurden. Versuchsweise wurden diese Ringe auch schon mit gutem Erfolg in der Bundesrepublik Deutschland eingesetzt (K a n t o r et al., 1976). Die Quarantäne dauert mindestens acht Wochen. Es ist entweder an den Psittaziden selbst oder an eingesetzten Kontakthühnern ein H i r s t -Test zum Ausschluß von Pseudogeflügelpest-Infektionen durchzuführen, und die Psittaziden sind während 45 Tagen mit einem Tetracyclin-Präparat präventiv gegen Psittakose zu behandeln (vorgeschriebene Präparate: SF-Mix 66 (Cyanamid), Psittacin (Oberhausener Kraftfutterwerke) und für Wellensittiche Avicur (Oberhausener Kraftfutterwerke)). Die korrekte Durchführung der Futtermedikation wird stichprobenweise durch Bestimmung des Tetracyclin-Blutspiegels oder durch Hemmstoff- beziehungsweise Erregernachweis im Kot überprüft.

Für alle Tiergruppen gilt, daß während der Quarantäne eingegangene Tiere auf Kosten des Importeurs durch ein vom Veterinäramt hierfür bezeichnetes Institut zu untersuchen sind.

Auf Grund des Washingtoner Artenschutzübereinkommens wird verlangt, daß für alle Tierarten, die in dessen Anhangslisten aufgeführt sind, eine Ausfuhrgenehmigung oder Wiederausfuhrbescheinigung, ausgestellt von der Vollzugsbehörde des Herkunftslandes, beizubringen ist. Falls die Tiere aus einem Staat kommen, der dem Übereinkommen nicht angeschlossen ist, werden vergleichbare Dokumente verlangt, die von einer Jagd- oder Naturschutzbehörde ausgestellt sein müssen. Einfuhrgesuche für wildgefangene Tiere der nach Anhang I geschützten Arten werden von einer Fachkommission beurteilt, in der drei Zoovertreter Einsitz haben. Bei der Bewilligungserteilung werden Auflagen bezüglich Verwendungszweck der Tiere - und nach deren Tod der Kadaver -, Haltungsart und Mitarbeit an internationalen Zuchtbüchern gemacht. Für Säugetiere wurde eine Zusammenstellung der geforderten Gehegeflächen und Käfigkubaturen publiziert (D o l l i n g e r , 1977). Diese liegen erheblich über den im Rahmen der Tierschutzgesetzgebung vorgesehenen Mindestnormen, da ein ausreichendes Raumangebot als ein wesentlicher Faktor zur Erhaltung einer lebensfähigen Gefangenschaftspopulation angesehen wird.

Ausnahmen vom Verbot der Einfuhr einheimischer geschützter Vögel werden sehr restriktiv bewilligt. Als Bewilligungsnehmer kommen nur Zoos und öffentliche Tierparks, in beschränktem Umfang auch Privatpersonen in Betracht. Zur Erleichterung von Inlandkontrollen werden Falken und andere Greifvögel an der Grenze beringt.

Bewilligungen für die Ausfuhr geschützter Tiere werden erteilt, wenn der Gesuchsteller nachweisen kann, daß er die Tiere legal erworben hat und daß das Bestimmungsland die Tiere übernimmt.

4 Kontrollwesen

Das Eidgenössische Veterinäramt verfügt über einen grenztierärztlichen Dienst, bestehend aus zwölf hauptamtlichen und rund siebzig nebenamtlichen Grenztierärzten, welcher den internationalen Verkehr mit Tieren und tierischen Erzeugnissen unter den Gesichtspunkten der Tierseuchenpolizei, des Tier- und Artenschutzes sowie der Fleischhygiene kontrolliert. Im Prinzip ist jedem Zollamt ein Grenztierarzt zugeordnet, aus betrieblichen Gründen wird jedoch versucht, den Grenzverkehr zu kanalisieren. Wichtigste Grenzübertrittstellen sind die mit hauptamtlichen Grenztierärzten besetzten Zollämter von Basel, Zürich, St. Margrethen, Buchs, Chiasso und Genève.

Obwohl die Schweiz praktisch ein reines Verbraucherland ist, d. h. nur wenige Tiere für die Wiederausfuhr importiert, sind die Einfuhrzahlen ganz beachtlich: Im Jahre 1975 kontrollierte der grenztierärztliche Dienst 593 Sendungen mit Zoo- und Wildtieren (Inkrafttreten des Washingtoner Artenschutzübereinkommens am 1. Juli 1975), 1976 waren es 1011 Sendungen. Aufgeschlüsselt nach Tierklassen und Schutzstufen ergibt sich für die beiden Jahre folgendes Bild:

Schutzstufe	Säugetiere		Vögel		Reptilien Amphibien		T o t a l	
	1975	1976	1975	1976	1975	1976	1975	1976
Anhang I WA	8	16	6	9	12	4	26	29
Anhang II WA	11	12	34	61	1328	7914	1373	7987
Anhang III WA+	9	7	-	523	-	588	9	1118
BG Jagd/ Vogelschutz	-	-	873	205	-	-	873	205
ungeschützt	2466	2687	22670	35932	?	24383++	?	63002
T o t a l	2494	2722	23583	36730	?	32889	?	72341

\+ ohne Singvögel, geschützt nach Anhang III Ghana, aus andern Ländern als Ghana

++ ohne Frösche zu Speisezwecken

Eine weitere Aufschlüsselung der schweizerischen Zoo- und Wildtiereinfuhren wurde bereits andernorts gegeben (D o l l i n g e r , 1976 u. 1977) und soll hier nicht wiederholt werden.

Bei der grenztierärztlichen Kontrolle wird den Belangen des Tierschutzes besondere Beachtung geschenkt. Kontrolliert werden nicht nur Einfuhrsendungen, sondern auch Tiere, die unser Land transitieren. Im Jahre 1976 waren dies 6783 Eisenbahnwagen mit Nutztieren und lebendem Wild. Wenn nötig, sorgen die Grenztierärzte dafür, daß die Tiere beim Eingangszollamt getränkt und gefüttert werden.

Die Kontrollen bei der Ausfuhr werden vom grenztierärztlichen Dienst oder von der Zollverwaltung wahrgenommen. Auf Grund des Washingtoner Artenschutzübereinkommens wurden 1975 Ausfuhrbewilligungen für 54, 1976 für 306 geschützte Tiere erteilt.

Die Überwachung der Quarantänen ist Sache der Kantone, wobei die Kantonstierärzte jedem Betrieb einen Kontrolltierarzt zuordnen. Betriebe, welche mit nach Washingtoner Artenschutzübereinkommen geschützten Arten handeln, können vom Eidgenössischen Veterinäramt jederzeit kontrolliert werden. Sie haben eine Tierbestandskartei zu führen, in die sämtliche Ein- und Ausgänge unter Angabe des Lieferanten beziehungsweise des Empfängers einzutragen sind.

5 Zwangsmaßnahmen

Widerhandlungen gegen die Tierseuchengesetzgebung an der Zoll- und Landesgrenze werden von der Zollverwaltung verfolgt und vom Veterinäramt beurteilt. Dieses ist ermächtigt, Bußen bis zur Höhe von Fr. 5000,-- in eigener Kompetenz auszufällen.

Von Strafverfahren unabhängig stehen dem Veterinäramt die folgenden Zwangsmaßnahmen zur Verfügung:

a) Abfertigung unter Vorbehalt

Beim Vorliegen kleinerer Mängel können Sendungen unter Vorbehalt abgefertigt werden, d. h., es kann zum Beispiel die nachträgliche Beibringung ergänzender Zeugnisse verlangt oder die Quarantäne verschärft werden.

b) Rückweisung

Eine Rückweisung lebender Tiere kommt nur in Betracht, wenn diese ohne Verzug und innert nützlicher Frist an den Absender zurückgesandt werden können. Von dieser Maßnahme wird daher verhältnismäßig selten Gebrauch gemacht.

c) Beschlagnahme

Die Beschlagnahme, d. h. der Entzug des Verfügungsrechts, ist eine vorübergehende Maßnahme. Sie wird vor allem dann angewendet, wenn eine Sendung gravierende Mängel in formeller Hinsicht aufweist, zum Beispiel, wenn die Ausfuhrbewilligung der Naturschutzbehörde des Ursprungslandes fehlt. Die Beschlagnahme wird durch erneute Verfügung aufgehoben oder in eine Einziehung umgewandelt.

d) Einziehung

Eine Einziehung kann aus seuchenpolizeilichen Gründen erfolgen, z. B. wenn jemand versucht, Tiere ohne Genehmigung und ohne Ursprungs- und Gesundheitszeugnis über die Grenze zu schmuggeln. Ferner werden auf Grund der Artenschutzgesetzgebung Tiere eingezogen, für welche innert 30 Tagen nach der Einfuhr die erforderlichen Genehmigungen oder Bescheinigungen nicht beigebracht werden können. Schließlich kann das Veterinäramt auch über Tiere verfügen, die als herrenloses Gut auf den Zollämtern angetroffen werden.

Seuchenverdächtige Tiere werden, sofern es sich nicht um gefährdete Arten handelt, getötet, wobei nach Möglichkeit darauf geachtet wird, daß die Kadaver wissenschaftlich verwertet werden. Tiere geschützter Arten werden nach der Einziehung leihweise an in- oder ausländische zoologische Gärten abgegeben. In drei Fällen war es auch möglich, Tiere wieder in ihr ursprüngliches Biotop zurückzubringen (16 Eretmochelys imbricata in den Indischen Ozean, 1 Caretta caretta ins Mittelmeer und 1 Alligator mississippiensis nach den Vereinigten Staaten).

Zusammenfassung:

Regelung des Internationalen Verkehrs mit Zootieren in der Schweiz

In der Schweiz überwacht das Eidgenössische Veterinäramt den internationalen Verkehr mit Tieren und tierischen Erzeugnissen unter den Gesichtspunkten der Tierseuchenpolizei, des Tier- und Artenschutzes sowie der Fleischhygiene. Es wird eine Übersicht über die schweizerische Tierseuchen-, Artenschutz- und Tierschutzgesetzgebung, das Bewilligungs- und Kontrollverfahren und den Umfang der Zoo- und Wildtiereinfuhren in die Schweiz gegeben.

Summary:

Regulation of International Traffic with Zoo Animals in Switzerland

In Switzerland the international traffic with animals and animal products is supervised by the Federal Veterinary Office under the aspects of animal health prevention of contagious diseases of animals, conservation of species and meat hygiene. The author reviews Swiss legislation on animal health, prevention of contagious diseases of animals, prevention of cruelties to animals and conservation of species, as well as the licensing and controlling procedures, and the extent of import of zoo- and wild animals to Switzerland.

Résumé:

Réglementation du trafic international d'animaux sauvages et de zoo en Suisse

En Suisse, l'Office fédéral vétérinaire surveille et règle le trafic international d'animaux et de produits animaux en fonction des prescriptions du service épizootique, du bureau de protection des bêtes et des espèces ainsi que du service d'hygiène de la viande. Le rapport donne un aperçu des mesures législatives dans tous ces domaines, décrit la procédure de concession et de contrôle et le nombre d'animaux sauvages et de zoo pouvant être importés en Suisse.

Резюме;

Регуляция интернационального передвижения зоологических животных в Швейцарии.

В Швейцарии национально ветеринарный пункт контролирует передвижение животных и препаратов животного происхождения с точки зрения ветеринарной защиты, защиты чистоты видов и защиты животных. Дается обзор контроля ввоза диких животных в Швейцарию.

Literatur:

DOLLINGER, P. (1976): First Annual Report to the International Secretariat on the Management of the Convention on International Trade in Endangered Species of Wild Fauna and Flora in Switzerland - Year 1975. Bern.

DOLLINGER, P. (1977): Second Annual Report to the International Secretariat on the Management of the Convention on International Trade in Endangered Species of Wild Fauna and Flora in Switzerland - Year 1976. Bern.

DRAWER, K. and K. G. ENNULAT (1977): Tierschutzpraxis. Stuttgart-New York.

FLACHSMANN, A. (1977): Völkerrechtlicher Schutz gefährdeter Tiere und Pflanzen vor übermäßiger Ausbeutung durch den internationalen Handel. Zürich: Jur. Diss.

KANTOR, H., WACHENDOERFER, G. und W. LÜTHGEN (1976): Erfahrungen mit vernietbaren Fußringen zur Kennzeichnung von Psittaziden. Dtsch. tierärztl. Wschr. 83, 69-73.

KING, WAYNE F. (1974): International Trade and Endangered Species. Int. Zoo. Yearb. 14, 2-13.

RAETHEL, H. S. (1976): Amtstierärztliche Belange im Zoo, Zirkus und Wildgatter, Einfuhrbestimmungen und Maßnahmen bei Seuchenausbrüchen. In: Klös/Lang, Zootierkrankheiten, 43-52. Berlin-Hamburg: Parey.

WACHENDOERFER, G. und W. LÜTHGEN (1974): Probleme der Psittakosebekämpfung. Prakt.Tierarzt 55, 560-572.

Anschrift des Verfassers: Dr. med. vet. P. Dollinger
Eidgenössisches Veterinäramt
Thunstraße 17
CH-3000 Bern 6 (Schweiz)

Aus dem Zoologischen Garten Berlin (Direktor: Prof. Dr. H.-G Klös)

ZUM DERZEITIGEN STAND DER PARASITOLOGISCHEN ÜBERWACHUNG DER ZOOTIERE IM ZOO BERLIN+

Von R. Göltenboth und H.-G. Klös

Durch den Einsatz moderner Anthelminthika hat das Parasitenproblem in den zoologischen Gärten sehr viel von seiner früheren Gefährlichkeit und Bedeutung verloren. Dies hat bereits hier und da zu einem gewissen Umdenken bei der Planung und Gestaltung moderner Tierhäuser und Gehege in zoologischen Gärten geführt. So ist es beispielsweise wieder durchaus vertretbar geworden, bestimmte Tierarten, wie etwa Antilopen, Hirsche, Känguruhs, Zebras usw. auf Grasausläufe zu lassen, ohne ein Überhandnehmen der Endoparasiten befürchten zu müssen. Auch das weitgehend wegen seiner Porosität aus den Tierhäusern verbannte Holz kommt mit Recht langsam wieder bei der Einrichtung von Räumlichkeiten für Tiere zu Ehren. Um so wichtiger ist es daher allerdings, sich von Zeit zu Zeit Rechenschaft über den tatsächlichen Stand der parasitologischen Überwachung in einem Zoo zu geben.

Bereits 1970 hatten wir in einem Überblick über das parasitäre Geschehen im Zoo Berlin (Göltenboth und Klös, 1970) die Feststellung getroffen, daß "Todesfälle durch Parasiten in Zoologischen Gärten heute durch eine wirksame Überwachung und Bekämpfung auf ein Minimum beschränkt oder gänzlich vermieden werden können". Es lag daher nahe, zu überprüfen, inwieweit wir dieser Maximalforderung näher gekommen sind, wo wir Verluste hinnehmen mußten und bei welchen Tiergruppen in dieser Hinsicht besondere Vorsicht geboten ist. Außerdem möchten wir über unsere Erfahrungen beim Einsatz einiger neuer Breitspektrumanthelminthika berichten.
Aus den Statistiken über Todesursachen bei Säugetieren von Ippen (1966) beziehungsweise Kronberger (1966) und bei Vögeln (Kronberger und Schüppel, 1977) geht hervor, daß 11,7 % beziehungsweise 9,1 % der untersuchten Zoo-Säugetiere und 8,5 % der Vögel an parasitären Erkrankungen gestorben sind. Unsere Untersuchungen aus den Jahren 1966 bis 1968 (Göltenboth und Klös, 1970) ergaben einen Prozentsatz von 2,8 % bei den Säugetieren und 5,6 % bei den Vögeln. Nach den heute vorliegenden Ergebnissen, die die Jahre 1970 bis Oktober 1977 umfassen, sind die parasitär bedingten Todesfälle im Zoo Berlin weiter auf 1,4 % bei den Säugetieren und 4,2 % bei den Vögeln gesunken.
Die Tabelle 1 über Verluste durch Parasiten bei den Säugetieren von 1970 bis Oktober 1977 zeigt auf, wo auch heute noch die Gefahrenpunkte auf diesem Gebiet zu suchen sind. Nachdem so gefährliche Parasiten wie Acanthocephalen, Strongyloides und Oesophagostomum, die in früheren Jahren häufig zu Verlusten unter den Primaten geführt hatten (Göltenboth und Klös, 1977) heute gänzlich aus unserem Affenhaus verschwunden sind, macht uns vor allem der Trichurisbefall immer noch erheblich zu schaffen. Während Behandlungsversuche mit Thiabendazol und Tetramisol ebenso versagt hatten wie Mebendazol in einer Dosierung von 15 mg/kg/Kgw., zwei Tage gegeben, waren wir mit 40 mg/kg/Kgw. Mebendazol und noch überzeugender mit 20 mg/kg/Kgw. Fenbendazol (siehe Tabelle 3), beide Präparate sieben Tage lang verabreicht, erfolgreich.

Dasselbe gilt für den Oxyurenbefall bei unseren Gibbons, den wir ebenfalls mit denselben Präparaten und Dosierungen behandeln, ohne allerdings den Erfolg anhand der Eiausscheidungen im Kot nachweisen zu können.

Sehr hartnäckig und weit verbreitet ist immer noch der Befall mit Toxascaris, vereinzelt auch mit Toxocara bei unseren Fleischfressern, insbesondere den Feliden. Wir haben diese Parasiten in den letzten Jahren mit befriedigendem Ergebnis mit Tetramisol (Concurat[R]) bekämpft

---

+ Herrn Dr. Gerhard Leutke, dem langjährigen Mitglied des Aufsichtsrates des Zoologischen Gartens zu Berlin, zur Vollendung seines 80. Lebensjahres gewidmet.

Tabelle 1: Verluste durch Parasiten bei Säugetieren

Anzahl	Tierart	Parasit
3	Gibbon (Hylobatidae)	Oxyuren
2	Guereza (Colobus abyssinicus)	Trichuris sp.
1	Mantelpavian (Papio hamadryas)	Trichuris sp.
1	Nasenaffe (Nasalis larvatus)	Lungenwürmer (undifferenziert)
1	Rotluchs (Lynx rufus)	Toxascaris sp.
1	Gepard (Ancinonyx jubatus)	Diphyllobothrium sp.
1	Kegelrobbe (Halichoerus grypus)	Anisakis
1	Damara-Zebra, juv. (Equus quagga antiquorum)	Strongylus sp.
2	Wildschweine, juv. (Sus scrofa scrofa)	Ascaris
1	Thar, juv. (Hemitragus jemlahicus)	Coccidien
1	Wüstenspringmaus (Jaculus jaculus)	Oxyuren

(Göltenboth, 1970). Dieser Wirkstoff ist allerdings von der Herstellerfirma Bayer inzwischen durch das Levamisol (Concurat-L[R]) ersetzt worden, dessen antiparasitäre Wirksamkeit wir nicht überprüft haben. Dagegen zeigte das bereits erwähnte Fenbendazol (Panacur[R]) auch bei verschiedenen Feliden gegen Toxascaris und Toxocara eine gute Wirksamkeit (Tabelle 3).

Der von Gembarth et al. (1971) bei unseren Robben und See-Elefanten (Mirounga leonina) festgestellte Anisakisbefall ist seit der ausschließlichen Verfütterung von bereits auf See tiefgefrorenen Heringen und Sprotten verschwunden. Als zwischendurch einmal wieder Frischheringe, die nur auf Eis gepackt waren, verfüttert wurden, schieden die See-Elefanten auch prompt wieder adulte Anisakiswürmer aus.

Unsere Einhufer werden bereits seit vielen Jahren regelmäßig alle vier bis acht Wochen mit Piperazinzitrat in Pulverform entwurmt, das allerdings bekanntlich nur gegen Askariden, nicht aber gegen Strongyliden wirksam ist. Gegen letztere setzen wir Thibenzol[R] und neuerdings auch Mebendazol (Telmin[R]) in der für Pferde üblichen Dosierung ein.

Bei den Wiederkäuern im Zoo Berlin ist nach wie vor der Befall mit Trichuris und Capillaria, der vor allem bei Sibirischen Rehen (Capreolus capreolus pygargus), Europäischen Rehen (Capreolus capreolus) und bei Sumpfhirschen (Odocoileus dichotomus) auftritt, am schwersten zu bekämpfen. Bei der Behandlung dieser Parasiten ist analog zu den Erfahrungen bei den Primaten nicht die Höhe der Dosierung des Medikaments, sondern die Dauer der Verabreichung entscheidend für den Erfolg. Sowohl mit Mebendazol (10 mg/kg/Kgw.) als auch mit Fenbendazol (15 mg/kg/Kgw.), über sechs bis sieben Tage gegeben, konnten gute Ergebnisse erzielt werden (siehe Tabelle 3). Die gelegentlich vor allem bei verschiedenen Bergschafen auftretende Kokzidiose behandeln wir mit Socatyl[R]-Pulver oder -Paste.

Über das parasitologische Geschehen in unserem Vogelbestand haben wir bereits mehrfach berichtet (Göltenboth und Klös, 1970 und 1972), so daß wir uns auf einige wesentliche Punkte beschränken können.

Wie die Tabelle 2 zeigt, steht die Kokzidiose immer noch an erster Stelle der Todesfälle durch

Tabelle 2: Verluste durch Parasiten bei Vögeln

Parasit	Zahl der Fälle	in % aller Fälle (144)
Coccidien	22	15,2
Capillaria	21	14,5
Syngamus	20	13,8
Ascaridia	18	12,5
Bandwürmer	18	12,5
Magenwürmer	17	11,8
Plasmodien (Malaria)	11	7,6
Ektoparasiten (Milben)	5	3,4
Trichomonaden	4	2,7
Darmnematoden	3	2,0
Filarien	3	2,0
Leberparasiten (unbekannt)	1	0,6
Echinurien	1	0,6
insgesamt	144	100,0

Parasiten bei Vögeln. Allerdings konzentrieren sich die Verluste nicht mehr wie noch 1970 auf seuchenartige Ausbrüche vor allem bei künstlich aufgezogenen Jungvögeln, sondern verteilen sich recht gleichmäßig über den Untersuchungszeitraum, wobei besonders Singvögel betroffen sind. Zur Behandlung verwenden wir seit langer Zeit das Codrinal[R].

Die wichtigsten Nematoden bei unseren Vögeln sind Capillaria, Syngamus, Ascaridia und Magenwürmer, die sich, was die Zahl der Verluste durch diese Parasiten betrifft, in etwa die Waage halten.

Von Capillaria sind bei uns vor allem Rebhühner (Perdix), Steinhühner (Alectoris), Tukane (Ramphostidae) und Tauben (Columbiformes) befallen, Syngamus tritt sehr häufig bei Kardinälen (Cardinacinae) und anderen Singvögeln in bestimmten Außenvolieren auf, an Ascaridia-Befall leiden besonders Hühnervögel, und Magenwürmer werden bei Tukanen, Entenvögeln und Kormoranen (Phalacrocoracidae) gefunden.

Nach den neuesten Untersuchungen (E n i g k und D e y - H a z r a , 1975; E n i g k et al., 1975) können alle vier Nematodenarten sehr erfolgreich mit Fenbendazol bekämpft werden. Für Gruppenbehandlungen wird der Einsatz eines 60 ppm Fenbendazol enthaltenden Futters empfohlen, das 6 Tage gegeben werden soll. Für Einzelbehandlungen werden Dosierungen von 8 mg/kg/Kgw. gegen Ascaridia, 20 mg/kg/Kgw. gegen Syngamus und 30 mg/kg/Kgw. gegen Capillaria, jeweils drei Tage lang verabreicht, als hundertprozentig wirksam angegeben.

Unsere eigenen Versuche bei Nashornvögeln (Bucerus bicornis) und in zwei Waldvogelvolieren mit vielen verschiedenen Kleinvogelarten mit 120 ppm Fenbendazol im Futter verliefen ebenfalls erfolgreich (Tabelle 3). Außerdem behandeln wir jetzt alle durch Parasiten erfahrungsgemäß gefährdeten Vogelarten regelmäßig alle zwei Monate mit 120 ppm Fenbendazol im Futter sieben Tage lang. Der Erfolg dieser Maßnahme kann erst in einigen Monaten beurteilt werden.

Bandwurmbefall wird immer wieder bei Sektionen verschiedener Singvögel diagnostiziert. Zur Therapie wird Yomesan[R] beziehungsweise Mansonil[R] empfohlen. Über Verluste durch den Riemenbandwurm Ligula intestinalis unter einigen Kormoranen und Pelikanen im Zoo Berlin wurde bereits ausführlich berichtet (R a e t h e l , 1977).

Auch das Problem der Todesfälle durch Malaria-Infektionen bei unseren Pinguinen und einigen anderen Vogelarten haben wir bereits früher angesprochen (G ö l t e n b o t h und K l ö s , 1970). Unsere jedes Jahr im August und September durchgeführte prophylaktische Behandlung aller Pinguine mit Primaquine[R] in einer Dosierung von 1/4 Tablette = 3,75 mg Wirkstoff täglich hat vermutlich dazu geführt, daß seit 1968 nur noch ein Humboldt-Pinguin (Spheniscus humboldti) an Ma-

Tabelle 3: Behandlungsversuche mit Fenbendazol (Panacur[R]) 1977

Tierart	Gewicht (geschätzt) in kg	Kotbefund vor Behandlung	Behandlung: Fenbendazol-Wirkstoff mg/kg Kgw.	Behandlung: Panacur[R]-Arzneiform und Menge	Dauer der Behandlung in Tagen	Kotbefund nach Behandlung	Kotbefund nach Behandlung
1,0 Schimpanse (Pan troglodytes)	27	15. 2. Trichuris ++++	23. 2. -20mg	5,4 ml Suspension 10%	5	7. 3. negativ	23. 3. negativ
1,0 Orang Utan (Pongo pygmaeus)	35	15. 8. Trichuris ++	31. 8. -20mg	7,0 ml Suspension 10%	7	22. 9. negativ	15.10. negativ
9 Rotgesichtsmakaken (Macaca fuscata)	110	24. 8. Trichuris +++	26. 8. -20mg	22,0 ml Suspension 10%	6	8. 9. negativ	15.10. negativ
5 Schweinsaffen (Macaca nemestrina)	50	24. 8. Trichuris ++++	26. 8. -20mg	4,5 g Granulat	6	5.10. negativ	
0,1 Guereza (Colobus abyssinicus)	12	29. 9. Capillaria +++ Trichuris ++	3.10. -20mg	6,0 g Pulver 4 %	7	27.10. negativ	10.11. negativ
0,2 Guereza (Colobus abyssinicus)	24	29. 9. Trichuris + Capillaria ++ Nematoden +	3.10. -20mg	12,0 g Pulver 4 %	7	27.10. negativ	10.11. negativ
0,2 Guereza (Colobus abyssinicus)	20	29. 9. Capillaria ++ Nematoden +	3.10. -20mg	10 g Pulver 4 %	7	10.11. negativ	27.11. Capillaria +
3 Weißkopfmakis (Lemur fulvus albifrons)	3	24. 8. Oxyuren ++	26. 8. -20mg	1,5 g Pulver 4 %	6	8. 9. negativ	15.10. negativ
1,0 Gepard (Acinonyx jubatus)	44	9. 3. Toxascaris +++	12. 5.u.13.9. -10mg	2,0 g Granulat	3	22. 9. negativ	5.10. negativ
0,1 Löwe (Panthera leo)	200	24. 8. Toxascaris ++++	26. 8.-10mg	9,0 g Granulat	3	15. 9. negativ	5.10. negativ
0,1 Löwe (Panthera leo)	200	24. 8. Toxascaris ++++	26. 8. - 5mg	4,5 g Granulat	3	15. 9. negativ	5. 10. negativ
0,1 Löwe (Panthera leo)	220	8. 9. Toxocara ++	13. 9. - 5mg	5,0 g Granulat	3	29. 9. negativ	
1,0 Rotluchs (Lynx rufus)	16	26. 8. Nematoden ++	31. 8. -10mg	4,0 g Pulver 4 %	3	8. 9. negativ	22. 9. negativ
0,1 Rotluchs (Lynx rufus)	12	29. 9. Hakenwürm. ++++	30.10. -10mg	3,0 g Pulver 4 %	7	22.11. negativ	1.12. negativ
1,0 Europäischer Luchs (Lynx lynx)	16	26. 8. Toxascaris ++++ Toxocara ++++	31. 8. -10mg	0,75 g Granulat	3	8. 9. negativ	22. 9. negativ

Fortsetzung Tabelle 3:

Tierart	Gewicht (geschätzt) in kg	Kotbefund vor Behandlung	Behandlung Fenbendazol-Wirkstoff mg/kg Kgw.	Behandlung Panacur®-Arzneiform und Menge	Dauer der Behandlung in Tagen	Kotbefund nach Behandlung	Kotbefund nach Behandlung
0,1 Puma (Puma concolor)	20	5.10. Toxascaris +++	9.11. -11mg	1,0 g Granulat	3	18.11. negativ	1.12. negativ
1,0 Braunbär (Ursus arctos)	300	31. 5. Ascariden +++	2. 6. - 8mg	11,0 g Granulat	2	27. 6. negativ	
1,1 Mangalizaschweine (Sus scrofa domesticus)	160	14. 2. Ascariden +++	16. 2. -10mg	64,0 ml Suspension 2,5%	1	5. 3. negativ	
1,1 Sumpfhirsche (Odocoileus dichotomus)	90	5.10. Capillaria +++	24.10. -15mg	90,0 g Pellets 1,5%	6	10.11. negativ	
0,2 Sibirische Rehe (Capreolus capreolus pygargus)	120	5.10. Capillaria +++	27.10. -15mg	120,0 g Pellets 1,5%	5	10.11. negativ	
4 Nashornvögel (Buceros bicornis)	./.	15. 8. Ascariden +++	16. 8. -120 mg ppm im Futter	Pulver 4 %	6	8. 9. negativ	5.10. Capillaria +
2 Waldvogelvolieren	./.	5. 9. Syngamus +++ Capillaria +++	8. 9. -120 mg ppm im Futter	Pulver 4 %	7	5.10. negativ	

laria gestorben ist. Dagegen sind im Berichtszeitraum vier Eiderenten (Somateriini), drei Schopfenten (Lophonetta specularioides), eine Trottellumme (Uria aalge) und eine Waldralle (Tricholimnas sylvestris) einer Plasmodieninfektion erlegen. Auch ein neu gekaufter, erst sechs Tage im Zoo lebender Königspinguin (Aptenodytes patagonica) starb an einer Plasmodien-infektion.

Abschließend seien noch einige allgemeine Erläuterungen zu unseren Behandlungsversuchen (Tabelle 3) mit dem neuen Breitspektrum-Anthelminthikum Fenbendazol gegeben.
Das unter dem Handelsnamen Panacur[R] (Behringwerke) auf den Markt gekommene Präparat wurde von der Herstellerfirma in Form von Granulat (1 g enthält 220 mg Wirkstoff), Suspension (2,5%ig und 10%ig), Pulver (4%ig), Pellets (1,5%ig) und in Tropfenform (20 mg pro Tropfen) zur Verfügung gestellt. Diese reiche Palette erleichtert die Applikation bei verschiedenen Groß- und Kleintieren ganz erheblich.
Neben zahlreichen Veröffentlichungen über die Wirksamkeit dieses Anthelminthikums bei Haustieren (Tiefenbach, 1976; Düwel, 1976) liegen auch bereits Untersuchungen an Wild- und Zootieren vor (Enigk und Dey-Hazra, 1976; Böckeler und Segebach, 1977; Frank und Reichel, 1977; Stehle, 1977). Bei unseren Behandlungsversuchen haben wir uns in etwa an die dort empfohlenen Dosierungen gehalten, wobei wir in einigen Fällen höhere Dosierungen gewählt haben. Das Präparat wurde in jeder Applikationsform und von allen Tierarten gut aufgenommen und vertragen. Wie die Tabelle 3 zeigt, war die Wirkung auch gegen Problemparasiten fast immer ausgezeichnet, so daß zu hoffen ist, daß hier ein weiteres für die Zootierpraxis hervorragend geeignetes Anthelminthikum vorliegt.

Zusammenfassung:

Zum derzeitigen Stand der parasitologischen Überwachung der Zootiere im Zoo Berlin

Ausgehend von einer Zusammenstellung der Verluste an Säugetieren und Vögeln im Zoo Berlin durch Parasitenbefall in den Jahren 1970 bis Oktober 1977 wird ein Überblick über das Vorkommen der wichtigsten Parasiten bei den einzelnen Tierarten und ihre chemotherapeutische Bekämpfung gegeben. Insbesondere wird über das Ergebnis von Behandlungsversuchen mit dem neuen Anthelminthikum Fenbendazol (Panacur[R]) bei verschiedenen Zootieren berichtet.

Summary:

On the Present Level of Parasitological Check-Ups of Zoo-Animals in the Berlin Zoo

Taking a survey on the losses of mammals and birds in the Zoo Berlin due to parasites during the period from 1970 - October 1977 as a basis, the authors furnish a survey on the occurrence of the most important parasites in the individual animal species and on their chemotherapeutical combatting. Above all, the authors report on the result of attempts of treatment with the new antihelminthic (Panacur[R]) in different zoo-animals.

Résumé:

Notes à propos du contrôle parasitologique des bêtes au Zoo de Berlin

Après présentation d'une liste des pertes de mamifères et d'oiseaux au Zoo de Berlin, à la suite d'une contamnination au cours des années 1970 à octobre 1977, l'auteur donne un aperçu des principaux parasites et de leurs animaux-hôtes et mentionne les méthodes thérapeutiques á base de produits chimiques. A souligner avant tout les résultats obtenus en traitant au Anthelminthikum nouvellement mis au point (Panacur[R]) les différentes bêtes de zoo.

Резюме:

Современный уровень паразитологического надзора животных зоопарка Берлина.

Исходя из сопоставления потерь млекопитающих животных и птиц в зоопарке Берлина в результате паражений паразитами с 1970 года по октябрь 1977, дается обзор о существовании некоторых паразитов у отдельных видов животных и хемотерапевтической борьбе с ними. Особо подчеркиваются результаты применения нового антигильминтного препарата (Panacur[R]) у различных животных зоопарка.

Literatur:

BÖCKELER, W. und R. SEGEBADE (1977): Prüfung der Wirksamkeit von Panacur[R] gegen Magen-Darm-Nematoden des Damwildes. Tierärztl. Umsch. 9, 473-478.

DÜWEL, D. (1976): Panacur[R] - Die Entwicklung eines neuen Breitband-Anthelminthikums. Die blauen Hefte 55, 189-203.

ENIGK, K. und A. DEY-HAZRA (1975): Zum Auftreten und zur Behandlung des Syngamusbefalles beim Haus- und Wildgeflügel. Berl. Münch. Tierärztl. Wschr. 88, 166-168.

ENIGK, K. und A. DEY-HAZRA (1976): Die Behandlung des Helminthenbefalles wildlebender Säugetiere und Vögel mit Fenbendazol (Panacur). Kleintierprax. 21, 133-140.

ENIGK, K., DEY-HAZRA, A. und J. BATKE (1975): Die Behandlung des Ascaridia-, Heterakis- und Capillaria-Befalles des Hausgeflügels. Tierärztl. Umsch. 30, 324.

ENIGK, K., DEY-HAZRA, A. und J. BATKE (1975): Zur Epizootologie und Behandlung des Helminthenbefalls der Gans. Acta Parasit. Polonica, Vol XXIII, facc. 32, 367-372.

FRANK, W. und K. REICHEL (1977): Erfahrungen bei der Bekämpfung von Nematoden und Cestoden bei Reptilien und Amphibien. Verhandlungsber. XIX. Internat. Symp. Erkrankungen Zootiere, Poznań, 107-114.

GEMBARTH, C., HILDEBRAND, B. und R. GÖLTENBOTH (1971): Durch Anisakis-Befall hervorgerufene Pylorusstenose bei einem See-Elefanten (Mirounga leonina). Berl. Münch. Tierärztl. Wschr. 84, 193-195.

GÖLTENBOTH, R. (1970): Behandlungsversuche mit Bay 9051 (Tetramisole) per os bei Zootieren. Vet. med. Nachr., H. 4, 252-257.

GÖLTENBOTH, R. und H.-G. KLÖS (1970): Klinische Erfahrungen bei der Überwachung und Bekämpfung der Endoparasiten der Zootiere im Zoologischen Garten Berlin. Zool. Gart. 39, 91-100.

GÖLTENBOTH, R. und H.-G. KLÖS (1972): Analyse der Vogelverluste des Berliner Zoos in den Jahren 1966 - 1970 sowie Hinweise auf die durchgeführten prophylaktischen und therapeutischen Maßnahmen. Verhandlungsber. XIV. Internat. Symp. Erkrankungen Zootiere, Wrocław, 47-55.

GÖLTENBOTH, R. und H.-G. KLÖS (1977): Übersicht über die Todesursachen und das Krankheitsgeschehen im Primatenbestand des Zoologischen Gartens Berlin von 1957 - 1976. Verhandlungsber. XIX. Internat. Symp. Erkrankungen Zootiere, Poznań, 273-279.

IPPEN, R. (1966): Vergleichende Betrachtungen über die Ergebnisse von Zootiersektionen (Säugetiere). VIII. Internat. Symp. Erkrankungen Zootiere, Leipzig, 249-257.

KRONBERGER, H. (1966): Ergebnisse der Sektionen von 890 Säugetieren aus Zoologischen Gärten. VIII. Internat. Symp. Erkrankungen Zootiere, Leipzig, 259-268.

KRONBERGER, H. und K.-F. SCHÜPPEL (1977): Zwanzig Jahre postmortale Untersuchung von Vögeln. Verhandlungsber. XIX. Internat. Symp. Erkrankungen Zootiere, Poznań, 153-169.

RAETHEL, H. S. (1977): Darmperforationen durch Riemenbandwürmer (Ligula) bei Ruderfüßlern (Steganopoden) des Berliner Zoologischen Gartens. Verhandlungsber. XIX. Internat. Symp. Erkrankungen Zootiere, Poznań, 269-271.

STEHLE, S. (1977): Behandlung von Helminthosen bei Greifvögeln (Falconiformes) mit Fenbendazol (Panacur[R]). Kleintierprax. 22, 221-266.

TIEFENBACH, B. (1976): Panacur - weltweite klinische Prüfung eines neuen Breitband-Anthelminthikums. Die blauen Hefte 55, 204-218.

Anschrift der Verfasser: Dr. R. Göltenboth und
Direktor Prof. Dr. H.-G. Klös
Hardenbergplatz 8
1000 Berlin (West)

Aus der Sektion Tierproduktion und Veterinärmedizin der Karl-Marx-Universität Leipzig Fachgruppe Reproduktion landwirtschaftlicher Nutztiere (Leiter: OVR Prof. Dr. sc. med. vet. K. W o h a n k a) und dem Zoologischen Garten Leipzig (Direktor: Dr. S. S e i f e r t)

ANALYSE DER PUERPERALSTÖRUNGEN BEI TIEREN DES ZOOLOGISCHEN GARTENS LEIPZIG

Von K. E u l e n b e r g e r , P. M ü l l e r und K. E l z e

1.0. Einleitung

Die Überwachung von Gravidität, Geburt und Puerperium ist Voraussetzung weiterer ungestörter Fortpflanzungsbereitschaft der Muttertiere. Ihr gebührt somit Beachtung als wichtiger Bestandteil einer planmäßigen Gesundheitskontrolle im Tierbestand Zoologischer Gärten.
Nachdem anläßlich des letztjährigen Symposiums eine Analyse des Geburtsverlaufs vorgenommen worden war (E u l e n b e r g e r et al., 1977), lag es nahe, den Verlauf des Puerperiums und seine Folgen für die weitere Fortpflanzungsbereitschaft am gleichen Tiermaterial zu analysieren. Neben Tieren mit Geburtsstörungen wurden alle im Zeitraum von 1965 bis 1977 mit Puerperalstörungen zur tierärztlichen Behandlung vorgestellten Muttertiere in die Analyse einbezogen.

2.0. Der gegenwärtige Erkenntnisstand zu Ätiologie, Pathogenese und Bekämpfung der Puerperalstörungen

2.1. Ätiopathogenese

Puerperalstörungen sind in der Regel auf einen Ursachenkomplex zurückzuführen (Abb. 1), wobei

Abb. 1: Umweltfaktoren, die die Kondition der Muttertiere im Zeitraum der Hochgravidität, der Geburt und des Puerperiums beeinflussen

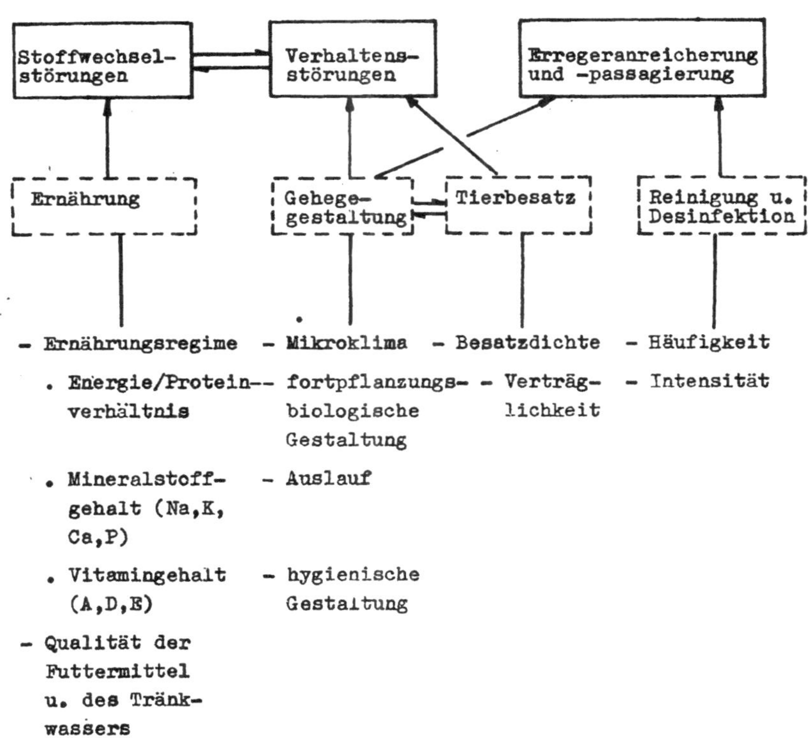

von Fall zu Fall den einzelnen Komponenten unterschiedliche sowohl qualitative als auch quantitative Bedeutung zukommt. Hinsichtlich der verwendeten Fachbegriffe sei auf das Lehrbuch der Geburtskunde von R i c h t e r und G ö t z e (1960) verwiesen.

Fortpflanzungsstörungen während der Hochgravidität bis zur Puerperalperiode sind Ausdruck des durch häufig eine Vielzahl belastender Umweltfaktoren erschöpften Adaptations- und Abwehrvermögens im mütterlichen Organismus. Basierend auf individuell unterschiedlicher Konstitution sind somit konditionelle Faktoren letztendlich für Erkrankungen verantwortlich zu machen, die die Fortpflanzungsfunktion der Zootiere beeinträchtigen und in enger Beziehung zum Puerperalverlauf stehen. In Abb. 1 sind die Faktoren dargestellt, die für eine optimale Zuchtkondition der Muttertiere unter den Bedingungen der Haltung im Zoologischen Garten als bedeutend eingeschätzt werden müssen. Auf detaillierte Erläuterungen aller Faktoren soll verzichtet beziehungsweise auf einschlägige Literatur verwiesen werden. Das gilt insbesondere für die je nach Tierart variierenden spezifischen Ernährungsregime, die fortpflanzungsbiologischen und hygienischen Erfordernissen optimal entsprechende Gehegegestaltung, die Kriterien eines richtigen Mikroklimas etc.

Zur Bedeutung der wesentlichsten dieser Faktoren für die Entstehung von Puerperalstörungen sei auf die schematische Darstellung (Abb. 2) verwiesen.

Abb. 2: Schema zur Pathogenese der Puerperalstörungen

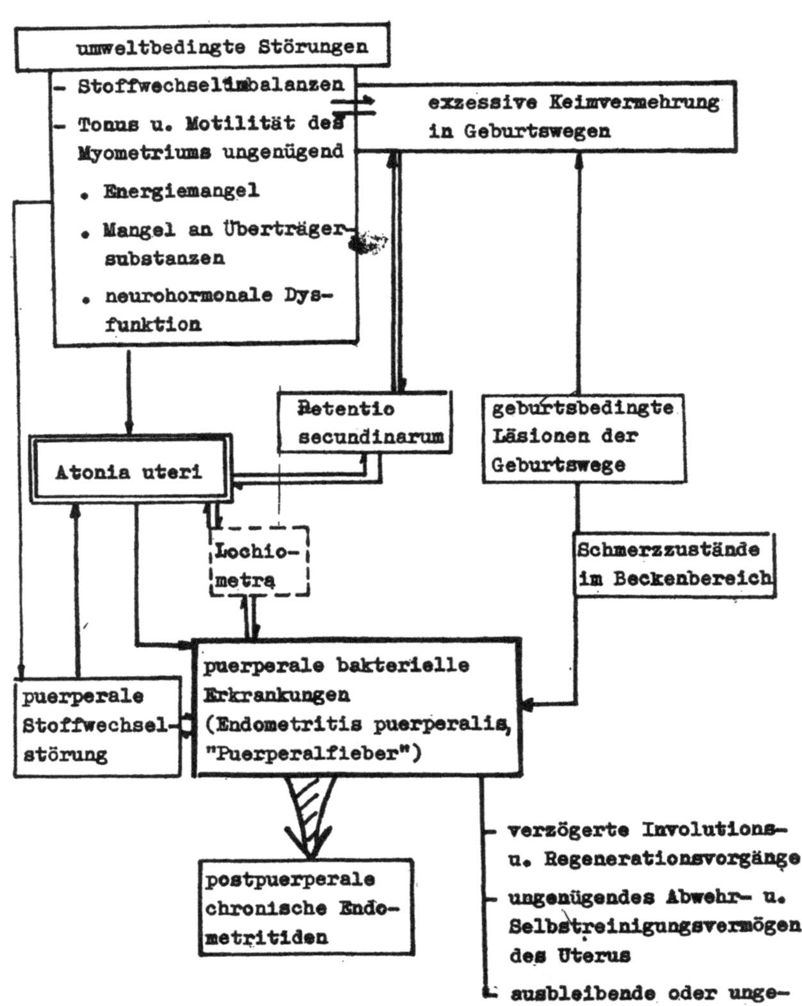

Hervorgehoben werden muß vor allem die Rolle von umweltbedingten Stoffwechselstörungen einschließlich seiner neurohormonalen Regulation. Dabei ist nicht nur die aktuelle Situation zu beachten. Da bereits im hochgraviden Organismus wichtige Voraussetzungen für eine ungestörte Geburt und nachfolgend gesunden Puerperalverlauf geschaffen werden, ist beim Auftreten von Geburts- und/oder Puerperalstörungen stets diese Periode in die Ursachenermittlung einzubeziehen. Insbesondere ein Mangel, primär infolge ungenügenden Angebots oder sekundär infolge erhöhten Verbrauchs, an bestimmten Metaboliten (Überfütterung an bestimmten Rationskomponenten, Stoffwechsel- und andere Allgemeinerkrankungen) bleiben während der Gravidität zwar häufig noch unerkannt, äußern sich jedoch nicht selten bereits in Form eines verzögerten Geburtsverlaufs. Spätestens jedoch stellte sich eine Atonia uteri post partum ein. Als entscheidender Ausgangspunkt von Puerperalstörungen wird ein mangelhaft tonisiertes und motilitätsfähiges Myometrium angesehen. Insbesondere ein Mangel an energiereichen Substraten, von denen im Myometrium nur geringe, schnell verbrauchte Reserven vorhanden sind, und auch Überträgerstoffe (Kalzium, Natrium, Kalium, Magnesium) sind hierfür verantwortlich zu machen. Auch neurohormonale Dysregulationen, wie sie gerade für Zootiere bereits von uns als besonders bedeutsamer Störfaktor unter der Geburt eingeschätzt worden sind (E u l e n b e r g e r et al., 1977), spielen bei der Genese der Puerperalstörungen eine wichtige Rolle. Teilweise sind sie jedoch als Folge stärkerer Stoffwechselbelastungen aufzufassen. Ähnlich wie unter der Geburt ist hierbei weiteren, zumeist plötzlichen Umwelteinflüssen auslösende Bedeutung beizumessen (wie Störungen während des Geburtsvorganges oder zu Geburtsbeginn durch Besucher, Artgenossen, ungünstige Witterung etc.). Es sei an dieser Stelle gleichzeitig auf die engen Wechselwirkungen verwiesen, die zwischen der Regulation der Geschlechts- und der somatischen Hormone bestehen. Eine extensive Keimvermehrung in den postpartalen Geburtswegen ist somit in erster Linie eine Folge des ungenügend funktionsbereiten Myometriums. Lediglich ausgehend von Verletzungen der kaudalen Geburtswege sind infektiöse Prozesse im Uteruslumen anderer Genese denkbar. Aber auch hierbei dürften die Schmerzzustände im Beckenbereich die Motilität des Uterus negativ beeinflussen. Ursache einer Atonia uteri als auch exzessiver Keimvermehrung im Uteruslumen kann allerdings auch eine Nachgeburtsverhaltung sein. Neben primär infektiösen Ursachen einer Retentio secundinarum, die aber heute auch beim Zootier als untergeordnet zu betrachten sind, müssen auch für Nachgeburtsverhaltungen vorrangig trophische Faktoren primär verantwortlich gemacht werden.

Im klinischen Bild zeigt sich letztlich die Mehrzahl der Puerperalstörungen als lokale oder allgemeine bakterielle puerperale Intoxikation und/oder Infektion, auch als Endometritis puerperalis beziehungsweise (-im Fall von Allgemeinstörungen-) "Puerperalfieber" bezeichnet.
Im Verlaufe dieser Puerperalstörungen kommt es zu Verzögerungen der Involutions- und Regenerationsvorgänge; Abwehr- und Selbstreinigungskräfte des Uterus sind nur ungenügend entwickelt und auch die Ovaraktivität wird negativ beeinflußt. Das lange Zeit ausbleibende oder verspätete Wiedereinsetzen der zyklischen Ovaraktivität p. p. ist jedoch nicht nur Folge fehlender oder unphysiologischer Uterusimpulse, sondern sowohl Folge der Primärursachen als auch ätiologischer Faktor ungenügender Uterusfunktion zugleich. Neben der unphysiologisch lange sistierenden Ovaraktivität ist nach Abklingen der akuten Symptome vor allem mit chronischen Endometritiden zu rechnen, die eine erneute Konzeptionsbereitschaft der Tiere nach Ablauf einer tierartlich unterschiedlichen Güstzeit in Frage stellen.

2.2. Bekämpfung

2.2.1. Pro- und Metaphylaxe

Die Prophylaxe der Puerperalstörungen muß bereits beim hochgraviden Muttertier einsetzen und die in Abb. 1 genannten Faktoren berücksichtigen. Gleichzeitig kommt es auf die Sicherung optimaler Umweltbedingungen im Puerperium selbst an, die den Leistungen der Muttertiere gerecht werden. Nach den Belastungen durch die Geburt stellen die puerperalen Involutions- und Rekreationsvorgänge im Bereich der Geschlechtsorgane und die Laktation besonders hohe Anforderungen an die Leistungsfähigkeit der Mütter, denen Ernährung und weitere Haltungsbedingungen nicht immer entsprechen.
Als Schwerpunkte einer Puerperalprophylaxe sind zu beachten (siehe auch E l z e et al., 1970, E u l e n b e r g e r et al., 1977)

Graviditätshygiene:	tierartspezifische Geburtsvorbereitung (Ernährung, Unterbringung)
Leitung der Geburt:	regelmäßige Beobachtung, gegebenenfalls medikamentelle Unterstützung des Geburtsvorganges)

Leitung des Puerperiums: leistungsgerechte Ernährung, den biologischen Erfordernissen gerecht werdende Unterbringung (wichtig: regelmäßiger Auslauf, Reinigung, Desinfektion)

Kommt es zu gehäuftem Auftreten von Puerperalstörungen in der Tiergruppe, so können nach Ursachenermittlung bestimmte medikamentelle Maßnahmen als vorübergehende oder dauerhafte Metaphylaxe empfohlen werden.
Als Bestandteil eines durchgängigen Systems der Fortpflanzungsüberwachung und -steuerung sind im Sinne einer Herdenmetaphylaxe denkbar:

- Substitution glukoplastischer Verbindung, wie Propionsäurepräparate oder Propylenglykol (Osimol^{R}, Berlin-Chemie beziehungsweise Ursoketin^{R}, Bernburg) bei Wiederkäuern.
- Vitamin- und Mineralstoffsubstitution
- Uterotonika

2.2.2. Therapie der Puerperalstörungen

Eine moderne Therapie der Puerperalstörungen hat folgende Grundsätze zu berücksichtigen:

- Abstellen disponierender Faktoren
- Einleiten der therapeutischen Maßnahmen zum frühestmöglichen Zeitpunkt
- Lokale Behandlungen der Uterushöhle sind prinzipiell vorzuziehen, bei der Mehrzahl der Zootiere dürfte jedoch nach höchstens einmaliger Versorgung eine weiterführende Allgemeinbehandlung insbesondere mit antibiotischen Pharmaka notwendig sein.

Die derzeit in der zuchthygienischen Praxis angewandten therapeutischen Möglichkeiten und die Effekte der durchgeführten Maßnahmen sind einer schematischen Darstellung (Abb. 3) zu entnehmen.

Abb. 3: Therapie der Puerperalstörungen

Reinigen der Uterushöhle (Lösen der Secundinae; Abhebern von Lochialsekret; antiseptische Spülungen)
Antibiotika Sulfonamide
Sekale KCl Ca-Gluconicum
Oxytozin Parasympathikomimetika
Östrogene
LH/FSH-RH
Keimhemmung
Uterustonisierung
Anregung von
Sekretion Resorption zelluläre Abwehr im Endometrium
Ovaraktivität

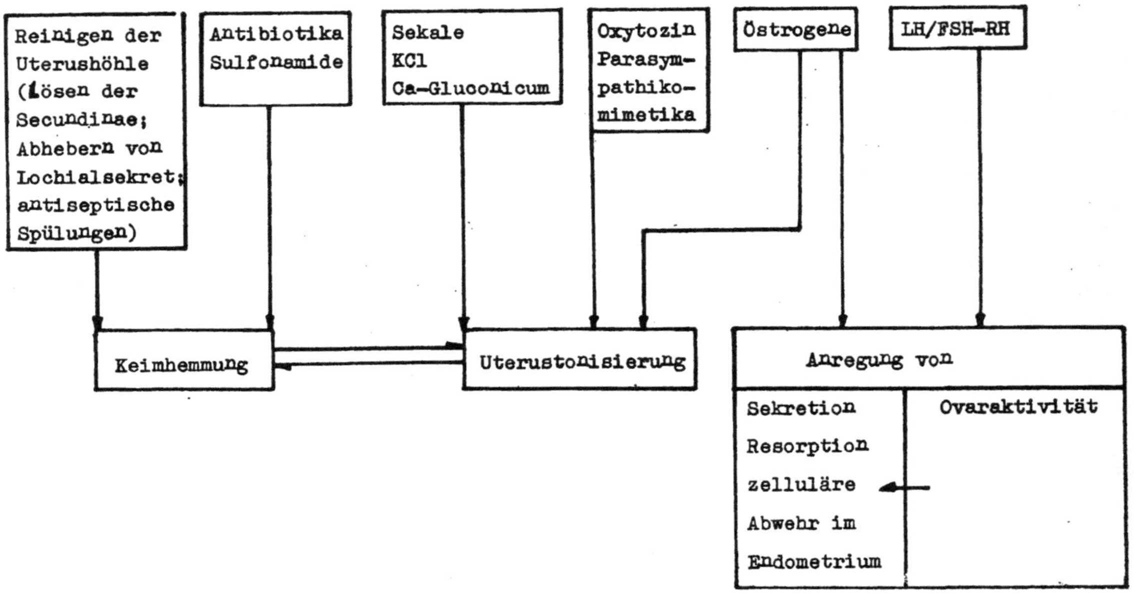

Zur Behandlung der Retentio secundinarum ist zu ergänzen, daß ein Lösen der Sekundinen unmittelbar im Anschluß an geburtshilfliche Maßnahmen bei der Mehrzahl der Tierarten indiziert ist. Lediglich bei den Paarhufern kann unter Antibiotikaschutz bis zum dritten Tag post partum, gegebenenfalls auch länger, gewartet, in seltenen Fällen auch völlig darauf verzichtet werden. Weiterhin sollte nach Möglichkeit zumindest in den Fällen mit Lochiometra für ein Abhebern des Lochialsekretes gesorgt werden. Gleichzeitig ist bei Lochiometra die Anwendung von Antihistaminika

(z. B. AH3, Rodleben) angezeigt. Antiseptische Spülungen mit Akridinfarbstoffen, Kresolsulfonsäurepräparaten etc. sowie Spülungen mit vorwiegend physikalischer Wirkung (physiologische Kochsalzlösung, Zitronensäurelösung 4%ig) sind nicht in jedem Fall und nicht bei jeder Tierart indiziert, bei Equiden aber als das Mittel der Wahl anzusehen (vorzugsweise warme 1‰ Aethakridinlösung). Für die Versorgung der Uterushöhle mit keimhemmenden Präparaten stehen sogenannte Uterusstäbe oder -kapseln zur Verfügung, die entweder Breitspektrumantibiotika (OTC) oder Antibiotika-Sulfonamidkombinationen (z. B. Sulfastrepdipenstäbe[R], Bernburg) enthalten. Zur besseren Verteilung der wirksamen Bestandteile bestehen sie häufig gleichzeitig aus Schaumvermittlern (z. B. Ursocyclin-Schaumstäbe[R], Bernburg), von denen außerdem eine physikalische Reizwirkung auf Endometrium und Myometrium erwartet wird. Sind keine Schaumvermittler zugesetzt, so erzielen Ursofurolstäbe (Bernburg) durch Sauerstoffabspaltung dieselbe Wirkung; gleichzeitig wird noch eine Wirkung besonders gegen Anaerobier erzielt, die sehr häufig im Uterus vorkommen.
Neben den bisher genannten Uterusstäben besteht - vor allem zur Anwendung bei kleineren Tieren - die Möglichkeit, Suspensionspräparate, z. B. Vetastrecillin-Suspension[R], Bernburg, Becarmal[R], oder ähnliche zur intrauterinen Applikation zu verwenden.

Ein wesentlicher, häufig vernachlässigter Faktor in der Therapie von Puerperalerkrankungen ist die medikamentelle Einflußnahme auf Tonus und Motilität des Uterus. Besondere Bedeutung scheint dabei einer Anregung in den ersten Tagen p. p. zuzukommen, in denen die Ansprechbarkeit auf die meisten Uterotonika am höchsten ist (G i a m a , 1974).
Ganz besonders dürfte diese Forderung bei Tieren Bedeutung haben, bei denen Geburtsstörungen auf Grund neurovegetativer Störungen vorangegangen waren. In diesen Fällen dürfte bereits eine einmalige Oxytozinapplikation unmittelbar p. p. effektiv sein. Liegt jedoch bereits eine Erschöpfung der Energiereserven des Myometriums vor, z. B. nach sekundärer Wehenschwäche, bei Retentio secundinarum, Lochiometra etc. (G i a m a et al., 1976), dann bleiben Oxytozingaben, ebenso wie die von Mutterkornpräparaten wirkungslos. Am ehesten ist dann noch eine Wirkung durch die hyperämisierenden Parasympathikomimetika zu erwarten. Aus applikationstechnischen Gründen wird bei einer Vielzahl der Zootiere jedoch ausschließlich auf die Mutterkornpräparate zurückgegriffen werden müssen, mit denen auch eine Wirkung durch orale Gaben zu erzielen ist.
Eine Vielzahl von Untersuchungen haben die Wirksamkeit der Östrogene bei der Motilitätssteigerung des Uterus belegt. G i a m a und E l z e (1977) konnten anhand hysterografischer Messungen sowohl nach alleiniger Östrogenanwendung (10 mg/Rind) als auch in Kombination mit Oxytozin signifikante Motilitätssteigerungen am puerperalen Rinderuterus nachweisen. Dosierungen von 50 mg/Rind, wie sie früher als notwendig erachtet wurden, sind auf Grund unserer Erfahrungen nicht notwendig, möglicherweise sogar als schädigend einzuschätzen (starke Toxinresorption, Hemmung der Ovaraktivität). In Praxisversuchen erwiesen sich sogar 2 mg Östradiolvalerianat pro Rind insbesondere bei Tieren mit Tendenz zu Puerperalstörungen als effektiv (P l ö t n e r et al., 1977). Auf Grund ihrer längeren Wirkungsdauer ist Depot-Östrogenen wie dem Östradiolvalerianat, eventuell in Kombination mit dem schneller resorbierbaren Benzoat, der Vorzug zu geben.
Über eine zentrale Stimulierung der Ovaraktivität im Puerperium durch die sogenannten Gonadotropinreleasingfaktoren (FSH-LH-RH) kann ebenfalls eine günstige Beeinflussung des Puerperalverlaufs und eine Verkürzung der Zwischenträchtigkeitszeiten (ZTZ) erzielt werden, wie H ö f e r (1973) an einigen Hausrindern belegen konnte. Gonadotropine brachten dagegen bisher keine positiven Ergebnisse.

3.0. Diagnostik und Therapie der Puerperalstörungen bei Tieren des Leipziger Zoologischen Gartens

Die in den Jahren 1965 bis 1977 bei Tieren des Leipziger Zoologischen Gartens zur Behandlung gekommenen Puerperalstörungen sowie Tiere mit Schwergeburten ohne klinisch wahrnehmbare Puerperalstörungen sind in Tabelle 1 hinsichtlich Geburtsverlauf, Diagnose, Therapie, Dauer der klinischen Puerperalstörung und ZTZ charakterisiert. Neben der Angabe der absoluten ZTZ-Dauer wurde gleichzeitig bewertet, inwieweit diese Periode als verlängert oder nicht verlängert einzuschätzen ist. 35 Patienten mit Puerperalstörungen beziehungsweise ausschließlichen Schwergeburten wurden in dieser Zeit vorgestellt.
Die Mehrzahl entfiel dabei auf Wiederkäuer (22), von denen 11 (einschließlich der Rentiere, Rangifer tarandus) auf eigentliche Wildformen entfielen. Im Vergleich zu im Zoo in den einzelnen Ordnungen gehaltenen Tierzahlen waren mit 8 Fällen relativ am häufigsten jedoch die Affen

Tabelle 1:

Tierart Bezeichnung	Geburts-verlauf	Diagnosen	Therapie	Dauer der klinischen Puerperal-störung (d)	Zwischenträchtigkeitszeiten
Rhesusaffe "Graue" (Macaca mulatta)	2	Retentio secundinarum lokale bakterielle puerperale Intoxikation	Lösen der Secundinae 1.d.p.p. 1./2. d. Antibiotika intrauterin intramuskulär, Leberschonrherapie	10	152 Tage verlängert
"Dicke"	2	allgemeine bakterielle puerperale Intoxikation und Infektion	1 d Antibiotika intrauterin 3 d Antibiotika intramuskulär	8	3 Jahre 137 Tage verlängert
"Große Graue"	2	Retentio secundinarum allgemeine bakterielle puerperale Intoxikation Lochiometra	1 d post partum Secundinae nicht lösbar 2 d post partum Spontanabgang 4 x Antibiotika intramuskulär 2 x Antibiotika intrauterin 0,25 ml (= 0,05 mg) Methylergobrevin intramuskulär Leberschontherapie	8	noch 1 Jahr 105 Tage Exitus letalis[1] verlängert
"Hübsche"	2	lokale bakterielle puerperale Intoxikation	je 1 x Antibiotika intrauterin und intramuskulär	10	seit 5 Jahren güst verlängert
Bartaffe "Mausi" (Macaca silenus)	1	Hämorrhagie post partum	täglich über 10 d 1/2 Tablette (5 mg) Vitamin K_3 und 100 mg Vitamin C	8	3 Jahre verlängert
"Sita"	1	verstärkter blutiger Lochialfluß	Vitamin K und Vitamin C über 8 Tage 0,5 mg Methylergobrevin über 3 Tage	4	1 Jahr 55 Tage verlängert
Blaumaulmeerkatze "Schnutchen" (Cercopithecus cephus)	Abort	allgemeine bakterielle puerperale Intoxikation	2 d Antibiotika intramuskulär Leberschontherapie	8	2 Jahre 213 Tage[4] verlängert
Guereza "Größeres Aborttier" (Colobus abyssinicus)		allgemeine bakterielle puerperale Intoxikation und Infektion	3 x Antibiotika intramuskulär 1 x Antibiotika intrauterin 1 x 0,7 ml Secabrevin Leberschontherapie	10	Exitus letalis[2] 10 Tage post partum
Löwe "Oda" (Panthera leo)	2	klinisch o.b.B.	Leberschontherapie	-	150 Tage
Sibirischer Tiger "Sungari" (Panthera tigris altaica)	2	leichte allgemeine bakterielle puerperale Intoxikation	1 x Antibiotika intrauterin Antibiotika intramuskulär 3 x Oxytozin (20 IE) intramuskulär Leberschontherapie AH 3 intramuskulär	3	293 Tage verlängert

Fortsetzung Tabelle 1:

Tierart Bezeichnung	Geburtsverlauf	Diagnosen	Therapie	Dauer der klinischen Puerperalstörung (d)	Zwischenträchtigkeitszeiten
Shetland-Pony "Proppi" (Equus caballus var. dom.)	1	Retentio secundinarum	1 d post partum Lösen der Secundinae, Uterusspülung (Aethacridin 1‰ ig) 1 x Antibiotika intrauterin 1 x Antibiotika intramuskulär	6	als gravid verkauft
"Pella"	2	Lochialfluß geringgradig vermehrt	unmittelbar post partum Secundinae gelöst 1 x Antibiotika intrauterin 1 x Antibiotika intramuskulär	3	70 Tage nicht verlängert/verlängert
"Patra"	1	vaginaler Fettgewebsvorfall	Prontarotinsalbe lokal	20	350 Tage verlängert
Guanako "Helke" (Lama huanachus)	2	Retentio secundinarum	2 x Antibiotika intrauterin	4	24 Tage nicht verlängert
Maral "KN 4" (Cervus elaphus maral)	2	klinisch o.b.B.	1 x Antibiotika intrauterin	-	210 Tage verlängert
Damhirsch (Dama dama)	2	klinisch o.b.B.	1 x Antibiotika intrauterin	-	106 Tage nicht verlängert
KN 1	2	Verletzungen im Perivaginalbereich	2 x Antibiotika beziehungsweise Sulfonamide intrauterin und intramuskulär	5	verkauft
Ren "Dschida II" (Rangifer tarandus)	1	Retentio secundinarum	1 d post partum Lösen der Secundinae, Antibiotika intrauterin und intramuskulär	5	134 Tage nicht verlängert
"Dschida II"	1	Retentio secundinarum lokale bakterielle puerperale Intoxikation	1 d post partum Lösen der Secundinae 3,0 Neoergotin intramuskulär		1 Jahr 140 Tage verlängert
Anoa "Ella" (Anoa depressicornis)	1	leichte Inappetenz post partum	ohne	-	202 Tage verlängert
Steppenrind "Csarda" (Bos taurus var . dom.)	1	Retentio secundinarum nach Zwillingsgeburt	1. d post partum Antibiotika intrauterin		Verkauf
Jerseyrind "Tamara"	2	Stoffwechselstörung post partum (Azidose ?)	2 x Antibiotika intrauterin 5,0 Neo-Ergotin sc. Leberschontherapie Ca-Gluconicum	9	54 Tage nicht verlängert
Zwergzebu "Helma"	2	klinisch o.b.B.	1 x Antibiotika 1 x Oxytozin (25 IE) intramuskulär	2	1 Jahr 64 Tage verlängert

Fortsetzung Tabelle 1:

Tierart Bezeichnung	Geburts-verlauf	Diagnosen	Therapie	Dauer der klinischen Puerperal-störung (d)	Zwischenträchtig-keitszeiten
Buntbook "Bärbel" (Damaliscus doroas)	2	klinisch o.b.B.	50 ml Solupront intravaginal	-	1 Jahr 42 Tage verlängert
"Emmi"	2	lokale bakterielle puerperale Intoxikation	Antibiotika intrauterin, intravaginal, intramuskulär 2 mg Methylergobrevin täglich über 4 d per os, Leberschontherapie	21	285 Tage verlängert/ nicht verlängert
"Elke"	2	Allgemeine bakterielle puerperale Intoxikation	1 x Antibiotika intrauterin und intramuskulär, Leberschontherapie	12	Verkauf
Elenantilope (Taurotragus oryx)	1	Retentio secundinarum Prolapsus vaginae et cervicis	1. d post partum Lösen der Secundinae, Flessaverschluß 2 x Antibiotika intrauterin und intramuskulär	8	175 Tage verlängert
Skudde KN 43 (Ovis ammon var.dom.)	1	Retentio secundinarum	1. d post partum Lösen der Secundinae, Sulfonamid intrauterin Antibiotika intramuskulär	3	175 Tage nicht verlängert
Zackelschaf KN 51	1 (Zwillingsgeburt)	Allgemeine bakterielle puerperale Infektion (Ketoseverdacht)	3 x Antibiotika intrauterin und intramuskulär, Leberschontherapie	7	Exitus letalis am 7. Tag post partum
Mongolenschaf KN 30	1	Retentio secundinarum	3. d post partum Lösen der Secundinae, Sulfonamed intrauterin	2	Verkauf
Heidschnucke KN 22	1	Retentio secundinarum	1. d post partum Lösen der Secundinae, teilweise gelungen 1 x Sulfonamid intrauterin 2 x Antibiotika intramuskulär 1 x 2,0 Neo-Ergotin	5	Verkauf
Mähnenspringer (Ammotragus lervia)	1	lokale bakterielle puerperale Intoxikation und Infektion	Antibiotika intrauterin Antibiotika intramuskulär	6	
Zwergziege KN 48 (Capra hircus var. dom.)	2	leicht vermehrter Lochialfluß	2 x Antibiotika intramuskulär		27 Tage nicht verlängert
KN 79	2 (sectio caesarea)	Retentio secundinarum	3. Tag post partum Lösen der Secundinae 5 Tage Antibiotika intramuskulär 2 x Antibiotika intrauterin	6	140 Tage verlängert
KN 48	1	lokale bakterielle puerperale Intoxikation	5 d Sulfonamide per os 1 x 200 mg Ergotamin (0,5 Secabrevin)	12	81 Tage verlängert/ nicht verlängert

Wichtige pathologisch-anatomische Befunde:

1) Nekrosen und Nekrobiosen im Myokard und Leber, Herzkammerdilatation
2) Endometritis, Herz- und Leberschaden, Tubulonephrose
3) Leberverfettung, Tubulonephrose, Herzschaden
4) mikrobiologischer Befund Fetus: St. aureus var. albus; anhämolysierende So.

betroffen, wobei die im Anschluß an drei Schwergeburten bei einem Orang-Utan (Pongo pygmaeus) aufgetretenen Puerperalerkrankungen mit schweren Allgemeinstörungen im Sinne einer Gestose in dieser Arbeit unberücksichtigt bleiben.
Wie Tabelle 2 ausweist, kam es in 15 Fällen von Schwergeburten zu Störungen im Puerperium und nur in 5 Fällen nicht zu klinisch wahrnehmbaren Puerperalstörungen. In 15 Fällen wurden Tiere mit Puerperalstörungen vorgestellt, ohne daß Schwergeburten vorangegangen waren. In der Mehrzahl der Fälle (8) handelte es sich dabei um eine Retentio secundinarum. Eine Aufschlüsselung der ermittelten Diagnosen enthält Tabelle 3. Danach beträgt der Anteil der Retentio secundinarum 33 %. Der Anteil an lokalen Intoxikationen und Infektionen, ermittelt anhand der klinischen Symptome (verstärkter Lochialfluß etc.), beträgt etwa 28 %, der mit deutlichen Allgemeinstörungen 17 %. Die Tiere mit Retentio secundinarum sind in diese Auswertung mit eingegangen.

Tabelle 2: Beziehungen zwischen Geburts- und Puerperalverlauf

	Schwergeburt und Puerperalstörung	Schwergeburt ohne Puerperalstörung	Normalgeburt und Puerperalstörung
Primates	6	0	2
Felidae	1	1	0
Equidae	1	2	2
Ruminantia	7	2	11
	15	5	15

Tabelle 3: Aufschlüsselung der Puerperalstörungen (PS) nach den wichtigsten Diagnosen

	Retentio secundinarum	bakterielle puerperale Intoxikation u. Infektion lokal	allgemein	übrige PS
Primates	2	3	4	1
Felidae	0	1	0	0
Equidae	1	1	0	1
Ruminantia	9	5	2	3
n = 35	12	10	6	5
	(= 33 %)	(= 28 %)	(=17 %)	

Die Bedeutung der Retentio secundinarum für den weiteren Puerperalverlauf und die Länge der ZTZ ist aus Tabelle 4 ersichtlich. Danach war nur bei etwa 40 % der Tiere ein klinisch gestörter Puerperalverlauf zu verzeichnen. Auch die Zeit bis zur erneuten Konzeption war nur bei 50 % verlängert. Mindestens 70 % der Tiere mit Nachgeburtsverhaltung wurden erneut gravid. Lediglich eine Rhesusäffin (Macaca mulatta), die nach mehr als einem Jahr verendete (siehe Befund Tab. 1), und ein Buntbock zeigten gleichzeitig die Symptome einer allgemeinen puerperalen Intoxikation und Infektion. Es ist daraus zu schlußfolgern, daß die Retentio secundinarum auch bei Zootieren eine behandlungswürdige Erkrankung ist, bei der der Behandlungserfolg um so größer ist, je früher bei gleichzeitig intensiver medikamenteller Behandlung die Sekundinen entfernt werden.

Als besonders anfällig gegenüber allgemeinen puerperalen Intoxikationen und Infektionen erwiesen sich die Primaten; bei allen anderen Tierarten blieben die pathologischen Prozesse

weitgehend auf den Uterus beschränkt. Die Allgemeinstörungen bei dem Zackelschaf müssen allerdings in erster Linie auf primäre Stoffwechselstörungen, vermutlich eine Ketose, zurückgeführt werden.
Die angewandte Therapie berücksichtigte im wesentlichen die eingangs angeführten Grundsätze. Besonders wurde auf ein frühzeitiges Entfernen von Nachgeburtsteilen geachtet, wobei gleichzeitig eine lokale und in einigen Fällen eine sich anschließende parenterale Antibiotikatherapie vorgenommen wurde. Bei einigen Tieren wurden, allerdings ohne exakt über den erzielten Effekt Aussagen treffen zu können, Uterotonika - im wesentlichen Sekalepräparate - eingesetzt. Die Tigerin "Sungari" (Panthera tigris altaica) erhielt Oxytozin über drei Tage einmal täglich parenteral appliziert. Zumindest bei Tieren mit Allgemeinstörungen wurde gleichzeitig eine Substitutionstherapie im Sinne einer Leberschontherapie vorgenommen.

In der Mehrzahl der Fälle waren nach wenigen Tagen keine klinisch wahrnehmbaren Symptome eines gestörten Puerperalverlaufs mehr sichtbar. Die trotzdem bei mindestens 75 % der auswertbaren Tiere verlängerten Güstzeiten (Tab. 5) sprechen jedoch für ein Fortbestehen zumindest latenter chronischer Prozesse an Uterus und Ovar. Insbesondere bei Affen können der hohe Anteil an Puerperalstörungen und die erzielten Behandlungserfolge nicht voll befriedigen. Insbesondere auf prophylaktischem Gebiet besteht demzufolge bei den Primaten die Notwendigkeit einer noch intensiveren Graviditäts-, Geburts- und Puerperalhygiene.

Tabelle 4: Beziehungen zwischen Retentio secundinarum (Ret. sec.) und dem weiteren Puerperalverlauf (PV) sowie zwischen Ret. sec. und ZTZ

	PV		ZTZ		
	o.b.B.	gestört	nicht verlängert	verlängert	nicht auswertbar
Primates	0	2	1	1	-
Equidae	1	0	-	-	1
Ruminantia	6	3	3	3	3
	7	5	4	4	4

Tabelle 5: Beziehungen zwischen gestörtem Geburts- bzw. Puerperalverlauf und ZTZ

	ZTZ		nicht auswertbar	
	nicht verlängert	verlängert	Verkauf	Exitus letalis
Primates	(1)	6 (1)	0	2
Felidae	2	0	0	0
Equidae	(1)	1 (1)	1	0
Ruminantia	5 (2)	7 (2)	5	1
	7 (4)	14 (4)	6	3

in Klammern: Zuordnung unsicher

Die Beurteilung der ZTZ-Dauer (Tabelle 5) bei Zootieren erwies sich teilweise als problematisch, da durchschnittliche physiologische Güstzeiten für Wildtiere und primitive Haustierrassen weitgehend fehlen. Es wurden aus diesem Grunde von ebenfalls im Leipziger Zoo gehaltenen Tieren der jeweiligen Art die ZTZ nach physiologischem Verlauf von Geburt und Puerperium herangezogen. Soweit möglich, wurden ferner der Einfluß einer eventuellen Laktationsanaphrodisie und bei verschiedenen Tierarten saisonöstrisches Fortpflanzungsverhalten berücksichtigt.
Nachstehende Güstzeiten wurden bei der Beurteilung der ZTZ als physiologisch herangezogen:

Tieraffen	7 - 8 Monate	
Großkatzen	5 - 8 Monate	
Shetland-Ponys	10 - 50 Tage	
Hirsche	4 - 6 Monate	(saisonöstrisch)
Anoa	65 - 70 Tage	(nach Totgeburten)
Hausrindrassen	30 - 70 Tage	
Elenantilope	1 - 5 Monate	
Buntbock	4 - 10 Monate	(nach Totgeburten)
	7 - 9 Monate	(bei voller Säugeleistung)

4.0. Diskussion

Die vorliegenden klinischen Untersuchungen zu Puerperalerkrankungen bei Zootieren zeigen, daß, mit Ausnahme der Primaten, die Mehrzahl der übrigen Vertreter verschiedener Tierordnungen nur selten klinisch auffallende Puerperalstörungen erkennen läßt. Selbst bei Retentio secundinarum blieben in den meisten Fällen Allgemeinstörungen aus, und auch der Lochialfluß war als Symptom einer lokalen bakteriellen puerperalen Intoxikation meist nur wenige Tage etwas vermehrt beziehungsweise überhaupt nicht wahrnehmbar.
Lediglich bei Affen traten in fast allen Fällen deutliche Symptome einer allgemeinen bakteriellen puerperalen Intoxikation oder/und Infektion auf. Dafür dürften in erster Linie die durch die spezifischen Plazentationsverhältnisse bedingten besseren Resorptionsbedingungen verantwortlich sein. Andererseits sollte dieses Ergebnis Veranlassung sein, der Graviditäts- und Puerperalprophylaxe beziehungsweise einer früh einsetzenden, intensiven Therapie bei Primaten noch mehr Bedeutung beizumessen als bisher.
Die bei einer Vielzahl von Tieren festgestellten verlängerten Güstzeiten, auch wenn scheinbar keine oder nur unbedeutende klinische Symptome einer Puerperalstörung vorangegangen waren, sprechen dafür, daß ein gut funktionierender Abwehrwall ein massives Eindringen von Erregern und/oder Toxinen in den Organismus weitgehend zu verhindern vermag. Die verzögerte oder ausbleibende erneute Konzeptionstüchtigkeit dieser Tiere lassen jedoch vermuten, daß latente Prozesse, vermutlich chronische Endometritiden, aus den scheinbar unbedeutenden Puerperalstörungen resultieren.
Daß diese chronischen Prozesse nicht zu unterschätzen sind, belegen in besonderem Maße die verlängerten Güstzeiten selbst bei saisonöstrischen Wildtieren und primitiven Haustierrassen. Offensichtlich genügen selbst diese relativ langen "biologischen Rastzeiten" vielfach nicht zur Ausheilung der pathologischen Veränderungen.
Die Ursachen der Puerperalstörungen müssen vorwiegend in ungünstigen Umweltfaktoren gesucht werden. Dafür sprechen:

- die engen Beziehungen zwischen gestörtem Geburtsverlauf und den beobachteten Puerperalstörungen. (Selbst bei Tieren mit Puerperalstörungen, bei denen keine Geburtsstörungen festgestellt worden waren, kann ein verzögerter Geburtsverlauf vorausgegangen sein.)
- der hohe Anteil von Retentio secundinarum als der häufigsten Puerperalstörung
- die bei einzelnen Tieren klinisch aufgetretenen gleichzeitigen Symptome von Stoffwechselstörungen.

Die angewandten Therapiemaßnahmen entsprechen im wesentlichen den zur Behandlung von Puerperalstörungen bekannten Grundsätzen, insbesondere eine schnell einsetzende keimhemmende Therapie durch Entfernen von Nachgeburtsteilen und Lochialsekreten beziehungsweise das Versorgen der Uterushöhle mit antibiotischen Präparaten. In einigen Fällen wurden diese Maßnahmen noch durch parenterale Antibiotikagaben sowie Uterotonika unterstützt. Eine definitive Bewertung der zur Anwendung gekommenen therapeutischen Maßnahmen kann auf Grund der jeweils nur geringen Tierzahlen nicht vorgenommen werden. Um die vermutlich auf latenten Prozessen im Bereich der

Geschlechtsorgane beruhenden Funktionsstörungen wirksamer bekämpfen zu können, empfiehlt sich jedoch eine noch intensivere Therapie in den ersten Puerperaltagen. Da sich in den meisten Fällen lokale Versorgungen der Uterushöhle nur in den ersten Tagen p. p. realisieren lassen, ist es um so dringlicher, die zumeist vorgenommene antibiotische Versorgung durch Gaben von tonusanregenden beziehungsweise motilitätssteigernden Pharmaka zu unterstützen (siehe Abb. 3).

Unter Berücksichtigung der Kenntnisse zur Ätiopathogenese und Therapie der Puerperalstörungen sowie der an Tieren des Leipziger Zoos gewonnenen speziellen Erfahrungen stellen wir folgenden allgemeinen Maßnahmeplan zur Bekämpfung von Puerperalstörungen bei Zootieren zur Diskussion:

- Im Rahmen der Graviditätshygiene ist besonders bei Affen und Wiederkäuern die Kondition für die bevorstehende Geburt und das Puerperium unter Berücksichtigung tierartlicher Besonderheiten zu erhöhen durch eine
  - energiereiche Fütterung
  - Vitaminsubstitution (AD_3EC-Präparate, B-Vitamine)
  - Sicherung einer adäquaten Mengen- und Spurenelementversorgung
- Im Anschluß an geburtshilfliche Maßnahmen, bei offensichtlich verzögerten Spontangeburten, Retentio secundinarum und anderen bereits in den ersten Stunden und Tagen p. p. erkennbaren Puerperalstörungen ist ein intensives mehrtägiges metaphylaktisches beziehungsweise therapeutisches Vorgehen erforderlich. Diese Maßnahmen sollten auf der Basis optimaler Haltungsbedingungen einschließen
  - ein- beziehungsweise zweimaliges Versorgen der Uterushöhle und eventueller Läsionen der kaudalen Geburtswege mit keimhemmenden Medikamenten bei gleichzeitiger Entfernung von Nachgeburtsteilen und Lochialsekreten
  - eine je nach Gelegenheit parenterale oder orale, mehrtägige Applikation uterustonus- und motilitätsfördernder Pharmaka (Östrogene, Oxytozin, Methylergobrevin).

Abschließend wird vorgeschlagen, eine Übersicht physiologischer ZTZ für Zootiere zu erarbeiten. Auf der Grundlage dieser sollte die ZTZ als ein wesentlicher Parameter zur Kontrolle des Fortpflanzungsgeschehens bei Zootieren allgemein und zur Überprüfung der Effektivität der Behandlungsverfahren bei Geburts- und/oder Puerperalstörungen speziell herangezogen werden.

Zusammenfassung:

Analyse der Puerperalstörungen bei Tieren des Zoologischen Gartens Leipzig

Es wird auf der Basis des gegenwärtigen wissenschaftlichen Kenntnisstandes eine Übersicht zur Ätiopathogenese und Bekämpfung von Puerperalstörungen gegeben. Anhand von 35 Patienten mit Puerperalstörungen werden das Krankheitsgeschehen und die eingeleiteten Bekämpfungsmaßnahmen analysiert. Am häufigsten und intensivsten erkranken Primaten und Wiederkäuer an Puerperalstörungen. Die häufigste Puerperalerkrankung ist die Retentio secundinarum. Der Faktorenkomplex Umwelt wird als entscheidende ätiopathogenetische Einflußgröße herausgestellt. Abschließend wird ein Maßnahmeplan zur Bekämpfung von Puerperalstörungen bei Zootieren zur Diskussion gestellt.

Summary:

Analyses of Puerperal Disturbances in Animals of the Zoological Garden of Leipzig

On the basis of the present level of scientific cognitions the author gives a survey on the etiopathogenesis and combatting of puerperal disturbances. Quoting the cases of 35 patients suffering from puerperal disturbances, the pathological process and the combatting measures initiated are analysed. Most frequently and most intensively primates and ruminants are affected by puerperal disturbances. Retentio secundinarum is the most frequently recorded puerperal disease. The factor complex of environment is emphasized as a decisive etiopathogenetic influential parameter. Finally, the author puts forward for discussion a schedule of therapeutic measures to be taken for combatting puerperal disturbances in zoo-animals.

Résumé:

Analyse des troubles puerpéraux chez des bêtes du Jardin zoologique de Leipzig

Partant des connaissances scientifiques actuelles, l'exposé donne un aperçu général de l'étiopathogénésie et des moyens de traitement de troubles puerpéraux. Puis, il mentionne et analyse le déroulement de la maladie puerpérale et les mesures de traitement chez 35 animaux. Les bêtes les plus fréquemment et les plus sérieusement affectées de troubles puerpéraux sont les primates et les ruminants. L'affection la plus fréquente est la Retentio secundinarum. Le facteur complexe Environnement est reconnu comme un des déterminants pathogènes. Pour conclure, l'auteur présente un programme de mesures thérapeutiques en cas de troubles puerpéraux chez les bêtes de zoo.

Резюме:

Анализ пуерперальных нарушений у зверей зоопарка города Лейпцига.

На основе современных научных данных дан обзор этиопатогенезу и борьбе спуертеральными нарушениями. Анализ заболевания проводился на основе обследований 35 пациентов с пуерперальными нарушениями. Чаще всего подобные нарушения встречаются у приматов и жвачных. Значительно чаще, чем другие пуерперальные нарушения встречается. Основным фактором выявлен фактор-комплекс окружающая среда. Даны к обсуждению план мероприятий по борьбе с пурперальными нарушениями у зверей зоопарков.

Literatur:

ELZE, K., SEIFERT, S., KRONBERGER, H. und W. EHRENTRAUT (1970): Planmäßige Prophylaxe in der Felidenaufzucht. Verhandlungsber. XIII. Internat. Symp. Erkrankungen Zootiere, Budapest, 27-34.

EULENBERGER, K., ELZE, K. und S. SEIFERT (1977): Möglichkeiten zur medikamentellen Beeinflussung der Geburt bei Zootieren. Verhandlungsber. XIX. Internat. Symp. Erkrankungen Zootiere, Poznań, 357-370.

GIAMA, I. (1974): Untersuchungen zur Erfassung der postpartalen Uterusmotilität des Rindes und der Wirkung von Uterotonika mittels der inneren Hysterographie. Leipzig: Vet. med. Diss.

GIAMA, I., ELZE, K. und K. EULENBERGER (1976): Untersuchungen zur postpartalen Uterusmotilität des Rindes. 2. Mitt.: Uterusmotilität im Frühpuerperium des Rindes nach Oxytozinapplikation. Mh. Vet.-Med. 31, 940-942.

GIAMA, I. und K. ELZE (1977): Hysterographische Untersuchungen der postpartalen Uterusmotilität nach Östrogen- und Oxytozinapplikationen. Mh. Vet.-Med. 32, 41-43.

HÖFER (1973): Wirkung eines synthetischen LH/FSH-Releasing-Hormons auf die Freisetzung des Luteinisierungshormons und Ovarfunktionen beim Rind. München: Vet. med. Diss.

PLÖTNER, A., PLÖTNER, J. und K. EULENBERGER (1977): Versuche zur medikamentellen Beeinflussung des Frühpuerperiums beim Rind. Forschungsbericht bei der Akademie der Landwirtschaftswissenschaften.

RICHTER, J. und R. GÖTZE (1960): Tiergeburtshilfe. 2. völlig neubearb. Aufl. Berlin-Hamburg: Parey.

Anschrift der Verfasser: Dr. med. vet. K. E u l e n b e r g e r
701 Leipzig, Margarete-Blank-Str. 8 (DDR)

Aus der Forschungsstelle für Wirbeltierforschung (im Tierpark Berlin) (Direktor: Prof. Dr. sc. Dr. h. c. H. Dathe) der Akademie der Wissenschaften der DDR er-

EIN BEITRAG ZU DEN THYREOPATHIEN BEI REPTILIEN

Von R. Ippen

Um krankhafte Veränderungen an Reptilienschilddrüsen beurteilen zu können, ist es notwendig, sich sowohl mit der Anatomie der Reptilienschilddrüsen vertraut zu machen als auch die physiologisch bedingten erheblichen morphologischen Unterschiede der verschiedenen Funktionsstadien zu kennen. Im Gegensatz zu den an Schilddrüsen von Fischen und Amphibien vorgenommenen anatomischen Untersuchungen und experimentellen Arbeiten sind solche bei Reptilien weit seltener durchgeführt worden. Im Rahmen der vorliegenden Arbeit ist es nicht möglich, auf alle bisher vorliegenden Erkenntnisse einzugehen. Aus dem deutschsprachigen Schrifttum sind es vor allem die Arbeiten von Eggert (1933, 1935, 1936 und 1938), die einen wesentlichen Überblick über die wichtigsten Erkenntnisse geben. Weitere Hinweise finden sich bei Lynn und Wachowski (1951), Lynn und Walsh (1966), Lynn und Zmich (1967) sowie Lynn und Colorigh (1967). Von grundlegender Bedeutung zur Beurteilung histologischer Präparate von Reptilienschilddrüsen dürfte die Feststellung sein, daß sowohl die Follikelgröße und der Kolloidgehalt als auch die Epithelzellgestalt und -höhe erheblichen jahreszeitlichen Schwankungen unterworfen sind. So schreibt Eggert (1938): "Die Epithelzellen weisen entsprechend ihrem funktionellen Zustand ein verschiedenartiges Aussehen auf und sind in ihrer Form und Größe besonders bei freilebenden Tieren starken, jahreszeitlich bedingten Veränderungen unterworfen. Bei sehr träger Sekretion sind sie niedrig, pflasterförmig, mitunter sogar endothelartig". Er führt weiterhin aus, daß bei zunehmender Tätigkeit eine kubische bis hochzylindrische Form erreicht wird. Eine Vakuolenbildung in den Epithelzellen tritt nur bei starker Sekretion auf. Im Rahmen des jahreszeitlich unterschiedlichen Funktionsstatus der Schilddrüse läßt sich eine Inaktivität von Dezember bis Januar erkennen. Für die Schilddrüse der Zauneidechse (Lacerta agilis) werden Epithelhöhen Ende April von 3 - 6 µ und im Mai von 4 - 11 µ gemessen. Danach tritt eine Abflachung des Epithels ein, die dann von Anfang Oktober mit einer beginnenden Kolloidstauung einhergeht. Die hier kurz aufgezeichneten jahreszeitlichen Variationen bei nur einer Reptilienart dürften bei weiteren Reptilienarten aus den verschiedenen Klimazonen noch gewisse Differenzierungen erfahren, wodurch für den Untersucher von Schilddrüsen frisch importierter Reptilien erhebliche Schwierigkeiten in der Beurteilung auftreten können. Hierzu sei noch ergänzend bemerkt, daß es sich nach Eggert (1933) bei den wechselnden Funktionsstadien der Schilddrüse um eine für die Tierart charakteristische Reaktionseigentümlichkeit handelt, die sich auch durch anderes Klima nicht über die erblich festgelegte Form hin verändert. Zieht man weiterhin in Betracht, daß der sich jährlich mehrmals wiederholende Häutungsprozeß ebenfalls einen wesentlichen Einfluß auf die Schilddrüsenfunktion nimmt (Eggert, 1938, Drezewicki, 1929, Schaefer, 1932, Krockert, 1941, u. a.), so wird verständlich, daß nur sehr ausgeprägte Abweichungen als pathologische Veränderungen betrachtet werden können.

Trotz der Berücksichtigung aller hier angeführten Probleme stellte sich bei der Untersuchung und Beurteilung der Reptilienschilddrüsen immer wieder die Frage, ob nicht bestimmte morphologische Bilder lediglich als ein Ausdruck einer gesteigerten Aktivität der Schilddrüse angesprochen werden müssen. Aus diesem Grunde haben wir Versuche zur experimentellen Aktivierung der Schilddrüse mit thyreotropem Hormon vorgenommen. Als Versuchstiere standen uns 15 Würfelnattern (Natrix tessellata) zur Verfügung, die in einer Tierhandlung Ende Oktober bereits einige Zeit in Pappkartons zur Überwinterung an einem überdachten Platz im Freien aufbewahrt wurden. Diese Tatsache schien uns für die geplanten Versuche äußerst günstig, da hiermit die Gewähr gegeben war, daß die Tiere sowohl jahreszeitlich als auch von der Haltung her eine völlig inaktive Schilddrüse zum Versuchsbeginn haben würden. Als thyreotropes Hormon verwandten wir das "Thyreotropin" der Firma Spofa, Vereinigte pharmazeutische Werke Praha (ČSSR). Die von uns gewählte Versuchsanordnung gibt die Tabelle I wieder. Zur Erläuterung der tabellarisch zusammengefaßten Versuchsanordnung sei noch erwähnt, daß die in Meerschweincheneinheiten (MSE) berechneten Thyreotropingaben in Form von Lösungen (3 ml = 100 MSE) subkutan im dorsalen Bereich des kranialen Drittels der Schlangen einmal täglich appliziert wurden. Die Dosierung wurde für zwei Versuchstiergruppen unterschiedlich gewählt. Die Tötung durch Dekapitation erfolgte nach der vierten Injektion beziehungsweise der achten Injektion, wobei am 4., 5. und 6. Versuchstag keine Injektionen vorgenommen wurden. Von den Kontrolltieren wurden zwei am Tage des Versuchsbeginns getötet, um den Funktionsstatus der Schilddrüsen zu Beginn des Versuches festzuhalten. Bei einem weiteren Kontrolltier wurde, wie bei den Versuchstieren, eine tägliche Injektion von 0,5 ml physiologischer Kochsalz-Lösung über den Zeitraum von vier Tagen vorgenommen. Weitere zwei Kontrolltiere wurden zum Versuchsabschluß getötet.

Das Ergebnis dieser Versuche war eindeutig. Alle Kontrolltiere zeigten im histologischen Schnitt das Bild einer typischen Ruheschilddrüse, das durch reichliche Kolloidfüllung der Follikel und durch weitgehende Abflachung der Epithelzellen charakterisiert ist. Vakuolenbildungen traten nicht auf. Auch die Schilddrüse der Schlange, die vier Tage hindurch täglich einmal mit 5 ml physiologischer Kochsalz-Lösung gespritzt wurde, ließ keinerlei Abweichungen vom Bild einer normalen Ruheschilddrüse erkennen, so daß auch ein Einfluß der Manipulationen bei der Applikation des thyreotropen Hormons auf die Reaktion der Schilddrüse auch ausgeschlossen werden kann.

Die Ergebnisse der beiden Versuchsgruppen mit unterschiedlicher Thyreotropindosierung lassen keine wesentlichen Unterschiede in der morphologisch erfaßbaren Reaktion erkennen, so daß für beide Gruppen (6,6 MSE und 10 MSE) angenommen werden darf, daß die optimale Dosierung erreicht beziehungsweise überschritten war. Charakterisiert wurde das histologische Bild der aktivierten Schilddrüse durch eine enorme Vergrößerung der Epithelzellhöhen. Besonders hervortretend ist die starke Vakuolisierung des gesamten Schilddrüsenepithels (Abb. 1), wobei die einzelnen zylindrisch gestalteten Epithelzellen oftmals eine schaumartige Plasmastruktur aufweisen. Der Kolloidgehalt der Follikel verringert sich gegenüber dem der Ruheschilddrüsen. In einzelnen Abschnitten der Schilddrüsen können Epithelsprossungen in Form von Knospenbildungen oder Sproßbildungen beobachtet werden. Die Resultate bei den Tieren, die eine achtmalige Thyreotropingabe erhielten, unterschieden sich nicht wesentlich von denen bei einer nur viermaligen Verabreichung. Obgleich hier die Gesamtmenge des verabreichten Hormons doppelt so hoch war wie bei den zuerst getöteten Tieren, ließ sich nur eine graduell etwas stärkere Hyperplasie und annähernd gleich starker Kolloidverlust beobachten.

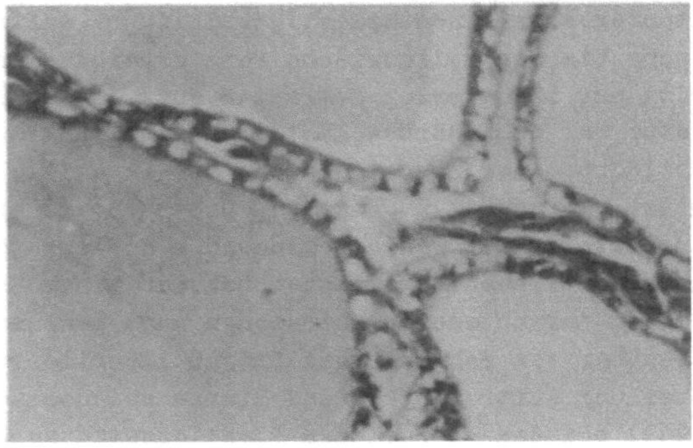

Abb. 1: Vakuolisierung des Schilddrüsenepithels einer Würfelnatter (Natrix tessellata) nach Applikation von Thyreotropin. (Vergrößerung 40 x 10)

Vergleicht man unsere hier wiedergegebenen Befunde mit den Ergebnissen von M a s o n (1938), die er bei Ringelnattern (Natrix natrix) erhielt, so zeigen sie eine völlige Übereinstimmung. Gleichartige Versuche an Zauneidechsen (Lacerta agilis) (E g g e r t , 1936) ergaben, daß auch bei dieser Reptilienart das thyreotrope Hormon eine starke Erhöhung des Follikelepithels und eine umfangreiche Kolloidausschüttung bewirkt. Gleichzeitig wird eine Kolloidspeicherung in Form kleiner Tropfen in den Follikelepithelzellen festgestellt.

Wesentlich scheint auch die Feststellung, daß bei täglicher Injektion des thyreotropen Hormons über Wochen hinaus eine Gewöhnung der Tiere an das Hormon bewirkt, so daß die Hypertrophie der Schilddrüse wieder abnimmt. Aus diesen Untersuchungen resultiert, da sich auch hier bei anderen Reptilienarten gleiche Vorgänge reproduzieren lassen, daß offensichtlich das Bild der hochaktiven Schilddrüse der Reptilien dem der Säugetiere weitgehend ähnlich ist und hinsichtlich seiner morphologischen Form durch Epithelzellerhöhung, Vakuolisierung und starker Kolloidausschüttung charakterisiert wird. Die Menge des applizierten thyreotropen Hormons und der Zeitraum der

<u>Tabelle I:</u> Versuchsanordnung

	Versuchstier	Versuchstag												
		4.11.	5.11.	6.11.	7.11.	8.11.	9.11.	10.11.	11.11.	12.11.	13.11.	14.11.	15.11.	
Gruppe I	1. (155g/95cm)	13,2	10,0	10,0	10,0	+	/	/	/	/	/	/	/	Thyreotropingaben in MES angegeben
	2. (162g/98cm)	13,2	10,0	10,0	10,0	+	/	/	/	/	/	/	/	
	3. (150g/93cm)	13,2	10,0	10,0	10,0	0	0	0	10,0	10,0	10,0	10,0	+	
	4. (142g/70cm)	13,2	10,0	10,0	10,0	0	0	0	10,0	10,0	10,0	10,0	+	
	5. (90g/75cm)	13,2	10,0	10,0	10,0	0	0	0	10,0	10,0	10,0	10,0	+	
Gruppe II	6. (55g/67cm)	6,6	6,6	6,6	6,6	+	/	/	/	/	/	/	/	
	7. (50g/65cm)	6,6	6,6	6,6	6,6	+	/	/	/	/	/	/	/	
	8. (50g/67cm)	6,6	6,6	6,6	6,6	0	0	0	6,6	6,6	6,6	6,6	+	
	9. (85g/75cm)	6,6	6,6	6,6	6,6	0	0	0	6,6	6,6	6,6	6,6	+	
	10. (65g/75cm)	6,6	6,6	6,6	6,6	0	0	0	6,6	6,6	6,6	6,6	+	
Kontrollen	11. (86g/76cm)	+	/	/	/	/	/	/	/	/	/	/	/	Injektion von NaCl Lösung in cm^3
	12. (48g/64cm)	+	/	/	/	/	/	/	/	/	/	/	/	
	13. (60g/73cm)	0,9	0,9	0,9	0,9	+	/	/	/	/	/	/	/	
	14. (35g/63cm)	0	0	0	0	0	0	0	0	0	0	0	+	
	15. (58g/70cm)	0	0	0	0	0	0	0	0	0	0	0	+	

Verabreichung sind für die Erzeugung morphologisch nachweisbarer Vorgänge am Schilddrüsengewebe dagegen nicht von ausschlaggebender Bedeutung.

Anschließend an die Hinweise auf bestehende anatomische und physiologische Besonderheiten bei der Reptilienschilddrüse und die kurze Wiedergabe experimenteller Untersuchungsergebnisse soll auf die Befunde eingegangen werden, die wir an 220 Reptilienschilddrüsen gestorbener Schildkröten, Echsen und Schlangen erheben konnten. Die Schilddrüsen wurden bei routinemäßig durchgeführten Sektionen entnommen und nach Formalinfixierung histologisch untersucht. Die Ergebnisse sind in den Tabellen 2, 3 und 4 zusammengestellt.

Tab. 2: Befunde bei Schildkröten (Chelonia)

Lfd. Nr.	Tierart	Geschlecht	Schilddrüsenbefund
1	Schmuckschildkröte (Pseudemys spec.)	♀	Hyperplasie, papillomatöse Proliferation
2	Strahlenschildkröte (Testudo radiata)	♂	" " "
3	Griechische Landschildkröte (Testudo hermanii)	♀	Struma diffusa parenchymatosa
4	Maurische Landschildkröte (Testudo graeca)	♂	Stapelschilddrüse - Struma diffusa colloides
5	Breitrandschildkröte (Testudo marginata)	♂	" "
6	Echte Karettschildkröte (Eretmochelys imbricata)	♂	" "
7	Zierschildkröte (Chrysemys picta)	♂	Carcinoma solidum
8	Sporenschildkröte (Testudo sulcata)	♂	Strumitis pseudoeosinoph. (Staphylokokken-Infektion)
9	Glattrand-Gelenkschildkröte (Kinixys belliana)	♂	Thyreoditis pseudoeosinophilica
10	Sternschildkröte (Testudo elegans)	♂	Thyreoditis
11	Schwarze Dickkopf-Schildkröte (Siebenrockiella crassicollis)	♂	"
12	Strahlen-Plattschildkröte (Platemys radiolata)	♂	Thyreoditis tuberculosa
13	Mississippi-Höckerschildkröte (Graptemys kohnii)	♀	Protozoenbefall
14	Amboina-Scharnierschildkröte (Cuora amboinensis)	♀	Kristalloide Kolloidausfällung
15	Amboina-Scharnierschildkröte (Cuora amboinensis)	♀	" "

Zu Beginn der Besprechung der Befunde muß nochmals auf die Schwierigkeit der Beurteilung histologischer Schnitte von Reptilienschilddrüsen im Hinblick auf das Vorliegen extremer Funktionsstadien hingewiesen werden. Bei einem Teil der als Hyperplasien und Strumen angesprochenen Fälle könnte es sich möglicherweise auch noch um funktionsbedingte Prozesse handeln. Ein exakter Ausschluß solcher Fälle ist nicht möglich, da Angaben über Lebensrhythmus, Häutungsstadium, natürliches Biotop und viele andere Faktoren nicht vorliegen. Dennoch kann festgestellt werden, daß Bilder einer derartig hochgradigen Epithelaktivierung, wie sie nach der experimentellen Verabreichung thyreotropen Hormons gesehen wurden, im Sektionsmaterial nicht auftraten. Lediglich bei einer Hufeisennatter (Coluber hippocrepis) fiel in den zwar noch kubischen Epithelzellen eine besonders starke Ausbildung von Vakuolen auf. Die Kerne der Epithelzellen waren in diesem Fall stark abgeflacht und an der Zellperipherie gelagert. Degenerative Prozesse traten nicht auf, so daß möglicherweise hier noch ein extremer Funktionsstatus vorlag. Öfter traten dagegen Hyperplasien in Form papillomatöser Proliferationen auf. Dabei zeigten sich Epithelknospenbildungen und Epithelsprossungen (Abb. 2), die so stark ausgeprägt waren, daß die eigentliche Struktur der Follikel nicht mehr zu erkennen war (Abb. 3). Diese Veränderungen, wie auch diejenigen, die das vom Säugetier her bekannte Bild der Struma diffusa parenchymatosa zeigten (Abb. 4), dürften als echte

Tabelle 3: Befunde bei Echsen (Sauria)

Nr.	Tierart	Geschlecht	Schilddrüsenbefund
1	Grüner Leguan (Iguana iguana)	♂	Hyperplasie, papillomatöse Proliferation
2	Wirtelschwanzleguan (Cyclura macleayi)	♂	" " "
3	Nilwaran (Varanus niloticus)	♀	Struma diffusa parenchymatosa
4	Anolis (Anolis roquet cinereus)	♂	" " "
5	Grüner Leguan (Iguana iguana)	♀	Stapelschilddrüse - Struma diffusa colloides
6	Indischer Dornschwanz (Uromastyx hardwickii)	♀	" " " "
7	Indischer Dornschwanz (Uromaxtyx hardwickii)	♂	" " " "
8	Meerechse (Amblyrhynchus cristatus)	♂	" " " "
9	Nördlicher Großteju (Tupinambis nigropunctatus	♂	" " " "
10	Bindenwaran (Varanus salvator)	♀	Metastasierendes solides Karzinom
11	Nilwaran (Varanus niloticus)	♀	Thyreoditis interstitialis granulomatosa (Salmonellose)
12	Grüner Leguan (Iguana iguana)	♂	Thyreoditis interstitialis granulomatosa (Pseudomonasinfektion und Protozoen)
13	Grüner Leguan (Iguana iguana)	♂	Thyreoditis (Aeromonasinfektion) Kalkosphäritbildungen
14	Nashornleguan (Cyclura cornuta)	♂	Interstitielle Fibrose
15	Gilakrustenechse (Heloderma suspectum)	♂	Mikrofilarienbefall in den Kapillaren
16	Buntwaran (Varanus varius)	♀	Kalkosphärite - Psammomkörper
17	Wasseragame (Physignathus siamensis)	♀	" "
18	Afrikanischer Dornschwanz (Uromastyx acanthinurus)	♀	" "
19	Meerechse (Amblyrhynchus cristatus)	♀	Generalisierte Kalzinose
20	Wasseragame (Physignathus spec.)	♂	Kalkosphärite
21	Stachelleguan (Sceloporus clarkii)	♂	Interstitielle Kalzifikation

Tabelle 4: Befunde bei Schlangen (Serpentes)

Nr.	Tierart	Geschlecht	Schilddrüsenbefund
0	Hufeisennatter (Coluber hippocrepis)	♀	Hyperplasie, Epithelvakuolisierung
1	Hühnerfresser (Spilotes pullatus)	♂	Stapelschilddrüse-Struma diffusa colloides
2	Königskobra (Naja hannah)	♂	" " " "
3	Monokelkobra (Naja naja kaouthia)	♀	" " " "
4	Brillenschlange (Naja naja)	♂	" " " "
5	Grüne Mamba (Dendroaspis viridis)	♂	" " " "
6	Tigerpython (Python molurus)	♀	" " " "
7	Abgottschlange (Boa constrictor)	♀	" " " "
8	Abgottschlange (Boa constrictor)	♀	" " " " (und Mikrofilarien)
9	Abgottschlange (Boa constrictor)	♂	Stapelschilddrüse-Struma diffusa colloides)
10	Grüne Hundskopfboa (Corallus caninus)	♂	" " " "
11	Texas-Klapperschlange (Crotalus atrox)	♀	" " " "
12	Mojave-Klapperschlange (Crotalus scutulatus)	♂	" " " "
13	Klapperschlange (Crotalus molossus)	♂	" " " "
14	Gewöhnliche Puffotter (Bitis arietans)	♂	Thyreoditis interstitialis (Aeromonasinfekt.)
15	Vierstreifennatter (Elaphe quartuorlineata)	♂	" " "
16	Netzpython (Python reticulatus)	♂	" " "
17	Netzpython (Python reticulatus)	♂	" " (Arizonainfektion)
18	Lanzenotter (Trimeresurus popeorum)	♀	" " (unbekannte Infektion)
19	Gabunviper (Bitis gabonica)	♀	" " " "
20	Buschmeister (Lachesis mutas)	♀	Protozoen
21	Südliche Anakonda (Eunectes notaeus)	♂	"
22	Große Anakonda (Eunectes murinus)	♀	" (Kokzidien)
23	Große Anakonda (Eunectes murinus)	♂	"
24	Große Anakonda (Eunectes murinus)	♀	"
25	Netzpython (Python reticulatus)	♂	"
26	Felsenpython (Python sebae)	♂	"
27	Felsenpython (Python sebae)	♂	"
28	Große Anakonda (Eunectes murinus)	♀	Mikrofilarien
29	Tigerpython (Python molurus)	♀	Kalkosphärite - Psammomkörper
30	Baumschnüffler (Ahaetulla nasuta)	♂	" "
31	Mojave-Klapperschlange (Crotalus scutulatus)	♂	" "
32	Zornnatter (Coluber lateralis)	♀	Schollige Konkremente im Kolloid
33	Netzpython (Python reticulatus)	♀	" " " "

pathologische Veränderungen angesprochen werden. Größte Schwierigkeiten ergaben sich bei der Beurteilung der hochgradig kolloidgestauten Schilddrüsen (Abb. 5), die zum Teil bereits makroskopisch erhebliche Vergrößerungen erkennen ließen.

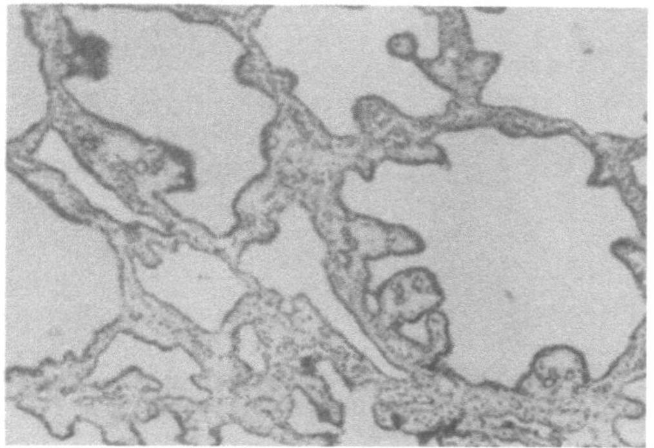

Abb. 2: Papillomatöse Proliferation des Schilddrüsenepithels bei einem Grünen Leguan (Iguana iguana). (Vergrößerung: 20 x 10)

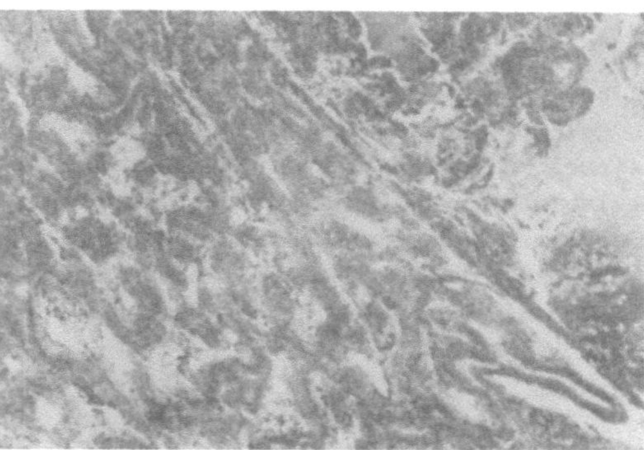

Abb. 3: Starke Hyperplasie des Schilddrüsenepithels. Beginnende Struma parenchymatosa bei einer Strahlenschildkröte (Testudo radiata). (Vergrößerung 20 x 7)

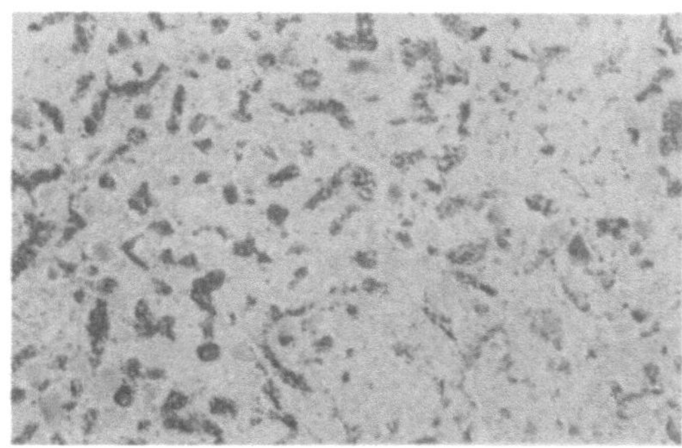

Abb. 4: Histologisches Bild einer Struma diffusa parenchymatosa bei einem Nilwaran (Varanus niloticus). (Vergrößerung: 20 x 7)

Abb. 5: Struma diffusa colloides bei einem Tigerpython (Python molurus). (Vergrößerung: 20 x 7)

Ob derartig angetoffene Bilder als Stapelschilddrüsen oder bereits als Struma diffusa colloides anzusprechen sind, konnte nicht entschieden werden. In den meisten Fällen waren die Epithelzellen zu feinsten fädigen Gebilden komprimiert, und die völlig abgeflachten Zellkerne waren nur in weiten Abständen erkennbar.

Im Gegensatz zu diesen Befunden konnten mit Sicherheit zwei echte Tumorbildungen an Schilddrüsen bei Reptilien ermittelt werden, über die bereits an anderer Stelle berichtet wurde (I p p e n , 1972). In dem einen Fall handelt es sich um eine Zierschildkröte (Chrysemys picta). Das Tier stammte aus einem Frischimport und wurde eineinhalb Jahre im Institut für Vergleichende Pathologie in Berlin gehalten. Krankheitssymptome wurden nicht beobachtet. Der Tod des Tieres trat infolge einer Aeromonasinfektion ein, die zu entzündlich-nekrotisierenden Veränderungen in Lunge und Leber geführt hatte. Als auffällig erwies sich die deutlich vergrößerte Schilddrüse, die etwa die Größe einer Erbse hatte. Normalerweise ist bei Schildkröten dieser Größe eine Schilddrüse vom Ausmaß einer Schrotkugel anzutreffen. Im histologischen Bild läßt diese vergrößerte Schilddrüse keine organoide Struktur mehr erkennen. Stärkere Bindegewebszüge deuten eine grobe Unterteilung des Tumorgewebes an. In einigen Abschnitten ist noch eine gewisse alveoläre Grundstruktur angedeutet. Die Schilddrüse ist vollständig tumorös verändert. Das Tumorgewebe baut sich aus zwei morphologisch grundlegend unterschiedlich erscheinenden Zelltypen auf (Abb. 6). So zeigen sich einerseits meist in kleinen Verbänden zusammengelagerte Zellen, die ein auffällig eosinophil tingiertes Plasma aufweisen und einen chromatinreichen, dunkel gefärbten, polymorph gestalteten Kern besitzen. Der zweite Zelltyp ist durch einen blasigen, ovalen, chromatinarmen Zellkern charakterisiert, der von einem durchscheinenden Plasma umgeben ist beziehungsweise in einer Vakuole gelagert ist. Diese Zellen sind sowohl einzeln angeordnet als auch in kleineren Zellverbänden im gesamten Tumor zu finden. Das Tumorgewebe macht einen ausgesprochen unreifen Eindruck. Wir halten den hier beschriebenen Tumor für ein Schilddrüsenkarzinom. Metastasen konnten nicht ermittelt werden.

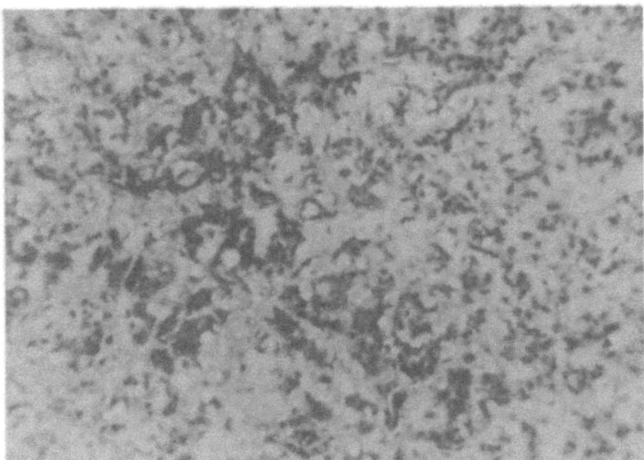

Abb. 6: Schilddrüsenkarzinom einer Zierschildkröte (Chrysemys picta). (Vergrößerung: 20 x 7)

Im zweiten Fall wurde ein Schilddrüsentumor bei einem Bindenwaren (Varanus salvator) festgestellt. Das im Terrarium des Tierparks Berlin gehaltene Tier kümmerte über längere Zeit. Im Halsbereich und am Unterkiefer waren deutlich geschwulstartige Veränderungen zu sehen. Der Ernährungszustand war jedoch ausgesprochen gut. Bei der Sektion wiesen die gut ausgebildeten Fettkörper ein Gewicht von 1250 g auf. Bei der Zerlegung des Tieres traten zunächst im Halsbereich und am Mundboden grauweiße, speckigderbe bis walnußgroße Tumoren hervor. Die linke Schilddrüse zeigte sich in der Größe eines Taubeneies (Abb. 7) und stand in direktem Zusammenhang mit einem Tumorprozeß, der infiltrativ von außen zwischen den Knorpelringen hindurch in das Lumen der Trachea vordrang (Abb. 8).

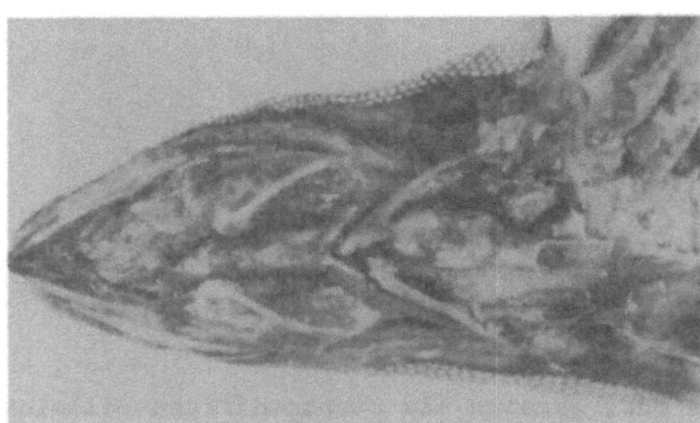

Abb. 7: Solides Schilddrüsenkarzinom eines Bindenwarans (Varanus salvator)

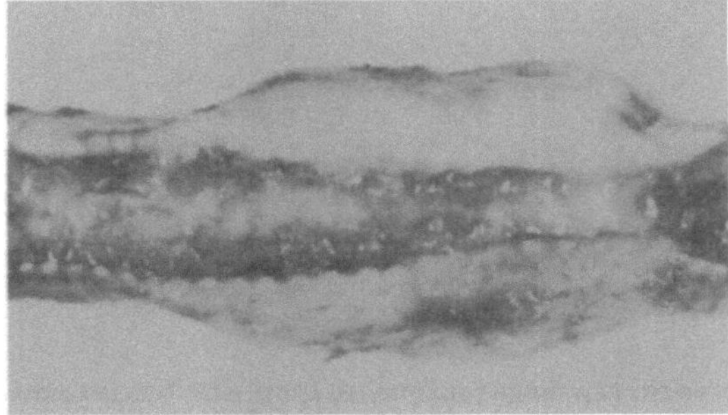

Abb. 8: Einbruch des Tumorgewebes in das Lumen der Trachea, gleicher Fall wie in Abb. 7 gezeigt

Die rechte Schilddrüse war nur haselnußgroß und ebenfalls von grauweißer Farbe. Ausgehend von den hier beschriebenen Veränderungen war es zu Metastasenbildung in verschiedenen Organen gekommen. Die Lunge zeigte zahlreiche grauweiße, haselnußgroße Herde von gleichem Aussehen wie die tumorösen Prozesse im Halsbereich. Kleinere und größere Metastasenknoten traten in den Fettkörpern, der Herzmuskulatur sowie im Pankreas auf. Schon makroskopisch zeichnete sich deutlich ab, daß die vorliegenden tumorösen Veränderungen ihren Ausgang von der Schilddrüse nahmen. Histologisch erwies sich dann auch die Schilddrüse als vollständig tumorzellig umgewandelt. Nur einzelne deformierte kolloidhaltige Follikel berechtigten zu der Annahme, daß die vorliegenden Schnitte tatsächlich von der Schilddrüse stammten. Das übrige Schilddrüsengewebe bestand aus sehr uniform erscheinenden kleinen Tumorzellen (Abb. 9). Das vorhandene bindegewebige Interstitium war völlig unregelmäßig angeordnet. Die ausgesprochen kleinen Tumorzellen bildeten einen soliden, gleichförmigen Zellverband. Die Tumorzellen im einzelnen zeigten sich in Form einer unreifen, kubisch gestalteten Epithelzelle mit nur wenig Plasma und einem großen, ovalen chromatinreichen Kern. In sehr großer Zahl traten in diesen Tumorzellen Kernteilungsfiguren auf. Die in der Lunge anzutreffenden herdförmigen Metastasen zeigten einen völlig gleichartigen tumorösen Aufbau und waren vorrangig perivaskulär gelagert. Follikelbildungen traten nicht auf. Es kam zu einer erheblichen Deformation der sonst sehr schmalen Lungenbälkchen, die in maschenartiger Anordnung die respiratorische Epithelauskleidung des Lungensackes bei den Waranen bilden. Die schon makroskopisch besonders augenfälligen Tumormetastasen im Trachealbereich sowie am Mundboden entsprachen in ihrem histologischen Aufbau völlig den Veränderungen der Schilddrüse. Im Pankreas zeigte sich ein rein infiltratives Wachstum gleichartiger Tumorzellen, und die Metastasen in den Fettkörpern zeichneten sich durch eine herdförmige Anordnung und soliden, uniformen Aufbau aus. Genau wie im Primärtumor traten in den Metastasen in sehr großer Zahl Kernteilungen auf. Die vorliegende Geschwulst muß als ein solides Schilddrüsenkarzinom mit Metastasierung in mehrere Organe angesehen werden.

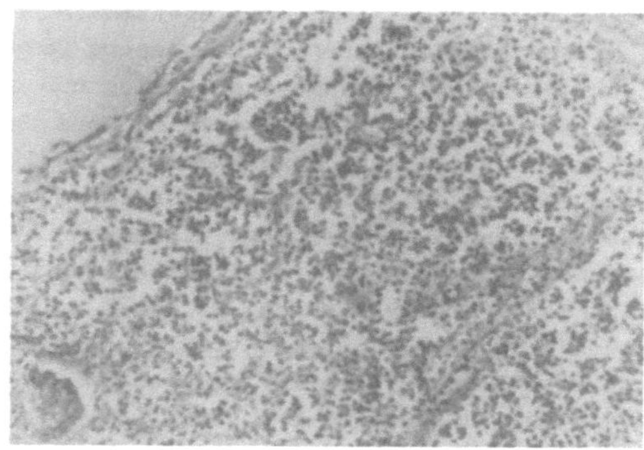

Abb. 9: Histologisches Bild des Tumorgeschehens der Abb. 8 (Vergrößerung: 20 x 7)

Entzündungsvorgänge konnten wir in größerer Zahl bei Reptilienschilddrüsen feststellen. Versucht man bei der Wiedergabe der Befunde die Begriffe Thyreoditis und Strumitis entsprechend zu verwenden, so treten bei der Eingruppierung im Gegensatz zur Wiedergabe von Untersuchungsergebnissen beim Menschen und Haustieren erhebliche Schwierigkeiten auf, die im wesentlichen auf die eingangs erwähnte diffizile makroskopische Beurteilung einer vorliegenden Schilddrüsenvergrößerung zurückgehen. Auf Grund dieser Tatsache kann aus unserem Material nur ein Fall bei einer Sporenschildkröte (Testudo sulcata) als eitrige Strumitis bezeichnet werden, da hier nachweislich eine Vergrößerung des Organs bestand und darüber hinaus das histologische Bild eine Entzündung und eine Struma erkennen ließ. Das gesamte stark verbreiterte Interstitium der Schilddrüse war in diesem Fall weitgehend mit pseudoeosinophilen Granulozyten dicht durchsetzt. Einschmelzungsvorgänge oder Bindegewebsvermehrung fehlten. Da beim gleichen Tier auch in der Lunge entzündliche Veränderungen ermittelt wurden, die ein massives Auftreten von pseudoeosinophilen Granulozyten erkennen ließen und mikrobiologisch Staphylokokken nachgewiesen wurden, liegt die Vermutung nahe, daß auch die Strumitis pseudoeosinophilica auf eine Staphylokokkeninfektion zurückgeführt werden muß. In zwei Fällen bei Schildkröten konnten wir ebenfalls ein deutlich vermehrtes Auftreten von pseudoeosinophilen Granulozyten im Interstitium der Schilddrüsen beobachten, ohne daß jedoch eine herdförmige Zusammenlagerung dieser Zellen oder eine Vergrößerung des Organs festzustellen war. Es muß angenommen werden, daß es sich in diesen Fällen um Anfänge einer Thyreoditis handelte. Eine funktionsbedingte Vermehrung von eosinophilen Granulozyten in der Schilddrüse, wie sie vom Menschen her bekannt ist, kann nicht in Betracht gezogen werden, da die beim Reptil auftretenden pseudoeosinophilen Granulozyten nicht den eosinophilen Granulozyten des Menschen entsprechen, sondern vielmehr den neutrophilen Granulozyten des Menschen in ihrer Funktion gleichzusetzen sind.

Die meisten der von uns beobachteten entzündlichen Veränderungen in der Schilddrüse bei Reptilien zeigten eine herdförmige Lokalisation und müssen als Folge generalisierter bakterieller Infektionen angesehen werden. Allein in vier Fällen konnten im Verlauf von Aeromonasinfektionen derartige Thyreoditiden ermittelt werden. Die im Interstitium und zum Teil subkapsulär gelegenen herdförmigen Granulombildungen werden überwiegend durch histiozytäre Zellen gebildet und weisen ein stark azidophiles nekrotisches Zentrum auf (Abb. 10). Häufig sind am Übergang zwischen Granulationsgewebe und Nekrose vermehrt pseudoeosinophile Granulozyten anzutreffen. An der Peripherie der Granulome treten gelegentlich kleinere Lymphozyteninfiltrate auf. In mehreren Fällen konnten recht starke bindegewebige Abkapslungsvorgänge um die Granulome beobachtet werden. Die hier für die Granulombildungen durch Aeromonas-Infektionen gegebene Beschreibung trifft weitgehend auch für die herdförmigen Entzündungsprozesse zu, die durch Infektionen mit Salmonella-, Arizona- und Pseudomonaskeimen entstehen.

Die recht einförmige Reaktionsweise des Reptilienorganismus auf bakterielle Infektionen macht eine ausschließlich morphologische Unterscheidung derartiger Prozesse unmöglich und erfordert stets eine exakte bakteriologische Untersuchung. Eine gewisse Ausnahme macht lediglich die Tuberkulose. Die hierbei in der Schilddrüse auftretenden epitheloidzelligen Granulome lassen zwar auch eine unterschiedlich starke zentrale Herdnekrose erkennen, weisen daneben aber auch Riesenzellbildungen vom LANGHANS'schen Typ und Fremdkörpertyp auf. Ihre sichere Unterscheidung von Granulomen anderer Genese ist durch den im Schnitt leicht zu führenden Nachweis säurefester Stäbchen möglich, zumal im Verlauf der Kaltblütertuberkulose säurefeste Stäbchen fast regelmäßig in großer Zahl im Gewebe nachzuweisen sind.

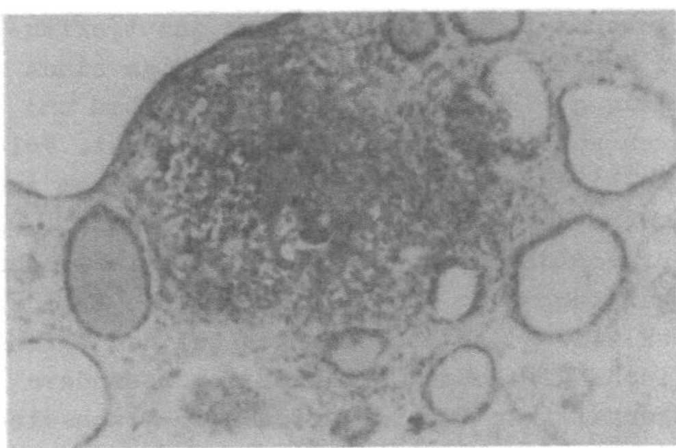

Abb. 10: Infektiöses Granulom im Schilddrüseninterstitium im Verlauf einer septikämischen Aeromonasinfektion bei einer Puffotter (Bitis arietans). (Vergrößerung: 20 x 10)

Schließlich sei noch auf die Ermittlung einer ausgeprägten interstitiellen Fibrose in den Schilddrüsen eines Nashornleguans (Cyclura cornuta) hingewiesen. Histologisch zeigte sich eine erhebliche Vermehrung des Bindegewebes in Form einer starken Verbreiterung des Interstitiums (Abb. 11). Eine sichere Aussage über die Ursachen dieser Veränderungen kann nicht gegeben werden, doch dürfte es sich wahrscheinlich um einen chronischen Entzündungsprozeß handeln, der über lange Zeit bestand.

Durch die in den untersuchten Schilddrüsen beobachteten Parasiten wurden in keinem Fall entzündliche Reaktionen oder histologisch nachweisbare Funktionsstörungen verursacht. Besonders ist an dieser Stelle auf die oft festzustellenden Protozoenzysten hinzuweisen, die ihrer Form und Gestalt nach als Entwicklungstadien der Hämogregarinen angesehen werden können. Derartige Gebilde fanden sich in unterschiedlicher Zahl, völlig reaktionslos, sowohl in den Epithelzellen als auch in den Kapillaren des Interstitiums (Abb. 12).

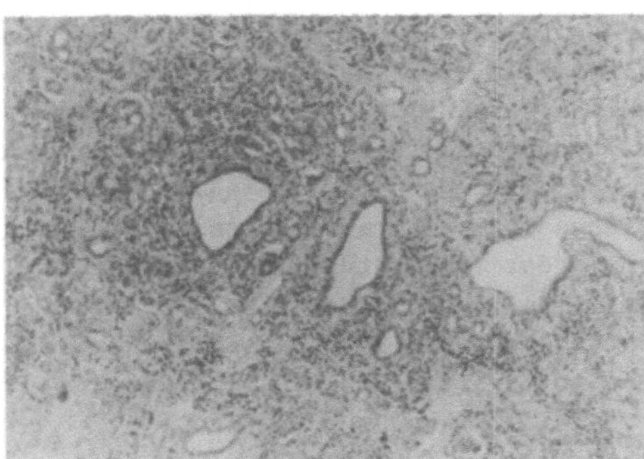

Abb. 11: Beginnende interstitielle Fibrose in der Schilddrüse eines Nashornleguans (Cyclura cornuta). (Vergrößerung: 20 x 7)

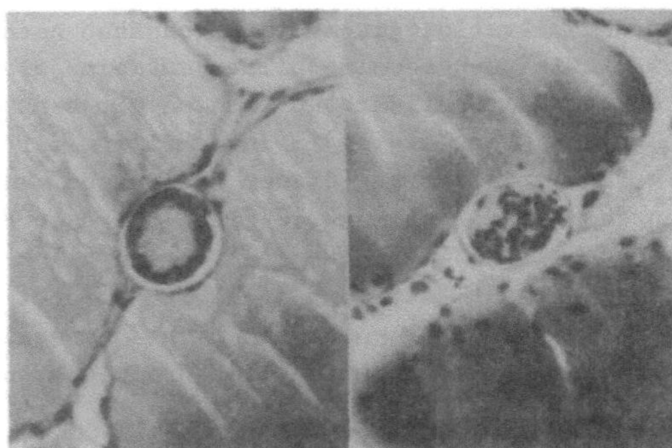

Abb. 12: Protozoäre Gebilde reaktionslos im Interstitium der Schilddrüse einer Großen Anakonda (Eunectes murinus). (Vergrößerung: 40 x 10)

Das verhältnismäßig häufige Auftreten derartiger Protozoen in den Schilddrüsen entspricht den gleichartig zu erhebenden Befunden im Blut und in anderen Organen der Reptilien. In der Schilddrüse einer Anakonda (Eunectes murinus) konnten wir zahlreiche Gebilde feststellen, die wahrscheinlich als Kokzidienoozysten anzusehen sind. Auch sie waren völlig reaktionslos sowohl im Lumen einzelner Follikel als auch im Interstitium gelagert.

Weiterhin konnte in einigen Fällen der Nachweis von Mikrofilarien in sehr großer Zahl in den kleinen Gefäßen und Kapillaren der Schilddrüsen von Echsen und Schlangen erbracht werden (Abb.13).

Filarienbefall konnten wir bei Reptilien des öfteren in mehreren Organen beobachten, so daß ein starkes Auftreten von Mikrofilarien in den gut durchbluteten Schilddrüsen keine Besonderheit darstellt. Die Möglichkeit einer entzündlichen Reaktion in den betroffenen Organen ist durchaus gegeben und wurde von uns in Lungen und Nieren bei Chamäleonen mehrmals beobachtet. In den Schilddrüsen konnten jedoch bisher niemals Entzündungsvorgänge im Zusammenhang mit einer Filariose ermittelt werden.

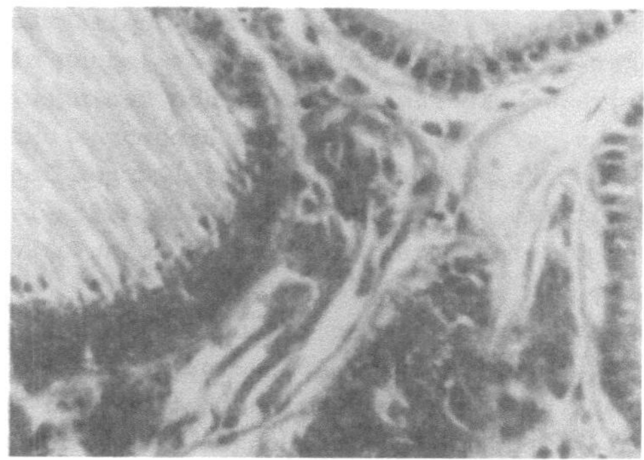

Abb. 13: Mikrofilarien in einer Schilddrüsenkapillare bei einer Gila-Krustenechse (Heloderma suspectum). (Vergrößerung: 100 x 7)

Eine besondere Form der Veränderungen stellten die von uns in den untersuchten Schilddrüsen festgestellten Konkrementbildungen dar. Des öfteren beobachteten wir ringförmig geschichtete, kalkhaltige Ablagerungen, die in ihrem Aussehen und Aufbau weitgehend den beim Menschen beschriebenen Psammomkörperchen glichen. Die auch als Kalkosphärite, Mikrolithe oder einfach als Konkremente bezeichneten Ablagerungen fanden sich im Interstitium, im Epithel und im Kolloid der Schilddrüsen, wobei es sich ohne Ausnahme stets um sonst morphologisch unveränderte Schilddrüsen handelte. Diese konzentrisch geschichtet aufgebauten, nicht doppeltlichtbrechenden Konkremente (Abb. 14) wiesen z. T. in einem Komplex mehrere Zentren auf, so daß das Bild einer rosettenartigen Struktur entstand. Daneben konnten gleichartige Kalkkonkremente beobachtet werden, die an ihrer Peripherie weitere, ebenfalls in sich geschichtete kleinere Tochterkonkremente erkennen ließen. Das färberische Verhalten dieser 5 µ bis 100 µ großen, stets in sich geschichteten und rundgestalteten Gebilde zeigt bei der H.E.-Färbung eine schwarzviolette Anfärbung mit ringförmigen Aufhellungen (Abb. 15).

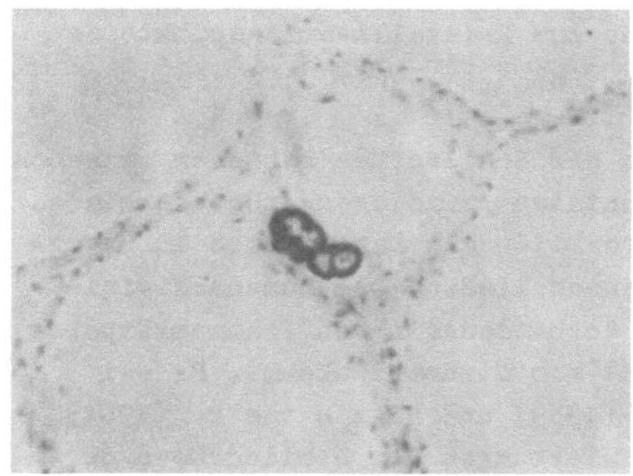

Abb. 14: Psammomkörper in der Follikelwand der Schilddrüse einer Wasseragame (Physignathus siamensis). (Vergrößerung: 20 x 10)

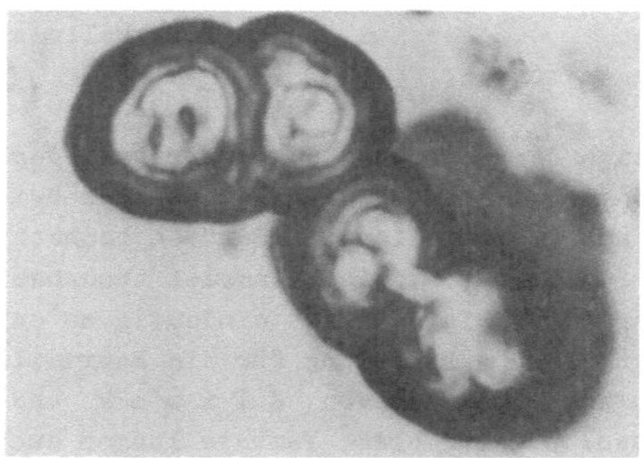

Abb. 15: Geschichtete Psammomkörper mit zentral gelegenen Epithelkernresten. (Vergrößerung: 100 x 10)

Das Zentrum ist in einigen Fällen aufgehellt, in anderen tief schwarzviolett angefärbt. Die durchgeführten Kalziumnachweise nach KOSSA sowie die Alizarin-Rotfärbung nach D a h l (1952) fielen positiv aus. Beim Nachweis ionisierten Eisens durch die Turnbullblaumethode konnte in einigen Konkrementen ebenfalls ein positives Ergebnis erzielt werden. Weder in den bisher vorliegenden anatomischen Beschreibungen von Schilddrüsen der verschiedenen Reptilien noch in den Einzelberichten über tumoröse Veränderungen von Reptilienschilddrüsen finden sich Hinweise auf derartige Beobachtungen. Demgegenüber lassen sich aus dem humanmedizinischen Schrifttum schon aus dem Jahre 1905 in einer Arbeit von P a y r und M a r t i n a (1905) Hinweise auf das Auftreten derartiger Gebilde entnehmen. Nach einer Definition von V i r c h o w (S a u t e r , 1964) werden als Psammomkörper runde, ovale, aus mehreren konzentrisch geschichteten Schalen aufgebaute Gebilde bezeichnet, die in der Schilddrüse sowohl im Interstitium wie auch in den Follikeln liegen können. Ihr Auftreten ist jedoch nicht ausschließlich an die Schilddrüse gebunden, vielmehr treten sie gewöhnlich in den Meningen, speziell in Meningiomen, im Plexus choroideus, aber auch in der Zirbeldrüse, der Hypophyse und in anderen Organen sowie Tumoren auf. Diese für den Menschen getroffenen Feststellungen lassen sich in gewissem Umfang auch für die Reptilien bestätigen, da wir bei den routinemäßigen Untersuchungen sowohl in den Nieren als auch den Lungen des öfteren derartige geschichtete Kalkosphärite beobachten konnten.

Nach Angaben von Klinck und Winship (1959) handelt es sich, der chemischen Zusammensetzung entsprechend, um Ablagerungen aus Mukopolysaccharid, Kalk und Eisen, wobei mineralogisch in erster Linie Kalziumphosphat und nur in geringerem Umfang Kalziumkarbonat festgestellt wurde. Entsprechende Untersuchungen am Material der Reptilien wurden bislang noch nicht vorgenommen.

Über die Entstehung der sogenannten Psammomkörper beim Menschen liegen noch keine einheitlichen Ansichten vor. Nach den Untersuchungen von Payr und Martina (1905) soll die Bildung von Psammomkörpern von koagulierten subepithelial gelagerten Kolloidtropfen ausgehen; Lopes Cardozo et al. (1949) vermuten dagegen eine Entstehung aus nekrotischen Epithelzellkernen. Nach Berichten von Crile und Fisher (1953) besteht aber auch die Möglichkeit einer epithelialen Umwandlung, ähnlich der Hyalinisierung von Zellen in einigen Meningiomen. Ähnliche Angaben macht Wegelin (1926). Ausgehend von der bei Reptilien bislang noch recht geringen Zahl von Beobachtungen an solchen Konkrementen kann hinsichtlich der möglichen Entstehung zunächst nur festgestellt werden, daß eine Koagulation von subepithelial gelagerten Kolloidtropfen als Ausgangspunkt ausgeschlossen werden muß. Die in verschiedenen Psammomkörpern bei den von uns untersuchten Fällen zentral gelagerten Zellkernstrukturen sprechen für eine Kalzifikation zugrunde gehender Epithelzellen. Einzelne Kalkosphärite lassen im Zentrum der geschichteten Kalkablagerungen Zellkernstrukturen mit chromatinreicher Kernmembran und Kernkörperchen erkennen. Eine Bestätigung dieser Feststellung erbrachte einerseits der positive Ausfall der FEULGEN-Reaktion im Zentrum dieser Psammomkörper als auch der Nachweis von Überresten von DNS und RNS in diesen Bereichen durch die Gallocyaninchromalaun-Reaktion. Die ringförmigen Ablagerungen um die Kerne sowohl im Interstitium als auch im Kolloid lassen es auf Grund der Untersuchungsergebnisse durchaus denkbar erscheinen, daß das Plasma degenerierender Epithelzellen, auch solcher, die bereits in das Follikellumen abgestoßen sind, zum Kristallisationspunkt der Verkalkungen wurden.

Hinsichtlich der Bedeutung des Auftretens der Psammomkörper in der Schilddrüse bestehen zwischen den Befunden beim Menschen und den bisher bei Reptilien beobachteten grundlegende Unterschiede. Alle von uns in Reptilienschilddrüsen beobachteten Psammomkörperbildungen fanden sich in unveränderten Schilddrüsen, die keinerlei tumoröse Entartungen erkennen ließen. Dem humanmedizinischen Schrifttum hingegen ist eindeutig zu entnehmen, daß dem Vorhandensein von Psammomkörpern eine diagnostische Bedeutung für die Beurteilung der Malignität von Strumen zukommt. Es sei hierzu auf die Arbeiten von Klinck und Sinship (1959) und Sauter (1964) hingewiesen. Ob sich diese Feststellungen auch bei strumösen Entartungen der Schilddrüsen der Reptilien bestätigen wird, läßt sich erst nach der Untersuchung eines weit größeren Untersuchungsmaterials aussagen. Die bisher untersuchten tumorösen Schilddrüsenveränderungen der Reptilien wiesen keine Psammomkörperbildungen auf. Neben diesen geschichteten Kalkablagerungen konnten wir im Verlauf degenerativer Veränderungen in den von uns untersuchten Reptilienschilddrüsen weitere Verkalkungsvorgänge in verschiedener Form feststellen. Einerseits traten feinkörnige bis schollig-kristalline Kalkablagerungen in den Follikeln auf (Abb. 16), denen, wie auch vom Menschen her bekannt, eine Eindickung des Kolloids vorausgegangen sein wird. Als Ursache für eine derartige Kolloideindickung kann unter anderem eine Kachexie in Betracht gezogen werden. Andererseits betraf die Verkalkung in den Reptilienschilddrüsen das Zwischengewebe (Abb. 17), wobei völlig reaktionslos kleine Kalkschollen sowie auch größere, zackig strukturierte Konkremente anzutreffen waren. Grundsätzlich muß jedoch herausgestellt werden, daß diese hier erwähnten Kalkablagerungen sich klar von den als "Psammomkörper" bezeichneten unterscheiden lassen. Nicht unerwähnt bleiben dürfen schließlich die zum Teil sehr hochgradigen Verkalkungsvorgänge im Bereich der Gefäße, die wir in den Schilddrüsen einzelner Tiere ermitteln

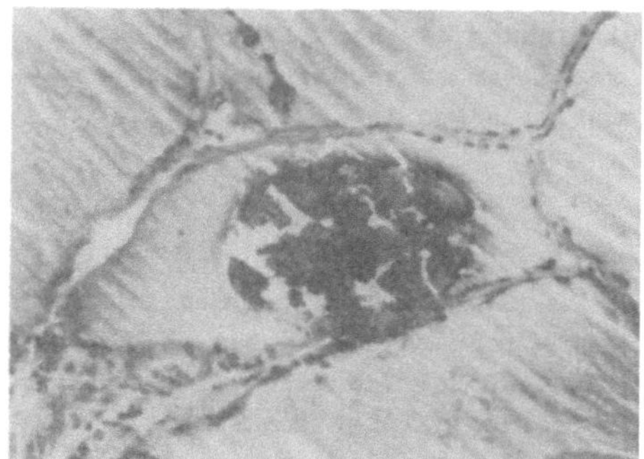

Abb. 16: Schollige Verkalkung im Kolloid eines Schilddrüsenfollikels von einer Wasseragame (Physignathus spec.)
(Vergrößerung: 40 x 7)

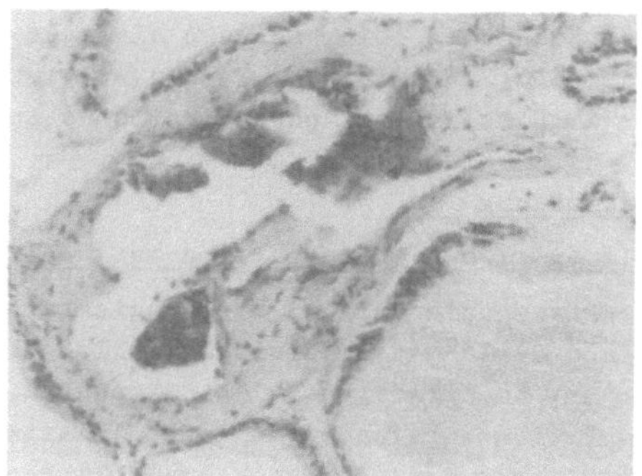

Abb. 17: **Gefäßwandverkalkung in der** Schilddrüse einer Meerechse (Amblyrhynchus cristatus).
(Vergrößerung 40 x 7)

konnten. In diesen Fällen erbrachte jedoch eine Nachuntersuchung weiterer Organe das Auftreten gleichartiger Gefäßwandverkalkungen im gesamten Organismus, so daß es sich hier nur um die Einbeziehung der Schilddrüse in einen generalisierten Prozeß handelt. Aus diesem Grunde kann auf eine eingehendere Beschreibung verzichtet werden.

Als eine weitere Form von Ablagerungen in den Schilddrüsen der Reptilien sollen die doppeltlichtbrechenden kristalloiden Ausfällungen in der Kolloidmasse der Follikel angeführt werden (Abb. 18), zumal in letzter Zeit erneut durch Mc M a h o n et al. (1968) auf das Auftreten derartiger doppeltlichtbrechender Kristalle in der Schilddrüse des Menschen eingegangen wird. Die in dieser Arbeit herausgestellten Beobachtungen, daß derartige kristalline Einschlüsse unabhängig von Alter und Geschlecht in unveränderten Schilddrüsen auftreten können und nicht in anderen Organen anzutreffen sind, finden auch ihre Bestätigung bei den von uns untersuchten Reptilienschilddrüsen. Nach Untersuchungen von R i c h t e r und Mc C a r t y (1954) soll es sich bei den Kristallen um Kalziumoxylat-Monohydrate handeln.

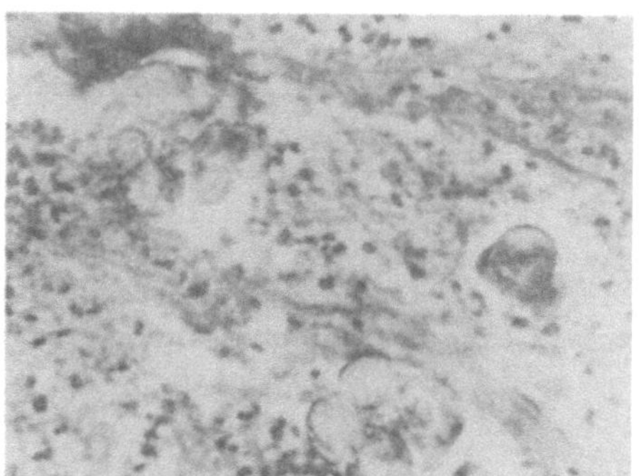

Abb. 18: Kristalloide Kolloidausfällungen in der Schilddrüse einer Amboina-Scharnierschildkröte (Cuora amboinensis).
(Vergrößerung 40 x 7)

Inwieweit diese Feststellung auch für die von uns beobachteten kristalloiden Gebilde zutrifft, bedarf noch einer Nachprüfung. Über die Entstehung und deren Ursache liegen noch keine klaren Erkenntnisse vor, so daß Mc M a h o n et al. (1968) am Schluß ihrer Arbeit das Auftreten der doppeltlichtbrechenden Kristalle in den Schilddrüsen als eine zur Zeit noch unerklärbare Kuriosität bezeichnen.

Überblickt man abschließend die Ergebnisse der vorliegenden Untersuchungen, so kann zunächst festgestellt werden, daß Thyreopathien bei Reptilien keineswegs als selten anzusprechen sind. Die doch recht große Zahl der beobachteten Veränderungen in unserem Material steht in einem gewissen Gegensatz zu den wenigen vorliegenden Veröffentlichungen auf diesem Gebiet, was jedoch ausschließlich auf die bisher völlig unzureichenden Untersuchungen zurückgeführt werden muß. Besonders erfolgversprechend und interessant dürfte ein eingehendes Studium der bei Reptilien so ausgeprägten extremen Funktionsstadien der Schilddrüse sein, wodurch sicher auch allgemein grundlegende Erkenntnisse geschaffen werden können, die zu vergleichenden Betrachtungen heranzuziehen sind. Durch eine Ausweitung der hier an einem noch recht kleinen Material begonnenen Untersuchungen können mit Bestimmtheit noch viele weitere Feststellungen getroffen werden, die uns Aufschluß über den Stand der Schilddrüsenerkrankungen bei den Reptilien geben. Die so zu erlangenden Kenntnisse dürften nicht nur für die erfolgreiche Haltung und Züchtung von Reptilien von Bedeutung sein, sondern vielmehr auch für die Einbeziehung der Reptilien als Versuchstiere für medizinische Testungen wichtig sein, wobei vor allem an vergleichende Untersuchungen im Hinblick auf phylogenetische Entwicklungsprobleme zu denken ist.

Zusammenfassung

Ein Beitrag zu den Thyreopathien bei Reptilien

Anhand makroskopischer und histologischer Untersuchungen an 220 Schilddrüsen von Schildkröten, Echsen und Schlangen wird ein Überblick über die ermittelten Thyreopathien gegeben. Neben Hyperplasien, hochgradigen Kolloidstauungen, Schilddrüsenkarzinomen, Entzündungen verschiedener Genese, Protozoenbefunden und Mikrofilarienbefall konnten verschiedenartige Konkrementbildungen festgestellt werden. Versuche an Schlangen mit thyreotropen Hormonen wurden angestellt und über die Ergebnisse ausführlich berichtet.

Summary:

A Contribution Towards Thyreopathies in Reptiles

Taking macroscopic and histological studies in 220 thyroid glands of turtoises, lizards and snakes as a basis, the author renders a survey on the thyreopathies diagnosed. In addition to hyperplasias, high grade colloid congestions, thyroid carcinomata, inflammations of different genesis, protozoal and microfilariacal affection, different kinds of concrement formation could be detected. Experiments in snakes with the application of thyreotropic hormones are being made. The results obtained will be reported on in detail.

Résumé:

Intervention concernant la pathologie thyroïdienne chez les reptiles

Partant d'analyses macroscopiques et histologiques effectuées sur 220 glandes thyroïdes de tortues, de sauriens et de serpents, le rapport fait le point des données actuelles dans la pathologie thyroïdienne. Outre les hyperplasties, les congestions colloidales, les carcinomes de la glande thyroïde, les infestions d'évolution différenciée, de parasitisme de protozoaires et de micro-filaires, on a pu constater diverses concrétions. On décrit des essais faits sur des serpents avec des hormones thyroïdiennes et présente en détail les résultats obtenus.

Резюме:

Пример тиреопатии у рептилий.

Дается обзор тирепатии обнаруженной на основе микроскопических и гистологических исследований 220 щитовидных желез черепах, ящериц и змей. Кроме гиперплазмии, высокой концентрации коллоида, воспалений различного происхождения, заражения протозоа и микрофилляриями, обнаружены конкрементные образования. Проводились опыты с тиреотропным гормоном на змеях. Результаты обсуждаются.

Literatur:

CRILE jr., G. and E. R. FISHER (1953): Simultaneous occurrence of thyroiditis and papillary carcinoma. Cancer (N. Y.) 6, 57-62.

DREZEWICKI, St. (1929): Über den Einfluß der Schilddrüsenexstirpation auf die Zauneidechse. Wilhelm Roux' Arch. Entwickl.-Mech. Org. 114, 155.

EGGERT, B. (1933): Über die histologischen und physiologischen Beziehungen zwischen Schilddrüse und Häutung bei den einheimischen Eidechsen. Zool. Anz. (Leipzig), 105, 1-9.

EGGERT, B. (1935): Die Schilddrüse und der ultimobranchiale Körper von Gymnodactylus marmoratus. Z. wiss. Zool. 146, 77-103.

EGGERT, B. (1936): Zur Morphologie und Physiologie der Eidechsenschilddrüse. II. Über die Wirkung von hohen und niedrigen Temperaturen, von Thyroxin und von thyreotropem Hormon auf die Schilddrüse. Z. wiss. Zool. 147, 537-594.

EGGERT, B. (1938): Morphologie und Histophysiologie der normalen Schilddrüse. Zwangl. Abhandl. Gebiete Inn. Sekretion, Leipzig: Barth.

HAIDENHAIN, M. (1921): Über verschiedene Typen im Bau der Schilddrüse. Verh. anat. Ges. 30, 141-151.

IPPEN, R. (1972): Ein Beitrag zu den Spontantumoren bei Reptilien. Verhandlungsber. XIV. Internat. Symp. Erkrankungen Zootiere, Wrocław, 409-418.

KLINCK, G. H. and T. WINSHIP (1959): Psammoma bodies and thyroid cancer. Cancer (N.Y.) 12, 656-662.

KROCKERT, G. (1941): Kontinuierliche Hyperthyreodisierung und -epiphysierung an Python bivittatus. Vitam. u. Horm. (Leipzig) 1, 24-31.

LOPES CARDOZO, P., MULLER, H. und N. K. M. De LEEUW (1949): Gezwelpunctie met cytologisch oderzoek van het punktaat in een geval van struma papillomatosa lateralis. Ned. T. Geneesk. 93, 3902-3904.

LYNN, W. G. and S. M. L. COLORIGH (1967): Thyroid Morphology in Lizards of the Family Anguidae, Chonseleontidae and Cordylidae. Am. Midland Naturalist 77, 247-250.

LYNN, W. G. and H. E. WACHOWSKI (1951): The Thyroid Gland and its functions in cold-blooded vertebrates. Quart. Rev. Biol. 26, 123-168.

LYNN, W. G. and G. A. WALSH (1966): Thyroid Morphology in Lazertilia. Herpetologica 22, 71-75.

LYNN, W. G. and J. ZMICH (1967): Thyroid Morphology in Lizards of the Family Sciucidae. Am. Midland Naturalist 77, 245-247.

MACMAHON, H. E. e. a. (1968): Birefringent Crystals in human Thyroid. Acta endocr. (Copenh.) 58, 172-176.

MASON, E. M. (1938): Assay of thyrotropic hormon. Nature (London) 142, 480-481.

PAYR, E. und A. MARTINA (1905): Über wahre laterale Nebenkröpfe. Dt. Z. Chir. 85, 535-576.

RICHTER, M. N. and K. S. McCARTY (1954): Anisotropic crystals in the Human Thyroid Gland. Am. J. Path. 30, 545.

SAUTER, Ch. (1964): Psammomkörper in Schilddrüsen eines Kropfendemiegebietes. Virchows Arch. path. Anat. Physiol. 337, 328-335.

SCHÄFER, W. H. (1932/33): Hypophysectomy and Thyroidectomy of Snakes. Proc. Soc. Biol. 30, 1363-1365.

SCHLUMBERGER, H. G. (1955): Spontaneous Goiter and Cancer of the Thyroid in Animals. Chio. J. Sci. 55, 25-43.

WEGELIN, C. (1926): Schilddrüse. In: Handb. d. spez. path. Anat. u. Histol. Hrsg. v. F. Henke u. O. Lubarsch. Bd. 8, Berlin: Springer.

Anschrift des Verfassers: VR Prof. Dr. R. I p p e n ,
1136 Berlin-Friedrichsfelde, Am Tierpark 125 (DDR)

Aus der Fachgruppe für Veterinärpathologie der Universität Utrecht, Abteilung für besondere Tiere (Leiter: Doz. Dr. P. Z w a r t)

ENDEMISCHER KROPF BEI REPTILIEN IN DEN NIEDERLANDEN

Von P. Z w a r t und A. G. G. K o k

Als endemischen Kropf bezeichnet man in der Humanmedizin das regelmäßige Auftreten von Strumen in umschriebenen geographischen Gebieten. In den Niederlanden untersuchte diese Problematik beim Menschen vor allem T e r p s t r a (1956). Auf Grund klinischer und labordiagnostischer Untersuchungen steht fest, daß eine der wichtigsten Ursachen für die Entstehung von Kropfgeschwülsten der Jodmangel ist. Untersuchungen von P a s m a (1959) ließen prozentuale Unterschiede in der Häufigkeit des Auftretens von Schilddrüsengeschwülsten in Gebieten mit niedrigem und solchen mit höherem Jodgehalt im Trinkwasser erkennen. Weiterhin wurde eine direkte Beziehung zum jeweiligen Härtegrad des Wassers nachgewiesen. Für den Menschen erwies sich die Beschaffung von Grundnahrungsmitteln aus weiter entfernt gelegenen Gebieten für eine optimalere Jodversorgung als angezeigt. Reptilien dagegen werden bekanntlich meistens mit Pflanzen oder Futtertieren aus der unmittelbaren Umgebung des Haltungsortes versorgt. Diese Tatsache gab uns Veranlassung, die bei Reptilien auftretenden Strumen geographisch zu lokalisieren und Vergleichsuntersuchungen über den jeweiligen Jodgehalt des Trinkwassers in Gebieten mit gehäuftem Auftreten von Strumen durchzuführen.

Zur Untersuchung standen uns 28 Reptilien (5 Echsen, 2 Schlangen, 20 Schildkröten, 1 Krokodil) zur Verfügung. Bei allen hier angeführten Tieren waren die Schilddrüsen vergrößert, und im histologischen Schnitt konnten pathologische Veränderungen nachgewiesen werden. Zur Untersuchung gelangten Paraffinschnitte, die mit Hämatoxylin-Eosin gefärbt waren.

Makroskopisch traten an den Schilddrüsen deutliche Vergrößerungen sowie Hervorwölbungen einzelner stark gefüllter Follikel hervor. Im histologischen Schnitt konnten wir zwischen drei Stadien unterscheiden:
a) Hypertrophie und Hyperplasie. Das Follikelepithel ist ausgesprochen hoch und erweist sich zum Teil bereits als kubisches Epithel. Es zeigt sich eine Zellvermehrung. In vielen Abschnitten kommt es zu einer Knospenbildung des Follikelepithels in das Alveolenlumen. Die Färbeintensität des Kolloids ist unterschiedlich. Resorptionsvakuolen treten nur vereinzelt bei besonders intensiv gefärbtem Kolloid auf. Die Befunde der in Betracht kommenden Tiere sind in der Tab. 1 zusammengefaßt.
b) Involution. Es kommt zu einer Abflachung des Follikelepithels und zu Formveränderungen der sonst runden Alveolen. Die Follikel weisen Ausbuchtungen und pseudopodienartige Ausläufer auf. Es bilden sich kleine akzessorische Follikel aus. Der Kolloidgehalt ist ausgesprochen gering. Resorptionsfollikel sind sehr selten. Einzelbefunde sind aus der Tab. 2 zu ersehen.
c) Knotenbildungen. Im histologischen Bild zeigen sich sehr unterschiedliche Formen. Einzelne Follikel sind mehr oder weniger stark vergrößert und zeigen ein abgeflachtes Epithel, das an einzelnen Stellen proliferiert und manchmal papillenähnliche Wucherungen erkennen läßt. An anderen Stellen der gleichen Schilddrüse zeigen sich unregelmäßig geformte und unterschiedlich große Follikel. Es wird nur wenig Kolloid produziert. In einigen Follikeln konnten Blut und kleine Ansammlungen von Makrophagen beobachtet werden. Eine Wiedergabe der Befunde bietet die Tab. 3.

Aus den in den Tabellen 1 bis 3 mit angeführten Werten des Jodgehaltes im Leitungswasser geht hervor, daß praktisch alle Tiere mit einer Struma in Gebieten mit einer niedrigen Jodkonzentration gelebt haben. Eine Ausnahme stellt lediglich der Befund eines Tieres aus einer Stadt dar, in der der Härtegrad des Wassers (27,5^{o}) derart hoch war, daß die Jodresorption ungünstig beeinflußt wurde.

Diskussion:

Über Strumen bei Reptilien liegen im Schrifttum nur wenige Angaben vor. P i c k und P o l l

Tabelle 1: Phase der Hypertrophie und Hyperplasie

Tierart	Hypertrophie /Hyperplasie des Epithels	Faltenbildung Epithel	Ausstülpungen der Follikel	Akzessorische Follikel	Menge des Kolloids	Herkunft	Jodgehalt Trinkwasser
Rotwangen-Schmuckschildkröte (Pseudemys scripta elegans)	++++	+++	+++	–	+	Roosendaal (N.Br.)	2.4
Rotwangen-Schmuckschildkröte (Pseudemys scripta elegans)	+++	++	++	++	+	Utrecht	4.2
Maurische Landschildkröte (Testudo graeca)	+++	++	+++	+	+	Uithoorn	9.5
Rotwangen-Schmuckschildkröte (Pseudemys scripta elegans)	++++	++	++	++	+	Driebergen	2
Rotwangen-Schmuckschildkröte (Pseudemys scripta elegans)	++	+++	+	+	+	Roosendaal	2.4
Pfauenaugen-Schmuckschildkröte (Pseudemys ornata)	++	++	++	++	+	Waddinxveen	24.3
Indische Sandboa (Eryx johnii)	+	++	++	+	+	Rotterdam	9.4
Echte Karettschildkröte (Eretmochelys imbricata)	+		+	++++	+	Rotterdam	9.4

Tabelle 2: Phase der Involution

Tierart	Hypertrophie /Hyperplasie des Epithels	Involution des Epithels	Faltenbildung Epithel	Ausstülpungen der Follikel	Akzessorische Follikel	Menge des Kolloids	Herkunft	Jodgehalt Trinkwasser
Rotwangen-Schmuckschildkröte (Pseudemys scripta elegans)	+++	+	+++	++	+	—	Hengelo	5.7.
Kaspische Wasserschildkröte (Clemmys caspica)	++	+			+	++	Utrecht	4.2
Griechische Landschildkröte (Testudo hermanni)	+++	++	++	++	++	++	Roosendaal (N.Br.)	2.4
Rotwangen-Schmuckschildkröte (Pseudemys scripta elegans)	++	++	+++	++	++	+	Vierpolders	2.6
Griechische Landschildkröte (Testudo hermanni)	+++	+++	++++	+++	+	++	De Bilt	4.2
Köhlerschildkröte (Testudo carbonaria)	+	++	++	+		+	Leiden	1.9
Rotwangen-Schmuckschildkröte (Pseudemys scripta elegans)	++	++		+	++++	++	Leiden	1.9
Rotwangen-Schmuckschildkröte (Pseudemys scripta elegans)		++	++	+	+	+	Utrecht	4.2
Griechische Landschildkröte (Testudo hermanni)	++	++	+	++	++	++	Utrecht	4.2

Tabelle 3: Noduläre Phase

Tierart	Hypertrophie/ Hyperplasie des Epithels	Involution des Epithels	Papilläre Wucherung	Noduli von kleinen Follikeln	Extrem große Follikel	Unregelmäßigkeit der Verteilung in der Schilddrüse	Menge des Kolloids	Herkunft	Jodgehalt Tinkwasser
Griechische Landschildkröte (Testudo hermanni)	++	++	++	++	++++	++	+	?	?
Suppenschildkröte (Chelonia mydas)	++	+++		++	+++	++	-	Rotterdam	9.4
Getüpfelte Erdschildkröte (Geoemyda)	++	+++	+	++	+	+++	++	Utrecht	4.2
Anolis sp. (Anolis sp.)	++	+	++	+++	++	+++	++++	Bunnik	7.0
Riesen-Gürtelschweif (Cordylus giganteus)		++	+	++	+++	+++	+++	Amsterdam	2.5
Anolis sp. (Anolis sp.)		+++	++++	+	++	++	-	Bunnik	7.0
Griechische Landschildkröte (Testudo hermanni)		++++	++	+	++	++	++	Den Haag	5.6
Tigerpython (Python molurus)		++++	+	++	+++	++++	+++	Amsterdam	2.5
Anolis sp. (Anolis sp.)		++++	++++	+	+++	+	-	Amsterdam	2.5
Anolis sp. (Anolis sp.)		++++	+		++++	+	+++	Bunnik	7.0
Breitschnauzenkaiman (Caiman latirostris)		++++	+	+++	++	++++	+++	Rotterdam	9.4

(1903) beobachteten bei einer Krötenkopf-Schildkröte (Platemys geoffroyana) des Berliner Aquariums eine Schilddrüse, die hühnereigroß war und tubuläre Acini aufwies. Über eine Struma bei einem Riesengürtelschweif (Cordylus giganteus) berichtet M ü l l e r (1926). Im letzten Fall wurde die Trachea und der Ösophagus durch die extreme Organvergrößerung komprimiert. H a m m e r t o n (1930) fand eine etwa 5fach vergrößerte Schilddrüse bei einer Landschildkröte (Testudo nigrita), und O s m a n n - H i l l (1951) beobachtete eine Vergrößerung und zystöse Entartung der Schilddrüse einer Pelomedusen-Schildkröte (Pelomedusa galeata).

Auf Grund vorliegender Untersuchungen kann ausgesagt werden, daß die Form und Struktur der Reptilienschilddrüsen durch verschiedene Einflüsse sehr variiert. So stellte L y n n (1970) fest, daß die Aktivität der Schilddrüse durch Winterruhe sowie durch die Reproduktion stark beeinflußt wird, was sich auch in einer unterschiedlichen Höhe des Follikelepithels dokumentiert. Weiterhin können nach E g g e r t (1935, 1936) Temperatureinflüsse die Höhe des Schilddrüsenepithels verändern. Über diese als physiologisch zu bezeichnenden Veränderungen hinaus wurden aber auch unterschiedliche Stadien der Kropfbildungen, die denen des Menschen entsprachen, beobachtet (A n d e r s o n und W i n s h i p , 1966). Da bei den von uns ermittelten Schilddrüsenveränderungen der Reptilien in allen Fällen der Nachweis erbracht wurde, daß sie aus Orten mit niedrigem Jodgehalt im Trinkwasser stammten, kann ohne Einschränkung von einem endemischen Kropf der Reptilien gesprochen werden.

Nach Angaben von P a s m a (1959) wird ein Jodgehalt von 40 µg/(Liter) Trinkwasser und höhere Konzentrationen als ausreichend für eine Strumaprophylaxe angesprochen. Ein zu hoher Jodgehalt wirkt sich nicht nachteilig auf die Schilddrüsenfunktion aus. Aus diesem Grunde empfiehlt B l a a u w (1977) eine Jodierung des Trinkwassers für Terrarientiere mit Hilfe von Zugaben von Jodkalium. Als Vorratslösung werden 200 mg KJ pro Liter Wasser vorgeschlagen. Diese Lösung ist unbegrenzt haltbar, und es können jeweils 1 ml pro 1 Liter Trinkwasser den Trinkwasserrationen zugesetzt werden. Sowohl B l a a u w (1977) als auch W a l l a c h (1969) stellten eine günstige Beeinflussung der Reptilien durch die Jodzusätze fest. Eine andere Form der Jodmedikation wäre noch die Verabreichung von jodhaltigen Mineral-Vitamin-Gemischen über das Futter als prophylaktische Maßnahme bei gefährdeten Reptilienbeständen.

Zusammenfassung:

Endemischer Kropf bei Reptilien in den Niederlanden

Es wird über die bei 28 Reptilien festgestellten Veränderungen der Schilddrüsen berichtet, die Anlaß geben, vom Auftreten endemischer Kropfbildung bei Reptilien in den Niederlanden zu sprechen. Vorschläge zur prophylaktischen Jodmedikation werden gegeben.

Summary:

Endemic Goitre in Reptiles in the Netherlands

The author reports on the changes found in the thyroid glands of 28 reptiles which induced him to report on the occurrence of an endemic goitre formation in reptiles in the Netherlands. Proposals for a prophylactic iodine medication are submitted.

Résumé:

Goitre endémique chez des reptiles aux Pays-Bas

Le rapport traite de changements survenus dans les glandes thyroïdes de 28 reptiles, qui donnent lieu à parler de goitre endémique chez les reptiles dans les pays-Bas. Des propositions sont faites quant à une médicamentation prophylactique à l'iode.

Резюме:

Эндемический зоб у рептилий в Нидерландах.

Сообщается об изменениях щитовидных желез у28 рептилий, что указывает на образование эндемического зоба у рептилий в Нидерландах. Даны предлажения по профилактике иодными препаратами.

Literatur:

ANDERSON, W. A. D. and T. WINSHIP (1966): Thyroid gland. In: Anderson, W.A.D., Pathology, Vol.2 Saint Louis: Mosby Comp., 1081-1082.

BLAAUW, O. H. (1977): pers. Mitt.

EGGERT, B. (1935): Zur Morphologie und Physiologie der Eidechsen-Schilddrüse. I. Das jahreszeitliche Verhalten der Schilddrüse von Lacerta agilis, L. vivipara Jacq. und L. muralis Laur. Z. wiss. Zool. 147, 205-262.

EGGERT, B. (1936): Zur Morphologie und Physiologie der Eidechsen-Schilddrüse. II. Über die Wirkung von hohen und niedrigen Temperaturen, von Thyroxin und thyreotropen Hormon auf die Schilddrüse. Z. wiss. Zool. 148, 537-594.

HAMERTON, A. E. (1930): Report on deaths occurring in the Society's Gardens during the year 1929. Proc. Zool. Soc. London 99, 357-380.

LYNN, W. G. (1970): The Thyroid. In: Gans, C. Biology of the reptilia. London: Acad.Press, Vol.3, 215-219.

MÜLLER, F. W. (1926): Über Schilddrüsengewächse bei Kaltblütern. Virch. Arch. 260, 405-421.

OSMAN-HILL, W. C. (1951): Report of the society's prosector for the year 1950. Proc. Zool. Soc. London 121, 641-650.

PASMA, F. (1959): Verbreiding, oorzaken en bestrijding van Struma. De endemische Krop in Nederland. Gezondheidsorganisatie T.N.O. Assen: van Gorkum en Co., 3-311.

PICK, L. und H. POLL (1903): Über einige bemerkenswerte Tumorbildungen aus der Tierpathologie, insbesondere über einige gutartige und krebsartige Neubildungen bei Kaltblütern. Berl. Klin. Wschr. 40, 546-548.

TERPSTRA, J. (1956): De schildklierfunctie bij endemische Krop. Leiden: Thesis, R. U.

WALLACH, J. D. (1969): Medical care of reptiles. J. A. V. M. A. 155, 1029.

Anschrift der Verfasser: Dr. P. Zwart
Biltstraat 172
Utrecht (Niederlande)

Aus dem Lehrstuhl für Pharmakologie und Toxikologie der Tierärztlichen Hochschule in Brno

ÜBER DIE BEKÄMPFUNG VON TAUBEN UND SCHADNAGERN IN TIERGÄRTEN

Von O. Zapletal und J. Šimůnek

In Tiergärten kommt eine Reihe von wirksamen Maßnahmen und Verfahren zur Anwendung, die den Zweck haben, eine Übertragung von mikrobiellen und parasitären Krankheitserregern zu verhüten oder zumindest einzuschränken. Ein bisher nur wenig bearbeitetes Gebiet dabei ist jedoch die Bekämpfung so bedeutender Vektoren wie Tauben und Schadnager. Tauben und Turteltauben, sei es die Garten- oder Balkanturteltaube, kommen in manchen Gegenden unseres Landes besonders häufig vor. Mit Vorliebe halten sie sich in Zoos und deren Nähe auf, da sie hier besonders günstige Bedingungen zum Nisten und zur Vermehrung vorfinden und sich bei zahlreichen Zootieren mit ernähren können. Es ist nicht zu unterschätzen, daß sie Erreger von mikrobiellen und parasitären Erkrankungen, so zum Beispiel Trichomonaden, Kokzidien, Askaridien, Kapillarien, übertragen können. Kopschitz et al. (1976a und b) stellten z. B. bei 14 - 28 % der sezierten Vögel einen Parasitenbefall fest und konnten bei 30 % Ornithose nachweisen. Häufig werden auch bakterielle Infektionen ermittelt, unter denen nach Hejlíček (1977) die aviäre Tuberkulose an erster Stelle steht.

Ähnliche Angaben sind über eine weitere Gruppe von Vektoren, die Nagetiere, vorzufinden. Bei uns handelt es sich um die Arten Rattus rattus und besonders um Rattus norvegicus. Dyk et al. (1975) fanden bei 46 % der Ratten einen Kokzidienbefall. In 40,7 % der Fälle wurde die Bandwurmart Rodentolepis straminea festgestellt, die in zunehmendem Maße ein kommunalhygienisches Problem darstellt. Von Bedeutung sind auch andere Schmarotzergruppen, erinnert sei in diesem Zusammenhang an Trichinella spiralis. Nicht zu vergessen ist auch die Rolle der Ratte bei der Übertragung von Leptospirosen, wie Mundt (1968) feststellen konnte. Diese Beispiele zeigen, wie notwendig es ist, die Bekämpfung dieser beiden Vektorengruppen zu einer ständigen Komponente der Vorbeuge- und Sanierungsmaßnahmen in Tiergärten zu machen.

1. Verringerung oder Ausrottung der Taubenpopulation

Aus Erfahrung und eigenen Versuchen wissen wir, daß dieses Vorhaben in Tiergärten zu verwirklichen ist. Zur Überprüfung wählten wir die Anwendung von Alphachloralose, die nach Hartley et al. (1969) in verschiedenem Ködermaterial verabfolgt werden kann, wobei er eine 1%ige Konzentration empfiehlt. In unseren Versuchen (Zapletal et al., 1977a) erwies sich folgende Zusammensetzung des Köders als am günstigsten: Gereinigter Weizen wird mit einer Alkohollösung gebeizt, die einen bestimmten Alphachloralose-Pentobarbital-Anteil aufweist, so daß im fertigen Köder Alphachloralose in 4%iger und Pentobarbital-Natrium in 1%iger Konzentration vorliegen. Kurz vor der Morgendämmerung werden die Köder in trockenem Zustand an den Orten ausgelegt, an denen sich die Vögel meistens aufhalten und vor allen Dingen an den Stellen, die sie zur Futteraufnahme aufsuchen. Zu der Zeit, in der die Tauben ihre Übernachtungsplätze verlassen und die Köderplätze anfliegen, muß in deren Umgebung nach Möglichkeit jeder Verkehr und jede Bewegung vermieden werden, um die Vögel nicht zu verscheuchen. 2 bis 4 Minuten nach der Aufnahme des Köders stellen sich die ersten Symptome der Intoxikation ein, d. h. die Lähmung der Beinmuskulatur. Nach weiteren zwei Minuten folgt die Lähmung der Flugmuskeln. Die Vögel legen sich auf den Boden oder fallen von den Bäumen und verenden nach weiteren 10 bis 15 Minuten im Zustand tiefer Betäubung. Im Hinblick auf die Dynamik des Wirkstoffes soll die Aktion bei Temperaturen unter 15°C, am besten unter 10°C, vorgenommen werden. Unter diesen Bedingungen werden die toten Vögel nicht weiter als 25 bis 35 Meter vom Köder entfernt aufgefunden. Die nicht aufgenommenen Köderreste müssen entfernt werden, damit nicht andere Vogelarten vergiftet werden. Bei durchschnittlich 15 kg Köder dauert der ganze Vorgang, die Entfernung der Leichen und Köder berücksichtigt, drei Stunden. Je nach Größe der Population können etwa 20 % der Vögel bei einer Aktion getötet werden, eine Wiederholung sollte nicht vor Ablauf von zehn Tagen vorgenommen werden.

Die Gefahr einer sekundären Intoxikation von Zootieren durch Rückstände im Organismus der verendeten Vögel ist nicht groß. Bedenklicher ist das Risiko einer primären Vergiftung von Zootieren, besonders von Vögeln, wenn Überreste des Köders aus Fahrlässigkeit nicht entfernt wurden. Ein Vorteil des Verfahrens ist, daß der Wirkstoff nicht zu den im Sinne des Gesetzes stark giftigen Substanzen gehört, so daß die ganze Aktion zwangsläufig unter Aufsicht verlaufen müßte, und zwar auf einer begrenzten Fläche in einer kontrollierbaren Zeitspanne. Wenn der Köder nur so lange exponiert bleibt, wie Tauben und Turteltauben Futter aufnehmen und andere Vogelarten dabei verdrängen, bleiben andere nützliche Vogelarten ungefährdet.

2. Verringerung und Ausrottung von Schadnagern

Die Bekämpfung der Ratten muß in Zoos und Tiergärten mit mehr Vorsicht und Behutsamkeit durchgeführt werden als in anderen Gebieten. Technische Maßnahmen, die das Ansiedeln von Nagern, ihre Bewegungsfreiheit und ihren Zutritt zu Futtermitteln verhüten, stehen dabei an erster Stelle. Ergänzt werden sie durch Maßnahmen sekundärer und tertiärer Natur, die in der eigentlichen Derattisation mit Hilfe verschiedenartiger rodentizider Mittel und der Anwendung mechanischer und akustischer Methoden bestehen.
Nach unseren Erfahrungen können Warfarin und seine Analoga als kumulative Mittel mit Erfolg überall angewendet werden, wo sie langfristig oder dauernd ohne Gefahr für Zootiere ausgelegt werden können: Lagerhäuser, Kanalisation, Wasser-, Dampf- und Installationsleitungen, Objekte der Hilfsbetriebe. Wo die Gefahr besteht, daß Zootiere mit dem Gift in Berührung kommen könnten, muß die Anwendung wirksamer und selektiver Rodentizide bei einmaliger Applikation sorgfältig geprüft und vorbereitet werden. In Betracht kommt das hochwirksame selektive Mittel Vacor (N-3-Pyridylmethyl N - p-nitrophenylurea), das von R o h m und H a a s (1976) beschrieben wurde. Neben der starken rodentiziden Wirksamkeit, vor allen Dingen in Objekten mit dichter Rattenpopulation, besitzt das Mittel die vorteilhafte Eigenschaft, daß es für andere Tiere nur gering toxisch ist. Die LD_{50} liegt für Rattus norvegicus z. B. bei 4,75 - 11,5 mg/kg, für die Hauskatze bei 200 mg/kg, für den Rhesusaffen (Macaca mulatta) sogar erst bei 2000 - 4000 mg/kg. Köder mit 0,5%iger oder 1%iger Vacor-Konzentration können somit in Objekten ausgelegt werden, in denen Zootiere gehalten werden. Man sollte allerdings dabei das Auslegen der Köder auf Gänge, Hilfseinrichtungen und dergleichen beschränken. Köder dieser Art werden am besten gegen Abend ausgelegt, und zwar in Häufchen von etwa 20 g und etwa 2 m Abstand voneinander. Über Nacht wird der Köder an Ort und Stelle belassen, am Morgen, vor Arbeitsbeginn im Objekt, werden seine Reste entfernt und die verendeten Nagetiere eingesammelt. Sie werden in einer typischen Lage vorgefunden.

Ein weiteres zuverlässiges Mittel ist der Einsatz von Ködern mit 0,1%igem Gehalt an Calciferol Es wirkt ebenfalls bei einmaliger Anwendung. Der Köder ist bei Ratten sehr wirksam und für Nagetiere attraktiv, für Nutztiere dabei wenig gefährlich. Ausgelegt wird er ähnlich wie der Vacorköder, er bleibt jedoch 5 bis 8 Tage exponiert. Wegen seiner minimalen Gefährlichkeit kann ein Calciferolköder an Stellen angewendet werden, an denen Köder anderer Art nicht in Frage kommen. Er kann in den Raum zwischen den Käfigen oder in ihre unmittelbare Umgebung, in die Umgebung von Ausläufen oder direkt in die Ausläufe und Aufenthaltsorte der Zootiere ausgelegt werden, allerdings unter der Voraussetzung, daß der Köder direkt in den Rattenlöchern untergebracht wird (Z a p l e t a l et al., 1977 b).

Was die Form der Köder anbetrifft, empfehlen wir an erster Stelle trockene Futterköder. In trokkenen Räumen und Betrieben sind flüssige Köder angebracht. Für feuchte Objekte und besonders für Kanalisationen sind stabile und schimmelpilzfeste Köderwürfel erforderlich. Alle Ködersorten müssen differenziert "abgeschmeckt" werden. Aroma und Geschmack des Köders müssen den an Ort und Stelle verwendeten oder gelagerten Futtermitteln ähnlich sein.

Zusammenfassend möchten wir betonen, daß die Bekämpfung der erwähnten Vektoren aus der kontinuierlichen Anwendung verschiedener Maßnahmen besteht, und zwar primär technisch-organisatorischen Maßnahmen, sekundär dem Einsatz zoozider Mittel und tertiär der Anwendung von Mitteln gegen die beschriebenen Vektoren (Tabelle 1 und 2). Diese Maßnahmen müssen zu einem dauernden Bestandteil der hygienischen und sanitären Maßnahmen werden, die im Laufe eines Jahres in Zoos und Tiergärten durchgeführt werden.

Tabelle 1: Maßnahmen zur Bekämpfung von Tauben in Tiergärten

Primäre Maßnahmen:	Technisch-organisatorische Maßnahmen zur Verhinderung des a) Nistens auf Böden und Dächern (mechanisch) b) Ansiedelns auf Bäumen und Sträuchern (Lichtscheuchen) c) Zutritts zu Futter und Futterresten (Entfernung von Überresten, Anpassung des Tagesregimes)
Sekundäre Maßnahmen:	Bekämpfung der Vögel durch Einsatz von Ködern mit Alphachloralose und Pentobarbital-Natrium, Verabfolgung in Abständen von zehn Tagen

Tabelle 2: Maßnahmen zur Bekämpfung von Schadnagern in Tiergärten

Primäre Maßnahmen:	Technisch-organisatorische Maßnahmen zur Verhinderung a) der Ansiedlung b) der Verbreitung c) des Zugangs zum Futter
Sekundäre Maßnahmen:	Derattisation durch Einsatz von a) kumulativen Antikoagulations-Rodentiziden b) einmalig wirkenden Rodentiziden vom Typ Vacor c) Ködern mit Calciferolgehalt (durchzuführen in Abständen von 8 bis 10 Wochen bei Anwendung folgender Formen: trocken zum Futter, löslich zur Tränke, geformt für feuchtes Milieu, "abgeschmeckt" und aromatisiert).
Tertiäre Maßnahmen:	a) Schutz des Objekts durch Plazierung ständiger Giftstellen am Rande des Areals b) Schutz von besonders exponierten Betrieben mit Hilfe von Ultraschall-Einrichtungen

Zusammenfassung:

Über die Bekämpfung von Tauben und Schadnagern in Tiergärten

Die Tauben und Schadnager gehören in den Tiergärten zu den bedeutendsten Vektoren bei der Übertragung mikrobieller und parasitärer Krankheitserreger. Es wird ein Maßnahmeplan zur Bekämpfung dieser Vektoren vorgestellt.

Summary:

Contribution Towards the Combatting of Pigeons and Harmful Rodents in Zoological Gardens

In zoological gardens pigeons and harmful rodents belong to the most important vectors at the transmission of microbial and parasitary morbific agents. The authors present a plan of active measures to be taken for the combatting of these vectors.

Résumé:

Intervention sur la lutte contre les pigeons et les rongeurs nuisibles dans les jardins zoologiques

Les pigeons et les rongeurs nuisibles comptent, dans les jardins zoologiques, parmi les principaux vecteurs transmettant des germes microbiens et parasitaires. Les auteurs présentent un ensemble de mesures établies en vue d'enrayer l'action de ces vecteurs.

Резюме:

Сообщение по борьбе с голубями и грызунами в зоологических садах.

Голуби и грызуны в зоологических садах являются опасными переносчиками микробных и паразитных источников болезней. В работе показаны мероприятия по борьбе с данным вектором.

Literatur:

DYK, V., TILČ, K. and Z. HANŮSKOVÁ (1975): Endoparasites of the rat (Tattus norvegicus Berkenhout, 1769) in old and modern districts and in the zoological garden. Acta vet. Brno 44, 245-251.

HARTLEY, G. S. and T. F. WEST (1969): Chemicals for pest control. Perg. Press, Engl., 316.

HEJLIČEK, K. (1977): Persönliche Mitteilung.

KOPSCHITZ, M. M., SIBALIN, M. und K. ARBEITER (1976): Ornithose bei den Wiener Stadttauben. Wien. tierärztl. Mschr. 63, 307-309.

KOPSCHITZ, M. M. (1976): Der Verseuchungsgrad der Wiener Stadttauben. Wien. tierärztl. Mschr. 63, 304-306.

MUNDT, E. (1968): Symposion über Rattenbiologie und Rattenbekämpfung. Prakt. Schädlingsbek. 20, 170-175.

ROHM and HAAS COMPANY (1976): Vacor rodenticide technical manual, Philadelphia, 65.

STEININGER, F. (1969): Trichinose und Rattensicherung mit Bekämpfungsmittelreserven. Deutsch. tierärztl. Wschr. 76, 404-406.

ZAPLETAL, O. ŠIMŮNEK, J., FOLK, Č. and A. BULSKÝ (1977): Evaluation of the different concentrations of alfa-chloralose and pentobarbitale sodium in baits for the control of Columbiidae (in press).

ZAPLETAL, O. and M. HOMOLÁČ (1977): Calciferol, a potential non hazardeous rodenticide (in press).

Anschrift der Verfasser: MVDr. O. Z a p l e t a l , CSc. und
Prof. MVDr. J. Š i m ů n e k , DrSc.,
Lehrstuhl für Pharmakologie und Toxikologie der
Tierärztlichen Hochschule
Palackého 1-3
61242 Brno (ČSSR)

Richtlinien für die Anfertigung der Manuskripte

Manuskripte, die zum Druck eingereicht werden, müssen satzreif sein. Hierfür sind sie mit Schreibmaschine einseitig, doppelzeilig und mit einem genügend breiten Rand zu schreiben. Die Absätze müssen klar erkennbar sein. Nachträglich vorgenommene Verbesserungen sind deutlich und in Druckschrift unter Verwendung der international üblichen Korrekturzeichen anzubringen. Bei größeren Änderungen ist es erforderlich, die betreffende Seite neu zu schreiben. Sämtliche Manuskriptseiten einschließlich der Tabellen, des Literaturverzeichnisses und der Bildunterschriften sind fortlaufend zu numerieren. Nachträglich eingeschobene Seiten sind mit a, b usw. der vorangegangenen Seitenzahl zu bezeichnen. Bei Arbeiten, die in Instituten, Kliniken, Tiergärten usw. angefertigt worden sind, ist über dem Titel der Arbeit deren Herkunft anzugeben. Am Ende des Manuskriptes ist die Anschrift des Verfassers mit akademischen Titeln und ausgeschriebenem Vornamen aufzuführen.

Eigennamen im Text werden gesperrt geschrieben. Werden Autoren im Text zitiert, so ist neben dem Namen die Jahreszahl der betreffenden Literatur in Klammern einzusetzen. Bei mehr als zwei Autoren wird nur der erste genannt, gefolgt von dem Zusatz "et al.". Werden mehrere Arbeiten desselben Autors aus dem gleichen Jahr zitiert, so werden die Buchstaben a, b usw. der Jahreszahl hinzugefügt. Werden Pharmaka angeführt, so ist gegebenenfalls der Name des Herstellers in Klammern dahinter zu setzen.

Im Literaturverzeichnis sind die zitierten Arbeiten ohne Numerierung in alphabetischer Reihenfolge nach dem Namen des jeweiligen ersten Autors anzuordnen und die Jahreszahl des Erscheinens der Arbeit in Klammern dahinter zu setzen. Es ist der vollständige Titel der zitierten Arbeiten in der Originalsprache, jedoch nur in lateinischer Schrift, mit Auflage, Seitenzahl, bei Büchern der Erscheinungsort und der Verlag anzuführen.

Beispiel für Zeitschriften:

DIETZEL, P. B., FRISCH, H. und H. JAKOB (1964): Leukodystrophie mit orthochromatischen Abbaustoffen. Virchows Arch. path. Anat. 338, 1-4.

Beispiel für Bücher:

NAUMANN, H. (1955): Der Gelbbrandkäfer. Wittenberg-Lutherstadt: Ziemsen.

Abbildungen können nur gebracht werden, wenn sie für das Verständnis des Textes unentbehrlich und auf andere Weise nicht ersetzbar sind. Es sind Originalfotografien oder Originalzeichnungen zu verwenden, wobei möglichst eine Größe von 9 x 12 cm nicht überschritten werden soll. Hierbei ist zu berücksichtigen, daß diese Abbildungen i. d. R. im Verhältnis 1:2 verkleinert gebracht werden. Für die Wiedergabe eignen sich nur scharf aufgenommene und kontrastreich auf weißem Papier abgezogene Fotografien. Die Abbildungen sind auf der Rückseite mit dem Namen des Verfassers, der Abbildungs-Nummer sowie mit der Kennzeichnung "oben" zu versehen. Bildunterschriften gehören zum Manuskript und sind am Ende des Artikels fortlaufend aufzuführen. Farbige Abbildungen können nicht verwendet werden, desgleichen auch nicht Diapositive. Tabellen sind einheitlich auszuführen und fortlaufend zu numerieren.

Wir machen besonders darauf aufmerksam, daß die Manuskripte sowohl eine Zusammenfassung in deutscher als auch in englischer, französischer und russischer Sprache beinhalten sollen.

Der Autor erhält 30 Sonderdrucke zu seiner persönlichen Verwendung.

Directions for Preparing Manuscripts

Manuscripts submitted for printing shall be ready for setting. For this purpose the pages shall be typed on one side only, with double space between the lines, and a sufficiently wide margin. The breaks shall be marked clearly. Subsequent corrections shall be made clearly and in block letters using the international reader's marks. In the case of more corrections it is necessary to type the page concerned once more. All pages of the manuscript, including tables, bibliography, and captions, shall be numbered consecutively. Subsequently inserted pages shall be numbered consecutively. Subsequently inserted pages shall be marked with a, b etc. of the preceding page number. In papers prepared at institutes, clinics, zoological gardens, etc. the origin of the paper shall be specified above the title. At the end of the manuscript the author's address, his academic degrees, and his first name shall be given.

Proper names in the text shall be typed spaced. If authors are quoted in the text the publication date of the work concerned shall be given in brackets after the name of the respective author. In case of more than two authors only the name of the first one shall be given followed by the addition "et al.". In case several works of one author published in the same year are quoted the letters a, b, etc. shall be added to the publication date. If pharmaceuticals are mentioned the name of the manufacturer should be stated in brackets, if any.

In the bibliography the quoted works shall be ordered without numbers and alphabetically according to the name of the respective first author, and the publication date shall be added in brackets. The complete title of the quoted works shall be given in the original languages - in Latin writing, however - including edition, number of pages, and - in case of books - publication place and publishing house.

Example for journals:

DIETZEL, P. S., FRISCH, H. and H. JAKOB (1964): Leukodystrophie mit orthochromatischen Abbaustoffen. Virchows Arch. path. Anat. 338, 1-4.

Example for books:

NAUMANN, H. (1955): Der Gelbbrandkäfer. Wittenberg-Lutherstadt: Ziemsen.

Illustrations may be included only if they are indispensable for understanding the text and cannot be replaced otherwise. It is original photographies or original drawings that should be used, not exceeding a size of 9 x 12 cm. It should be borne in mind that as a rule these illustrations are printed largely reduced, in the proportion of 1:2. Only well-focussed and high-contrast photographies printed on white paper are suitable for being reprinted. The illustrations shall be marked with the author's name, the number of the illustration, and with the mark "top". Captions belong to the manuscript and shall be listed consecutively at the end of the paper. Coloured illustrations and slides cannot be used. Tables shall be written uniformly and numbered consecutively.

We should like to draw the author's attention to the need hat each of the manuscripts should include German, English, French and Russian summaries.

The author will obtain 30 separate reprints for private purposes.

ERKRANKUNGEN DER ZOOTIERE

Generalregister der Vorträge des I.–XI. Internationalen Symposiums über die Erkrankungen der Zootiere (1959–1969)

General Register of the Papers delivered at the I.–XI. International Symposium on Diseases in Zoo Animals (1959–1969)

zusammengestellt und bearbeitet von Dr. med. vet. habil. Rudolf Ippen, Oberreferent Günter Riemer und Dr. med. vet. Hans-Dieter Schröder

1969. VI, 112 Seiten – 4° – 31,– M
Bestell-Nr. 761 265 3 (2136/R)

Im vorliegenden Band sind alle Titel der Vorträge der veranstalteten Internationalen Symposien über die Erkrankungen der Zootiere von 1959 bis 1969 in deutscher und englischer Sprache in Form einer Bibliographie zusammengestellt. Daneben wird ein computer-technisch ausgearbeitetes Stichwortregister in englischer Sprache vorgelegt, dessen Recherchekode Hinweise auf den Fundort in der Bibliographie gibt. Am Schluß der Arbeit befindet sich ein Autorenregister.
Das vorliegende Generalregister bietet allen Interessenten aus den Bereichen der Veterinärmedizin, Medizin und Zoologie beste Möglichkeit, sich leicht und schnell über die ausgewerteten 441 Arbeiten zu verschiedensten Fragen der Zootierkrankheiten zu informieren.

Bestellungen durch eine Buchhandlung erbeten

AKADEMIE-VERLAG · BERLIN

Bei Fragen zur Produktsicherheit wenden Sie sich bitte an:
If you have any questions regarding product safety,
please contact:

Walter de Gruyter GmbH
Genthiner Straße 13
10785 Berlin
productsafety@degruyterbrill.com